《建筑给水排水设计标准》GB 50015—2019 实施指南

《〈建筑给水排水设计标准〉GB 50015—2019
实施指南》编制组　编著

中国建筑工业出版社

图书在版编目(CIP)数据

《建筑给水排水设计标准》GB 50015—2019 实施指南/《〈建筑给水排水设计标准〉GB 50015—2019 实施指南》编制组编著. —北京：中国建筑工业出版社，2020.5（2020.10 重印）
ISBN 978-7-112-25006-6

Ⅰ.①建… Ⅱ.①建… Ⅲ.①建筑工程-给水工程-建筑设计-设计标准-中国-指南②建筑工程-排水工程-建筑设计-设计标准-中国-指南 Ⅳ.①TU82-65

中国版本图书馆 CIP 数据核字(2020)第 050309 号

本书为《建筑给水排水设计标准》GB 50015—2019 的实施指南，全书分三篇，分别为：修订概况、《建筑给水排水设计标准》GB 50015—2019 内容释义与实施要点、专题研究。

本书可供从事建筑给水排水设计的专业人员使用。

责任编辑：于 莉 张 磊
责任校对：姜小莲

《建筑给水排水设计标准》GB 50015—2019 实施指南
《〈建筑给水排水设计标准〉GB 50015—2019 实施指南》编制组 编著
*
中国建筑工业出版社出版、发行(北京海淀三里河路 9 号)
各地新华书店、建筑书店经销
北京红光制版公司制版
北京中科印刷有限公司印刷
*
开本：787×1092 毫米 1/16 印张：26¼ 字数：633 千字
2020 年 8 月第一版 2020 年10月第三次印刷
定价：**88.00** 元
ISBN 978-7-112-25006-6
(35757)

《〈建筑给水排水设计标准〉GB 50015—2019 实施指南》编制组名单

徐　凤　张　淼　刘振印　冯旭东　徐　扬　赵　锂

陶　俊　朱家真　朱建荣　王　珏　赵　俊　王　睿

陈立宏　李云贺　赵珍仪

前　　言

经中华人民共和国住房和城乡建设部组织编写、审查和批准，由华东建筑集团股份有限公司主编的新版国家标准《建筑给水排水设计标准》GB 50015—2019，于 2019 年 6 月 19 日由国家住房和城乡建设部与国家市场监督管理总局联合发布，并于 2020 年 3 月 1 日起实施。新版国家标准是对《建筑给水排水设计规范》GB 50015—2003 版的一次全面修订；同时，由于国家标准体系的改革要求，本次修订正式更名为《建筑给水排水设计标准》。

一、历史的印迹

自《室内给水排水和热水供应设计规范》BJG 15—64 问世以来，在 55 年的时间里历经了 6 次修订，历次修订版本依次为：《室内给水排水和热水供应设计规范》TJ 15—74、《建筑给水排水设计规范》GBJ 15—88、《建筑给水排水设计规范》GBJ 15—88（1997 年版）、《建筑给水排水设计规范》GB 50015—2003、《建筑给水排水设计规范》GB 50015—2003（2009 年版）、《建筑给水排水设计标准》GB 50015—2019。这些修订工作既体现了建筑给水排水行业的专家和前辈们不懈进取、精益求精和无私奉献的精神，也展现了修订工作能够紧扣时代发展脉搏，实现与时俱进和开拓创新的可持续发展理念。本标准作为建筑给水排水行业的母规范，多年来，一直将安全、卫生放在非常重要的地位，并严守设计的底线，为保证建筑给水排水系统工程的建设质量和安全运行发挥了技术保障和引导约束的作用，也为我国城市建设做出了一定的贡献。

回顾 55 年的历程，是我国人民生活水平得到极大改善和提高的时期；也是我国人民居住条件、城市交通出行等有重大改善的时期；更是我国建筑给水排水技术进步和装备发展最显著的时期。特别是从改革开放以来，我国打开国门不断引进国外先进理念、先进技术和先进设备，建筑给水排水技术不但在传统领域取得了大量基础领域的研究成果，在新兴技术领域也取得了长足进步，尤其是近些年来更是出现了“井喷”般的发展现象，这大大缩短了我国建筑给水排水技术与世界先进水平的差距。本标准正是在顺应时代发展和技术进步的过程中，在广大建筑给水排水从业人员的共同努力和支持下，不断充实、更新和完善，保持着旺盛的生命力，历久而弥新。

二、创新和发展

建筑给水排水行业既是传统的，但也是焕然一新的。21 世纪以来，随着工业自动控制技术的应用、水和气体处理技术的发展、高分子材料的技术发展、热水系统和技术的应用与发展、绿色环保技术的应用、可持续性发展理念的推广、节能节水技术的应用、海绵城市的建设、城市综合管廊的建设、装配式建筑的建设、城市智慧水务发展等的大力推进，建筑给水排水行业伴生了大量新兴技术和新型设备的研发、应用和发展，尤其是互联网和人工智能技术的推广应用以来，技术和设备发展进程呈现出不断加速的特征。“传统”的建筑给水排水行业正迎来前所未有的挑战和发展机遇。

为了满足建筑给水排水行业飞速发展的需求，不断推动本标准的理论和技术创新水平，编制组一方面，通过工程实践的探索和经验总结，结合我国国情，加强基础理论和数据的研究，补充和完善原有规范中的技术内容；另一方面，积极吸收国外先进理念、技术和产品，在学习和掌握国外先进技术的基础上，进行自主研究，开展应用实践工作，显著提升本标准的技术水平。

三、需求和展望

2009 年版《建筑给水排水设计规范》自 2009 年 10 月 20 日实施以来，经过多年的工程实践和反馈，规范仍能较好满足工程建设的需要，并起到指导作用，但在规范执行过程中也收到了来自行业各界人士对工程运用中反馈的意见以及合理化建议，这些意见和建议对原规范提出了更新和更高的要求，因此需要对原条文进行梳理和修订。同时，新编标准还需顺应新时代发展要求，满足国家节能减排规划，将节水、节能、节地、节材、环保的新技术、新产品和新的科研成果纳入规范，并与近年来更新和出版的相关规范及标准充分协调。如：《室外给水设计标准》GB 50013、《室外排水设计规范》GB 50014、《民用建筑节水设计标准》GB 50555、《城镇给水排水技术规范》GB 50788、《建筑设计防火规范》GB 50016、《公共建筑节能设计标准》GB 50189、《建筑与小区雨水控制及利用技术规范》GB 50400 等。

为配合新版《建筑给水排水设计标准》GB 50015—2019 宣传、培训、实施以及监督工作的开展，全面系统地介绍标准的编制情况、专题研究和技术要点，帮助工程建设管理和技术人员准确理解和把握本标准的有关内容，本标准主编单位组织了本标准编制人员及有关人员，编制完成了本实施指南，呈现给广大读者，作为掌握现行国家标准《建筑给水排水设计标准》GB 50015—2019 的学习和参考材料。

本实施指南以多年研究和大量科学实验的成果为核心，以工程实践为依托，以现有成熟的技术和设备为基础进行编制。由于掌握的资料尚有局限性，难免存在缺点和不足之处，编者诚挚希望得到广大读者给予的批评指正，并以此为鞭策，作为新的工作起点。在今后的编制工作中将聚焦给水排水计算体系的建立、排水立管实测数据的完善等行业关心的重点问题，继续跟踪研究，以期取得关键性的技术突破；同时，将始终坚持全面、务实、科学、安全的编制理念，坚持传承与创新，为建筑给水排水事业的发展做出贡献。

本实施指南由《建筑给水排水设计标准》GB 50015—2019 主编单位组织人员编写，在编制过程中得到了业内专家和同行的大力支持、帮助和指导，也得到了中国建筑工业出版社的大力支持，在此一并表示衷心感谢！

《〈建筑给水排水设计标准〉GB 50015—2019 实施指南》编制组

2020.4.28

目　　录

第1篇　修订概况

第2篇　《建筑给水排水设计标准》GB 50015—2019内容释义与实施要点

第3篇 专 题 研 究

第 1 篇　修 订 概 况

一、任务来源，标准编制的意义、作用

根据住房和城乡建设部《关于印发2012年工程建设标准规范制订修订计划的通知》（建标［2012］5号）的要求，由上海市住房和城乡建设管理委员会负责具体管理，华东建筑集团股份有限公司主编，上海建筑设计研究院有限公司、华东建筑设计研究总院、中国建筑设计研究院有限公司、广东省建筑设计研究院、四川省建筑设计研究院参编，对《建筑给水排水设计规范》GB 50015—2003（2009年版）进行全面修订。由住房和城乡建设部建筑给水排水标准化技术委员会归口。

原规范《建筑给水排水设计规范》GB 50015—2003（2009年版），自2009年10月20日实施以来，经过多年的工程实践反馈信息，规范能满足工程建设的需要，起到了指导作用。但是在规范执行过程中也反映工程运用中出现诸多问题，需要列条作出规定或对原条文进行修订。

本标准遵循国家节能减排“十二五”规划，需要将节能、节地、节材、环保的新技术、新产品和新的科研成果纳入规范。

本标准需要与相关标准规范协调。如《民用建筑节水设计标准》GB 50555、《二次供水设施卫生规范》GB 17051、《室外给水设计标准》GB 50013、《室外排水设计规范》GB 50014、《建筑给水排水及采暖工程施工质量验收规范》GB 50242、《住宅设计规范》GB 50096、《住宅建筑规范》GB 50368、《城镇给水排水技术规范》GB 50788、《建筑设计防火规范》GB 50016、《消防给水及消火栓系统技术规范》GB 50974、《公共建筑节能设计标准》GB 50189、《建筑与小区雨水控制及利用工程技术规范》GB 50400、《游泳池给水排水工程技术规程》CJJ 122等。

二、标准编写过程简介

2012年9月11日，在北京新大都饭店召开编制组成立暨第一次工作会议（编制组第一次全体会议）。会上主编单位汇报了前期准备工作和编制大纲，参会人员共同讨论了编制大纲、工作计划和分工等，会议原则上通过编制大纲。

2014年5月20—21日，在华东建筑集团股份有限公司召开征求意见稿定稿会议（编制组第二次全体会议）。

2014年11月15日，向25位定向征求意见专家发出征求意见稿及征求意见函，并在网上进行征求意见。截至2015年2月17日，收到定向征求意见专家及单位（有22家）、其他单位或个人提出的意见1670条。经过统计，有64个单位、94人对征求意见稿反馈了意见。对于征求意见的处理，编制组累计进行了11次讨论，期间邀请了上龙阀门厂季能平讨论有关阀门、减压阀条文的编制和修改；邀请宁波建筑设计院陈和苗一起讨论有关概率法给水秒流量计算公式。

2016年6月12日，在华东建筑集团股份有限公司召开送审稿定稿会议（编制组第三次全体会议），会后根据讨论意见进行修改，编制完成送审稿。

2016年7月27—28日，在上海浦西万怡酒店召开送审稿审查会，邀请了来自全国设计、科研、检测、教学等单位的15位专家，对送审稿进行了2天的审查工作，一致同意通过审查。

2017年10月，完成报批稿，上报住房和城乡建设部建筑给水排水标准化技术委员会。

2019年7月，通过住房和城乡建设部标准定额司审查，并下达公告。

2019年12月，住房和城乡建设部网上正式发出《住房和城乡建设部关于发布国家标准〈建筑给水排水设计标准〉的公告》（2019年 第171号），自2020年3月1日起实施。

三、标准编制的原则和确定标准主要内容

本标准修订编制突出以人为本的理念，关注民众健康卫生、安全。积极吸收科研成果、工程实践经验及“四新”技术。充分发挥主编、参编单位专业人员技术才智，广泛吸纳规范执行者的意见，使规范更体现实用性。

本标准章节条的编写按《工程建设标准编写规定》（建标［2008］182号）执行。主要修订内容如下：

（1）根据住房和城乡建设部标准定额司审查意见，《建筑给水排水设计规范》改为《建筑给水排水设计标准》，标准号未变。

（2）本次修订梳理了标准的架构，增加了“一般规定”；增加了“雨水”章节。给水、生活排水、雨水章节将室内、小区内容分别列节编写。

（3）为了与行业标准《二次供水工程技术规程》CJJ 140—2010相协调，将给水管网漏失水量和未预见水量之和从原规范的10%～15%下调到8%～12%。

（4）补充了住宅和公共建筑的平均日生活用水定额。

（5）调整了宿舍分类，并将设公用盥洗卫生间的宿舍最高日小时变化系数K_h由3.5～3.0调整为6.0～3.0。

（6）将原表3.1.14“卫生器具的给水额定流量、当量、连接管公称管径和最低工作压力”中的“最低工作压力”改成了“工作压力”。

（7）调整了小区室外给水总管管径计算方法。

（8）补充了中间水箱的设置位置、调节容积等规定。

（9）补充了生活给水加压泵选型应符合现行国家标准《清水离心泵能效限定值及节能评价值》GB 19762的要求。

（10）增加了冷却塔的塔排净距要求、不同规格冷却塔对基础高度的要求以及对冷却塔并联台数的限制要求。

（11）删除了游泳池和水上游乐池瓶装氯瓶消毒方式。

（12）增加了游泳池和水上游乐池臭氧消毒安全规定。

（13）增加了室内水景、亲水性水景的补充水水质要求。

（14）删除了原规范规定卫生标准要求较高建筑生活污废水分流的规定，可根据工程实际情况选择生活污废水分流还是合流。

（15）补充了一些排放无规律且无回收利用价值的洁净废水，如消防排水、生活水池（箱）排水、游泳池放空排水、空调冷凝排水、室内水景排水、无洗车的车库和无机修的机房地面排水等可单独设置废水管道排入室外雨水管道的规定。

（16）在深圳万科实验塔，按瞬间流测试方法对原规范中生活排水立管最大设计排水能力进行实测验证。在立管允许压力波动为±400Pa的范围内，取得立管排水能力实测数

据的基础上，同时考虑工程实际运行情况及不可确定因素，对原有数据适当进行调整。提出对特殊单立管系统应以采用瞬间流测试方法取得的实测数据为准。

（17）修改了底层无通气单独排出的排水管道的负荷。以承载卫生器具数量替代排水流量。避免承接卫生器具过多。

（18）增加了公共建筑排水立管不伸顶设置吸气阀的条件。

（19）从防爆考虑，规定了化粪池设通气管。

（20）医疗机构水污染物处理工程应执行国家或地方环境保护的规定，本标准删除了有关医院污水消毒处理的条文。

（21）补充了雨水排水管道工程与溢流设施的总排水能力按不小于100年重现期的雨水量设计和不设屋面雨水溢流设施的屋面雨水排水条件。

（22）补充了屋面天沟（集水槽）宽度、深度最小尺寸的规定。

（23）补充了屋面雨水内排水、阳台（露台）雨水管道敷设要求。

（24）补充了塑料雨水管穿越防火墙和楼板时的阻火要求。

（25）屋面雨水按单斗系统、重力流多斗系统、满管压力流多斗系统分别规定了雨水斗最大设计泄流量、管道设计计算。87型雨水斗系统按《建筑屋面雨水排水系统技术规程》CJJ 142执行。

（26）小区雨水排水推荐线性排水沟设置场所。

（27）小区雨水管道设计降雨历时计算按现行国家标准《室外排水设计规范》GB 50014—2016修改。

（28）小区雨水管道设计重现期根据汇水区域性适当提高标准。

（29）补充了小区雨水管道承接超高层建筑墙面雨水量设计要求。

（30）补充了小区设置雨水调蓄池的相关要求。

（31）与给水用水定额修订部分相对应，增加了医院门诊部、诊疗所等部门的热水用水定额。

（32）增加了集中热水供应系统设消毒灭菌设施的条款。在条文说明中推荐了国内最新研发的两种用于热水系统消毒灭菌的新技术及其装置。

（33）对集中热水供应系统的供水温度在满足使用要求的前提下根据水质硬度、是否设消毒灭菌装置及节能、安全、缓蚀、阻垢等条件作出了具体规定。

（34）对不同类型建筑根据其使用特点、适用的热水系统作了具体规定，对小区共用集中热水供应系统的规模提出了限定条件。

（35）对水加热设备机房的设置提出了要求。

（36）增加了不同建筑配水点出水温度≥45℃的时间。

（37）提出了合理配置循环管，减少能耗的原则。

（38）为保证循环系统循环效果，通过模拟系统的实测研究分析提出了具体措施。

（39）对支管循环提出了限定条件，推荐自调控电伴热代替支管循环。

（40）淘汰传统的容积式水加热器，推荐性能优越的半容积式水加热器。

（41）太阳能、热泵热水供应系统作为单独一节编写。

（42）对计算太阳能集热器总面积的各项参数作了明确规定。

（43）增加了不同类型建筑在不同条件下选用太阳能热水系统的原则。

（44）推荐集热、贮热、换热一体的无集热循环系统的新型太阳能集热装置。

（45）修订了配水管的热损失取值范围。

（46）修订了循环泵的流量计算公式。

（47）增加了贮热水箱配热水供水泵供水兼循环的水泵流量计算规定。

四、开展的专题论证

1. 生活排水立管通水能力研究

研究主要结论：

（1）本标准采用的瞬间流测试方法符合我国民众生活习惯，符合生活排水立管实际运行工况，能与排水设计秒流量计算公式配套使用。

（2）判别标准确定为规定立管内压力的范围控制在±400Pa以内。

（3）通过万科塔对原规范表4.4.11“生活排水立管最大设计排水能力”中的数据进行测试验证，提出生活排水立管的最大设计排水能力。

2. 热水循环系统的测试与研究

研究主要结论：

（1）保证循环效果是衡量集中热水供应系统设计成功与否的重要标志。

（2）应尽量采用上行下给布管的循环系统。

（3）一般居住建筑可首选设导流三通、同程布管、设大阻力短管等调试、维护管理工作量小的循环方式；宾馆、医院等公共建筑可首选设温控循环阀、流量平衡阀等可以调节，节能效果较明显但调试、维护管理工作量相对较大的循环方式。

（4）带有多个子系统或供给多栋建筑的共用循环系统，可采用多种循环元件或布管方式组合的循环方式。

（5）根据循环方式计算循环流量。

上述研究成果纳入本标准条文或条文说明。

第 2 篇 《建筑给水排水设计标准》GB 50015—2019 内容释义与实施要点

1 总 则

1.0.1 为保证建筑给水排水工程设计质量，满足安全、卫生、适用、经济、绿色等基本要求，制定本标准。

【释义与实施要点】

《中华人民共和国建筑法》第四条规定，国家扶持建筑业的发展，支持建筑科学技术研究，提高房屋建筑设计水平，鼓励节约能源和保护环境，提倡采用先进技术、先进设备、先进工艺、新型建筑材料和现代管理方式。

建筑给水排水与人民生活息息相关，故安全、卫生非常重要，是建筑给水排水设计的底线。在满足安全、卫生的前提下，还应考虑给水排水系统设计是否适用和经济。

现行国家标准《绿色建筑评价标准》GB/T 50378—2019 中明确规定，绿色建筑即为在全寿命期内，节约资源、保护环境、减少污染，为人们提供健康、适用、高效的使用空间，最大限度地实现人与自然和谐共生的高质量建筑。绿色性能涉及建筑安全耐久、健康舒适、生活便利、资源节约（节地、节能、节水、节材）和环境宜居等方面的综合性能。本次修订，增加了绿色建筑的要求。如本标准第 3.1.5 条规定，在满足使用要求与卫生安全的条件下，建筑给水系统应节水节能，系统运行的噪声和振动等不得影响人们的正常工作和生活。第 5.1.1 条规定，屋面雨水排水系统应迅速、及时地将屋面雨水排至室外地面或雨水控制利用设施和管道系统。第 5.1.3 条规定，小区雨水排水系统应与生活污水系统分流。雨水回用时，应设置独立的雨水收集管道系统，雨水利用系统处理后的水可在中水贮存池中与中水合并回用。第 6.1.1 条规定，热水供应系统应在满足使用要求水量、水质、水温和水压的条件下节约能源、节约用水。

1.0.2 本标准适用于民用建筑、工业建筑与小区的生活给水排水以及小区的雨水排水工程设计。

【释义与实施要点】

本条明确了本标准的适用范围。

现行国家标准《民用建筑设计统一标准》GB 50352—2019 第 2.0.1 条对“民用建筑”的定义作出了明确规定，即民用建筑是供人们居住和进行公共活动的建筑的总称。第 2.0.2 条规定，居住建筑是供人们居住使用的建筑。第 2.0.3 条规定，公共建筑是供人们进行各种公共活动的建筑。

“小区”是居住区、公建区和工业园区的总称。随着我国诸如会展区、金融区、高新科技开发区、大学城等的兴建，形成了以展馆、办公楼、教学楼等为主体，以及为其配套的服务行业建筑为辅的公建小区。公建小区给水排水设计属于建筑给水排水设计范畴。随着传统工业生产转型，产业升级、调整和创新，以某种产业聚集配套形成现代化产业分工协作的生产园区，除生产特殊要求的给水排水外，其生活给水排水以及小区的雨水排水工程设计也应符合国家现行标准《建筑给水排水设计标准》GB 50015 的要求。

设计下列工程或内容时，还应按现行的有关规范、标准或规定执行：

（1）湿陷性黄土、多年冻土和胀缩土等地区的建筑物；

（2）矿泉水疗、人防建筑；

（3）工业生产给水排水工程；

（4）有抗震要求的机电工程；

（5）真空排水；

（6）消防给水设计。

如湿陷性黄土地区应执行现行国家标准《湿陷性黄土地区建筑标准》GB 50025 或地方的规定，并参照国家建筑标准设计图集《湿陷性黄土地区室外给水排水管道工程构筑物》S513；有抗震要求的机电工程执行国家或地方的现行标准；真空排水系统的设计应执行现行协会标准《室外真空排水系统工程技术规程》CECS 316—2012、《室内真空排水系统工程技术规程》T/CECS 544—2018；消防给水设计应执行现行国家和地方规定。

1.0.3 当建筑物高度超过 250m 时，建筑给水排水系统设计除应符合本标准的规定外，尚应进行专题研究、论证。

【释义与实施要点】

随着我国超高层建筑的迅速发展，各地超高层建筑越来越多、越来越高，为保证超高层建筑给水排水系统设计符合安全、卫生、适用、绿色及经济等要求，提出了给水排水系统设计应经过国家建设行政主管部门组织专家专项研究和论证的要求。

关于建筑物高度 250m 的规定，参考了现行国家标准《建筑设计防火规范》GB 50016 的相关规定。

1.0.4 建筑给水排水设计，在满足使用要求的同时还应为施工安装、操作管理、维修检测以及安全防护等提供便利条件。

【释义与实施要点】

建筑给水排水设计工程是在设计图纸上，还要经过施工安装公司将图纸上的设计构想变为现实，所以设计者要为施工安装提供方便、可操作的条件。任何专业工程在投入运行后，会产生管道淤堵、机械磨损等需要维护管理。设计者尽可能考虑周到一点，不然事后弥补会对建筑、结构和装饰造成损害。如：给水阀门按管道、设备检修需要在引入管、干管和分支立管上设置，在水表、运行的给水（含热水）设备前必须设置。

在管道、给水排水设备［泵房机组、水箱（池、罐）、冷却塔、加热贮热设备］周边应留有检修操作空间。在排水管道上设置检查口、清扫口，暗设管道要求土建设置检修门（孔），室外埋地管道上按清通要求设置检查井。在需要获取设备运行的信息时，还应设置必要的监视报警装置、传感器、储存器等为科学研究积累数据。

1.0.5 建筑给水排水工程设计，除应执行本标准外，尚应符合国家现行有关标准的规定。

【释义与实施要点】

本标准在建筑给水排水工程设计领域作出了全面、系统的原则性规定，除了执行本标准外，工程中涉及给水排水产品、建筑防火、城镇给水排水、施工验收、环境卫生等方面时还要符合国家现行有关标准的规定。在本标准“引用标准名录”中已列出。另外，一些团体标准、地方标准也应因地制宜地参照执行。

2 术 语 和 符 号

2.1 术 语

2.1.1 生活饮用水 drinking water

水质符合国家生活饮用水卫生标准的用于日常饮用、洗涤等生活用水。

2.1.2 生活杂用水 non-drinking water

用于冲厕、洗车、浇洒道路、浇灌绿化、补充空调循环用水及景观水体等的非生活饮用水。

2.1.3 二次供水 secondary water supply

当民用与工业建筑生活饮用水对水压、水量的要求超出城镇公共供水或自建设施供水管网能力时，通过储存、加压等设施经管道供给用户或自用的供水方式。

【释义与实施要点】

本次修订新增条文

2.1.4 小时变化系数 hourly variation coefficient

最大时用水量与平均时用水量的比值。

2.1.5 最大时用水量 maximum hourly water consumption

最高日最大用水时段内的小时用水量。

2.1.6 平均时用水量 average hourly water consumption

最高日用水时段内的平均小时用水量。

2.1.7 回流污染 backflow pollution

由背压回流或虹吸回流对生活给水系统造成的污染。

2.1.8 背压回流 back-pressure back flow

因给水系统下游压力的变化，用水端的水压高于供水端的水压而引起的回流现象。

2.1.9 虹吸回流 siphonage back flow

给水管道内负压引起卫生器具、受水容器中的水或液体混合物倒流入生活给水系统的回流现象。

2.1.10 空气间隙 air gap

在给水系统中，管道出水口或水嘴出口的最低点与用水设备溢流水位间的垂直空间距离；在排水系统中，间接排水的设备或容器的排出管口最低点与受水器溢流水位间的垂直空间距离。

2.1.11 溢流边缘 flood-level rim

器具溢流的上边缘。

2.1.12 倒流防止器 backflow preventer

采用止回部件组成的可防止给水管道水流倒流的装置。

2.1.13 真空破坏器 vacuum breaker

可导入大气压消除给水管道内水流因虹吸而倒流的装置。

2.1.14 引入管 service pipe

由市政管道引入至小区给水管网的管段，或由小区给水接户管引入建筑物的管段。

2.1.15 接户管 inter-building pipe

布置在建筑物周围，直接与建筑物引入管或排出管相接的给水排水管道。

2.1.16 入户管（进户管） inlet pipe

从给水系统单独供至每个住户的生活给水管段。

2.1.17 竖向分区 vertical division zone

建筑给水系统中在垂直高度分成若干供水区。

2.1.18 并联供水 parallel water supply

建筑物各竖向给水分区有独立增（减）压系统供水的方式。

2.1.19 串联供水 series water supply

建筑物各竖向给水分区逐区串级增（减）压供水的方式。

2.1.20 叠压供水 pressure superposed water supply

供水设备从有压的供水管网中直接吸水增压的供水方式。

2.1.21 明设 exposed installation

室内管道明露布置的方法。

2.1.22 暗设 concealed installation，embedded installation

室内管道布置在墙体管槽、管道井或管沟等内，或者由建筑装饰隐蔽的敷设方法。

2.1.23 分水器 manifold

用于多分支管路的管道配件。

2.1.24 自备水源 self-provided water source

除城镇给水管网提供的生活饮用水之外的水源。

【释义与实施要点】

本次修订新增条文

2.1.25 卫生器具 plumbing fixture，fixture

供水并接受、排出污废水或污物的容器或装置。

2.1.26 卫生器具当量 fixture unit

以某一卫生器具流量（给水流量或排水流量）值为基数，其他卫生器具的流量（给水流量或排水流量）值与其的比值。

2.1.27 额定流量 nominal flow

卫生器具配水出口在规定的工作压力下单位时间内流出的水量。

2.1.28 设计秒流量 design peak flow

在建筑生活给水管道系统设计时，按其供水的卫生器具给水当量、使用人数、用水规律在高峰用水时段的最大瞬时给水流量作为该管段的设计流量，称为给水设计秒流量，其计量单位通常以 L/s 表示。

建筑内部在排水管道设计时，按其接纳室内卫生器具数量、排水当量、排水规律在排水管段中产生的瞬时最大排水流量作为该管段设计流量，称为排水设计秒流量，其计量单位通常以 L/s 表示。

【释义与实施要点】

本次修订新增条文

第一层次系说明设计秒流量适用范围，对于给水设计秒流量不但适用于室内管道计算还适用于室外给水管道计算，还用于变频供水设备的选择，所以用“建筑生活给水管道系统”。“系统”即涵盖管道和设备。

对于排水秒流量公式仅适用于室内排水管道设计，由于生活污水是间断流，一般污水提升均设置污水集水池按最大小时流量选泵，即使别墅地下室卫生间的成品污水提升装置流量只需满足最大排水器具大便器排水流量即可。

第二层次系说明影响设计秒流量量值因素，见秒流量计算公式中各个函数。

第三层次说明给（排）水规律，即为设计秒流量与各个函数之间关系，卫生器具同时使用概率、平方根关系、同时使用百分数。

最后是描述设计秒流量是瞬时出现的峰值流量。

2.1.29 水头损失 head loss

水通过管渠、设备、构筑物等引起的能耗。

2.1.30 气压给水 pneumatic water supply

由水泵和压力罐以及一些附件组成，水泵将水压入压力罐，依靠罐内的压缩空气压力，自动调节供水流量和保持供水压力的供水方式。

2.1.31 配水点 points of distribution

给水系统中的用水点。

2.1.32 循环周期 circulating period

循环水系统构筑物和管道内的有效水容积与单位时间内循环量的比值。

2.1.33 反冲洗 backwash

当滤料层截污到一定程度时，用较强的水流逆向对滤料进行冲洗。

2.1.34 水质稳定处理 stabilization treatment of water quality

为保持循环冷却水中的碳酸钙和二氧化碳的浓度达到平衡状态（既不产生碳酸钙沉淀而结垢，也不因其溶解而腐蚀），并抑制微生物生长而采用的水处理工艺。

2.1.35 浓缩倍数 cycle of concentration

循环冷却水的含盐浓度与补充水的含盐浓度的比值。

2.1.36 自灌 self-priming

水泵启动时水靠重力充入泵体的引水方式。

2.1.37 水景 waterscape，fountain

人工建造的水体景观。

2.1.38 亲水性水景 hydrophilic waterscape

产生飘粒、水雾会接触器官吸入人体的动态水景。

【释义与实施要点】

本次修订新增条文

2.1.39 生活污水 domestic sewage

人们日常生活中排泄的粪便污水。

2.1.40 生活废水 domestic wastewater

人们日常生活中排出的洗涤水。

2.1.41 生活排水 sanitary wastewater

人们在日常生活中排出的生活污水和生活废水的总称。

2.1.42 排出管 building drain，outlet pipe

从建筑物内至室外检查井或排水沟渠的排水横管段。

2.1.43 立管 vertical pipe，riser，stack

呈垂直或与垂线夹角小于 45°的给水排水管道。

2.1.44 横管 horizontal pipe

呈水平或与水平线夹角小于 45°的管道。其中连接器具排水管至排水立管的管段称横支管，连接若干根排水立管至排出管的管段称横干管。

2.1.45 器具排水管 fixture drainage

自卫生器具存水弯出口至排水横支管连接处之间的排水管段。

【释义与实施要点】

本次修订新增条文

2.1.46 清扫口 cleanout

排水横管上用于清通排水管的配件。

2.1.47 检查口 check hole，check pipe

带有可开启检查盖的配件，装设在排水立管上，做检查和清通之用。

2.1.48 存水弯 trap

在卫生器具内部或器具排出口上设置的一种内有水封的配件。

2.1.49 水封 water seal

器具或管段内有一定高度的水柱，防止排水管系统中气体窜入室内。

2.1.50 H 管 H pipe

连接排水立管与通气立管形如 H 的专用配件。

2.1.51 吸气阀 air admittance valves

只允许空气进入排水系统，不允许排水系统中臭气逸出的通气管道附件。

【释义与实施要点】

本次修订新增条文

2.1.52 通气管 vent pipe，vent

为使排水系统内空气流通、压力稳定、防止水封破坏而设置的与大气相通的管道。

2.1.53 伸顶通气管 stack vent

排水立管与最上层排水横支管连接处向上延伸至室外通气的管段。

2.1.54 专用通气立管 specific vent stack

仅与排水立管连接，为排水立管内空气流通而设置的垂直通气管道。

2.1.55 汇合通气管 vent headers

连接数根通气立管或排水立管顶端通气部分，并延伸至室外接通大气的通气管段。

2.1.56 主通气立管 main vent stack

设置在排水立管同侧，连接环形通气管和排水立管，为使排水横支管和排水立管内空气流通而设置的垂直管道。

2.1.57 副通气立管 secondary vent stack，assistant vent stack

设置在排水立管不同侧，仅与环形通气管连接，为使排水横支管内空气流通而设置的通气立管。

2.1.58 环形通气管 loop vent

从多个卫生器具的排水横支管上最始端的两个卫生器具之间接出至主通气立管或副通气立管的通气管段，或连接器具通气管至主通气立管或副通气立管的通气管段。

2.1.59 器具通气管 fixture vent

卫生器具存水弯出口端接至环形通气管的管段。

2.1.60 结合通气管 yoke vent

排水立管与通气立管的连接管段。

2.1.61 自循环通气 self- circulation venting

通气立管在顶端、层间和排水立管相连，在底端与排出管连接，排水时在管道内产生的正负压通过连接的通气管道迂回补气而达到平衡的通气方式。

2.1.62 间接排水 indirect drain

设备或容器的排水管道与排水系统非直接连接，其间留有空气间隙。

2.1.63 同层排水 same-floor drainage

排水横支管布置在本层，器具排水管不穿楼层的排水方式。

2.1.64 覆土深度 covered depth

埋地管道管外顶至地表面的垂直距离。

2.1.65 埋设深度 buried depth

埋地排水管道内底至地表面的垂直距离。

2.1.66 水流转角 angle of turning flow

水流原来的流向与其改变后的流向之间的夹角。

2.1.67 充满度 depth ratio

水流在管渠中的充满程度，管道以水深与管径之比值表示，渠道以水深与渠高之比值表示。

2.1.68 隔油池 grease tank

分隔、拦集生活废水中油脂的小型处理构筑物。

2.1.69 隔油器 grease interceptor

分隔、拦集生活废水中油脂的成品装置。

2.1.70 降温池 cooling tank

降低排水温度的小型处理构筑物。

2.1.71 化粪池 septic tank

将生活污水分格沉淀，并对污泥进行厌氧消化的小型处理构筑物。

2.1.72 中水 reclaimed water

各种生活排水经处理达到规定的水质标准后回用的水。

2.1.73 医疗机构污水 medical orgnization sewage

医疗机构门诊、病房、手术室、各类检验室、病理解剖室、放射室、洗衣房、太平间等处排出的诊疗、生活及粪便污水。

【释义与实施要点】

《建筑给水排水设计规范》GB 50015—2003（2009年版）第2.1.62条“医院污水”，本次修订修改为“医疗机构污水”，用词更准确。

2.1.74 污水提升装置 sewage lifting device

集污水泵、集水箱、管道、阀门、液位计和电气控制为一体，用于污水提升的成品装置。

【释义与实施要点】

本次修订新增条文

2.1.75 换气次数 time of air change

通风系统单位时间内送风或排风体积与室内空间体积之比。

2.1.76 暴雨强度 rainfall intensity

单位时间内的降雨量。工程上常用单位时间内单位面积上的降雨体积计，其计量单位通常以L/（s·hm^2）表示。

2.1.77 重现期 recurrence interval

经一定时间的雨量观测资料统计分析，等于或大于某暴雨强度的降雨出现一次的平均间隔时间，其单位通常以a表示。

2.1.78 降雨历时 duration of rainfall

降雨过程中的任意连续时段。

2.1.79 地面集水时间 inlet time

雨水从相应汇水面积的最远点地表径流到雨水管渠入口的时间，简称集水时间。

2.1.80 管内流行时间 time of flow

雨水在管渠中流行的时间，简称流行时间。

2.1.81 汇水面积 catchment area

雨水管渠汇集降雨的面积。

2.1.82 重力流雨水排水系统 gravity rain drainage system

管道按重力无压流设计的屋面雨水排水系统。

2.1.83 满管压力流雨水排水系统 full pressure storm system

管道按满管流产生的负压抽吸排水设计的屋面雨水排水系统。

2.1.84 雨水口 gulley，gutter inlet

将地面雨水导入雨水管渠的带格栅的集水口。

2.1.85 线性排水沟 linear drainage ditch

将地面雨水沿程连续收集的排水沟。

【释义与实施要点】

本次修订新增条文

2.1.86 雨落水管 downspout，leader

敷设在建筑物外墙的外侧，用于排除屋面雨水的排水立管。

2.1.87 悬吊管 hung pipe

悬吊在屋架、楼板和梁下或架空在柱上的雨水横管。

2.1.88 雨水斗 roof drain

将建筑物屋面的雨水导入雨水立管的装置。

2.1.89 径流系数 runoff coefficient

一定汇水面积的径流雨水量与降雨量的比值。

2.1.90 集中热水供应系统 central hot water supply system

供给一幢（不含单幢别墅）、数幢建筑或供给多功能单栋建筑中一个、多个功能部门所需热水的系统。

2.1.91 全日集中热水供应系统 all day hot water supply system

在全日、工作班或营业时间内不间断供应热水的系统。

2.1.92 定时集中热水供应系统 fixed time hot water supply system

在全日、工作班或营业时间内某一时段供应热水的系统。

2.1.93 局部热水供应系统 local hot water supply system

供给单栋别墅、住宅的单个住户、公共建筑的单个卫生间、单个厨房餐厅或淋浴间等用房热水的系统。

2.1.94 开式热水供应系统 open hot water supply system

热水管系与大气相通的热水供应系统。

2.1.95 闭式热水供应系统 closed hot water supply system

热水管系不与大气相通的热水供应系统。

2.1.96 单管热水供应系统 single line hot water supply system，tempered water supply system

用一根管道直接供应配水点所需使用温度热水的热水供应系统。

2.1.97 热泵热水供应系统 heat pump hot water supply system

采用热泵机组制备和供应热水的热水供应系统。

2.1.98 水源热泵 water-source heat pump

以水或添加防冻剂的水溶液为低温热源的热泵。

2.1.99 空气源热泵 air-source heat pump

以环境空气为低温热源的热泵。

2.1.100 热源 heat source

制取热水或热媒的能源。

2.1.101 热媒 heat medium

热传递载体，常为热水、蒸汽、烟气。

2.1.102 废热 waste heat

生产过程中排放的废弃热量，如废蒸汽、高温废水（液）、高温烟气等排放的热量。

2.1.103 太阳能保证率 solar fraction

系统中全年由太阳能提供的热量占全年系统总耗热量的比率。

2.1.104 太阳辐照量 solar irradiation

接收到太阳辐射能的面密度。

2.1.105 燃油（气）热水机组 fuel oil (gas) hot water device

由燃烧器、水加热炉体和燃油（气）供应系统等组成的设备组合体，炉体水套与大气相通，呈常压状态。

2.1.106 设计小时耗热量 design heat consumption of maximum hour

热水供应系统中用水设备、器具最大用水时段内的小时耗热量。

2.1.107 设计小时供热量 design heat supply of maximum hour

热水供应系统中水加热设备最大用水时段内的小时产热量。

2.1.108 同程热水供应系统 reversed return hot water system

对应每个配水点的供水与回水管路长度之和相等或近似相等的热水供应系统。

2.1.109 第一循环系统 heat carrier circulation system

集中热水供应系统中，热水锅炉或热水机组与水加热器或贮热水罐之间组成的热媒或热水的循环系统。

2.1.110 第二循环系统 hot water circulation system

集中热水供应系统中，水加热器或贮热水罐与热水供、回水管道组成的热水循环系统。

2.1.111 上行下给式 downfeed system

给水横干管位于配水管网的上部，通过立管向下给水的方式。

2.1.112 下行上给式 upfeed system

给水横干管位于配水管网的下部，通过立管向上给水的方式。

2.1.113 回水管 return pipe

在热水循环管系中仅通过循环流量的管段。

2.1.114 管道直饮水系统 pipe system for fine drinking water

原水经深度净化处理达到标准后，通过管道供给人们直接饮用的供水系统。

2.1.115 水质阻垢缓蚀处理 water quality treatment of scaleinhibitor and corrosion-delay

采用电、磁、化学稳定剂等物理、化学方法稳定水中钙、镁离子，使其在一定的条件下不形成水垢，延缓对加热设备或管道的腐蚀的水质处理。

2.1.116 太阳能热水系统 solar hot water system

利用太阳能集热器集取太阳能热能为主热源，配置辅助热源制备并供给生活热水的系统。

【释义与实施要点】

本次修订新增条文

2.1.117 集中集热集中供热太阳能热水系统 centralized heat collecting and centralized heat supplying solar hot water system

集中集取太阳能的热能，集中配置辅助热源的太阳能热水系统。

【释义与实施要点】

本次修订新增条文

2.1.118 集中集热分散供热太阳能热水系统 centralized heat collecting and decentralized heat supplying solar hot water system

集中集取太阳能的热能，分散配置辅助热源的太阳能热水系统。

【释义与实施要点】

本次修订新增条文

2.1.119 分散集热分散供热太阳能热水系统 decentralized heat collecting and decentralized heat supplying solar hot water system

分散集取太阳能的热能，分散配置辅助热源的太阳能热水系统。

【释义与实施要点】

本次修订新增条文

2.1.120 直接太阳能热水系统 solar direct system

集取太阳能的热能直接加热冷水，配置辅助热源供给生活热水的太阳能热水系统。

【释义与实施要点】

本次修订新增条文

2.1.121 间接太阳能热水系统 solar indirect system

集取太阳能的热能加热被加热介质（软化水或防冻液水）经水加热设施间接加热冷水，配置辅助热源供给生活热水的太阳能热水系统。

【释义与实施要点】

本次修订新增条文

2.1.122 开式太阳能集热系统 open system

太阳能集热器内被加热介质（冷水、软化水、防冻液水）直接通大气的集热系统。

【释义与实施要点】

本次修订新增条文

2.1.123 闭式太阳能集热系统 closed system

太阳能集热器内被加热介质（冷水、软化水、防冻液水）不通大气密闭承压运行的集热系统。

【释义与实施要点】

本次修订新增条文

3 给　　水

3.1 一 般 规 定

3.1.1 建筑给水系统的设计应满足生活用水对水质、水量、水压、安全供水，以及消防给水的要求。

【释义与实施要点】

本条是建筑给水系统设计的原则规定，是新增条文。

水是生命的源泉，人们的日常生活、工作等均离不开水，建筑给水系统的水质、水量、水压与安全供水，与人民群众正常稳定的生活息息相关。建筑给水系统设计应体现安全供水，其内容包含了水质的安全保障、水量的安全保障和水压的安全保障。

1. 本标准关于生活用水的水质的要求主要有：

(1) 3.3.1 条关于生活饮用水系统应符合的水质标准；

(2) 3.3.2 条关于采用中水作为生活杂用水时应符合的水质标准；

(3) 3.3.3 条关于采用回用雨水作为生活杂用水时应符合的水质标准；

(4) 3.10.1 条关于游泳池和水上游乐池的池水应符合的水质标准；

(5) 3.10.2 条关于举办重要国际竞赛和有特殊要求的游泳池池水应符合的水质标准；

(6) 3.10.3 条关于游泳池和水上游乐池的初次充水和使用过程中的补充水应符合的水质标准；

(7) 3.11.1 条关于建筑空调敞开式循环冷却水系统的循环水和补充水的水质要求；

(8) 3.12.1 条关于水景及补水应符合的水质标准等。

2. 本标准关于生活用水的用水定额（用水量）的要求主要有：

(1) 3.2.1 条关于住宅的生活用水定额；

(2) 3.2.2 条关于公共建筑的生活用水定额；

(3) 3.2.3 条关于绿化浇灌的最高日用水定额；

(4) 3.2.4 条关于小区道路、广场的浇洒最高日用水定额；

(5) 3.2.5 条关于游泳池、水上游乐池和水景用水量；

(6) 3.2.6 条关于民用建筑空调循环冷却水系统的补充水量；

(7) 3.2.7 条关于汽车冲洗最高日用水定额；

(8) 3.2.9 条关于给水管网漏失水量和未预见水量；

(9) 3.2.11 条关于工业企业建筑管理人员最高日用水定额等。

3. 本标准关于建筑给水系统水压的要求主要有：

(1) 3.4.2 条关于卫生器具给水配件承受的最大工作压力；

(2) 3.4.3 条关于生活给水系统分区供水的静水压力；

（3）3.4.4 条关于生活给水系统用水点处动压；

（4）3.4.5 条关于居住建筑入户管供水压力；

（5）3.5.1 条关于管材和管件及连接方式的工作压力等。

4. 本标准关于消防给水的要求包含以下内容：

（1）3.2.8 条关于建筑物室内外消防用水的设计流量、供水水压、火灾延续时间、同一时间内的火灾起数等的确定原则；

（2）3.3.8 条关于从小区或建筑物内生活饮用水管道系统上单独接出消防用水管道时，应在消防用水管道的起端设置倒流防止器；

（3）3.5.19 条关于消防时除生活用水外尚需通过消防流量的水表口径的确定原则；

（4）3.7.1 条关于建筑给水设计用水量中消防用水量的作用；

（5）3.7.16 条关于建筑物或小区引入管上水表的水头损失在校核消防工况时的取值方法；

（6）3.13.7 条关于小区的室外生活、消防合用给水管道设计流量的计算方法；

（7）3.13.9 条关于小区生活用贮水池贮存消防用水时，消防贮水量的计算方法等。

3.1.2 自备水源的供水管道严禁与城镇给水管道直接连接。

【释义与实施要点】

本条是自备水源供水管道与城镇给水管道的连接规定，属强制性条文，必须严格执行。

保证生活饮用水水质符合标准要求是建筑给水系统设计必须遵循的原则之一。

自备水源供水管道系指设计工程基地内设有一套从水源（非城镇给水管网，可以是地表水或地下水）取水，经水质处理后供基地内生活、生产和消防用水的供水系统。由市政供水并贮存于基地水箱（池、塔）内供生活、生产和消防用水的均不能称之为自备水源。

由于生活饮用水卫生标准规定的是用户用水点的水质要求，因此建筑给水系统在储存、加压、输送等各个环节均不能改变供水管网的水质。本条规定了用户的自备水源的供水管道严禁与城镇给水管道（即城市自来水管道）直接连接，这是国际上通用的做法。例如美国《统一建筑给水排水规范》（Uniform Plumbing Code）规定："在未得到规范管辖机构、卫生部门或其他具有管辖权的部门批准之前，专用给水系统（自备水源系统）供水的管道不得连接到其他的水源"；美国《国际建筑给水排水规范》（International Plumbing Code）规定："应禁止私用给水和公用饮用水给水之间的交叉连接"。我国 1994 年 7 月 19 日颁布的《中华人民共和国城市供水条例》也明确规定："禁止擅自将自建的设施供水管网系统与城市公共供水管网系统连接；因特殊情况确需连接的，必须经城市自来水供水企业同意，报城市供水行政主管部门和卫生行政主管部门批准，并在管道连接处采取必要的防护措施"。

当用户需要将城镇给水作为自备水源的备用水或补充水时，无论其自备水源系统的水质是否符合或优于城镇给水水质，均不得将自备水源的管道与城镇给水管道直接连接，只能将城镇给水管道的水放入自备水源系统的贮水（或调节）池，经自备系统加压后使用。城镇给水管道进水口与贮水（或调节）池溢流水位之间必须有符合本标准要求的空气间隙。

3.1.3 中水、回用雨水等非生活饮用水管道严禁与生活饮用水管道连接。

【释义与实施要点】

本条是非生活饮用水管道与生活饮用水管道的连接规定，属强制性条文，必须严格执行。

严禁非生活饮用水管道与生活饮用水管道连接的有关规定，在《建筑中水设计标准》GB 50336—2018与《建筑与小区雨水控制及利用工程技术规范》GB 50400—2016等标准中均以强制性条文作出了明确的要求。《建筑中水设计标准》GB 50336—2018第8.1.1条规定："中水管道严禁与生活饮用水管道连接"，《建筑与小区雨水控制及利用工程技术规范》GB 50400—2016第7.3.1条规定："雨水供水管道应与生活饮用水管道分开设置，严禁回用雨水进入生活饮用水给水系统"。

为保护生活饮用水的水质不受到污染，当采用生活饮用水作为中水、回用雨水等非生活饮用水补充水时，严禁非生活饮用水与生活饮用水用管道连接，即使设置了倒流防止器也不允许。正确的做法是将生活饮用水补入中水、回用雨水等非生活饮用水的贮存池内，并且在生活饮用水补水管上应设有符合本标准要求的空气间隙。

3.1.4 生活饮用水应设有防止管道内产生虹吸回流、背压回流等污染的措施。

【释义与实施要点】

本条是生活饮用水管道防止回流污染的要求，属强制性条文，必须严格执行。

造成生活饮用水管内回流的原因具体可分为虹吸回流和背压回流两种情况。虹吸回流是由于给水系统供水端压力降低或产生负压（真空或部分真空）而引起的回流。例如，由于附近救火、爆管、修理造成管网压力降低或断水后出现的虹吸回流。背压回流是由于给水系统下游的压力变化，用水端的水压高于供水端的水压，出现大于上游压力而引起的回流，可能出现在热水或压力供水等系统中。例如，锅炉的供水压力低于锅炉的运行压力时，锅炉内的水会回流入给水管道。因为回流现象的产生而造成生活饮用水系统的水质劣化，称为回流污染，也称倒流污染。国外发达国家十分重视回流污染的防止，例如美国最常用的三本建筑给水排水标准《美国标准建筑给水排水规范》（National Standard Plumbing Code）、《国际建筑给水排水规范》（International Plumbing Code）和《统一建筑给水排水规范》（Uniform Plumbing Code）对此都有相当严格的规定。

防止回流污染产生的技术措施一般可采用空气间隙、倒流防止器、真空破坏器等措施和装置。具体技术措施的选择应根据回流性质和回流污染的危害程度确定，应参见本标准附录A。

3.1.5 在满足使用要求与卫生安全的条件下，建筑给水系统应节水节能，系统运行的噪声和振动等不得影响人们的正常工作和生活。

【释义与实施要点】

本条是新增条文。

在工程建设中贯彻节能、节地、节水、节材和环境保护是我国一项长久的国策。建筑给水系统设计应在满足使用者对水质、水量、水压和水温要求的前提下，提高水资源的利用率，降低供水能耗。建筑节水与节能两者关系密切，具有一定的内在联系。例如，设计住宅工程时如能根据项目所在地区的气候条件、城市规模、水资源状况、经济环境、生活习惯、住宅类别、建筑标准等因素合理选用住宅生活用水定额及小时变化系数，不仅能降低设计流量，进而降低管材、附件、水池（箱）等的材料消耗，还能进一步降低供水的能源消耗。建筑节水设计应符合本标准有关条文和国家标准《民用建筑节水设计标准》GB 50555 的有关规定，建筑节能设计应符合本标准有关条文和国家标准《公共建筑节能设计标准》GB 50189 的有关规定。

建筑给水系统的运行噪声和振动，不仅影响了人们的工作、休息、语言交流，而且会对人体部分器官产生直接危害，引发多种病症，危害人体健康，因此必须进行防治。本标准本次修订新增了 3.9.1 条第 5 款“水泵噪声和振动应符合国家现行有关标准的规定”。

3.1.6 生活饮用水给水系统的涉水产品应符合现行国家标准《生活饮用水输配水设备及防护材料的安全性评价标准》GB/T 17219 的规定。

【释义与实施要点】

本条是对涉水产品的卫生要求，系新增条文。

涉水产品系指与生活饮用水以及生活饮用水处理剂直接接触的给水系统管材、附件、水池（箱）、设备、水质处理剂（器）、防护涂料和胶粘剂等。涉水产品的卫生质量直接关系到生活给水系统的水质安全、人民群众的身体健康和生命安全，因此，涉水产品均应符合现行国家卫生标准的规定。

国家标准《生活饮用水输配水设备及防护材料的安全性评价标准》GB/T 17219—1998 中卫生要求如下：

（1）凡与生活饮用水接触的给水设备和防护材料不得污染水质，管网末梢水水质必须符合国家标准《生活饮用水卫生标准》GB 5749 的要求；

（2）生活饮用水的给水设备和防护材料必须按该标准附录 A“饮用水输配水设备卫生标准检验方法”和附录 B“与饮用水接触的防护材料卫生标准检验方法”的规定分别进行浸泡试验；

（3）浸泡水需按该标准附录 A“饮用水输配水设备卫生标准检验方法”和附录 B“与饮用水接触的防护材料卫生标准检验方法”的方法进行检测。检测结果必须分别符合该标准表 1“饮用水输配水设备浸泡水的卫生要求”和表 2“与饮用水接触的防护材料浸泡水的卫生要求”的规定；

（4）浸泡水尚需按该标准附录 C“饮用水输配水设备及防护材料的卫生毒理学评价程序和方法”进行毒理学试验；

（5）生产饮用水输配水设备和防护材料所用原料应使用食品级。

3.1.7 小区给水系统设计应综合利用各种水资源，充分利用再生水、雨水等非传统水源；优先采用循环和重复利用给水系统。

【释义与实施要点】

本条是根据本标准 2009 年版 3.1.1A 条修改。

“建设资源节约型、环境友好型社会”是我国经济社会发展和改革开放的主要任务之一，发展循环经济是建设资源节约型、环境友好型社会和实现可持续发展的重要途径。建筑给水排水应将“减量化（reduce）、再利用（reuse）、再循环（recycle）”的“3R原则”作为最重要的行为准则，贯穿于设计、施工、管理等各个阶段的工作中。

水是生命的源泉，它滋润了万物，哺育了生命。合理利用水资源，避免水的损失和浪费，是保证我国国民经济和社会发展的重要问题。进行建筑给水设计时应贯彻减量化、再利用、再循环的原则，综合利用各种水资源。建设节水型社会必须坚持开源与节流并重。本标准的每一次修订都充分体现了我国节水技术的进步。

我国的中水技术发展和应用是从改革开放时开始的。建筑中水是指将民用建筑或建筑小区使用后原来直接排放的生活污、废水经处理后达到一定的水质标准，作为杂用的供水系统在一定范围内重复使用。建筑中水的具体技术内容可见国家标准《建筑中水设计标准》GB 50336—2018。

建筑小区雨水控制与利用具有良好的节水效能和生态效益，是建筑水综合中的一项系统工程。现代意义上的雨水利用在国外是从20世纪80年代到90年代约20年时间里发展起来的，它主要是随着城市化带来的水资源紧缺和环境与生态问题而引起人们的重视。2014年10月住房和城乡建设部印发了《海绵城市建设技术指南——低影响开发雨水系统构建（试行）》，要求以“渗、滞、蓄、净、用、排”六个方面的技术措施来综合实现海绵城市的理念和路线。建筑小区雨水控制与利用的具体技术内容可见国家标准《建筑与小区雨水控制及利用工程技术规范》GB 50400—2016，以及本标准的相关条文。

3.2 用水定额和水压

3.2.1 住宅生活用水定额及小时变化系数，可根据住宅类别、建筑标准、卫生器具设置标准等因素按表3.2.1确定。

表3.2.1 住宅生活用水定额及小时变化系数

住宅类别	卫生器具设置标准	最高日用水定额［L/（人·d）］	平均日用水定额［L/（人·d）］	最高日小时变化系数 K_h
普通住宅	有大便器、洗脸盆、洗涤盆、洗衣机、热水器和沐浴设备	130～300	50～200	2.8～2.3
	有大便器、洗脸盆、洗涤盆、洗衣机、集中热水供应（或家用热水机组）和沐浴设备	180～320	60～230	2.5～2.0
别墅	有大便器、洗脸盆、洗涤盆、洗衣机、洒水栓、家用热水机组和沐浴设备	200～350	70～250	2.3～1.8

注：1 当地主管部门对住宅生活用水定额有具体规定时，应按当地规定执行。
2 别墅生活用水定额中含庭院绿化用水和汽车洗车用水，不含游泳池补充水。

【释义与实施要点】

本条规定了住宅生活用水定额及小时变化系数，是原有条文修改。

住宅生活用水定额与气候条件、水资源状况、经济环境、生活习惯、住宅类别和建设标准等因素有关，设计选用时应综合考虑。表 3.2.1 的住宅生活用水定额按住宅类别、建筑标准、卫生器具设置标准考虑；当住宅生活用水定额需考虑地域分区、城市规模等因素时，可参考国家标准《民用建筑节水设计标准》GB 50555—2010 酌情选用。缺水地区应选择低值。表 3.2.1 中的平均日用水定额系按国家标准《民用建筑节水设计标准》GB 50555—2010 的有关数据整理，可用于计算平均日及年用水量。

国家标准《住宅设计规范》GB 50096—2011 第 5.4.1 条规定：“每套住宅应设卫生间，应至少配置便器、洗浴器、洗面器三件卫生设备或为其预留设置位置及条件”。原标准中卫生器具设置标准仅为大便器与洗涤盆的“Ⅰ类普通住宅”，已不符合现行国家标准《住宅设计规范》GB 50096 的相关要求，故本次修订予以删除。

3.2.2 公共建筑的生活用水定额及小时变化系数，可根据卫生器具完善程度、区域条件和使用要求按表 3.2.2 确定。

表 3.2.2 公共建筑生活用水定额及小时变化系数

<table>
<tr><th rowspan="2">序号</th><th rowspan="2" colspan="2">建筑物名称</th><th rowspan="2">单位</th><th colspan="2">生活用水定额（L）</th><th rowspan="2">使用时数（h）</th><th rowspan="2">最高日小时变化系数 K_h</th></tr>
<tr><th>最高日</th><th>平均日</th></tr>
<tr><td rowspan="2">1</td><td rowspan="2">宿舍</td><td>居室内设卫生间</td><td rowspan="2">每人每日</td><td>150～200</td><td>130～160</td><td rowspan="2">24</td><td>3.0～2.5</td></tr>
<tr><td>设公用盥洗卫生间</td><td>100～150</td><td>90～120</td><td>6.0～3.0</td></tr>
<tr><td rowspan="4">2</td><td rowspan="4">招待所、培训中心、普通旅馆</td><td>设公用卫生间、盥洗室</td><td rowspan="4">每人每日</td><td>50～100</td><td>40～80</td><td rowspan="4">24</td><td rowspan="4">3.0～2.5</td></tr>
<tr><td>设公用卫生间、盥洗室、淋浴室</td><td>80～130</td><td>70～100</td></tr>
<tr><td>设公用卫生间、盥洗室、淋浴室、洗衣室</td><td>100～150</td><td>90～120</td></tr>
<tr><td>设单独卫生间、公用洗衣室</td><td>120～200</td><td>110～160</td></tr>
<tr><td>3</td><td colspan="2">酒店式公寓</td><td>每人每日</td><td>200～300</td><td>180～240</td><td>24</td><td>2.5～2.0</td></tr>
<tr><td rowspan="2">4</td><td rowspan="2">宾馆客房</td><td>旅客</td><td>每床位每日</td><td>250～400</td><td>220～320</td><td>24</td><td>2.5～2.0</td></tr>
<tr><td>员工</td><td>每人每日</td><td>80～100</td><td>70～80</td><td>8～10</td><td>2.5～2.0</td></tr>
<tr><td rowspan="7">5</td><td rowspan="4">医院住院部</td><td>设公用卫生间、盥洗室</td><td rowspan="3">每床位每日</td><td>100～200</td><td>90～160</td><td rowspan="3">24</td><td rowspan="3">2.5～2.0</td></tr>
<tr><td>设公用卫生间、盥洗室、淋浴室</td><td>150～250</td><td>130～200</td></tr>
<tr><td>设单独卫生间</td><td>250～400</td><td>220～320</td></tr>
<tr><td>医务人员</td><td>每人每班</td><td>150～250</td><td>130～200</td><td>8</td><td>2.0～1.5</td></tr>
<tr><td rowspan="2">门诊部、诊疗所</td><td>病人</td><td>每病人每次</td><td>10～15</td><td>6～12</td><td>8～12</td><td>1.5～1.2</td></tr>
<tr><td>医务人员</td><td>每人每班</td><td>80～100</td><td>60～80</td><td>8</td><td>2.5～2.0</td></tr>
<tr><td colspan="2">疗养院、休养所住房部</td><td>每床位每日</td><td>200～300</td><td>180～240</td><td>24</td><td>2.0～1.5</td></tr>
<tr><td rowspan="2">6</td><td rowspan="2">养老院、托老所</td><td>全托</td><td rowspan="2">每人每日</td><td>100～150</td><td>90～120</td><td>24</td><td>2.5～2.0</td></tr>
<tr><td>日托</td><td>50～80</td><td>40～60</td><td>10</td><td>2.0</td></tr>
</table>

续表 3.2.2

序号	建筑物名称		单位	生活用水定额（L）		使用时数（h）	最高日小时变化系数 K_h
				最高日	平均日		
7	幼儿园、托儿所	有住宿	每儿童每日	50～100	40～80	24	3.0～2.5
		无住宿		30～50	25～40	10	2.0
8	公共浴室	淋浴	每顾客每次	100	70～90	12	2.0～1.5
		浴盆、淋浴		120～150	120～150		
		桑拿浴（淋浴、按摩池）		150～200	130～160		
9	理发室、美容院		每顾客每次	40～100	35～80	12	2.0～1.5
10	洗衣房		每千克干衣	40～80	40～80	8	1.5～1.2
11	餐饮业	中餐酒楼	每顾客每次	40～60	35～50	10～12	1.5～1.2
		快餐店、职工及学生食堂		20～25	15～20	12～16	
		酒吧、咖啡馆、茶座、卡拉 OK 房		5～15	5～10	8～18	
12	商场	员工及顾客	每平方米营业厅面积每日	5～8	4～6	12	1.5～1.2
13	办公	坐班制办公	每人每班	30～50	25～40	8～10	1.5～1.2
		公寓式办公	每人每日	130～300	120～250	10～24	2.5～1.8
		酒店式办公		250～400	220～320	24	2.0
14	科研楼	化学	每工作人员每日	460	370	8～10	2.0～1.5
		生物		310	250		
		物理		125	100		
		药剂调制		310	250		
15	图书馆	阅览者	每座位每次	20～30	15～25	8～10	1.5～1.2
		员工	每人每日	50	40		
16	书店	顾客	每平方米营业厅每日	3～6	3～5	8～12	1.5～1.2
		员工	每人每班	30～50	27～40		
17	教学、实验楼	中小学校	每学生每日	20～40	15～35	8～9	1.5～1.2
		高等院校		40～50	35～40		
18	电影院、剧院	观众	每观众每场	3～5	3～5	3	1.5～1.2
		演职员	每人每场	40	35	4～6	2.5～2.0
19	健身中心		每人每次	30～50	25～40	8～12	1.5～1.2
20	体育场（馆）	运动员淋浴	每人每次	30～40	25～40	4	3.0～2.0
		观众	每人每场	3	3		1.2
21	会议厅		每座位每次	6～8	6～8	4	1.5～1.2

续表 3.2.2

序号	建筑物名称		单位	生活用水定额（L）		使用时数（h）	最高日小时变化系数 K_h
				最高日	平均日		
22	会展中心（展览馆、博物馆）	观众	每平方米展厅每日	3～6	3～5	8～16	1.5～1.2
		员工	每人每班	30～50	27～40		
23	航站楼、客运站旅客		每人次	3～6	3～6	8～16	1.5～1.2
24	菜市场地面冲洗及保鲜用水		每平方米每日	10～20	8～15	8～10	2.5～2.0
25	停车库地面冲洗水		每平方米每次	2～3	2～3	6～8	1.0

注：1 中等院校、兵营等宿舍设置公用卫生间和盥洗室，当用水时段集中时，最高日小时变化系数 K_h 宜取高值 6.0～4.0；其他类型宿舍设置公用卫生间和盥洗室时，最高日小时变化系数 K_h 宜取低值 3.5～3.0。

2 除注明外，均不含员工生活用水，员工最高日用水定额为每人每班 40L～60L，平均日用水定额为每人每班 30L～45L。

3 大型超市的生鲜食品区按菜市场用水。

4 医疗建筑用水中已含医疗用水。

5 空调用水应另计。

【释义与实施要点】

本条规定了公共建筑生活用水定额及小时变化系数，是原有条文修改。

公共建筑生活用水定额在原标准表 3.2.2 的基础上补充了平均日用水定额。平均日用水定额摘自国家标准《民用建筑节水设计标准》GB 50555—2010。

表 3.2.2 中最高日用水定额可用于计算用水部位最高日、最高日最大时、最高日平均时的用水量，平均日用水定额可用于计算用水部位的平均日及年用水量。

根据反馈意见在表 3.2.2 中增列了科研楼的用水定额。表中没有的建筑物可参照建筑类型、使用功能相近的建筑物，如音乐厅可参照剧院，美术馆可参照博物馆，公寓式酒店可参照酒店，西餐厅可参照中餐酒楼下限值考虑。

目前我国旅馆、医院等大多实行洗衣社会化，委托专业洗衣房洗衣减少了这部分建筑面积、设备、人员和能耗、水耗，故本条中旅馆、医院的用水定额未包含这部分用水量。如果实际设计项目中仍有洗衣房的话，还应另外考虑这部分的水量，用水定额可按表 3.2.2 第 10 项的规定确定。

3.2.3 绿化浇灌用水定额应根据气候条件、植物种类、土壤理化性状、浇灌方式和管理制度等因素综合确定。当无相关资料时，小区绿化浇灌最高日用水定额可按浇灌面积 $1.0L/(m^2 \cdot d) \sim 3.0L/(m^2 \cdot d)$ 计算。干旱地区可酌情增加。

【释义与实施要点】

本条规定了确定绿化灌溉用水定额的原则，是原有条文拆分后单独设立。

目前各地为促进城市可持续发展、加强城市生态环境建设、创造良好的人居环境，以种植树木和植物造景为主，努力建成景观优美的绿地，建设山清水秀、自然和谐的山水园林城市。在各工程项目的设计中绿化浇灌用水量占有一定的比重。充分利用当地降水、采用节水浇灌技术是绿化浇灌节水的重要措施。确定绿化浇灌用水定额涉及的因素较多，本条提供的数据仅根据以往工程的经验提出，由于我国幅员辽阔，各地应根据当地不同的气候条件、种植的植物种类、土壤理化性状、浇灌方式和制度等因素综合确定。

3.2.4 小区道路、广场的浇洒最高日用水定额可按浇洒面积2.0L/(m^2·d)～3.0L/(m^2·d)计算。

【释义与实施要点】

本条规定了小区道路、广场的浇洒用水定额，系原有条文。

小区道路、广场的浇洒用水量应结合当地气候条件，根据路面种类、浇洒方式、管理制度等因素综合考虑。

3.2.5 游泳池、水上游乐池和水景用水量计算可按本标准第3.10.18条、第3.10.19条、第3.12.2条的规定确定。

【释义与实施要点】

本条规定了游泳池、水上游乐池和水景用水量的计算原则，是原有条文拆分后单独设立。

游泳池、水上游乐池的用水量主要涉及初次充水、重新换水和使用中的补水。游泳池和水上游乐池的补充水量应根据游泳池的类型和特征确定，本标准第3.10.18条、第3.10.19条对此有明确规定，计算游泳池、水上游乐池的用水量时应按有关要求执行。水量采用循环系统的补充水量应根据蒸发、飘失、渗漏、排污等损失确定，具体用水量应按照本标准第3.12.2条计算。

3.2.6 民用建筑空调循环冷却水系统的补充水量，应根据气候条件、冷却塔形式、浓缩倍数等因素确定，可按本标准第3.11.14条的规定确定。

【释义与实施要点】

本条规定了空调循环冷却水系统补充水量的计算原则，是新增条文。

当建筑中设有水冷式冷水机组或水冷式空调机组时，需要为空调系统设置循环使用的冷却水系统。建筑给水系统的用水量计算应包括空调循环冷却水的补充水量。空调冷却水在循环过程中的水量损失主要包括蒸发损失水量、排污损失水量和风吹损失水量，空调循环冷却水系统的补充水量应根据气候条件、冷却塔形式、浓缩倍数等确定，可按照本标准第3.11.14条的规定进行计算。在冷却水进出水温差5℃情况下，设置开式冷却塔的循环冷却水系统的补充水量一般宜控制在循环水量的1.2%～1.5%。

3.2.7 汽车冲洗用水定额应根据冲洗方式、车辆用途、道路路面等级和沾污程度等确定，汽车冲洗最高日用水定额可按表3.2.7计算。

表 3.2.7 汽车冲洗最高日用水定额

冲洗方式	高压水枪冲洗 [L/(辆·次)]	循环用水冲洗补水 [L/(辆·次)]	抹车、微水冲洗 [L/(辆·次)]	蒸汽冲洗 [L/(辆·次)]
轿车	40～60	20～30	10～15	3～5
公共汽车	80～120	40～60	15～30	—
载重汽车				

注：1 汽车冲洗台自动冲洗设备用水定额有特殊要求时，其值应按产品要求确定。
2 在水泥和沥青路面行驶的汽车，宜选用下限值；路面等级较低时，宜选用上限值。

【释义与实施要点】

本条规定了汽车冲洗用水定额，是原有条文。

传统的洗车方法用清水冲洗后，水就排入排水管道，既增加了洗车成本，又大量浪费水资源。近年来随着我国汽车工业的蓬勃发展和家庭车辆的普及，以及各地政府加强了节约用水管理，一些既节水又环保的洗车方式纷纷出现。本标准自 2009 年版开始删除了消耗水量大的软管冲洗方式的用水定额，补充了微水冲洗、蒸汽冲洗等节水型冲洗方式的用水定额。

同时冲洗的汽车数量按洗车台数量确定，每辆车冲洗时间可按 10min 考虑。

3.2.8 建筑物室内外消防用水的设计流量、供水水压、火灾延续时间、同一时间内的火灾起数等，应按国家现行消防规范的相关规定确定。

【释义与实施要点】

本条规定了消防用水的计算原则，是原有条文修改。

建筑用水包括居民生活、公共服务、消防以及其他用水等。建筑给水设计除了满足生活用水对水质、水量、水压、安全供水的要求之外，还必须满足建筑物消防给水的要求。建筑物室内外消防用水的设计流量、供水水压、火灾延续时间、同一时间内的火灾起数等，应按照现行国家标准《建筑设计防火规范》GB 50016、《消防给水及消火栓系统技术规范》GB 50974、《自动喷水灭火系统设计规范》GB 50084 等有关消防规范的相应规定确定。

3.2.9 给水管网漏失水量和未预见水量应计算确定，当没有相关资料时漏失水量和未预见水量之和可按最高日用水量的 8%～12%计。

【释义与实施要点】

本条规定了给水管网漏失水量和未预见水量的确定原则，是原有条文修改。

降低给水管网漏失率是节能减排、提高供水效益的重要措施之一。现行行业标准《城镇供水管网漏损控制及评定标准》CJJ 92 规定了城镇供水管网基本漏损率分为两级，一级为 10%，二级为 12%，并应根据居民抄表到户水量、单位供水量管长、年平均出厂压力和最大冻土深度进行修正。近年来，建筑给水管材的耐腐蚀性能、接口连接技术等均有明显提高，有效地降低了给水管网的漏失率。而未预见水量对于特定小区或建筑物难以预见的因素非常少，故本条将给水管网漏失水量和未预见水量之和从原规范的 10%～15%下调到 8%～12%。

3.2.10 居住小区内的公用设施用水量，应由该设施的管理部门提供用水量计算参数。

【释义与实施要点】

本条规定了居住小区内公用设施用水量的计算原则，是原有条文修改。

居住小区内的公用设施是指小区内公用配套的给水泵站、污水处理站、垃圾处理站等，其用水量计算的参数（用水标准、使用时间等）应根据这些设施管理单位提供的数据取值。当无重大公用设施时，可不另计用水量。居住小区内配套的社区管理、医疗保健、文体、餐饮娱乐、商铺或市场等设施以及绿化和景观用水、道路及广场洒水等的用水定额或用水量应按本标准表3.2.2和本标准第3.2.3条～第3.2.7条确定。

3.2.11 工业企业建筑管理人员的最高日生活用水定额可取30L/(人·班)～50L/(人·班)；车间工人的生活用水定额应根据车间性质确定，宜采用30L/(人·班)～50L/(人·班)；用水时间宜取8h，小时变化系数宜取2.5～1.5。

工业企业建筑淋浴最高日用水定额，应根据现行国家标准《工业企业设计卫生标准》GBZ 1中的车间卫生特征分级确定，可采用40L/(人·次)～60L/(人·次)，延续供水时间宜取1h。

【释义与实施要点】

本条规定了工业企业建筑生活用水计算参数，系原有条文。

工业企业建筑生活用水定额应根据生活用水类别、生产性质及规模、车间环境条件、劳动强度、卫生器具完善程度等因素确定。

车间卫生特征分级及其对应的淋浴器使用人数、盥洗龙头使用人数、男女职工的厕所蹲位数量等，可根据现行国家职业卫生标准《工业企业设计卫生标准》GBZ 1中的相应规定确定。

3.2.12 卫生器具的给水额定流量、当量、连接管公称尺寸和工作压力应按表3.2.12确定。

表3.2.12 卫生器具的给水额定流量、当量、连接管公称尺寸和工作压力

序号	给水配件名称		额定流量（L/s）	当量	连接管公称尺寸（mm）	工作压力（MPa）
1	洗涤盆、拖布盆、盥洗槽	单阀水嘴	0.15～0.20	0.75～1.00	15	0.100
		单阀水嘴	0.30～0.40	1.50～2.00	20	
		混合水嘴	0.15～0.20 (0.14)	0.75～1.00 (0.70)	15	
2	洗脸盆	单阀水嘴	0.15	0.75	15	0.100
		混合水嘴	0.15 (0.10)	0.75(0.50)		
3	洗手盆	感应水嘴	0.10	0.50	15	0.100
		混合水嘴	0.15(0.10)	0.75(0.50)		
4	浴盆	单阀水嘴	0.20	1.00	15	0.100
		混合水嘴（含带淋浴转换器）	0.24(0.20)	1.20(1.00)		

续表 3.2.12

序号	给水配件名称		额定流量（L/s）	当量	连接管公称尺寸（mm）	工作压力（MPa）
5	淋浴器	混合阀	0.15(0.10)	0.75(0.50)	15	0.100～0.200
6	大便器	冲洗水箱浮球阀	0.10	0.50	15	0.050
		延时自闭式冲洗阀	1.20	6.00	25	0.100～0.150
7	小便器	手动或自动自闭式冲洗阀	0.10	0.50	15	0.050
		自动冲洗水箱进水阀	0.10	0.50		0.020
8	小便槽穿孔冲洗管(每米长)		0.05	0.25	15～20	0.015
9	净身盆冲洗水嘴		0.10(0.07)	0.50(0.35)	15	0.100
10	医院倒便器		0.20	1.00	15	0.100
11	实验室化验水嘴（鹅颈）	单联	0.07	0.35	15	0.020
		双联	0.15	0.75		
		三联	0.20	1.00		
12	饮水器喷嘴		0.05	0.25	15	0.050
13	洒水栓		0.40 0.70	2.00 3.50	20 25	0.050～0.100
14	室内地面冲洗水嘴		0.20	1.00	15	0.100
15	家用洗衣机水嘴		0.20	1.00	15	0.100

注：1 表中括弧内的数值系在有热水供应时，单独计算冷水或热水时使用。

2 当浴盆上附设淋浴器时，或混合水嘴有淋浴器转换开关时，其额定流量和当量只计水嘴，不计淋浴器，但水压应按淋浴器计。

3 家用燃气热水器，所需水压按产品要求和热水供应系统最不利配水点所需工作压力确定。

4 绿地的自动喷灌应按产品要求设计。

5 卫生器具给水配件所需额定流量和工作压力有特殊要求时，其值应按产品要求确定。

【释义与实施要点】

本条规定了卫生器具给水额定流量、当量、连接管公称尺寸和工作压力，系原有条文修改。

表 3.2.12 中的额定流量不是卫生器具最低工作压力下的流量，二者没有对应关系。

当选用的卫生器具的给水额定流量和工作压力与表 3.2.12 不符合时，可根据该表注 5 的规定按产品要求设计。

3.2.13 卫生器具和配件应符合国家现行有关标准的节水型生活用水器具的规定。

【释义与实施要点】

本条是关于节水型生活用水器具的规定，系原有条文修改。

目前，有关节水型生活用水器具的现行标准主要有：《节水型生活用水器具》CJ/T 164、《节水型产品通用技术条件》GB/T 18870、《水嘴水效限定值及水效等级》GB 25501、《坐便器水效限定值及水效等级》GB 25502、《小便器水效限定值及水效等级》GB 28377、《淋浴器水效限定值及水效等级》GB 28378、《便器冲洗阀用水效率限定值及用水效率等级》GB 28379、《蹲便器水效限定值及水效等级》GB 30717 等。当进行绿色建筑设计时，选用的节水型用水器具应符合现行国家标准《绿色建筑评价标准》GB/T 50378 及当地对绿色建筑的相关规定。

表 1 为根据有关卫生器具水效的现行国家标准摘录的相关水效等级指标，可供设计时参考。其中，1 级为节水先进值，处于同类产品的领先水平；2 级为节水评价值（评价节水型器具的规定要求），是节水产品认证的起点水平；3 级为水效限定值，是市场准入指标。

表 1　卫生器具水效等级指标

卫生器具类型		水效等级指标		
		1 级	2 级	3 级
水嘴	洗面器水嘴流量 厨房水嘴流量 妇洗器水嘴流量	≤4.5L/min	≤6.0L/min	≤7.5L/min
	普通洗涤水嘴流量	≤6.0L/min	≤7.5L/min	≤9.0L/min
淋浴器	手持式花洒流量	≤4.5L/min	≤6.0L/min	≤7.5L/min
	固定式花洒流量			≤9.0L/min
小便器	平均用水量	≤0.5L	≤1.5L	≤2.5L
坐便器	平均用水量	≤4.0L	≤5.0L	≤6.4L
	双冲式全冲用水量	≤5.0L	≤6.0L	≤8.0L
蹲便器	单冲式平均用水量	≤5.0L	≤6.0L	≤8.0L
	双冲式平均用水量	≤4.8L	≤5.6L	≤6.4L
	双冲式全冲用水量	≤6.0L	≤7.0L	≤8.0L

注：坐便器、蹲便器每个水效等级中双冲式的半冲平均用水量应不大于其全冲用水量最大限定值的 70％。

3.2.14 公共场所卫生间的卫生器具设置应符合下列规定：

1 洗手盆应采用感应式水嘴或延时自闭式水嘴等限流节水装置；

2 小便器应采用感应式或延时自闭式冲洗阀；

3 坐式大便器宜采用设有大、小便分档的冲洗水箱，蹲式大便器应采用感应式冲洗阀、延时自闭式冲洗阀等。

【释义与实施要点】

本条是对公共场所卫生器具给水配件的规定，系原有条文修改。

洗手盆感应式水嘴、便器感应式冲洗阀通过非接触式感应电动阀门进行启闭操作，用于公共场所的卫生间时不仅节水，而且卫生。洗手盆延时自闭式水嘴和便器延时自闭式冲洗阀可限定每次给水量和给水时间，具有较好的节水性能。坐便器采用设有双档冲洗的水箱，可根据不同需求使用大档或小档冲水量，有利于节约用水。

3.3 水质和防水质污染

3.3.1 生活饮用水系统的水质，应符合现行国家标准《生活饮用水卫生标准》GB 5749的规定。

【释义与实施要点】

现行国家标准《生活饮用水卫生标准》GB 5749规定了生活饮用水水质卫生要求，适用于城乡各类集中式供水的生活饮用水，也适用于分散式供水的生活饮用水。生活饮用水水质应符合该标准微生物指标、毒理指标、感官性状和一般化学指标、放射性指标等水质常规指标及限值要求，保证用户饮用安全。

3.3.2 当采用中水为生活杂用水时，生活杂用水系统的水质应符合现行国家标准《城市污水再生利用 城市杂用水水质》GB/T 18920的规定。

【释义与实施要点】

现行国家标准《城市污水再生利用 城市杂用水水质》GB/T 18920规定了用于厕所便器冲洗、道路清扫、消防、城市绿化、车辆冲洗、建筑施工杂用水（非饮用水）的水质标准。当采用中水为生活杂用水时，水质应符合相应所供用途的水质要求。

3.3.3 当采用回用雨水为生活杂用水时，生活杂用水系统的水质应符合所供用途的水质要求，并应符合现行国家标准《建筑与小区雨水控制及利用工程技术规范》GB 50400的规定。

【释义与实施要点】

海绵城市建设综合采用“渗、滞、蓄、净、用、排”等技术措施，其中“用”即为雨水利用。目前建筑与小区雨水利用较多用于室外绿化浇灌、室外场地冲洗、室外景观水景补水、垃圾房冲洗、地下车库地坪冲洗和车辆冲洗等生活杂用水，当采用回用雨水作为生活杂用水（非饮用水）时，其水质应符合相应所供用途的水质要求，处理后的雨水回用水同时用于多种用途时，水质应按其所供用途中的最高水质标准确定。在进行雨水控制及利用工程设计时尚应符合现行国家标准《建筑与小区雨水控制及利用工程技术规范》GB 50400的规定。

3.3.4 卫生器具和用水设备等的生活饮用水管配水件出水口应符合下列规定：

1 出水口不得被任何液体或杂质所淹没；

2 出水口高出承接用水容器溢流边缘的最小空气间隙，不得小于出水口直径的2.5倍。

【释义与实施要点】

本条为强制性条文，必须严格执行。本条明确了对于卫生器具和用水设备的防止回流污染要求。

第1款 规定已经从配水口流出的并经洗涤过的污废水，不得因生活饮用水水管与之接触，或被其淹没，而在生活饮用水管中产生负压时被吸回生活饮用水管道，使生活饮用水水质受到严重污染，这种事故是必须严格防止的。

第2款 规定生活饮用水管出水口高出承接用水容器溢流边缘的最小空气间隙，不得小于出水口直径的2.5倍的安全保障间距。

3.3.5 生活饮用水水池（箱）进水管应符合下列规定：

1 进水管口最低点高出溢流边缘的空气间隙不应小于进水管管径，且不应小于25mm，可不大于150mm；

2 当进水管从最高水位以上进入水池（箱），管口处为淹没出流时，应采取真空破坏器等防虹吸回流措施；

3 不存在虹吸回流的低位生活饮用水贮水池（箱），其进水管不受以上要求限制，但进水管仍宜从最高水面以上进入水池。

【释义与实施要点】

本条明确了生活饮用水水池（箱）补水时的防止回流污染要求。

第1款 规定本条文空气间隙仍以高出溢流边缘的高度来控制。对于管径小于25mm的进水管，空气间隙不能小于25mm；对于管径在25～150mm的进水管，空气间隙等于管径；对于管径大于150mm的进水管，空气间隙可取150mm，这是经过测算的，当进水管管径为350mm时，喇叭口上的溢流水深约为149mm。而建筑给水水池（箱）进水管管径大于200mm者已少见。

第2款 规定生活饮用水水池（箱）进水管采用淹没出流的目的是为了降低进水的噪声，但如果进水管不采取相应的技术措施会产生虹吸回流。应采取在进水管顶安装真空破坏器，或在进水管上设置倒流防止器等防虹吸回流措施。

第3款 规定了不存在虹吸回流的低位生活饮用水贮水池（箱）的进水管设置要求，设置在地下室中的水池，尤其是设置在地下二层或以下的水池，当池中的最高水位比建筑物的给水引入管管底低300mm以上时，此水池可被认为不会产生虹吸倒流，其进水管可以不受第1款、第2款要求限制，但从安全保障角度出发，进水管仍宜从最高水面（溢流水面）以上进入水池。

3.3.6 从生活饮用水管网向下列水池（箱）补水时应符合下列规定：

1 向消防等其他非供生活饮用的贮水池（箱）补水时，其进水管口最低点高出溢流边缘的空气间隙不应小于150mm；

2 向中水、雨水回用水等回用水系统的贮水池（箱）补水时，其进水管口最低点高出溢流边缘的空气间隙不应小于进水管管径的2.5倍，且不应小于150mm。

【释义与实施要点】

本条为强制性条文，必须严格执行。本条明确了向消防水池（箱）和中水、雨水回用水等回用水系统的贮水池（箱）补水时的防止回流污染要求。

第1款 当生活饮用水管网向贮存以生活饮用水作为水源的消防用水等其他非供生活饮用的贮水池（箱）补水时，由于其贮水水质虽低于生活饮用水水池（箱），但与本标准第3.3.4条中“卫生器具和用水设备”内的“液体”或“杂质”是有区别的，同时消防水池补水管的管径较大，因此进水管口的最低点高出溢流边缘的空气间隙高度控制在不小于150mm；当生活饮用水管网向贮存以杂用水水质标准水作为水源的消防用水等贮水池

（箱）补水时，应按本条第2款实施。

第2款 对向中水、雨水回用水系统的贮水池（箱）补水时的补水进水管口最低点高出溢流边缘的空气间隙进行了数值调整，更具安全性。从安全保障角度出发，进水管应从最高水面（溢流水面）以上进入贮水池（箱）。在向不设贮水池（箱）的雨水回用水等系统的原水蓄水池补水时，必须采用池外间接补水方式，补水管口设在水池（箱）外，并应高于室外地面。

3.3.7 从生活饮用水管道上直接供下列用水管道时，应在用水管道的下列部位设置倒流防止器：

1 从城镇给水管网的不同管段接出两路及两路以上至小区或建筑物，且与城镇给水管形成连通管网的引入管上；

2 从城镇生活给水管网直接抽水的生活供水加压设备进水管上；

3 利用城镇给水管网直接连接且小区引入管无防回流设施时，向气压水罐、热水锅炉、热水机组、水加热器等有压容器或密闭容器注水的进水管上。

【释义与实施要点】

本条为强制性条文，必须严格执行。本条系防止建筑或小区内压力设施的水倒流至城镇生活饮用水给水管网，避免城镇生活饮用水给水管网遭受回流污染而作的规定。

第1款 针对有两路进水的小区或建筑物，当城镇两路生活饮用水管道水压有差异时，容易造成一路略高水压的城镇生活饮用水管道将小区或建筑给水管道中的水压至另一路略低水压的城镇生活饮用水管道，对城镇生活饮用水管道造成安全隐患，所以在两路引入管上都应安装倒流防止器。

第2款 系针对如叠压供水系统等从城镇生活给水管网直接抽水的生活供水加压设备。由于加压设备从城镇生活给水管网直接抽水，其出水端安装的止回阀无法有效防止后续供水管网中水的回流，存在回流污染安全隐患，所以在加压设备进水管上安装倒流防止器不失为防止后续供水管网中水回流至城镇生活给水管网的有效手段。

第3款 规定的前提是城镇给水管网直供且小区引入管无防回流设施。有温有压容器设备，如气压水罐、热水锅炉、热水机组和水加热器等，这些承压设备压力高、容量大，回流至城镇给水管网可能性大，故必须在向这些有压容器或密闭容器注水的进水管上设置倒流防止器。当局部热水供应系统采用贮水容积大于200L（又称“商用”）的容积式燃气热水器、电热水器或系统设置有热水循环时，亦应设置倒流防止器。

3.3.8 从小区或建筑物内的生活饮用水管道系统上接下列用水管道或设备时，应设置倒流防止器：

1 单独接出消防用水管道时，在消防用水管道的起端；

2 从生活用水与消防用水合用贮水池中抽水的消防水泵出水管上。

【释义与实施要点】

本条为强制性条文，必须严格执行。本条规定了生活饮用水管道与消防用水管道连接的总体要求。

第1款 从小区或建筑物内的生活饮用水管道系统上接出消防用水管道（不含从室外

生活饮用水给水管道接出的接驳室外消火栓的短管）时，应在消防用水管道的接出起端部位设置倒流防止器，这样可以有效避免消防管段中长时间相对静止不流动的消防用水进入生活饮用水管道系统，造成污染。

第 2 款　从生活用水与消防用水合用贮水池中抽水的消防水泵，在消防水泵出水管上设置倒流防止器，同样可以有效避免消防管段中长时间相对静止不流动的消防用水进入生活饮用水（与消防用水合用）贮水池，造成污染。由于倒流防止器阻力较大，水泵吸程有限，故倒流防止器不应装在水泵的吸水管上。

3.3.9　生活饮用水管道系统上连接下列含有有害健康物质等有毒有害场所或设备时，必须设置倒流防止设施：

1　贮存池（罐）、装置、设备的连接管上；

2　化工剂罐区、化工车间、三级及三级以上的生物安全实验室除按本条第 1 款设置外，还应在其引入管上设置有空气间隙的水箱，设置位置应在防护区外。

【释义与实施要点】

本条为强制性条文，必须严格执行。本条规定属于生活饮用水与有害有毒污染的场所和设备的连接。

第 1 款　本款是关于生活饮用水管道与设备、设施的连接。应在与贮存池（罐）、装置、设备的连接管上设置倒流防止器，有效防止含有对健康有危害物质的贮存池（罐）、装置、设备的水回流进入生活饮用水管道系统，切断造成回流污染的可能性。

第 2 款　本款是关于有害有毒污染的场所。实施双重设防要求，除设置倒流防止器外，还须设置隔断水箱，目的是防止防护区域内与外，以及防护区域内部交叉污染。隔断水箱进水管设置空气间隙的方式可按照本标准第 3.3.4 条规定执行，隔断水箱须设在防护区外，可靠近防护区的位置设置。

生物安全实验室等级划分及设计应符合现行国家标准《生物安全实验室建筑技术规范》GB 50346 的规定。根据实验室所处理对象的生物危险程度和采取的防护措施，把生物安全实验室分为四级，其中一级对生物安全隔离的要求最低，四级最高。生物安全实验室的分级见表 2。

表 2　生物安全实验室分级

分级	生物危害程度	操作对象
一级	低个体危害，低群体危害	对人体、动植物或环境危害较低，不具有对健康成人、动植物致病的致病因子
二级	中等个体危害，有限群体危害	对人体、动植物或环境具有中等危害或具有潜在危险的致病因子，对健康成人、动物和环境不会造成严重危害。有有效的预防和治疗措施
三级	高个体危害，低群体危害	对人体、动植物或环境具有高度危害性，通过直接接触或气溶胶使人传染上严重的甚至是致命疾病，或对动植物和环境具有高度危害的致病因子。通常有预防和治疗措施
四级	高个体危害，高群体危害	对人体、动植物或环境具有高度危害性，通过气溶胶途径传播或传播途径不明，或未知的、高度危险的致病因子。没有预防和治疗措施

3.3.10 从小区或建筑物内的生活饮用水管道上直接接出下列用水管道时，应在用水管道上设置真空破坏器等防回流污染设施：

1 当游泳池、水上游乐池、按摩池、水景池、循环冷却水集水池等的充水或补水管道出口与溢流水位之间应设有空气间隙，且空气间隙小于出口管径 2.5 倍时，在其充（补）水管上；

2 不含有化学药剂的绿地喷灌系统，当喷头为地下式或自动升降式时，在其管道起端；

3 消防（软管）卷盘、轻便消防水龙；

4 出口接软管的冲洗水嘴（阀）、补水水嘴与给水管道连接处。

【释义与实施要点】

本条为强制性条文，必须严格执行。本条是对生活饮用水管道与可能产生虹吸回流的用水设施连接的要求。生活饮用水给水管道中存在负压虹吸回流的可能，而解决方法就是设真空破坏器等防回流污染设施，消除管道内真空度而使其断流。对防止虹吸回流污染，除采用真空破坏器外，还可以采用倒流防止器等防回流污染设施，具体见本标准附录 A。

在本条的第 1 款～第 4 款所提到的场合中均存在负压虹吸回流的可能性。当采用生活饮用水管道直接连接供水时，必须具有或采取有效的防回流污染措施。

第 1 款 游泳池、水上游乐池、按摩池、水景池、循环冷却水集水池内正在使用的水的水质已经与充水或补水管道中的水质有明显的差异，为防止回流污染发生，应在充水或补水管道出口与溢流水位之间设有空气间隙，当空气间隙小于出口管径 2.5 倍时，认为未达到足够的安全距离，则应在用水管道上设置真空破坏器等防回流污染设施。有家庭泳池由自来水直接接软管补水，其与给水管道连接处也须设置防回流污染措施。但当不存在负压回流可能时，可不必设置防回流污染设施。

第 2 款 “含有化学药剂的绿地喷灌系统”是不允许直接接自生活饮用水管道的；而“不含有化学药剂的绿地喷灌系统”是指可以直接接自和采用生活饮用水管道作为喷灌的水源情况，当喷头为地下式或自动升降式时，其喷头部位易受周边环境影响或被污染，为防止回流污染发生，应在其管道起端采取防回流污染措施。

第 3 款 轻便消防水龙指在自来水供水管路上直接接出使用的，由专用消防接口、水带及水枪组成的一种小型简便的喷水灭火设备。消防（软管）卷盘和轻便消防水龙是控制建筑物内固体可燃物初起火灾的有效器材，用水量小、配备方便。按照国家标准《建筑设计防火规范》GB 50016 的要求，消防（软管）卷盘和轻便消防水龙主要设置在人员密集的公共建筑、建筑高度大于 100m 的建筑和建筑面积大于 200m^2 的商业服务网点内；轻便消防水龙主要设置在高层住宅的户内。由于消防（软管）卷盘、轻便消防水龙使用时，其开口部位的受污染情况不可控，为防止回流污染其直接连接的生活饮用水管道，应在连接处采取防回流污染措施。

第 4 款 出口接软管的冲洗水嘴（阀）、补水水嘴与给水管道连接处，其接口部位易受污染，为防止回流污染生活饮用水管道，应在连接处设置防回流污染设施。而符合国家标准《卫生洁具 淋浴用花洒》GB/T 23447 要求的淋浴用花洒，应具有防虹吸功能，并达到防虹吸实验的相关技术要求。此类花洒本身自带防虹吸装置（具有防虹吸功能的装置或组件），可起到防回流作用，故不应在供水管道上重复设置防回流污染设施。本款规定不含此类淋浴用花洒。

3.3.11 空气间隙、倒流防止器和真空破坏器的选择，应根据回流性质、回流污染的危害程度，按本标准附录A确定。

【释义与实施要点】

本条规定了防回流污染设施选择原则，系参考了国外回流污染危险等级，根据我国倒流防止产品的市场供应情况确定。

防止回流污染可采取空气间隙、倒流防止器、真空破坏器等措施和装置。选择防回流污染设施要考虑下列因素：

1. 回流性质：

（1）虹吸回流，系正常供水出口端为自由出流（或末端有控制调节阀），由于供水端突然失压等原因产生一定真空度，使下游端的卫生器具或容器等使用过的水或被污染了的水回流到供水管道系统。

（2）背压回流，由于水泵、锅炉、压力罐等增压设施或高位水箱等末端水压超过供水管道压力而产生的回流。

2. 回流造成的危害程度。本标准参照国内外标准确定了低、中、高三档：

（1）低危险级。回流造成损害虽不至于危害公众健康，但对生活饮用水在感官上造成不利影响。

（2）中危险级。回流造成对公众健康的潜在损害。

（3）高危险级。回流造成对公众生命和健康的严重危害。

生活饮用水回流污染危害程度划分和倒流防止设施的选择详见本标准附录A。

一般防回流污染等级高的倒流防止设施可以替代防回流污染等级低的倒流防止设施。如附录A中，防止背压回流型污染的倒流防止设施可替代防止虹吸回流型污染的倒流防止设施；而防止虹吸回流型污染的倒流防止设施不能替代防止背压回流型污染的倒流防止设施。

3.3.12 在给水管道防回流设施的同一设置点处，不应重复设置防回流设施。

【释义与实施要点】

在给水管道的同一设置点处需设置防回流设施时，应按相应防护等级要求选择设置空气间隙、倒流防止器和真空破坏器等一个防回流设施，不应重复设置多个。在已达到相应防止回流污染效果的前提下，重复设置不但不会进一步增加效果，还会增加不必要的工程投资。

3.3.13 严禁生活饮用水管道与大便器（槽）、小便斗（槽）采用非专用冲洗阀直接连接。

【释义与实施要点】

本条为强制性条文，必须严格执行。现行国家标准《二次供水设施卫生规范》GB 17051中规定："二次供水、设施管道不得与大便口（槽）、小便斗直接连接，须用冲洗水箱或用空气隔断冲洗阀。"为防止水质二次污染，确保二次供水的卫生质量和使用安全，本条文与该标准协调一致，严禁生活饮用水管道与大便器（槽）、小便斗（槽）采用无空气隔断的非专用冲洗阀（普通阀门）直接连接冲洗，大便器（槽）、小便斗（槽）的冲洗阀必须采用带有空气隔断的专用冲洗阀。

3.3.14 生活饮用水管道应避开毒物污染区，当条件限制不能避开时，应采取防护措施。

【释义与实施要点】

本条规定主要是针对生活饮用水水质安全的重要性而提出的。

由于有毒污染的危害性较大，有毒污染区域内的环境情况较为复杂，一旦穿越有毒污染区域内的生活饮用水管道产生爆管、维修等情况，极有可能会影响与之连接的其他生活饮用水管道内的水质安全，在规划和设计过程中应尽量避开。当无法避开时，可采用独立明管铺设，加强管材强度和防腐蚀、防冻等级，并采取避开道路设置等减少管道损坏和便于管理的措施，重点管理和监护。

3.3.15 供单体建筑的生活饮用水水池（箱）与消防用水的水池（箱）应分开设置。

【释义与实施要点】

本条规定从水质安全角度考虑，供单体建筑的生活水箱（池）与消防水箱（池）应分开设置。

也存在当地供水行政主管部门及供水部门要求建筑生活水箱（池）与消防水箱（池）合并设置的情况，当当地供水行政主管部门及供水部门另有规定时，可按其规定执行，但应满足合并贮水池有效容积的贮水设计更新周期不得大于48h要求。

3.3.16 建筑物内的生活饮用水水池（箱）体，应采用独立结构形式，不得利用建筑物的本体结构作为水池（箱）的壁板、底板及顶盖。

生活饮用水水池（箱）与消防用水水池（箱）并列设置时，应有各自独立的池（箱）壁。

【释义与实施要点】

本条为强制性条文，必须严格执行。本条是对生活饮用水水池（箱）体结构的要求：

（1）明确建筑物内的生活饮用水水池（箱）体与建筑本体结构完全脱开，防止由于本体结构产生微裂缝和其他后期不确定因素造成外部污染物从与本体结构合用的水池（箱）壁渗入水池（箱），造成生活饮用水水质污染。

房屋结构设计允许微裂缝存在，所以钢筋混凝土水池结构设计按水工结构设计。

（2）生活饮用水水池（箱）体不论什么材质均不应与其他用水水池（箱）共用池（箱）壁。两种水池（箱）壁的间距宜不小于150mm，避免池（箱）壁靠在一起，发生消防水池（箱）向生活水池（箱）渗水，导致生活饮用水水质污染的事故。

3.3.17 建筑物内的生活饮用水水池（箱）及生活给水设施，不应设置于与厕所、垃圾间、污（废）水泵房、污（废）水处理机房及其他污染源毗邻的房间内；其上层不应有上述用房及浴室、盥洗室、厨房、洗衣房和其他产生污染源的房间。

【释义与实施要点】

本条明确了建筑物内的生活饮用水水池（箱）及生活水处理设备、生活供水加压设备等生活给水设施应设置在有隔墙分隔的房间内，其毗邻的房间不能有厕所、垃圾间、污（废）水泵房、污（废）水处理机房、中水处理机房、雨水回用处理机房等可能会产生污染源的房间。

生活饮用水水池（箱）上方，应是洁净且干燥的用房，在其上层不能有产生、储存、处理污（废）水，及产生其他污染源的房间，不能有需经常冲洗地面的用房。在生活饮用水水池（箱）的上层即使采用同层排水系统也不可以，以免楼板产生渗漏污染生活饮用水水质。生活饮用水水池（箱）及生活给水设施设在有隔墙分隔的房间内，还有利于水池配管及仪表的保护，防止非管理人员误操作而引发事故。

需要注意如下几点：

（1）设置于给水机房内的仅为本机房排水用的集水井、排水泵，不属以上所指的污（废）水泵房。

（2）本条中“毗邻”的含义为以墙体相隔的给水机房四周的贴邻房间，本条中“上层”的含义为以楼板相隔的给水机房正上方范围内的房间。

3.3.18 生活饮用水水池（箱）的构造和配管，应符合下列规定：

1 人孔、通气管、溢流管应有防止生物进入水池（箱）的措施；

2 进水管宜在水池（箱）的溢流水位以上接入；

3 进出水管布置不得产生水流短路，必要时应设导流装置；

4 不得接纳消防管道试压水、泄压水等回流水或溢流水；

5 泄水管和溢流管的排水应间接排水，并应符合本标准第 4.4.13 条、第 4.4.14 条的规定；

6 水池（箱）材质、衬砌材料和内壁涂料，不得影响水质。

【释义与实施要点】

本条是贯彻执行现行国家标准《生活饮用水卫生标准》GB 5749，规定给水配件取水达标的要求。加强二次供水防污染措施，将水池（箱）的构造和配管的有关要求归纳后分别列出。

以城镇给水作为水源的消防贮水池（箱），除本条第 1 款只需防昆虫、老鼠等入侵外，第 2 款、第 5 款的规定也可适用。

第 1 款　人孔的盖与盖座之间的缝隙是昆虫进入水池（箱）的主要通道，人孔盖与盖座要吻合紧密，并用富有弹性的无毒发泡材料嵌在接缝处。暴露在外的人孔盖要有锁（外围有围护措施，已能防止非管理人员进入者除外）。

通气管口和溢流管是外界生物入侵的通道，所谓生物指蚊子、爬虫、老鼠、麻雀等，这些是造成水池（箱）的水质污染因素之一，所以要采取隔断等防生物入侵的措施。

第 2 款　进水管要在高出水池（箱）溢流水位以上进入水池（箱），是为了防止进水管出现压力倒流或破坏进水管可能出现真空而发生虹吸倒流。

第 3 款　当进、出水管位置靠得太近时，会使从进水管进入水池（箱）的水较快通过出水管流出水池（箱），而水池（箱）中距出水管较远的水可能会滞留，甚至滞留超过 48h，使水池（箱）的水质逐渐变坏，影响供水水质。为使水池（箱）中“先进”的水“先出”，一般可以在设计时让进水管远离出水管布置；也可以在水池（箱）中设置导流装置，如导流板。让“先进”的水沿导流方向“先出”，避免水流短路。

第4款 生活饮用水水池（箱）的水质应符合现行国家标准《生活饮用水卫生标准》GB 5749的要求，而消防管道的试压水、泄压水等回流水或溢流水由于在消防系统中长时间相对静止不流动，水质会产生变化，应避免消防用水进入生活饮用水系统，造成水质污染。

第5款 泄水管和溢流管的排水为较洁净的废水，应采用间接排水，应按照本标准第4.4.13条的规定排入排水明沟、排水漏斗或容器等，并应按照本标准第4.4.14条的规定设置最小空气间隙。

第6款 用于生活饮用水时，与水接触的材料及部件应符合现行国家标准《生活饮用水输配水设备及防护材料的安全性评价标准》GB/T 17219的规定。水池（箱）材质、衬砌材料和内壁涂料，应无毒无害，不影响水的感观性状，并应耐腐蚀、易清洗，符合相关卫生标准的要求。

3.3.19 生活饮用水水池（箱）内贮水更新时间不宜超过48h。

【释义与实施要点】

水池（箱）内的水停留时间超过48h，一般情况下水中的余氯已逐渐挥发殆尽，从水质保证上考虑，生活饮用水水池（箱）容积不宜过大。本标准与现行国家标准《二次供水设施卫生规范》GB 17051的要求一致。可按照平均日用水量计算贮水更新时间。

3.3.20 生活饮用水水池（箱）应设置消毒装置。

【释义与实施要点】

本条为强制性条文，必须严格执行。为防止生活饮用水水池（箱）水质二次污染，确保供水水质满足国家生活饮用水卫生标准的要求，强调加强管理，并设置水消毒处理装置。根据物业管理水平选择水箱的消毒方式，应首选物理消毒方式，如紫外线消毒等，可参考现行行业标准《二次供水工程技术规程》CJJ 140。

消毒装置一般可设置于终端直接供水的水池（箱），也可以在水池（箱）的出水管上设置消毒装置。

3.3.21 在非饮用水管道上安装水嘴或取水短管时，应采取防止误饮误用的措施。

【释义与实施要点】

本条为强制性条文，必须严格执行。本条规定是为了防止误饮误用，国内外相关法规中都有此规定。

一般做法是采取设置永久性的、明显的、清晰的标识；或采取加锁、专用手柄等措施。标识上写上“非饮用水”、“此水不能喝”等字样，还应配有英文，如“not drinking water”或者“（can't drink)”。

3.4 系统选择

3.4.1 建筑物内的给水系统应符合下列规定：

1 应充分利用城镇给水管网的水压直接供水；

2 当城镇给水管网的水压和（或）水量不足时，应根据卫生安全、经济节能的原则选用贮水调节和加压供水方式；

3 当城镇给水管网水压不足，采用叠压供水系统时，应经当地供水行政主管部门及供水部门批准认可；

4 给水系统的分区应根据建筑物用途、层数、使用要求、材料设备性能、维护管理、节约供水、能耗等因素综合确定；

5 不同使用性质或计费的给水系统，应在引入管后分成各自独立的给水管网。

【释义与实施要点】

第 1 款 为节约能耗，尽可能充分利用城镇给水管网的资用水头，以直接连接方式供水。如建筑物较低楼层、地下室等用水点等。

第 2 款 当城镇给水管网的水压和（或）水量不足时，应采取设置贮水调节设施和加压供水方式对建筑物供水，并应满足卫生安全、经济节能的原则。

第 3 款 管网叠压供水设备是近年来发展起来的一种新的供水设备，它可充分利用城镇给水管网的水压，具有节约能耗、占地面积小等优点，在工程中得到了一定的应用。但是作为供水设备的一种形式，叠压供水设备也有其特定的使用条件和技术要求。

叠压供水设备在城镇给水管网能满足用户的流量要求，而不能满足所需的水压要求，设备运行后不会对管网的其他用户产生不利影响的地区使用。各地供水行政主管部门（如水务局）及供水部门（如自来水公司）会根据当地的供水情况提出使用条件要求，北京市、天津市等均有具体的规定和要求。中国工程建设标准化协会标准《叠压供水技术规程》CECS 221 中对此也作了明确的规定："供水管网定时供水的区域；供水管网可利用的水头过低的区域；供水管网供水压力波动过大的区域；现有供水管网供水总量不能满足用水需求，使用叠压供水设备后，对周边现有（或规划）用户用水会造成影响的区域；供水管网管径偏小的区域；供水部门认为不得使用叠压供水设备的区域"等六种区域不得采用管网叠压供水技术。因此，当采用叠压供水设备直接从城镇给水管网吸水的设计方案时，要遵守当地供水行政主管部门及供水部门的有关规定，并将设计方案报请该部门批准认可。未经当地供水行政主管部门及供水部门的允许，不得擅自在城镇给水管网中设置、使用管网叠压供水设备。

由于城镇给水管网的压力是波动的，而室内供水系统所需的用水量也发生着变化。为保证管网叠压供水设备的节能效果，宜采用变频调速泵组加压供水。叠压供水设备水泵扬程的确定以城镇给水管网限定的最低水压为依据，各地供水部门都有规定，更不允许出现负压。叠压供水设备中设置有许多保护装置，在受到城镇供水工况变化的影响，保护装置作用造成断水时，应该采取措施，避免供水中断。

为应对城镇供水工况变化的影响，避免当用户用水量瞬间大于城镇给水管网供水能力时叠压供水设备对附近其他用户造成影响，部分叠压供水设备在水泵吸水管一侧设置了调节水箱。由城镇给水管网接入的引入管，同时与水泵吸水口和调节水箱进水浮球阀连接，而水泵吸水口同时与城镇给水管网引入管和调节水箱连接。正常情况下水泵直接从城镇给水管网吸水加压后向小区给水系统供水，当城镇给水管网压力下降至最低设定值时，关闭城镇给水管网引入管上的阀门，水泵从调节水箱吸水加压后向室内系统供水，从而达到向小区给水系统不间断供水的要求。但是，在选用这类设备时，要注意水泵的实际工况对供水安全和节能效果的影响。如水泵从调节水箱吸水时，水泵的扬程必须满足最不利用水点的压力；而当城镇给水管网串联加压时，由于城镇给水管网的余压，变频调速泵组的实际扬程要比前者小。因此，叠压供水设备选型时变频调速泵组的扬程应以调节水箱的最低水位确定，但同时应校核利用城镇给水管网压力时变频调速泵组的工作点仍应在高效区内，并且关注变频调速泵组对所需提升水压值不高的多层建筑供水系统在最低转速运行时的供水安全性。同时，设置低位贮水池贮存城镇给水管网限定的最低水压以下时段（不能叠压供水）小区所需用水量，以保证安全供水，并应采取技术措施保证贮水在水箱中的停留时间不应太长。

由于叠压供水设备有其特定的使用条件和技术要求，还应符合现行行业标准《管网叠压供水设备》CJ/T 254 的要求。

第 4 款 本款规定了给水系统竖向分区原则，应根据建筑物用途、层数、使用要求、材料设备性能、维护管理、节约供水能耗等因素综合确定给水系统的竖向分区。

第 5 款 建筑物内除不同使用性质或计费的给水系统在其引入管后分成各自独立的给水管网外，还要在条件许可时采用分质供水，充分利用中水、雨水回用等再生水资源。

3.4.2 卫生器具给水配件承受的最大工作压力，不得大于 0.60MPa。

【释义与实施要点】

本条规定了卫生器具给水配件承受的最大工作压力，不得大于 0.60MPa，也就是规定了给水系统中卫生器具给水配件能够保证安全工作的极限压力值。给水系统各分区的最大静水压力不应大于卫生器具给水配件能够承受的最大工作压力。在给水系统中，连接有卫生器具的管网，任何情况下压力不得大于 0.60MPa，否则卫生器具给水配件将造成损坏。

3.4.3 当生活给水系统分区供水时，各分区的静水压力不宜大于 0.45MPa；当设有集中热水系统时，分区静水压力不宜大于 0.55MPa。

【释义与实施要点】

分区供水的目的不仅是为了防止损坏给水配件，同时可避免过高的供水压力造成用水不必要的浪费，且管道系统容易产生水锤噪声现象。本条规定了给水系统分区供水时，各分区的静水压力不宜大于 0.45MPa。对供水区域平面范围较大的多层建筑生活给水系统，有时也会出现超出本条分区压力的规定。一旦产生入户管压力、最不利点压力等超出本条规定时，也要为满足本条文的有关规定采取相应的技术措施。

当设有集中热水系统时，为减少热水系统分区、减少热水系统热交换设备数量，在静水压力不大于卫生器具给水配件能够承受的最大工作压力前提下，可适当加大相应的给水系统的分区范围。

3.4.4 生活给水系统用水点处供水压力不宜大于 0.20MPa，并应满足卫生器具工作压力的要求。

【释义与实施要点】

按照现行国家标准《民用建筑节水设计标准》GB 50555 的相关试验资料，给水系统节水设计中最为关键的一个环节是控制配水点处的供水压力，控压节水从理论到实践都得到了充分证明。本条规定用水点供水压力一般不大于 0.20MPa，当用水点卫生设备对供水压力有特殊要求时，应满足卫生设备的供水压力要求，但一般不大于 0.35MPa。

3.4.5 住宅入户管供水压力不应大于 0.35MPa，非住宅类居住建筑入户管供水压力不宜大于 0.35MPa。

【释义与实施要点】

本条规定了住宅和非住宅类居住建筑入户管工作压力最高不能超过 0.35MPa，而入户管供水压力最小值，一般需根据最不利用水点处的工作压力要求，经计算确定。

3.4.6 建筑高度不超过 100m 的建筑的生活给水系统，宜采用垂直分区并联供水或分区减压的供水方式；建筑高度超过 100m 的建筑，宜采用垂直串联供水方式。

【释义与实施要点】

本条规定了建筑高度不超过 100m 的高层建筑，一般低层部分采用市政水压直接供水，中区和高区采用加压至屋顶水箱（或分区水箱），再自流分区减压供水的方式，也可采用变频调速泵直接供水，分区减压方式，或采用变频调速泵垂直分区并联供水方式。

对建筑高度超过 100m 的高层建筑，若仍采用并联供水方式，其输水管道承压过大，存在安全隐患，而串联供水可化解此矛盾。垂直串联供水可设中间转输水箱，也可不设中间转输水箱，在采用变频调速泵组供水的前提下，中间转输水箱已失去调节水量的功能，只剩下防止水压回传的功能，而此功能可用管道倒流防止器替代。不设中间转输水箱，又可减少一个水质污染的环节和节省建筑面积。

3.5 管材、附件和水表

3.5.1 给水系统采用的管材和管件及连接方式，应符合国家现行标准的有关规定。管材和管件及连接方式的工作压力不得大于国家现行标准中公称压力或标称的允许工作压力。

【释义与实施要点】

本条规定了在给水系统中使用的管材、管件，必须符合现行产品标准的要求。

管件的允许工作压力，除取决于管材、管件的承压能力外，还与管道接口能承受的拉力有关。管材承压能力、管件承压能力、管道接口能承受的拉力，这三个承受能力中的最低值，作为管道系统的允许工作压力。

3.5.2 室内的给水管道，应选用耐腐蚀和安装连接方便可靠的管材，可采用不锈钢管、铜管、塑料给水管和金属塑料复合管及经防腐处理的钢管。高层建筑给水立管不宜采用塑料管。

【释义与实施要点】

本条规定了室内的给水管道，选用时应考虑其耐腐蚀性能、连接方便可靠、接口耐久不渗漏、管材的温度变形、抗老化性能等因素综合确定。但当地主管部门对给水管材的采用有规定时，应予遵守。

可用于室内给水管道的管材品种很多，有薄壁不锈钢管、薄壁铜管、塑料管和纤维增强塑料管，还有衬（涂）塑钢管、铝合金衬塑管等金属与塑料复合的复合管材。各种新型的给水管材，大多编制有推荐性技术规程，可为设计、施工安装和验收提供依据。

根据工程实践经验，塑料给水管由于线胀系数大，又无消除线胀的伸缩节，如用作高层建筑给水立管，在支管连接处累积变形大，容易断裂漏水。故立管推荐采用金属管或金属塑料复合管。

3.5.3 给水管道阀门材质应根据耐腐蚀、管径、压力等级、使用温度等因素确定，可采用全铜、全不锈钢、铁壳铜芯和全塑阀门等。阀门的公称压力不得小于管材及管件的公称压力。

【释义与实施要点】

本条规定了给水管道上阀门的工作压力等级，应不小于其所在管段的管道工作压力。阀门的材质，必须耐腐蚀，经久耐用。

当采用金属管材时，阀芯材质应考虑电化学腐蚀因素，不锈钢管道的阀门不宜采用铜质，宜采用同质阀门。镀铜的铁杆、铁芯阀门，不应使用。

3.5.4 室内给水管道的下列部位应设置阀门：

1 从给水干管上接出的支管起端；

2 入户管、水表前和各分支立管；

3 室内给水管道向住户、公用卫生间等接出的配水管起端；

4 水池（箱）、加压泵房、水加热器、减压阀、倒流防止器等处应按安装要求配置。

【释义与实施要点】

本条从室内给水管道系统及其附属设备设施在调节、检修、维护和管理的方便性与合理性方面对阀门的设置作了规定。

3.5.5 给水管道阀门选型应根据使用要求按下列原则确定：

1 需调节流量、水压时，宜采用调节阀、截止阀；

2 要求水流阻力小的部位宜采用闸板阀、球阀、半球阀；

3 安装空间小的场所，宜采用蝶阀、球阀；

4 水流需双向流动的管段上，不得使用截止阀；

5 口径大于或等于 *DN*150 的水泵，出水管上可采用多功能水泵控制阀。

【释义与实施要点】

本条规定了给水管道阀门选型的原则。

第 1 款　调节阀是专门用于调节流量和压力的阀门，常用在需调节流量或水压的配水管段上，如热水循环管道。

第 2 款　闸板阀、球阀和半球阀的过水断面为全口径，阻力最小。水泵吸水管的阻力大小对水泵的出水流量影响较大，故宜采用闸板阀。

第 3 款　蝶阀虽具有安装空间小的优点，但小口径的蝶阀，其阀瓣占据流道截面的比例较大，故水流阻力较大，且易挂积杂物和纤维。

第4款 截止阀内的阀芯，有控制并截断水流的功能，故不能安装在双向流动的管段上。

第5款 多功能水泵控制阀兼有闸阀、缓闭止回阀和水锤消除器的功能，故一般装在口径较大的水泵出水管上。

3.5.6 给水管道的下列管段上应设置止回阀，装有倒流防止器的管段处，可不再设置止回阀：

1 直接从城镇给水管网接入小区或建筑物的引入管上；

2 密闭的水加热器或用水设备的进水管上；

3 每台水泵的出水管上。

【释义与实施要点】

本条规定了止回阀的设置要求。

明确止回阀只是引导水流单向流动的阀门，不是防止倒流污染的有效装置。此概念是选用止回阀还是选用管道倒流防止器的原则。管道倒流防止器具有止回阀的功能，而止回阀则不具备管道倒流防止器的功能，所以设有管道倒流防止器后，就不需再设止回阀。

第1款 明确只在直接从城镇给水管接入的引入管上设置。

第2款 明确密闭的水加热器或用水设备的进水管上，应设置止回阀（如根据本标准第3.3.7条已设置倒流防止器，不需再设止回阀）。当局部热水供应系统采用贮水容积大于200L（又称“商用”）的容积式燃气热水器、电热水器或系统设置有热水循环时，应设置止回阀。

第3款 明确每台水泵的出水管上应设置，防止水泵出水管中的水倒流回水泵的吸入侧。

3.5.7 止回阀选型应根据止回阀安装部位、阀前水压、关闭后的密闭性能要求和关闭时引发的水锤等因素确定，并应符合下列规定：

1 阀前水压小时，宜采用阻力低的球式和梭式止回阀；

2 关闭后密闭性能要求严密时，宜选用有关闭弹簧的软密封止回阀；

3 要求削弱关闭水锤时，宜选用弹簧复位的速闭止回阀或后阶段有缓闭功能的止回阀；

4 止回阀安装方向和位置，应能保证阀瓣在重力或弹簧力作用下自行关闭；

5 管网最小压力或水箱最低水位应满足开启止回阀压力，可选用旋启式止回阀等开启压力低的止回阀。

【释义与实施要点】

本条列出了选择止回阀阀型时应综合考虑的因素。

第1款 开启压力一般大于开启后水流正常流动时的局部水头损失。

第2款 止回阀的开启压力与止回阀关闭状态时的密封性能有关，关闭状态密封性好的，开启压力就大，反之就小。

第3款 速闭消声止回阀和阻尼缓闭止回阀都有削弱停泵水锤的作用，但两者削弱停泵水锤的机理不同，速闭止回阀一般用于200mm以下口径；缓闭止回阀包括多功能水泵控制阀、消水锤止回阀等，为具有两阶段关闭功能的止回阀。一般水力控制阀型缓闭止回阀水头损失较大，在工程应用中可以采用水头损失较小的缓闭止回阀。

第4款　止回阀的阀瓣或阀芯，在水流停止流动时，应能在重力或弹簧力作用下自行关闭，也就是说重力或弹簧力的作用方向与阀瓣或阀芯关闭运动的方向要一致，才能使阀瓣或阀芯关闭。一般来说卧式升降式止回阀和阻尼缓闭止回阀及多功能阀只能安装在水平管上，立式升降式止回阀不能安装在水平管上，其他的止回阀均可安装在水平管上或水流方向自下而上的立管上。水流方向自上而下的立管，不应安装止回阀，因其阀瓣不能自行关闭，起不到止回作用。

第5款　管网最小压力或水箱最低水位应能自动开启止回阀。旋启式止回阀静水压大于或等于0.5m时可开启。

3.5.8　倒流防止器设置位置应符合下列规定：

1　应安装在便于维护、不会结冻的场所；

2　不应装在有腐蚀性和污染的环境；

3　具有排水功能的倒流防止器不得安装在泄水阀排水口可能被淹没的场所；

4　排水口不得直接接至排水管，应采用间接排水，并应符合本标准第4.4.14条的规定。

【释义与实施要点】

正确的设置位置是保证管道倒流防止器使用的重要条件。本条系引用行业标准中倒流防止器的设置要求，以倒流防止器本身安全卫生防护要求来确定的。

3.5.9　真空破坏器设置位置应符合下列规定：

1　不应装在有腐蚀性和污染的环境；

2　大气型真空破坏器应直接安装于配水支管的最高点；

3　真空破坏器的进气口应向下，进气口下沿的位置高出最高用水点或最高溢流水位的垂直高度，压力型不得小于300mm；大气型不得小于150mm。

【释义与实施要点】

正确的设置位置是保证管道真空破坏器使用的重要条件。本条系引用行业标准中真空破坏器的设置要求，以真空破坏器本身安全卫生防护要求来确定的。

3.5.10　给水管网的压力高于本标准第3.4.2条、第3.4.3条规定的压力时，应设置减压阀，减压阀的配置应符合下列规定：

1　减压阀的减压比不宜大于3∶1，并应避开气蚀区；

2　当减压阀的气蚀校核不合格时，可采用串联减压方式或采用双级减压阀等减压方式；

3　阀后配水件处的最大压力应按减压阀失效情况下进行校核，其压力不应大于配水件的产品标准规定的公称压力的1.5倍；当减压阀串联使用时，应按其中一个失效情况下计算阀后最高压力；

4 当减压阀阀前压力大于或等于阀后配水件试验压力时，减压阀宜串联设置；当减压阀串联设置时，串联减压的减压级数不宜大于2级，相邻的2级串联设置的减压阀应采用不同类型的减压阀；

5 当减压阀失效时的压力超过配水件的产品标准规定的水压试验压力时，应设置自动泄压装置；当减压阀失效可能造成重大损失时，应设置自动泄压装置和超压报警装置；

6 当有不间断供水要求时，应采用两个减压阀并联设置，宜采用同类型的减压阀；

7 减压阀前的水压宜保持稳定，阀前的管道不宜兼作配水管；

8 当阀后压力允许波动时，可采用比例式减压阀；当阀后压力要求稳定时，宜采用可调式减压阀中的稳压减压阀；

9 当减压差小于0.15MPa时，宜采用可调式减压阀中的差压减压阀；

10 减压阀出口动静压升应根据产品制造商提供的数据确定，当无资料时可按0.10MPa确定；

11 减压阀不应设置旁通阀。

【释义与实施要点】

本条规定是为了防止给水管网使用减压阀后可能出现的安全隐患。

第1款 限制减压阀的减压比，是为了防止阀内产生气蚀损坏减压阀和减少振动及噪声。

第2款 气蚀校核可根据减压阀的进口压力、出口压力和介质温度等条件，参照《建筑给水减压阀应用技术规程》CECS 109中的规定进行校核。

第3款 本款规定是防止减压阀失效时，阀后卫生器具给水栓受损坏。当配水件有渗漏危险时，可按密闭试验压力的1.1倍校核。

第4款 考虑可能发生谐振现象，在供水干管串联减压时，前一级减压阀可采用比例式减压阀，后一级减压阀可采用可调式减压阀。

第5款 本款规定是防止减压阀失效时造成超压破坏。自动泄压装置可以采用安全阀。

第6款 在给水总管和干管减压时，可采用两个减压阀并联设置。

第7款 规定阀前水压稳定，阀后水压才能稳定。

第8款 减压阀的类型不同，其性能也不一致，选用时按所需达到的减压效果选择相应匹配的减压阀类型。

第9款 规定减压差较小时，宜采用的减压阀类型。

第10款 规定减压阀出口动静压升应根据不同产品制造商提供的不同类型减压阀的相关数据确定。

第11款 规定减压阀并联设置的作用只是为了当一个阀失效时，将其关闭检修，使管路不需停水检修。减压阀若设旁通管，因旁通管上的阀门渗漏会导致减压阀减压作用失效，故不应设置旁通管。

3.5.11 减压阀的设置应符合下列规定：

1 减压阀的公称直径宜与其相连管道管径一致；

2 减压阀前应设阀门和过滤器；需要拆卸阀体才能检修的减压阀，应设管道伸缩器或软接头，支管减压阀可设置管道活接头；检修时阀后水会倒流时，阀后应设阀门；

3 干管减压阀节点处的前后应装设压力表，支管减压阀节点后应装设压力表；

4 比例式减压阀、立式可调式减压阀宜垂直安装，其他可调式减压阀应水平安装；

5 设置减压阀的部位，应便于管道过滤器的排污和减压阀的检修，地面宜有排水设施。

【释义与实施要点】

本条根据各类型减压阀的特性和安装、使用、维护要求，在减压阀的规格、组件配置、安装方式以及检修维护等方面规定了减压阀设置需遵循的相关要求。

第1款 本款是对减压阀公称直径的规定，一般减压阀的公称直径与其相连管道管径一致时，减压阀前、后的水流状态相对较稳定，减压阀的前后压力变化比值与选用减压阀的减压比值相对较易符合。

第2款 本款规定是为了方便今后运行状态中减压阀的检修与维护。减压阀前、后设置阀门，在检修减压阀组件时可以切断两端水源；减压阀前设置过滤器，可拦截水中颗粒杂质，减少减压阀卡阻故障；设置管道活接头、管道伸缩器或软接头，可以方便减压阀组的拆卸与装配，对需要拆卸阀体才能检修的减压阀尤其重要。

第3款 压力表是减压阀组的重要组成部分，通过读取减压阀进、出口处压力表的压力值，可以研判减压阀的减压效果和发现减压阀的故障。

第4款 比例式减压阀的内部构造多采用活塞型阀瓣形式，减压时阀瓣运动方式较适合垂直安装状态，减压阀在垂直安装时运行效果会更佳。

第5款 从维护管理层面规定了减压阀设置部位的排水要求。

3.5.12 当给水管网存在短时超压工况，且短时超压会引起使用不安全时，应设置持压泄压阀。持压泄压阀的设置应符合下列规定：

1 持压泄压阀前应设置阀门；

2 持压泄压阀的泄水口应连接管道间接排水，其出流口应保证空气间隙不小于300mm。

【释义与实施要点】

持压泄压阀的泄流量大，给水管网超压是因管网的用水量太少，使向管网供水的水泵的工作点上移而引起的，持压泄压阀的泄压动作压力比供水水泵的最高供水压力小，泄压时水泵仍不断将水供入管网，所以持压泄压阀动作时要连续泄水，直到管网用水量等于泄水量时才停止泄水复位。持压泄压阀的泄水流量要按水泵 $H \sim Q$ 特性曲线上泄压压力对应的流量确定。生活给水管网出现超压的情况，只有在管网采用额定转速水泵直接供水时（尤其是直接串联供水时）出现。

第1款 在持压泄压阀之前设置阀门的作用主要是检修，在检修持压泄压阀时关闭此阀门，不需同时放空整个管道。正常运行时检修阀门应设置为常开。

第2款 持压泄压阀的泄水口应通过连接管道间接排至泵房地沟等排水设施，为防止回流污染，高出排水设施溢流边缘的空气间隙应保证不小于300mm。泄压水也可以排入非生活用水水池，既可利用水池存水消能，也可避免水的浪费，如直接排入雨水管道，要有消能措施，防止冲坏连接管和检查井。

3.5.13 安全阀阀前、阀后不得设置阀门，泄压口应连接管道将泄压水（气）引至安全地点排放。

【释义与实施要点】

安全阀在系统中起安全保护作用。当系统内介质压力升高超过规定的允许值时，平时常闭的安全阀自动打开，将系统中的一部分介质向系统外排放，使系统压力不超过允许值。

安全阀作为系统中一个重要的泄压部件，可保证系统不因超压而发生事故，对人身安全和设备运行安全起到重要保护作用。故安全阀能正常运行、值守是关键，不在安全阀阀前、阀后设置阀门是为了防止应该常开设置的阀门由于误操作发生关闭情况，造成安全阀失效，对系统安全运行带来危险。

由于安全阀的设置位置附近可能是人经常活动的区域或重要物品的放置位置，当系统压力超过规定的允许值泄压口开放时，突然排放的泄压水（气），如高温水、蒸汽等可能对附近的人或物造成伤害、损害，故应该把安全阀的泄压口连接管道，将泄压水（气）引至安全地点排放。

3.5.14 给水管道的排气装置设置应符合下列规定：

1 间歇性使用的给水管网，其管网末端和最高点应设置自动排气阀；

2 给水管网有明显起伏积聚空气的管段，宜在该段的峰点设自动排气阀或手动阀门排气；

3 给水加压装置直接供水时，其配水管网的最高点应设自动排气阀；

4 减压阀后管网最高处宜设置自动排气阀。

【释义与实施要点】

当系统管道中充满水时，水在流动的过程中，溶解在水中的气体会因为温度和压力的变化不断逸出和被释放到管道中，并逐渐向系统管道的最高处聚集，当管道内气体积聚到一定量时会产生气阻，影响水的正常流动，影响系统的正常运行。排气阀的作用是将管道内的这些气体排出，当气体排完后，排气阀将自动关闭阻止水流外泄。

本条主要是根据系统管道中气体积聚的特点，给出排气阀的设置位置。

3.5.15 给水管道的管道过滤器设置应符合下列规定：

1 减压阀、持压泄压阀、倒流防止器、自动水位控制阀、温度调节阀等阀件前应设置过滤器；

2 水加热器的进水管上，换热装置的循环冷却水进水管上宜设置过滤器；

3 过滤器的滤网应采用耐腐蚀材料，滤网网孔尺寸应按使用要求确定。

【释义与实施要点】

减压阀、持压泄压阀、倒流防止器、自动水位控制阀、温度调节阀等阀件构造均较为精密，水中的杂质颗粒等容易造成这些阀件失灵，发生运行故障，影响甚至危害系统的正常运行。循环冷却水系统当采用开式系统时，系统外飘进的杂质，以及冷却塔塑料填料老化脱落的碎片等一旦进入到系统的换热装置，会对换热装置产生损害。故本条规定了管道过滤器的一些重要的设置位置。

给水管道系统如果串联重复设置管道过滤器，不仅增加工程费用，且增加阻力需消耗更多的能耗。因此，当在减压阀、自动水位控制阀、温度调节阀等阀件前已设置了管道过滤器时，则水加热器的进水管等处的管道过滤器可不必再设置。

3.5.16 建筑物水表的设置位置应符合下列规定：

1 建筑物的引入管、住宅的入户管；

2 公用建筑物内按用途和管理要求需计量水量的水管；

3 根据水平衡测试的要求进行分级计量的管段；

4 根据分区计量管理需计量的管段。

【释义与实施要点】

建筑物水表设置的主要功能是用水管理、用水收费等。对于有水平衡测试要求的管网一般需要对相应测试管段进行分级计量。针对区域供水情况，为控制管网漏损和提升信息化管理水平，根据分区计量管理要求也需相应设置水表。

3.5.17 住宅的分户水表宜相对集中读数，且宜设置于户外；对设在户内的水表，宜采用远传水表或IC卡水表等智能化水表。

【释义与实施要点】

住宅分户水表一般作为“一级水表”，产权属于供水主管部门，由供水主管部门直接抄取水表读数和向住户收取水费。为了便于供水主管部门抄表和方便检修水表，住宅的分户水表应尽可能相对集中设置于户外。

对设在户内的水表，从安全和隐私的角度考虑，不提倡供水主管部门抄表人员进户抄表，故尽可能采用远传水表或IC卡水表等智能化水表形式。

3.5.18 水表应装设在观察方便、不冻结、不被任何液体及杂质所淹没和不易受损处。

【释义与实施要点】

本条主要是规定水表的设置部位不但应该方便观察和读数，还应该从安全层面保证水表不被污染和不受损坏。

3.5.19 水表口径确定应符合下列规定：

1 用水量均匀的生活给水系统的水表应以给水设计流量选定水表的常用流量；

2 用水量不均匀的生活给水系统的水表应以给水设计流量选定水表的过载流量；

3 在消防时除生活用水外尚需通过消防流量的水表，应以生活用水的设计流量叠加消防流量进行校核，校核流量不应大于水表的过载流量；

4 水表规格应满足当地供水主管部门的要求。

【释义与实施要点】

国家产品标准《饮用冷水水表和热水水表　第1部分：计量要求和技术要求》GB/T 778.1中的“常用流量”系指额定工作条件下水表符合最大允许误差要求的最大流量。对于用水量在计算时段相对均匀的给水系统，如用水量相对集中的工业企业生活间、公共浴室、洗衣房、公共食堂、体育场等建筑物，用水密集，其设计秒流量与最大小时平均流量折算成秒流量相差不大，应以设计秒流量来选用水表的“常用流量”；而对于住宅、旅馆、医院等用水分散型的建筑物，其设计秒流量系最大日最大时中某几分钟高峰用水时段的平均秒流量，如按此选用水表的常用流量，则水表很多时段均在比常用流量小或小得多的情况下运行，且水表口径选得很大。为此，这类建筑宜按给水系统的设计秒流量选用水表的“过载流量”。“过载流量”是“常用流量”的1.25倍。

居住小区由于人数多、规模大，虽然按设计秒流量计算，但已接近最大用水时的平均秒流量。以此流量选择小区引入管水表的常用流量。如引入管为两条及两条以上时，则应平均分摊流量。该生活给水设计流量还应按消防规范的要求叠加区内一起火灾的最大消防流量校核，不应大于水表的“过载流量”。

因供水主管部门收费计量的水表产权归属供水主管部门，因此一般市政管网接入小区的引入管上的总水表和住宅分户水表的规格往往由供水主管部门确定。

3.5.20 给水加压系统水锤消除装置，应根据水泵扬程、管道走向、止回阀类型、环境噪声要求等因素确定。

【释义与实施要点】

水锤是产生于密闭管路系统内，由于流量急剧变化而引起的，水锤发生的瞬间压力可达到管道中正常工作压力的几十倍，甚至数百倍，这种大幅度压力波动，可导致管道系统产生强烈振动和噪声，并可能破坏管道、水泵、阀门等。水锤效应有极大的破坏性，会对管道系统造成很大的破坏作用。一般水锤的产生是由于启泵、停泵、开关阀门过于快速，使水的速度发生急剧变化，尤其是突然停泵而引起的。

水锤消除装置包括水锤吸纳器、速闭止回阀、缓闭止回阀和多功能水泵控制阀等。

3.5.21 隔音防噪要求严格的场所，给水管道的支架应采用隔振支架；配水管起端宜设置水锤消除装置；配水支管与卫生器具配水件的连接宜采用软管连接。

【释义与实施要点】

声环境功能区分类参见现行国家标准《声环境质量标准》GB 3096，可根据建筑的使用功能特点和环境质量要求等确定是否采用隔音降噪措施。

3.6 管道布置和敷设

3.6.1 室内生活给水管道可布置成枝状管网。

【释义与实施要点】

一般室内生活给水管道为枝状管网。在实际使用过程中，由于某些用水点不经常使用，那么枝状管段中有些水因为不流动得不到更新，长时间会引起水质变坏的情况。随着人们生活水平的提高，建筑室内给水水质安全越来越引起人们的重视。目前已有国外的相关资料显示，通过采用特殊的给水配件和装置、支管环状供水布管，以及在管道末端设置定时用水的卫生器具等方式，减少给水系统内不流动的枝状管段，使管段内的水得以流动起来，以减缓水质恶化。

采用环状布置给水管道和其他技术措施会相应增加工程投资，考虑到我国各地经济发展不均衡的因素，因此在经济条件许可的前提下可将室内给水管道布置成支管环状形式。本条文也是在原条文的基础上将程度用词“宜”改为“可”。

3.6.2 室内给水管道布置应符合下列规定：

1 不得穿越变配电房、电梯机房、通信机房、大中型计算机房、计算机网络中心、音像库房等遇水会损坏设备或引发事故的房间；

2 不得在生产设备、配电柜上方通过；

3 不得妨碍生产操作、交通运输和建筑物的使用。

【释义与实施要点】

给水管道因使用时间久而老化漏水，或检修时产生的水渍会引起电气设备损坏或故障，或因给水管道检修影响生产操作等其他活动。因此本条规定给水管道布置应避免设置在以上规定场所。

3.6.3 室内给水管道不得布置在遇水会引起燃烧、爆炸的原料、产品和设备的上面。

【释义与实施要点】

本条为强制性条文，必须严格执行。本条规定室内给水管道敷设的位置不能由于管道的漏水或结露产生的凝结水造成严重安全隐患，产生重大财物损害。

遇水燃烧物质指凡是能与水发生剧烈反应放出可燃气体，同时放出大量热量，使可燃气体温度猛升到自燃点，从而引起燃烧爆炸的物质。遇水燃烧物质按遇水或受潮后发生反应的强烈程度及其危害的大小，划分为以下两个级别：

一级遇水燃烧物质，与水或酸反应时速度快，能放出大量的易燃气体，热量大，极易引起自燃或爆炸。如锂、钠、钾、铷、锶、铯、钡等金属及其氢化物等。

二级遇水燃烧物质，与水或酸反应时速度比较缓慢，放出的热量也比较少，产生的可燃气体，一般需要有水源接触，才能发生燃烧或爆炸。如金属钙、氢化铝、硼氢化钾、锌粉等。

在实际生产、储存与使用中，将遇水燃烧物质都归为甲类火灾危险品。在储存危险品的仓库设计中，应避免将给水管道（含消防给水管道）布置在上述危险品堆放区域的上方。

3.6.4 埋地敷设的给水管道不应布置在可能受重物压坏处。管道不得穿越生产设备基础，在特殊情况下必须穿越时，应采取有效的保护措施。

【释义与实施要点】

本条规定给水管道不得穿越生产设备基础，当实在无法避免时，必须采取有效保护给水管道的措施。确保一定的埋设深度并在给水管道外设置套管，这些都是有效的保护措施。

3.6.5 给水管道不得敷设在烟道、风道、电梯井、排水沟内。给水管道不得穿过大便槽和小便槽，且立管离大、小便槽端部不得小于0.5m。给水管道不宜穿越橱窗、壁柜。

【释义与实施要点】

给水管道应敷设在便于维护保养和卫生安全的位置，对于烟道、风道、电梯井这些封闭且无法检修的场所应避免设置给水管道。为保障给水管道的卫生安全，给水管道应与大、小便槽有一定的卫生安全距离。

3.6.6 给水管道不宜穿越变形缝。当必须穿越时，应设置补偿管道伸缩和剪切变形的装置。

【释义与实施要点】

变形缝是伸缩缝、沉降缝、防震缝的总称。给水管道设计时宜避免穿越变形缝，但随着建筑体量规模的增大，有时难以做到完全避免。当管道穿越变形缝时应向结构专业了解变形缝的类型及各项变形的参数，分别有针对性地选择不同的补偿措施。一般不锈钢波纹补偿器可以用在伸缩缝处，而不锈钢金属软管可用在沉降缝处。对于防震缝处则应采用既要考虑伸缩也要考虑沉降的补偿装置。

当建筑物或室外地面沉降量较大时，凡是穿越建筑的引入管和接出管均应考虑防沉降措施。

3.6.7 塑料给水管道在室内宜暗设。明设时立管应布置在不易受撞击处。当不能避免时，应在管外加保护措施。

【释义与实施要点】

塑料给水管道在室内明装敷设时易受碰撞而损坏，也发生过被人为割伤的情况，尤其是设在公共场所的立管更易受此威胁，因此提倡在室内吊顶、管道井和嵌墙暗装。

3.6.8 塑料给水管道布置应符合下列规定：

1 不得布置在灶台上边缘；明设的塑料给水立管距灶台边缘不得小于 0.4m，距燃气热水器边缘不宜小于 0.2m；当不能满足上述要求时，应采取保护措施；

2 不得与水加热器或热水炉直接连接，应有不小于 0.4m 的金属管段过渡。

【释义与实施要点】

塑料给水管道不得布置在灶台上边缘，是为了防止炉灶口喷出的火焰及辐射热损坏管道。燃气热水器虽无火焰喷出，但其燃烧部位外面仍有较高的辐射热，所以不应靠近。

塑料给水管道不应与水加热器或热水炉直接连接，以防炉体或加热器的过热温度直接传给管道而损坏管道，一般应经不少于 0.4m 的金属管过渡后再连接。

3.6.9 室内给水管道上的各种阀门，宜装设在便于检修和操作的位置。

【释义与实施要点】

对于设置在管井和机房内的给水管道上的阀门，建议安装高度为 1.2～1.5m，便于操作和检修。对于安装在吊顶内的给水管道，宜在安装阀门的附近装设检修口。

3.6.10 给水引入管与排水排出管的净距不得小于 1m。建筑物内埋地敷设的生活给水管与排水管之间的最小净距，平行埋设时不宜小于 0.50m；交叉埋设时不应小于 0.15m，且给水管应在排水管的上面。

【释义与实施要点】

本条是为保证给水管道卫生条件，规定了给水管道与排水管道之间的距离要求。

本条也参考了现行国家标准《城市工程管线综合规划规范》GB 50289—2016 的规定。

3.6.11 给水管道的伸缩补偿装置，应按直线长度、管材的线胀系数、环境温度和管内水温的变化、管道节点的允许位移量等因素经计算确定。应优先利用管道自身的折角补偿温度变形。

【释义与实施要点】

给水管道因温度变化而引起伸缩，必须予以补偿，在给水管道采用塑料管时，塑料管的线膨胀系数是钢管的 7～10 倍。因此必须予以重视，如无妥善的伸缩补偿措施，将会导致塑料管道的不规则拱起弯曲，甚至断裂等质量事故。常用的补偿方法就是利用管道自身的折角变形来补偿温度变形。

3.6.12 当给水管道结露会影响环境，引起装饰层或者物品等受损害时，给水管道应做防结露绝热层，防结露绝热层的计算和构造可按现行国家标准《设备及管道绝热设计导则》GB/T 8175 执行。

【释义与实施要点】

给水管道敷设区域，特别是空调区域空气中的水蒸气达到饱和状态，管道因为其中的水流温度较低，当管道外表面温度低于露点温度时，会在管道外表面形成结露。结露与否可以通过计算来判定。给水管道的防结露计算是比较复杂的问题，它与水温、管材的导热系数和壁厚、空气的温度和相对湿度、绝热层的材质和导热系数等有关。如资料不足时，可借用当地空调冷冻水小型支管的绝热层做法。防结露的绝热层具体做法可参见国家建筑标准设计图集《管道和设备保温、防结露及电伴热》16S401。

在采用金属给水管出现结露的地区，塑料给水管同样也会出现结露，仍需做绝热层。

3.6.13 给水管道暗设时，应符合下列规定：

1 不得直接敷设在建筑物结构层内；

2 干管和立管应敷设在吊顶、管井、管窿内，支管可敷设在吊顶、楼（地）面的垫层内或沿墙敷设在管槽内；

3 敷设在垫层或墙体管槽内的给水支管的外径不宜大于 25mm；

4 敷设在垫层或墙体管槽内的给水管管材宜采用塑料、金属与塑料复合管材或耐腐蚀的金属管材；

5 敷设在垫层或墙体管槽内的管材，不得采用可拆卸的连接方式；柔性管材宜采用分水器向各卫生器具配水，中途不得有连接配件，两端接口应明露。

【释义与实施要点】

给水管道不论管材是金属管还是塑料管（含复合管），均不得直接埋设在建筑结构层内。如一定要埋设时，必须在管外设置套管，这可以解决在套管内敷设和更换管道的技术问题，且要经结构工种的同意，确认埋在结构层内的套管不会降低建筑结构的安全可靠性。

小管径的配水支管，可以直接埋设在楼板面的垫层内，或在非承重墙体上开凿的管槽内（当墙体材料强度低不能开槽时，可将管道贴墙面安装后抹厚墙体）。这种直埋安装的管道外径，受垫层厚度或管槽深度的限制，一般外径不宜大于 25mm。

直埋敷设的管道，除管内壁要求具有优良的防腐性能外，其外壁还要具有抗水泥腐蚀的能力，以确保管道使用的耐久性。

采用卡套式或卡环式接口的交联聚乙烯管、铝塑复合管，为了避免直埋管因接口渗漏而维修困难，故要求直埋管段不应中途接驳或用三通分水配水，应采用软态给水塑料管，分水器集中配水，管接口均应明露在外，以便检修。

给水管嵌墙敷设时，墙体预留的管槽应经结构设计，未经结构专业的许可，不得在墙体横向开凿宽度超过 300mm 的管槽。参见《建筑给水金属管道工程技术规程》CJJ/T 154—2011 第 4.4.7 条。

可拆卸的连接方式：如卡套式、卡环式。

3.6.14 管道井尺寸应根据管道数量、管径、间距、排列方式、维修条件，结合建筑平面和结构形式等确定。需进人维修管道的管道井，维修人员的工作通道净宽度不宜小于 0.6m。管道井应每层设外开检修门。管道井的井壁和检修门的耐火极限和管道井的竖向防火隔断应符合现行国家标准《建筑设计防火规范》GB 50016 的规定。

【释义与实施要点】

本条规定了进人的管道井应留有一定的操作空间供维修人员工作使用。为了防止火灾通过管道井蔓延，管道井的井壁和检修门的耐火极限和竖向防火隔断做法都应满足现行国家相关规范的规定。

3.6.15 给水管道穿越人防地下室时，应按现行国家标准《人民防空地下室设计规范》GB 50038 的要求采取防护密闭措施。

【释义与实施要点】

《人民防空地下室设计规范》GB 50038—2005 中：

6.2.13 防空地下室给水管道上防护阀门的设置及安装应符合下列要求：

1 当给水管道从出入口引入时，应在防护密闭门的内侧设置；当从人防围护结构引入时，应在人防围护结构的内侧设置；穿过防护单元之间的防护密闭隔墙时，应在防护密闭隔墙两侧的管道上设置；

2 防护阀门的公称压力不应小于 1.0MPa；

3 防护阀门应采用阀芯为不锈钢或铜材质的闸阀或截止阀；

4 人防围护结构内侧距离阀门的近端面不宜大于 200mm。阀门应有明显的启闭标志。

本条与《人民防空地下室设计规范》GB 50038—2005 第 6.2.13 条相协调。

3.6.16 需要泄空的给水管道，其横管宜设有 0.002～0.005 的坡度坡向泄水装置。

【释义与实施要点】

给水管网系统当管路检修时需要将管网放空，因此对于给水系统横管应设有0.002～0.005的坡度并坡向泄水装置，在泄水装置处设置排水措施。

3.6.17 给水管道穿越下列部位或接管时，应设置防水套管：

1 穿越地下室或地下构筑物的外墙处；

2 穿越屋面处；

3 穿越钢筋混凝土水池（箱）的壁板或底板连接管道时。

【释义与实施要点】

给水管道在穿越上述部位处，为防止渗漏，应在管道穿越处设置防水套管。防水套管具体做法可参见国家建筑标准设计图集《防水套管》02S404。

3.6.18 明设的给水立管穿越楼板时，应采取防水措施。

【释义与实施要点】

管道穿过墙壁和楼板时，应设置金属或塑料套管。安装在楼板内的套管，其顶部高出装饰地面20mm；安装在卫生间及厨房内的套管，其顶部应高出装饰地面50mm，底部应与楼板底面相平；安装在墙壁内的套管其两端与饰面相平。穿过楼板的套管与管道之间的缝隙宜采用阻燃密实材料填实，且端面应光滑。管道的接口不得设在套管内。

3.6.19 在室外明设的给水管道，应避免受阳光直接照射，塑料给水管还应有有效保护措施；在结冻地区应做绝热层，绝热层的外壳应密封防渗。

【释义与实施要点】

室外明设的管道，在结冻地区无疑要做保温层，在非结冻地区亦宜做保温层，以防止管道受阳光照射后管内水温升高，导致用水时水温忽热忽冷。水温升高管内的水受到了“热污染”，还给细菌繁殖提供了良好的环境。

室外明设的塑料给水管道不需保温时，亦应有遮光措施，以防塑料老化缩短使用寿命。

3.6.20 敷设在有可能结冻的房间、地下室及管井、管沟等处的给水管道应有防冻措施。

【释义与实施要点】

本条规定了即使给水管道在室内敷设，当其环境温度有可能降低至冰点以下时，也必须采取防冻的保温措施。

3.6.21 室内冷、热水管上、下平行敷设时，冷水管应在热水管下方。卫生器具的冷水连接管，应在热水连接管的右侧。

【释义与实施要点】

本条规定了冷水管道与热水管道敷设时的相对位置。明确为卫生器具进水接管时，冷水连接管应在热水连接管的右侧，按以右手启闭冷水、左手启闭热水开关设置。

3.7 设计流量和管道水力计算

3.7.1 建筑给水设计用水量应根据下列各项确定：

1 居民生活用水量；

2 公共建筑用水量；

3 绿化用水量；

4 水景、娱乐设施用水量；

5 道路、广场用水量；

6 公用设施用水量；

7 未预见用水量及管网漏失水量；

8 消防用水量；

9 其他用水量。

【释义与实施要点】

消防用水量仅用于校核管网计算，不计入日常用水量。

3.7.2 居民生活用水量应按住宅的居住人数和本标准表 3.2.1 规定的生活用水定额经计算确定。

【释义与实施要点】

选择住宅定额数据时，应根据居住人数、区域位置、用水习惯、住宅类别及建筑标准综合选用。同时也可参照所在地自来水公司或水务公司发布的地方规范或相关分析数据。

3.7.3 公共建筑生活用水量应按其使用性质、规模采用本标准表 3.2.2 中的生活用水定额，经计算确定。

【释义与实施要点】

公共建筑的生活用水定额，应根据卫生器具完善程度、区域条件和使用习惯综合确定。特别应注意对同区域、同类型建筑既有用水量统计数据的分析。

3.7.4 建筑物的给水引入管的设计流量应符合下列规定：

1 当建筑物内的生活用水全部由室外管网直接供水时，应取建筑物内的生活用水设计秒流量；

2 当建筑物内的生活用水全部自行加压供给时，引入管的设计流量应为贮水调节池的设计补水量；设计补水量不宜大于建筑物最高日最大时用水量，且不得小于建筑物最高日平均时用水量；

3 当建筑物内的生活用水既有室外管网直接供水，又有自行加压供水时，应按本条第 1 款、第 2 款的方法分别计算各自的设计流量后，将两者叠加作为引入管的设计流量。

【释义与实施要点】

高层建筑的室内给水系统，一般是低层区由室外给水管网直接供水，室外给水管网水压供不上的楼层，由建筑物内的加压系统供水。加压系统设有调节贮水池，其补水量经计算确定，一般介于平均时流量与最大时流量之间。所以建筑物的给水引入管的设计秒流量，就由直接供水部分的设计秒流量加上加压部分的补水流量组成。当建筑物内的生活用水全部采用叠压供水时，给水引入管应取建筑物内的生活用水设计秒流量。当建筑物既有叠压供水、又有自行加压供水时，应按本条第1款、第2款的方法分别计算各自的设计流量后，将两者叠加作为引入管的设计流量。

3.7.5 住宅建筑的生活给水管道的设计秒流量，应按下列步骤和方法计算：

1 根据住宅配置的卫生器具给水当量、使用人数、用水定额、使用时数及小时变化系数，可按下式计算出最大用水时卫生器具给水当量平均出流概率：

$$U_o = \frac{100 q_L m K_h}{0.2 \cdot N_G \cdot T \cdot 3600} (\%) \tag{3.7.5-1}$$

式中：U_o——生活给水管道的最大用水时卫生器具给水当量平均出流概率（%）；

q_L——最高用水日的用水定额，按本标准表3.2.1取用[L/(人·d)]；

m——每户用水人数；

K_h——小时变化系数，按本标准表3.2.1取用；

N_G——每户设置的卫生器具给水当量数；

T——用水时数（h）；

0.2——一个卫生器具给水当量的额定流量（L/s）。

2 根据计算管段上的卫生器具给水当量总数，可按下式计算得出该管段的卫生器具给水当量的同时出流概率：

$$U = 100 \frac{1 + \alpha_c (N_q - 1)^{0.49}}{\sqrt{N_g}} (\%) \tag{3.7.5-2}$$

式中：U——计算管段的卫生器具给水当量同时出流概率（%）；

α_c——对应于U_o的系数，按本标准附录B中表B取用；

N_g——计算管段的卫生器具给水当量总数。

3 根据计算管段上的卫生器具给水当量同时出流概率，可按下式计算该管段的设计秒流量：

$$q_g = 0.2 \cdot U \cdot N_g \tag{3.7.5-3}$$

式中：q_g——计算管段的设计秒流量（L/s）。当计算管段的卫生器具给水当量总数超过本标准附录C表C.0.1～表C.0.3中的最大值时，其设计流量应取最大时用水量。

4 给水干管有两条或两条以上具有不同最大用水时卫生器具给水当量平均出流概率的给水支管时，该管段的最大用水时卫生器具给水当量平均出流概率应按下式计算：

$$\overline{U}_o = \frac{\sum U_{oi} N_{gi}}{\sum N_{gi}} \tag{3.7.5-4}$$

式中：$\overline{U}_o$——给水干管的卫生器具给水当量平均出流概率；

U_{oi}——支管的最大用水时卫生器具给水当量平均出流概率；

N_{gi}——相应支管的卫生器具给水当量总数。

【释义与实施要点】

第1款、第2款 住宅生活给水管道设计秒流量计算按用水特点为分散型，其用水时间长，用水设备使用情况不集中，卫生器具的同时出流百分数（出流率）随卫生器具的增加而减少；而对分散型中的住宅的设计秒流量计算方法，采用了以概率法为基础的计算方法。式（3.7.5-1）和式（3.7.5-2）分子中需乘以100，才与附录C中U和U_o相吻合。

第3款 为了计算快速、方便，在计算出U_o后，即可根据计算管段的N_g值从附录C计算表中直接查得给水设计秒流量q_g，该表可用内插法。

第4款 式（3.7.5-4）是概率法中的一个基本公式，也就是加权平均法的基本公式，使用本公式时应注意：本公式只适用于各支管的最大用水时发生在同一时段的给水管道。而对最大用水时并不发生在同一时段的给水管道，应将设计秒流量小的支管的平均用水时平均秒流量与设计秒流量大的支管的设计秒流量叠加成干管的设计秒流量。

3.7.6 宿舍（居室内设卫生间）、旅馆、宾馆、酒店式公寓、门诊部、诊疗所、医院、疗养院、幼儿园、养老院、办公楼、商场、图书馆、书店、客运站、航站楼、会展中心、教学楼、公共厕所等建筑的生活给水设计秒流量，应按下式计算：

$$q_g = 0.2\alpha\sqrt{N_g} \tag{3.7.6}$$

式中：q_g——计算管段的给水设计秒流量（L/s）；

N_g——计算管段的卫生器具给水当量总数；

α——根据建筑物用途而定的系数，应按表3.7.6采用。

表3.7.6 根据建筑物用途而定的系数值（α值）

建筑物名称	α值
幼儿园、托儿所、养老院	1.2
门诊部、诊疗所	1.4
办公楼、商场	1.5
图书馆	1.6
书店	1.7
教学楼	1.8
医院、疗养院、休养所	2.0
酒店式公寓	2.2
宿舍（居室内设卫生间）、旅馆、招待所、宾馆	2.5
客运站、航站楼、会展中心、公共厕所	3.0

【释义与实施要点】

宿舍（居室内设卫生间）、旅馆、酒店式公寓、医院、幼儿园、办公楼、学校等建筑生活用水特点是用水时间长，用水设备使用情况不集中，采用平方根法计算。大便器延时自闭冲洗阀就不能将其折算给水当量直接纳入计算，而只能将计算结果附加 1.20L/s 流量后作为给水管段的设计流量。

3.7.7 按本标准式（3.7.6）进行给水秒流量的计算应符合下列规定：

1 当计算值小于该管段上一个最大卫生器具给水额定流量时，应采用一个最大的卫生器具给水额定流量作为设计秒流量；

2 当计算值大于该管段上按卫生器具给水额定流量累加所得流量值时，应按卫生器具给水额定流量累加所得流量值采用；

3 有大便器延时自闭冲洗阀的给水管段，大便器延时自闭冲洗阀的给水当量均以 0.5 计，计算得到的 q_g附加 1.20L/s 的流量后为该管段的给水设计秒流量；

4 综合楼建筑的 α 值应按加权平均法计算。

【释义与实施要点】

给水管道的设计流量不仅是确定各管段管径的主要依据，也是计算管道水头损失，进而确定给水系统所需压力的主要依据。因此，设计流量的确定应符合建筑内部的用水规律。给水设计秒流量就是建筑内卫生器具按最不利情况组合出流时的最大瞬时流量，而按照式（3.7.6）在某些情况下的计算值与实际情况的认知不符，按照本条的要求加以修正后，与实际使用情况更加吻合。

综合楼建筑的 α 值按下式计算：

$$\alpha_{综合} = \Sigma[\alpha_1 N_{g1} + \alpha_2 N_{g2} + \alpha_3 N_{g3} + \cdots + \alpha_n N_{gn}] / \Sigma N_g \tag{1}$$

式中：$N_g = N_{g1} + N_{g2} + N_{g3} + \cdots + N_{gi}$。

3.7.8 宿舍（设公用盥洗卫生间）、工业企业的生活间、公共浴室、职工（学生）食堂或营业餐馆的厨房、体育场馆、剧院、普通理化实验室等建筑的生活给水管道的设计秒流量，应按下式计算：

$$q_g = \Sigma q_{go} n_o b_g \tag{3.7.8}$$

式中：q_g——计算管段的给水设计秒流量（L/s）；

q_{go}——同类型的一个卫生器具给水额定流量（L/s）；

n_o——同类型卫生器具数；

b_g——同类型卫生器具的同时给水百分数，按本标准表 3.7.8-1～表 3.7.8-3 采用。

表 3.7.8-1 宿舍（设公用盥洗卫生间）、工业企业生活间、公共浴室、影剧院、体育场馆等卫生器具同时给水百分数（%）

卫生器具名称	宿舍（设公用盥洗卫生间）	工业企业生活间	公共浴室	影剧院	体育场馆
洗涤盆（池）	—	33	15	15	15
洗手盆	—	50	50	50	70（50）

续表 3.7.8-1

卫生器具名称	宿舍（设公用盥洗卫生间）	工业企业生活间	公共浴室	影剧院	体育场馆
洗脸盆、盥洗槽水嘴	5～100	60～100	60～100	50	80
浴盆	—	—	50	—	—
无间隔淋浴器	20～100	100	100	—	100
有间隔淋浴器	5～80	80	60～80	（60～80）	（60～100）
大便器冲洗水箱	5～70	30	20	50（20）	70（20）
大便槽自动冲洗水箱	100	100	—	100	100
大便器自闭式冲洗阀	1～2	2	2	10（2）	5（2）
小便器自闭式冲洗阀	2～10	10	10	50（10）	70（10）
小便器（槽）自动冲洗水箱	—	100	100	100	100
净身盆	—	33	—	—	—
饮水器	—	30～60	30	30	30
小卖部洗涤盆	—	—	50	50	50

注：1　表中括号内的数值系电影院、剧院的化妆间、体育场馆的运动员休息室使用。
2　健身中心的卫生间，可采用本表体育场馆运动员休息室的同时给水百分率。

表 3.7.8-2　职工食堂、营业餐馆厨房设备同时给水百分数（%）

厨房设备名称	同时给水百分数（%）
洗涤盆（池）	70
煮锅	60
生产性洗涤机	40
器皿洗涤机	90
开水器	50
蒸汽发生器	100
灶台水嘴	30

注：职工或学生饭堂的洗碗台水嘴，按100%同时给水，但不与厨房用水叠加。

表 3.7.8-3　实验室化验水嘴同时给水百分数（%）

化验水嘴名称	同时给水百分数（%）	
	科研教学实验室	生产实验室
单联化验水嘴	20	30
双联或三联化验水嘴	30	50

【释义与实施要点】

将宿舍（设公用盥洗卫生间）归为用水密集型建筑。其卫生器具同时给水百分数随器具数增多而减少。实际应用中，需根据用水集中情况、冷热水是否有计费措施等情况选择上限或下限值。

宿舍设有集中卫生间时，可按表3选用。

表3 宿舍（设公用盥洗卫生间）的卫生器具同时给水百分数（%）

卫生器具名称	卫生器具数量						
	1～30	31～50	51～100	101～200	201～500	501～1000	1000以上
洗涤盆（池）	—	—	—	—	—	—	—
洗手盆	—	—	—	—	—	—	—
洗脸盆、盥洗槽水嘴	80～100	75～80	70～75	55～70	45～55	40～45	20～40
浴盆	—	—	—	—	—	—	—
无间隔淋浴器	100	80～100	75～80	60～75	50～60	40～50	20～40
有间隔淋浴器	80	75～80	60～75	50～60	40～50	35～40	20～35
大便器冲洗水箱	70	65～70	55～65	45～55	40～45	35～40	20～35
大便槽自动冲洗水箱	100	100	100	100	100	100	100
大便器自闭式冲洗阀	2	2	2	1～2	1	1	1
小便槽自动冲洗水箱	100	100	100	100	100	100	100
小便器自闭式冲洗阀	10	9～10	8～9	6～7	5～6	4～5	2～4

用水密集型建筑类型较多，根据地域特点和使用习惯，同类型卫生器具的同时给水百分数还有待在更多的基础数据积累的基础上进行补充，设计师在现阶段选择时可结合项目的行业特点和既有建筑运维数据进行调整。

3.7.9 按本标准式（3.7.8）进行给水秒流量的计算应符合下列规定：

1 当计算值小于该管段上一个最大卫生器具给水额定流量时，应采用一个最大的卫生器具给水额定流量作为设计秒流量；

2 大便器自闭式冲洗阀应单列计算，当单列计算值小于1.2L/s时，以1.2L/s计；大于1.2L/s时，以计算值计。

【释义与实施要点】

宿舍（设公用盥洗卫生间）、工业企业生活间、公共浴室、影剧院、体育场馆等属于用水密集型建筑，其特点是平时用水较少，但在某些时段，虽然用水时间短，但用水量非常集中。其同类型卫生器具的同时给水百分数随着卫生器具的增加而减少。本条与3.7.7条类似，是对某些情况下的计算值与实际情况的认知不符的修正。

3.7.10 综合体建筑或同一建筑不同功能部分的生活给水干管的设计秒流量计算，应符合下列规定：

1 当不同建筑（或功能部分）的用水高峰出现在同一时段时，生活给水干管的设计秒流量应采用各建筑或不同功能部分的设计秒流量的叠加值；

2 当不同建筑或功能部分的用水高峰出现在不同时段时，生活给水干管的设计秒流量应采用高峰时用水量最大的主要建筑（或功能部分）的设计秒流量与其余部分的平均时给水流量的叠加值。

【释义与实施要点】

第1款 秒流量叠加不是将各建筑和各功能部分的设计秒流量直接简单相加，应该是将相同类型建筑或功能部分（采用同一秒流量计算公式视为同一类型）的卫生器具总数汇总起来，分别按当量法或同时使用百分数法计算各自的设计秒流量，然后将不同类型的给水秒流量相加为总的设计秒流量。

3.7.11 建筑物内生活用水最大小时用水量，应按本标准表3.2.1和表3.2.2规定的设计参数经计算确定。

【释义与实施要点】

本条规定了生活用水最大小时用水量按本标准表3.2.1和表3.2.2中的最高日用水定额、使用时数和小时变化系数经计算确定，以便确定调节设备的进水管管径等。

3.7.12 住宅的入户管，公称直径不宜小于20mm。

【释义与实施要点】

住宅的入户管公称直径不宜小于20mm，这是根据住宅户型和卫生器具配置标准经计算而得出的。

3.7.13 生活给水管道的水流速度，宜按表3.7.13采用。

表3.7.13 生活给水管道的水流速度

公称直径（mm）	15～20	25～40	50～70	≥80
水流速度（m/s）	≤1.0	≤1.2	≤1.5	≤1.8

【释义与实施要点】

当计算管段的流量确定后，流速的大小将直接影响到管径选择的技术、经济的合理性，流速过大易产生水锤，引起噪声，损坏管道或附件，并将增加管道的水头损失，使建筑内给水系统所需压力增大。而流速过小，又将造成管材的浪费。

3.7.14 给水管道的沿程水头损失可按下式计算：

$$i = 105C_h^{-1.85}d_j^{-4.87}q_g^{1.85} \tag{3.7.14}$$

式中：i——管道单位长度水头损失（kPa/m）；

d_j——管道计算内径（m）；

q_g——计算管段给水设计流量（m^3/s）；

C_h——海澄-威廉系数，其中：

各种塑料管、内衬（涂）塑管 $C_h=140$；

铜管、不锈钢管 $C_h=130$；

内衬水泥、树脂的铸铁管 $C_h=130$；

普通钢管、铸铁管 $C_h=100$。

【释义与实施要点】

海澄-威廉公式是目前许多国家用于供水管道水力计算的公式。它的主要特点是：可以利用海澄-威廉系数的调整，适应不同粗糙系数管道的水力计算。

3.7.15 生活给水管道的配水管的局部水头损失，宜按管道的连接方式，采用管（配）件当量长度法计算。当管道的管（配）件当量长度资料不足时，可根据下列管件的连接状况，按管网的沿程水头损失的百分数取值：

1 管（配）件内径与管道内径一致，采用三通分水时，取25%～30%；采用分水器分水时，取15%～20%；

2 管（配）件内径略大于管道内径，采用三通分水时，取50%～60%；采用分水器分水时，取30%～35%；

3 管（配）件内径略小于管道内径，管（配）件的插口插入管口内连接，采用三通分水时，取70%～80%；采用分水器分水时，取35%～40%；

4 阀门和螺纹管件的摩阻损失可按本标准附录D确定。

【释义与实施要点】

给水管道的局部水头损失，当管件的内径与管道的内径在接口处一致时，水流在接口处流线平滑无突变，其局部水头损失最小。当管件的内径大于或小于管道的内径时，水流在接口处的流线都产生突然放大和突然缩小的突变，其局部水头损失约为内径无突变的光滑连接的2倍。所以本条只按连接条件区分，而不按管材区分。

本条提供的按沿程水头损失百分比取值，只适用于配水管，不适用于给水干管。

配水管采用分水器集中配水，既可减少接口及减小局部水头损失，又可削减卫生器具用水时的相互干扰，获得较稳定的出口水压。

3.7.16 给水管道上各类附件的水头损失，应按选用产品所给定的压力损失值计算。在未确定具体产品时，可按下列情况确定：

1 住宅入户管上的水表，宜取0.01MPa；

2 建筑物或小区引入管上的水表，在生活用水工况时，宜取0.03MPa；在校核消防工况时，宜取0.05MPa；

3 比例式减压阀的水头损失宜按阀后静水压的10%～20%确定；

4 管道过滤器的局部水头损失，宜取0.01MPa；

5 倒流防止器、真空破坏器的局部水头损失，应按相应产品测试参数确定。

【释义与实施要点】

倒流防止器的水头损失，应包括第一阀瓣开启压力和第二阀瓣开启压力加上水流通过倒流防止器过水通道的局部水头损失。由于各生产企业的产品参数不一，各种规格型号的产品局部水头损失都不一样，设计选用时要求提供经权威测试机构检测的倒流防止器的水头损失曲线。

真空破坏器的水头损失值，也应以经权威测试机构检测的参数作为设计依据。

3.8 水箱、贮水池

3.8.1 生活用水水池（箱）应符合下列规定：

1 水池（箱）的结构形式、设置位置、构造和配管要求、贮水更新周期、消毒装置设置等应符合本标准第3.3.15条～第3.3. 20条和第3.13.11条的规定；

2 建筑物内的水池（箱）应设置在专用房间内，房间应无污染、不结冻、通风良好并应维修方便；室外设置的水池（箱）及管道应采取防冻、隔热措施；

3 建筑物内的水池（箱）不应毗邻配变电所或在其上方，不宜毗邻居住用房或在其下方；

4 当水池（箱）的有效容积大于50m^3时，宜分成容积基本相等、能独立运行的两格；

5 水池（箱）外壁与建筑本体结构墙面或其他池壁之间的净距，应满足施工或装配的要求，无管道的侧面净距不宜小于0.7m；安装有管道的侧面，净距不宜小于1.0m，且管道外壁与建筑本体墙面之间的通道宽度不宜小于0.6m；设有人孔的池顶，顶板面与上面建筑本体板底的净空不应小于0.8m；水箱底与房间地面板的净距，当有管道敷设时不宜小于0.8m；

6 供水泵吸水的水池（箱）内宜设有水泵吸水坑，吸水坑的大小和深度应满足水泵或水泵吸水管的安装要求。

【释义与实施要点】

本条是对生活用水水池（箱）的基本技术要求。

本条基于生活饮用水水质保障考虑，从卫生、环境和运行维护等多维度对建筑内生活用水水池（箱）的设置和使用的安全提出了相应的技术规定。

首先，生活用水水池（箱）的构造形式、配管等应采取防水质污染措施。根据水质保障的要求，主要措施可包括：除当地供水部门另有规定外，单体建筑生活水池（箱）与消防水池（箱）应分开设置，与其他用水水池（箱）并列设置时应有各自独立的池（箱）壁；建筑物内的生活饮用水水池（箱），应采用独立结构形式，不得利用建筑物的本体结构作为水池（箱）的壁板、底板及顶盖；水池（箱）材质、衬砌材料和内壁涂料，不得影响水质；进水管宜在水池（箱）的溢流水位以上接入；泄水管和溢流管的排水应间接排水；人孔、通气管、溢流管应采取措施防止生物进入水池（箱）；不得接纳消防管道试压水、泄压水等回流水或溢流水；生活饮用水水池（箱）的贮水更新时间不宜超过48h；等等。

其次，生活用水水池（箱）的设置位置应符合对环境卫生的要求。建筑物内设置生活饮用水水池（箱）的专用房间要求通风良好，室温不宜低于5℃，并便于维护管理。当室温可能低于0℃时，应有防结冰措施。水池（箱）间的直接上层不应有厕所、浴室、盥洗室、厨房、洗衣房、厨房废水处理间、污水处理机房、污水泵房、垃圾间或其他产生污染源的房间（即使这些房间采用同层排水也不能例外），而且也不应与这些房间相毗邻。同时，为避免水池（箱）渗漏影响，依据现行行业标准《民用建筑电气设计规范》JGJ 16关于“配变电所不应设在厕所、浴室、厨房或其他经常积水场所的正下方，且不宜与上述场所贴邻”的要求，规定水池（箱）不应设在变配电用房的上方或者与其毗邻。为防止水池（箱）间的渗漏损害并避免使用中的噪声影响周边有安静要求的房间，规定水池（箱）不宜设在居住用房的下方或与其毗邻的部位。对于设置在室外的水池（箱），不仅应考虑水池（箱）及相关管道的防冻，还需采取隔热措施以预防“热污染”导致的水质安全风险。生活饮用水水池（箱）四周2m范围内不应有污水管道。埋地生活饮用水贮水池周围10m内不得有化粪池、污水处理构筑物、渗水井、垃圾堆放点等污染源。

最后，生活用水水池（箱）的布置应满足安装、操作和系统运行的基本需求。目前，建筑内的生活用水水池（箱）通常采用装配式，为了便于安装和维护操作，对水池（箱）外壁（侧壁、顶面、底面）与建筑本体结构墙面（或其他池壁、箱壁）、地面、上层楼板底面之间的净距分别提出了相应要求：设有人孔的池顶，顶板面与上面建筑本体板底的净空不应小于0.8m；水箱底与房间地面板的净距，当有管道敷设时不宜小于0.8m；水箱侧面无管道时净距不宜小于0.7m，有管道时，净距不宜小于1.0m，并宜保证管道外壁与建筑本体墙面之间的通道宽度不小于0.6m。除此之外，对于有效容积大于50m^{3}的水池（箱），建议分成容积基本相等的两格，以便于分别独立运行，保障不间断供水。需要通过水池（箱）加压提升供水时，建议供加压泵吸水的水池（箱）设置满足吸水管安装要求的吸水坑，以利于保证水泵吸水管喇叭口最小淹没水深，充分利用有效容积。

3.8.2 无调节要求的加压给水系统可设置吸水井，吸水井的有效容积不应小于水泵3min的设计流量。吸水井的其他要求应符合本标准第3.8.1条的规定。

【释义与实施要点】

本条是对吸水井的基本要求。

吸水井主要用于无需水量调节的加压给水系统，其有效容积不得小于最大1台或多台同时工作水泵3min的设计流量，小型水泵可按5～15min的设计流量来确定。吸水井的长、宽、深尺寸应满足吸水管的布置、安装、检修和水泵正常工作的要求。生活给水系统的吸水井也应采取防止水质污染、保证运行安全的措施，其具体要求应符合本标准第3.8.1条关于水池（箱）的规定。

3.8.3 生活用水低位贮水池的有效容积应按进水量与用水量变化曲线经计算确定；当资料不足时，宜按建筑物最高日用水量的20%～25%确定。

【释义与实施要点】

本条是关于生活用水低位贮水池有效容积的规定。

建筑物的生活用水贮水池的有效容积应包括生活用水调节量和安全贮水量。计算时，其生活用水调节量应按进水量与用水量变化曲线经计算确定，当资料不足时，宜按需要通过贮水池加压供水的那部分最高日用水量的20%～25%确定。安全贮水量需要考虑的是保证一定水深的贮水池最低水位，以及室外供水的可靠性、建筑物用水的重要程度等，可根据项目具体情况确定。

3.8.4 生活用水高位水箱应符合下列规定：

1 由城镇给水管网夜间直接进水的高位水箱的生活用水调节容积，宜按用水人数和最高日用水定额确定；由水泵联动提升进水的水箱的生活用水调节容积，不宜小于最大时用水量的50%；

2 水箱的设置高度（以底板面计）应满足最高层用户的用水水压要求；当达不到要求时，宜采取局部增压措施。

【释义与实施要点】

本条是关于生活用水高位水箱的容积和设置高度的规定。

生活用水高位水箱即屋顶水箱，是二次供水系统中重要的供水设施之一。生活用水高位水箱的有效容积应经计算确定。采用城镇给水管网夜间直接进水方式并供服务区域全天使用时，其生活用水调节容积应按供水的用水人数和最高日用水定额确定；采用水泵+高位水箱联合供水且水泵由高位水箱水位自动控制启停时，生活用水高位水箱调节容积不宜小于服务区域最大时用水量的50%。由于生活用水高位水箱通常依靠重力方式向用户供水，其设置高度应按最高层用户最不利点的用水水压要求确定。当受条件限制无法满足要求时，顶部不能满足用水水压的楼层需要局部增压供水。局部增压设施不应设置在居住用房的上层，应避开有安静要求的下部楼层及毗邻房间，并应采取有效的减振降噪措施。

3.8.5 生活用水中间水箱应符合下列规定：

1 中间水箱的设置位置应根据生活给水系统竖向分区、管材和附件的承压能力、上下楼层及毗邻房间对噪声和振动要求、避难层的位置、提升泵的扬程等因素综合确定；

2 生活用水调节容积应按水箱供水部分和转输部分水量之和确定；供水水量的调节容积，不宜小于供水服务区域楼层最大时用水量的50%；转输水量的调节容积，应按提升水泵3～5min的流量确定；当中间水箱无供水部分生活调节容积时，转输水量的调节容积宜按提升水泵5～10min的流量确定。

【释义与实施要点】

本条是关于生活用水中间水箱设置位置及其容积的规定。

生活用水中间水箱主要用于超高层建筑竖向串联供水，通过合理设置分级水泵和中间水箱逐级提升供给超高层建筑各分区用水，可避免水泵一次提升扬程过高对水泵和管道的不利影响，消除多级水泵串联供水时的水压回传风险。设置中间水箱时，应综合考虑生活给水系统竖向分区的要求、管材和附件的承压能力及经济合理性、上下楼层及毗邻房间对噪声和振动的要求（给水提升水泵不能设置在卧室、客房、病房等居住用房的上下楼层及毗邻位置）、提升水泵的扬程等因素。通常，中间水箱设置在超高层建筑避难层、机电设备层的机电设备机房内。

生活用水中间水箱往往既承担中途转输作用，又作为其下部服务区域重力供水的高位水箱，因此，其调节容积应包含两部分：其一是由水箱供水部分的调节容积，这部分的调节容积可按不小于供水服务区域楼层的生活用水最大时用水量的50%确定；其二是转输水量部分的调节容积，这部分的调节容积可按两种工况确定，当中间水箱含有供水部分的调节容积时，此种工况下转输水量部分的调节容积按照向上一级水箱提供转输水量的提升水泵3～5min的流量确定；如果中间水箱不含供水部分的调节容积，仅为中途转输专用，此种工况下转输水量部分的调节容积应按向上一级水箱提供转输水量的提升水泵5～10min的流量确定。

3.8.6 水池（箱）等构筑物应设进水管、出水管、溢流管、泄水管、通气管和信号装置等，并应符合下列规定：

1 水池（箱）设置和管道布置应符合本标准第3.3.5条、第3.3.16条～第3.3.20条等有关防止水质污染的规定；

2 进、出水管应分别设置，进、出水管上应设置阀门；

3 当利用城镇给水管网压力直接进水时，应设置自动水位控制阀，控制阀直径应与进水管管径相同；当采用直接作用式浮球阀时，不宜少于2个，且进水管标高应一致；

4 当水箱采用水泵加压进水时，应设置水箱水位自动控制水泵开、停的装置；当一组水泵供给多个水箱进水时，在各个水箱进水管上宜装设电信号控制阀，由水位监控设备实现自动控制；

5 溢流管宜采用水平喇叭口集水，喇叭口下的垂直管段长度不宜小于4倍溢流管管径；溢流管的管径应按能排泄水池（箱）的最大入流量确定，并宜比进水管管径大一级；溢流管出口端应设置防护措施；

6 泄水管的管径应按水池（箱）泄空时间和泄水受体排泄能力确定；当水池（箱）中的水不能以重力自流泄空时，应设置移动或固定的提升装置；

7 低位贮水池应设水位监视和溢流报警装置，高位水箱和中间水箱宜设置水位监视和溢流报警装置，其信息应传至监控中心；

8 通气管的管径应经计算确定，通气管的管口应设置防护措施。

【释义与实施要点】

本条是对水池（箱）配管的技术要求。

水池（箱）应设进水管、出水管、溢流管、泄水管、通气管、水位信号装置及人孔等。关于生活用水水池（箱）的构造、设置及其配管防止水质污染的要求，如进水管防回流污染、池（箱）体独立结构、水池（箱）及其配管卫生安全保障措施、贮水时间、消毒措施等，在本标准第3.3.5条、第3.3.16条～第3.3.20条等条文中已明确，设计中应遵守这些规定。除此之外，针对水池（箱）的进水管、出水管、溢流管、泄水管、通气管以及进水控制、水位监控等也有相应的具体技术要求：

1. 进水管、出水管

首先，水池（箱）的进、出水管要求分别设置。这是因为如果进、出水管采用一根管道（进水管兼作出水配水管），会造成水池（箱）内水流短路、贮水滞留时间过长等潜在水质风险，尤其是在进水压力基本可满足用户水压要求的情况下，进入水池（箱）的水很少时，池（箱）内的水得不到更新，易引起水质恶化。进水管与出水管在各水池（箱）的设置位置应相对并尽可能远离，以便于池（箱）内水的流动，形成从进水到出水的导流、更新，避免进、出水“短路”和水流死角，必要时可设导流墙。同时，水池（箱）的进、出水管上必须设置阀门（高位消防水箱进、出水管上应设置带有指示启闭装置的阀门）。其次，当水池（箱）因容积过大分设两个（或两格）时，应按每个（格）可单独使用来配置进、出水管。根据《二次供水工程技术规程》CJJ 140—2010第6.1.8条第4款的规定，生活水池（箱）的出水管设置时应注意使出水管管底高出水池（箱）内底不小于0.1m。对于用水量大且用水时间集中的用水点（如冷却塔补水、加热设备供水管、洗衣房等）建议设单独的出水管。第三，水池（箱）的进、出水管管径应按照其服务范围、对象、进水及出水方式等经计算确定，其管道流速按不同工况的要求确定，在资料不全时一般可按0.8m/s～1.2m/s选用（不得小于0.5m/s）。采用生活给水补给高位消防水箱时，其补水管管径应满足消防水箱8h充满水的要求，且不应小于*DN*32。高位消防水箱的出水管管径应满足消防给水设计流量的要求，且不应小于*DN*100。

2. 进水控制

水池（箱）的进水通常有两种方式：利用市政管网压力直接进水和设置水泵加压进

水。当利用市政管网压力给水池（箱）补水时，进水管上应设置与其管径相同的自动水位控制阀（包括杠杆式浮球阀和液压式水位控制阀），并根据水池（箱）中的水位通过浮球阀的启闭对进水进行自动控制。如采用直接作用式浮球阀，由于此类浮球阀的出口只有进水管断面的40%，需每个（格）同时设置两个浮球阀，且要求进水管标高一致，以避免两个浮球阀受浮力不一致而容易损坏漏水。当采用水泵加压进水方式时，对于一组专用水泵供给单个成分设成2个（或2格）的水箱，则不应在进水管上设置浮球阀或液压式水位控制阀，而应设置由水箱水位控制加压水泵开、停的装置，可在水箱中设置水位传感器，根据水箱的高、低水位通过液位传感信号控制加压设备的启停来自动控制进水。当一组水泵供给多个水箱进水时，为降低浮球阀损坏几率，建议在各个水箱进水管上设置电信号控制阀，并由水位监控设备实现自动控制。

3. 溢流管、泄水管

溢流管的管径应按照能够排泄水池（箱）的最大入流量确定，通常溢流管管径要比水池（箱）进水管管径大一级（高位消防水箱的溢流管管径不应小于进水管管径的2倍）。溢流管的溢水口高出最高水位不应小于0.1m，其管顶要求采用水平喇叭口（1：1.5～1：2.0喇叭口）集水，喇叭口下的垂直管段长度不宜小于4倍溢流管管径。溢流管的出口端应采取防护措施以防止生物入侵，一般做法是设置不锈钢或铜丝等耐腐蚀材料的防虫网（不小于18目）。溢流管上不得设置阀门。

泄水管的管径应按水池（箱）泄空时间和泄水受体的排泄能力确定，高位水箱的泄水管管径一般情况下可比进水管管径小一级，但最小不应小于*DN*50。小区或建筑物的低位水池（箱）一般可按2h内将池（箱）内存水全部泄空计算，也可按1h内放空池（箱）内500mm的贮水深度计。泄水管应设在水池（箱）底部，若因条件不许可，泄水管必须从水池（箱）侧壁接出时，其管内底应和水池（箱）底最低处齐平。水池（箱）底部宜有坡度，并坡向泄水管或吸水坑。泄水管上应设置阀门。当水池埋地较深，无法设置泄水管或泄水管不能自流完全泄空水池（箱）时，应设置提升装置泄水。为保证水池的水质卫生，泄水提升水泵建议采用潜水给水泵。当采用移动水泵抽吸排水时，应在水池附近预留移动水泵的用电电源，并建议在水池底最低处（安置泄水提升水泵处）上方的池顶部位，设置方便泄水提升水泵进出的带密封盖的孔口，该孔口也可与人孔合用。

溢流管和泄水管应采用间接排水，生活用水水池（箱）溢流管和泄水管的空气间隙按照《二次供水工程技术规程》CJJ 140—2010第6.1.8条第5款的规定不应小于0.2m。此外，设计中还应对水池（箱）溢流水、泄水的排水出路加以妥善考虑，避免因接纳溢流水、泄水的设施的排水能力不足造成水淹或损失，如：水池（箱）位于地下室并通过专用排水泵排除溢流水和泄水时，该排水泵的排水能力应大于水池（箱）的补水量；对于设置在楼层中的水池（箱），建议其溢流管和泄水管的排水经专用排水管间接排至室外或有相应接纳能力的设施。

4. 通气管

水池（箱）的通气管可根据最大进水量或出水量求得最大通气量，按通气量计算确定通气管的直径和数量，通气管内空气流速可采用5m/s。通气管管径不宜小于*DN*100。为了保证使用效果，有效容积大于30m^{3}的水池（箱）通气管一般不少于2根，建议设置在池（箱）顶的两端对角，2根通气管的设置高度宜有高差（管口高差不小于200mm），以利于空气流通。当水池（箱）分成两格时，通气管应按每格分设。如分成两格的水池（箱）在水面以上的分隔墙上预留有两格之间的通气孔，则其每格可各设一根通气管。通气管的材质可根据水池（箱）的具体用途、贮水水质确定。通气管上不得装设阀门，通气管的管口应采取防止虫、鼠、蚊、蝇等生物进入水池（箱）的防护措施，可安装18目不锈钢或铜丝滤网或设置空气过滤装置。

5. 连通管

分成两个（格）及以上的同一用途的水池（箱）之间应设连通管，连通管的管径一般与进水管的管径相同，但如果水池（箱）还承担有消防贮水职能，则其连通管的管径应能满足消防给水设计流量的要求。从水池（箱）侧壁接出的连通管，其在池（箱）内的管口应与池内壁相齐，管内底标高与水池（箱）底应尽量相平。连通管上应装设阀门。

6. 人孔

每个（格）水池（箱）均应设置人孔。人孔的尺寸应能方便池（箱）内附件的进出和安装维护人员的出入，圆形人孔直径不应小于0.7m，方形人孔每边长不应小于0.7m。人孔位置应靠近水池（箱）进水管水位控制阀的浮球阀处，以便于检修浮球阀。人孔的一侧应贴近水池（箱）内壁，并沿池（箱）壁安装内外爬梯。室内水池（箱）顶部的人孔上沿高出池（箱）顶不应小于0.1m，以防池（箱）顶表面杂物落入；埋地水池的池顶人孔口顶高出池顶覆土层顶不应小于0.3m。生活用水水池（箱）人孔必须加盖、带锁、封闭严密。为方便池内检修、清洁等照明或其他用电使用，建议在人孔附近的适当位置预留电源插座。

7. 水位监控

为了节约水资源、防止溢水造成事故和财产损失，水池（箱）应有液位显示及联动保护装置，有关水位监控信息应传至监控中心。设计中要求每个（格）水池（箱）均应设水位计，室内水池（箱）通常采用玻璃管式水位计、磁浮式液位计等，并应预留电控水位接管口。对水池（箱）进水要求设置液位控制装置监控，当达到溢流报警液位时，应自动关闭进水阀门并报警；当达到超低液位时，应报警，且从该水池（箱）吸水的供水泵应自动停泵。对于有淹没可能的地下泵房，除了水池（箱）设置水位监视和溢流报警装置（其信号应传至监控中心）之外，应在水池（箱）进水管上设置事故时能自动关闭的自动控制阀门（如采用电动阀＋自动水位控制阀），同时，泵房排水设施的排水能力应能满足事故排水的需求，其排水泵应自动控制，并应监视其运行状态，设备故障应报警；排水集水坑也应设溢流报警。

水池（箱）的溢流报警水位应高出最高水位50mm左右，小水箱取值可小一些，大水箱取值可大一些。溢流水位高出溢流报警水位约50mm。如进水管管径大，进水流量大，报警后需要人工关闭或电动关闭时，应适当预留紧急关闭的时间，一般可使溢流报警水位低于溢流水位250mm～300mm。当水池（箱）通过水位自动控制由水泵提升加压进水时，提升加压水泵的启泵水位至少应高于最低水位0.2m，停泵水位为最高水位。

3.9 增压设备、泵房

3.9.1 生活给水系统加压水泵的选择应符合下列规定：

1 水泵效率应符合现行国家标准《清水离心泵能效限定值及节能评价值》GB 19762 的规定；

2 水泵的 $Q \sim H$ 特性曲线，应是随流量增大，扬程逐渐下降的曲线；

3 应根据管网水力计算进行选泵，水泵应在其高效区内运行；

4 生活加压给水系统的水泵机组应设备用泵，备用泵的供水能力不应小于最大一台运行水泵的供水能力；水泵宜自动切换交替运行；

5 水泵噪声和振动应符合国家现行有关标准的规定。

【释义与实施要点】

本条第 1 款为本次标准修订新增内容。现行国家标准《清水离心泵能效限定值及节能评价值》GB 19762—2007 中第 6 章“泵能效限定值”、第 7 章“泵目标能效限定值”为强制性条文，第 8 章“泵节能评价值”为推荐性条文，建筑给水设计中应按有关要求执行。“泵能效限定值”指在标准规定测试条件下，允许水泵在规定点的最低效率；“泵目标能效限定值”指按标准实施一定年限后，允许水泵在规定点的最低效率；“泵节能评价值”指在标准规定测试条件下，满足节能认证要求应达到的水泵规定点的最低效率。

设计中，当有相关节能认证要求时，应在图中标明：“所选用的水泵最低效率应达到泵节能评价值”，如无认证要求，则应达到泵能效限定值和目标能效限定值。

在选择生活给水系统加压水泵时，应先根据给水系统的计算确定水泵所需的流量、扬程，再根据水泵在该点的目标能效限定值或节能评价值，推算出所需的输入功率，从而向电气专业提资，以便其设计和提供恰当的电力供应。

现行国家标准《清水离心泵能效限定值及节能评价值》GB 19762—2007，自 2008 年实施至今已超过 10 年，水泵生产行业的产品效率普遍有了较大幅度的提升，水泵在规定点的最低效率应满足“泵目标能效限定值”，详见表 5、表 6 中的 η_2；“泵节能评价值”见表 4 中的 η_3。

表 4 泵能效限定值及节能评价值

泵类型	流量 Q (m^3/h)	比转速 n_s	未修正效率值 η（%）	效率修正值 $\Delta\eta$（%）	泵规定点效率值 η_0（%）	泵能效限定值 η_1（%）	泵节能评价值 η_3（%）
单级单吸清水离心泵	≤300	120～210	按图 1 曲线“基准值”或表 2“基准值”栏查 η	0	$\eta_0=\eta$	$\eta_1=\eta_0-3$	$\eta_3=\eta_0+2$
		<120、>210	按图 1 曲线“基准值”或表 2“基准值”栏查 η	按图 3 或图 4 或表 4 查 $\Delta\eta$	$\eta_0=\eta-\Delta\eta$	$\eta_1=\eta_0-3$	$\eta_3=\eta_0+2$
	>300	120～210	按图 1 曲线“基准值”或表 2“基准值”栏查 η	0	$\eta_0=\eta$	$\eta_1=\eta_0-3$	$\eta_3=\eta_0+1$
		<120、>210	按图 1 曲线“基准值”或表 2“基准值”栏查 η	按图 3 或图 4 或表 4 查 $\Delta\eta$	$\eta_0=\eta-\Delta\eta$	$\eta_1=\eta_0-3$	$\eta_3=\eta_0+1$

续表 4

泵类型	流量 Q (m^3/h)	比转速 n_s	未修正效率值 η (%)	效率修正值 $\Delta\eta$ (%)	泵规定点效率值 η_0 (%)	泵能效限定值 η_1 (%)	泵节能评价值 η_3 (%)
单级双吸清水离心泵	≤600	120～210	按图 1 曲线“基准值”或表 2“基准值”栏查 η	0	$\eta_0=\eta$	$\eta_1=\eta_0-3$	$\eta_3=\eta_0+2$
		<120、>210	按图 1 曲线“基准值”或表 2“基准值”栏查 η	按图 3 或图 4 或表 4 查 $\Delta\eta$	$\eta_0=\eta-\Delta\eta$	$\eta_1=\eta_0-3$	$\eta_3=\eta_0+2$
	>600	120～210	按图 1 曲线“基准值”或表 2“基准值”栏查 η	0	$\eta_0=\eta$	$\eta_1=\eta_0-4$	$\eta_3=\eta_0+1$
		<120、>210	按图 1 曲线“基准值”或表 2“基准值”栏查 η	按图 3 或图 4 或表 4 查 $\Delta\eta$	$\eta_0=\eta-\Delta\eta$	$\eta_1=\eta_0-4$	$\eta_3=\eta_0+1$
多级清水离心泵	≤100	120～210	按图 2 曲线“基准值”或表 3“基准值”栏查 η	0	$\eta_0=\eta$	$\eta_1=\eta_0-3$	$\eta_3=\eta_0+2$
		<120、>210	按图 2 曲线“基准值”或表 3“基准值”栏查 η	按图 3 或图 4 或表 4 查 $\Delta\eta$	$\eta_0=\eta-\Delta\eta$	$\eta_1=\eta_0-3$	$\eta_3=\eta_0+2$
	>100	120～210	按图 2 曲线“基准值”或表 3“基准值”栏查 η	0	$\eta_0=\eta$	$\eta_1=\eta_0-4$	$\eta_3=\eta_0+1$
		<120、>210	按图 2 曲线“基准值”或表 3“基准值”栏查 η	按图 3 或图 4 或表 4 查 $\Delta\eta$	$\eta_0=\eta-\Delta\eta$	$\eta_1=\eta_0-4$	$\eta_3=\eta_0+1$

注：基准值是当前泵行业较好产品效率平均值。

表 5　单级清水离心泵效率

Q (m^3/h)	5	10	15	20	25	30	40	50	60	70	80
基准值 η (%)	58.0	64.0	67.2	69.4	70.9	72.0	73.8	74.9	75.8	76.5	77.0
目标限定值 η_2 (%)	56.0	62.0	65.2	67.4	68.9	70.0	71.8	72.9	73.8	74.5	75.0
Q (m^3/h)	90	100	150	200	300	400	500	600	700	800	900
基准值 η (%)	77.6	78.0	79.8	80.8	82.0	83.0	83.7	84.2	84.7	85.0	85.3
目标限定值 η_2 (%)	75.6	76.0	77.8	78.8	80.0	81.0	81.7	82.2	82.7	83.0	83.3
Q (m^3/h)	1000	1500	2000	3000	4000	5000	6000	7000	8000	9000	10000
基准值 η (%)	85.7	86.6	87.2	88.0	88.6	89.0	89.2	89.5	89.7	89.9	90.0
目标限定值 η_2 (%)	83.7	84.6	85.2	86.0	86.6	87.0	87.2	87.5	87.7	87.9	88.0

注：表中单级双吸离心水泵的流量是指全流量值。

表6 多级清水离心泵效率

Q (m^3/h)	5	10	15	20	25	30	40	50	60	70	80	90	100
基准值 η (%)	55.4	59.4	61.8	63.5	64.8	65.9	67.5	68.9	69.9	70.9	71.5	72.3	72.9
目标限定值 η_2 (%)	53.4	57.4	59.8	61.5	62.8	63.9	65.5	66.9	67.9	68.9	69.5	70.3	70.9
Q (m^3/h)	150	200	300	400	500	600	700	800	900	1000	1500	2000	3000
基准值 η (%)	75.3	76.9	79.2	80.6	81.5	82.2	82.8	83.1	83.5	83.9	84.8	85.1	85.5
目标限定值 η_2 (%)	73.3	74.9	77.2	78.6	79.5	80.2	80.8	81.1	81.5	81.9	82.8	83.1	83.5

表7 n_s=20～300单级、多级清水离心泵效率修正值

n_s	20	25	30	35	40	45	50	55	60	65
$\Delta\eta$ (%)	32.0	25.5	20.6	17.3	14.7	12.5	10.5	9.0	7.5	6.0
n_s	70	75	80	85	90	95	100	110	120	130
$\Delta\eta$ (%)	5.0	4.0	3.2	2.5	2.0	1.5	1.0	0.5	0	0
n_s	140	150	160	170	180	190	200	210	220	230
$\Delta\eta$ (%)	0	0	0	0	0	0	0	0	0.3	0.7
n_s	240	250	260	270	280	290	300			
$\Delta\eta$ (%)	1.0	1.3	1.7	1.9	2.2	2.7	3.0			

在实际选泵时，应根据设计流量、扬程、泵转速，计算水泵的比转速，通过查表7得到效率修正值，再用表5、表4中的目标限定值和节能评价值减去修正值后，得到水泵的设计效率（计算示例详见该标准的附录B，如图1所示）。

本条第2款规定选择生活给水系统的加压水泵时，必须对水泵的 $Q \sim H$ 特性曲线进行分析，应选择特性曲线为随流量增大其扬程逐渐下降的水泵，这样的泵工作稳定，并联使用时可靠。如果水泵的 $Q \sim H$ 特性曲线存在部分上升段（即零流量时的扬程不是最高扬程，随流量增大扬程也升高，扬程升至峰值后，流量再增大扬程又开始下降，$Q \sim H$ 特性曲线的前段就出现一个向上拱起的弓形上升段），即有驼峰曲线，在驼峰部分，一个扬程会对应两个流量点，会出现喘振现象，当这种泵单泵工作，且工作点扬程低于零流量扬程时，水泵可稳定工作，而如果工作点在上升段范围内（即驼峰段），水泵工作就不稳定；当有驼峰段的水泵并联使用时，先启动的水泵工作正常，后启动的水泵往往出现有压无流的空转，不利于水泵运行。为满足本条规定，应注意在选择水泵时，复核其特性曲线，确认无驼峰。

本条第3款规定生活给水的加压泵，尤其是变频供水泵是长期长时间连续工作的，

附　录　B

（资料性附录）

泵目标能效限定值计算方法示例

某单级单吸清水离心泵规定点性能：$Q=100m^3/h$，$H=125m$，$n=2\ 900r/min$，求其目标能效限定值 η_2。

B.1　计算泵的比转速 n_s

数据代入式（A.1）得

$$n_s=\frac{3.65\times2900\times\sqrt{\frac{100}{3600}}}{125^{3/4}}=47.2$$

B.2　查取未修正效率值 η

查图1曲线"目标限定值"或表2"目标限定值"栏，当 $Q=100m^3/h$ 时，$\eta=76\%$。

B.3　确定效率修正值 $\Delta\eta$

查图3或表4，当 $n_s=47.2$ 时，$\Delta\eta=11.5\%$。

B.4　计算泵目标能效限定值 η_2

$\eta_2=\eta-\Delta\eta=76\%-11.5\%=64.5\%$。

图1　《清水离心泵能效限定值及节能评价值》GB 19762—2007中附录B截图

水泵产品的运行效率对节约能耗、降低运行费用起着关键作用。因此，选泵时应选择效率高的泵型，且管网特性曲线与水泵特性曲线的交点，应位于水泵效率曲线的高效区内。

由于生活给水系统的用水量经常是变化的，水泵供水区域内的管网特性曲线也一直处于变化状态，而对某一特定的水泵，其特性曲线则不变，因此管网特性曲线与水泵特性曲线的交点会在水泵特性曲线的某一范围内波动。在选泵时，设计流量和扬程均按最不利情况下的设计秒流量计算确定，而在实际使用状态下，处于这个工况的时长通常较短。因此，分析用水特点，使发生概率最高、时间最长情形下的流量和扬程与水泵特性曲线的交点落在最高效点，而最不利情况（设计秒流量）下的管网特性曲线与水泵特性曲线的交点落在高效区的末端，最有利于节能。也可根据项目具体情况，决定是否考虑建筑未来新增用水点的可能性，是否需要适当留有余量。

本条第4款规定在通常情况下，一个给水加压系统宜由同一型号的水泵组合并联工作。最大流量时由2台～3台（时变化系数为1.5～2.0的系统可用2台；时变化系数为2.0～3.0的系统用3台）水泵并联供水。若系统有较长的时段处于接近零流量状态时，可另配备小型泵或气压罐用于此时段的供水。

水泵自动切换交替运行，可避免备用泵因长期不运行而出现泵内的水滞留变质或锈蚀卡死不转的问题。

设计中可要求配套的水泵控制柜设定为按使用时长累加统计的自动切换模式，水泵并无明确的主泵和备泵之分。当一台水泵连续运行达到一定小时数后，下一台水泵自动投入运行，这种轮换启动的方式，使水泵既不会长时间疲劳运行，也不会长期不运行而锈蚀卡死，可有效延长水泵的使用寿命，同时保证水质。

本条第5款规定生活给水系统选用的加压水泵应控制产品自身的噪声和振动。国家标准《泵的噪声测量与评价方法》GB/T 29529—2013第10.4条与《泵的振动测量与评价方法》GB/T 29531—2013第6.3条分别将水泵运行的噪声和振动从小至大分为A、B、C、D四个级别，其中D级为不合格水泵。行业标准《二次供水工程技术规程》CJJ 140—2010的规定，居住建筑生活给水系统选用水泵的噪声和振动应分别符合行业标准《泵的噪声测量与评价方法》JB/T 8098—1999（现已更新为国家标准GB/T 29529—2013）与《泵的振动测量与评价方法》JB/T 8097—1999（现已更新为国家标准GB/T 29531—2013）中的B级要求，公共建筑生活给水系统选用水泵的噪声和振动应分别符合行业标准《泵的噪声测量与评价方法》JB/T 8098—1999（现已更新为国家标准GB/T 29529—2013）与《泵的振动测量与评价方法》JB/T 8097—1999（现已更新为国家标准GB/T 29531—2013）中的C级要求。

应在设计说明中，根据建筑物的类型，规定水泵的噪声与振动的级别，同时在水泵选择时，关注其噪声和振动测试报告，确认其满足相关标准后方可使用。

3.9.2 建筑物内采用高位水箱调节的生活给水系统，水泵的供水能力不应小于最大时用水量。

【释义与实施要点】

建筑物内采用高位水箱调节供水的系统，水泵由高位水箱中的水位控制其启动或停止。在高位水箱的调节容量（启动泵时箱内的存水一般不小于5min用水量）不小于0.5h最大时用水量的情况下，可按最大时用水量选择水泵流量；当高位水箱的有效调节容量较小时，应以大于最大时用水量选泵。

水箱有效调节容积与该水箱加压泵设计流量成反比关系，水泵的设计流量最小不应小于该水箱供水范围内的最大小时用水量，最大可不大于该水箱供水范围内的设计给水秒流量。

对于同时承担供水（包括重力直供和变频加压供水）和为高区转输水的中间水箱，其供水泵的设计流量应同时叠加所有用途的用水量。

3.9.3 生活给水系统采用变频调速泵组供水时，除符合本标准第3.9.1条外，尚应符合下列规定：

1 工作水泵组供水能力应满足系统设计秒流量；

2 工作水泵的数量应根据系统设计流量和水泵高效区段流量的变化曲线经计算确定；

3 变频调速泵在额定转速时的工作点，应位于水泵高效区的末端；

4 变频调速泵组宜配置气压罐；

5 生活给水系统供水压力要求稳定的场合，且工作水泵大于或等于2台时，配置变频器的水泵数量不宜少于2台；

6 变频调速泵组电源应可靠，满足连续、安全运行的要求。

【释义与实施要点】

本条第1款规定变频调速泵组供水未设调节构筑物时，泵组的供水能力应满足生活给水系统中最大设计秒流量的要求。

本条第2款规定由于泵组的运行工况在“最大设计流量”和“最小设计流量”区间之内，为保证泵组节能、高效运行，应根据生活给水系统设计流量变化和变频调速泵高效区段的流量范围两者间的关系确定工作水泵的数量，缺乏相关资料时可按以下要求确定：当系统供水量小于30m^3/h时宜配置1台工作泵，当系统供水量大于30m^3/h时可配置2台～4台工作泵。系统供水量变化较大、用户要求压力波动较小的变频机组，宜配置1台小泵，小泵的流量宜为工作泵流量的1/3～1/2；当系统供水量小于10m^3/h时，因小流量的工作泵效率已经较低，故不宜再配置更小的泵。变频调速泵组备用泵的设置尚应满足本标准第3.9.1条的规定。

本条第3款规定变频水泵大部分时段的运行工况小于“最大设计流量”工作点，为使水泵大部分时段在高效区内运行，此时总出水量对应的单泵工作点 应处于水泵高效区的末端。

本条第4款规定恒压变频供水系统配置气压罐，可稳定水泵切换或用户用水量突然变化时设备出口的压力波动，维持水泵停止运行时小流量的正常供水，避免水泵的频繁切换和启停。气压罐总容积可按最小一台水泵30s供水量计算，且不宜小于20L；如气压罐的作用为气压供水时，其容积应按本标准第3.9.4条的有关规定计算确定。

本条第5款规定当用户对生活给水系统供水压力稳定性要求较高时，为减小水泵切换过程产生的供水压力波动，宜为每台变频调速泵分别配置变频器，编程控制每台变频调速泵的转速，以实现供水压力波动最小化。变频器与水泵机组一对一方式配置是基于变频器价格下降，更是由于共用变频器会出现在工频切换至变频或变频切换至工频时的短暂供水停顿现象。现在全变频运行方式被证明是一种节能的运行方式，即将工频和变频组合运行方式改变为每台水泵机组都采用全变频运行方式更为节能。当受投资所限时，宜配置不少于两台变频器。

本条第6款规定一旦停电，变频调速泵组将停止运行，无法继续供水，因此，强调变频调速泵组的供电应可靠。根据《供配电系统设计规范》GB 50052—2009中负荷分级及供电要求，当中断供电即断水将造成重大经济损失或影响重要用电单位的正常工作时，应按一级负荷设计；当断水将造成较大经济损失或影响较重要用电单位的正常工作时，应按二级负荷设计。设计过程中，应注意向电气专业提出相应的负荷分级及供电要求。

3.9.4 生活给水系统采用气压给水设备供水时，应符合下列规定：

1 气压水罐内的最低工作压力，应满足管网最不利处的配水点所需水压。

2 气压水罐内的最高工作压力，不得使管网最大水压处配水点的水压大于0.55MPa。

3 水泵（或泵组）的流量（以气压水罐内的平均压力计，其对应的水泵扬程的流量），不应小于给水系统最大小时用水量的1.2倍。

4 气压水罐的调节容积应按下式计算：

$$V_{q2}=\frac{\alpha_a \cdot q_b}{4n_q} \quad (3.9.4\text{-}1)$$

式中：V_{q2}——气压水罐的调节容积（m^3）；

q_b——水泵（或泵组）的出流量（m^3/h）；

α_a——安全系数，宜取 1.0～1.3；

n_q——水泵在 1h 内的启动次数，宜采用 6 次～8 次。

5 气压水罐的总容积应按下式计算：

$$V_q=\frac{\beta \cdot V_{q1}}{1-\alpha_b} \quad (3.9.4\text{-}2)$$

式中：V_q——气压水罐总容积（m^3）；

V_{q1}——气压水罐的水容积（m^3），应大于或等于调节容量；

α_b——气压水罐内的工作压力比（以绝对压力计），宜采用 0.65～0.85；

β——气压水罐的容积系数，隔膜式气压水罐取 1.05。

【释义与实施要点】

本条给出了气压给水方式下气压水罐内的最高、最低工作压力。

与水泵供水系统计算方式类似，如管网较为复杂，应考虑最高点、最远点等多个可能的最不利点，分别计算其所对应的气压水罐内的最低工作压力，选择其中的高值，以满足每个配水点所需水压。

本标准第 3.4.2 条规定了卫生器具给水配件承受的最大工作压力不得大于 0.60MPa。采用气压给水系统时，适当留有安全余量，控制为 0.55MPa。气压给水系统内存有调节容积，以应对系统给水量的波动，因此其水泵（或泵组）的流量可以小于设计秒流量，但由于其调节容积较小，高峰用水时段水泵的供水量仍可能超过最大小时用水量，此处选用 1.2 倍，考虑了安全性和经济性的平衡。

3.9.5 水泵宜自灌吸水，并应符合下列规定：

1 每台水泵宜设置单独从水池吸水的吸水管；

2 吸水管内的流速宜采用 1.0m/s～1.2m/s；

3 吸水管口宜设置喇叭口；喇叭口宜向下，低于水池最低水位不宜小于 0.3m，当达不到上述要求时，应采取防止空气被吸入的措施；

4 吸水管喇叭口至池底的净距，不应小于 0.8 倍吸水管管径，且不应小于 0.1m；吸水管喇叭口边缘与池壁的净距不宜小于 1.5 倍吸水管管径；

5 吸水管与吸水管之间的净距，不宜小于 3.5 倍吸水管管径（管径以相邻两者的平均值计）；

6 当水池水位不能满足水泵自灌启动水位时，应设置防止水泵空载启动的保护措施。

【释义与实施要点】

生活给水的加压水泵宜采用自灌吸水，非自灌吸水的水泵给自动控制带来困难，并使加压系统的可靠性变差，应尽量避免采用。若受条件所限无法做到自灌吸水，则应有可靠的自动灌水或引水措施。

本条第 1 款规定每台水泵设置单独从水池吸水的吸水管，是相对安全的设计，如一台水泵故障，其检修过程可以不影响其他所有水泵的正常工作；同时，每台水泵单独吸水，水泵与水池（箱）的距离较短、配件和接头较少，吸水端总水头损失小，吸水更安全，同时空间布置也更为紧凑。在有条件的情况下，应尽可能采用。

本条第 2 款规定水泵吸水端有弯头、阀门、Y 形过滤器、软接头、（偏心）异径管等配件，局部阻力损失较大，而水泵受其吸上真空高度所限，要求控制吸水端的水头损失。从水头损失计算公式得知，水头损失与流速的平方成正比，当流速增加时，水头损失快速增加，泵中最低压力降到水在工作温度下的饱和蒸汽压力时，泵壳内即发生气蚀现象，易损伤水泵叶轮，缩短水泵使用寿命。因此应控制吸水管内的流速在 1.0m/s～1.2m/s，当流速超过此限值时，宜放大一档管径。

本条第 3 款规定吸水管宜设置向下的喇叭口。喇叭口直径一般为管道直径的 1.5 倍～2 倍，过水断面面积大于管道截面积 2 倍～4 倍，水流通过喇叭口时的流速则小于 0.3m/s～0.6m/s，水流处于相对稳定的状态。规定喇叭口的淹没水深，是为了防止当淹没水深不足时，产生空气旋涡漏斗，若水面上的空气经旋涡漏斗被吸入水泵，则会对水泵造成损害。0.3m 是针对普通的生活水泵且吸水管管径不大于 200mm 时的经验值，当吸水管管径大于 200mm 时，则应相应增加淹没水深，可按管径每增大 100mm，淹没水深增加 0.1m 计。

当无法达到此淹没水深时，常用的方法是在喇叭口外缘设置水平防涡板。防涡板的作用是替代传统的吸水喇叭口，并在较低的淹没水深情况下，防止吸水口形成空气旋涡漏斗，避免空气被吸入水泵产生气蚀，既能保证水泵的正常运行，又可提高水池的有效容积，有利于提升二次供水的安全性和可靠性。水流从防涡板周边沿径向流入吸水管，一般可按水流通过防涡板外缘时的流速小于 0.3m/s 来设计防涡板外径。

本条第 4 款规定喇叭口与池底的净距要求，一是为了使水泵工作时能正常吸水，避免水流进入喇叭口时因底部空间较小致使流速增高而产生气蚀，二是为了避免吸水时将池底可能沉积的少许沉淀物吸入，影响系统水质及对水泵造成磨损。规定喇叭口与池壁的净距要求，是为了避免池壁对吸水的干扰。

本条第 5 款规定是为了避免相邻水泵吸水管水流之间的互相干扰。

本条第 6 款规定了生活给水水泵的自灌吸水，并不要求水泵位于贮水池最低水位以下。贮水池应按满足水泵自灌要求设定一个启泵水位，水位在其之上时，允许启动水泵，水位在其之下时，则不允许启动水泵，但已在运行中的水泵可以继续运行，在达到贮水池最低水位时强制停泵。因此，卧式离心泵的泵顶放气孔、立式多级离心泵吸水端第一级（段）泵体可置于最低设计水位标高以下。

3.9.6 当每台水泵单独从水池（箱）吸水有困难时，可采用单独从吸水总管上自灌吸水，吸水总管应符合下列规定：

1 吸水总管伸入水池（箱）的引水管不宜少于 2 条，当 1 条引水管发生故障时，其余引水管应能通过全部设计流量；每条引水管上都应设阀门；

2 引水管宜设向下的喇叭口，喇叭口的设置应符合本标准第 3.9.5 条中吸水管喇叭口的相应规定；

3 吸水总管内的流速不应大于 1.2m/s；

4 水泵吸水管与吸水总管的连接应采用管顶平接，或高出管顶连接。

【释义与实施要点】

水泵从吸水总管吸水，吸水总管又伸入水池（箱）吸水，这种做法已被普遍采用，尤其是水池（箱）有独立的2格时，可增加水泵工作的灵活性，泵房内的管道布置也可简化和规则。

本条第1款是从安全角度出发而规定的，当水池（箱）有独立的2个及以上的分格时，每格有一条引水管，可视为有2条以上引水管，可应对一条引水管故障或一格水箱清洗停用时的不利情况，此时引水管的管径应按可通过全部设计流量计算。管上设有阀门，可在检修或清洗时关闭对应的阀门，保证吸水管路正常工作。

本条第2款规定与本标准第3.9.5条中对于吸水管喇叭口的相应规定一致。考虑到多泵合用的引水总管管径比单台水泵分设的吸水管口径大，喇叭口处的趋近流速有所降低，因此喇叭口低于水池（箱）最低水位的距离仍允许为0.3m。采用防涡板的措施对吸水总管也适用，可以改善吸水条件，有条件时推荐采用。

本条第3款规定与本标准第3.9.5条第2款对单台水泵吸水管要求类似，限制吸水总管内的流速可限制水泵吸水段的水头损失，有效避免气蚀现象；同时考虑吸水总管为多台水泵共用，流速过高会引起水泵之间吸水互相干扰，因此要求更为严格。但吸水总管流速也不宜过低，避免吸水总管管径过大。

本条第4款规定单台水泵的吸水管管径通常小于或等于吸水总管管径，当采用管中心对齐的连接方式时，会造成吸水总管顶部高于单台水泵吸水管，在吸水过程中由于吸水段水压低，水中气体溶解量降低，气体析出后聚集在吸水总管顶部，形成气囊，影响过水能力，严重时会破坏真空吸水。而采用管顶平接或水泵吸水管高于吸水总管管顶连接的方式，水泵能及时排走吸水管路内的空气，供水较为安全。水泵吸水管处的异径管采用偏心异径管，使吸水管路保持上边水平，整个吸水管路的最高点在泵吸入口的顶端，也是同样道理。

3.9.7 自吸式水泵每台应设置独立从水池吸水的吸水管。水泵以水池最低水位计算的允许安装高度，应根据当地大气压力、最高水温时的饱和蒸汽压、水泵汽蚀余量、水池最低水位和吸水管路水头损失，经计算确定，并应有安全余量。安全余量不应小于0.3m。

【释义与实施要点】

自吸式水泵或非自灌吸水的水泵，应进行允许安装高度的计算，是为了防止盲目设计引起事故。即使是自灌吸水的水泵，当启泵水位与最低水位相差较大时，也应做安装高度的校核计算。

每台水泵的最大允许吸上真空高度或汽蚀余量，是一个条件值，由水泵厂家给出，一般是在一个大气压及20℃条件下测得。水泵的最大允许安装高度，理论值等于水泵的最大允许吸上真空高度减去“泵进水口流速的平方/2g”，再减去吸水管路的水头损失，为保证安全，计算应留有不小于0.3m的余量。

当采用吸上式水泵时，最大允许安装高度，理论值等于水泵安装处的大气压减去设计最高水温的饱和蒸汽压，减去吸水管路的水头损失，再减去水泵的汽蚀余量，为保证安全，计算应留有不小于0.3m的余量，一般采用0.4m～0.6m（以上水头损失、大气压、饱和蒸汽压等都换算成以m为单位）。

3.9.8 每台水泵的出水管上应装设压力表、检修阀门、止回阀或水泵多功能控制阀，必要时可在数台水泵出水汇合总管上设置水锤消除装置。自灌式吸水的水泵吸水管上应装设阀门。水泵多功能控制阀的设置应符合本标准第 3.5.5 条第 5 款的要求。

【释义与实施要点】

在每台水泵出水管上设压力表，是为了即时检测每台水泵的出水口水压，以保证水泵处于正常工作状态。设止回阀，是为了保证水流单向流出而不返流。设检修阀门，是为了当水泵或配件检修时，可关闭单台水泵与整个管路系统的连接而不影响其他水泵的工作。

水泵多功能控制阀，由主阀和调节阀及接管系统组成，阀体采用直流式阀体，主阀控制室为膜片式或活塞式的双控制室结构，控制室比一般水力控制阀增加了一个，增加了对主阀的控制功能，实现了对水泵出口的缓慢开启、全开、缓闭、截止等多功能控制，实现了一个阀门、一次调节对水泵出口的多功能控制。可防止和减弱水泵启闭时管线的水锤水击，防止水倒流，保护水泵，维护管路安全。该阀一般在水泵出水管道直径大于等于 *DN*150 时使用，可代替止回阀和水锤消除器。多功能控制阀后仍需设检修阀门。

自灌式吸水的水泵吸水管上，应装设阀门，以便检修时可切断吸水管路上的进水。

3.9.9 民用建筑物内设置的生活给水泵房不应毗邻居住用房或在其上层或下层，水泵机组宜设在水池（箱）的侧面、下方，其运行噪声应符合现行国家标准《民用建筑隔声设计规范》GB 50118 的规定。

【释义与实施要点】

此条与《城镇给水排水技术规范》GB 50788—2012 第 3.6.6 条相一致。

《民用建筑隔声设计规范》GB 50118—2010 第 7.3.2 条第 2 款：旅馆建筑内的电梯间，高层旅馆的加压泵、水箱间及其他产生噪声的房间，不应与需要安静的客房、会议室、多用途大厅等毗邻，更不应设置在这些房间的上部。确需设置于这些房间的上部时，应采取有效的隔振降噪措施。

3.9.10 建筑物内的给水泵房，应采用下列减振防噪措施：

1 应选用低噪声水泵机组；

2 吸水管和出水管上应设置减振装置；

3 水泵机组的基础应设置减振装置；

4 管道支架、吊架和管道穿墙、楼板处，应采取防止固体传声措施；

5 必要时，泵房的墙壁和天花应采取隔声吸声处理。

【释义与实施要点】

泵房内的水泵运行时产生的振动和噪声，会对建筑物内部各种功能房间产生影响，应采用噪声振动源控制、减振装置、隔声吸声等各方面措施进行控制。

选用低噪声水泵机组，是对于噪声源和振动源的控制。

在水泵吸水管和出水管上设置减振装置。通常可选用可曲挠橡胶接头或其他隔振管件，对高扬程水泵，出水口宜采用金属波纹管。用于生活给水系统，尤其是经过深度处理的对水质要求较高的给水系统中，应注意选用食品级材料。可曲挠接头的安装位置应尽量靠近水泵进出口，可尽早吸收水泵的振动，避免将振动传递到管路和配件。可曲挠接头下方应设置弹性支撑。

水泵机组的基础应设置减振装置。根据水泵设置的位置不同，采取的隔振措施有所不同，一般来说，对于设置在避难层的水泵机组，因其上下方多为功能空间，对振动和噪声更为敏感，因此其隔振措施要求更为严格。对于设置在地下室的水泵机组，通常卧式水泵机组的隔振可采用混凝土隔振台，下方选用低频（阻尼）弹簧隔振器；小型立式水泵机组的隔振可选择采用橡胶隔振垫。在对安静要求较高的建筑物例如高星级酒店的泵房内或超高层建筑避难层的泵房内，还应根据酒店管理公司或声学顾问的要求，选用浮动地台（浮筑结构）、减振基础的做法。

泵房内的管道支架、吊架应采取管道专用隔振器做隔振处理，以避免水泵的振动通过管道和管道内水的流动传递到泵房之外。泵房内的管道穿越隔墙和楼板时，可采用橡胶隔振隔声垫等弹性材料填充洞口以防止固体传声，同时还应做好防火封堵。必要时，应要求建筑专业采取措施，如在墙面、顶棚加设多孔吸声板及设双层门窗等隔声措施。

3.9.11 水泵房应设排水设施，通风应良好，不得结冻。

【释义与实施要点】

水泵房内通常设有水箱、水泵，有些水泵房内还有水处理设施，在使用过程中，会有溢流、放空、清洗、维修等各种情况产生排水，水泵周边还会有滴漏水，故水泵房内应设排水设施。水泵房内通常设排水明沟，位于水箱溢流管、放空管一侧及水处理设施等经常需要排水的位置，排水明沟过水断面应满足溢流、反冲洗等不利情况的排水量，并宜设盖板；对于水泵周边的滴漏水，可在水泵基础周边利用面层厚度设直径50mm～100mm半圆形截面的无盖板小浅沟，与排水明沟接通。

对于可重力排水的水泵房，可在排水明沟内设地漏，将水泵房内的排水通过专用管道引至室外。对位于地下室的水泵房，则需要设置集水坑，并在坑内设排水泵将水泵房内的积水排至室外。

水泵房内应通风良好，当设于地下室时，应设有专用的排风系统。

水泵房内应保证不发生结冻情况。对设于屋顶、对外开百叶的避难层等冬季可能发生冰冻的水泵房，应要求暖通专业对水泵房采取供暖措施，设计温度不低于5℃。

3.9.12 水泵机组的布置应符合表3.9.12规定。

表3.9.12 水泵机组外轮廓面与墙和相邻机组间的间距

电动机额定功率（kW）	水泵机组外廓面与墙面之间的最小间距（m）	相邻水泵机组外轮廓面之间的最小距离（m）
≤22	0.8	0.4
>22，<55	1.0	0.8
≥55，≤160	1.2	1.2

注：1 水泵侧面有管道时，外轮廓面计至管道外壁面。
2 水泵机组是指水泵与电动机的联合体，或已安装在金属座架上的多台水泵组合体。

【释义与实施要点】

本条规定了水泵机组外轮廓面与墙体及相邻机组间的间距。其主要目的是为了保证设备运行安全及检修时能方便地到达每一台水泵，同时考虑就地检修时，水泵都能方便地拆卸和更换。

3.9.13 水泵基础高出地面的高度应便于水泵安装，不应小于0.10m；泵房内管道管外底距地面或管沟底面的距离，当管径不大于150mm时，不应小于0.20m；当管径大于或等于200mm时，不应小于0.25m。

【释义与实施要点】

水泵基础高出地面的高度，考虑了当泵房有少量积水的情况下不受水淹，同时考虑水泵越大，其接管管径也越大，管道下方需要留有设支座、隔振措施的空间。另外，当水泵的混凝土基础的重量为水泵重量的1.5倍以上时，可以有效起到减振的作用。

3.9.14 泵房内宜有检修水泵场地，检修场地尺寸宜按水泵或电机外形尺寸四周有不小于0.7m的通道确定。泵房内单排布置的电控柜前面通道宽度不应小于1.5m。泵房内宜设置手动起重设备。

【释义与实施要点】

泵房的主要通道宽度不得小于1.2m，检修场地尺寸宜按水泵或电机外形尺寸四周有不小于0.7m的通道确定。若考虑就地检修时，至少每个机组一侧留有大于水泵机组宽度0.5m的通道。两台相邻的水泵可以共用一个检修通道。

本条中泵房内电控柜前面通道宽度要求系指靠墙安装的挂墙式、落地式配电柜和控制柜前面通道宽度要求，如采用的配电柜和控制柜是后开门检修形式的，配电柜和控制柜后面检修通道的宽度要求见相应电气规范的规定。

3.10 游泳池与水上游乐池

现行行业标准《游泳池给水排水工程技术规程》CJJ 122对游泳池的池水特性、池水循环、池水净化、池水消毒、池水加热、水质平衡、节能技术、监控和检测、特殊设施、洗净设施、排水及回收利用、水处理设备机房、施工安装和质量控制、系统检测和调试、工程验收以及运行、维护和管理等方面均作了较详细、全面的规定。本标准仅对游泳池与水上游乐池的主要设计参数作原则性规定，并对涉及安全的要求进行规定。

游泳池与水上游乐池的设计，一般由设计单位对深化设计进行审核，审查要点如下：

（1）深化设计的设计图纸、文件的完整性和与设计及招标文件的一致性。

（2）池水水质标准的使用与池水用途的匹配程度，与设计及招标文件的一致性。

（3）审查水池循环系统与设计及招标文件的一致性，包括：校核循环水泵容量、性能等能否满足设计要求的水循环周期和适应使用负荷变化的能力；管道系统的材质、输送水参数的可靠性；溢流回水系统防噪声措施；儿童池与成人游泳池的接管是否符合卫生要求。

（4）校核池水内配水方式的均匀性：审查池水过滤设备的数量及能效；审查池水消毒及水质平衡要素；审查池水加热要素；审查水质监测监控措施。

（5）审查附属设施设备的合理性。

（6）对设计的优化内容进行评价。

3.10.1 游泳池和水上游乐池的池水水质应符合现行行业标准《游泳池水质标准》CJ /T 244 的规定。

【释义与实施要点】

池水水质是游泳池和水上游乐池最重要的控制因素，关系到使用者的舒适度、健康和卫生安全、建设和运营成本。池水的水质标准随着经济的发展、科学技术的进步、人民生活水平和生活质量的提高不断完善和修订。水质清澈、无异味，在观感上让使用者提高使用感受，池水中应清除致病微生物，避免某些疾病在水中传播。池水的水质标准是确定系统循环净化处理方式的设计依据，系统设备配置规模以及运行、维护的能源消耗，都取决于池水的水质标准。

现行行业标准《游泳池水质标准》CJ/T 244 由 2 部分组成：游泳池池水水质常规检验项目及限值和非常规检验项目及限值。水质标准中的限值是该项目的允许值，只能以“达标”、“不达标”表述，不能以“优于”标准的字样表述。

3.10.2 举办重要国际竞赛和有特殊要求的游泳池池水水质，除应符合本标准第 3.10.1 条的规定外，尚应符合相关专业部门的规定。

【释义与实施要点】

举办重要国际竞赛和有特殊要求的游泳池，其池水水质标准应满足国际游泳联合会（FINA）的规定。FINA 一般会定期对相关规定进行局部修订，最新的《国际游泳联合会游泳设施手册》（2017—2021）于 2017 年 9 月 22 日开始实施。

3.10.3 游泳池和水上游乐池的初次充水和使用过程中的补充水水质，应符合现行国家标准《生活饮用水卫生标准》GB 5749 的规定。

【释义与实施要点】

游泳池的原水（游泳池和水上游乐池的初次充水和使用过程中的补充水）水质应符合现行国家标准《生活饮用水卫生标准》GB 5749 的规定。

设计中一般采用市政自来水作为水源，如就地采用井水、泉水、水库水等作为游泳池的原水，需要对这些水进行必要的预净化处理，使其达到现行国家标准《生活饮用水卫生标准》GB 5749 的规定。

3.10.4 游泳池和水上游乐池的淋浴等生活用水水质，应符合现行国家标准《生活饮用水卫生标准》GB 5749 的规定。

【释义与实施要点】

游泳池和水上游乐池的淋浴等生活用水，一般采用市政自来水作为水源，应符合现行国家标准《生活饮用水卫生标准》GB 5749 的规定。

3.10.5 游泳池和水上游乐池水应循环使用。游泳池和水上游乐池的池水循环周期应根据池的类型、用途、池水容积、水深、游泳负荷等因素确定。

【释义与实施要点】

池水循环是指游泳池和水上游乐池水应有良好的水力分配，保证经过净化处理后的水、补充的新鲜水等能够均匀地到达池子的每个部分和角落，同时能够有效地将池内受污染水排出水池进行净化等处理。池水循环的重要意义在于节约水资源、减排环保、节约能源，池水循环是保证池水卫生达标的关键要素。

游泳池和水上游乐池的池水使用有定期换水、定期补水、直流供水、定期循环供水、连续循环供水等多种方式，基于对池水水质的要求，以及对排放污染的控制，一般不推荐前三种方式。

游泳池和水上游乐池的池水循环方式应保证池水水流均匀地分布在池内，并且不产生急流、涡流、短流和死水区。池水循环方式有顺流式、逆流式、混流式三种。

在一定水质标准要求下，影响游泳池和水上游乐池的池水循环周期的因素有池的类型（跳水、比赛、训练等）、用途（营业、内部、群众性、专业性等）、池水容积、水深、使用时间、使用对象（运动员、成人、儿童）、游泳负荷（是指任何时间内游泳池内为保证游泳者舒适、安全所允许容纳的人数）和游泳池的环境（室内、露天等）及经济条件等。在没有大量可靠的累计数据时，一般可按表8进行设计。

表8　游泳池和水上游乐池的循环周期

<table>
<tr><th colspan="3">游泳池和水上游乐池分类</th><th>使用有效池水深度（m）</th><th>循环次数（次/d）</th><th>循环周期（h）</th></tr>
<tr><td rowspan="6">竞赛类</td><td colspan="2" rowspan="2">竞赛游泳池</td><td>2.0</td><td>8.0～6.0</td><td>3.0～4.0</td></tr>
<tr><td>3.0</td><td>6.0～4.8</td><td>4.0～5.0</td></tr>
<tr><td colspan="2">水球、热身游泳池</td><td>1.8～2.0</td><td>8.0～6.0</td><td>3.0～4.0</td></tr>
<tr><td colspan="2">跳水池</td><td>5.5～6.0</td><td>4.0～3.0</td><td>6.0～8.0</td></tr>
<tr><td colspan="2">放松池</td><td>0.9～1.0</td><td>80.0～48.0</td><td>0.3～0.5</td></tr>
<tr><td rowspan="5">专用类</td><td colspan="2">训练池、健身池、教学池</td><td>1.35～2.0</td><td>6.0～4.8</td><td>4.0～5.0</td></tr>
<tr><td colspan="2">潜水池</td><td>8.0～12.0</td><td>2.4～2.0</td><td>10.0～12.0</td></tr>
<tr><td colspan="2">残疾人池、社团池</td><td>1.35～2.0</td><td>6.0～4.5</td><td>4.0～5.0</td></tr>
<tr><td colspan="2">冷水池</td><td>1.8～2.0</td><td>6.0～4.0</td><td>4.0～6.0</td></tr>
<tr><td colspan="2">私人泳池</td><td>1.2～1.4</td><td>4.0～3.0</td><td>6.0～8.0</td></tr>
<tr><td rowspan="4">公共类</td><td colspan="2">成人泳池（含休闲池、学校泳池）</td><td>1.35～2.0</td><td>8.0～6.0</td><td>3.0～4.0</td></tr>
<tr><td colspan="2">成人初学池、中小学校泳池</td><td>1.2～1.6</td><td>8.0～6.0</td><td>3.0～4.0</td></tr>
<tr><td colspan="2">儿童泳池</td><td>0.6～1.0</td><td>24.0～12.0</td><td>1.0～2.0</td></tr>
<tr><td colspan="2">多用途池、多功能池</td><td>2.0～3.0</td><td>8.0～6.0</td><td>3.0～4.0</td></tr>
<tr><td rowspan="8">水上游乐类</td><td colspan="2">成人戏水休闲池</td><td>1.0～1.2</td><td>6.0</td><td>4.0</td></tr>
<tr><td colspan="2">儿童戏水池</td><td>0.6～0.9</td><td>48.0～24.0</td><td>0.5～1.0</td></tr>
<tr><td colspan="2">幼儿戏水池</td><td>0.3～0.4</td><td>>48.0</td><td><0.5</td></tr>
<tr><td rowspan="3">造浪池</td><td>深水区</td><td>>2.0</td><td>6.0</td><td>4.0</td></tr>
<tr><td>中深水区</td><td>2.0～1.0</td><td>8.0</td><td>3.0</td></tr>
<tr><td>浅水区</td><td>1.0～0</td><td>24.0～12.0</td><td>1.0～2.0</td></tr>
<tr><td colspan="2">滑道跌落池</td><td>1.0</td><td>12.0～8.0</td><td>2.0～3.0</td></tr>
<tr><td colspan="2">环流河（漂流河）</td><td>0.9～1.0</td><td>12.0～6.0</td><td>2.0～4.0</td></tr>
<tr><td colspan="3">文艺演出池</td><td>—</td><td>6.0</td><td>4.0</td></tr>
</table>

注：1　池水的循环次数按游泳池和水上游乐池每日循环运行时间与循环周期的比值确定。
　　2　多功能游泳池宜按最小使用水深确定池水循环周期。

池水的循环次数可按每日使用时间与循环周期的比值确定。

池水的循环周期决定游泳池的循环水量如以下公式：

$$q_c = \frac{V_y \cdot \alpha_y}{T_y} \tag{2}$$

式中：q_c——游泳池的循环水流量（m^3/h）；

V_y——游泳池等的池水容积（m^3）；

α_y——游泳池等的管道和设备的水容积附加系数，取值 1.05～1.10；

T_y——游泳池等的池水循环周期（h），按表 8 规定选用。

3.10.6 不同使用功能的游泳池应分别设置各自独立的循环系统。水上游乐池循环水系统应根据水质、水温、水压和使用功能等因素，设计成一个或若干个独立的循环系统。

【释义与实施要点】

一个完善的水上游乐池不仅应具有多种功能的运动休闲项目以达到健身目的，还应利用各种特殊装置模拟自然水流形态增加趣味性，而且根据水上游乐池的艺术特征和特定的环境要求，因势就形、融入自然，池的形式包括造浪池、环流河、儿童池、戏水池、休闲池等。游泳池根据用途，可以分成竞赛池、跳水池、热身池、训练池、专用池等。

循环系统按功能可以分为 2 种：用于保持水池洁净、卫生、恒定温度的净化循环系统；用于满足跳水池水面制波、按摩池压力喷水等用途的功能循环系统。

池水循环系统的独立设置原则包括：不同形式、不同用途的池子应设置各自独立的循环系统；不同功能的循环系统，也应该各自独立，便于保证各池子的有效循环、水温控制，同时在管理上互不干扰。

3.10.7 循环水应经过滤、消毒等净化处理，必要时应进行加热。

【释义与实施要点】

游泳池、水上游乐池等池水净化处理的理论基础为不断稀释的过程，这个过程包括三个主要要素：池水循环、池水过滤净化、池水消毒。同时还需要满足池水温度的设计要求。在过滤、消毒等处理过程中，视处理方案辅以加药等措施。

池水过滤是游泳池和水上游乐池等水处理的核心工艺单元，通过设备内的过滤介质拦截水中的胶状、颗粒状有机物、无机物以及部分病毒、细菌。过滤工艺包括 2 个工序单元：预过滤单元和精细过滤单元（又称为主过滤单元）。

3.10.8 循环水的预净化应在循环水泵的吸水管上装设毛发聚集器。

【释义与实施要点】

毛发聚集器（又称毛发捕捉器、毛发收集器）的作用是防止池水中夹带的固体杂质损坏水泵叶轮以及进入过滤器阻塞滤料层而影响过滤效果和出水水质。如果设有 2 台及以上循环水泵时，应在每台水泵吸水管上设毛发聚集器，水泵交替运行；如果仅设一台循环水泵时，应备用毛发聚集器，以备清洗时替换使用。

3.10.9 循环水净化工艺流程应根据游泳池和水上游乐池的用途、水质要求、游泳负荷、消毒方法等因素经技术经济比较后确定。

【释义与实施要点】

水池净化方式的选择，主要考虑几个方面：服务对象（竞技比赛池、专用池、公共游泳池、游乐池、休闲池等）；游泳池、游乐池负荷（指同时使用人数）；环境（室内人工池、室外人工池、阳光室内人工池等）；消毒剂品种（氯制品、溴制品、臭氧、紫外线、过氧化氢等）及其消毒工艺；池水加热热源（热泵、太阳能、电能、热网、自设锅炉及其组合）；过滤设备的过滤介质（颗粒过滤及配套混凝设施、硅藻土过滤等）；原水水质（地下水、江河水、海水、自来水等）。

3.10.10 水上游乐池滑道润滑水系统的循环水泵，必须设置备用泵。

【释义与实施要点】

本条为强制性条文，必须严格执行。为滑道表面供水的目的是起到润滑作用，避免下滑游客因无水而擦伤皮肤发生安全事故，因此循环水泵必须设置备用泵。

同一座池内设多种游乐设施时，每条滑道应分开设置各自的滑道润滑水系统。

3.10.11 循环水过滤宜采用压力过滤器，压力过滤器应符合下列规定：

1 过滤器的滤速应根据泳池的类型、滤料种类确定；

2 过滤器的个数及单个过滤器面积，应根据循环流量的大小、运行维护等情况，通过技术经济比较确定，且不宜少于2个；

3 过滤器宜采用水进行反冲洗或气、水组合反冲洗。过滤器反冲洗宜采用游泳池水；当采用生活饮用水时，冲洗管道不得与利用城镇给水管网水压的给水管道直接连接。

【释义与实施要点】

精细过滤设备按承压方式分类，分为重力式过滤器、压力式过滤器、负压式过滤器，其中压力式过滤器广泛应用于各类游泳池和水上游乐池。

压力过滤器根据滤料介质，常用的有颗粒过滤器和硅藻土过滤器。一般情况下，过滤速度越大，过滤效果越差。在实际工程中，要着重关注过滤效率，为了保证过滤后的水质，颗粒过滤器设计应符合《游泳池给水排水工程技术规程》CJJ 122关于压力式过滤器过滤介质的组成、厚度和过滤速度的规定，其过滤速度一般为15m/h～30m/h；硅藻土过滤器的过滤速度宜为5m/h～10m/h，具体工程中应仔细分析硅藻土过滤器的种类，选用合理的过滤速度。

游泳池、水上游乐池过滤器的反冲洗方式主要有：高速水流冲洗、气-水组合冲洗。水源一般都采用池水，高速水流冲洗方法简单，反冲洗效果好，用水量较大，可以增加池内补充新鲜水的水量，对稀释池水和防止池水老化有利。气-水组合冲洗的冲洗效果好，可缩短水洗时间，减少冲洗水量，适用于竞赛和公共游泳池、大型游乐池等。

3.10.12 循环水在净化过程中应根据滤料、消毒剂品种、气候条件和池水水质变化等情况，投加混凝、消毒、除藻、水质平衡等药剂。

【释义与实施要点】

游泳池和水上游乐池等池水过滤的过滤介质目前以石英砂为主，要获得理想的过滤精度，需要投加混凝剂；硅藻土过滤器的过滤精度较高，属于慢速精细过滤，不需要投加混凝剂。

循环水的净化为达到水质标准，还需进行消毒处理，常用的消毒方式包括氯制品、臭氧、紫外线、过氧化氢等。

水质平衡是指池水的物理性质和化学成分处在一个稳定的水平，既不析出水垢，也不溶解水垢。水质平衡的要素包括池水pH值、总碱度、硬度、溶解性总固体、水温等，其中最重要的是pH值，水质平衡剂一般用于控制pH值的稳定。

室外露天游泳池和室内阳光游泳池，由于阳光照射，池水中含有磷酸盐很容易滋生藻类，影响水池颜色，常用的除藻剂包括硫酸铜、氯制品、臭氧等。

3.10.13 游泳池和水上游乐池的池水必须进行消毒处理。

【释义与实施要点】

本条为强制性条文，必须严格执行。消毒是游泳池水处理中极重要的步骤。游泳池池水因循环使用，水中细菌会不断增加，必须投加消毒剂以减少水中细菌数量，使水质符合卫生要求。消毒处理设施应符合国家现行相关标准的规定。

3.10.14 消毒剂和消毒方式应根据使用性质和使用要求确定，并应符合下列规定：

1 不应造成水和环境污染，不应改变池水水质；

2 应对人体健康无害；

3 应对建筑结构、设备和管道无腐蚀或轻微腐蚀。

【释义与实施要点】

消毒剂选择、消毒方法、投加量等应根据游泳池和水上游乐池的使用性质确定。例如，公共游泳池与水上游乐池的人员构成复杂，有成人也有儿童，人们的卫生习惯也不相同；而家庭游泳池和家庭、宾馆客房的按摩池人员较单一，使用人数较少。两者在消毒剂选择、消毒方法等方面可能完全不同。本标准仅对消毒剂选择作了原则性的规定，具体包括：安全性、与原水的相容性、有效性、适应性、经济性、合法性、可监测性、有效的消毒浓度对人体的伤害最小等。

3.10.15 使用臭氧消毒时，臭氧应采用负压方式投加在过滤器之后的循环水管道上，并应采用与循环水泵连锁的全自动控制投加系统。严禁将氯消毒剂直接注入游泳池。

【释义与实施要点】

本条为强制性条文，必须严格执行。臭氧是一种强氧化剂，具有非常强的广谱杀菌功能，在正常流量下可以不投加混凝剂。臭氧还具有增加水中溶解氧、分解水中一定的尿素、抑制藻类生长、改善水的pH值、提高水的透明度使其呈湛蓝色等功能。因此，臭氧被广泛用于游泳池、游乐池等池水的消毒。为保证消毒效果，减少臭氧投加量、降低运行成本，将臭氧投加在滤后水中是一种有效方式。

臭氧是一种强氧化剂，且半衰期短，不宜贮存，只能现场制备和应用，一旦发生泄漏，其在空气中的浓度超过0.25mg/m^{3}时，会对人产生强烈的刺激性，造成呼吸困难；在空气中的浓度达到25%时，遇热会发生爆炸。故在游泳池、游乐池中采用臭氧消毒时一定要采用负压系统，即负压制备臭氧、负压投加臭氧。

臭氧的制备一般采用高压放电式臭氧发生器，使用一定频率的高压电流制造高压电晕电场，使电场内或电场周围的氧分子发生电化学反应，从而制造臭氧。臭氧投加系统由水射器（文丘里管）、加压水泵和在线管道混合器组成（见图2）。负压投加臭氧就是通过文丘里管造成负压将臭氧送入，并与水混合防止臭氧向外泄漏，然后将混合后的水送入紊流较高的管道混合器充分混合，达到90%以上的臭氧溶解率。确保设备系统的操作者健康、安全。由于臭氧是一种强氧化剂，投加系统需实现全自动控制：臭氧发生器的产量应是可调的形式以适应随游泳负荷的变化，投加量不断变化的要求；投加控制装置应设在线监测监控运行，确保安全可靠；为防止臭氧过量进入游泳池池水中，当循环水泵停止运行时，臭氧投加系统应同时停止运行，不再向系统投加臭氧，以防止出现安全事故，故臭氧投加装置应与循环水泵连锁。从臭氧反应装置排出的尾气中可能含有一定量的臭氧，如果直接排入大气，会造成空气环境污染，应采取尾气消除或回收技术措施。

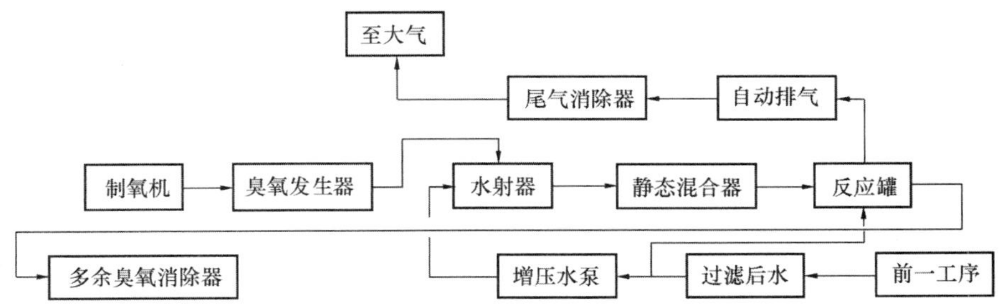

图2 臭氧消毒剂投加系统的组成示意图

氯消毒剂制品直接倒入池内，会造成消毒剂局部浓度偏高，以及部分氯消毒剂遇湿热气体后急速扩散，严重时发生爆炸。采用氯消毒时，应采用湿式投加方式：将片状、粉状消毒剂先溶解成液体，再用计量泵抽吸将其送入水净化设备加热工艺工序后的循环水管道内与水充分混合后送入游泳池内；氯的投加应采用全自动投加，加氯所用管道、阀门和附件均应为耐氯腐蚀材质；氯的投加房间应有良好的通风、照明及急救防护装置。

3.10.16 游泳池和水上游乐池的池水设计温度，应根据池的类型确定。

【释义与实施要点】

游泳池和水上游乐池的池水设计温度可按表9确定。

表9 游泳池和水上游乐池的池水设计温度

<table>
<tr><th>序号</th><th>场所</th><th>池的类型</th><th colspan="2">池的用途</th><th>池水设计温度（℃）</th></tr>
<tr><td>1</td><td rowspan="8">室内池</td><td rowspan="3">专用游泳池</td><td colspan="2">比赛池、花样游泳池</td><td>26～28</td></tr>
<tr><td>2</td><td colspan="2">跳水池</td><td>27～29</td></tr>
<tr><td>3</td><td colspan="2">训练池</td><td>26～28</td></tr>
<tr><td>4</td><td rowspan="2">公共游泳池</td><td colspan="2">成人池</td><td>26～28</td></tr>
<tr><td>5</td><td colspan="2">儿童池</td><td>28～30</td></tr>
<tr><td>6</td><td rowspan="3">水上游乐池</td><td rowspan="2">戏水池</td><td>成人池</td><td>26～28</td></tr>
<tr><td>7</td><td>幼儿池</td><td>28～30</td></tr>
<tr><td>8</td><td colspan="2">滑道跌落池</td><td>26～30</td></tr>
<tr><td>9</td><td rowspan="2">室外池</td><td colspan="3">有加热设备</td><td>≥26</td></tr>
<tr><td>10</td><td colspan="3">无加热设备</td><td>≥23</td></tr>
</table>

3.10.17 游泳池和水上游乐池水加热所需热量应经计算确定，加热方式宜采用间接式，并应优先采用余热和废热、太阳能、热泵等作为热源。

【释义与实施要点】

游泳池和水上游乐池在给水排水方面，能耗主要包括池水加热的热能、池水循环的水泵电能、淋浴热水的热能等，本条文仅针对池水加热。

游泳池和水上游乐池的池水加热，在技术合理、经济可行的条件下，应积极采用节能技术，包括：太阳能加热、空气源热泵加热、水（地）源热泵加热、除湿热泵余热利用等技术。

从绿色节能角度出发，热源应按下列优先级别选择：绿色无污染（如可利用的余热和废热、太阳能、热泵等）；清洁、稳定和持续（城市及区域热力网、自设电能锅炉）；需要减排的稳定热能（自设燃气、燃油及燃煤锅炉）；电加热器。

3.10.18 游泳池和水上游乐池的初次充水时间，应根据使用性质、城镇给水条件等确定，游泳池不宜超过48h，水上游乐池不宜超过72h。

【释义与实施要点】

游泳池和水上游乐池的初次充水，充满时间要根据当地城市给水管道供水条件、游泳池的类型和用途、一次灌满水所需要的水量等因素综合考虑确定。对于竞赛、训练以及专用类游泳池，一次充满水时间不宜超过48h；对于水上游乐池，因池子数量较多或水面面积较大，可采用各种游乐池分别补水的方式，可不按所有游乐池同时补水进行设计。充水方式可以根据游泳池的具体位置和循环方式确定。顺流式循环方式可通过平衡池向池内充水，逆流式和混流式循环方式宜采用专用充水管向池内充水，与充水管相连接的给水管上应装设倒流防止器。

3.10.19 游泳池和水上游乐池的补充水量根据游泳池的类型和特征计算确定，每日补充水量占池水容积的比例可按表3.10.19确定。

表3.10.19 游泳池和水上游乐池的补充水量

序号	池的类型和特征		每日补充水量占池水容积的百分数（%）
1	比赛池、训练池、跳水池	室内	3～5
		室外	5～10
2	公共游泳池、水上游乐池	室内	5～10
		室外	10～15
3	儿童游泳池、幼儿戏水池	室内	≥15
		室外	≥20
4	家庭游泳池	室内	3
		室外	5

注：游泳池和水上游乐池的最小补充水量应保证一个月内池水全部更新一次。

【释义与实施要点】

游泳池和水上游乐池在使用过程中，水量损失的原因包括：池水表面蒸发；游泳者上岸会带走一部分水量；池水排污时流失水量。此外，还有一些补水的要求，包括：池水中尿素或总溶解固体超标需要稀释；卫生防疫需要补充新鲜水。

由于游泳池的使用性质不同，室内外环境不同，原水水质不同，无法完全准确计算上述各项原因所需要补充的新鲜水量，所以本标准参照《游泳池给水排水工程技术规程》CJJ 122，对补充水量作出规定。

3.10.20 游泳池和水上游乐池应考虑水量平衡措施。

【释义与实施要点】

池水采用逆流式或混合式循环时，为了保证循环水泵有效工作，应设置低于池水水面的供循环水泵吸水的平衡水池，其作用包括：收集池岸溢流的回水、调节系统水量平衡、储存过滤器反冲洗水量、间接向池内补水。

在下列情况下应设置平衡水池：

（1）顺流式池水循环水泵从池底直接吸水时，吸水管过长影响循环水泵汽蚀余量时；

（2）多座水上游乐池共用一组池水循环净化设备系统时；

（3）循环水泵采用自吸式水泵吸水时。

平衡水池的水面与池水相平，其作用包括：保证池水有效循环、平衡水池水面、调节水量、间接向池内补水。

3.10.21 游泳池和水上游乐池进水口、回水口的数量应满足循环流量的要求，设置位置应使游泳池内水流均匀、不产生涡流和短流。

【释义与实施要点】

水池进水口包括池底给水口、池壁给水口。池底给水口适用于竞赛池、训练池，应布置在泳道分隔线的投影线上，不规则平面游乐池，按每个池底给水口的服务面积不超过 $17m^2$ 在池内均匀布置。池壁给水口适用于公共游泳池等，应位于池水水面以下 0.5m～1.0m 处的池壁上。

回水口的功能要求包括：池内各给水口至回水口的水流基本一致；回水口的过流水量应略大于池水循环流量；确保回水口无负压抽吸水流和回水量不均现象。回水口应设在池底最低处，数量应不少于 2 个，间距不应小于 2.0m，距池壁不应小于 3.0m。

3.10.22 游泳池和水上游乐池的进水口、池底回水口和泄水口应配设格栅盖板，格栅间隙宽度不应大于 8mm。泄水口的数量应满足不会产生对人体造成伤害的负压。通过格栅的水流速度不应大于 0.2m/s。

【释义与实施要点】

本条为强制性条文，必须严格执行。规定格栅间隙的宽度是考虑防止游泳者手指、脚趾被卡入造成伤害；控制回（泄）水口流速是为了避免产生负压造成幼儿四肢被吸住，发生安全事故。池底回（泄）水口应具有防旋流、防吸入的功能。

成人池的格栅间隙宽度不应大于 8mm，儿童池的格栅间隙宽度不应大于 6mm。

3.10.23 进入公共游泳池和水上游乐池的通道，应设置浸脚消毒池。

【释义与实施要点】

为保证游泳池和水上游乐池的池水不被污染，防止池水产生传染病菌，必须在游泳池和水上游乐池的入口处设置浸脚消毒池，使每一位游泳者或游乐者在进入池子之前，对脚部进行洗净消毒。

浸脚消毒池是在进入游泳池的通道上设置的含有一定浓度消毒液，以强制每一个游泳者和游乐者对其脚部进行消毒的水池。设置要求为：每一位进入公共游泳池和水上游乐池的人员必须强制通过。

3.10.24 游泳池和水上游乐池的管道、设备、容器和附件，均应采用耐腐蚀材质或内壁涂衬耐腐蚀材料。其材质与涂衬材料应符合国家现行标准中有关卫生的规定。

【释义与实施要点】

本条对游泳池和水上游乐池的管道、设备、容器和附件的材质和内壁涂衬材料作了原则性的规定。

3.10.25 比赛用跳水池必须设置水面制波和喷水装置。

【释义与实施要点】

本条为强制性条文，必须严格执行。水面制波是一种为了使跳水人员在空中准确识别池水水面而采用的专用措施，使池水表面产生小型波纹形水浪。跳水池的水表面利用人工方法制造一定高度的水波浪，是为了防止跳水池的水表面产生眩光，使跳水运动员从跳台（板）起跳后在空中完成各种动作的过程中，能准确地识别水面位置，从而保证空中动作的完成和不发生被水击伤或摔伤等现象。制波方式主要包括：水面喷水制波、池底鼓气水面制波。

3.11 循环冷却水及冷却塔

3.11.1 设计循环冷却水系统时，应符合下列规定：

1 循环冷却水系统宜采用敞开式，当需采用间接换热时，可采用密闭式；

2 对于水温、水质、运行等要求差别较大的设备，循环冷却水系统宜分开设置；

3 敞开式循环冷却水系统的水质，应满足被冷却设备的水质要求；

4 设备、管道设计时应能使循环系统的余压充分利用；

5 冷却水的热量宜回收利用；

6 当建筑物内有需要全年供冷的区域，冬季气候条件适宜时，宜利用冷却塔作为冷源提供空调用冷水；

7 循环冷却水系统补水水质宜符合现行国家标准《生活饮用水卫生标准》GB 5749的规定。当采用非生活饮用水时，其水质应符合现行国家标准《采暖空调系统水质》GB/T 29044的规定。

【释义与实施要点】

第1款循环冷却水系统通常以循环水是否与空气直接接触而分为密闭式和敞开式系统，民用建筑空气调节系统一般可采用敞开式循环冷却水系统。当暖通专业采用内循环方式供冷（内部）供热（外部及新风）时（水环热泵），以及高档办公楼出租时需提供用于客户计算机房等常年供冷区域的各局部空调共用的冷却水系统（租户冷却水）等情况时，采用间接换热方式的冷却水系统，此时的冷却水系统通常采用密闭式。

第5款随着我国对节能节水的日益重视，冷水机组的冷凝废热应通过冷却水尽可能加以利用，如夏季作为生活热水的预热热源。

本条第7款 循环冷却水系统补水宜采用市政自来水，其水质是符合国家标准《生活饮用水卫生标准》GB 5749 规定的。当采用非传统水源时作为补水时，水质应进行处理并满足现行国家标准《采暖空调水质标准》GB/T 29044 的水质要求。

3.11.2 冷却塔设计计算所采用的空气干球温度和湿球温度，应与所服务的空调等系统的设计空气干球温度和湿球温度相吻合，应采用历年平均不保证 50h 的干球温度和湿球温度。

【释义与实施要点】

民用建筑空调系统的冷却塔设计计算时所选用的空气干球温度和湿球温度，应与所服务的空调等系统的设计空气干球温度和湿球温度相吻合。本条规定依据：现行国家标准《民用建筑供暖通风与空气调节设计规范》GB 50736—2012 第 4.1.6 条规定“夏季空调室外计算干球温度，应采用历年平均不保证 50h 的干球温度”，第 4.1.7 条规定“夏季空调室外计算湿球温度，应采用历年平均不保证 50h 的湿球温度”。室外空气计算参数可参见现行国家标准《民用建筑供暖通风与空气调节设计规范》GB 50736—2012 的附录 A。

3.11.3 冷却塔设置位置应根据下列因素综合确定：

1 气流应通畅，湿热空气回流影响小，且应布置在建筑物的最小频率风向的上风侧；

2 冷却塔不应布置在热源、废气和烟气排放口附近，不宜布置在高大建筑物中间的狭长地带上；

3 冷却塔与相邻建筑物之间的距离，除满足塔的通风要求外，还应考虑噪声、飘水等对建筑物的影响。

【释义与实施要点】

冷却塔布置要综合考虑设置位置的主导风向、空间限制、周围的建筑物、影响换热的邻近气体排放（废热、废气、排烟）、邻近建筑物的影响。保证冷却塔设置在新风可自由且无障碍地进入机组进行热交换的位置，并保证最大限度地减少热空气回流，以保证冷却塔能够发挥出其标定的冷却能力。必要时可采用 CFD 模拟分析当地主导风向和夏季室外极端湿球温度设计参数下的冷却塔回流情况、入口温度和湿度情况。若冷却塔运行环境不佳，为了改善冷却塔运行环境，可采取调整冷却塔的排列方式、增加冷却塔套筒、增加风机风压或增加隔板等措施满足冷却效果。

冷却塔布置还应避开建筑物主立面和主要出入口，以及空调系统新风口，以减少水雾对周围的影响，尤其是飘水中可能携带的军团菌对人体健康的危害。

3.11.4 选用成品冷却塔时，应符合下列规定：

1 按生产厂家提供的热力特性曲线选定，设计循环水量不宜超过冷却塔的额定水量；当循环水量达不到额定水量的 80%时，应对冷却塔的配水系统进行校核；

2 冷却塔应选用冷效高、能源省、噪声低、重量轻、体积小、寿命长、安装维护简单、飘水少的产品；

3 材料应为阻燃型，并应符合防火规定；

4 数量宜与冷却水用水设备的数量、控制运行相匹配；

5 塔的形状应按建筑要求、占地面积及设置地点确定。

【释义与实施要点】

当冷却塔的布置不能满足本标准第3.11.3条的规定时，应采取相应的技术措施，并对塔的热力性能进行校核。

在实际工程设计中，由于受建筑物的约束，冷却塔的布置很可能不能满足本标准第3.11.3条的规定。当采用多台塔双排布置时，不仅需考虑湿热空气回流对冷效的影响，还应考虑多台塔及塔排之间的干扰影响（回流是指机械通风冷却塔运行时，从冷却塔排出的湿热空气，一部分又回到进风口，重新进入塔内；干扰是指进塔空气中掺入了一部分从其他冷却塔排出的湿热空气）。必须对选用的成品冷却塔的热力性能进行校核，并采取相应的技术措施，如提高气水比等。

3.11.5 当可能有结冻危险时，冬季运行的冷却塔应采取防冻措施。

【释义与实施要点】

供暖室外计算温度在0℃以下的地区，冬季运行的冷却塔应采取防冻措施，在集水盘内设置辅助电加热装置。

3.11.6 冷却塔的布置，应符合下列规定：

1 冷却塔宜单排布置；当需多排布置时，塔排之间的距离应保证塔排同时工作时的进风量，并不宜小于冷却塔进风口高度的4倍；

2 单侧进风塔的进风面宜面向夏季主导风向；双侧进风塔的进风面宜平行夏季主导风向；

3 冷却塔进风侧与建筑物的距离，宜大于冷却塔进风口高度的2倍；冷却塔的四周除满足通风要求和管道安装位置外，尚应留有检修通道，通道净距不宜小于1.0m。

【释义与实施要点】

冷却塔的布置，有条件时应根据设置位置及气象条件进行CFD模拟，用以验证工作条件是否满足。当无相关技术手段时，应按本标准条文要求设置。条文中的部分数据来自现行国家标准《机械通风冷却塔工艺设计规范》GB/T 50392—2016。

合理的冷却塔布置形式是影响冷却塔正常运行的重要因素。关键是保证新风供应及避免湿热空气回流。冷却塔出风口宜不低于周边建筑墙体、构筑物或障碍物的顶面标高。当冷却塔在下凹绿地或天井内安装时，其出风口应完全开放，并应不低于周边墙体的顶面标高，同时保证进风面与墙之间留有足够的距离，使下降风速小于2m/s。当冷却塔周围设置有百叶墙时，百叶墙必须有不小于50%的通风面积，通过百叶墙的风速应不小于3m/s。

3.11.7 冷却塔应安装在专用的基础上，不得直接设置在楼板或屋面上。当一个系统内有不同规格的冷却塔组合布置时，各塔基础高度应保证集水盘内水位在同一水平面上。

【释义与实施要点】

冷却塔运行重量较大，且噪声和振动无法避免，若直接设置在楼板或屋面上除对其结构荷载有较高要求外，其固体振动传声无法消除，对冷却塔下层的房间使用有较大影响，常规建议冷却塔设置专用隔振基础，当对噪声有较高要求时，还需在冷却塔基础处设置浮筑结构等减振隔声措施。不同规格的冷却塔集水盘内水位应在同一水平面上，其目标是保证开机时，集水盘不被抽空，集水盘被抽空会造成空气进入管道，造成制冷机非正常停机；停机时，集水盘不出现溢水现象，节约宝贵的水资源。当冷却塔规格差异较大时，应通过调整冷却塔基础的高度来保证集水盘水位在同一水平面上。

3.11.8 环境对噪声要求较高时，冷却塔可采取下列措施：

1 冷却塔的位置宜远离对噪声敏感的区域；

2 应采用低噪声型或超低噪声型冷却塔；

3 进水管、出水管、补充水管上应设置隔振防噪装置；

4 冷却塔基础应设置隔振装置；

5 建筑上应采取隔声吸声屏障。

【释义与实施要点】

现行国家标准《声环境质量标准》GB 3096 对城市区域的噪声控制有严格规定。城市区域环境噪声标准见表10。

表10　城市区域环境噪声标准

类别	等效声级 Laeq [dB (A)]	
	昼间	夜间
疗养区、高级别墅区、高级宾馆区	50	40
居住区、文教区	55	45
居住、商业、工业混杂区	60	50
工业区	65	55
城市主干道两侧、穿越城市的内河航道两侧，穿越城区的铁路主、次干线两侧	70	55

根据现行国家标准《机械通风冷却塔-第1部分：中小型开式冷却塔》GB/T 7190.1—2018的规定，建议民用建筑中优先采用标准工况Ⅰ-Ⅲ级（相当于低噪声型冷却塔)、Ⅰ-Ⅱ级（相当于超低噪声型冷却塔)、Ⅰ-Ⅰ级（相当于超静音型冷却塔）等级的冷却塔。对高于城市区域环境噪声所规定的噪声的情况，需要进一步采取有效的降低噪声措施。

3.11.9 循环水泵的台数宜与冷水机组相匹配。循环水泵的出水量应按冷却水循环水量确定，扬程应按设备和管网循环水压要求确定，并应复核水泵泵壳承压能力。

【释义与实施要点】

设计中，通常采用冷却塔、循环水泵的台数与冷冻机组数量相匹配。

循环水泵的流量应按冷却水循环水量确定，水泵的扬程应根据制冷机组和循环管网的水压损失、冷却塔进水的水压要求、冷却水提升净高度之和确定。

当建筑物高度较高，且冷却塔设置在建筑物的屋顶上，循环水泵设置在地下室内，这时水泵所承受的静水压强远大于所选用的循环水泵的扬程。由于水泵泵壳的耐压能力是以水泵的扬程作为参数设计的，因此遇到上述情况时，必须复核水泵泵壳的承压能力，同时应提醒暖通专业复核制冷机组的承压能力。

3.11.10 当循环水泵并联设置时，系统流量应考虑水泵并联的流量衰减影响。循环水泵并联台数不宜大于3台。当循环水泵并联台数大于3台时，应采取流量均衡技术措施。

【释义与实施要点】

当循环水泵并联台数大于3台时，可采取流量均衡技术措施：在每台制冷机组冷却水进水管上设置流量平衡阀；冷却水泵与制冷机组一一对应，每台冷却水泵的出水管单独与每台制冷机组冷却水进水管相连接。

3.11.11 冷却水循环干管流速和循环水泵吸水管流速，应符合表3.11.11-1和表3.11.11-2的规定。

表3.11.11-1 循环干管流速表

循环干管管径（mm）	流速（m/s）
$DN \leqslant 250$	1.0～2.0
$250 < DN < 500$	2.0～2.5
$DN \geqslant 500$	2.5～3.0

表3.11.11-2 循环水泵吸水管流速表

循环水泵吸水管	流速（m/s）
从冷却塔集水池吸水	1.0～1.2
从循环管道吸水且 $DN \leqslant 250$	1.0～1.5
从循环管道吸水且 $DN > 250$	1.5～2.0

注：循环水泵出水管可采用循环干管下限流速。

【释义与实施要点】

管道流速一般应按照经济流速选取，即投资、维修与运行成本最低为好。冷却循环水流量较大，流速选取过大将引起水头损失的增加，水泵平时的运行能耗也会明显增加，不利于系统的长期经济运行。另外，水泵水锤压力与管道流速成正比关系，而停泵水锤压力对整个循环系统的安全性有着较大影响，应对循环于管流速进行控制。

循环水泵吸水管流速比冷却水循环干管流速低1档～2档是为了减小水头损失，提高汽蚀余量，避免水泵运行时叶轮处发生汽蚀。

3.11.12 当循环冷却水系统设有冷却塔集水池时，设计应符合下列规定：

1 集水池容积应按第1项、第2项因素的水量之和确定，并应满足第3项的要求：

1） 布水装置和淋水填料的附着水量宜按循环水量的1.2%～1.5%确定；

2） 停泵时因重力流入的管道水容量；

3） 水泵吸水口所需最小淹没深度应根据吸水管内流速确定，当流速小于或等于0.6m/s时，最小淹没深度不应小于0.3m；当流速为1.2m/s时，最小淹没深度不应小于0.6m。

2 当多台冷却塔共用集水池时，可设置一套补充水管、泄水管、排污及溢流管。

【释义与实施要点】

冷却塔集水池应具有一定的有效容积，用以接纳停泵后由重力注入集水池的所有水量而不溢流，这些水量包括冷却塔上部进水水平管的管道水容量、布水装置和淋水填料的附着水量。同时保证在水泵启动初期集水池内的水有一定的深度，满足其所需的最小淹没深度，防止空气被吸入，水体夹气形成汽蚀。

当多台冷却塔共用集水池时，系统连通，设置一套补充水管、泄水管、排污及溢流管即可满足要求，但应特别注意设置一套系统时，各类水管的管径应满足要求。

当冷却塔同时工作的概率较低时，宜将集水池进行对应的分格，每一格集水池应设独立的一套补充水管、泄水管、排污及溢流管。每一格集水池之间应设联通管。

3.11.13 当循环冷却水系统不设冷却塔集水池时，设计应符合下列规定：

1 当选用成品冷却塔时，应符合本标准第3.11.12条第1款的规定，对其集水盘的容积进行核算。当不满足要求时，应加大集水盘深度或另设集水池。

2 不设集水池的多台冷却塔并联使用时，各塔的集水盘宜设连通管。当无法设置连通管时，回水横干管的管径应放大一级。连通管、回水管与各塔出水管的连接应为管顶平接。塔的出水口应采取防止空气吸入的措施。

3 每台（组）冷却塔应分别设置补充水管、泄水管、排污及溢流管；补水方式宜采用浮球阀或补充水箱。

【释义与实施要点】

不设集水池的多台冷却塔并联使用时，各塔的集水盘之间设置连通管是为了使各集水盘中的水位保持基本一致，防止空气进入循环冷却水系统。在一些工程项目中由于受客观条件的限制，而无法设置连通管时，应放大回水横干管的管径。

成品冷却塔的集水盘也应保证在水泵启动初期集水池内的水有一定的深度，满足其所需的最小淹没深度，防止空气被吸入，水体夹气形成气蚀。当冷却塔自带的集水盘不满足上述要求时，应在设计中提出要求，订货时加大尺寸。

3.11.14 冷却塔补充水量可按下式计算：

$$q_{bc} = q_z \cdot \frac{N_n}{N_n - 1} \tag{3.11.14}$$

式中：q_{bc}——补充水量（m^3/h）；对于建筑物空调、制冷设备的补充水量，应按冷却水循环水量的1%～2%确定；

q_z——冷却塔蒸发损失水量（m^3/h）；

N_n——浓缩倍数，设计浓缩倍数不宜小于3.0。

【释义与实施要点】

冷却水在循环过程中，共有三部分水量损失，即蒸发损失水量、排污损失水量、风吹损失水量，在敞开式循环冷却水系统中，为维持系统的水量平衡，补充水量应等于上述三部分损失水量之和。

循环冷却水通过冷却塔时水分不断蒸发，因为蒸发掉的水中不含盐分，所以随着蒸发过程的进行，循环水中的溶解盐类不断被浓缩，含盐量不断增加。为了将循环水中含盐量维持在某一个浓度，必须排掉一部分冷却水，同时，为维持循环过程中的水量平衡，需不断地向系统内补充新鲜水。补充的新鲜水的含盐量和经过浓缩过程的循环水的含盐量是不相同的，后者与前者的比值称为浓缩倍数 N_n。由于蒸发损失水量不等于零，则 N_n 值永远大于1，即循环水的含盐量总是大于补充新鲜水的含盐量。浓缩倍数 N_n 越大，在蒸发损失水量、风吹损失水量、排污损失水量越小的条件下，补充水量就越小。由此看来，提高浓缩倍数，可节约补充水量和减少排污水量；同时，也减少了随排污水量而流失的系统中的水质稳定药剂量。但是浓缩倍数也不能提得过高，如果采用过高的浓缩倍数，不仅水中有害离子氯根或垢离子钙、镁等将出现腐蚀或结垢倾向，而且浓缩倍数高了，增加了水在系统中的停留时间，不利于微生物的控制。因此，考虑节水、加药量等多种因素，浓缩倍数必须控制在一个适当的范围内。一般建筑用冷却塔循环冷却水系统的设计浓缩倍数控制在3.0以上比较经济合理。

3.11.15 循环冷却水系统补给水总管上应设置水表等计量装置。

【释义与实施要点】

本条系贯彻执行现行国家标准《公共建筑节能设计标准》GB 50189、《民用建筑节水设计标准》GB 50555的有关要求而规定。

3.11.16 建筑空调系统的循环冷却水系统应有过滤、缓蚀、阻垢、杀菌、灭藻等水处理措施。

【释义与实施要点】

民用建筑空调的敞开式循环冷却水系统中，影响循环水水质稳定的因素有：

（1）在循环过程中，水在冷却塔内和空气充分接触，使水中的溶解氧得到补充，达到饱和；水中的溶解氧是造成金属电化学腐蚀的主要因素；

（2）水在冷却塔内蒸发，使循环水中含盐量逐渐增加，加上水中二氧化碳在塔中解析逸散，使水中碳酸钙在传热面上结垢析出的倾向增加；

（3）冷却水和空气接触，吸收了空气中大量的灰尘、泥沙、微生物及其孢子，使系统的污泥增加。冷却塔内的光照、适宜的温度、充足的氧和养分都有利于细菌和藻类的生长，从而使系统黏泥增加，在换热器内沉积下来，形成了黏泥的危害。

在敞开式循环冷却水系统中，冷却水吸收热量后，经冷却塔与大气直接接触，二氧化碳逸散，溶解氧和浊度增加，水中溶解盐类浓度增加以及工艺介质的泄漏等，使循环冷却水水质恶化，给系统带来结垢腐蚀、污泥和菌藻等问题。冷却水的循环对换热器带来的腐蚀、结垢和黏泥影响比采用直流系统严重得多。如果不加以处理，将发生换热设备的水流阻力加大，水泵的电耗增加，传热效率降低，造成换热器腐蚀并泄漏等问题。因此，民用建筑空调系统的循环冷却水应该进行水质稳定处理，主要任务是去除悬浮物、控制泥垢及结垢、控制腐蚀及微生物三个方面。当循环冷却水系统达到一定规模时，除了必须配置的冷却塔、循环水泵、管网、放空装置、补水装置、温度计等以外，还应配置水质稳定处理和杀菌灭藻、旁滤器等装置，以保证系统能够有效和经济地运行。

在密闭式循环冷却水系统中，水在系统中不与空气接触，不受阳光照射，结垢与微生物控制不是主要问题，但腐蚀问题仍然存在。可能产生的泄漏、补充水带入的氧气、各种不同金属材料引起的电偶腐蚀，以及各种微生物（特别是在厌氧区微生物）的生长都将引起腐蚀。

3.11.17 旁流处理水量可根据去除悬浮物或溶解固体分别计算。当采用过滤处理去除悬浮物时，过滤水量宜为冷却水循环水量的1%～5%。

【释义与实施要点】

旁流处理的目的是保持循环水水质，使循环冷却水系统在满足浓缩倍数条件下有效和经济地运行。旁流水就是取部分循环水量按要求进行处理后，仍返回系统。旁流处理方法可分为去除悬浮固体和溶解固体两类，但在民用建筑空调系统中通常是去除循环水中的悬浮固体。因为从空气中带进系统的悬浮杂质以及微生物繁殖所产生的黏泥，补充水中的泥沙、黏土、难溶盐类，循环水中的腐蚀产物、菌藻、冷冻介质的渗漏等因素使循环水的浊度增加，仅依靠加大排污量是不能彻底解决的，也是不经济的。旁滤处理的方法同一般给水处理的有关方法，旁滤水量需根据去除悬浮物或溶解固体的对象而分别计算确定。当采用过滤处理去除悬浮物时，过滤水量宜为冷却水循环水量的1%～5%。

3.11.18 循环冷却水系统排水应排入室外污水管道。

【释义与实施要点】

循环冷却水系统排水包括：系统放空水、排污水、排泥、清洗排水、预膜排水、旁流水处理及补充水处理过程中的排水等。

为了控制循环冷却水系统内由水质引起的结垢、污垢、菌藻和腐蚀，保证制冷机组的换热效率和使用年限，应对循环冷却水进行水质处理。化学加药是循环冷却水进行阻垢、缓蚀、杀菌和灭藻的有效方法和常用方法。循环冷却水系统排水中含有这些化学药剂以及非氧化性杀生剂，如果接入雨水管网进入河道将造成水体污染，所以应排入室外污水管道。部分城市的环评报告中对此已有明确要求。

3.12 水 景

3.12.1 水景及补水的水质应符合下列规定：

1 非亲水性水景景观用水水质应符合现行国家标准《地表水环境质量标准》GB 3838中规定的Ⅳ类标准；

2 亲水性水景景观用水水质应符合现行国家标准《地表水环境质量标准》GB 3838中规定的Ⅲ类标准；

3 亲水性水景的补充水水质，应符合国家现行相关标准的规定；

4 当无法满足时，应进行水质净化处理和水质消毒。

【释义与实施要点】

第1款规定了对非亲水性水景的补水水质要求。非亲水性的水景又称人体非直接接触的水景，如静止镜面水景、流水型平流壁流等不产生飘粒、水雾的水质达到国家标准《地表水环境质量标准》GB 3838中规定的Ⅳ类标准的都可作补充水。

亲水性水景又称人体非全身性接触的水景，包括人体器官与手足有可能接触水体的水景以及会产生飘粒、水雾被人体吸入的动态水景，如冷雾喷、干泉、趣味喷泉（游乐喷泉或戏水喷泉）等。涉及建筑给水排水的安全卫生核心部分，其补充水水质应符合现行国家标准《生活饮用水卫生标准》GB 5749的要求；由于中水及雨水回用水都是分散性系统，由各居住小区、企业、机关等物业管理，缺乏技术和管理水平且无水质监管体系及相应机构，存在水质风险，因此中水及雨水回用水一般用于绿化、冲厕、街道清扫 、车辆冲洗、建筑施工、消防等与人体不接触的杂用水。

在水资源匮乏地区，非亲水性水景可采用再生水（中水）作为初次注水或者补水水源时，其水质不应低于现行国家标准《城市污水再生利用 景观环境用水水质》GB/T 18921的有关规定。

水质保障措施以及水质处理方法有以下原则：宜采用天然或人工河道，且应使水体流动；宜通过设置喷泉、瀑布、跌水等措施增加水体溶解氧；流动缓慢的静态自然水体宜采用生态修复工程净化水质；应采取抑制水体中菌类生长、防止水体藻类滋生的措施；容积小于等于500m^3的景观水体，宜采用物理化学处理方法；容积大于500m^3的景观水体，宜采用生态化处理方法。

3.12.2 水景用水宜循环使用。采用循环系统的补充水量应根据蒸发、飘失、渗漏、排污等损失确定，室内工程宜取循环水流量的1%～3%；室外工程宜取循环水流量的3%～5%。

【释义与实施要点】

考虑到水景可能是旱雨两用的，下雨才有水景，不下雨是旱景，不存在循环，表述为“水景用水宜循环使用”而非“应循环使用”。本条确定了循环式供水的水景工程的补充水量标准。循环周期计算可参照现行行业标准《喷泉水景工程技术规程》CJJ/T 222，并按表11执行。

表11 不同水量及不同水质的水处理系统的循环周期

水量（m^3）	水质	循环周期（d）
100～500	符合国家标准《地表水环境质量标准》GB 3838中规定的Ⅲ、Ⅳ类	1.0～2.0
	符合国家标准《城市污水再生利用 景观环境用水水质》GB/T 18921	0.5～1.5
>500	机械提升流动的动态水景，符合国家标准《地表水环境质量标准》GB 3838中规定的Ⅲ、Ⅳ类	4.0～7.0
	机械提升流动的动态水景，符合国家标准《城市污水再生利用 景观环境用水水质》GB/T 18921	2.5～5.0
	静态水景，符合国家标准《地表水环境质量标准》GB 3838中规定的Ⅲ、Ⅳ类	3.0～5.0
	静态水景，符合国家标准《城市污水再生利用 景观环境用水水质》GB/T 18921	2.0～4.0

对于非循环式供水的镜湖、珠泉等静水景观，宜根据水质情况，周期性排空放水。

多个喷泉水景水池共用一个水处理循环系统时，应符合：每个水池回水应分别接至水处理循环系统，且应在各回水管上设置调节控制阀；净化后的水应分别输送至每个水池，且应在每个水池的给水管上设置调节控制阀；同一喷泉由多个不同高程的水池组成时，应在循环给水管道上设置止回阀。

3.12.3 水景工程应根据喷头造型分组布置喷头。喷泉每组独立运行的喷头，其规格宜相同。

【释义与实施要点】

喷泉造型类给水系统一般均按独立喷水造型划分。各种喷泉独立运行单元中的喷头型号、规格宜相同。这可以保证该单元独立运行时喷水造型相同。

3.12.4 水景工程循环水泵宜采用潜水泵，并应符合下列规定：

1 应直接设置于水池底；

2 娱乐性水景的供人涉水区域，不应设置水泵；

3 循环水泵宜按不同特性的喷头、喷水系统分开设置；

4 循环水泵流量和扬程应按所选喷头形式、喷水高度、喷嘴直径和数量，以及管道系统水头损失等经计算确定；

5 娱乐性水景的供人涉水区域，因景观要求需要设置水泵时，水泵应干式安装，不得采用潜水泵，并采取可靠的安全措施。

【释义与实施要点】

池水较浅或要求水泵高度较低的场所，宜选用卧式潜水泵。压力需求不同的喷泉造景单元的给水系统，水泵宜分开设置。人造水景的给水系统可以不设置备用泵。

3.12.5 当水景水池采用生活饮用水作为补充水时，应采取防止回流污染的措施，补水管上应设置用水计量装置。

【释义与实施要点】

《民用建筑节水设计标准》GB 50555—2010 中规定：“景观用水水源不得采用市政自来水和地下井水”。当水景兼作体育活动场所时，可采用城镇给水作为补水水源。

3.12.6 有水位控制和补水要求的水景水池应设置补充水管、溢流管、泄水管等管道。在水池的周围宜设排水设施。

【释义与实施要点】

水景供水管道及其他配件的设置应符合：当水泵设置在水景水池外时，在供给不同喷头组的分供水管上，应设置调节流量的装置，其位置应设在便于观察的地方，且应隐蔽和便于操作；管道变径处应采用异径管以及异径管件作渐变连接方式；管道连接处应严密、光滑、牢固。

3.12.7 水景工程的运行方式可采用手控、程控或声控。控制柜应按电气工程要求，设置于控制室内。控制室应干燥、通风。

【释义与实施要点】

为了改善水景的观赏效果，设计中往往采用各种不同的运行控制方式，通常有手动控制、程序控制和音响控制。简单的水景仅单纯变换水流的姿态，采用的方法一般有改变喷头前的进水压力、移动喷头的位置、改变喷头的方向等。随着控制技术的发展，水景不仅可以使水流姿态、照明颜色和照度不断变化，而且可使丰富多彩、变化莫测的水姿、照明随着音乐的旋律、节奏同步变化，这需要采用复杂的自动控制措施。

现行行业标准《喷泉水景工程技术规程》CJJ/T 222对控制有明确的规定，应按相关规定设计。

3.12.8 瀑布、涌泉、溪流等水景工程设计，应符合下列规定：

1 设计循环流量应为计算流量的1.2倍；

2 水池设置应符合本标准第3.12.6条和第3.12.7条的规定；

3 电气控制可设置于附近小室内。

【释义与实施要点】

本条第1款对瀑布、涌泉、溪流等水景工程的设计循环流量作出了规定。

水景工程的设计还应符合现行行业标准《喷泉水景工程技术规程》CJJ/T 222的相关规定。

3.12.9 水景工程宜采用强度高、耐腐蚀的管材。

【释义与实施要点】

管道的材质应根据环境与水景水体的水质确定。室外喷泉、水景工程的管道及其他配件的材质，不应采用易老化、脆化、变形的塑料和橡胶。喷泉工程的管道宜选用不锈钢管、铜管、热镀锌钢管以及PE、PPR、PVC塑料管等。接口采用焊接、卡压、法兰等方式连接。热镀锌钢管焊口应进行防腐处理；不锈钢管的焊口应进行钝化处理。

3.13 小区室外给水

3.13.1 小区的室外给水系统的水量应满足小区内全部用水的要求。

【释义与实施要点】

小区给水设计用水量，应包含下列用水量：

(1) 居民生活用水量；

(2) 公共建筑用水量；

(3) 绿化用水量；

(4) 水景、娱乐设施用水量；

(5) 道路、广场用水量；

(6) 公共设施用水量；

(7) 未预见用水量及管网漏失水量；

（8）消防用水量。

其中消防用水量仅用于校核管网计算，不计入正常用水量。室外给水系统的水量应具有保障连续不间断地向小区供水的能力。

当小区内有公用设施，其水量应由该设施的管理部门提供用水量计算参数，当无重大市政公用设施时不另计用水量；公共建筑一般是指居住小区配套建设的为居住小区服务的公共建筑，对于不属于居住小区配套建设的公共建筑一般应独立从城镇供水管网中接管供水。但当与居住小区为一个供水管网时则应计入。若设计范围内有工厂并由同一管网供水时，还应包括生产用水和管理、生产人员的用水。

3.13.2 由城镇管网直接供水的小区给水系统，应充分利用城镇给水管网的水压直接供水。当城镇给水管网的水压、水量不足时，应设置贮水调节和加压装置。

【释义与实施要点】

城镇给水系统应具有保障连续不间断地向城镇用户供水的能力，以满足城镇用户的用水需求。《消防给水及消火栓系统技术规范》GB 50974—2014 第7.2.8条规定："当市政给水管网设有市政消火栓时，其平时运行工作压力不应小于0.14MPa，火灾时水力最不利市政消火栓的出流量不应小于15L/s，且供水压力从地面算起不应小于0.10MPa"。因此城镇给水管网最小压力不会低于0.14MPa，最大压力应根据管网漏损率在当地经济漏损率范围内确定。当条件许可时，可充分利用外网水压，以节省能源和水泵设备。

当市政给水管网的水量、水压不足，不能满足整个建筑或建筑小区用水要求时，应根据卫生安全、经济节能的原则选用贮水调节和加压供水方式。当采用叠压供水系统时，应经过当地供水行政主管部门及供水部门批准认可。

3.13.3 小区的加压给水系统，应根据小区的规模、建筑高度、建筑物的分布和物业管理等因素确定加压站的数量、规模和水压。二次供水加压设施服务半径应符合当地供水主管部门的要求，并不宜大于500m，且不宜穿越市政道路。

【释义与实施要点】

小区的二次供水加压设施服务半径应根据地形、供水条件确定，并应符合当地供水主管部门的要求。小区二次供水加压设施服务半径不宜大于500m的要求是与热水系统要求相统一，也体现了节能的要求。

小区的加压给水管不宜穿越市政道路，主要原因在于二者管辖权属不同，市政道路中一般还会包含污水、雨水、燃气、电力、电信等市政管道，市政管道抢修或者检修时极有可能损坏小区加压给水管道，影响小区正常的生活及消防用水。

3.13.4 居住小区的室外给水管道的设计流量应根据管段服务人数、用水定额及卫生器具设置标准等因素确定，并应符合下列规定：

1 住宅应按本标准第3.7.4条、第3.7.5条计算管段流量；

2 居住小区内配套的文体、餐饮娱乐、商铺及市场等设施应按本标准第3.7.6条、第3.7.8条的规定计算节点流量；

3 居住小区内配套的文教、医疗保健、社区管理等设施，以及绿化和景观用水、道路及广场洒水、公共设施用水等，均以平均时用水量计算节点流量；

4 设在居住小区范围内，不属于居住小区配套的公共建筑节点流量应另计。

【释义与实施要点】

住宅按本标准第3.7.4条和第3.7.5条中的概率公式计算设计秒流量作为管段流量。居住小区配套设施（文体、餐饮娱乐、商铺及市场）按本标准式（3.7.6）和式（3.7.8）计算设计秒流量作为节点流量。

小区内配套的文教、医疗保健、社区管理等设施的用水时间和时段（寄宿学校除外）与住宅的最大用水时间和时段并不重合。绿化和景观用水、道路及广场洒水、公共设施用水等都与住宅最大用水时间和时段不重合，均以平均小时流量计算节点流量是有安全余量的。当绿化和景观用水、道路及广场洒水采用再生水时，应分别计算设计流量。

3.13.5 小区室外直供给水管道管段流量应按本标准第3.7.6条、第3.7.8条、第3.13.4条计算。当建筑设有水箱（池）时，应以建筑引入管设计流量作为室外计算给水管段节点流量。

【释义与实施要点】

本条规定了除居住小区以外的其他小区室外给水管道直供和非直供的计算方法。当多栋不同功能建筑的用水高峰出现在不同时段时，可以参照本标准第3.7.10条计算管段流量。

3.13.6 小区的给水引入管的设计流量应符合下列规定：

1 小区给水引入管的设计流量应按本标准第3.13.4条、第3.13.5条的规定计算，并应考虑未预见水量和管网漏失水量；

2 不少于2条引入管的小区室外环状给水管网，当其中1条发生故障时，其余的引入管应能保证不小于70%的流量；

3 小区引入管的管径不宜小于室外给水干管的管径；

4 小区环状管道应管径相同。

【释义与实施要点】

本条规定了小区引入管的计算原则。

第1款的规定系与本标准第3.2.9条相呼应，漏失水量和未预见水量应在引入管计算流量基础上乘以系数1.08～1.12。

第2款系参照现行国家标准《室外给水设计标准》GB 50013—2018第7.1.3条的规定。

第3款规定是为了保证小区室外给水管网的供水能力，当小区室外给水管枝状布置时引入管的管径不应小于室外给水干管的管径。

第4款规定小区环状管道管径应相同，一是为了简化计算，二是为了安全供水。

3.13.7 小区的室外生活、消防合用给水管道设计流量，应按本标准第3.13.4条或第3.13.5条规定计算，再叠加区内火灾的最大消防设计流量，并应对管道进行水力计算校核，其结果应符合现行国家标准《消防给水及消火栓系统技术规范》GB 50974的规定。

【释义与实施要点】

小区的室外生活与消防合用的给水管道，当小区内未设消防贮水池，消防用水直接从室外合用给水管上抽取时，在最大用水时生活用水设计流量基础上叠加最大消防设计流量进行复核。绿化、道路及广场浇洒用水可不计算在内，小区如有集中浴室，则淋浴用水量可按15%计算。当小区设有消防贮水池，消防用水全部从消防贮水池抽取时，叠加的最大消防设计流量应为消防贮水池的补给流量。当部分消防水量从室外管网抽取，部分消防水量从消防贮水池抽取时，叠加的最大消防设计流量应为从室外给水管抽取的消防设计流量再加上消防贮水池的补给流量。最终水力计算复核结果应满足管网末梢的室外消火栓从地面算起的流出水头不低于0.10MPa。

3.13.8 设有室外消火栓的室外给水管道，管径不得小于100mm。

【释义与实施要点】

《消防给水及消火栓系统技术规范》GB 50974—2014 第8.1.4条规定："室外消防给水管网的管道直径不应小于 *DN*100"。实践证明，*DN*100 的管道只能勉强供应一辆消防车用水，因此规定最小管径为100mm。

3.13.9 小区生活用贮水池设计应符合下列规定：

1 小区生活用贮水池的有效容积应根据生活用水调节量和安全贮水量等确定，并应符合下列规定：

1) 生活用水调节量应按流入量和供出量的变化曲线经计算确定，资料不足时可按小区加压供水系统的最高日生活用水量的15%～20%确定；

2) 安全贮水量应根据城镇供水制度、供水可靠程度及小区供水的保证要求确定；

3) 当生活用水贮水池贮存消防用水时，消防贮水量应符合现行国家标准《消防给水及消火栓系统技术规范》GB 50974 的规定。

2 贮水池大于50m^3宜分成容积基本相等的两格。

3 小区贮水池设计应符合国家现行相关二次供水安全技术规程的要求。

【释义与实施要点】

贮水池有效容积，应根据居住小区生活用水的调节贮水量、安全贮水量和消防贮水量确定。

其中安全贮水量考虑因素如下：一是最低水位要求，贮水池的最低水位不能见底，需留有一定水深的安全量，一般最低水位距池底不小于0.5m。二是市政管网供水可靠性情况，市政引入管根数及同侧引入还是异侧引入、可能发生事故时（如市政管道爆管、检修断水等原因）的贮水空间。三是小区建筑用水的重要程度，如医院院区、不允许断水的工业、科技园区等。安全贮水量一般由设计人员根据具体情况确定。当资料不足时可按照最高日生活用水量的5%确定。

对于生活与消防合用的贮水池，消防用水的贮水量依据现行的消防规范确定。目前不推荐生活与消防合用贮水池。

为了保障二次供水的水质，加强卫生安全防护水平，贮水池设计需要满足二次供水安全技术规程中关于位置环境、空气环境、卫生环境、噪声环境、电气环境、排水环境、光照环境、安防环境等方面的要求。

3.13.10 当小区的生活贮水量大于消防贮水量时，小区的生活用水贮水池与消防用贮水池可合并设置，合并贮水池有效容积的贮水设计更新周期不得大于 48h。

【释义与实施要点】

本条规定了小区生活贮水池与消防贮水池合并设置的条件，两个条件必须同时满足方能合并。更新周期应采用平均日平均时生活用水量计算。

3.13.11 埋地式生活饮用水贮水池周围 10m 内，不得有化粪池、污水处理构筑物、渗水井、垃圾堆放点等污染源。生活饮用水水池（箱）周围 2m 内不得有污水管和污染物。

【释义与实施要点】

本条为强制性条文，必须严格执行。现行国家标准《二次供水设施卫生规范》GB 17051—1997 中规定："蓄水池周围 10m 以内不得有渗水坑和堆放的垃圾等污染源"。本条与该标准协调一致。

3.13.12 小区采用水塔作为生活用水的调节构筑物时，应符合下列规定：

1 水塔的有效容积应经计算确定；

2 有结冻危险的水塔应有保温防冻措施。

【释义与实施要点】

小区采用水塔作为生活用水的调节构筑物时，其有效容积应经计算确定，若资料不全时可按照表 12 选定。

表 12 水塔（高地水池）生活用水调蓄贮水量

居住小区最高日用水量（m^3）	＜100	101～300	301～500	501～1000	1001～2000	2001～4000
调蓄贮水量占最高日用水量的百分数	30%～20%	20%～15%	15%～12%	12%～8%	8%～6%	6%～4%

水塔一般位于室外，对有结冻危险的应采取保温防冻措施，例如保温水塔。

3.13.13 小区独立设置的水泵房，宜靠近用水大户。水泵机组的运行噪声应符合现行国家标准《声环境质量标准》GB 3096 的规定。

【释义与实施要点】

小区独立设置的水泵房，应尽量靠近用水大户或整个小区的中央位置，这样的布置不但可以有效减少主干管的敷设长度，进而还可以降低管网水头损失，从而减少平时的运行费用。生活泵房长期运行，不可避免会产生噪声，除了选用低噪声水泵机组外，还有多种降低噪声的措施可供选择，例如：设备机组隔振、浮筑结构（浮动地台）隔振、泵房配管隔振、建筑消声隔声等。

3.13.14 小区的给水加压泵站，当给水管网无调节设施时，宜采用调速泵组或额定转速泵编组运行供水。泵组的最大出水量不应小于小区生活给水设计流量，生活与消防合用给水管道系统还应按本标准第 3.13.7 条以消防工况校核。

【释义与实施要点】

小区的给水加压泵站，当给水管网无调节设施时，应采用由水泵功能来调节供水，可节约电耗。大多采用调速泵组供水方式。

当泵站规模较大、供水的时变化系数不大时，或管网有一定容量的调节措施时，亦可采用额定转速工频水泵编组运行的供水方式。

小区的室外生活与消防合用给水管网的水量、水压，在消防时应满足消防车从室外消火栓取水灭火的要求。以最大用水时的生活用水量叠加消防流量，复核管网末梢的室外消火栓的水压，其水压应达到以地面标高算起的流出水头不小于0.1MPa的要求。如果计算结果为工作泵全部在额定转速下运行仍达不到要求时，可采取更改水泵选型或增多水泵台数的办法。

3.13.15 由城镇管网直接供水的小区室外给水管网应布置成环状网，或与城镇给水管连接成环状网。环状给水管网与城镇给水管的连接管不应少于2条。

【释义与实施要点】

由城镇给水管网直接供水的小区，室外给水管网布置成环状，可以保证当环状网中任一管段损坏，关闭其附近的阀门进行检修时，水还可以从另外管线通过和供应用户，从而增加了供水的可靠性。环状网还可以大大减少因水锤作用而产生的危害，其供水能力为枝状管网的1.5倍～2.0倍。环状给水管网与城镇给水管的连接管不应少于2条，可以保证当其中一条故障断水时，另外一条仍能提供全部的消防用水量与70%的生活用水量。

3.13.16 小区的室外给水管道应沿区内道路敷设，宜平行于建筑物敷设在人行道、慢车道或草地下。管道外壁距建筑物外墙的净距不宜小于1m，且不得影响建筑物的基础。

【释义与实施要点】

居住小区室外管线要进行管线综合设计，管线沿道路敷设，并宜与建筑物平行敷设，便于管道的施工及开挖，便于建筑物接出管与室外管道的连接，便于平常的巡查及检修。管道外壁与建筑物外墙保持一定的距离，可以有效避免建筑物沉降对管道的影响，也便于避开地下围护结构的影响。

3.13.17 小区的室外给水管道与其他地下管线及乔木之间的最小净距，应符合本标准附录E的规定。

【释义与实施要点】

居住小区室外管线要进行管线综合设计，管线与管线之间、管线与建筑物或乔木之间的最小水平净距，以及管线交叉敷设时的最小垂直净距，应符合本标准附录E的要求。当小区内的道路宽度小，管线在道路下排列困难时，可将部分管线移至绿地内。

3.13.18 室外给水管道与污水管道交叉时，给水管道应敷设在污水管道上面，且接口不应重叠。当给水管道敷设在下面时，应设置钢套管，钢套管的两端应采用防水材料封闭。

【释义与实施要点】

根据现行国家标准《室外给水设计标准》GB 50013－2018第7.4.9条的规定，并根据小区道路狭窄的特点，钢套管伸出与排水管交叉点的长度可根据具体工程情况确定。

3.13.19 室外给水管道的覆土深度，应根据土壤冰冻深度、车辆荷载、管道材质及管道交叉等因素确定。管顶最小覆土深度不得小于土壤冰冻线以下 0.15m，行车道下的管线覆土深度不宜小于 0.70m。

【释义与实施要点】

埋地敷设管道的埋设深度应以管道不受损坏为原则，并应考虑最大冻土深度和地下水位等影响。管道的埋深，主要由外部荷载、管材强度及管道交叉等因素决定，冰冻地区管道的覆土深度除决定于上述因素外，还要考虑土壤的冰冻深度，管道埋设深度应通过管道热力计算确定，一般应位于冻结深度以下 0.15m。为保证管道不因动荷载的冲击而破坏，行车道下的管线覆土深度不宜小于 0.70m，当不满足时，应采取防止管道受压破坏的加强措施。

3.13.20 敷设在室外综合管廊（沟）内的给水管道，宜在热水、热力管道下方，冷冻管和排水管的上方。给水管道与各种管道之间的净距，应满足安装操作的需要，且不宜小于 0.3m。

【释义与实施要点】

管道敷设的原则是温度高的在上方，温度低的在下方，可以防止温度高的管道周围热空气上升，当遇到温度低的管道时，会遇冷产生水珠。给水管放在排水管上方，是为了防止排水管检修或泄漏时污染给水管。

3.13.21 生活给水管道不应与输送易燃、可燃或有害的液体或气体的管道同管廊（沟）敷设。

【释义与实施要点】

输送易燃、可燃或有害的液体或气体的管道与生活给水管道所要求的安全环境不一样，一旦管道泄漏或处于管道检修状态，将对生活给水管道的正常使用或检修带来危险或不便。

3.13.22 小区室外埋地给水管道管材，应具有耐腐蚀和能承受相应地面荷载的能力，可采用塑料给水管、有衬里的铸铁给水管、经可靠防腐处理的钢管等管材。

【释义与实施要点】

埋地的给水管道，既要承受管内的水压力，又要承受地面荷载的压力。管内壁要耐水的腐蚀，管外壁要耐地下水及土壤的腐蚀。目前使用较多的有塑料给水管、球墨铸铁给水管、有衬里的铸铁给水管。当必须使用钢管时，要特别注意钢管的内外防腐处理，防腐处理常见的有衬塑、涂塑或涂防腐涂料。需要注意：镀锌层不是防腐层，而是防锈层，所以镀锌钢管也必须做防腐处理。

3.13.23 室外给水管道的下列部位应设置阀门：

1 小区给水管道从城镇给水管道的引入管段上；

2 小区室外环状管网的节点处，应按分隔要求设置；环状管宜设置分段阀门；

3 从小区给水干管上接出的支管起端或接户管起端。

【释义与实施要点】

除本条规定以外，还可参照现行国家标准《室外给水设计标准》GB 50013、《消防给水及消火栓系统技术规范》GB 50974 的有关规定。对于环状管段设置阀门间距，可根据工程实际情况、检修维护能力和投资等因素综合考虑。

3.13.24 室外给水管道阀门宜采用暗杆型的阀门，并宜设置阀门井或阀门套筒。

【释义与实施要点】

室外生活与消防合用给水管道上阀门的选型和设置要求除应符合本标准的规定外，还应符合现行国家标准《消防给水及消火栓系统技术规范》GB 50974 的有关规定。

3.13.25 室外贮水池配置管道、阀门和附件可按本标准第 3.8.6 条的规定设置。

【释义与实施要点】

室外贮水池与室内贮水池一样，管道、阀门及配件的设置原则是：保证水质安全，不得产生倒流污染，不得产生水流短路，防止贮水滞留和死角，水位状态全部受监控，有问题可以及时报警。当设置场所存在结冻危险时，应采取防冻保温措施。

4 生 活 排 水

4.1 一 般 规 定

4.1.1 室内生活排水管道系统的设备选择、管材配件连接和布置不得造成泄漏、冒泡、返溢，不得污染室内空气、食物、原料等。

【释义与实施要点】

生活排水管道系统输送的是生活污、废水，其含有大量细菌的有机物，因此要求生活排水管道系统应密闭、不渗漏，以免造成室内环境污染。污水提升泵应采用潜水泵、液下泵。卧（立）式污水泵由于机械密封磨损而有渗漏，在民用建筑中不应采用。生活排水管道系统的管材与配件（包括附件）之间连接应采用粘接、熔接和橡胶圈密封连接。由于室内生活排水管道系统内还存在大量有害、有毒气体和带致病菌的气溶胶体，可以通过与系统连接的卫生器具、用水设备泛（窜）入室内，污染室内空气，所以生活排水管道系统设置水封是必需的。水封既可顺利排水又是隔断气体最有效的手段，是任何活动的机械活瓣密封不可替代的。

保护水封免遭破坏是建筑排水管道设计、布置的重要内容。标准规定排水管道的设计负荷和布置要求，避免造成水封虹吸破坏和正压冒泡或泛溢，避免布置在食品贮藏、加工部位的上方，避免布置在遇水引起燃烧、爆炸的原料上方。

4.1.2 室内生活排水管道应以良好水力条件连接，并以管线最短、转弯最少为原则，应按重力流直接排至室外检查井；当不能自流排水或会发生倒灌时，应采用机械提升排水。

【释义与实施要点】

室内生活排水管道是按一定充满度和坡度的重力流规则从上游往下游排水，所有排水三通管件都是顺水的（包括45°斜三通），并要求管线最短、转弯最少从室内排至室外检查井。但在平原地带的小区受室外雨水管道系统泄水能力和地面地形影响，暴雨期间雨水有可能倒灌入污废水管道系统，使室内器具或地漏返溢，所以应对建筑物地下室和半地下室内生活排水的排水工况有个预判，排出管虽能与室外接户管管顶平接，但在暴雨期雨水有可能倒灌的情况下仍应设置机械提升装置。

4.1.3 排水管道的布置应考虑噪声影响，设备运行产生的噪声应符合现行国家标准的规定。

【释义与实施要点】

排水噪声源于卫生设备排水、管道内水流流动和泵站或污水处理站运行噪声。

对于居住建筑，人们需要一个安静的生活环境，在选用大便器时，不应为了节水而选用冲水噪声大的器具，如高水箱蹲便器、气压式或真空式坐便器。在排水管道上不得重复设置存水弯水封，不然会产生虹吸破封噪声。排水管宜选用隔声效果好的铸铁管和塑料静音管，也可将排水横支管采用同层排水，立管布置在管窿或管道井内以隔绝噪声。

对于泵站或污水处理站运行噪声只能采取建筑隔声减振的技术措施。

4.1.4 生活污水处理间（站）应有良好通风（气）和采取卫生防护距离。

【释义与实施要点】

生活污水处理间（站）不论采用物化处理还是生物处理，都有臭气溢出，处理间（站）通风是必不可少的，以保护操作人员身心健康。同时排出的污浊气体不应对周边环境造成污染，采取适当的卫生防护距离，必要时还应作除臭处理。

4.1.5 小区生活排水与雨水排水系统应采用分流制。

【释义与实施要点】

不论市政排水体制如何，对于新建小区应采取小区生活排水与雨水排水系统分流制。随着我国对水环境保护力度的加大，城市污水处理率大大提高，市政污水管道系统亦日趋完善，为小区生活排水系统建立提供了可靠的基础。小区生活排水与雨水排水系统采用分流制将有利于雨水渗、滞、蓄、净、用、排的海绵城市设计。

4.1.6 小区生活排水管的布置应根据小区规划、地形标高、排水流向，按管线短、埋深小、尽可能自流排出的原则确定。当生活排水管道不能以重力自流排入市政排水管道时，应设置生活排水泵站。

【释义与实施要点】

本条规定了小区生活排水管道的布置原则。

市政污水管道的方位决定小区生活排水管的最终出路，应充分利用市政管道检查井允许接入的标高，按重力流排水原则设计管径、坡度。如不能以重力自流排入市政排水管道时，应设置生活排水泵站。

4.2 系 统 选 择

4.2.1 生活排水应与雨水分流排出。

【释义与实施要点】

建筑室内生活排水应与屋面雨水分流排出是建筑排水原则之一。无论从水质、流态角度还是水封保护和环境保护角度都不允许合流排出。但对于生活阳台飘入的少量雨水可纳入生活废水地漏，不至于对生活废水排水造成影响。

4.2.2 下列情况宜采用生活污水与生活废水分流的排水系统：

1 当政府有关部门要求污水、废水分流且生活污水需经化粪池处理后才能排入城镇排水管道时；

2 生活废水需回收利用时。

【释义与实施要点】

本条第 1 款系根据国家发展改革委发布的国民经济和社会发展第十三个五年规划纲要（简称“十三五”规划）建议提出的，实现城镇生产污水垃圾处理设施全覆盖和稳定运行的要求，将“十三五”城市污水集中处理率目标设置为 95%。但在城市边缘地区的乡镇居民聚集区域，生活污水只能采用化粪池等简易初级处理后排入天然水体。有的地区由于城市污水管道、处理设施建设不能适应城市发展规模，政府有关部门要求小区粪便污水经化粪池初级处理后排入城镇污水管道系统，以减小化粪池的容积，有利于厌氧菌腐化发酵分解有机物，提高化粪池的污水处理效果。所以在设计生活排水系统体制时应按当地政府有关部门的规定执行。

本条第 2 款的规定是建筑中水设计优先采用优质杂排水作为中水处理的原水，生活废水属于优质杂排水，应与粪便污水分开设置管道回收，以利于简化中水处理工艺，降低中水成本。

4.2.3 消防排水、生活水池（箱）排水、游泳池放空排水、空调冷凝排水、室内水景排水、无洗车的车库和无机修的机房地面排水等宜与生活废水分流，单独设置废水管道排入室外雨水管道。

【释义与实施要点】

本条所罗列的由设备及构筑物排出的非生活排水，其含有机物甚微，属于洁净废水，故可以排入雨水管道。仅传染病暴发时期，游泳池放空排水经防疫消毒处理后排放到污水管道。无洗车的车库和无机修的机房地面排水中不含洗涤剂和机油，故可以排入雨水管道，但当地政府主管部门有要求时还应遵照地方要求执行。

4.2.4 下列建筑排水应单独排水至水处理或回收构筑物：

1 职工食堂、营业餐厅的厨房含有油脂的废水；

2 洗车冲洗水；

3 含有致病菌、放射性元素等超过排放标准的医疗、科研机构的污水；

4 水温超过 40℃的锅炉排污水；

5 用作中水水源的生活排水；

6 实验室有害有毒废水。

【释义与实施要点】

第 1 款 根据《国务院办公厅关于加强地沟油整治和餐厨废弃物管理的意见》（国办发〔2010〕36 号）规定，在餐饮业推行安装油水分离池、油水分离器等设施。

《饮食业环境保护技术规范》HJ 554—2010 明确规定：“含油污水应与其他排水分流设计”。含油脂废水在排水管道中形成油垢容易堵塞管道，含油脂废水的油脂经回收提炼后还可以制成生物柴油等，变废为宝。

第 2 款 自动洗车台的冲洗水中含大量泥沙，必须经过沉淀处理后排放或循环利用。

第 3 款 根据国家标准《医疗机构水污染物排放标准》GB 18466—2005 和国家环保部门有关规定，在设计医院污水处理系统时应考虑将医院病区、非病区、传染病房、非传染病房污水分别收集，特殊性质污水（指医院检验、分析、治疗过程产生的少量特殊性质污水，主要包括酸性污水、含氰污水、含重金属污水、洗印污水、放射性污水等）应单独收集，经预处理后与医院污水合并处理，不得将特殊性质污水随意排入下水道。

第 4 款 目前小区埋地排水管普遍采用 PVC-U、HDPE 埋地塑料管，其长期耐温可达 40℃。现行国家标准《污水排入城镇下水道水质标准》GB/T 31962—2015 规定："污水排入城镇下水道水质不得高于 40℃"。锅炉是将热源制备热媒蒸汽或高温水，再经水加热器与冷水热交换变成热水。为了保持锅炉水质的各项指标，控制在标准范围内，就需要从锅炉中不断地排除含盐量较高的锅炉水和沉积的泥垢，再补入含盐量低的给水，以上作业过程，称为锅炉的排污。锅炉排污分定期排污和连续排污两种。定期排污主要是排除锈渣，脱盐未尽的钙、镁絮状沉淀。减少其在锅炉壁的附着程度，提高锅炉热效率。连续排污主要是降低锅水含盐量。而水加热器是蒸汽或 95℃ 左右的高温水与冷水交换，不产生泥垢、钙、镁絮状沉淀，故不存在排污问题。水温超过 40℃ 的锅炉排污水，应经降温处理后排放，由于锅炉排污水量少且短暂排水，一般用冷水或废水掺和后排入建筑小区雨水管道或市政雨水管道。

第 6 款 根据现行行业标准《科学建筑设计标准》JGJ 91—2019 规定，实验室含有害和有毒物质的污水应与生活污水及其他废水废液分开排水；对较纯的溶剂废液或贵重的试剂宜经技术经济比较合理时回收利用；对放射性同位素实验室应将长衰减期与短衰减期的废水分流处理。

4.2.5 建筑中水原水收集管道应单独设置，且应符合现行国家标准《建筑中水设计标准》GB 50336 的要求。

【释义与实施要点】

现行国家标准《建筑中水设计标准》GB 50336—2018 规定："建筑物中水宜采用原水污、废水分流，中水专供的完全分流系统"。

4.3 卫生器具、地漏及存水弯

4.3.1 卫生器具的材质和技术要求，均应符合国家现行标准《卫生陶瓷》GB 6952 和《非陶瓷类卫生洁具》JC/T 2116 的规定。

【释义与实施要点】

卫生器具的材质区分在吸水率。吸水率≤0.5% 的有釉陶瓷为瓷质陶瓷；8.0% ≤吸水率<15.0%的有釉陶瓷为陶质卫生陶瓷。坐便器、洗面盆、小便器、洗涤盆等应采用瓷质陶瓷，污垢不易附着在表面；对于冲洗水箱、小件卫生陶瓷等宜采用陶质卫生陶瓷。非陶瓷类卫生洁具指材质为亚克力（玻璃纤维增强塑料）和人造石，吸水率≤0.5 %。一般适用于洗面盆、浴盆、洗涤盆、淋浴盆、冲洗水箱等。

卫生器具构造内有存水弯的水封深度不小于 50mm，大便器冲洗后水封损失应能自动补水复位至不小于 50mm；能将 100 个固体小球冲净并在排水管道内输送至 12m 以外距离；小便器冲水稀释率不低于 100。

4.3.2 大便器的选用应根据使用对象、设置场所、建筑标准等因素确定，且均应选用节水型大便器。

【释义与实施要点】

在各类建筑设计标准中都有对卫生器具设置要求的规定，但在卫生器具中，大便器是卫生条件、节水效果最关注的器具，为迅速将便溺排走，必须有足够的冲洗水量和冲洗强度，国家标准《坐便器水效限定值及水效等级》GB 25502—2017的规定见表13。

表13 坐便器水效等级指标

坐便器水效等级	坐便器平均用水量（L）	双冲坐便器全冲用水量（L）
1级	4.0	5.0
2级	5.0	6.0
3级	6.4	8.0

注：每个水效等级中双冲坐便器的半冲平均用水量不大于其全冲用水量最大限定值的70%。

现行行业标准《节水型生活用水器具》CJ/T 164—2014的规定见表14。

表14 坐便器用水量分级

用水量等级	用水量（L）
1级	4.0
2级	5.0

按现行国家标准《卫生陶瓷》GB 6952—2015用塑料小球测试均合格。

而现实的大便具有黏性，挂壁现象十分普遍，一次冲不净，需要再冲一次，甚至n次。结果用水量反而增加，浪费了宝贵的水资源。这与大便器的构造有很大关系，根据国外文献记载，经专家对各类大便器从清洁、节水、噪声等方面进行测评，最终喷射虹吸式坐便器胜出。该类坐便器具有存水面大而深、便条不会挂壁触底、一次冲净、冲水量≤6L的优点，是名副其实的节水型坐便器。对于冲洗水量过小的大便器，如1L水或1杯水冲洗量的大便器，国外一般用于僻远的无生活污水排水系统的农村或山区独栋住宅，生活污水直接排入贮粪池。

4.3.3 卫生器具的安装高度可按表4.3.3确定。

表4.3.3 卫生器具的安装高度

序号	卫生器具名称	卫生器具边缘离地高度（mm）	
		居住和公共建筑	幼儿园
1	架空式污水盆（池）（至上边缘）	800	800
2	落地式污水盆（池）（至上边缘）	500	500
3	洗涤盆（池）（至上边缘）	800	800
4	洗手盆（至上边缘）	800	500
5	洗脸盆（至上边缘）	800	500
	残障人用洗脸盆（至上边缘）	800	—
6	盥洗槽（至上边缘）	800	500

续表 4.3.3

<table>
<tr><th rowspan="2">序号</th><th colspan="2" rowspan="2">卫生器具名称</th><th colspan="2">卫生器具边缘离地高度（mm）</th></tr>
<tr><th>居住和公共建筑</th><th>幼儿园</th></tr>
<tr><td rowspan="4">7</td><td colspan="2">浴盆（至上边缘）</td><td>480</td><td>—</td></tr>
<tr><td colspan="2">残障人用浴盆（至上边缘）</td><td>450</td><td>—</td></tr>
<tr><td colspan="2">按摩浴盆（至上边缘）</td><td>450</td><td>—</td></tr>
<tr><td colspan="2">淋浴盆（至上边缘）</td><td>100</td><td>—</td></tr>
<tr><td>8</td><td colspan="2">蹲、坐式大便器（从台阶面至高水箱底）</td><td>1800</td><td>1800</td></tr>
<tr><td>9</td><td colspan="2">蹲式大便器（从台阶面至低水箱底）</td><td>900</td><td>900</td></tr>
<tr><td rowspan="4">10</td><td rowspan="4">坐式大便器
（至低水箱底）</td><td>外露排出管式</td><td>510</td><td>—</td></tr>
<tr><td>虹吸喷射式</td><td>470</td><td>—</td></tr>
<tr><td>冲落式</td><td>510</td><td>270</td></tr>
<tr><td>旋涡连体式</td><td>250</td><td>—</td></tr>
<tr><td rowspan="3">11</td><td rowspan="3">坐式大便器
（至上边缘）</td><td>外露排出管式</td><td>400</td><td>—</td></tr>
<tr><td>旋涡连体式</td><td>360</td><td>—</td></tr>
<tr><td>残障人用</td><td>450</td><td>—</td></tr>
<tr><td rowspan="2">12</td><td rowspan="2">蹲便器
（至上边缘）</td><td>2 踏步</td><td>320</td><td>—</td></tr>
<tr><td>1 踏步</td><td>200～270</td><td>—</td></tr>
<tr><td>13</td><td colspan="2">大便槽（从台阶面至冲洗水箱底）</td><td>≥2000</td><td>—</td></tr>
<tr><td>14</td><td colspan="2">立式小便器（至受水部分上边缘）</td><td>100</td><td>—</td></tr>
<tr><td>15</td><td colspan="2">挂式小便器（至受水部分上边缘）</td><td>600</td><td>450</td></tr>
<tr><td>16</td><td colspan="2">小便槽（至台阶面）</td><td>200</td><td>150</td></tr>
<tr><td>17</td><td colspan="2">化验盆（至上边缘）</td><td>800</td><td>—</td></tr>
<tr><td>18</td><td colspan="2">净身器（至上边缘）</td><td>360</td><td>—</td></tr>
<tr><td>19</td><td colspan="2">饮水器（至上边缘）</td><td>1000</td><td>—</td></tr>
</table>

【释义与实施要点】

本条规定应与本标准第 4.7.7 条设置通气管的条文配套执行。本标准第 4.7.7 条确定了器具通气管、环形通气管、结合通气管应在卫生器具上边缘 0.15m 与通气立管连接。

4.3.4 地漏的构造和性能应符合现行行业标准《地漏》CJ/T 186 的规定。

【释义与实施要点】

地漏是建筑排水系统中最薄弱的部件，容易因蒸发干涸或受排水管道内气压波动而丧失水封，导致排水管道内有害气体窜入室内，污染环境，对人们的身心健康造成危害。

我国地漏产品标准有国家标准《地漏》GB/T 27710—2011，还有行业标准《地漏》CJ/T 186—2018，行业标准《地漏》CJ/T 186—2018 在原 2003 版的基础上进行了大量的测试验证工作，吸纳了国内市场上信誉较好的地漏产品的有关技术；增加了注水地漏、防虹吸地漏、大流量专用地漏的技术要求与检测方法；调整了地漏最小排水流量；增加了有水封地漏的最小水封容积和水封比不小于 1 的技术要求等。

所以在工程设计中选择按行业标准《地漏》CJ/T 186—2018 检测并合格的地漏产品。

4.3.5 地漏应设置在有设备和地面排水的下列场所：

1 卫生间、盥洗室、淋浴间、开水间；

2 在洗衣机、直饮水设备、开水器等设备的附近；

3 食堂、餐饮业厨房间。

【释义与实施要点】

“地漏”顾名思义是排除地面积水或同时接纳器具、设备排水的装置。在条文所列场所从地面排水可能性较大，设置地漏是必要的。随着地漏品种的开发，总能配置到适合工程的地漏。

直饮水设备系指将生活饮用水管网的水经水质深度处理成直饮水的水处理装置，装置中有定期反冲洗水自动排出。

4.3.6 地漏的选择应符合下列规定：

1 食堂、厨房和公共浴室等排水宜设置网筐式地漏；

2 不经常排水的场所设置地漏时，应采用密闭地漏；

3 事故排水地漏不宜设水封，连接地漏的排水管道应采用间接排水；

4 设备排水应采用直通式地漏；

5 地下车库如有消防排水时，宜设置大流量专用地漏。

【释义与实施要点】

食堂、厨房带有菜皮等厨余垃圾的排水，其特点是量多块大。公共浴室排水带有毛巾、头罩、肥皂、塑料洗浴洗发露小瓶等，宜采用网筐式地漏收集清理。

一些涉水的设备正常运行情况下不排水，在检修时需要从地面排水，宜采用密闭地漏，目前市场上密闭地漏有用工具动手打开的也有脚踩的可供选择。

对于管道井、设备技术层的事故排水由于非频发性，建议设置无水封直通式地漏，连接地漏的管道末端采取间接排水。

设备排水应采用不带水封的直通式两用地漏，这种地漏箅子既有设备排水插口也有地面排水孔。地漏与排水管道连接应设存水弯，这种配置排水阻力较小，排水量大。

大流量专用地漏具有地漏箅子开孔面积大、接纳排水流量大的特点，并允许设置地漏处有一定淹没深度，适用于地下车库消防排水。

4.3.7 地漏应设置在易溅水的器具或冲洗水嘴附近，且应在地面的最低处。

【释义与实施要点】

此条是根据地面积水按重力排水原则以最短的线路排入地漏确定地漏设置位置。地漏应布置在避开人员站立的位置，现行国家建筑标准设计图集《建筑排水设备附件选用安装》04S301、《卫生设备安装》09S304、《住宅厨、卫给水排水管道安装》14S307 都已表达得很清楚。

4.3.8 地漏泄水能力应根据地漏规格、结构和排水横支管的设置坡度等经测试确定。当无实测资料时，可按表 4.3.8 确定。

表 4.3.8 地漏泄水能力

地漏规格			DN50	DN75	DN100	DN150
用于地面排水（L/s）	普通地漏	积水深 15mm	0.8	1.0	1.9	4.0
	大流量地漏	积水深 15mm	—	1.2	2.1	4.3
		积水深 50mm	—	2.4	5.0	10.0
用于设备排水（L/s）			1.2	2.5	7.0	18.0

【释义与实施要点】

表 4.3.8 中地漏用于地面排水时的泄流量的数据摘自国家现行行业标准《地漏》CJ/T 186—2018 中的地漏最小排水流量。地漏用于设备排水是指设备排水不从地面排入地漏而是采用软管插入直通式地漏的方式，其数据系根据地漏接入的排水横支管在标准坡度和充满度时的排水流量。对于大流量排水的设备，地漏应设置在排水沟内，以避免造成地面积水。

4.3.9 淋浴室内地漏的排水负荷，可按表 4.3.9 确定。当用排水沟排水时，8 个淋浴器可设置 1 个直径为 100mm 的地漏。

表 4.3.9 淋浴室地漏管径

淋浴器数量（个）	地漏管径（mm）
1～2	50
3	75
4～5	100

【释义与实施要点】

本表中为公共淋浴室（房）淋浴器排水量，系按现行国家标准《卫生洁具　淋浴用花洒》GB/T 23447—2009 规定的最大流量 0.15L/s～0.20L/s，且同时使用率为 100%确定。

4.3.10 下列设施与生活污水管道或其他可能产生有害气体的排水管道连接时，必须在排水口以下设存水弯：

1 构造内无存水弯的卫生器具或无水封的地漏；

2 其他设备的排水口或排水沟的排水口。

【释义与实施要点】

本规定是建筑给水排水设计安全卫生的重要保证，必须严格执行。

排水管道运行状况证明，存水弯、水封盒、水封井等水封装置能有效地隔断排水管道内的有害有毒气体窜入室内，从而保证室内环境卫生，保障人民身心健康，防止中毒窒息事故发生。

4.3.11 水封装置的水封深度不得小于 50mm，严禁采用活动机械活瓣替代水封，严禁采用钟式结构地漏。

【释义与实施要点】

存水弯水封必须保证一定深度，考虑到水封蒸发损失、自虹吸损失以及管道内气压波动损失等因素，国外规范均规定卫生器具存水弯水封深度为50mm～100mm。

水封深度不得小于50mm的规定是依据国际上对污水、废水、通气的重力排水管道系统（DWV）排水管内压力波动不至于把存水弯水封破坏的要求。在同层排水工程中发现为了减小降低楼板高度以活动的机械活瓣替代水封的事例，这是十分危险的做法，一是活动的机械活瓣寿命问题，二是排水中杂物卡堵问题。据国家住宅与居住环境工程研究中心烟雾测试证明，活动的机械活瓣保证不了"可靠密封"，为此以活动的机械活瓣替代水封的做法应予禁止。钟罩（扣碗）式地漏具有水力条件差、易淤积堵塞等弊端，为清通钟罩（扣碗）而移位其位置，导致水封丧尽，下水道有害气体窜入室内，污染环境、损害健康，此类现象十分普遍，百姓受害匪浅，应予禁用。

4.3.12 医疗卫生机构内门诊、病房、化验室、试验室等不在同一房间内的卫生器具不得共用存水弯。

【释义与实施要点】

本条规定的目的是防止两个不同病区或医疗室的空气通过器具排水管的连接互相串通，以致可能产生病菌传染。

4.3.13 卫生器具排水管段上不得重复设置水封。

【释义与实施要点】

双水封会形成气塞，造成气阻现象，排水不畅且产生排水噪声。如在卫生器具排水管段上设置了水封，又在排出管上加装水封，卫生器具排水时，会产生气泡破裂噪声，在底层卫生器具产生冒泡、泛溢、水封破坏等现象。

4.4 管道布置和敷设

4.4.1 室内排水管道布置应符合下列规定：

1 自卫生器具排至室外检查井的距离应最短，管道转弯应最少；

2 排水立管宜靠近排水量最大或水质最差的排水点；

3 排水管道不得敷设在食品和贵重商品仓库、通风小室、电气机房和电梯机房内；

4 排水管道不得穿过变形缝、烟道和风道；当排水管道必须穿过变形缝时，应采取相应技术措施；

5 排水埋地管道不得布置在可能受重物压坏处或穿越生产设备基础；

6 排水管、通气管不得穿越住户客厅、餐厅，排水立管不宜靠近与卧室相邻的内墙；

7 排水管道不宜穿越橱窗、壁柜，不得穿越贮藏室；

8 排水管道不应布置在易受机械撞击处；当不能避免时，应采取保护措施；

9 塑料排水管不应布置在热源附近；当不能避免，并导致管道表面受热温度大于60℃时，应采取隔热措施；塑料排水立管与家用灶具边净距不得小于0.4m；

10 当排水管道外表面可能结露时，应根据建筑物性质和使用要求，采取防结露措施。

【释义与实施要点】

本条第1款已在第4.1.2条阐述了。

本条第2款规定的目的是将排水量大、水质差的污水以最短路程排至室外，如粪便污水，所以排水立管应靠近大便器布置，这样排水系统形成从上游至下游的枝状布置。

本条第3款规定排水管道不得敷设在食品和贵重商品仓库、通风小室、电气机房和电梯机房内是从卫生安全角度考虑。

本条第4款针对目前不少建筑物体量越来越大，工程中建筑布局造成排水管道不可避免穿越变形缝的情况，对不可避免穿越变形缝留有余地。随着橡胶密封排水管材、管件的开发及产品上市，将这些配件优化组合可适应建筑变形、沉降的要求，但变形沉降后的排水管道不得造成平坡或倒坡。

本条第5款针对工业厂房内生活间排出的埋地管道，应与建筑、工艺专业协调，将生活间布置在车间的周边区域，以便排水管直接排至室外。

本条第6款中补充了排水管不得穿越住户客厅、餐厅的规定。客厅、餐厅也有卫生、安静要求。排水管、通气管穿越客厅、餐厅造成视觉和听觉污染的群众投诉案例时有发生，这是与建筑设计未协调好的缘故。

本条第7款提及的排水管道穿越橱窗问题，在商住两用楼（建筑底层是商铺，楼上是住宅）中，北侧的厨房或卫生间的排水立管可能发生穿越橱窗问题，为此设置排水横干管接纳楼层排水立管是解决排水管道穿越橱窗的有效办法，但应与建筑专业协调解决排水横干管坡度造成底层商铺的层高问题。另外，条文中的贮藏室指的是当排水管道穿越若有漏水时，会造成对卫生健康不利或者对重要财产有损坏的那些贮藏室。

本条第8款排水管道易受机械撞击的情况一般发生在车间、库房内有装卸叉车，在搬运过程中容易对立柱边的排水立管发生碰撞，避免碰撞的措施是在布置管线时尽量把排水立管置于墙角隐蔽之处，当不能避免时，应采取结构性围护措施。

本条第9款是针对塑料排水管的规定。生活排水塑料管使用最多的是硬聚氯乙烯（PVC-U）管，其不具备耐热性能，维卡软化温度为79℃，在这个温度下塑料排水管将丧失强度而引起事故。最好的隔热措施是暗敷，其次是采用隔热材料包裹。塑料排水立管与家用灶具边的净距不得小于0.4m的规定是经实测，塑料排水立管外表面受辐射热累积温度不大于60℃的最小距离。

本条第10款排水管道外表面结露的现象一般发生在市政水源为地下水，排水管道设置在湿热的工作场所。排水横管表面的露珠与聚积的灰尘凝结水滴会对管线下方造成污染。

4.4.2 排水管道不得穿越下列场所：

1 卧室、客房、病房和宿舍等人员居住的房间；

2 生活饮用水池（箱）上方；

3 遇水会引起燃烧、爆炸的原料、产品和设备的上面；

4 食堂厨房和饮食业厨房的主副食操作、烹调和备餐的上方。

【释义与实施要点】

本条第1款，住宅的卧室、旅馆的客房、医院病房、宿舍等人员居住的房间，是卫生、安静要求最高的空间部位，故单列为强制性条文。排水管道、通气管不得穿越这些房间的任何部位，包括室内壁柜、吊顶。但室内埋地管道不受本条制约。

本条第2款规定的目的是防止生活饮用水水质因生活排水管道渗漏、结露滴漏而受到污染。

本条第3款中的遇水燃烧物质系指凡是能与水发生剧烈反应放出可燃气体，同时放出大量热量，使可燃气体温度猛升到自燃点，从而引起燃烧爆炸的物质。遇水燃烧物质按遇水或受潮后发生反应的强烈程度及其危害的大小，划分为两个级别。

一级遇水燃烧物质，与水或酸反应时速度快，能放出大量的易燃气体，热量大，极易引起自燃或爆炸。如锂、钠、钾、铷、锶、铯、钡等金属及其氢化物等。

二级遇水燃烧物质，与水或酸反应时的速度比较缓慢，放出的热量也比较少，产生的可燃气体，一般需要有水源接触，才能发生燃烧或爆炸。如金属钙、氢化铝、硼氢化钾、锌粉等。

在实际生产、储存与使用中，将遇水燃烧物质都归为甲类火灾危险品。

在储存危险品的仓库设计中，应避免将排水管道布置在上述危险品堆放区域的上方。

本条第4款针对排水横管可能渗漏和受厨房湿热空气影响，管外表易结露滴水，造成污染食品的安全卫生事故。因此，在设计方案阶段就应该与建筑专业协调，避免上层用水器具、设备机房布置在厨房间的主副食操作、烹调、备餐的上方。

本条规定的“上方”是正投影的上方。

4.4.3 住宅厨房间的废水不得与卫生间的污水合用一根立管。

【释义与实施要点】

本条参照现行国家标准《住宅建筑规范》GB 50368—2005的第8.2.7条编制。本条仅指厨房间废水不能接入卫生间生活污水立管，不含卫生间的废水立管、排出管以及转换层的排水干管。本条文规定的目的是防止卫生间的生活污水窜入厨房间废水管道或从厨房间洗涤盆中溢出。对于有中水回用的住宅建筑，卫生间的废水和厨房间的废水都属于优质杂排水，合流后作为中水的原水进行回收处理。

4.4.4 生活排水管道敷设应符合下列规定：

1 管道宜在地下或楼板填层中埋设，或在地面上、楼板下明设；

2 当建筑有要求时，可在管槽、管道井、管窿、管沟或吊顶、架空层内暗设，但应便于安装和检修；

3 在气温较高、全年不结冻的地区，管道可沿建筑物外墙敷设；

4 管道不应敷设在楼层结构层或结构柱内。

【释义与实施要点】

本条第1款、第2款规定了生活排水管道的基本敷设方式。生活排水管道敷设在楼层结构层或结构柱内如管道渗漏无法维修更换，同时生活污水会腐蚀损坏结构，影响结构安全。

4.4.5 当卫生间的排水支管要求不穿越楼板进入下层用户时，应设置成同层排水。

【释义与实施要点】

同层排水是排水横支管布置在建筑装饰层、楼板填层或室外墙面，器具排水管不穿越楼层的排水方式。

卫生间同层排水解决了上层住户排水管道渗漏、清通以及卫生器具排水噪声对下层住户的影响，已在新建住宅中推广应用。

4.4.6 同层排水形式应根据卫生间空间、卫生器具布置、室外环境气温等因素，经技术经济比较确定。住宅卫生间宜采用不降板同层排水。

【释义与实施要点】

同层排水形式基本上有两大类：降板同层排水和不降板同层排水。排水横支管有三种敷设方式：装饰墙、填层和室外墙面。在国家建筑标准设计图集《住宅卫生间同层排水系统安装》12S306 中有详细介绍。三种同层排水形式各有优缺点，要根据卫生间空间、卫生器具布置、室外环境气温等因素，经技术经济比较确定。经多年同层排水工程运行实践证明，排水横支管采用填层敷设方式易发生地面渗漏，填层积水成污水池，既污染了环境又影响结构安全，故推荐住宅卫生间采用不降板同层排水方式。室外墙面敷设排水横支管同层排水形式不涉及结构降板，但仅适合于常年不结冻的地区，且管道施工安装维修保养有一定的难度。在经济条件许可时，建议选择不降板的装饰墙同层排水方式。装饰墙同层排水具有卫生器具布置灵活、地面便于清洁等优点，卫生间可达到卫生、美观、整洁的效果。

4.4.7 同层排水设计应符合下列规定：

1 地漏设置应符合本标准第 4.3.4 条～第 4.3.9 条的规定；

2 排水管道管径、坡度和最大设计充满度应符合本标准第 4.5.5 条、第 4.5.6 条的规定；

3 器具排水横支管布置和设置标高不得造成排水滞留、地漏冒溢；

4 埋设于填层中的管道不宜采用橡胶圈密封接口。

【释义与实施要点】

本条规定了同层排水的设计原则。

第 1 款 同层排水不论采用什么形式，地漏设置是关键，其设置地漏空间有限，故应设置既能保证足够的水封深度（不小于 50mm），又有自清功能的地漏。可选用现行行业标准《地漏》CJ/T 186—2018 中的横向排出的“同层排水地漏”。

第 2 款 排水通畅是同层排水的核心，不论装饰墙同层排水还是降板同层排水，排水管道敷设空间有限，刻意地为少降板而放小坡度，甚至平坡，将会为日后管道埋下堵塞隐患，因此排水管管径、坡度、设计充满度均应符合本标准有关条文的规定。

第 3 款 卫生器具排水性能与其排水口至排水横支管之间落差有关，过小的落差会造成卫生器具排水滞留。如洗衣机排水排入地漏，地漏排水落差过小，则会产生泛溢；浴盆、淋浴盆排水落差过小，排水滞留积水。

第 4 款 埋设于填层中的管道接口应严密，不得渗漏且能经受时间考验，应推荐采用粘接和熔接的管道连接方式。胶圈密封在填层中受压变形易产生渗漏，同时在垫层中管道无需“可曲挠”。

另外，同层排水工程成功与否与地面防水处理关系密切，现有房屋钢筋混凝土结构都允许有微裂缝不防水。如同层排水的地面防水工程没有做好，其填层会变成污水池，严重污染环境，殃及楼下住户。故地坪的防水工程应严格执行现行行业标准《住宅室内防水工程技术规范》JGJ 298的规定，经验收合格的同层排水防水工程有可靠保证。不推荐在结构降板填层中设置排水系统，因为如有渗水，必能透气，有工程反映有臭气溢出。

4.4.8 室内排水管道的连接应符合下列规定：

1 卫生器具排水管与排水横支管垂直连接，宜采用90°斜三通；

2 横支管与立管连接，宜采用顺水三通或顺水四通和45°斜三通或45°斜四通；在特殊单立管系统中横支管与立管连接可采用特殊配件；

3 排水立管与排出管端部的连接，宜采用两个45°弯头、弯曲半径不小于4倍管径的90°弯头或90°变径弯头；

4 排水立管应避免在轴线偏置；当受条件限制时，宜用乙字管或两个45°弯头连接；

5 当排水支管、排水立管接入横干管时，应在横干管管顶或其两侧45°范围内采用45°斜三通接入；

6 横支管、横干管的管道变径处应管顶平接。

【释义与实施要点】

本条各款规定的目的是保证生活排水有良好的水力条件，防止污物淤堵，这是重力流管道连接的基本准则，保证生活污、废水由上游向下游输送。本条第5款是针对排水横支管接入排水横干管时，不能在一个水平面上连接，在工程中出现横支管淤堵而污水泛溢的事例不少。因此横支管应高于排水横干管。

4.4.9 粘接或热熔连接的塑料排水立管应根据其管道的伸缩量设置伸缩节，伸缩节宜设置在汇合配件处。排水横管应设置专用伸缩节。

【释义与实施要点】

塑料管道的热膨胀系数都比较大，是钢管的6倍。设置伸缩节是为了补偿由于热胀冷缩而产生的变形量，防止管材弯曲变形。

塑料排水立管上伸缩节设置在水流汇合配件（如三通、四通）附近，可使横支管或器具排水管不因为立管或横支管的伸缩而产生错向位移，配件处的剪切应力很小，甚至可以忽略不计，保证排水管道长期运行。

排水管道如采用橡胶密封配件连接时，配件每个接口均有可伸缩余量，故无须再设伸缩节。

排水横管伸缩节连接由于接口受力是垂直于管道轴线的，接口橡胶密封圈偏心受力，容易漏水，所以应采用螺纹压紧式接口的专用伸缩节。

埋地塑料管道受气温变化影响甚微可不设伸缩节。

4.4.10 金属排水管道穿楼板和防火墙的洞口间隙、套管间隙应采用防火材料封堵。塑料排水管设置阻火装置应符合下列规定：

1 当管道穿越防火墙时应在墙两侧管道上设置；

2 高层建筑中明设管径大于或等于 $dn110$ 排水立管穿越楼板时，应在楼板下侧管道上设置；

3 当排水管道穿管道井壁时，应在井壁外侧管道上设置。

【释义与实施要点】

现行国家标准《建筑设计防火规范》GB 50016—2014（2018 年版）第 6.1.6 条规定："除本规范第 6.1.5 条规定外的其他管道不宜穿过防火墙，确需穿过时，应采用防火封堵材料将墙与管道之间的空隙紧密填实……"；第 6.3.6 条："建筑内受高温或火焰作用易变形的管道，在贯穿楼板部位和穿越防火隔墙的两侧宜采取阻火措施"。

建筑塑料排水管属于受高温或火焰作用易变形的管道，穿越楼层设置阻火装置的目的是防止火灾蔓延。本条第 2 款规定塑料排水立管穿越楼板设置阻火装置的条件：①在高层建筑中的排水立管；②明设的，而非安装在管道井或管窿中的塑料排水立管；③塑料管的外径大于或等于 $dn110$。这三个前提条件必须同时存在。这是根据我国模拟火灾试验和塑料管道贯穿孔洞的防火封堵耐火试验成果确定的。由公安部上海消防研究所、上海市建筑科学研究院（集团）有限公司会同设计、施工、管道制造企业进行了建筑排水 PVC-U 火灾模拟测试。按住宅卫生间实样，分别以明设和在管窿内暗设两种方式安装了 $dn50$、$dn75$、$dn110$ 三种立管。经测试：管窿内暗设的立管未发生变异；明设管道唯有 $dn110$ 发生了软化变形。经研究分析，$dn110$ 辐射受热面积最大而软化，高层建筑扑救火灾难度大，明装 $dn110$ 塑料排水管易软化且变形大，火灾蔓延可能性大。

本条第 3 款的规定是依据现行国家标准《建筑设计防火规范》GB 50016—2014（2018 年版）对穿管道井壁防火分隔要求确定的。"管道井"是设有检修门，可进人或不进人的穿越管道的空间。而"管窿"是管道安装好后砌筑的不进人的围护空间，排水横支管接入立管穿越管窿壁处无需安装阻火圈。

塑料排水管采用的阻火圈应符合现行行业标准《塑料管道阻火圈》GA 304 的要求。阻火圈是一种安装在管道外壁的阻火装置，在金属外壳内嵌填受热会膨胀耐火材料，会将穿越楼板或隔墙的软化了的塑料排水管挤压而封堵，达到阻断火灾蔓延的目的，对于排水立管一般装在立管穿越楼板处的底部。

4.4.11 靠近生活排水立管底部的排水支管连接，应符合下列规定：

1 排水立管最低排水横支管与立管连接处距排水立管管底垂直距离不得小于表 4.4.11 的规定；

表 4.4.11 最低横支管与立管连接处至立管管底的最小垂直距离（m）

立管连接卫生器具的层数	垂直距离	
	仅设伸顶通气	设通气立管
≤4	0.45	按配件最小安装尺寸确定
5～6	0.75	
7～12	1.20	
13～19	底层单独排出	0.75
≥20		1.20

2 当排水支管连接在排出管或排水横干管上时，连接点距立管底部下游水平距离不得小于1.5m；

3 排水支管接入横干管竖直转向管段时，连接点应距转向处以下不得小于0.6m；

4 下列情况下底层排水横支管应单独排至室外检查井或采取有效的防反压措施：

1）当靠近排水立管底部的排水支管的连接不能满足本条第1款、第2款的要求时；

2）在距排水立管底部1.5m距离之内的排出管、排水横管有90°水平转弯管段时。

【释义与实施要点】

国内外的科研测试证明，污水立管的水流流速大，而污水排出管的水流流速小，在立管底部管道内产生正压值，这个正压区能使靠近立管底部的卫生器具内的水封遭受破坏，卫生器具内发生冒泡、泛溢现象，在许多工程中都出现过上述情况，严重影响使用。立管底部的正压值与立管的高度、排水立管通气状况和排出管的阻力有关。为此，连接在立管上的最低横支管或连接在排出管、排水横干管上的排水支管应与立管底部保持一定的距离，表4.4.11是参照国外规范数据并结合我国工程设计实践确定的。最低横支管单独排出是解决立管底部造成正压影响最低层卫生器具使用的最有效的方法。另外，最低横支管单独排出时，其排水能力受本标准第4.7.1条的制约。

第2款只规定排水支管连接在排出管或排水横干管上时，连接点距立管底部下游水平距离最低要求。对于排水支管与排出管或排水横干管的连接在工程设计中往往只关注连接点距立管底部下游水平距离不小于1.5m的规定，忽视了本标准第4.4.8条第5款的规定，结果仍出现卫生器具返溢。

第3款横干管竖直转向管段处是负压区，如排水支管接入该区域，容易造成横支管连接的卫生器具水封被负压破坏。

第4款第2）项系新增内容。根据对排水立管通水能力测试，在排出管上距立管底部1.5m范围内的管段如有90°拐弯时增加了排出管的阻力，有一个水跃段，无论伸顶通气还是设有专用通气立管均在排水立管底部产生较大反压，在这个管段内不应再接入支管，故排出管宜径直排至室外检查井。

立管底部防反压措施有：立管底部减小局部阻力，如采用本标准第4.4.8条第3款的连接管件和放大排出管坡度；设有专用通气立管的排水系统可按本标准第4.7.7条第3款将专用通气立管的底部与排出管相连，释放正压；或底层排水横支管接在90°拐弯后的排出管管段上。盲目放大排出管管径，虽能降低立管底部反压，但可能造成排出管流速降低而产生淤堵。

4.4.12 **下列构筑物和设备的排水管与生活排水管道系统应采取间接排水的方式：**

1 **生活饮用水贮水箱（池）的泄水管和溢流管；**

2 **开水器、热水器排水；**

3 **医疗灭菌消毒设备的排水；**

4 **蒸发式冷却器、空调设备冷凝水的排水；**

5 **贮存食品或饮料的冷藏库房的地面排水和冷风机溶霜水盘的排水。**

【释义与实施要点】

本条为强制性条文，必须严格执行。本条参阅美国、日本规范并结合我国国情的要求对采取间接排水的设备或容器作了规定。所谓间接排水，即卫生设备或容器排出管与排水管道不直接连接，这样卫生器具或容器与排水管道系统不但有存水弯隔气，而且还有一段空气间隙。在存水弯水封可能被破坏的情况下，卫生设备或容器与排水管道也不至于连通，而使污浊气体进入卫生设备或容器。采取这类安全卫生措施，主要针对贮存饮用水、饮料和食品等卫生要求高的设备或容器的排水。空调机冷凝水排水虽排至雨水系统，但雨水系统也存在有害气体和臭气，排水管道直接与雨水检查井连接，造成臭气窜入卧室，污染室内空气的工程事例不少。

4.4.13 设备间接排水宜排入邻近的洗涤盆、地漏。当无条件时，可设置排水明沟、排水漏斗或容器。间接排水的漏斗或容器不得产生溅水、溢流，并应布置在容易检查、清洁的位置。

【释义与实施要点】

间接排水的设备排水一般为较洁净的废水，因此也可以排入洗涤盆、地漏和明沟等。

4.4.14 间接排水口最小空气间隙，应按表 4.4.14 确定。

表 4.4.14 间接排水口最小空气间隙（mm）

间接排水管管径	排水口最小空气间隙
≤25	50
32～50	100
>50	150
饮料用贮水箱排水口	≥150

【释义与实施要点】

间接排水口最小空气间隙是指设备排水管口至接纳排水的喇叭口、容器溢流面、明沟面、地面之间的垂直距离。表 4.4.14 中的数据摘自国外规范。

4.4.15 室内生活废水在下列情况下，宜采用有盖的排水沟排除：

1 废水中含有大量悬浮物或沉淀物需经常冲洗；

2 设备排水支管很多，用管道连接有困难；

3 设备排水点的位置不固定；

4 地面需要经常冲洗。

【释义与实施要点】

本条规定了室内设置排水沟的条件。一般在公共浴室、餐饮业厨房、职工及学生食堂、大型超市及菜市场、大型洗衣房、车库等设置排水沟排水。

4.4.16 当废水中可能夹带纤维或有大块物体时，应在排水沟与排水管道连接处设置格栅或带网筐地漏。

【释义与实施要点】

排水沟排水与洗涤器具排水不同之处在于洗涤器具在排水口处都有拦截纤维或大块物体的箅子，而排入生活废水排水沟中的水中各式各样的杂物都有，容易堵塞排水管道，所以设置格栅或带网筐地漏十分必要。

4.4.17 室内生活废水排水沟与室外生活污水管道连接处，应设水封装置。

【释义与实施要点】

本条为强制性条文，必须严格执行。室内排水沟与室外排水管道连接，往往忽视隔绝室外排水管道中有害有毒气体通过明沟窜入室内，污染室内环境卫生。有效的隔绝方法，就是沟内设置带水封的地漏或室外设置水封井。对于不经常排水的地面排水沟地漏应采取防水封干涸的措施，一般根据气候条件采取定时向排水沟排水（补水）方法。

4.4.18 排水管穿越地下室外墙或地下构筑物的墙壁处，应采取防水措施。

【释义与实施要点】

排水管穿越地下室外墙或地下构筑物的墙壁处应设置防水套管，国家建筑标准设计图集《防水套管》02S404 详细说明了防水套管的特点、选用方法、加工、防腐、安装等。

4.4.19 当建筑物沉降可能导致排出管倒坡时，应采取防倒坡措施。

【释义与实施要点】

由于房屋沉降造成排出管倒坡，污水从地漏和大便器冒泡、泛溢的群众投诉事例并不少见。建筑物的沉降与地基基础和上部结构有关，一般在结构封顶后才进行排出管的施工敷设。结构封顶后要经历数年甚至更长时间才能达到最终沉降量，因此排出管的坡度设计应附加该房屋建筑的初始沉降量与最终沉降量之差值，使房屋建筑沉降后排出管不至于形成平坡或倒坡。

4.4.20 排水管道在穿越楼层设套管且立管底部架空时，应在立管底部设支墩或其他固定措施。地下室立管与排水横管转弯处也应设置支墩或固定措施。

【释义与实施要点】

本条规定排水立管底部架空设置支墩等固定措施。第一种情况下由于金属排水立管穿越楼板设套管，属于非固定支承，层间支承也属于活动支承，管道有相当重量作用于立管底部，故必须坚固支承。第二种情况塑料排水立管虽每层楼板处固定支承，但在地下室立管与排水横管 90°转弯，属于悬臂管道，立管中污水下落在底部水流方向改变，产生冲击和横向分力，造成抖动，故需支承固定。立管与排水横干管三通连接或立管靠外墙内侧敷设，排出管悬臂段很短或在地下室结构梁底吊装时，则不必支承。

4.5 排水管道水力计算

4.5.1 卫生器具排水的流量、当量和排水管的管径应按表 4.5.1 确定。

表 4.5.1 卫生器具排水的流量、当量和排水管的管径

序号	卫生器具名称		排水流量(L/s)	当量	排水管管径(mm)
1	洗涤盆、污水盆(池)		0.33	1.00	50
2	餐厅、厨房洗菜盆(池)	单格洗涤盆(池)	0.67	2.00	50
		双格洗涤盆(池)	1.00	3.00	50
3	盥洗槽(每个水嘴)		0.33	1.00	50～75
4	洗手盆		0.10	0.30	32～50
5	洗脸盆		0.25	0.75	32～50
6	浴盆		1.00	3.00	50
7	淋浴器		0.15	0.45	50
8	大便器	冲洗水箱	1.50	4.50	100
		自闭式冲洗阀	1.20	3.60	100
9	医用倒便器		1.50	4.50	100
10	小便器	自闭式冲洗阀	0.10	0.30	40～50
		感应式冲洗阀	0.10	0.30	40～50
11	大便槽	≤4 个蹲位	2.50	7.50	100
		>4 个蹲位	3.00	9.00	150
12	小便槽(每米长)	自动冲洗水箱	0.17	0.50	—
13	化验盆(无塞)		0.20	0.60	40～50
14	净身器		0.10	0.30	40～50
15	饮水器		0.05	0.15	25～50
16	家用洗衣机		0.50	1.50	50

注：家用洗衣机下排水软管直径为 30mm，上排水软管内径为 19mm。

【释义与实施要点】

表 4.5.1 是建筑生活排水管道设计的基础数据。排水当量是以洗涤盆排水流量 0.33L/s 为 1 个当量，其他卫生器具排水流量与它的比值即为该卫生器具的排水当量。

4.5.2 住宅、宿舍(居室内设卫生间)、旅馆、宾馆、酒店式公寓、医院、疗养院、幼儿园、养老院、办公楼、商场、图书馆、书店、客运中心、航站楼、会展中心、中小学教学楼、食堂或营业餐厅等建筑生活排水管道设计秒流量，应按下式计算：

$$q_p = 0.12\alpha\sqrt{N_p} + q_{max} \quad (4.5.2)$$

式中：q_p——计算管段排水设计秒流量(L/s)；

N_p——计算管段的卫生器具排水当量总数；

α——根据建筑物用途而定的系数，按表 4.5.2 确定；

q_{max}——计算管段上最大一个卫生器具的排水流量（L/s）。

表 4.5.2 根据建筑物用途而定的系数 α 值

建筑物名称	住宅、宿舍（居室内设卫生间）、宾馆、酒店式公寓、医院、疗养院、幼儿园、养老院的卫生间	旅馆和其他公共建筑的盥洗室和厕所间
α 值	1.5	2.0～2.5

当计算所得流量值大于该管段上按卫生器具排水流量累加值时，应按卫生器具排水流量累加值计。

【释义与实施要点】

式（4.5.2）适用于器具排水疏散型的建筑排水管道设计秒流量计算，但即使在器具排水疏散型的建筑中也有差异，体现在表 4.5.2 中 α 值不同，表中“其他公共建筑”是指办公楼、商场、图书馆、书店、客运中心、航站楼、会展中心、中小学教学楼、食堂或营业餐厅等建筑，其公共卫生间的卫生器具使用人数多而频繁。

4.5.3 宿舍（设公用盥洗卫生间）、工业企业生活间、公共浴室、洗衣房、职工食堂或营业餐厅的厨房、实验室、影剧院、体育场（馆）等建筑的生活排水管道设计秒流量，应按下式计算：

$$q_p = \Sigma q_{po} n_o b_p \tag{4.5.3}$$

式中：q_{po}——同类型的一个卫生器具排水流量（L/s）；

n_o——同类型卫生器具数；

b_p——卫生器具的同时排水百分数，按本标准第 3.7.8 条的规定采用。冲洗水箱大便器的同时排水百分数应按 12%计算。

当计算值小于一个大便器排水流量时，应按一个大便器的排水流量计算。

【释义与实施要点】

式（4.5.3）适用于器具排水密集型的建筑排水管道设计秒流量计算。其中“卫生器具的同时排水百分数”采用卫生器具的同时给水百分数。对于冲洗水箱大便器由于冲洗水箱补水时间长，而冲洗时为瞬时排水，所以单独规定按 12%计算。

4.5.4 排水横管的水力计算，应按下列公式计算：

$$q_p = A \cdot v \tag{4.5.4-1}$$

$$v = \frac{1}{n} R^{2/3} I^{1/2} \tag{4.5.4-2}$$

式中：A——管道在设计充满度的过水断面（m^2）；

v——速度（m/s）；

R——水力半径（m）；

I——水力坡度，采用排水管的坡度；

n——管渠粗糙系数，塑料管取 0.009、铸铁管取 0.013、钢管取 0.012。

【释义与实施要点】

式（4.5.4-1）和式（4.5.4-2）是非满管重力流曼宁经典公式。适用于水流较平稳的横管水力计算。

4.5.5 建筑物内生活排水铸铁管道的最小坡度和最大设计充满度，宜按表4.5.5确定。节水型大便器的横支管应按表4.5.5中通用坡度确定。

表4.5.5 建筑物内生活排水铸铁管道的最小坡度和最大设计充满度

管径（mm）	通用坡度	最小坡度	最大设计充满度
50	0.035	0.025	0.5
75	0.025	0.015	
100	0.020	0.012	
125	0.015	0.010	
150	0.010	0.007	0.6
200	0.008	0.005	

【释义与实施要点】

表4.5.5中的设计参数均适用于铸铁排水横支管和横干管的水力计算，其中节水型大便器的铸铁排水横支管由于冲洗水量减少，必须适当加大坡度，故采用表中通用坡度。

4.5.6 建筑排水塑料横管的坡度、设计充满度应符合下列规定：

1 排水横支管的标准坡度应为0.026，最大设计充满度应为0.5；

2 排水横干管的最小坡度、通用坡度和最大设计充满度应按表4.5.6确定。

表4.5.6 建筑排水塑料管排水横管的最小坡度、通用坡度和最大设计充满度

外径（mm）	通用坡度	最小坡度	最大设计充满度
110	0.012	0.0040	0.5
125	0.010	0.0035	
160	0.007	0.0030	0.6
200	0.005		
250			
315			

注：胶圈密封接口的塑料排水横支管可调整为通用坡度。

【释义与实施要点】

按国家标准或行业标准生产的建筑排水塑料管件，其三通汇合管件的夹角为88.5°，折合成排水横支管的设计坡度为0.026。

4.5.7 生活排水立管的最大设计排水能力，应符合下列规定：

1 生活排水系统立管当采用建筑排水光壁管管材和管件时，应按表4.5.7确定。

表4.5.7 生活排水立管最大设计排水能力

<table>
<tr><th colspan="3" rowspan="3">排水立管系统类型</th><th colspan="4">最大设计排水能力（L/s）</th></tr>
<tr><th colspan="4">排水立管管径（mm）</th></tr>
<tr><th colspan="2">75</th><th>100（110）</th><th>150（160）</th></tr>
<tr><td colspan="3" rowspan="2">伸顶通气</td><td>厨房</td><td>1.00</td><td rowspan="2">4.0</td><td rowspan="2">6.40</td></tr>
<tr><td>卫生间</td><td>2.00</td></tr>
<tr><td rowspan="4">专用通气</td><td rowspan="2">专用通气管75mm</td><td>结合通气管每层连接</td><td colspan="2" rowspan="7">—</td><td>6.30</td><td rowspan="7">—</td></tr>
<tr><td>结合通气管隔层连接</td><td>5.20</td></tr>
<tr><td rowspan="2">专用通气管100mm</td><td>结合通气管每层连接</td><td>10.00</td></tr>
<tr><td>结合通气管隔层连接</td><td>8.00</td></tr>
<tr><td colspan="3">主通气立管＋环形通气管</td><td>8.00</td></tr>
<tr><td rowspan="2">自循环通气</td><td colspan="2">专用通气形式</td><td>4.40</td></tr>
<tr><td colspan="2">环形通气形式</td><td>5.90</td></tr>
</table>

2 生活排水系统立管当采用特殊单立管管材及配件时，应根据现行行业标准《住宅生活排水系统立管排水能力测试标准》CJJ/T 245所规定的瞬间流量法进行测试，并以±400Pa为判定标准确定。

3 当在50m及以下测试塔测试时，除苏维脱排水单立管外其他特殊单立管应用于排水层数在15层及15层以上时，其立管最大设计排水能力的测试值应乘以系数0.9。

【释义与实施要点】

本条第1款生活排水立管最大设计排水能力表中数据系根据万科试验塔，采用建筑排水直壁管材和管件，按立管垂直状态下（根据立管每层偏置的排水系统测试，其通水能力均大于立管垂直状态下的排水能力）采用瞬间流测试方法，取得立管允许压力波动不大于±400Pa的数据基础上编制而成。其中伸顶通气*dn*75管径的排水能力考虑工程实际运行情况适当进行调整而成。自循环通气立管排水能力按同济大学测试平台数据确定。

对于铸铁排水立管的最大设计排水能力，在万科试验塔上对*DN*150铸铁排水管和*dn*160塑料排水管进行对比测试显示，铸铁排水立管的最大设计排水能力是塑料排水立管的1.14倍，这是由于新的铸铁排水管的粗糙度（0.013）比塑料管（0.009）大，污水下落的速度相对慢。污水在立管内下落速度达3m/s以上，按水射提升器原理，水流速度愈大对横支管产生的负压愈大。塑料管较光滑，流速大，产生的负压稍大。但在工程正常运行后，由于排水管中污水含有机物，流通空气，不论铸铁排水管还是塑料排水管，都会在管道内壁滋生生物膜，滑腻生物膜表面更接近于塑料表面，故铸铁排水立管的最大设计排水能力沿用塑料排水立管的测试数据是安全的。

设有通气管道系统的*dn*125立管排水系统测试其通水能力小于相对应的*dn*110立管排水系统的通水能力，且*dn*125管材及配件市场供应短缺，故表4.5.7中*dn*125规格空缺。当设有通气管道系统的*dn*110立管排水系统超出表4.5.7的规定值时，可增设排水立管或设置器具通气管，也可对设有通气管道系统的*dn*160立管排水系统进行测试作为设计依据。

设有副通气立管的排水立管系统，由于副通气立管与排水立管之间没有通气管道相连，其最大设计排水能力可参照仅设置伸顶通气的排水立管系统通水能力。

本条第2款系针对特殊配件单立管如苏维脱、旋流器、加强型旋流器等。由于产品品种繁多又无统一的产品标准，管道与配件组成系统层出不穷。经初步测试，其通水能力差异很大，为此规定用于工程设计的特殊配件单立管产品必须通过测试确定其最大通水能力。测试机构应为具备政府行政部门认可检测资质的第三方公益机构、省部级重点实验室、科研院所，以保证公正公平、科学合理，其测试数据可作为设计依据。

瞬间流测试方法符合我国民众用水习惯和生活排水管道实际运行工况，通过对高层建筑排水立管实际运行工况测试并进行数据分析可知，生活排水呈现瞬间流的特征。

按瞬间流对不同卫生器具水封影响的试验研究表明，以±400Pa为判定标准时，卫生器具水封损失值均不大于25mm。

本条第3款系根据测试成果显示：无通气立管的单立管和特殊配件单立管的通水能力与排水立管高度有关，确定安全系数0.9。苏维脱配件内的通气通道具有平衡气压功能，测试证明其通水能力不受排水立管高度影响。

在超高层测试塔的测试值已反映了立管高度对排水能力的影响，所以不再乘以系数0.9。

随着排水系统创新产品和新技术不断涌现，只要按本条第2款的规定，则其测试报告可作为工程设计的依据。

4.5.8 大便器排水管最小管径不得小于100 mm。

【释义与实施要点】

按现行国家标准《卫生陶瓷》GB 6952的规定，大便器排出口的尺寸是与其连接的 *dn*110管道（铸铁管为 *DN*100）相配套的。

4.5.9 建筑物内排出管最小管径不得小于50mm。

【释义与实施要点】

建筑排水塑料管小于 *dn*50的如 *dn*32和 *dn*40管，一般用于卫生器具的排水管，如与洗手槽、洗脸盆、化验盆等连接的排水管。而排出管是连接室内排水管与室外检查井的排水横管，从排水通畅和方便清通考虑，规定排出管最小管径不得小于50mm。

4.5.10 多层住宅厨房间的立管管径不宜小于75mm。

【释义与实施要点】

住宅厨房间的横支管虽然不大于 *dn*50，但厨房的排水中含有厨余垃圾及油脂容易堵塞管道，适当放大管径是必要的。

4.5.11 单根排水立管的排出管宜与排水立管相同管径。

【释义与实施要点】

排出管放大管径的设计源于日本采用定常流对特殊单立管的测试成果，测试表明立管底部在排出管段产生明显水跃现象，为了消除水跃带来的不利影响，立管底配置大曲率半径的变径弯头，放大了排出管管径。但根据我国同济大学测试平台和东莞万科测试平台对排水立管装置进行瞬间流排水测试显示，立管底部没有明显水跃现象，排出管放大管径后对底部正压改善甚微。盲目放大排出管的管径适得其反，减小管道内水流充满度，达不到自清流速，污物易淤积而造成堵塞，工程也有反馈排出管放大后淤堵的事故。故推荐排出管与立管同径。

4.5.12 下列场所设置排水横管时，管径的确定应符合下列规定：

1 当公共食堂厨房内的污水采用管道排除时，其管径应比计算管径大一级，但干管管径不得小于 100mm，支管管径不得小于 75mm；

2 医疗机构污物洗涤盆（池）和污水盆（池）的排水管管径不得小于 75mm；

3 小便槽或连接 3 个及 3 个以上的小便器，其污水支管管径不宜小于 75mm；

4 公共浴池的泄水管不宜小于 100mm。

【释义与实施要点】

本条规定了排水横管无须通过计算而确定管径的场合。

第 1 款是在厨余垃圾和油脂多的公共食堂厨房内的排水管道。

第 2 款是在污水中含有医疗废弃物多的医疗机构污物洗涤盆（池）和污水盆（池）的排水管道。

第 3 款是容易结尿垢的小便槽和小便斗的排水管道。

第 4 款是排水中含有杂物但需要较快排放存水和冲洗水的公共浴池的泄水管。

4.6 管材、配件

4.6.1 排水管材选择应符合下列规定：

1 室内生活排水管道应采用建筑排水塑料管材、柔性接口机制排水铸铁管及相应管件；通气管材宜与排水管管材相一致；

2 当连续排水温度大于 40℃时，应采用金属排水管或耐热塑料排水管；

3 压力排水管道可采用耐压塑料管、金属管或钢塑复合管。

【释义与实施要点】

生活排水管道系统的管材选择应根据建筑物类别、建筑物高度、排水温度及供货条件等，经技术经济比较后确定。

第 1 款室内生活排水塑料管材有硬聚氯乙烯管（PVC-U）、高密度聚乙烯管（HDPE）等。其中硬聚氯乙烯管由于采用承插式粘接，价廉、施工简便、工效高，在工程中普遍采用。高密度聚乙烯管（HDPE）常用于装饰墙同层排水与苏维脱特殊单立管配套使用，采用热熔连接、电熔连接、卡箍机械连接。

室内生活排水金属管材中使用最普遍的是柔性接口机制排水铸铁管，采用卡箍式和法兰机械式连接。

第 2 款提及的耐热塑料排水管有氯化聚氯乙烯管（PVC-C）、高密度聚乙烯管（HDPE）、聚丙烯管（PP）、苯乙烯与聚氯乙烯共混管（SAN＋PVC-U），其适用于连续温度不高于 70℃、短时温度不高于 90℃ 的排水。

第 3 款提及的耐压塑料管一般指按现行国家标准《给水用硬聚氯乙烯（PVC-U）管材》GB/T 10002.1 生产的给水管和实壁加厚排水管。实壁加厚排水管与给水管的不同之处在于其三通、弯头配件均是顺水的。

4.6.2 生活排水管道应按下列规定设置检查口：

1 排水立管上连接排水横支管的楼层应设检查口，但在建筑物底层必须设置；

2 当立管水平拐弯或有乙字管时，在该层立管拐弯处和乙字管的上部应设检查口；

3 检查口中心高度距操作地面宜为 1.0m，并应高于该层卫生器具上边缘 0.15m；当排水立管设有 H 管时，检查口应设置在 H 管件的上边；

4 当地下室立管上设置检查口时，检查口应设置在立管底部之上；

5 立管上检查口的检查盖应面向便于检查清扫的方向。

【释义与实施要点】

本条规定了生活排水管道上检查口的设置位置，检查口一般设置在立管上，是检漏和清通两者兼顾。

第 1 款、第 3 款是依据现行国家标准《住宅设计规范》GB 50096 的规定，主要考虑排水横支管的检漏之需。

第 2 款、第 4 款、第 5 款是为了便于清通。

4.6.3 排水管道上应按下列规定设置清扫口：

1 连接 2 个及 2 个以上的大便器或 3 个及 3 个以上卫生器具的铸铁排水横管上，宜设置清扫口；连接 4 个及 4 个以上的大便器的塑料排水横管上宜设置清扫口。

2 水流转角小于 135°的排水横管上，应设清扫口；清扫口可采用带清扫口的转角配件替代。

3 当排水立管底部或排出管上的清扫口至室外检查井中心的最大长度大于表 4.6.3-1 的规定时，应在排出管上设清扫口。

表 4.6.3-1 排水立管底部或排出管上的清扫口至室外检查井中心的最大长度

管径（mm）	50	75	100	100 以上
最大长度（m）	10	12	15	20

4 排水横管的直线管段上清扫口之间的最大距离，应符合表 4.6.3-2 的规定。

表 4.6.3-2 排水横管的直线管段上清扫口之间的最大距离

管径（mm）	距离（m）	
	生活废水	生活污水
50～75	10	8
100～150	15	10
200	25	20

【释义与实施要点】

由于生活排水管道排水中含有大量固体悬浮物、毛发纤维和油脂，排水横管水力条件差，排水流态是断续的瞬间流，当达不到自清流速时就会在管道内沉积造成淤堵。清扫口一般设置在排水横管上，为便于管道清通而设。

本条规定了清扫口设置的条件。排水横管上连接卫生器具数量多的，横管拐弯水力条件差的，排水横管排水距离长的均存在较大的淤堵概率。

4.6.4 排水管上设置清扫口应符合下列规定：

1 在排水横管上设清扫口，宜将清扫口设置在楼板或地坪上，且应与地面相平，清扫口中心与其端部相垂直的墙面的净距离不得小于 0.2m；楼板下排水横管起点的清扫口与其端部相垂直的墙面的距离不得小于 0.4m；

2 排水横管起点设置堵头代替清扫口时，堵头与墙面应有不小于 0.4m 的距离；

3 在管径小于 100mm 的排水管道上设置清扫口，其尺寸应与管道同径；管径等于或大于 100mm 的排水管道上设置清扫口，应采用 100mm 直径清扫口；

4 铸铁排水管道设置的清扫口，其材质应为铜质；塑料排水管道上设置的清扫口宜与管道相同材质；

5 排水横管连接清扫口的连接管及管件应与清扫口同径，并采用 45°斜三通和 45°弯头或由两个 45°弯头组合的管件；

6 当排水横管悬吊在转换层或地下室顶板下设置清扫口有困难时，可用检查口替代清扫口。

【释义与实施要点】

本条规定了在排水横管上如何设置清扫口，为清扫方便应留出清扫操作空间，规定了清扫口与墙面的距离。国家建筑标准设计图集《建筑排水设备附件选用安装》04S301 有清扫口的安装图。

4.6.5 生活排水管道不应在建筑物内设检查井替代检查口。

【释义与实施要点】

室内生活排水管道的管径一般不大于 $dn160$（铸铁管为 $DN150$），故设置清扫口能满足清通之需。

检查井是室外排水管上一种检查、清通的构筑物，由于井盖不密封，设置在室内时管道中有害有毒气体会窜入室内污染室内环境。

4.7 通 气 管

4.7.1 生活排水管道系统应根据排水系统的类型，管道布置、长度，卫生器具设置数量等因素设置通气管。当底层生活排水管道单独排出且符合下列条件时，可不设通气管：

1 住宅排水管以户排出时；

2 公共建筑无通气的底层生活排水支管单独排出的最大卫生器具数量符合表 4.7.1

规定时；

3 排水横管长度不应大于12m。

表 4.7.1 公共建筑无通气的底层生活排水支管单独排出的最大卫生器具数量

排水横支管管径（mm）	卫生器具	数量
50	排水管径≤50mm	1
75	排水管径≤75mm	1
	排水管径≤50mm	3
100	大便器	5

注：1 排水横支管连接地漏时，地漏可不计数量。

2 *DN*100 管道除连接大便器外，还可连接该卫生间配置的小便器及洗涤设备。

【释义与实施要点】

本条“单独排出”系指多层及高层建筑在楼层有生活排水横支管和排水立管，但底层的生活排水横支管不接入排水立管而单独排出。因此本条不适用于城市独立式公共厕所。

本条是根据工程实践对原标准（2009 年版）的修改。工程中发现，为减少单独排出管数量，将住宅多户卫生间生活排水横管、公共建筑数个卫生间生活排水横管串连后集中排出，会造成排水管道过长、排水管径过大，出现管道淤堵的现象，不符合本标准第 4.1.2 条“以管线最短、转弯最少，重力流直接排至室外检查井”的管道布置原则。

表 4.7.1 的规定适用一个卫生间（含男厕和女厕）的便溺或洗涤用器具或其他用房配置的卫生洗涤洁具在底层排水横支管单独排水，2 个及 2 个以上卫生间的排水支管合并后排出的不应称为单独排出。当底层卫生器具超过表 4.7.1 时，则应设通气管与楼层通气管连通并按本标准第 4.7.3 条执行。

管道的设计坡度和设计充满度应符合本标准第 4.5.5 条、第 4.5.6 条的要求。

4.7.2 生活排水管道的立管顶端应设置伸顶通气管。当伸顶通气管无法伸出屋面时，可设置下列通气方式：

1 宜设置侧墙通气时，通气管口的设置应符合本标准第 4.7.12 条的规定；

2 当本条第 1 款无法实施时，可设置自循环通气管道系统，自循环通气管道系统的设置应符合本标准第 4.7.9 条、第 4.7.10 条的规定；

3 当公共建筑排水管道无法满足本条第 1 款、第 2 款的规定时，可设置吸气阀。

【释义与实施要点】

设置伸顶通气管有两大作用：①排除室外排水管道中污浊的有害气体至大气中；②平衡管道内正负压，保护卫生器具水封。在正常情况下，每根排水立管应延伸至屋顶之上通大气。故在有条件伸顶通气时一定要设置伸顶通气管。

在特殊情况下，如体育场（馆）、候机楼、大剧院等屋顶特殊结构，通气管无法穿越屋面伸顶时，首先应采用侧墙通气（含汇合通气）。

在伸顶通气和侧墙通气方式均无法实施时才采用自循环通气。

由于吸气阀系气体单向阀门，存在使用寿命问题，目前尚未发现其失效且排水管道中气体窜入室内的有效测试手段，且气体泄漏不易发现。故执行本条时应按该款的顺序，根据工程的具体情况，提供切实证据或理由选择通气管不伸顶的实施方案。如选择设置吸气阀时，吸气阀应经检验机构检测符合行业标准《建筑排水系统吸气阀》CJ 202 的要求。

4.7.3 除本标准第4.7.1条规定外，下列排水管段应设置环形通气管：

1 连接4个及4个以上卫生器具且横支管的长度大于12m的排水横支管；

2 连接6个及6个以上大便器的污水横支管；

3 设有器具通气管；

4 特殊单立管偏置时。

【释义与实施要点】

排水横支管长度不应大于12m是指排水横支管最上游卫生器具排水管与排水横支管的连接点至排入检查井的出口端。

环形通气管（又称辅助通气管）一般在公共建筑集中的卫生间或盥洗室内，在横支管上承担的卫生器具数量超过允许负荷时才设置，目的是平衡横支管中的气压波动，保护卫生器具水封。当设置器具通气管时，环形通气管起连通作用。

本条第1款中的“卫生器具”包括大便器。

4.7.4 对卫生、安静要求较高的建筑物内，生活排水管道宜设置器具通气管。

【释义与实施要点】

器具通气管是通气管连接到每个器具的排水管上，从而消除排水管道中压力波动对器具存水弯的影响，一般在卫生和防噪要求较高的建筑物的卫生间设置。但由于立管承接卫生器具数量过多，设置了环形通气管和主通气立管的系统，设计负荷超出本标准表4.5.7中生活排水立管最大设计排水能力时，也可设置器具通气管。

4.7.5 建筑物内的排水管道上设有环形通气管时，应设置连接各环形通气管的主通气立管或副通气立管。

【释义与实施要点】

排水横支管排水时一般在管道内产生负压，主、副通气立管引入大气是为了平衡和消除负压。

4.7.6 通气立管不得接纳器具污水、废水和雨水，不得与风道和烟道连接。

【释义与实施要点】

通气管接纳任何水流或气流都会破坏通气管内的气流组织，使通气管丧失平衡污废水管道内正负气压的功能。

4.7.7 通气管和排水管的连接应符合下列规定：

1 器具通气管应设在存水弯出口端；在横支管上设环形通气管时，应在其最始端的两个卫生器具之间接出，并应在排水支管中心线以上与排水支管呈垂直或 45°连接；

2 器具通气管、环形通气管应在最高层卫生器具上边缘 0.15m 或检查口以上，按不小于 0.01 的上升坡度敷设与通气立管连接；

3 专用通气立管和主通气立管的上端可在最高层卫生器具上边缘 0.15m 或检查口以上与排水立管通气部分以斜三通连接，下端应在最低排水横支管以下与排水立管以斜三通连接；或者下端应在排水立管底部距排水立管底部下游侧 10 倍立管直径长度距离范围内与横干管或排出管以斜三通连接；

4 结合通气管宜每层或隔层与专用通气立管、排水立管连接，与主通气立管连接；结合通气管下端宜在排水横支管以下与排水立管以斜三通连接，上端可在卫生器具上边缘 0.15m 处与通气立管以斜三通连接；

5 当采用 H 管件替代结合通气管时，其下端宜在排水横支管以上与排水立管连接；

6 当污水立管与废水立管合用一根通气立管时，结合通气管配件可隔层分别与污水立管和废水立管连接；通气立管底部分别以斜三通与污废水立管连接；

7 特殊单立管当偏置管位于中间楼层时，辅助通气管应从偏置横管下层的上部特殊管件接至偏置管上层的上部特殊管件；当偏置管位于底层时，辅助通气管应从横干管接至偏置管上层的上部特殊管件或加大偏置管管径。

【释义与实施要点】

本条规定了通气管与排水管道连接方式。

第 1 款规定了器具通气管接在存水弯的出口端，以防止排水支管可能产生自虹吸导致破坏器具存水弯的水封。环形通气管之所以在最始端两个卫生器具之间的横支管上接出，是因为横支管的尽端要设置清扫口的缘故。同时规定凡通气管从横支管接出时，要在横支管中心线以上垂直或成 45°范围内接出，目的是防止器具排水时污废水倒流入通气管。

第 2 款规定了通气支管与通气立管的连接处应高于卫生器具上边缘 0.15m。即使卫生器具横支管堵塞的情况下也能及时发现，也不能让污废水进入通气管。

第 3 款规定了通气立管与排水立管最上端和最下端的连接要求。专用通气立管和主通气立管的下端应在排水立管底部距排水立管底部下游侧 10 倍立管直径长度距离范围内与横干管或排出管以斜三通连接，该连接方式摘自美国《National Plubing Code Handbook》，该连接方式将有利于消除立管底部的正压。

第 4 款规定了结合通气管与通气立管和排水立管的连接要求，此种连接方法由于管道占据空间较大，一般在进人的管道井中按此方式连接。结合通气管与主通气立管、排水立管连接不宜多于 8 层，摘自美国规范。

第 5 款规定了在空间狭小不进人的管窿内，用 H 管件替代结合通气管，其与通气立管连接点遵循的原则与第 2 款一致。

第 6 款适用于建筑物生活污、废水分流的排水系统，但合用 1 根通气立管的连接方式，为节省管道安装空间，结合通气管采用 H 管。

第 7 款适用于特殊单立管存在偏置的情况下设置辅助通气管。在偏置部位的上端立管中产生正压，而在偏置部位的下端立管中产生负压，通过辅助通气管将其气压平衡。

本条通气管和排水管的连接见图 3。

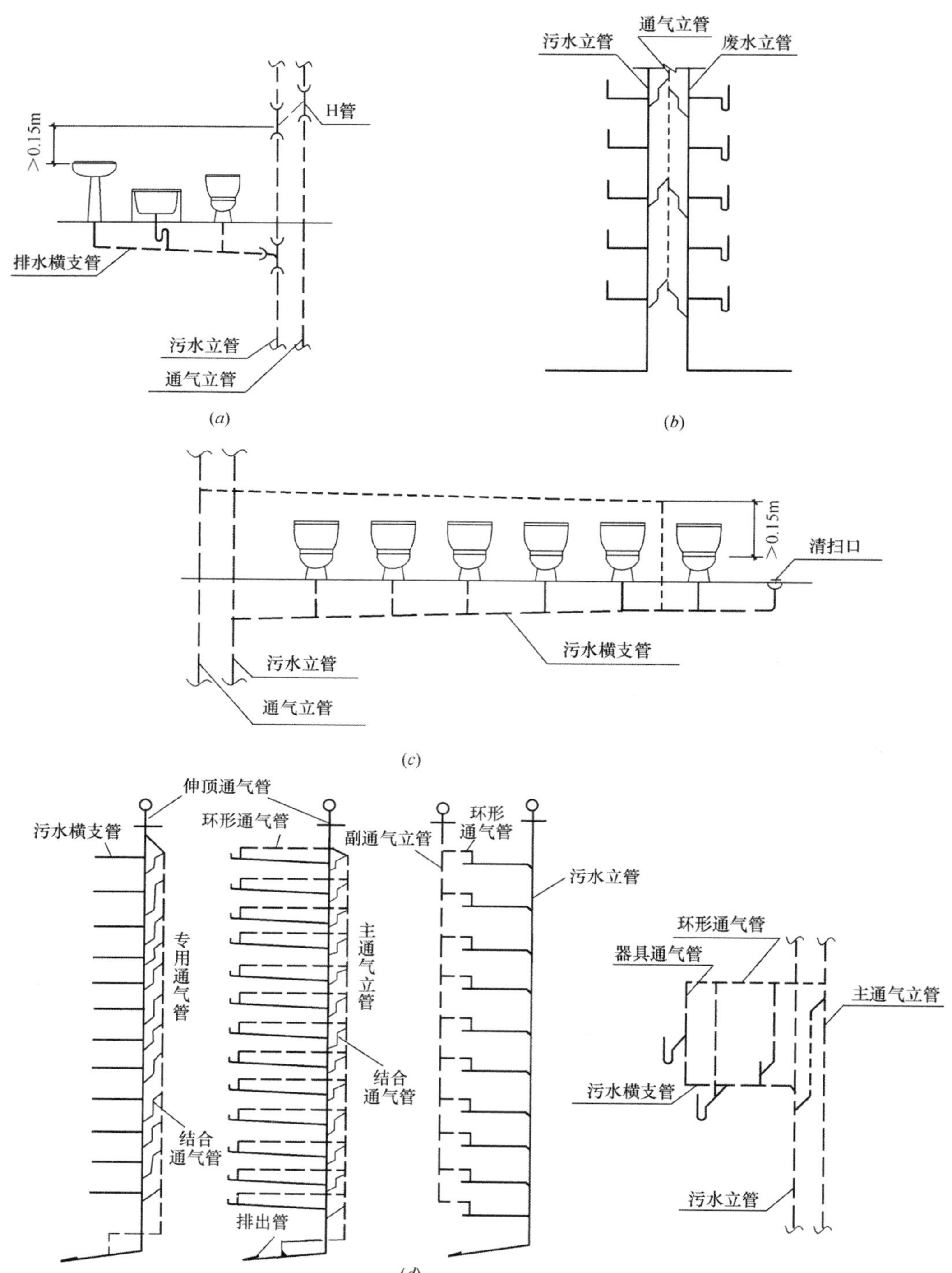

图 3 几种通气管与污水立管典型连接模式（一）

(a) H 管与通气管和排水管的连接模式；(b) 通气立管与污水立管和废水立管的连接模式；(c) 环形通气管与排水管的连接模式；(d) 专用通气管、主副通气管、器具通气管与排水管的连接模式

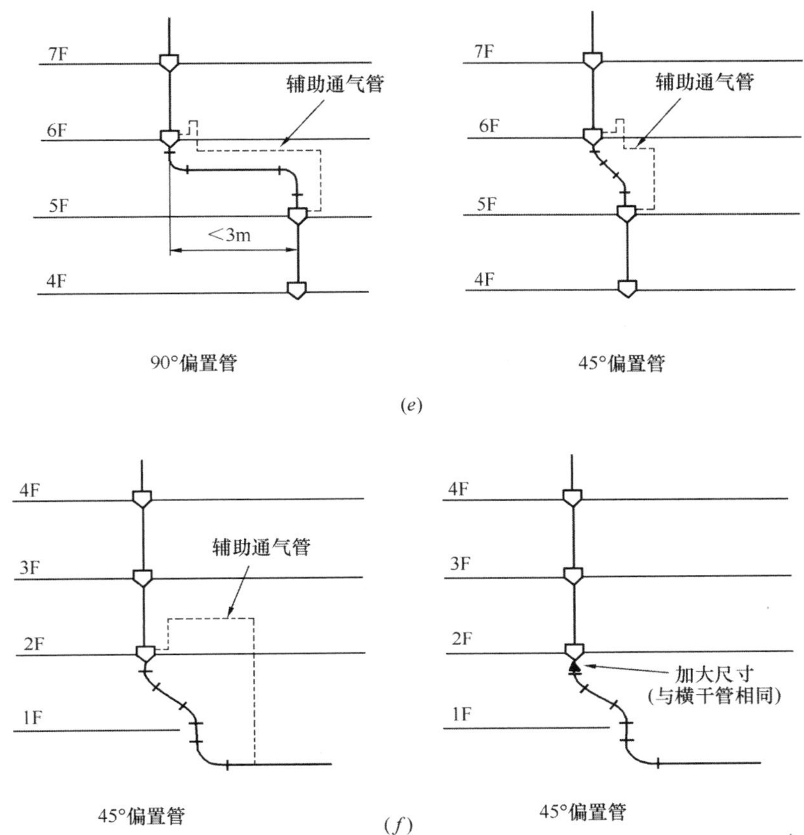

图 3 几种通气管与污水立管典型连接模式（二）

(e) 偏置管设置辅助通气管模式；(f) 最底层的偏置管设置辅助通气管模式

4.7.8 在建筑物内不得用吸气阀替代器具通气管和环形通气管。

【释义与实施要点】

通过表 15 可知吸气阀没有必要替代通气管。

表 15 通气管与吸气阀+正压衰减器性能对比

性能	吸气阀+正压衰减器	通气管系统
通气功能	功能不全，只进气，不排气	既能进气平衡，又能排气
压力平衡功能	不能消除立管污废水下落过程中的正压，只有正压衰减器部分消除立管底部局部正压	能自动平衡正负压。经万科试验塔瞬间流测试，立管最大正压值未必都在立管底部
密封性能	吸气阀活动密封，5min 压力降 10%，有泄漏但无法察觉	硬密封，固定密封，100%密封，不泄漏
寿命	吸气阀 1800 次～14400 次启闭，正压衰减器内薄膜气囊无指标	与建筑物排水系统同寿命
维护修理	需维护清理、更换检修	免维修
安装	简便	费时
防护	需防虫罩、保温罩	无需防护
安全、卫生	有泄漏，失灵导致补气失效，有安全隐患	没有泄漏失效问题，安全、卫生
费用	投资维修费用昂贵	性价比高

从表15可知，吸气阀和正压衰减器唯一优点是安装简便，由于西方国家人工费用占卫生管道工程造价的62%，而我国人工费用占卫生管道工程造价的20%，所以国外适合的产品，并不一定适合我国。而关键在于吸气阀和正压衰减器的安全卫生性能存在隐患。

4.7.9 自循环通气系统，当采取专用通气立管与排水立管连接时，应符合下列规定：

1 顶端应在最高卫生器具上边缘0.15m或检查口以上采用2个90°弯头相连；

2 通气立管宜隔层按本标准第4.7.7条第4款、第5款的规定与排水立管相连；

3 通气立管下端应在排水横干管或排出管上采用倒顺水三通或倒斜三通相接。

4.7.10 自循环通气系统，当采取环形通气管与排水横支管连接时，应符合下列规定：

1 通气立管的顶端应按本标准第4.7.9条第1款的规定连接；

2 每层排水支管下游端接出环形通气管与通气立管相接；横支管连接卫生器具较多且横支管较长并符合本标准第4.7.3条设置环形通气管的规定时，应在横支管上按本标准第4.7.7条第1款、第2款的规定连接环形通气管；

3 结合通气管的连接间隔不宜多于8层；

4 通气立管底部应按本标准第4.7.9条第3款的规定连接。

【释义与实施要点】

本标准第4.7.9条和第4.7.10条的自循环通气系统管配件的连接是根据上海现代建筑设计集团有限公司与同济大学合作测试研究成果确定的，并在日本测试塔和万科试验塔得到了验证。生活排水立管运行中污水团在下落过程中在伸顶通气管部分是负压抽吸，而在污水团的下方形成正压压缩，由此造成管道内压力波动。其机理是通过设置自循环管道，将正压波传递到负压区，从而达到相互抵消的作用。

其通气管与排水管的连接与专用通气立管和主通气立管+环形通气立管有所不同，区别是顶端和底端相连通形成环路，结合通气管并非每层连接。通过同济大学测试平台和万科试验塔测试对比发现：自循环通气系统设置结合通气管起到了破坏自循环的正负压相互抵消作用，如同供电电路产生短路一样，为此本标准第4.5.7条表中自循环通气系统的生活排水立管最大设计排水能力是取自同济大学测试平台的测试数据，其结合通气管为$dn75$，与通气立管和污水立管连接模式见图4。

可以预测：如果取消结合通气管，其排水立管最大设计排水能力将有大幅度的提高，这将是今后研究测试的课题。

“通气立管下端应在排水横干管或排出管上采用倒顺水三通或倒斜三通相接”的规定是顺气流组织，减少气阻。

4.7.11 当建筑物排水立管顶部设置吸气阀或排水立管为自循环通气的排水系统时，宜在其室外接户管的起始检查井上设置管径不小于100mm的通气管。当通气管延伸至建筑物外墙时，通气管口应符合本标准第4.7.12条第2款的规定；当设置在其他隐蔽部位时，应高出地面不小于2m。

【释义与实施要点】

本条系针对排水立管顶部设置吸气阀或排水立管设置自循环通气系统的建筑，由于排水管道系统缺乏排除有害气体的功能，故采取弥补措施。

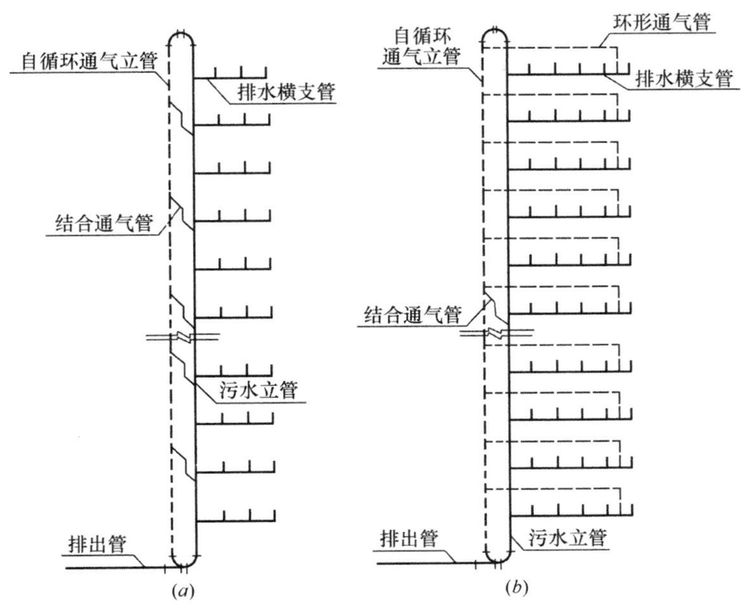

图 4 自循环通气模式

(a) 专用通气自循环；(b) 环形通气自循环

4.7.12 高出屋面的通气管设置应符合下列规定：

1 通气管高出屋面不得小于 0.3m，且应大于最大积雪厚度，通气管顶端应装设风帽或网罩；

2 在通气管口周围 4m 以内有门窗时，通气管口应高出窗顶 0.6m 或引向无门窗一侧；

3 在经常有人停留的平屋面上，通气管口应高出屋面 2m，当屋面通气管有碍于人们活动时，可按本标准第 4.7.2 条规定执行；

4 通气管口不宜设在建筑物挑出部分的下面；

5 在全年不结冻的地区，可在室外设吸气阀替代伸顶通气管，吸气阀设在屋面隐蔽处；

6 当伸顶通气管为金属管材时，应根据防雷要求设置防雷装置。

【释义与实施要点】

本条规定了通气管在屋面的布置要求。

第 1 款的规定是为了防止通气管口被封堵。

第 2 款的规定是为了防止通气管口散发的臭气被风吹入室内。

第 3 款规定了在经常有人停留的平屋面上，通气管伸出屋面的高度，经常有人停留的平屋面一般指公共建筑的屋顶花园、屋顶操场等，这些地方需要开阔的场地、清新的空气，故可以按本标准第 4.7.2 条通气管不伸顶设计。由于排水管中气流向上扩散，故应高于人体高度。

第 4 款的规定是为了防止污浊气体在建筑物挑出部分的下面聚集，污染环境。

第5款的规定是由于伸顶通气管口湿润，容易结霜、结冰，吸气阀被封而失效，目前未见有防冻的吸气阀产品，故只能设置在全年不结冻的地区。全年不结冻的地区可以排水管道能设置在外墙为依据。

第6款是防雷要求，但屋顶通气管管材可采用排水塑料管替代金属的通气管，可免去防雷设置。

4.7.13 通气管最小管径不宜小于排水管管径的1/2，并可按表4.7.13确定。

表4.7.13 通气管最小管径（mm）

通气管名称	排水管管径			
	50	75	100	150
器具通气管	32	—	50	—
环形通气管	32	40	50	—
通气立管	40	50	75	100

注：1 表中通气立管系指专用通气立管、主通气立管、副通气立管。
2 根据特殊单立管系统确定偏置辅助通气管管径。

【释义与实施要点】

本条中表4.7.13规定了生活排水管道与各种通气管的最小管径之间的关系，其中排水管包含了排水立管和排水横管。

4.7.14 下列情况下通气立管管径应与排水立管管径相同：

1 专用通气立管、主通气立管、副通气立管长度在50m以上时；

2 自循环通气系统的通气立管。

【释义与实施要点】

本条规定是第4.7.13条的补充，规定了通气立管管径应与排水立管管径相同的情况。

第1款 由于高层建筑排水立管负荷大，需要通气量大，从测试显示：通气立管管径对排水立管通水能力有影响，见本标准第4.5.7条表4.5.7。

第2款 自循环通气系统的通气立管是主通气管道，缩小管径导致增加气流阻力，抬高排水系统的正负压力波动值，也就是降低了自循环通气的排水立管通水能力。

4.7.15 通气立管长度不大于50m且2根及2根以上排水立管同时与1根通气立管相连时，通气立管管径应以最大一根排水立管按本标准表4.7.13确定，且其管径不宜小于其余任何一根排水立管管径。

【释义与实施要点】

本条规定适用于生活排水系统污、废水分流的情况，污水立管和废水立管合用1根通气立管时如何确定其管径。

4.7.16 结合通气管的管径确定应符合下列规定：

1 通气立管伸顶时，其管径不宜小于与其连接的通气立管管径；

2 自循环通气时，其管径宜小于与其连接的通气立管管径。

【释义与实施要点】

对于有通气立管伸顶的专用通气立管排水系统和主通气立管排水系统来说，结合通气管＋通气立管＋排水立管在层间形成小气流循环，本标准第 4.5.7 条表 4.5.7 显示：每层连接与隔层连接对排水立管通水能力有影响。结合通气管的管径对排水立管通水能力影响的试验虽没有做过，但从管径与气阻角度分析，结合通气管的管径应与其连接的通气立管管径一致。但对于没有伸顶的自循环通气排水系统是排水立管与通气立管及其上下端连通的大循环。通过实测发现，在结合通气管的管径比通气立管小一档的情况下，在排水立管底部呈现负压（通常情况下排水立管底部呈现正压），其通水能力大于仅伸顶的常规配件的立管通水能力。而在结合通气管的管径与通气立管一致的情况下却小于仅伸顶的常规配件的立管通水能力，因此对于自循环通气的排水系统结合通气管的管径应比通气立管小一档。

4.7.17 伸顶通气管管径应与排水立管管径相同。在最冷月平均气温低于－13℃的地区，应在室内平顶或吊顶以下 0.3m 处将管径放大一级。

【释义与实施要点】

排水立管中污水自上而下流动在管道内水团后端形成负压，造成卫生器具存水弯水封损失，而伸顶通气管将大气补充进排水立管，以减弱负压。如果缩小伸顶通气管的管径势必增加补气阻力，不利于水封保护。

在冬季，由于污废水管道内湿热空气在室外低温的情况下容易在管口结霜，缩小了通气断面，影响通气效果，据原吉林省建筑设计院对省内 4 个城市进行观测调查，通气管口结霜厚度为 20mm～40mm 不等，故规定将管径放大一级。

“在室内平顶或吊顶以下 0.3m 处”管径放大的规定是参考美国 SPC、UPC 规范和日本 HASS-206 规范编写的。

4.7.18 当 2 根或 2 根以上排水立管的通气管汇合连接时，汇合通气管的断面积应为最大一根排水立管的通气管的断面积加其余排水立管的通气管断面积之和的 1/4。

【释义与实施要点】

本条适用于多个排水立管的伸顶通气管不能直接伸出屋面的建筑时采用的集中伸顶通气的方式。

汇合通气管系指连接排水立管顶部通气管的横向管道。2 根及 2 根以上汇合通气管再汇合时也应按污废水立管的通气立管断面积计算，避免汇合通气管的断面积重复计算。计算见图 5、表 16。

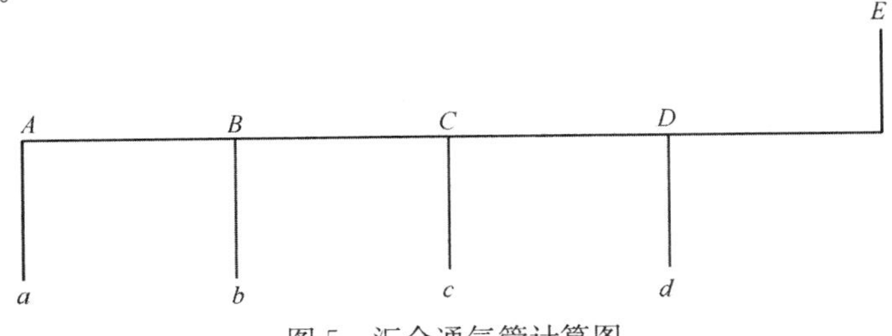

图 5　汇合通气管计算图

表 16　汇合通气管计算表

汇合通气管段	A-B	B-C	C-D	D-E
汇合通气管断面	a_f	$a_f+1/4b_f$	$a_f+1/4\ (b_f+c_f)$	$a_f+1/4\ (b_f+c_f+d_f)$

注：表格中以 a_f 为最大一根排水立管通气管计。

4.8　污水泵和集水池

4.8.1　建筑物室内地面低于室外地面时，应设置污水集水池、污水泵或成品污水提升装置。

【释义与实施要点】

一些平原地带的住宅楼地下室或半地下室生活排水虽能自流排出但存在雨水倒灌可能时，应设置污水提升装置。但对于山城而言，虽是楼宇地下室但也有地下室地面高于室外地面，生活排水完全能自流排出而不会发生雨水倒灌。所以设置污水集水池、污水泵的条件以室内、外地面标高为判别标准而不是以地下室或半地下室为判别标准。公共建筑在地下室设置污水集水池，一般分散设置，故应在每个污水集水池设置污水提升泵或成品污水提升装置。成品污水提升装置是集污水泵、集水箱、管道、阀门、液位计和电气控制于一体的装置，其应符合行业标准《污水提升装置技术条件》CJ/T 380—2011 的规定。成品污水提升装置选型主要参数是污水泵流量，别墅地下室卫生间的成品污水提升装置流量满足便器排水流量即可，别墅地下室即使有卫生间，如无地面排水也不需要设置地漏或明沟之类的地面排水设施。

公共建筑地下室卫生间的污水泵或污水提升装置以生活排水设计秒流量选型。

4.8.2　地下停车库的排水排放应符合下列规定：

1　车库应按停车层设置地面排水系统，地面冲洗排水宜排入小区雨水系统；

2　车库内如设有洗车站时应单独设集水井和污水泵，洗车水应排入小区生活污水系统。

【释义与实施要点】

地下车库有多层停车时上层地面冲洗排水可用地漏收集排入下层集水井。最底层地面冲洗水可用明沟收集，埋设浅易清扫，并应设集水井和提升泵。由于地下车库入口限高 2.2m，适宜于小轿车、商务车或 9 座面包车，车轮上粘的是尘土，与市政路面相近，故可以将地面冲洗水排入小区雨水管道系统；如当地政府主管部门要求设置隔油、沉淀设施后排入小区污水管道系统时，则按当地政府主管部门要求执行。而车库内如设有洗车站时，洗车水中含有洗涤剂，其排水水质与洗衣机排水相仿，故应将洗车排水排入小区污水管道系统。

地下车库内设置消防电梯集水池时，应独立设置，排水要求应符合消防规范的规定。

地下车库如设水消防系统时，地面排水系统应按防火分区分隔。

4.8.3 当生活污水集水池设置在室内地下室时，池盖应密封，且应设置在独立设备间内并设通风、通气管道系统。成品污水提升装置可设置在卫生间或敞开空间内，地面宜考虑排水措施。

【释义与实施要点】

本条规定前半条适用于生活污水集水池构筑物，通气管道系统可与建筑物内生活排水系统的通气管相连，将有害气体排放至屋面以上大气中。小型成品污水提升装置主要用于地下室及远离排水立管不具备自流排放污水的地点卫生洁具污水的排放，由于装置是全密闭的，运行噪声小，与楼宇其他生活排水系统相对独立，故可以设置在卫生间。

4.8.4 生活排水集水池设计应符合下列规定：

1 集水池有效容积不宜小于最大一台污水泵 5min 的出水量，且污水泵每小时启动次数不宜超过 6 次；成品污水提升装置的污水泵每小时启动次数应符合其产品技术要求；

2 集水池除满足有效容积外，还应满足水泵设置、水位控制器、格栅等安装、检查要求；

3 集水池设计最低水位，应满足水泵吸水要求；

4 集水坑应设检修盖板；

5 集水池底宜有不小于 0.05 坡度坡向泵位；集水坑的深度及平面尺寸，应按水泵类型而定；

6 污水集水池宜设置池底冲洗管；

7 集水池应设置水位指示装置，必要时应设置超警戒水位报警装置，并将信号引至物业管理中心。

【释义与实施要点】

本条规定适用于生活污水集水池构筑物而非成品污水提升装置。

当采用成品污水提升装置时，应按照现行标准《污水提升装置应用技术规程》T/CECS 463 的规定和国家建筑标准设计图集《污水提升装置选用与安装》19S308 设计。成品污水提升装置分为贮存型污水提升装置和即排型污水提升装置两种类型。

贮存型污水提升装置贮水箱的有效容积宜取 2.0min～2.5min 装置排水流量，并且此有效容积应大于或等于出水管与鹅颈管之间的出水管容积。贮存型污水提升装置适用于多个卫生器具的公用卫生间生活污水提升或用户排水不均匀有调蓄要求，且有安装空间的场合。

即排型污水提升装置贮水箱的有效容积宜取污水泵排水流量与最小运行时间的乘积，适用于用户排水比较均匀、安装空间狭小的场合。

4.8.5 污水泵、阀门、管道等应选择耐腐蚀、大流通量、不易堵塞的设备器材。

【释义与实施要点】

污水泵一般选用潜水排污泵、液下排污泵、立式污水泵和卧式污水泵。污水泵出口采用铸铁闸阀、球形止回阀。管道一般采用涂塑钢管或镀锌钢管等。

4.8.6 建筑物地下室生活排水泵的设置应符合下列规定：

1 生活排水集水池中排水泵应设置一台备用泵；

2 当采用污水提升装置时，应根据使用情况选用单泵或双泵污水提升装置；

3 地下室、车库冲洗地面的排水，当有2台及2台以上排水泵时，可不设备用泵；

4 地下室设备机房的集水池当接纳设备排水、水箱排水、事故溢水时，根据排水量除应设置工作泵外，还应设置备用泵。

【释义与实施要点】

水泵机组运转一定时间后应进行检修，一是避免发生运行故障，二是易损零件及时更换，为了不影响建筑生活排水，应设一台备用机组。

成品污水提升装置有单泵和双泵的区别，应根据使用频率、水泵故障后影响生活排水程度、供应商售后服务能力确定选用。

由于地下室地面排水可能有多个集水池和排水泵，当在同一防火分区有排水沟连通，已起到相互备用的作用，故不必在每个集水池中再设置备用泵。当采用生活排水泵排放消防水时，可按双泵同时运行的排水方式考虑。

对于水泵房、热水机房等可能存在水池（箱）溢流的设备用房，一旦出现溢流，短时间内排水量很大，故必须设置备用泵。

4.8.7 污水泵流量、扬程的选择应符合下列规定：

1 室内的污水水泵的流量应按生活排水设计秒流量选定；当室内设有生活污水处理设施并按本标准第4.10.20条设置调节池时，污水水泵的流量可按生活排水最大小时流量选定；

2 当地坪集水坑（池）接纳水箱（池）溢流水、泄空水时，应按水箱（池）溢流量、泄流量与排入集水池的其他排水量中大者选择水泵机组；

3 水泵扬程应按提升高度、管路系统水头损失、另附加2m～3m流出水头计算。

【释义与实施要点】

本条第2款明确了地坪集水坑（池）如接纳其他（生活饮用水、消防水、中水、雨水等）水箱（池）溢流水、泄空水时，排水泵流量的确定原则。设于地下室的水箱（池）的溢流量视进水阀控制的可靠程度确定，如在液位水力控制阀前装电动阀等，一旦液位水力控制阀失灵，水箱（池）中水位上升至报警水位时，电动阀启动关闭，水箱（池）的溢流量可不予考虑。如仅水力控制阀单阀控制，则水池溢流量即为水箱（池）进水量。水箱（池）的泄流量可按水泵吸水最低水位时的泄流量确定。

4.8.8 提升装置的污水排出管设置应符合本标准第4.8.9条的规定。通气管应与楼层通气管道系统相连或单独排至室外。当通气管单独排至室外时，应符合本标准第4.7.12条第2款的规定。

4.8.9 污水泵宜设置排水管单独排至室外，排出管的横管段应有坡度坡向出口，应在每台水泵出水管上装设阀门和污水专用止回阀。

【释义与实施要点】

本标准第4.8.8条、第4.8.9条规定不论是成品污水提升装置还是非成品污水提升装置，其污水泵出水管内呈有压流，不应排入室内生活排水重力管道内，应单独设置压力管道排至室外检查井。由于污水泵间断运行，停泵后积存在出户横管内的污水也宜自流排出，避免积污，因此污水提升泵出水管接入室外检查井前应设置防止污水倒灌的鹅颈管，鹅颈管的最低处应高出排入的室外检查井地面标高 0.3m～0.5m。

4.8.10 当集水池不能设事故排出管时，污水泵应按现行行业标准《民用建筑电气设计规范》JGJ 16 确定电力负荷级别，并应符合下列规定：

1 当能关闭污水进水管时，可按三级负荷配电；

2 当承担消防排水时，应按现行消防规范执行。

【释义与实施要点】

根据现行行业标准《民用建筑电气设计规范》JGJ 16 的规定，配电负荷分级是以供电可靠性及中断供电所造成的损失或影响的程度确定的。一般分成三级：一级为中断供电将造成人身伤亡；二级为中断供电将造成重大影响和重大损失；三级为中断供电将破坏有重大影响的用户的正常工作，或造成公共场所秩序严重混乱。设计者根据集水池排水泵中断供电后对生活排水的影响程度确定供电负荷级别，当能关闭污水进水管时，只影响到用户的正常使用，故可按三级负荷配电。成品污水提升装置亦应按此原则确定供电负荷级别。

火灾时，应确保消防电梯能够可靠、正常运行。建筑内发生火灾后，一旦自动喷水灭火系统动作或消防队进入建筑展开灭火行动，均会有大量水在楼层上积聚、流淌。因此，要确保消防电梯在灭火过程中能保持正常运行，消防电梯井内外就要考虑设置排水和挡水设施，并设置可靠的电源和供电线路。所以消防电梯井排水泵应按一级负荷配电。楼层地面消防排水不影响消防队员灭火行动，排水泵可按三级负荷配电。

4.8.11 污水泵的启闭应设置自动控制装置，多台水泵可并联交替或分段投入运行。

【释义与实施要点】

备用泵与工作泵可交替或分段投入运行，防止备用机组由于长期搁置而锈蚀不能运行，失去备用意义。

4.9 小型污水处理

4.9.1 职工食堂和营业餐厅的含油脂污水，应经除油装置后方许排入室外污水管道。

【释义与实施要点】

我国中式烹调以煎、炸、炒为主，我国每年食用动（植）物油脂消费总量约 2300 万 t，而废弃食用油脂排放量是消费总量的 25%～30%。

公共食堂、饮食业的含食用油脂的污水排入下水道时，随着水温下降，污水挟带的油脂颗粒便开始凝固，并附着在管壁上，逐渐缩小管道断面，最后完全堵塞管道。如某大饭店曾发生油脂堵塞管道后污水从卫生器具处外溢的事故，不得不拆换管道。这些废弃油脂排入污水处理厂，使污水中油脂含量超标，极大地增加了污水处理成本，由此可见，设置除油装置是十分必要的。

除油装置同时具有收集废弃油脂的功能，对废弃食用油脂进行合理回收利用，替代石油资源作为生产表面活性剂、化工原料、生物柴油等的原料，实现变废为宝，对于改善生态环境、缓解能源危机、促进经济可持续发展等都将起到推动作用。

4.9.2 隔油设施应优先选用成品隔油装置，并应符合下列规定：

1 成品隔油装置应符合现行行业标准《餐饮废水隔油器》CJ/T 295、《隔油提升一体化设备》CJ/T 410 的规定；

2 按照排水设计秒流量选用隔油装置的处理水量；

3 含油废水水温及环境温度不得小于 5℃；

4 当仅设一套隔油器时应设置超越管，超越管管径应与进水管管径相同；

5 隔油器的通气管应单独接至室外；

6 隔油器设置在设备间时，设备间应有通风排气装置，且换气次数不宜小于 8 次/h；

7 隔油设备间应设冲洗水嘴和地面排水设施。

【释义与实施要点】

由于隔油器为成品，隔油器内设置有固体残渣拦截、油水分离装置，隔油器的容积比隔油池的容积小且有油脂自动收集装置，除油效果好，隔油器可设置于室内，故推荐采用隔油器。

现行行业标准《餐饮废水隔油器》CJ/T 295 中明确规定，隔油器适用于处理水量小于或等于 55m^3/h、动（植）物油脂含量小于或等于 500mg/L、水温及环境温度大于或等于 5℃的餐饮废水的除油处理。

现行行业标准《隔油提升一体化设备》CJ/T 410 中明确规定，隔油提升一体化设备适用于处理水量小于或等于 70m^3/h、动（植）物油脂含量小于或等于 300mg/L、水温及环境温度大于或等于 5℃的餐饮废水的隔油提升。

4.9.3 隔油池设计应符合下列规定：

1 排水流量应按设计秒流量计算；

2 含食用油污水在池内的流速不得大于 0.005m/s；

3 含食用油污水在池内停留时间不得小于 10min；

4 人工除油的隔油池内存油部分的容积不得小于该池有效容积的 25%；

5 隔油池应设在厨房室外排出管上；

6 隔油池应设活动盖板，进水管应考虑有清通的可能；

7 隔油池出水管管底至池底的深度，不得小于 0.6m。

【释义与实施要点】

由于隔油池起到油水分离作用，不起水量调节作用，故按含油污水设计秒流量计算。油水分离靠重力分离，所以要控制污水在池内的停留时间和水流流速。参照实践经验，存油部分的容积不宜小于该池有效容积的 25%；隔油池的有效容积可根据厨房洗涤废水的流量和废水在池内的停留时间决定，其有效容积是指隔油池出口管管底标高以下的池容积。存油部分容积是指出水挡板的下端至水面油水分离室的容积。

4.9.4 生活污水处理设施的设置应符合下列规定：

1 当处理站布置在建筑地下室时，应有专用隔间；

2 设置生活污水处理设施的房间或地下室应有良好的通风系统，当处理构筑物为敞开式时，每小时换气次数不宜小于15次；当处理设施有盖板时，每小时换气次数不宜小于8次；

3 生活污水处理间应设置除臭装置，其排放口位置应避免对周围人、畜、植物造成危害和影响。

【释义与实施要点】

由于生活污水处理设施置于地下室或建筑物邻近的绿地之下，为了保护周围环境的卫生，除臭系统不能缺少，目前既经济又解决问题的方法包括：①设置排风机和排风管，将臭气引至屋顶以上高空排放；②将臭气引至土壤层进行吸附除臭；③采用成品臭氧装置除臭。臭氧装置除臭效果虽好，但投资大耗电量大。不论采取什么处理方法，处理后应达到现行国家标准《环境空气质量标准》GB 3095规定的污水处理站周边大气污染物最高允许浓度。

环境空气功能区分为两类：一类区为自然保护区、风景名胜区和其他需要特殊保护的区域；二类区为居住区、商业交通居民混合区、文化区、工业区和农村地区。

环境空气功能区质量要求按分类符合相应级别要求，见表17。

表17 环境空气污染物基本项目浓度限值

序号	污染物项目	平均时间	浓度限值		单位
			一级	二级	
1	二氧化硫（SO_2）	年平均	20	60	μg/m³
		24h平均	50	150	
		1h平均	150	500	
2	二氧化氮（NO_2）	年平均	40	40	
		24h平均	80	80	
		1h平均	200	200	
3	一氧化碳（CO）	24h平均	4	4	mg/m³
		1h平均	10	10	
4	臭氧（O_3）	日最大8h平均	100	160	μg/m³
		1h平均	160	200	
5	颗粒物（粒径小于等于10μm）	年平均	40	70	
		24h平均	50	150	
6	颗粒物（粒径小于等于2.5μm）	年平均	15	35	
		24h平均	35	75	

由于生活污水臭气主要成分是SO_2（H_2S）、NO_2（NH_3）。如果生活污水气体采用臭氧除臭技术，则生活污水处理间排气中臭氧（O_3）浓度限值应符合表17的要求。

4.9.5 生活污水处理构筑物机械运行噪声不得超过现行国家标准《声环境质量标准》GB

3096 的规定。对建筑物内运行噪声较大的机械应设独立隔间。

【释义与实施要点】

现行国家标准《声环境质量标准》GB 3096—2008 将声环境功能区分为五种类型：

0 类声环境功能区：指康复疗养区等特别需要安静的区域；

1 类声环境功能区：指以居民住宅、医疗卫生、文化教育、科研设计、行政办公为主要功能，需要保持安静的区域；

2 类声环境功能区：指以商业金融、集市贸易为主要功能，或者居住、商业、工业混杂，需要维护住宅安静的区域；

3 类声环境功能区：指以工业生产、仓储物流为主要功能，需要防止工业噪声对周围环境产生严重影响的区域；

4 类声环境功能区：指交通干线两侧一定距离之内，需要防止交通噪声对周围环境产生严重影响的区域，包括 4a 类和 4b 类两种类型。4a 类为高速公路、一级公路、二级公路、城市快速路、城市主干路、城市次干路、城市轨道交通（地面段）、内河航道两侧区域；4b 类为铁路干线两侧区域。

《声环境质量标准》GB 3096—2008 表 1 给出了环境噪声限值，0 类区：昼间 50dB（A），夜间 40dB（A）；1 类区昼间 55dB（A），夜间 45dB（A）。

建筑物内生活污水处理构筑物机械运行噪声多数涉及 0 类区和 1 类区，应采取措施，执行现行国家标准《声环境质量标准》GB 3096 的规定。

4.10 小区生活排水

Ⅰ 管道布置和敷设

4.10.1 小区生活排水管道平面布置应符合下列规定：

1 宜与道路和建筑物的周边平行布置，且在人行道或草地下；

2 管道中心线距建筑物外墙的距离不宜小于 3m，管道不应布置在乔木下面；

3 管道与道路交叉时，宜垂直于道路中心线；

4 干管应靠近主要排水建筑物，并布置在连接支管较多的路边侧。

【释义与实施要点】

排水管道布置在人行道或草地下便于施工和养护管理。为保护乔木根系生长，管道不应布置在乔木下面。排水管应迅速接纳建筑物内的生活排水，室内排出管宜最短，室外干管应靠近主要排水建筑物及连接支管较多的路边侧。排水管道敷设不应影响建筑物结构基础，建筑物与排水管间应有安全距离。根据国家标准《室外排水设计规范》GB 50014—2006（2016 年版）的规定，建筑物与排水管水平净距不应小于 3m。

4.10.2 小区生活排水管道最小埋地敷设深度应根据道路的行车等级、管材受压强度、地基承载力等因素经计算确定，并应符合下列规定：

1 小区干道和小区组团道路下的生活排水管道，其覆土深度不宜小于 0.70m；

2 生活排水管道埋设深度不得高于土壤冰冻线以上 0.15m，且覆土深度不宜小于 0.30m；当采用埋地塑料管道时，排出管埋设深度可不高于土壤冰冻线以上 0.50m。

【释义与实施要点】

小区干道和小区组团道路按车行道考虑，根据国家标准《室外排水设计规范》GB 50014—2006（2016 年版）第 4.3.7 条规定，管顶最小覆土深度宜为：人行道下 0.6m，车行道下 0.7m。

本条第 2 款系根据寒冷地带工程运行经验，可减少管道埋深，具有较好的经济效益。埋地塑料排水管的基础是砂垫层，属柔性基础，具有抗冻性能。另外，塑料排水管具有保温性能，建筑排出管排水温度接近室温，在坡降 0.5m 的管段在冻土层内排水不会结冻。

4.10.3 室外生活排水管道下列位置应设置检查井：

1 在管道转弯和连接处；

2 在管道的管径、坡度改变、跌水处；

3 当检查井井间距超过表 4.10.3 时，在井距中间处。

表 4.10.3 室外生活排水管道检查井井距

管径（mm）	检查井井距（m）
≤160（150）	≤30
≥200（200）	≤40
315（300）	≤50

注：表中括号内的数值是埋地塑料管内径系列。

【释义与实施要点】

检查井是小区排水管道系统中起连接和清通作用的构筑物。检查井的位置，应设在管道交汇处、转弯处、管径或坡度改变处、跌水处以及直线管段上每隔一定距离处。根据工程运行经验，考虑小区排水管养护清通工具的发展，重新规定了检查井间距。检查井间距不应超过表 4.10.3 的规定。

4.10.4 检查井生活排水管的连接应符合下列规定：

1 连接处的水流转角不得小于 90°；当排水管管径小于或等于 300mm 且跌落差大于 0.3m 时，可不受角度的限制；

2 室外排水管除有水流跌落差以外，管顶宜平接；

3 排出管管顶标高不得低于室外接户管管顶标高；

4 小区排出管与市政管渠衔接处，排出管的设计水位不应低于市政管渠的设计水位。

【释义与实施要点】

本条第 1 款系摘自现行国家标准《室外排水设计规范》GB 50014，规定了连接处水流转角的要求，目的是使管内水流平稳，减少水流交叉相互的影响。

管顶平接水力条件好、水流平稳和便于施工，适宜于小区排水管道敷设。

为避免淹没出流，保证室内排出管畅通的水力条件，室内排出管管顶标高不得低于室外接户管管顶标高。

为避免市政管渠污水倒灌，保证室外排水管道畅通的水力条件，小区排出管的设计水位不应低于市政管渠的设计水位。

4.10.5 小区室外生活排水管道系统的设计流量应按最大小时排水流量计算，并应按下列规定确定：

1 生活排水最大小时排水流量应按住宅生活给水最大小时流量与公共建筑生活给水最大小时流量之和的 85%～95%确定；

2 住宅和公共建筑的生活排水定额和小时变化系数应与其相应生活给水用水定额和小时变化系数相同，按本标准第 3.2.1 条和第 3.2.2 条确定。

【释义与实施要点】

本条明确规定在计算小区室外生活排水管道系统时按最大小时流量计算。小区生活排水系统的排水定额要比其相应的生活给水系统用水定额小，其原因是，用水损耗、蒸发损失，水箱（池）因阀门失灵漏水、埋地管道渗漏等，但公共建筑中不排入生活排水管道系统的给水量不应计入。选择 85%～95%为上下限的考虑因素是建筑物性质、选用管材配件附件质量、建筑给水排水工程施工质量和物业管理水平等。对于给水排水系统完善的地区可按 95%计，一般地区可按 85%计。小区埋地管采用塑料排水管、塑料检查井可按高值计。

4.10.6 小区埋地排水管的水力计算，应按本标准式（4.5.4-1）和式（4.5.4-2）计算。

【释义与实施要点】

小区埋地排水管的特点是非满流的重力流，其水力计算公式采用明渠均匀流计算式（曼宁公式），计算公式见本标准式（4.5.4-1）和式（4.5.4-2）。

4.10.7 小区室外埋地生活排水管道最小管径、最小设计坡度和最大设计充满度宜按表 4.10.7 确定。生活污水单独排至化粪池的室外生活污水接户管道当管径为 160mm 时，最小设计坡度宜为 0.010～0.012；当管径为 200mm 时，最小设计坡度宜为 0.010。

表 4.10.7 小区室外生活排水管道最小管径、最小设计坡度和最大设计充满度

管别	最小管径（mm）	最小设计坡度	最大设计充满度
接户管	160（150）	0.005	0.5
支管	160（150）	0.005	
干管	200（200）	0.004	
	≥315（300）	0.003	

注：接户管管径不得小于建筑物排出管管径。

【释义与实施要点】

小区埋地排水管水力计算公式中水力半径（R）因与管径和管道充满度有关，小区埋地排水管最大设计充满度取 0.5。为保证小区排水管道不沉积、易清通，本条对小区排水管最小管径和最小设计坡度作出规定。因单独排至化粪池的室外生活污水接户管固体物较多，所以宜提高最小设计坡度。

4.10.8 小区室外生活排水管道系统，宜采用埋地排水塑料管和塑料污水排水检查井。

【释义与实施要点】

作出本条规定的依据是原建设部2007年第659号公告《建设事业“十一五”推广应用和限制禁止使用技术（第一批）》中推广应用技术第128项“推广埋地塑料排水管和塑料检查井”。塑料检查井具有节地、节能、节材、环保、防渗漏以及施工快捷等优点，具有较好的经济效益、社会效益和环境效益。

塑料检查井经过十几年的推广应用，产品规格系列化，应用技术文件齐全，许多省份出台了禁用黏土砖砌检查井的指令性文件。

4.10.9 检查井的内径应根据所连接的管道管径、数量和埋设深度确定。当井内径大于或等于600mm时，应采取防坠落措施。

【释义与实施要点】

本条规定了检查井内径尺寸确定的原则。对于井内径大于或等于600mm的下人检查井，为避免在检查井盖损坏或缺失时发生行人坠落检查井的事故，规定下人检查井应安装防坠落装置。防坠落装置应牢固可靠，具有一定的承重能力（≥100kg），并具备较大的过水能力，避免暴雨期间雨水从井内涌出时被冲走。目前国内使用的检查井防坠落装置包括防坠落网、防坠落井箅等。

4.10.10 生活排水管道的检查井内应有导流槽或顺水构造。

【释义与实施要点】

为创造良好的水流条件，生活排水管道的检查井内应设置导流槽（塑料检查井应采用有导流槽的井座）。污水检查井导流槽顶可与0.85倍大管管径处相平，合流检查井导流槽顶可与0.5倍大管管径处相平，导流槽顶部宽度宜满足检修要求。检查井导流槽转弯时，其导流槽中心线的转弯半径按转角大小和管径确定，但不得小于最大管的管径。

4.10.11 小于或等于150mm的排水管道，当敷设于室外地下室顶板上覆土层时，可用清扫口替代检查井，清扫口宜设在井室内。

【释义与实施要点】

当地下室顶板覆土层厚度不满足设置排水检查井时，采用清扫口替代的方法，但该清扫口应设置在井室内，不可直接埋于泥土中。此类排水管一般是建筑生活排水管道的排出管。

Ⅱ 小区水处理构筑物

4.10.12 降温池的设计应符合下列规定：

1 排水温度高于40℃时，应优先考虑热量回收利用，当不可能或回收不合理时，在排入城镇排水管道排入口检测井处水温度高于 40℃应设降温池。

2 降温宜采用较高温度排水与冷水在池内混合的方法进行。冷却水宜利用低温废水；冷却水量应按热平衡方法计算。

3 降温池的容积应按下列规定确定：

1）间断排放时，有效容积应按一次最大排水量与所需冷却水量的总和计算；

2）连续排放污水时，应保证污水与冷却水能充分混合。

4 降温池管道设置应符合下列规定：

1）有压高温废水进水管口宜装设消音设施，当有二次蒸发时，管口应露出水面向上并应采取防止烫伤人的措施；当无二次蒸发时，管口宜插进水中深度 200mm 以上，并应设通气管；

2）冷却水与高温排水混合可采用穿孔管喷洒，当采用生活饮用水作冷却水时，应采取防回流污染措施；

3）降温池虹吸排水管管口应设在水池底部。

【释义与实施要点】

根据现行国家标准《污水排入城镇下水道水质标准》GB/T 31962 的规定，污水排入城镇下水道的水温不得超过 40℃。有温度的生活排水余热回收利用，视生活排水排放量，经技术经济比较合理时实施。一般在公共浴场、学生集中淋浴房、游泳池等工程中应用。

有压高温废水一般指蒸汽锅炉排水，高温排水指水-水热交换器的排污水。这种热交换设备的排水一般水温高但排水量少且不定期，余热回收利用不合理，应采用降温措施。一般设置降温池，通过二次蒸发、水面散热、添加冷却水来降低高温排水的温度，达到排放要求。

冷却水应首选低温废水，其次考虑非传统水源，根据所需冷却水量、可供给条件、施工条件等因素，经技术经济分析比较后，选用合理可行的冷却水水源。如需采用自来水作冷却水水源时，应采取防回流污染措施。

为了保证降温效果，应使冷却水与高温排水充分混合，冷却水宜采用穿孔管喷洒的方式供给。降温池一般设在室外。当受条件限制需设在室内时，降温池应作密闭处理，并应设置人孔和通向室外的通气管。通气管的设置不应对交通、安全及周围环境造成影响。降温池的具体构造及选用可参见现行国家建筑标准设计图集《小型排水构筑物》04S519 相关部分。

4.10.13 化粪池与地下取水构筑物的净距不得小于 30m。

【释义与实施要点】

本条为强制性条文，必须严格执行。本条系根据原国家标准《生活饮用水卫生标准》GB 5749—1985 二次供水的规定“以地下水为水源时，水井周围 30m 的范围内，不得设置渗水厕所、渗水坑、粪坑、垃圾堆和废渣堆等污染源”。在《生活饮用水卫生标准》GB 5749—2006 版修订时此内容纳入《生活饮用水集中式供水单位卫生规范》第二十六条规定：“集中式供水单位应划定生产区的范围。生产区外围 30m 范围内应保持良好的卫生状况，不得设置生活居住区，不得修建渗水厕所和渗水坑，不得堆放垃圾、粪便、废渣和铺设污水渠道”。

以地下水为水源的一般是远离城市的厂矿企业、农村、村镇，不在城市生活饮用水管网供水范围，且渗水厕所、渗水坑、粪坑、垃圾堆和废渣堆等普遍存在。

化粪池一般采用砖或混凝土模块砌筑，水泥砂浆抹面，防渗性差，对于地下水取水构筑物而言亦属于污染源。

4.10.14 化粪池的设置应符合下列规定：

1 化粪池宜设置在接户管的下游端，便于机动车清掏的位置；

2 化粪池池外壁距建筑物外墙不宜小于 5m，并不得影响建筑物基础；

3 化粪池应设通气管，通气管排出口设置位置应满足安全、环保要求。

【释义与实施要点】

化粪池距建筑物距离不宜小于 5m，以保持环境卫生的最低要求。根据各地调研意见，由于建筑用地有限，一般 5m 距离较难达到，考虑在化粪池挖掘土方时，以不影响已建房屋基础为准，应与土建专业协调，保证建筑安全，防止建筑基础产生不均匀沉陷。

污水在化粪池厌氧处理过程中有机物分解产生甲烷气体，聚集在池内上部空间，甲烷浓度达到 5%～15%时，一旦遇明火即刻发生爆炸。化粪池爆炸导致人员伤亡的事故几乎每年发生。化粪池设通气管，将聚集的甲烷气体引向大气中散发，是降低甲烷浓度的有效方法。通气管可在顶板或顶板下侧壁上引出，通气管出口应设在人员稀少的地方或远离明火的安全地方。

4.10.15 化粪池有效容积应为污水部分和污泥部分容积之和，并宜按下列公式计算：

$$V = V_{w} + V_{n} \tag{4.10.15-1}$$

$$V_{w} = \frac{m_{f} \cdot b_{f} \cdot q_{w} \cdot t_{w}}{24 \times 1000} \tag{4.10.15-2}$$

$$V_{n} = \frac{m_{f} \cdot b_{f} \cdot q_{n} \cdot t_{n}(1 - b_{x}) \cdot M_{s} \times 1.2}{(1 - b_{n}) \times 1000} \tag{4.10.15-3}$$

式中：V_{w}——化粪池污水部分容积（m^{3}）；

V_{n}——化粪池污泥部分容积（m^{3}）；

q_{w}——每人每日计算污水量[L/(人·d)]，按表 4.10.15-1 取用；

t_{w}——污水在池中停留时间（h），应根据污水量确定，宜采用 12h～24h；

q_{n}——每人每日计算污泥量［L/(人·d)]，按表 4.10.15-2 取用；

t_{n}——污泥清掏周期（d），应根据污水温度和当地气候条件确定，宜采用（3～12）个月；

b_{x}——新鲜污泥含水率，可按 95%计算；

b_{n}——发酵浓缩后的污泥含水率，可按 90%计算；

M_{s}——污泥发酵后体积缩减系数，宜取 0.8；

1.2——清掏后遗留 20%的容积系数；

m_{f}——化粪池服务总人数；

b_{f}——化粪池实际使用人数占总人数的百分数，可按表 4.10.15-3 确定。

表 4.10.15-1 化粪池每人每日计算污水量［L/(人·d)］

分类	生活污水与生活废水合流排入	生活污水单独排入
每人每日污水量	(0.85～0.95) 给水定额	15～20

表 4.10.15-2 化粪池每人每日计算污泥量［L/(人·d)］

建筑物分类	生活污水与生活废水合流排入	生活污水单独排入
有住宿的建筑物	0.7	0.4
人员逗留时间大于 4h 并小于或等于 10h 的建筑物	0.3	0.2
人员逗留时间小于或等于 4h 的建筑物	0.1	0.07

表 4.10.15-3 化粪池实际使用人数占总人数百分数（%）

建筑物名称	百分数
医院、疗养院、养老院、幼儿园（有住宿）	100
住宅、宿舍、旅馆	70
办公楼、教学楼、试验楼、工业企业生活间	40
职工食堂、餐饮业、影剧院、体育场（馆）、 商场和其他场所（按座位）	5～10

【释义与实施要点】

本条规定了化粪池有效容积计算公式。其中生活污废水合流的每人每日计算污水量按本标准第 3.2.1 条、第 3.2.2 条最高日生活用水定额乘以 0.85～0.95；每人每日计算污泥量是根据人员在建筑物中逗留的时间长短确定的。有住宿的建筑物，如住宅、宿舍、旅馆、医院、疗养院、养老院、幼儿园（有住宿）等；人员逗留时间大于 4h 并小于或等于 10h 的建筑物，如办公楼、教学楼、试验楼、工业企业生活间；人员逗留时间小于或等于 4h 的建筑物，如职工食堂、餐饮业、影剧院、体育场（馆）、商场和其他场所。

化粪池在计算有效容积时，不论污水部分容积还是污泥部分容积均按实际使用人数确定，表 4.10.15-3 中根据建筑物性质列出了实际使用人数占总人数的百分数，其中职工食堂、餐饮业、影剧院、体育场（馆）、商场和其他场所化粪池使用人数百分数，人员多者取小值，人员少者取大值。

4.10.16 小区内不同的建筑物或同一建筑物内有不同生活用水定额等设计参数的人员，其生活污水排入同一座化粪池时，应按本标准式（4.10.15-1）～式（4.10.15-3）和表 4.10.15-3 分别计算不同人员的污水量和污泥量，以叠加后的总容量确定化粪池的总有效容积。

【释义与实施要点】

本条规定了小区内不同的建筑物或有不同污水量定额的单体建筑合用化粪池有效容积计算方式。按本标准第 4.10.15 条的计算公式先分别计算不同人员的污水量和污泥量，合用化粪池有效容积取上述计算值之和。

4.10.17 化粪池的构造应符合下列规定：

1 化粪池的长度与深度、宽度的比例应按污水中悬浮物的沉降条件和积存数量，经水力计算确定；深度（水面至池底）不得小于1.30m，宽度不得小于0.75m，长度不得小于1.00m，圆形化粪池直径不得小于1.00m；

2 双格化粪池第一格的容量宜为计算总容量的75%；三格化粪池第一格的容量宜为总容量的60%，第二格和第三格各宜为总容量的20%；

3 化粪池格与格、池与连接井之间应设通气孔洞；

4 化粪池进水口、出水口应设置连接井与进水管、出水管相接；

5 化粪池进水管口应设导流装置，出水口处及格与格之间应设拦截污泥浮渣的设施；

6 化粪池池壁和池底应防止渗漏；

7 化粪池顶板上应设有人孔和盖板。

【释义与实施要点】

化粪池的构造尺寸理论上与平流式沉淀池一样，根据水流速度、沉降速度通过水力计算就可以确定沉淀部分的空间，再考虑污泥积存的数量确定污泥占有空间，最终选择长、宽、高三者的比例。从水力沉降效果来说，化粪池浅些、狭长些沉淀效果更好，但这对施工带来不便，且化粪池单位空间材料耗量大。某些建筑物污水量少，算出的化粪池尺寸很小，无法施工。实际上污水在化粪池中的水流状态并非按常规沉淀池的沉淀曲线运行，水流非常复杂。故本条除规定化粪池的最小尺寸外，还规定化粪池的长、宽、高应有合适的比例。

化粪池入口处设置导流装置，格与格之间设置拦截污泥浮渣的措施，目的是保护污泥浮渣层隔氧功能不被破坏，保证污泥在厌氧的条件下腐化发酵，一般采用三通管件和乙字弯管件。化粪池的通气很重要，因为化粪池内有机物在腐化发酵过程中分解出各种有害气体和可燃性气体，如硫化氢、甲烷等，及时将这些气体通过管道排至室外大气中去，避免发生爆炸、燃烧、中毒和污染环境的事故。故本条规定不但化粪池格与格之间应设通气孔洞，而且在化粪池与连接井之间也应设置通气孔洞。

化粪池的材质种类有砖砌化粪池、钢筋混凝土化粪池、混凝土模块式化粪池、玻璃钢化粪池等。各类化粪池的构造及选用可参见以下国家建筑标准设计图集现行有效版本：《砖砌化粪池》02S701、《钢筋混凝土化粪池》03S702、《混凝土模块式化粪池》08SS704、《玻璃钢化粪池选用与埋设》14SS706等。

4.10.18 生活污水处理设施的工艺流程应根据污水性质、回用或排放要求确定。

【释义与实施要点】

本条规定了生活污水处理设施的工艺流程确定依据。当生活污水排水水质不能达到回用水质标准、城镇排水管道或接纳水体的排放标准时，应设置生活污水处理设施进行水质处理，使排水水质达到回用或排放标准。生活污水处理设施的工艺流程主要根据污水水质、水量、回用或排放的水质标准、自然环境条件等，经过技术经济比较确定。当回用水需要同时满足多种用途时，应按回用水的最高水质标准确定生活污水处理设施的工艺流程。

生活污水处理工艺一般分为一级、二级和三级处理。一级处理主要是去除污废水中的悬浮固体、粗粒固体、大粒径胶体和漂浮物质，原污水的BOD可去除30%左右，此出水水质还达不到受纳水体的允许排放标准；二级处理主要是去除污水中呈胶体、溶解状态的有机污染物质和进一步降低水中悬浮固体的含量，二级处理主要采用生物处理方法，污水中BOD去除率可达90%以上，处理后的出水水质可以达到受纳水体的允许排放标准；生活污水的三级处理，是在一级、二级处理的基础上，对水中难降解的有机物、磷、氮和其他微量杂质作进一步处理，以使出水水质满足回用的要求。

4.10.19 小区生活污水处理设施的设置应符合下列规定：

1 宜靠近接入市政管道的排放点；

2 建筑小区处理站的位置宜在常年最小频率的上风向，且应用绿化带与建筑物隔开；

3 处理站宜设置在绿地、停车坪及室外空地的地下。

【释义与实施要点】

本条规定了小区生活污水处理设施位置选择的原则。为使处理后的污水能迅速排入市政污水管，污水处理设施位置宜靠近接入市政管道的排放点。污水处理设施位置应选在对建筑小区环境质量影响最小的方位，宜在常年最小频率的上风向，且应用绿化带与建筑物隔开。污水处理设施优先设置在绿地、停车坪及室外空地的地下，便于施工和维护管理。

4.10.20 生活排水调节池的有效容积不得大于6h生活排水平均小时流量。

【释义与实施要点】

生活排水调节池起污水量贮存调节作用。本条规定的目的是防止污水在集水池中停留时间过长产生沉淀腐化。

4.10.21 生活污水处理设施应设超越管。

【释义与实施要点】

生活污水处理设施设超越管的作用是污水处理设施故障停运时，建筑小区生活排水可通过超越管应急排放，以维持建筑小区生活排水系统正常运行。

4.10.22 生活污水处理站应设置除臭装置，其排放口位置应避免对周围人、畜、植物造成危害和影响。

【释义与实施要点】

为了保护周围环境的卫生，除臭系统不能缺少，应用的臭气处理装置有生物、活性炭、化学除臭装置等。目前既经济又解决问题的方法有：设置排风机和排风管，将臭气引至屋顶以上高空排放；将臭气引至土壤层进行吸附除臭。臭气处理后应达到现行行业标准《城镇污水处理厂臭气处理技术规程》CJJ/T 243中规定的污水处理站周边大气污染物最高允许浓度。

4.10.23 生活污水处理构筑物机械运行噪声应符合现行国家标准《声环境质量标准》GB 3096的有关规定。

【释义与实施要点】

生活污水处理设施一般采用生物接触氧化，鼓风曝气。鼓风机运行过程中产生的噪声高达100dB左右，因此，采取隔声降噪措施是必要的，一般安装鼓风机的房间要进行隔声设计。特别是进气口应设消声装置，才能达到现行国家标准《声环境质量标准》GB 3096中规定的数值。

4.10.24 污水泵站应建成单独构筑物，并应有卫生防护隔离带。泵房设计应按现行国家标准《室外排水设计规范》GB 50014执行。

【释义与实施要点】

由于建筑小区污水泵站抽送污水时会产生臭气和噪声，对周围环境造成影响，故应建成单独构筑物，并应有卫生防护隔离带。现行国家标准《室外排水设计规范》GB 50014—2006（2016年版）第5.1.3条规定：抽送产生易燃易爆和有毒有害气体的污水泵站，必须设计为单独的建筑物，并应采取相应的防护措施。建筑小区污水泵房设计应按现行国家标准《室外排水设计规范》GB 50014中污水泵站的相关条文执行。

4.10.25 小区污水泵的流量应按小区最大小时生活排水流量选定。

【释义与实施要点】

小区污水泵的流量应与污水泵站进水管道的设计流量相同。因本标准第4.10.5条规定，小区室外生活排水管道的设计流量应按最大小时排水流量计算。故小区污水泵的流量按小区最大小时生活排水流量设计。

4.10.26 小区污水泵的扬程应按提升高度、管路系统水头损失、另附加1.5m～2.0m流出水头计算。

【释义与实施要点】

本条规定了小区污水泵扬程的计算方法。提升高度是泵房集水池最低水位与提升最高水位之间的高差。

5 雨　水

5.1 一 般 规 定

5.1.1 屋面雨水排水系统应迅速、及时地将屋面雨水排至室外地面或雨水控制利用设施和管道系统。

【释义与实施要点】

本标准从保证建筑物结构安全的角度出发，要求屋面雨水迅速、及时地排至室外地面或雨水控制利用设施和管道系统。

当设计种植屋面和蓄水屋面的雨水排水时，设计人员应配合建筑、景观专业，将屋面荷载提供给结构专业，避免超载、渗漏，影响屋面结构的安全。

当小区地面有雨水控制和资源化利用生态设施时，宜采用雨落水管断接方式，雨水立管末端排水采用散水方式排入绿地或花坛等，雨水通过绿地、坑塘，雨水口溢流排入雨水检查井。

雨水海绵型设计应当遵循因地制宜的原则，根据当地的气象、水文地质条件，不能盲目照抄照搬。

5.1.2 屋面雨水排水系统设计应根据建筑物性质、屋面特点等，合理确定系统形式、计算方法、设计参数、排水管材和设备，在设计重现期降雨量时不得造成屋面积水、泛溢，不得造成厂房、库房地面积水。

【释义与实施要点】

屋面雨水排水系统根据雨水管道系统设置形式可分内排水和外排水两类。顾名思义，雨水管道系统设置在建筑物内的称内排水；雨水管道系统不设置在室内，直接排至室外的称外排水。一般屋面雨水内排水的形式适合下列建筑：

（1）建筑高度大于或等于 50m 的住宅楼；

（2）外立面不允许设置雨水立管的建筑，如玻璃幕墙、严寒地区的建筑等；

（3）大面积屋面的公共建筑和工业建筑。

外排水是将天沟、雨落水管布置在外墙上，适用于体量小的多层建筑。20 世纪七八十年代曾由于工业厂房内排水系统检查井泛溢而采用长天沟外排水，之后由于引进满管压力流的设计，避免了长天沟水力坡度而给结构设计带来很大难度。

按设计流态可分为重力流和满管压力流。从水力学基本原理来讲不论是重力流还是满管压力流，都是由于地球引力对有质量的雨水引起的水流，只不过重力流在落差和坡度情况下雨水管道内的流态呈有充满度（率）的非满管流；而满管压力流雨水必是充满管道。两种流态采用不同的设计方法，但“在设计重现期降雨量时不得造成屋面积水、泛溢，不得造成厂房、库房地面积水”的原则是不变的。

5.1.3 小区雨水排水系统应与生活污水系统分流。雨水回用时，应设置独立的雨水收集管道系统，雨水利用系统处理后的水可在中水贮存池中与中水合并回用。

【释义与实施要点】

目前我国城市排水体制有雨水污水分流制与合流制两种基本形式。我国绝大多数城市采用分流制，但在我国降雨量稀少的西部、东北部城镇区域仍有合流制市政排水系统，由于历史原因一些大城市老城区也采用合流制。由于合流制排水系统的污水未经无害化处理就排放，使受纳水体受到严重污染。随着我国经济高速发展，水环境污染问题已成为制约经济社会发展的“瓶颈”，受到各级政府的广泛关注，因此城市合流制排水系统逐渐过渡到分流制是大势所趋。即使在合流制排水系统的城市，小区采取雨水排水系统与污水系统分流将有利于适应排水体制转变。

雨水回用是海绵城市理念之一，即将雨水根据需求进行收集，并经过处理达到设计使用标准后进行回用。目前多数雨水利用系统由弃流过滤系统、蓄水系统、净化系统组成。因此将需要回用的雨水与不需要回用的雨水分流，回用的雨水应设置独立的收集管道系统，可在中水贮存池中与中水合并回用。

5.1.4 建筑小区在总体地面高程设计时，宜利用地形高程进行雨水自流排水；同时应采取防止滑坡、水土流失、塌方、泥石流、地（路）面结冻等地质灾害发生的技术措施。

【释义与实施要点】

建筑小区总体地面高程设计，系指建于坡地的小区，小区雨水源于建筑屋面雨水和小区基地雨水，终至市政雨水管渠或天然水体。“利用地形高程进行雨水自流排水”有两种含义：①按海绵城市理念设计，在土质入渗条件好的地区，首先考虑“渗”的排水方式。这种排水方式的优点在于补充地下水，削减雨水径流和控制径流污染。但事物总有两面性，对于基地坡度较大的小区可能会发生滑坡、水土流失、塌方、泥石流、建筑物下沉等地质灾害；对于基地坡度平缓的小区可能会发生地（路）面积水、结冻，发生人身伤害事故，必须避免发生。②当不适合采取基地面排水方式时，屋面雨水由天沟雨水斗和道路雨水口收集，由雨水管道输送排放。这些都要在小区建筑总平面图的建筑物布局、道路布置基础上制定小区雨水系统。在布置雨水管线走向时充分利用地势，这样可以减少管道埋设深度，节省造价。小区雨水管道与市政雨水管道连接，至少管顶平接，如市政雨水管道埋深很深时，可采用跌水形式。天然水体是指河道、湖泊、池塘和湿地，其设计水位系指常水位，即在雨水排放点附近，经过长时期对水位的观测后得出的，在一年或若干年中，有50%的水位等于或超过该水位的高程值。雨水排放管口应在常水位标高以上，这样就有50%的概率可自流排出，再有50%的概率出水口受水体水位顶托时，应根据小区重要性和积水所造成的后果，设置潮门、闸门或泵站等设施。

5.1.5 应按当地规划确定的雨水径流控制目标，实施雨水控制利用。雨水控制及利用工程设计应符合现行国家标准《建筑与小区雨水控制及利用工程技术规范》GB 50400的要求。

【释义与实施要点】

当工程项目有海绵型方面设计时，对年雨水径流总量进行控制，控制率及相应的设计降雨厚度应符合当地海绵城市规划控制指标要求。还应对雨水径流峰值和排入市政雨水管道的污染物总量进行控制。海绵型渗、滞、蓄、净、用、排的设计应符合现行国家标准《建筑与小区雨水控制及利用工程技术规范》GB 50400 的相关要求和规定。

5.2 建 筑 雨 水

5.2.1 建筑屋面设计雨水流量应按下式计算：

$$q_y = \frac{q_j \cdot \Psi \cdot F_w}{10000} \tag{5.2.1}$$

式中：q_y——设计雨水流量（L/s），当坡度大于2.5%的斜屋面或采用内檐沟集水时，设计雨水流量应乘以系数1.5；

q_j——设计暴雨强度[L/(s·hm²)]；

Ψ——径流系数；

F_w——汇水面积（m²）。

【释义与实施要点】

由于屋面汇水面积小，径流系数不变，设计雨水管道汇水面积不变，在汇水时间内降雨强度不变，所以本标准式（5.2.1）适合屋面雨水量计算。

内檐沟是指内天沟收集两边斜屋面的雨水，屋面与天沟之间无防水密封或防水密封不严密，天沟溢水会泛入室内的一种结构形式，一般为单层多跨库房和厂房。斜屋面较平屋面有较大坡度，斜屋面的集流面上最远点排至屋面雨水斗的集流时间一般为0.5min～1.0min，与斜屋面面积和坡度有关，研究认为集流时间取3min为宜。在屋面汇水面积、径流系数不变的情况下，集流时间短，降雨强度大。3min集流时间内平均降雨强度是5min集流时间内平均降雨强度的1.3倍～1.5倍。故坡度大于2.5%的斜屋面或采用内檐沟集水时，设计雨水流量应乘以系数1.5，以加大排水管道系统的宣泄能力，防止天沟泛溢。

5.2.2 设计暴雨强度应按当地或相邻地区暴雨强度公式计算确定。

【释义与实施要点】

暴雨强度系指单位时间内的降雨量。工程上常用单位时间内单位面积上的降雨体积计，其计量单位通常以L/（s·hm²）表示。目前我国各地已积累了完整的自动雨量记录资料，建立了暴雨强度计算公式。但随着近年来气候变化异常，需对暴雨强度计算公式进行修订，设计者应关注当地暴雨强度计算公式修订的动向。

新建工程项目所处地无暴雨强度计算公式时应参照相邻地区暴雨强度公式计算确定。

5.2.3 屋面雨水排水设计降雨历时应按5min计算。

【释义与实施要点】

广义的降雨历时是指降雨过程中的任意连续时段，而屋面雨水排水设计降雨历时系指屋面最远一点雨水流至雨水斗的时间。由于过去雨量记录仪采集雨量的最小单元格为5min，也就是5min暴雨的平均值。无论美国还是欧洲的规范都规定屋面雨水排水设计降雨历时应按5min计算。

如果重现期相同，降雨历时愈短，暴雨强度愈大；如果降雨历时相同，重现期愈长，暴雨强度愈大。

5.2.4 屋面雨水排水管道工程设计重现期应根据建筑物的重要程度、气象特征等因素确定，各种屋面雨水排水管道工程的设计重现期不宜小于表5.2.4中的规定值。

表5.2.4 各类建筑屋面雨水排水管道工程的设计重现期（a）

建筑物性质	设计重现期
一般性建筑物屋面	5
重要公共建筑屋面	≥10

注：工业厂房屋面雨水排水管道工程设计重现期应根据生产工艺、重要程度等因素确定。

【释义与实施要点】

重现期指在一定长度的统计期间内，等于或大于某个统计对象出现一次的平均间隔时间。屋面雨水排水管道工程的设计重现期愈大，其暴雨强度愈大，屋面设计雨水量越大，建筑安全性好，但屋面雨水排水系统造价越高，两者之间应取平衡。

对于一般性建筑物屋面、重要公共建筑屋面的划分，可参考建筑防火规范的相关内容。除重要公共建筑以外，可视为一般性建筑。

5.2.5 建筑的雨水排水管道工程与溢流设施的排水能力应根据建筑物的重要程度、屋面特征等按下列规定确定：

1 一般建筑的总排水能力不应小于10a重现期的雨水量；

2 重要公共建筑、高层建筑的总排水能力不应小于50a重现期的雨水量；

3 当屋面无外檐天沟或无直接散水条件且采用溢流管道系统时，总排水能力不应小于100a重现期的雨水量；

4 满管压力流排水系统雨水排水管道工程的设计重现期宜采用10a；

5 工业厂房屋面雨水排水管道工程与溢流设施的总排水能力设计重现期应根据生产工艺、重要程度等因素确定。

【释义与实施要点】

屋面雨水管道工程的排水系统是按一定设计重现期设计的，超设计重现期的雨水应由溢流设施排放，两者相加则为总排水能力。所谓“建筑物的重要程度”是指雨水排水管道工程与溢流设施的总排水能力不足，而可能造成人员伤亡、直接和间接经济损失、不同程度的社会影响。所谓“屋面特征”是指坡屋面内檐沟还是外檐沟，平屋面屋顶有外天沟外排水还是无外天沟内排水。

本条第1款、第2款按本标准第5.1.2条的原则，在设计重现期内由屋面雨水管道工程的排水系统排水，超设计重现期的雨水应由溢流设施排放，在总排水能力的设计重现期内，屋面不会积水。超出总排水能力的设计重现期时，屋面会积水或雨水从外檐天沟散水，但不致造成灾害。

本条第3款的规定是针对无外檐天沟或无直接散水的凹形特殊屋面，必须考虑本条第1款、第2款超重现期的雨水排水，因此提高雨水排水管道工程与溢流设施的总排水能力，才能保证屋面不会积水。对这类屋面可能产生超荷载时，应进行结构核算，并且应设置屋面积水超警戒水位的报警系统。

本条第4款的规定是根据一场降雨从小到大的规律，满管压力流排水系统雨水排水管道内流态变化的过程是从重力流→间歇性压力流→满管压力流。如雨水排水管道系统设计重现期选得过大，系统可能在小于设计重现期的降雨时，雨水排水管道系统一直处于重力流与间歇性压力流的非满管压力流状态运行，特别是间歇性压力流在管道系统中正负压交替运行，管道产生振动，影响雨水排水管道系统的安全运行。当缺乏重现期资料时，重现期 p 与设计流量 q 的关系可按表18估算。

表18 重现期 p 与设计流量 q 关系估算表

不同重现期之比	q_{p100}/q_{p50}	q_{p100}/q_{p10}	q_{p100}/q_{p5}	q_{p50}/q_{p10}	q_{p10}/q_{p5}
雨水流量比值	1.10	1.70	2.00	1.50	1.15

由表18可见，取较大重现期，其雨水设计流量并不显得很大。

5.2.6 屋面的雨水径流系数可取1.00，当采用屋面绿化时，应按绿化面积和相关规范选取径流系数。

【释义与实施要点】

雨水径流系数系指一定汇水面积的径流雨水量与降雨量的比值。普通钢筋混凝土屋面上做防水层，或瓦屋面、瓦形彩钢板屋面，均具有防水功能，所以径流雨水量等于降雨量。只有屋面绿化时，土壤和植被才吸纳部分雨水，现行国家标准《建筑与小区雨水控制及利用工程技术规范》GB 50400规定了绿化屋面雨水径流系数为0.3～0.4。建议在计算雨水径流量削减时采用此数据，但在计算屋面雨水排水管道工程与溢流设施的总排水能力时按雨水径流系数1.00设计，以适应屋面工程改造变化。

5.2.7 屋面的汇水面积应按屋面水平投影面积计算。高出裙房屋面的毗邻侧墙，应附加其最大受雨面正投影的1/2计算。窗井、贴近高层建筑外墙的地下汽车库出入口坡道应附加其高出部分侧墙面积的1/2。

【释义与实施要点】

本条规定雨水汇水面积按屋面的汇水面积投影面积计算，对于裙房屋面雨水汇水面积除了裙房的屋面面积外，由于风力吹动造成侧墙兜水还需考虑紧贴裙房的高层建筑高出裙房屋面的侧墙面（最大受雨面）的雨水排到裙房屋面上；窗井及贴近高层建筑外墙的地下汽车库出入口坡道，也要考虑其贴近的高层建筑侧墙面的雨水。因此，将此类侧墙面积的1/2纳入其下方屋面（地面）排水的汇水面积。由于风力大小不等，侧墙面受雨夹角不等，1/2是出于计算简便，取自国外规范。

5.2.8 天沟、檐沟排水不得流经变形缝和防火墙。

【释义与实施要点】

本条引用现行国家标准《屋面工程技术规范》GB 50345—2012的有关规定。伸缩缝、沉降缝统称变形缝，变形缝和防火墙处结构均会脱开，并有错位，故天沟布置应以其为分界，不应穿越变形缝和防火墙。

5.2.9 天沟宽度不宜小于300mm，并应满足雨水斗安装要求，坡度不宜小于0.003。

【释义与实施要点】

天沟宽度主要取决于雨水斗安装要求，还要考虑雨水斗四周进水的水流侧向通道，对于土建来说还要有防水层施工的厚度占有宽度。天沟宽度不宜小于300mm，是摘自现行国家标准《屋面工程技术规范》GB 50345—2012的规定，适用于*DN*75的重力流雨水斗，对于压力流雨水斗，由于集水盘、整流罩占据较大宽度，天沟需要较宽的宽度，也有将布置雨水斗的局部天沟尺寸放大，但要与土建专业配合。雨水斗安装可参照现行国家建筑标准设计图集《雨水斗选用及安装》09S302。

一般金属屋面采用金属长天沟，施工时金属钢板之间焊接连接。当建筑屋面构造有坡度时，天沟沟底顺着建筑屋面的坡度可以做出坡度。当建筑屋面构造无坡度时，天沟沟底的坡度难以实施，故可无坡度，靠天沟水位差进行排水。

5.2.10 天沟的设计水深应根据屋面的汇水面积、天沟坡度、天沟宽度、屋面构造和材质、雨水斗的斗前水深、天沟溢流水位确定。排水系统有坡度的檐沟、天沟分水线处最小有效深度不应小于100mm。

【释义与实施要点】

现行国家标准《屋面工程技术规范》GB 50345—2012规定：钢筋混凝土檐沟、天沟分水线处最小深度不应小于100mm；沟内纵向坡度不应小于1%；沟底水落差不得超过200mm。

5.2.11 建筑屋面雨水排水工程应设置溢流孔口或溢流管系等溢流设施，且溢流排水不得危害建筑设施和行人安全。下列情况下可不设溢流设施：

1 外檐天沟排水、可直接散水的屋面雨水排水；

2 民用建筑雨水管道单斗内排水系统、重力流多斗内排水系统按重现期P大于或等于100a设计时。

【释义与实施要点】

雨水排水管道系统排水能力是按一定重现期设计的，因此为建筑安全考虑，超设计重现期的雨水应有出路。根据目前的技术水平，设置溢流设施是最有效的，但有些建筑屋面无法设置溢流设施，只能按提高其管道系统排水能力设计。

本条第1款的规定是针对外檐天沟排水、可直接散水的屋面雨水排水，其超设计重现期的雨水可直接从天沟或屋面外溢，既保证屋面不会积水，又不会造成次生危害。

本条第2款的规定是针对单斗内排水系统和多斗重力流雨水管道系统适应性强的特征，只要按上限值100a重现期设计的管道系统，均能将此值以下的雨水量安全排泄。百年一遇的雨水量可根据当地雨量计算公式计算而得，也可按本标准第 5.2.5 条条文说明表 5（即第 5.2.5 条【释义与实施要点】中表 18）推算。

5.2.12 建筑屋面雨水溢流设施的泄流量宜按本标准附录 F 确定。

【释义与实施要点】

溢流排水是当雨落水管堵塞或者降雨量超出设计重现期的雨水管道工程的排水能力，雨水不能正常排出时的另外一种排水方式。根据目前的技术水平，设置溢流设施是最有效的方法，本标准附录 F 列出了多种形式的溢流设施的计算公式。对于有砖砌女儿墙的屋面，应充分考虑其雨水斗、溢流口淤堵（树叶、风砂、塑料袋）造成屋面严重积水，女儿墙侧翻的伤害事故发生。所以对此类屋面的溢流设施应提高其安全系数。

坡度大于 2.5%的斜屋面或采用内檐沟集水时，设计雨水量已乘以系数 1.5，相当于超百年一遇的雨水量，是雨水排水管道工程与溢流设施的总排水能力，其中溢流设施的排水能力已经涵盖了系数 1.5。

5.2.13 屋面雨水排水管道系统设计流态应符合下列规定：

1 檐沟外排水宜按重力流系统设计；

2 高层建筑屋面雨水排水宜按重力流系统设计；

3 长天沟外排水宜按满管压力流设计；

4 工业厂房、库房、公共建筑的大型屋面雨水排水宜按满管压力流设计；

5 在风沙大、粉尘大、降雨量小地区不宜采用满管压力流排水系统。

【释义与实施要点】

檐沟排水常用于多层住宅或建筑体量与之相似的一般民用建筑，其屋顶面积较小，建筑四周排水出路多，立管设置要服从建筑立面美观要求，故宜采用重力流排水。

长天沟外排水常用于多跨工业厂房，汇水面积大，厂房内生产工艺要求不允许设置雨水悬吊管，由于外排水立管设置数量少，只有采用满管压力流排水，方可利用其管系通水能力大的特点，将具有一定重现期的屋面雨水排除。

高层建筑、超高层建筑屋面面积较小，不适合采用满管压力流单斗系统，由于立管过长，资用势能过大，管道内容易产生汽化和气蚀以及伴随振动、气暴噪声，所以超高层建筑单斗排水系统宜设计为重力流系统。

大型屋面工业厂房、库房、公共建筑通常汇水面积较大，但可敷设立管的地方却较少，只有充分发挥每根立管排泄流量大的作用，方能较好地排除屋面雨水，因此，应推荐采用满管压力流排水。

由于满管压力流排水系统悬吊管坡度几乎为平坡，在风沙大、粉尘大的地区，一般为降雨量小的西北干旱地区，容易造成屋面雨水管道淤堵现象，这些地区不宜采用满管压力流排水。

5.2.14 当满管压力流雨水斗布置在集水槽中时，集水槽的平面尺寸应满足雨水斗安装和汇水要求，其有效水深不宜小于 250mm。

【释义与实施要点】

本条针对大面积雨水排水采用满管压力流排水系统，雨水斗布置在屋面的雨水集水槽时，对集水槽尺寸要求。集水槽平面尺寸可按满管压力流雨水斗的格栅罩或反涡流装置的直径再加上不小于50mm的水流通道确定。满管压力流雨水斗的高度一般小于100mm（30mm～50mm），故250mm有效水深能保证满管压力流排水系统不会掺气，而能满管压力流正常运行。

5.2.15 雨水斗外边缘距天沟或集水槽装饰面净距不得小于50mm。

【释义与实施要点】

本条规定的目的是为了保证天沟（坑）雨水进入雨水斗有良好的水力条件。由于雨水斗规格尺寸不一，雨水斗的格栅罩可能比天沟宽度还大，故应与土建专业协调，将布置雨水斗的局部天沟尺寸放大。

5.2.16 屋面排水系统应设置雨水斗。不同排水特征的屋面雨水排水系统应选用相应的雨水斗。

【释义与实施要点】

屋面雨水排水系统应采用成品雨水斗，不应用排水箅子、通气帽等替代雨水斗。根据不同的系统采用相应的雨水斗。

重力流排水系统应采用重力流雨水斗，依据斗前水位自由堰流式排泄雨水，允许掺气，其特征是除有人活动屋面内排水的雨水斗采用平箅式外，其他均采用形如帽子带有格栅的雨水斗，帽高100mm～200mm。

满管压力流排水系统应采用满管压力流雨水斗，其特征是进水口扁平且有气水分离装置，可防止水流旋流进气。如果满管压力流排水系统采用重力流雨水斗，大气会进入系统，负压会被破坏，系统形成不了满管压力流，达不到设计雨水排水量而使屋面积水。

5.2.17 雨水斗数量应按屋面总的雨水流量和每个雨水斗的设计排水负荷确定，且宜均匀布置。

【释义与实施要点】

条文中的“屋面总的雨水流量”是指设计重现期的雨水管道系统汇集屋面的雨水流量，不包括溢流设施部分的雨水流量。如果采用管道系统溢流时，应取用雨水溢流管道系统汇集的屋面雨水流量。雨水斗的设计排水负荷见本标准表5.2.34、表5.2.35和表5.2.36。

5.2.18 雨水斗的设置位置应根据屋面汇水情况并结合建筑结构承载、管系敷设等因素确定。

【释义与实施要点】

雨水斗的设置位置应与建筑专业密切配合。各雨水斗汇水面积基本接近，相差不应过大。平屋面外排水的雨水斗布置，有外天沟和女儿墙之分，建筑专业根据外立面效果提出雨水斗的设置位置。平屋面内排水雨水斗的设置位置应根据雨水立管位置确定，坡屋面内排水一般布置在内天沟内。雨水斗设置位置应避开梁、柱、墙。

5.2.19 当屋面雨水管道按满管压力流排水设计时，同一系统的雨水斗宜在同一水平面上。

【释义与实施要点】

本条规定的目的是保证满管压力流排水系统安全运行。满管压力流的水力计算通常按设计重现期的流量进行水力计算，但不同高度的雨水斗是排除非同一屋面、集水沟的雨水，屋面位置不同、高度不同、朝向不同，接收的实际降雨强度也会有大的差异，两个屋面可能一个达到设计降雨量，而另外一个远小于设计降雨量，导致系统内的负压被破坏，计算无法解决这种流量差异。对于大型建筑的特殊屋面的满管压力流排水系统，应分成若干个系统。

5.2.20 居住建筑设置雨水内排水系统时，除敞开式阳台外应设在公共部位的管道井内。

【释义与实施要点】

本条引用现行国家标准《住宅设计规范》GB 50096—2011的有关条文，规定的目的是避免屋面雨水管道设置在套内时产生噪声扰民，或雨水管道损漏造成财产损失。

5.2.21 除土建专业允许外，雨水管道不得敷设在结构层或结构柱内。

【释义与实施要点】

雨水管道敷设在结构层或结构柱内，雨水管渗漏腐蚀钢筋影响结构安全，雨水管道一旦堵塞，不能维护更换，也造成屋面积水。但对于公共建筑大门的门廊的雨水立管，即使建筑专业要布置在立柱内，也要采用装饰构造隐藏雨水管道。

5.2.22 裙房屋面的雨水应单独排放，不得汇入高层建筑屋面排水管道系统。

【释义与实施要点】

高层建筑雨水排水系统中，立管上部是负压区，下部是正压区，而裙房处于下部，裙房屋面的雨水汇入高层建筑屋面雨水排水管道系统不但会造成裙房屋面的雨水排水不畅，还有可能造成返溢。

5.2.23 高层建筑雨落水管的雨水排至裙房屋面时，应将其雨水量计入裙房屋面的雨水量，且应采取防止水流冲刷裙房屋面的技术措施。

【释义与实施要点】

裙房屋面除了按本标准第5.2.7条接纳高出裙房屋面的高层建筑的侧墙面雨水外，还要接纳高层建筑的外排水的屋面雨水。现行国家标准《屋面工程技术规范》GB 50345—2012规定：高跨屋面为无组织排水时，其低跨屋面受水冲刷的部位应加铺一层卷材，并应敷设40mm～50mm厚、300mm～500mm宽的C20细石混凝土保护层；高跨屋面为有组织排水时，水落管下应加设水簸箕。

5.2.24 阳台、露台雨水系统设置应符合下列规定：

1 高层建筑阳台、露台雨水系统应单独设置；

2 多层建筑阳台、露台雨水系统宜单独设置；

3 阳台雨水的立管可设置在阳台内部；

4 当住宅阳台、露台雨水排入室外地面或雨水控制利用设施时，雨落水管应采取断接方式；当阳台、露台雨水排入小区污水管道时，应设水封井；

5 当屋面雨落水管雨水间接排水且阳台排水有防返溢的技术措施时，阳台雨水可接入屋面雨落水管；

6 当生活阳台设有生活排水设备及地漏时，应设专用排水立管接入污水排水系统，可不另设阳台雨水排水地漏。

【释义与实施要点】

本条第1款、第2款规定是指阳台、露台雨水系统不与屋面雨水排水系统合并设置，应单独设置。由于屋面汇水面积大，雨水流量大，容易造成返溢到阳台、露台。

本条第4款规定是由于阳台、露台雨水量少雨水直接排向地面，在入渗条件好的地区不会对地面产生大的冲刷。由于种种原因，人们往往在阳台、露台上自行设置洗涤盆、洗衣机等设备，洗涤废水通过阳台雨水管排入小区雨水管道道，最终排入城市水体造成污染。为了控制污染，许多地方政府出台了政策法规，对于老旧住宅阳台增设阳台废水管道，排入小区污水管道；对于新建住宅，阳台雨水一律接入小区污水管道并设水封井。各层阳台地漏、盥洗池等不单独设置水封装置，在排出管末端共用水封井。

本条第5款规定阳台雨水排入屋面雨水立管的前提条件是：①屋面雨落水管敷设在外墙；②雨落水管底部间接排水；③有防返溢的技术措施时，阳台雨水排水可以接入屋面雨水立管。

本条第6款规定中生活阳台是指厨房外侧的阳台，亦称工作阳台、北阳台，因其面积小且飘入阳台雨水量也少，当生活阳台设有生活排水设备及地漏时，雨水可排入生活排水地漏中，不必另设雨水排水立管。生活排水设施主要是指洗衣机或洗涤盆通过地漏排水。

5.2.25 建筑物内设置的雨水管道系统应密闭。有埋地排出管的屋面雨水排出管系，在底层立管上宜设检查口。

【释义与实施要点】

多斗系统，不管是重力流还是压力流均形成悬吊管、立管和排出管组成的雨水排水系统，在室内成为密闭系统。单斗系统，在室内如设检查井与室内埋地管连接，容易造成返溢，这已有众多的厂（库）房雨水返溢的工程实例，造成财物损失。一般雨水立管不容易堵塞，但对于排出管，特别是对于较长的排出管会产生泥灰淤堵，设置检查口是为了便于清淤。

5.2.26 下列场所不应布置雨水管道：

1 生产工艺或卫生有特殊要求的生产厂房、车间；

2 贮存食品、贵重商品库房；

3 通风小室、电气机房和电梯机房。

【释义与实施要点】

雨水管道无论什么材质都是由管材管件连接而成。连接方式多样，如粘接、热熔连接、橡胶圈密封连接等。虽然施工验收要求做通水试验，排水应畅通、无堵塞，但实际工程中能做通水试验的有几个？往往一场暴雨是最好的检验。有漏水的，有噪声振动的，有接口脱接的，也有爆管的，给生活、生产带来损失。故条文中规定一些卫生、安全等方面要求较高的场所不应设置雨水管道。

5.2.27 建筑屋面各汇水范围内，雨水排水立管不宜少于 2 根。

【释义与实施要点】

本条规定的目的是在屋面汇水范围内一旦一根排水立管堵塞，至少还有一根可排泄雨水。基于雨水斗之间泄流互相调剂和天沟溢流等因素，下列情况下，汇水范围内可只设 1 根雨水排水立管：①外檐天沟雨落水管排水；②长天沟外排水。

5.2.28 屋面雨水排水管的转向处宜作顺水连接。

【释义与实施要点】

屋面雨水排水也属于管道排水范畴，依靠地球引力排水，在管道设计流态时有重力流，也有压力流。但不论哪种流态设计，原则上雨水从上游往下游流动，因此排水管的转向处作顺水连接，顾名思义“顺水而下”与给水的压力流是两个概念。但也有特例，在多斗压力流管道系统中，为了平衡各斗阻力，使各雨水斗泄水相对均匀，一方面在管径变化处增加沿程阻力外，也有将管件做成逆水连接，以增加局部阻力，所以本条规范用词为“宜”。

5.2.29 塑料雨水管穿越防火墙和楼板时，应按本标准第 4.4.10 条的规定设置阻火装置。当管道布置在楼梯间休息平台上时，可不设阻火装置。

【释义与实施要点】

高层建筑屋面雨水内排水按重力流设计时有采用塑料雨水管的，雨水立管须穿越楼板；多斗压力流塑料管排水系统的悬吊管有可能穿越防火墙，这两种情况都有可能造成火势蔓延，应设阻火装置。楼梯间本身是上下通道空间，塑料雨水管道布置在楼梯间休息平台上时，无需设阻火装置。

5.2.30 重力流雨水排水系统中长度大于 15m 的雨水悬吊管，应设检查口，其间距不宜大于 20m，且应布置在便于维修操作处。

【释义与实施要点】

多斗重力流雨水排水系统悬吊管是按设计重现期的雨水量设计管径、坡度和充满度的，一般能达到管道自清流速。但对于小于设计重现期的雨水量管道流速可能达不到自清流速，雨水中的尘泥、灰砂沉积于管底，造成悬吊管淤堵，影响雨水排泄。而多斗压力流雨水排水系统悬吊管内流速远大于自清流速且在管道平坡的情况下不会积淤，故无需设置检查口。

5.2.31 雨水管道在穿越楼层应设套管且立管底部架空时，应在立管底部设支墩或其他固定措施。地下室横管转弯处也应设置支墩或固定措施。

【释义与实施要点】

屋面雨水内排水管道一般采用金属管道，由于立管较重，靠楼板填充混凝土与管壁摩擦力支承不了管道加雨水的荷重和管道伸缩应力。为此，除设置管卡外，应每层设置管道支架，立管穿越楼层处应设套管。立管底部和横管转弯处由于管内水流急转弯会产生横向推力，故设支墩或固定支架。柔性接口铸铁排水立管底部可采用鸭脚弯头，支墩可采用强度不低于 MU10 的砖砌筑或采用强度不低于 C15 的混凝土浇筑。

5.2.32 雨水管穿越地下室外墙处，应采取防水措施。

【释义与实施要点】

雨水管穿越地下室外墙时，要防止室外地下水通过管道穿墙缝隙渗入地下室，一般设置防水套管。采用屋面雨水内排水且有地下室的一般为高层建筑或超高层建筑，地下室为钢筋混凝土外墙，拟选用柔性防水套管。

5.2.33 寒冷地区，雨水斗和天沟宜采用融冰措施，雨水立管宜布置在室内。

【释义与实施要点】

融冰措施指有电拌热的雨水斗和天沟融雪电缆、柔性天沟融雪化冰板配套智能温控系统。雨水立管布置在室内能防止立管结冻的地方，但其排出管不能在地面之上断接，也不能埋设于冻土层，应埋设于冻土层以下，否则排出管冻结会造成立管积水承压而爆管。

5.2.34 重力流多斗系统设计应符合下列规定：

1 雨水斗的最大设计排水流量应符合表 5.2.34 的规定；

表 5.2.34 重力流多斗系统的雨水斗设计最大排水流量

项目	雨水斗规格（mm）		
	75	100	150
流量（L/s）	7.1	7.4	13.7
斗前水深（mm）	48	50	68

2 雨水悬吊管水力计算应按本标准式（4.5.4-1）、式（4.5.4-2）计算，雨水悬吊管充满度应取 0.8，排出管充满度应取 1.0；

3 重力流多斗系统立管不得小于悬吊管管径，当一根立管连接 2 根或 2 根以上悬吊管时，立管的最大设计排水流量宜按本标准附录 G 确定。

【释义与实施要点】

本条系屋面雨水重力流多斗系统按常规重力流排水管渠的设计方法。

表 5.2.34 中雨水斗的最大设计排水流量是一个雨水斗在斗前水深条件下能排泄的雨水流量，可作为雨水斗在设计重现期汇水面积的雨水量确定雨水斗的数量。该流量系根据北京建筑大学在测试平台上对河北徐水县兴华铸造有限公司提供的 G 型重力流雨水斗进行的尾管 0.5m 通水能力测试所得泄流量（见图 6）。考虑到树叶杂物在雨水斗处遮挡，相当于增加了雨水斗的阻力，乘以系数 0.7。

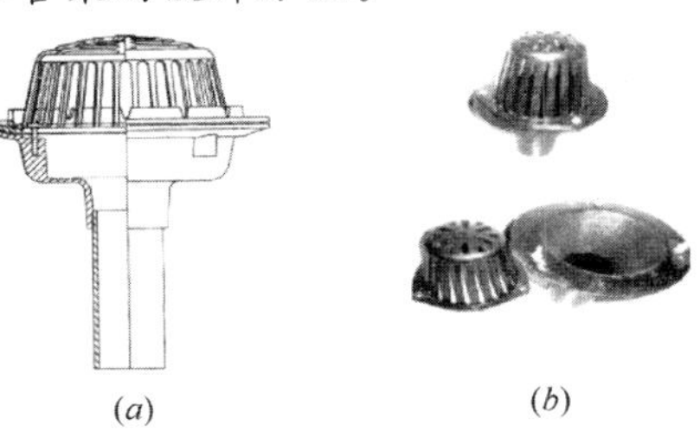

图 6 重力流雨水斗

(*a*) 集水盘状（G 型）斗；(*b*) 斗状斗

重力流多斗系统的悬吊管水力计算按经典曼宁无压平稳流计算公式计算。

重力流多斗系统立管的最大设计排水流量沿用 20 世纪 50 年代由威廉-伊顿（Whly-Eaton）对生活排水立管在定常流水的试验条件下测试建立的经验公式。当时是为了确定生活污水立管最大通水能力而做的试验。试验结果显示，只有立管排水充满率小于 0.33 时生活污水立管产生的压力波动值不会造成水封损失大于 25mm。由此确定生活污水立管最大通水能力。

到了 20 世纪 70 年代，北欧（瑞典、挪威、丹麦等国）创建的满管压力（虹吸）流雨水系统在后续年代中得到发展。但满管压力（虹吸）流雨水系统技术仍掌握在排水管道安装制造商内部，尚未编制行业协会或国家标准。到了 20 世纪末，德国工程师协会起草了《室内重力流排水系统　第 3 部分：屋面排水》EN 12056-3：2000，其中虹吸雨水系统与非虹吸（重力流）雨水系统以立管充满率 0.33 为分界线，重力流雨水系统立管的最大设计排水流量系按威廉-伊顿（Whly-Eaton）方程式计算，公式如下：

$$q = 2.5 \times 10^5 \times K_b^{-0.167} \times d_i^{2.667} \times f^{1.667} \tag{3}$$

式中：q——排水流量（L/s）；

K_b——管道粗糙度（mm）；

d_i——管道计算内径（mm）；

f——立管充满率，一般取 0.33。

本标准附录 G 为重力流雨水系统立管的最大设计排水流量。

5.2.35 屋面雨水单斗内排水系统设计应符合下列规定：

1 单斗排水系统排水管道的管径应与雨水斗规格一致；

2 系统应密闭；

3 雨水斗的最大设计排水流量应根据单斗雨水管道系统设计流态确定，并应符合下列规定：

1）当单斗雨水管道系统流态按重力流设计时，其雨水斗的最大设计排水流量宜按本标准附录 G 确定；

2）当单斗雨水管道系统流态按满管压力流设计时，应根据建筑物高度、雨水斗规格形式和雨水管的材质等经计算确定，当缺乏相关资料时，宜符合表 5.2.35 的规定。

表 5.2.35　单斗压力流排水系统雨水斗的最大设计排水流量

雨水斗规格（mm）			75	100	≥150
满管压力（虹吸）斗	平底型	流量（L/s）	18.6	41.0	宜定制，泄流量应经测试确定
		斗前水深（mm）	55	80	
	集水盘型	流量（L/s）	18.6	53.0	
		斗前水深（mm）	55	87	

【释义与实施要点】

雨水斗的规格是根据连接管道尺寸确定的，故单斗排水系统排水管道的管径应与雨水斗规格一致。

由于单斗排水不存在斗与斗之间的水力相关平衡问题。其泄流量仅与单斗雨水管道系统设计流态有关。由于单斗排水系统流态可设计为重力流也可设计为满管压力流。单斗重力流排水系统雨水斗的最大设计排水流量是控制在立管充满率0.33时的排水流量。单斗压力流排水系统雨水斗的最大设计排水流量与雨水斗规格、阻力及管材性质和立管高度等因素有关。

表5.2.35中单斗压力流排水系统雨水斗的最大设计排水流量系北京建筑大学在测试平台上对各种类型的雨水斗在尾管3m、斗前水深≤100mm（或h-q曲线拐点）情况下测得的最大泄流量。

实际工程视具体情况，如气象特征、建筑物高度、物业管理水平等确定打折系数。

由于压力流雨水斗有行业标准《虹吸雨水斗》CJ/T 245，但压力流雨水斗各制造商的产品形状、结构不一，其泄流量也不同，工程设计应按所选制造商提供的参数确定。

5.2.36 满管压力流系统设计应符合下列规定：

1 满管压力流系统的雨水斗的泄流量，应根据雨水斗规格、斗前设计水深、斗进水口和立管排出管口标高差实测确定，当无实测资料时，可按表5.2.36选用；

表5.2.36 满管压力流多斗系统雨水斗的设计泄流量

雨水斗规格（mm）	50	75	100
雨水斗泄流量（L/s）	4.2～6.0	8.4～13.0	17.5～30.0

注：满管压力流雨水斗应根据不同型号的具体产品确定其最大泄流量。

2 一个满管压力流多斗系统服务汇水面积不宜大于2500m^2；

3 悬吊管中心线与雨水斗出口的高差宜大于1.0m；

4 悬吊管设计流速不宜小于1m/s，立管设计流速不宜大于10m/s；

5 雨水排水管道总水头损失与流出水头之和不得大于雨水管进、出口的几何高差；

6 悬吊干管水头损失不得大于80kPa；

7 满管压力流多斗排水管系各节点的上游不同支路的计算水头损失之差，不应大于10kPa；

8 连接管管径可小于雨水斗管径，立管管径可小于悬吊管管径；

9 满管压力流排水管系出口应放大管径，其出口水流速度不宜大于1.8m/s，当其出口水流速度大于1.8m/s时，应采取消能措施。

【释义与实施要点】

第1款表5.2.36中的值是取用《建筑给水排水设计规范》GB 50015—2003（2009年版）第4.9.16条表中最大测试泄流量基础上乘以系数0.7。选择雨水斗的泄流量的目的是确定在屋面汇水面积上布置雨水斗数量，而满管压力流排水管道系统设计雨水流量还是应按本标准式（5.2.1）计算。由于满管压力流多斗排水管道系统与满管压力流单斗排水管道系统的区别在于多斗系统存在收集多斗雨水的悬吊管，为了平衡各斗的泄流量，满管压力流多斗排水管道系统一个雨水斗的设计泄流量不能直接套用满管压力流单斗排水管道系统的泄流量。

第2款规定是满管压力流屋面雨水排水系统越大，管道水力平衡越不易计算，特别是系统在重力流至满管压力流之间的脉冲流运行工况下，更容易造成水力不平衡。一个满管压力流多斗系统服务汇水面积不宜大于2500m^{2}摘自欧洲标准。

第3款规定是根据一场暴雨的降雨过程是由小到大，再由大到小，即使是满管压力流屋面雨水排水系统，在降雨初期或末期由于立管中未形成负压抽吸，靠雨水斗出口到悬吊管中心线高差的水力坡降排水，故悬吊管中心线与雨水斗出口应有一定的高差。悬吊管中心线与雨水斗出口的高差宜大于1.0m是源于德国工程师协会准则《屋面虹吸排水系统》VDI 3806—2000的规定。欧洲标准《建筑物排水沟 第2部分 测试方法》EN1253-2：2000中虹吸启动流量测试装置图中的雨水斗斗面至排出管过渡段管中心的几何高差为1.0m。

如果悬吊管长度短，连接管管径小于或等于75mm或天沟有效水深大于或等于300mm时，则悬吊管中心线与雨水斗出口的高差可适当减小。

第5款 满管压力流管道系统泄流量大小完全取决于雨水管进、出口的几何高差，如果满管压力流管道系统总水头损失与流出水头之和大于雨水管进、出口的几何高差，系统将达不到设计泄流量而导致屋面积水。根据实际工程中建筑物高度有高有低，大面积的单层厂房一般高度在12m左右，大面积公共建筑高度在40m之内，建议高差$H<12$m时，管道系统的总水头损失有1.0m的水头富裕；高差$H\geqslant 12$m时，有2.0m～3.0m的水头富裕，以避免管道负压区产生汽化、气蚀和气暴噪声等现象。

第6款、第7款满管压力流多斗悬吊管系统关键在于水力平衡。因各雨水斗排泄屋面雨水量基本均匀，可根据选用管材的沿程阻力和配件的局部阻力进行水力计算，不断调整与水头损失相关的参数，达到水力相对平衡。各支管（连接雨水斗的管道）均汇合到悬吊管。悬吊管有较大管径即较小的阻力有利于各支管之间的流量平衡。

第9款 满管压力流管道系统的排水由势能转化为动能，在排出口形成射流，容易损坏排水检查井及埋地管道，应采取消能措施，一般采用放大管径降低流速，或设置消能井。

5.2.37 87型雨水斗系统设计可按现行行业标准《建筑屋面雨水排水系统技术规程》CJJ 142的规定执行。

【释义与实施要点】

87型雨水斗是由原第一机械工业部第一设计院在20世纪80年代设计的雨水斗，由于雨水斗体量较高但又有防掺气盖和导流翼片，故在天沟水位浅时会掺气，管道排水呈重力流；当天沟水位淹没防掺气盖时管道排水呈压力（虹吸）流，管道内水流工况一直处于重力、压力交替变动。故87型雨水斗既不能用于雨水重力流管道系统设计也不能用于雨水压力流管道系统设计。

5.2.38 建筑雨水管道的最小管径和横管的最小设计坡度，宜按表5.2.38确定。

表 5.2.38　建筑雨水管道的最小管径和横管的最小设计坡度

管道类型	最小管径（mm）	横管最小设计坡度	
		铸铁管、钢管	塑料管
建筑外墙雨落水管	75（75）	—	—
雨水排水立管	100（110）	—	—
重力流排水悬吊管	100（110）	0.01	0.0050
满管压力流屋面排水悬吊支管	50（50）	0.00	0.0000
雨水排出管	100（110）	0.01	0.0050

注：表中铸铁管管径为公称直径，括号内数据为塑料管外径。

【释义与实施要点】

表 5.2.38 规定了建筑雨水管道的最小管径和横管的最小设计坡度。在工程设计时还应根据计算雨水流量确定管径和坡度。

5.2.39　雨水排水管材选用应符合下列规定：

1　重力流雨水排水系统当采用外排水时，可选用建筑排水塑料管；当采用内排水雨水系统时，宜采用承压塑料管、金属管或涂塑钢管等管材；

2　满管压力流雨水排水系统宜采用承压塑料管、金属管、涂塑钢管、内壁较光滑的带内衬的承压排水铸铁管等，用于满管压力流排水的塑料管，其管材抗负压力应大于－80kPa。

【释义与实施要点】

按重力流设计的多层建筑，一般采用外檐天沟雨落水管，敷设于外墙，雨水斗下面连接一个落水斗过渡，可采用符合现行国家标准《建筑排水用硬聚氯乙烯（PVC-U）管材》GB/T 5836.1 的管材。对于高层建筑外墙敷设的雨落水管也可采用上述管材。但对于高层公共建筑由于建筑外立面玻璃幕墙等装饰不能敷设雨落水管，故雨水立管必须设置于建筑物内，据工程反馈信息，雨水立管吸瘪的事例不少：①未采用重力流雨水斗，而是采用平箅地漏或通气帽替代重力流雨水斗，被塑料袋堵住，造成屋面积水，维护人员挪开塑料袋时瞬间产生负压抽吸（虹吸）流。②将有顶板或整流罩等防止气体进入的构造雨水斗替代重力流雨水斗，使重力流变成满管压力流。

由于现行国家标准《建筑给水排水及采暖工程施工质量验收规范》GB 50242 全面修订报批稿中规定“安装在室内的雨水管道安装后应做灌水试验，灌水高度必须到每根立管上部雨水斗”，因此，高层建筑如采用增厚耐压的塑料管材及配件，其管道系统（含管道、配件、伸缩节组成的系统）耐压不应小于雨水立管静压。超高层建筑屋面雨水排水立管建议采用金属管材，当超高层建筑屋面雨水排水立管采用钢塑复合管时，建议采用涂塑料管，因为钢管内衬的塑料管也有吸瘪的事例发生。

满管压力流雨水排水系统的立管上半部、悬吊干管、悬吊支管、连接管均处于负压状态，仅立管下半部至排出管处于正压状态。故满管压力流雨水排水系统应选抗负压性能强的管材，可采用高密度聚乙烯（HDPE）管、不锈钢管、涂塑钢管、镀锌钢管、铸铁管等管材。用于同一系统的管材（含与雨水斗相连的连接管）与管件，宜采用相同的材质。用于满管压力流排水的塑料管应经检测机构测试，其管材抗负压力应大于－80kPa。

5.2.40 地下车库出入口的明沟雨水集水池的有效容积，不应小于最大一台排水泵5min的出水量。集水池除满足有效容积外，尚应满足水泵设置、水位控制器等安装、检查要求。

【释义与实施要点】

地下车库出入口坡道大约有不大于80m²的露天受雨投影面积，这部分雨水经坡道终端明沟收集至雨水集水池，再用排水泵提升至室外雨水检查井。在选择排水泵时首先计算露天受雨面积上接纳的雨水流量，根据表5.3.12选用至少10年的当地设计暴雨强度，按本标准式（5.2.1）计算，其中径流系数Ψ取1。由于地下车库出入口坡道坡度为15%，且终端无溢流设施，故应将设计雨水量乘以系数1.5。如果地下车库出入口坡道毗邻高层建筑，则还应按本标准第5.2.7条计入侧墙面积上的雨水量。

由于地下车库出入口坡道受雨投影面积小，按不应小于最大一台排水泵5min的出水量计算出的雨水集水池可能偏小，故集水池的尺寸还应兼顾水泵设置、水位控制器等安装、检查要求所需空间。

5.3 小 区 雨 水

5.3.1 小区雨水排放应遵循源头减排的原则，宜利用地形高程采取有组织地表排水方式。

【释义与实施要点】

随着现代城市的发展，城市规模不断扩大，建设用地面积增加且连片蔓延，下垫面不透水性加剧，导致了降雨产流量增大，汇流加速，洪峰流量增加，传统的市政雨水系统越来越难以满足雨水排水需求。2014年2月《住房和城乡建设部城市建设司2014年工作要点》中指出："督促各地加快雨污分流改造，提高城市排水防涝水平，大力推行低影响开发建设模式，加快研究建设海绵型城市的政策措施"。国务院办公厅2015年10月印发了《关于推进海绵城市建设的指导意见》，部署推进海绵城市建设工作。要求到2020年城市建成区20%以上的面积达到目标要求。2030年城市建成区80%以上的面积达到目标要求。

海绵城市是指通过城市规划、建设的管控，综合采取"渗、滞、蓄、净、用、排"等技术措施，有效控制城市降雨径流，最大限度地减少城市开发建设行为对原有自然水文特征和水生态环境造成的破坏，使城市能够像"海绵"一样，在适应环境变化、抵御自然灾害等方面具有良好的"弹性"，实现自然积存、自然渗透、自然净化的城市发展方式，有利于达到修复城市水生态、涵养城市水资源、改善城市水环境、保障城市水安全、复兴城市水文化的多重目标。

海绵城市建设是一项综合性系统工程，需要建筑与小区、绿地、道路与广场、水务等多系统的共同参与、专业融合，各专业都要以水为核心，开展规划、建设和管理工作。

建筑与小区的屋面雨水、地面雨水排水是海绵城市建设的雨水源头之一，需要进行雨水控制及利用，实现源头减排的目标。

建筑与小区总体高程设计是有组织地面排水的重要环节，可有效引导雨水排水方向。在进行总体地面高程设计时，应优先考虑利用地形高程进行雨水排水，同时应采取技术措施，防止滑坡、水土流失、塌方、泥石流、地（路）面结冻等地质灾害发生。尽可能利用地形进行地面排水，对雨水采取渗透、储存、调节、转输和截污净化等技术措施，控制雨水进入雨水管渠系统的总量和污染负荷、削减峰值流量，将雨水尽可能滞留在小区内。雨水控制及利用工程设计、施工及验收应符合现行国家标准《建筑与小区雨水控制及利用工程技术规范》GB 50400 的规定。

给水排水专业设计人员应根据规划要求，与建筑专业共同确定工程项目的海绵建设目标，配合建筑专业、景观专业根据地形及排水方向进行小区高程设计，根据工程项目所在地域，因地制宜，以问题导向与目标导向相结合，选择适用的海绵技术措施。

5.3.2 小区雨水排水口应设置在雨水控制利用设施末端，以溢流形式排放；超过雨水径流控制要求的降雨溢流进入市政雨水管渠。

【释义与实施要点】

建筑与小区的屋面雨水、地面雨水等排水是海绵城市建设的雨水源头之一，需要进行雨水控制及利用，实现源头减排的目标。建筑小区的雨水排水口排入市政排水管道应根据小区规划、地形标高、市政雨水管渠和天然水体设计标高确定。新建小区内有雨水控制及利用时，小区雨水排水口应设置在雨水控制利用设施末端，以溢流形式排放；当降雨超过雨水径流控制要求时，降雨可溢流排至市政雨水管渠。改建小区内有雨水控制及利用时，小区雨水排水口应设置在雨水控制利用设施末端，超标雨水溢流排至市政雨水管渠。

5.3.3 小区必须设雨水管网时，雨水口的布置应根据地形、土质特征、建筑物位置设置。下列部位宜布置雨水口：

1 道路交汇处和路面最低点；

2 地下坡道入口处。

【释义与实施要点】

小区内道路交汇处和道路路面最低点，在这些容易积水的地方应布置雨水口及时排除雨水。

当小区内建有海绵设施时，可将道路雨水排入植草沟、绿地等，在植草沟或绿地最低处设置溢流雨水口，溢流排除海绵设施的雨水，以满足雨水控制及利用的要求。

地下坡道入口处是指地下室、半地下室或下沉式广场等从地面至地下的入口处。水往低处流，为避免雨水顺坡而下导致地下室、半地下室或下沉式广场等被雨水淹没或积水，在地下坡道入口处应结合建筑的挡水设计设置雨水口，这类雨水口应采用带格栅盖板的排水沟，排水沟的长度与入口同宽度，可以快速排除雨水，避免雨水进入地下室、半地下室或下沉式广场等。一般排水沟宽度不小于 300mm，深度不小于 500mm。

线性排水沟沟盖面为缝隙式，不便于快速排除大量雨水，故地下坡道入口处不建议采用线性排水沟。

5.3.4 下列场所宜设置排水沟：

1 室外广场、停车场、下沉式广场；

2 道路坡度改变处；

3 水景池周边、超高层建筑周边；

4 采用管道敷设时覆土深度不能满足要求的区域；

5 有条件时宜采用成品线性排水沟；

6 土壤等具备入渗条件时宜采用渗水沟等。

【释义与实施要点】

为排除地面雨水积水，除设置雨水口以外，本条规定了宜设置排水沟的场所，这些场所可以设置传统的带格栅盖板排水沟，也可以设置线性排水沟。

成品线性排水沟面板多为缝隙式且为不锈钢材质，外观美观，受建筑师、景观设计师青睐，但是比传统排水沟价格贵，故当建设造价允许时宜采用成品线性排水沟。成品线性排水沟排水能力应根据供应商提供的产品确定。

当小区内有雨水控制及利用的要求，且土壤等具备入渗条件时，宜采用渗水沟、渗水井等方式，让雨水尽可能渗入土壤，涵养地下水。

5.3.5 小区雨水管道布置应符合下列规定：

1 宜沿道路和建筑物的周边平行布置，且在人行道、车行道下或绿化带下；

2 雨水管道与其他管道及乔木之间最小净距，应符合本标准附录E的规定；

3 管道与道路交叉时，宜垂直于道路中心线；

4 干管应靠近主要排水建筑物，并应布置在连接支管较多的路边侧。

【释义与实施要点】

本条列出了小区内雨水管道布置原则。

雨水管道宜沿道路和建筑物的周边平行布置，尽可能布置在人行道、车行道下或绿化带下。

本标准附录E给出了小区雨水管道与其他管道、地下构筑物（如：热力管沟、其他管线的管沟）和乔木的最小净距的要求，净距指雨水管道外壁与其他管道外壁的距离。为保证各种管道、各种电缆安全使用和维护，不污染给水管道、热水管道等，故要求雨水管道与其他管道保留一定的距离。一般小区道路呈南北方向时，电力电缆布置在道路的东侧，通信电缆一般布置在道路的西侧；当小区道路呈东西方向时，电力电缆布置在道路的南侧，通信电缆一般布置在道路的北侧。电力电缆和通信电缆均应布置在人行道下。

当雨水管道需穿越道路时，管道应垂直于道路中心线，以最短距离穿越道路，便于管道的维护保养。

雨水干管应靠近主要排水建筑物，并应布置在连接雨水支管较多的路边侧。

当小区有雨水控制及利用设施时，雨水管道布置位置还需与其协调，充分发挥雨水控制及利用设施的作用。

5.3.6 小区雨水管道最小埋地敷设深度应根据道路的行车等级、管材受压强度、地基承载力等因素经计算确定，并应符合下列规定：

1 小区干道和小区组团道路下的管道，其覆土深度不宜小于0.70m；

2　当冬季管道内不会贮留水时，雨水管道可埋设在冰冻层内。

【释义与实施要点】

为了保证小区雨水管道正常使用，避免管道损坏，规定了雨水管道最小埋地敷设深度应根据道路的行车等级、管材的受压强度、地基承载力等因素经计算确定，并规定小区干道和小区组团道路下的雨水管道，最小埋地覆土深度不宜小于0.70m；雨水管道在人行道、绿化带下最小埋地敷设深度可略减小。

在寒冷地区，冬季下雪，埋地雨水管道为空管，只有在冬春转换季节气温在0℃以上时才会出现融雪水，此时节结冻土也逐渐消融解冻，不存在雨水管道结冻损害或塞流。当雨水管道埋设在冰冻层内时，应注意采用耐低温管材及连接方式。

5.3.7　雨水检查井设置应符合下列规定：

1　雨水管、雨水沟管径、坡度、流向改变时，应设雨水检查井连接；

2　雨水管在检查井连接，除有水流跌落差以外，宜采取管顶平接；

3　连接处的水流转角不得小于90°；当雨水管管径小于或等于300mm且跌落差大于0.3m时，可不受角度的限制；

4　小区排出管与市政管道连接时，小区排出管管顶标高不得低于市政管道的管顶标高；

5　雨水管道向景观水体、河道排水时，管内水位不宜低于水体的设计水位。

【释义与实施要点】

本条规定了雨水检查井的设置要求。室外雨水管道管径、坡度、流向改变时，需要通过雨水检查井进行转换，当雨水管道直线段长度超过本标准规定的雨水检查井的最大间距时，也应设置雨水检查井，以方便清通保养。

为保证雨水管道排水通畅，规定了室外雨水管通过检查井连接时，除有水流跌落差以外，尽可能采取管顶平接的方式，保证排水管道坡度。当管道标高受限时，可以采用水面平接方式。但是当小区排出管与市政管道连接时，必须采用管顶平接方式。

当雨水管道向景观水体、河道排水时，管内水面标高不宜低于水体的设计水位，并需要设计雨水排放口。

5.3.8　雨水检查井的最大间距可按表5.3.8确定。

表5.3.8　雨水检查井的最大间距

管径（mm）	最大间距（m）
160（150）	30
200～315（200～300）	40
400（400）	50
≥500（≥500）	70

注：括号内是埋地塑料管内径系列管径。

【释义与实施要点】

为便于清通养护雨水管道，保持通畅，规定了两个雨水检查井之间的最大距离，设计时应注意执行。

5.3.9 小区雨水排水系统宜选用埋地塑料管和塑料雨水排水检查井。

【释义与实施要点】

为促进我国化学建材和塑料管道的推广应用，国家行业主管部门先后出台了一批相关产业政策和推广文件；为配合国家大力推广应用化学建材和塑料管道，加速我国化学建材和塑料管道产业化进程，各地政府也先后出台了鼓励发展化学建材和塑料管道的政策文件。

建筑小区室外雨水管道和雨水检查井宜采用埋地塑料管和塑料雨水排水检查井，并应采用可靠的连接方式。管材环刚度的选择是埋地塑料管设计的一项重要指标，因此应从管道埋深、地面荷载、沟槽回填土的性质和压实系数以及施工荷载等方面综合考虑确定。对车行道下埋深小于1.0m的管道，还应考虑管道变形对路面的影响。埋地塑料管不应采用刚性基础。

现行国家或行业标准有：《埋地排水用硬聚氯乙烯（PVC-U）结构壁管道系统》GB/T 18477、《埋地用聚乙烯（PE）结构壁管道系统 第1部分：聚乙烯双壁波纹管材》GB/T 19472.1、《埋地用聚乙烯（PE）结构壁管道系统 第2部分：聚乙烯缠绕结构壁管材》GB/T 19472.2、《建筑小区排水用塑料检查井》CJ/T 233、《市政排水用塑料检查井》CJ/T 326、《塑料排水检查井应用技术规程》CJJ/T 209等，设计应执行相关规定。

5.3.10 小区雨水管道设计雨水量和设计降雨强度应按本标准第5.2.1条、第5.2.2条确定。

【释义与实施要点】

本标准第5.2.1条给出了小区雨水管道设计雨水流量计算公式；第5.2.2条规定设计暴雨强度应按当地或相邻地区暴雨强度公式计算确定。

5.3.11 小区雨水管道设计降雨历时应按式（5.3.11）计算：

$$t = t_1 + t_2 \tag{5.3.11}$$

式中：t——降雨历时（min）；

t_1——地面集水时间（min），视距离长短、地形坡度和地面铺盖情况而定，可选用5min～10min；

t_2——排水管内雨水流行时间（min）。

【释义与实施要点】

降雨历时计算公式引自现行国家标准《室外排水设计规范》GB 50014—2006（2016年版），该规范取消了原规范降雨历时计算公式中的折减系数m。

现行国家标准《室外排水设计规范》GB 50014—2006（2016年版）第3.2.5条规定："地面集水时间，应根据汇水距离、地形坡度和地面种类计算确定，一般采用5min～15min"。该条条文说明指出，近年来，我国许多地区发生严重内涝，给人民生活和生产造成了极不利影响，为防止或减少类似事件，有必要提高城镇排水管渠设计标准，而采用降雨历时计算公式中的折减系数降低了设计标准。发达国家一般不采用折减系数。为有效应对日益频发的城镇暴雨内涝灾害，提高我国城镇排水安全性，本次修订取消了折减系数。在地面平坦、地面种类接近、降雨强度相差不大的情况下，地面集水距离是决定集水时间长短的主要因素；地面集水距离的合理范围是 50m～150m，采集的集水时间为 5min～15min。

由于小区地域有限，地面集水距离不长，集水时间短，地貌变化小，故地面集水时间可选用 5min～10min。

5.3.12 小区雨水排水管道的排水设计重现期应根据汇水区域性质、地形特点、气象特征等因素确定，各种汇水区域的设计重现期不宜小于表 5.3.12 中的规定值。

表 5.3.12 各种汇水区域的设计重现期（a）

汇水区域名称	设计重现期
小区	3～5
车站、码头、机场的基地	5～10
下沉式广场、地下车库坡道出入口	10～50

注：下沉式广场设计重现期应由广场的构造、重要程度、短期积水即能引起较严重后果等因素确定。

【释义与实施要点】

本条规定了小区、车站、码头、机场的基地、下沉式广场、地下车库坡道出入口的雨水管渠设计重现期。如当地有其他要求时，小区、车站、码头、机场的基地等还应满足当地主管部门的要求。

下沉式广场有多种形式和功能，设计人员应根据广场的构造、重要程度、短期积水即能引起较严重后果等因素确定。如：下沉式广场与地铁站出入口、地下商场相连接时，属短期积水即能引起较严重后果的情况，故下沉式广场排水设计重现期应取上限值。

地下车库坡道出入口是阻拦室外地面雨水进入地下室的重要防线，故提高了排水设计重现期。

5.3.13 地面的雨水径流系数可按表 5.3.13 采用。

表 5.3.13 各类地面雨水径流系数

地面种类	Ψ
混凝土和沥青路面	0.90
块石路面	0.60
级配碎石路面	0.45
干砖及碎石路面	0.40
非铺砌地面	0.30
绿地	0.15

注：各种汇水面积的综合径流系数应加权平均计算。

【释义与实施要点】

表 5.3.13 各类地面雨水径流系数参照现行国家标准《室外排水设计规范》GB

50014—2006（2016年版）表3.2.2-1径流系数编制（见表19)。

表19 径流系数

地面种类	ψ
各种屋面、混凝土或沥青路面	0.85～0.95
大块石铺砌路面或沥青表面各种的碎石路面	0.55～0.65
级配碎石路面	0.40～0.50
干砌砖石或碎石路面	0.35～0.40
非铺砌土路面	0.25～0.35
公园或绿地	0.10～0.20

5.3.14 地面的雨水汇水面积应按水平投影面积计算。

【释义与实施要点】

本条对小区室外雨水汇水面积计算方法作出了规定，仅考虑按水平投影面积计算。

5.3.15 小区雨水管段设计流量应按本标准第5.3.10条～第5.3.14条，经计算确定，并应符合下列规定：

1 汇水面积应为汇入的地面、屋面面积和墙面面积。

2 墙面设计流量应按下列条件计算：

1） 当建筑高度大于或等于100m时，按夏季主导风向迎风墙面1/2面积作为有效汇水面积；

2） 径流系数取1.0；

3） 设计重现期与小区雨水设计重现期相同。

3 其综合径流系数按各类地面（含屋面）的加权平均值。

4 汇合管段中集流时间应取长者。

【释义与实施要点】

本条规定了小区雨水管段设计流量计算方法，并规定了超高层建筑墙面面积雨水排水计算参数。要求在超高层建筑周围设置排水沟，排除墙面雨水，排水沟的做法应与建筑和景观专业配合，既可快速排除雨水，又不影响美观和整体效果。建筑高度小于或等于100m时，可不考虑墙面雨水排水量。

5.3.16 小区雨水管道宜按满管重力流设计，管内流速不宜小于0.75m/s。

【释义与实施要点】

本条参考现行国家标准《室外排水设计规范》GB 50014—2006（2016年版）第4.1.7条、第4.2.4条、第4.2.7条的规定编制。排水管渠系统的设计应以重力流为主，不设或少设提升泵站，当无法采用重力流或采用重力流不经济时，可采用压力流。

5.3.17 小区雨水管道的最小管径和横管的最小设计坡度应按表5.3.17确定。

表 5.3.17 小区雨水管道的最小管径和横管的最小设计坡度

管别	最小管径（mm）	横管最小设计坡度
小区建筑物周围雨水接户管	200（200）	0.0030
小区道路下干管、支管	315（300）	0.0015
建筑物周围明沟雨水口的连接管	160（150）	0.0100

注：表中括号内数值是埋地塑料管内径系列管径。

【释义与实施要点】

本条参考现行国家标准《室外排水设计规范》GB 50014—2006（2016 年版）第4.2.10 条中表 4.2.10 的规定编制。

重力流雨水管道的最小设计坡度可按满管流下的自清流速 0.75m/s 控制。

5.3.18 与建筑连通的下沉式广场地面排水当无法重力排水时，应设置雨水集水池和排水泵提升排至室外雨水检查井。

【释义与实施要点】

当下沉式广场地面低于室外地面，地面雨水排水无法直接纳入小区重力流雨水管道时，下沉式广场地面排水需要设置雨水集水池和排水泵提升至室外雨水检查井，纳入小区雨水管道系统。

当下沉式广场地面雨水排水可以直接纳入小区重力流雨水管道时，应直接排至室外雨水检查井。

5.3.19 雨水集水池和排水泵设计应符合下列规定：

1 排水泵的流量应按排入集水池的设计雨水量确定；

2 排水泵不应少于 2 台，不宜大于 8 台，紧急情况下可同时使用；

3 雨水排水泵应有不间断的动力供应；

4 下沉式广场地面排水集水池的有效容积，不应小于最大一台排水泵 30s 的出水量，并应满足水泵安装和吸水要求；

5 集水池除满足有效容积外，还应满足水泵设置、水位控制器等安装、检查要求。

【释义与实施要点】

本条参照现行国家标准《室外排水设计规范》GB 50014—2006（2016 年版）编制。当小区雨水排水无法采用重力流排至室外雨水检查井时，需要设置雨水集水池和排水泵。有条件时，也可以采用集成地埋式的一体化预制泵站，并应执行相关国家或地方现行标准。

排水泵设计流量应按本标准第 5.2.1 条、第 5.2.2 条计算。排水泵扬程计算应满足雨水排水提升高度的要求，并附加 2m 流出水头。

集水池的设计最高水位应低于雨水管（渠）管（渠）底，保证雨水管（渠）不产生淹没出流。集水池的设计最低水位应满足排水泵吸水头的要求，自灌式泵房尚应满足水泵叶轮浸没深度的要求；当采用潜水排水泵时，应满足潜水排水泵最低水位的要求。当雨水管（渠）进水管沉砂较多时，宜在集水池前设沉砂设施和清砂设备。

一体化预制泵站采用全地下式，具有占地面积小、施工周期短等特点。井筒内部包括集水池、格栅、水泵和电机、管路系统、阀门、仪表、液位控制设备以及操作维修设施等。

5.3.20 当市政雨水管无法全部接纳小区雨水量时，应设置雨水贮存调节设施。

【释义与实施要点】

雨水调蓄是雨水调节和储蓄的统称。雨水调节是指在降雨期间暂时储存一定量的雨水，削减向下游排放的雨水峰值流量，延长排放时间，实现削减峰值流量的目的。雨水储蓄是指对径流雨水进行储存、滞留、沉淀、蓄渗或过滤以控制径流总量和峰值，实现径流污染控制和回收利用的目的。在非降雨时期应排放雨水调蓄部分，以便储存下一场降雨需要调蓄的雨水量。

现行国家标准《室外排水设计规范》GB 50014—2006（2016 年版）第 3.2.2 条规定："综合径流系数高于 0.7 的地区应采取渗透、调蓄等措施"。在小区内进行源头控制，综合径流系数大于 0.7 时，结合雨水控制及利用等措施，达到雨水调蓄目的，减缓市政雨水排水设施压力。

5.3.21 雨水调蓄池的建设宜与雨水利用设施、景观水池、绿化和雨水泵站等设施统筹考虑。

【释义与实施要点】

雨水调蓄可分为水体调蓄工程、绿地广场调蓄工程、调蓄池等。小区内有多种方法可实现雨水调蓄，可以与雨水控制及利用海绵设施相结合，如下凹式绿地、雨水花园、湿塘等；也可以与景观水池相结合，但是景观水池应有可满足调蓄要求的有效容积；还可以与雨水泵站建设相结合，设置雨水调蓄池等。

5.3.22 雨水调蓄池的有效容积应根据当地降雨特征和建设基地规划控制综合径流系数，按现行国家标准《城镇雨水调蓄工程技术规范》GB 51174 和《建筑与小区雨水控制及利用工程技术规范》GB 50400 的规定确定。

【释义与实施要点】

雨水调蓄应遵循低影响开发理念，结合当地降雨特征和建设基地规划控制要求，充分利用自然蓄排水设施，合理建设。雨水调蓄工程应设置警示牌和相应的安全防护措施。

现行国家标准《城镇雨水调蓄工程技术规范》GB 51174—2017 第 3.1.1 条规定："雨水调蓄设施的设计调蓄量应根据雨水设计流量和调蓄设施的主要功能，经计算确定"。第 3.1.3 条规定了计算方法和计算公式。

现行国家标准《建筑与小区雨水控制及利用工程技术规范》GB 50400—2016 第 1.0.5 条规定："规划和设计阶段文件应包括雨水控制及利用内容。雨水控制及利用设施应与项目主体工程同时规划设计，同时施工，同时使用"。第 3.1.3 条规定了计算方法和计算公式。

5.3.23 雨水调蓄池宜设于室外。当雨水调蓄池设于地下室时，应在室外设有超调蓄能力的溢流措施。

【释义与实施要点】

雨水调蓄池设于地下室或半地下室时，当超设计重现期的雨水来临或其他不安全因素发生时，雨水调蓄池有可能产生溢流，泛水至地下室或半地下室，造成积水或淹没，产生事故。所以雨水调蓄池设于地下室或半地下室存在一定的安全风险。

为避免雨水淹没地下室或半地下室的事故发生，要求雨水调蓄池尽可能设在室外，不设在地下室或半地下室。

当无法避免雨水调蓄池设于地下室或半地下室时，应在室外设置超调蓄能力的溢流措施，将风险置于室外。

6 热水及饮水供应

6.1 一 般 规 定

6.1.1 热水供应系统应在满足使用要求水量、水质、水温和水压的条件下节约能源、节约用水。

【释义与实施要点】

随着社会的发展和人们需求的提高，生活热水已成为人们生活不可缺少的部分，因此设计热水供应系统首先应满足人们的使用要求，即要保证使用者对热水水量、水质、水温和水压的要求，又要注意节能、节水。而节能、节水是我国乃至全世界的一项重要策略，据有关资料分析，生活热水的能耗约占整个民用建筑能耗的30%，热水的耗量约占全部生活用水量的30%～60%，因此，热水系统的节能、节水是关系到全社会节能、节水的不可忽视的部分。

一个合理的热水供应系统的设计应该是在满足使用要求的条件下具有有效合理的节能节水措施。

实施要点：

(1) 按当地水资源条件合理选用热水用水定额；

(2) 按当地给水水质情况及用户用热水要求合理选用灭菌设施和阻垢缓蚀处理设施；

(3) 根据使用要求设定合理的热水水温；

(4) 根据使用要求控制使用舒适、节水效果明显的供水压力，控制配水点处冷热水压力平衡；

(5) 采取有效合理的措施保证集中热水供应系统的循环效果，做到配水点处出热水时间满足本标准第6.3.10条的要求。

6.1.2 热水系统所采用的设备、设施、阀门、管道、附件等应保证系统的安全、可靠使用。

【释义与实施要点】

保证热水供应系统的安全、可靠使用主要有如下三个方面的内容：

(1) 水加热部分：水加热设备或设施是热水供应系统的核心，它与电、燃气、燃油、蒸汽等热源密切相关，燃油、燃气热水机组或锅炉及导流型容积式水加热器、半容积式水加热器、半即热式水加热器等均有特殊安全要求或为压力容器的设备，因此设计选用这些设备设施时，安全措施一定要到位。

(2) 热媒管道和热水供水、循环管道部分：热媒管道中的介质温度一般为70℃～200℃，热水管道中的水温一般为45℃～70℃。设计这些管道时应选择相应的耐温管材、管件及附件，还应采取相应的防止管道热胀冷缩的措施和释放膨胀量保证系统安全使用的措施。

（3）热水配水终端部分：设置热水供应系统的最终目的是保证配水点处使用者用水安全舒适，其设计要点是采取措施保证配水点出水水温合适、水压稳定、杜绝烫伤人的事故。

实施要点：

（1）选用安全、可靠的水加热设备或设施，设备机房、附属设施等严格按设备的要求配置。

（2）按热媒、热水温度选择管道管材及阀门、管件、附件，配置膨胀罐、膨胀管及安全阀等安全设施。

（3）控制热水配水终端配水点处冷热水压力平衡、稳定，选用恒温混合阀等阀件保证配水点处合适的水温。

6.2 用水定额、水温和水质

6.2.1 热水用水定额应根据卫生器具完善程度和地区条件，按表 6.2.1-1 确定。卫生器具的一次和小时热水用水定额及水温应按表 6.2.1-2 确定。

表 6.2.1-1 热水用水定额

序号	建筑物名称		单位	用水定额（L）		使用时间（h）
				最高日	平均日	
1	普通住宅	有热水器和沐浴设备	每人每日	40～80	20～60	24
		有集中热水供应（或家用热水机组）和沐浴设备		60～100	25～70	
2	别墅		每人每日	70～110	30～80	24
3	酒店式公寓		每人每日	80～100	65～80	24
4	宿舍	居室内设卫生间	每人每日	70～100	40～55	24 或定时供应
		设公用盥洗卫生间		40～80	35～45	
5	招待所、培训中心、普通旅馆	设公用盥洗室	每人每日	25～40	20～30	24 或定时供应
		设公用盥洗室、淋浴室		40～60	35～45	
		设公用盥洗室、淋浴室、洗衣室		50～80	45～55	
		设单独卫生间、公用洗衣室		60～100	50～70	
6	宾馆客房	旅客	每床位每日	120～160	110～140	24
		员工	每人每日	40～50	35～40	8～10
7	医院住院部	设公用盥洗室	每床位每日	60～100	40～70	24
		设公用盥洗室、淋浴室		70～130	65～90	
		设单独卫生间		110～200	110～140	
		医务人员	每人每班	70～130	65～90	8
	门诊部、诊疗所	病人	每病人每次	7～13	3～5	8～12
		医务人员	每人每班	40～60	30～50	8
		疗养院、休养所住房部	每床位每日	100～160	90～110	24

续表 6.2.1-1

序号	建筑物名称		单位	用水定额（L）		使用时间（h）
				最高日	平均日	
8	养老院、托老所	全托	每床位每日	50～70	45～55	24
		日托		25～40	15～20	10
9	幼儿园、托儿所	有住宿	每儿童每日	25～50	20～40	24
		无住宿		20～30	15～20	10
10	公共浴室	淋浴	每顾客每次	40～60	35～40	12
		淋浴、浴盆		60～80	55～70	
		桑拿浴（淋浴、按摩池）		70～100	60～70	
11	理发室、美容院		每顾客每次	20～45	20～35	12
12	洗衣房		每千克干衣	15～30	15～30	8
13	餐饮业	中餐酒楼	每顾客每次	15～20	8～12	10～12
		快餐店、职工及学生食堂		10～12	7～10	12～16
		酒吧、咖啡厅、茶座、卡拉OK房		3～8	3～5	8～18
14	办公楼	坐班制办公	每人每班	5～10	4～8	8～10
		公寓式办公	每人每日	60～100	25～70	10～24
		酒店式办公		120～160	55～140	24
15	健身中心		每人每次	15～25	10～20	8～12
16	体育场（馆）	运动员淋浴	每人每次	17～26	15～20	4
17	会议厅		每座位每次	2～3	2	4

注：1 表内所列用水定额均已包括在本标准表 3.2.1、表 3.2.2 中。
2 本表以 60℃热水水温为计算温度，卫生器具的使用水温见表 6.2.1-2。
3 学生宿舍使用 IC 卡计费用热水时，可按每人每日最高日用水定额 25L～30L、平均日用水定额 20L～25L。
4 表中平均日用水定额仅用于计算太阳能热水系统集热器面积和计算节水用水量。

表 6.2.1-2 卫生器具的一次和小时热水用水定额及水温

序号	卫生器具名称			一次用水量（L）	小时用水量（L）	使用水温（℃）
1	住宅、旅馆、别墅、宾馆、酒店式公寓	带有淋浴器的浴盆		150	300	40
		无淋浴器的浴盆		125	250	
		淋浴器		70～100	140～200	37～40
		洗脸盆、盥洗槽水嘴		3	30	30
		洗涤盆（池）		—	180	50
2	宿舍、招待所、培训中心	淋浴器	有淋浴小间	70～100	210～300	37～40
			无淋浴小间	—	450	
		盥洗槽水嘴		3～5	50～80	30

续表 6.2.1-2

序号	卫生器具名称			一次用水量（L）	小时用水量（L）	使用水温（℃）
3	餐饮业	洗涤盆（池）		—	250	50
		洗脸盆	工作人员用	3	60	30
			顾客用	—	120	
		淋浴器		40	400	37～40
4	幼儿园、托儿所	浴盆	幼儿园	100	400	35
			托儿所	30	120	
		淋浴器	幼儿园	30	180	
			托儿所	15	90	
		盥洗槽水嘴		15	25	30
		洗涤盆（池）		—	180	50
5	医院、疗养院、休养所	洗手盆		—	15～25	35
		洗涤盆（池）			300	50
		淋浴器			200～300	37～40
		浴盆		125～150	250	40
6	公共浴室	浴盆		125	250	40
		淋浴器	有淋浴小间	100～150	200～300	37～40
			无淋浴小间	—	450～540	
		洗脸盆		5	50～80	35
7	办公楼	洗手盆		—	50～100	35
8	理发室、美容院	洗脸盆		—	35	35
9	实验室	洗脸盆		—	60	50
		洗手盆			15～25	30
10	剧场	淋浴器		60	200～400	37～40
		演员用洗脸盆		5	80	35
11	体育场馆	淋浴器		30	300	35
12	工业企业生活间	淋浴器	一般车间	40	360～540	37～40
			脏车间	60	180～480	40
		洗脸盆	一般车间	3	90～120	30
		盥洗槽水嘴	脏车间	5	100～150	35
13	净身器			10～15	120～180	30

注：1 一般车间指现行国家标准《工业企业设计卫生标准》GBZ 1 中规定的 3、4 级卫生特征的车间，脏车间指该标准中规定的 1、2 级卫生特征的车间。

2 学生宿舍等建筑的淋浴间，当使用 IC 卡计费用水时，其一次用水量和小时用水量可按表中数值的 25%～40%取值。

【释义与实施要点】

热水用水定额的选值，关系到整个热水供应系统的水加热设备、设施选用的正确合理性，与系统的供水安全可靠、节水、节能密切相关。设计应结合不同的热水供应系统要求和不同的地区选择合理的热水用水定额。

实施要点：

（1）缺水地区、城市应选表 6.2.1-1 中的热水用水定额低值；

（2）表 6.2.1-1 与表 3.2.1、表 3.2.2 生活用水对应增加了平均日热水用水定额，此定额值系参照现行国家标准《民用建筑节水设计标准》GB 50055—2010 中的热水平均日节水用水定额编制的。它仅适用于计算太阳能热水系统的集热器面积和节水设计中年节水用水量的计算。

6.2.2 生活热水的原水水质应符合现行国家标准《生活饮用水卫生标准》GB 5749 的规定，生活热水的水质应符合现行行业标准《生活热水水质标准》CJ/T 521 的规定。

【释义与实施要点】

本条规定了生活热水的原水及热水的水质标准。

（1）生活热水的原水一般均为市政自来水，其水质由当地水务部门和自来水公司监管保证。当采用自备水源或地热水作为热水原水时，应按现行国家标准《生活饮用水卫生标准》GB 5749 的规定作相应的处理，使原水水质达到该标准的要求。

（2）现行行业标准《生活热水水质标准》CJ/T 521—2018 是中国建筑设计院有限公司热水课题组在调研总结我国现有热水供应存在水质问题的基础上借鉴国外相关经验及先进技术，并在国内有关卫生防疫部门的支持下制定出来的，其主要指标及限值见表 20。

表 20　生活热水水质常规指标及限值

项目		限值	备注
常规指标	水温（℃）	≥46	
	总硬度（以 $CaCO_3$ 计）（mg/L）	≤300	
	浑浊度（NTU）	≤2	
	耗氧量（COD_{Mn}）（mg/L）	≤3	
	溶解氧 *（DO）（mg/L）	≤8	
	总有机碳 *（TOC）（mg/L）	≤4	
	氯化物 *（mg/L）	≤200	
	稳定指数 *（Ryznar Stability Index，R. S. I）	6.0<R. S. I.≤7.0	需检测：水温、溶解性总固体、钙硬度、总碱度、pH 值
微生物指标	菌落总数（CFU/mL）	≤100	
	异养菌数 *（HPC）（CFU/mL）	≤500	
	总大肠菌群（MPN/100mL 或 CFU/100mL）	不得检出	
	嗜肺军团菌	不得检出	采样量 500mL

注：稳定指数计算方法参见《生活热水水质标准》CJ/T 521—2018 附录 A。

* 指标为试行。试行指标于 2019 年 1 月 1 日起正式实施。

设计集中热水供应系统时应按本标准第6.2.3条、第6.2.4条的规定采取相应措施保证热水水质。

6.2.3 集中热水供应系统的原水的防垢、防腐处理，应根据水质、水量、水温、水加热设备的构造、使用要求等因素经技术经济比较，并按下列规定确定：

1 洗衣房日用热水量（按60℃计）大于或等于10m^3且原水总硬度（以碳酸钙计）大于300mg/L时，应进行水质软化处理；原水总硬度（以碳酸钙计）为150mg/L～300mg/L时，宜进行水质软化处理；

2 其他生活日用热水量（按60℃计）大于或等于10m^3且原水总硬度（以碳酸钙计）大于300mg/L时，宜进行水质软化或阻垢缓蚀处理；

3 经软化处理后的水质总硬度（以碳酸钙计），洗衣房用水宜为50mg/L～100mg/L；其他用水宜为75mg/L～120mg/L；

4 水质阻垢缓蚀处理应根据水的硬度、温度、适用流速、作用时间或有效管道长度及工作电压等，选择合适的物理处理或化学稳定剂处理方法；

5 当系统对溶解氧控制要求较高时，宜采取除氧措施。

【释义与实施要点】

（1）本条对热水原水的总硬度及相应的处理措施作出了规定。

（2）原水的水质软化一般均采用离子交换法，常用的设备为软水器，它是通过软水器中的钠离子置换原水中形成水垢的钙、镁离子来达到软水的目的。

由于采用离子交换法软水是一个水处理系统工程，如采用常规的处理设备与工艺流程，对于民用建筑的生活热水系统较难实施。国内原有采用这种工艺处理的系统，因维护管理不到位而中途停用。因此，本指南推荐采用带混合流量调节器的全自动软水器，以保证可靠的运行。

（3）原水的阻垢缓蚀处理有磁水器、电子水处理器等物理处理方法也有聚磷酸盐等药剂处理法，这些方法均有相应的处理条件和水质要求，选用时应作调研。

6.2.4 集中热水供应系统的水加热设备出水温度不能满足本标准第6.2.6条的要求时，应设置消灭致病菌的设施或采取消灭致病菌的措施。

【释义与实施要点】

1. 本条系新编条款，其新编理由如下：

（1）落实现行国家标准《城镇给水排水技术规范》GB 50788—2012中“3.7.2 建筑热水供应应保证用水终端的水质符合现行生活饮用水水质标准的要求”；

（2）为保证现行行业标准《生活热水水质标准》CJ/T 521—2018中规定的水质标准而需采取的措施。

2. 编制依据

现有集中热水供应系统水质存在较大问题

生活给水作为生活热水水源时，虽然其水质符合现行国家标准《生活饮用水卫生标准》GB 5749—2006的要求，但生活给水在经过加热设备加热、热水管道输送和用水器具使用的过程中，随着温度的升高，三卤甲烷含量增加、电导率升高、余氯降低，可能导致有机物和微生物数量的增加，产生军团菌及其他致病菌，从而降低了生活热水系统的水质安全，使其不符合现行国家标准《生活饮用水水质标准》GB 5749—2006 的要求。

中国建筑设计研究院有限公司热水课题组对 14 个项目（包含住宅小区、高级宾馆、医院及高校）的采样点进行样品采集检测的结果显示，有 85.71%的热水系统末端出水水温低，出水 TOC（总有机碳）、DOC（溶解性有机碳）、COD_{Mn}（化学需氧量）、UV_{254}（有机物在 254nm 波长紫外光下的吸光度）的平均检测值均高于生活给水系统，表明生活热水中有机物含量升高，为微生物大量繁殖提供了条件，危及热水系统水质安全。

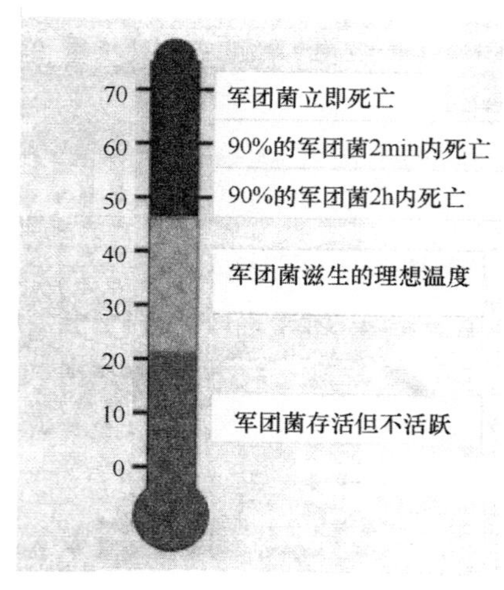

图 7　军团菌滋生死亡与热水水温关系图示

同时调查结果显示，热水系统中的细菌总数和异养菌（以有机碳为养料的细菌，也称 HPC，采用 R2A 培养基在 20℃～28℃下培养 7d 进行平板计数）总数明显高于生活给水系统。按照美国环保署市政给水（相当于我国生活给水）异养菌总数限值应不大于 500CFU/mL 的水质标准要求，14 个采样点的生活热水异养菌含量合格率仅为 14.29%。异养菌总数高于 1000CFU/mL 的采样点多达 11 个，占总样品数的 78.57%。此外，国外大量文献指出，含有大量细菌和有机物的生活给水进入生活热水系统后，在水温≤40℃的管段内，细菌生长繁殖速率加快，微生物污染风险增大。图 7 为国外文献刊载的军团菌滋生死亡与热水水温关系图示，从图中可以看出：水温为 30℃～40℃是军团菌最理想的繁殖环境，而我国大多数集中热水供应系统水温过低，如此次采样检测的 14 个用水点热水的平均水温为 37.15℃，更突显出我国集中热水供应系统存在水质不安全的问题。

3. 生活热水系统消毒装置

为了解决上述热水系统存在的水质问题，热水课题组在借助国外先进消毒技术的基础上开发研制了两项消毒新技术及其设备：银离子消毒器、紫外光催化二氧化钛（AOT）消毒。两种装置的消毒原理及适用条件如下：

（1）紫外光催化二氧化钛（AOT）消毒装置

紫外光催化二氧化钛（AOT）消毒装置的消毒机理是，将 TiO_2 光催化剂附载在金属 Ti 表面，将组成的光催化膜（TiO_2/Ti）固定在紫外光源周围。光催化膜（TiO_2/Ti）在紫外灯的照射下，产生的羟基自由基·OH 会碰撞微生物表面，夺取微生物表面的一个氢原子，被夺取氢原子的微生物结构被破坏后分解死亡，羟基自由基在夺取氢原子之后变成水分子，不会污染水质。

经试验实测，此装置的消毒时间为 0.8s 时，嗜肺军团菌的灭活率为 99.999%；消毒时间为 1.2s 时，细菌总数、异养菌和嗜肺军团菌的灭活率分别达到 97.1%、96.9%和 100%；消毒时间为 2.0s 时，细菌总数、异养菌和嗜肺军团菌的灭活率分别达到 99.4%、98.4%和 100%。

由于 AOT 消毒装置高级氧化作用的无选择性，在消毒杀菌方面具有很好的效果，因此它适用于各种生活热水系统。AOT消毒装置在系统中的安装图示如图8、图9所示。

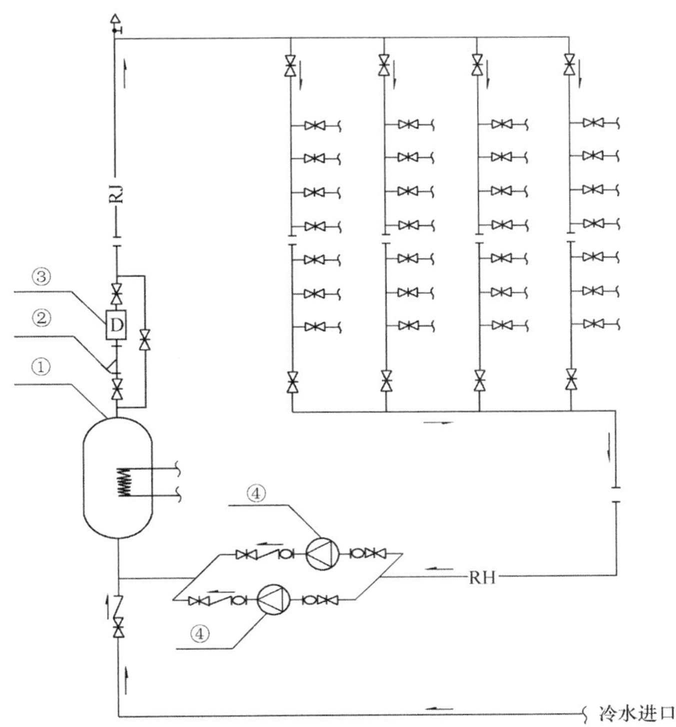

图8 AOT消毒装置在系统中的安装位置图示

①—水加热设备；②—过滤器；③—灭菌消毒装置（AOT）；④—系统循环泵

（2）银离子消毒器

在水中银离子是一种无色、无味、无刺激、无污染的“绿色灭菌制品”，通过与细胞内物质结合从而破坏细胞的部分生理功能，致使细菌等微生物失去活性而死亡。部分银离子还会从失去活性的菌体中游离出来，再与其他细菌接触，重复进行灭活作用，因此其消毒效果持久。热水循环系统通过采用银离子消毒器灭菌的试验结果显示，当银离子平均浓度为0.05mg/L时，灭菌80min后细菌总数和异养菌的检出率已低于100CFU/mL，达到了现行国家标准《生活饮用水卫生标准》GB 5749—2006的相关要求。当银离子平均浓度为0.04mg/L时，对军团菌浓度为2.53×10^4CFU/mL的小型热水试验系统进行灭菌测试，经90min循环后，灭活率大于99%。而当银离子平均浓度为0.11mg/L时，在试验系统军团菌平均浓度为1.2×10^3CFU/mL的条件下，灭菌210min后，军团菌的检测值为0。银离子消毒器在系统中的安装图示如图9所示。

（3）采用高温消毒措施

热水系统中热水定期升温至60℃～70℃，可在2min～30min内杀死系统内的致病菌。据资料介绍，欧洲一些国家采用的集中热水供应系统升温消毒灭菌有如下三种措施：①热水正常供水温度为50℃时，采用夜间升温至60℃，持续30min灭菌；②热水正常供水温度为55℃时，采用升温至65℃，持续8h灭菌，一般在系统刚运行或维修后进行；③热水正常供水温度为50℃～55℃时，采用一周一次升温至70℃，持续2min灭菌。目前国内集

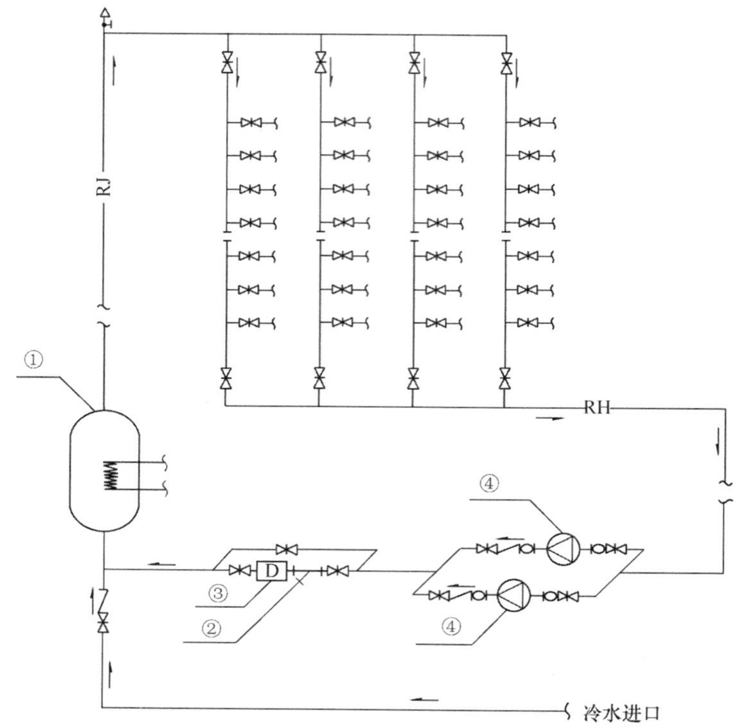

图 9　AOT 或银离子消毒器在系统中的安装位置图示

①—水加热设备；②—过滤器；③—灭菌消毒装置（AOT 或银离子消毒器）；④—系统循环泵

注：1. 图 8 适用于医院、疗养院、养老院、幼儿园等环境条件较差、水质易受细菌污染或对卫生要求较高场所的集中热水供应系统，但选用的灭菌消毒装置的水头损失应＜1.0m。图 9 适用于无上述特殊要求的集中热水供应系统。

2. AOT 适用于图 8 和图 9 两种图示，银离子消毒器适用于图 9 图示。

中热水供应系统应用高温消毒的实例尚少。当系统需采取高温消毒方法时应满足热源到位、阀件到位、控制到位、管理到位的使用条件。

4. 为集中热水供应系统补水的给水系统设有二次消毒设备者，集中热水供应系统仍应按本条设灭菌消毒设施或采取消毒措施。

6.2.6 集中热水供应系统的水加热设备出水温度应根据原水水质、使用要求、系统大小及消毒设施灭菌效果等确定，并应符合下列规定：

1 进入水加热设备的冷水总硬度（以碳酸钙计）小于 120mg/L 时，水加热设备最高出水温度应小于或等于 70℃；冷水总硬度（以碳酸钙计）大于或等于 120mg/L 时，最高出水温度应小于或等于 60℃；

2 系统不设灭菌消毒设施时，医院、疗养所等建筑的水加热设备出水温度应为 60℃～65℃，其他建筑水加热设备出水温度应为 55℃～60℃；系统设灭菌消毒设施时水加热设备出水温度均宜相应降低 5℃；

3 配水点水温不应低于 45℃。

【释义与实施要点】

本条对原规范相应条款作了修改和补充。其理由主要是满足现行行业标准《生活热水水质标准》CJ/T 521—2018 的要求。

本标准第 6.2.4 条【释义与实施要点】中给出了热水水温与致病菌滋生死亡的关系说明，控制适当的热水供水水温是灭菌保证热水水质的重要措施，但是热水供水水温过高不仅有可能引起烫伤事故，增大系统热损失引起的能耗，还会大大加速设备、管道的结垢和腐蚀。因此供水水温的确定既要考虑灭菌保证水质安全又要考虑系统阻垢缓蚀、节能的因素。本条据此作了条文中的 3 款具体规定。

实施要点：

（1）收集当地包含总硬度（以碳酸钙计）值的自来水水质资料，并按其指标根据本条第 1 款的规定设定水加热设备的最高出水温度值。

（2）根据热源、热媒条件设定水加热设备的合理出水温度。当用热泵供热水或城市热网夏季供低温热媒水换热供热水时，水加热设备出水温度应控制在不低于 50℃。

（3）当水加热设备出水温度不满足本条第 2 款的要求时，系统应设灭菌消毒设施。

（4）做好水加热设备及管道保温，保证系统循环效果方可满足本条第 3 款“配水点水温不应低于 45℃”的要求。

6.3　热水供应系统选择

6.3.1　集中热水供应系统的热源应通过技术经济比较，并应按下列顺序选择：

1　采用具有稳定、可靠的余热、废热、地热，当以地热为热源时，应按地热水的水温、水质和水压，采取相应的技术措施处理满足使用要求；

2　当日照时数大于 1400h/a 且年太阳辐射量大于 $4200MJ/m^2$ 及年极端最低气温不低于−45℃的地区，采用太阳能，全国各地日照时数及年太阳能辐照量应按本标准附录 H 取值；

3　在夏热冬暖、夏热冬冷地区采用空气源热泵；

4　在地下水源充沛、水文地质条件适宜，并能保证回灌的地区，采用地下水源热泵；

5　在沿江、沿海、沿湖、地表水源充足、水文地质条件适宜，以及有条件利用城市污水、再生水的地区，采用地表水源热泵；当采用地下水源和地表水源时，应经当地水务、交通航运等部门审批，必要时应进行生态环境、水质卫生方面的评估；

6　采用能保证全年供热的热力管网热水；

7　采用区域性锅炉房或附近的锅炉房供给蒸汽或高温水；

8　采用燃油、燃气热水机组、低谷电蓄热设备制备的热水。

【释义与实施要点】

本条规定了集中热水供应系统热源选择的基本原则。

节约资源是我国的基本国策。国家实施节约与开发并举、把节约放在首位的能源发展战略。根据资料显示，建筑能耗占我国能源消费总量的比例已近 30%。在建筑能耗中，热水供应系统是建筑给水排水中的主要耗能系统，因此，集中热水供应系统热源的合理选择对节能降耗有重要意义。设计集中热水供应系统时，应对项目的能源和环境条件、使用要求等进行分析，全面考虑，选择合适的热源。

（1）在“稳定、可靠”的前提下，热源应优先利用余热、废热、地热。

利用余热、废热或地热作为热源时，为了保证热水系统供水可靠性，首先应确认热源的稳定和可靠，以避免因热源不稳定导致需要增设加热系统、增加系统控制复杂性和运行管理难度，影响节能效果。

余热指工业余热、集中空调系统制冷机组排放的冷凝热、蒸汽凝结水热量等。余热利用主要是指通过利用工业余热加热生活热水，利用集中空调系统制冷机组排放的冷凝热、蒸汽凝结水热量加热或预热生活热水。工业余热、废热的利用，多见于大中型工矿企业的生活区。在热电厂、工厂等具有废热资源的区域，可考虑源自热电厂、工厂的废气、烟气、高温无毒废液等废热通过锅炉或换热器换热成蒸汽或高温热水作为集中热水供应系统的热源，变废为宝，达到能源梯级利用、降低能耗、节约资源的目的。

按照《中华人民共和国可再生能源法》第二条的规定“本法所称可再生能源，是指风能、太阳能、水能、生物质能、地热能、海洋能等非化石能源”，地热能属于可再生能源，是一种清洁能源。地热资源丰富且允许开发的地区，在有条件开采、利用地热资源时，可将地热能作为热源或直接供给生活热水。地热能的利用应根据地热资源的温度高低，在梯级开发、综合利用的基础上，充分利用地热水的能量和水量，如：利用地热发电后再用于供暖，地热水用于理疗或生活用水后再用于养殖业和农田灌溉等。同时，由于各地地质及地热生成条件的差异，地热的利用应根据当地地热水的水温、水质、水量和水压，采取相应的技术措施以使其满足使用需求。当地热水水质对金属管道或设备会有腐蚀时，水泵、管道和储水设备等应选用耐腐蚀材质或采取防腐蚀措施；当地热水水量不满足设计秒流量相应的耗热量需求时，应设置储存调节设施；当地热水压力不能满足用水点水压要求时，应设置加压提升或输送设施。地热水用于生活用水，主要是利用其富含对人体有益的微量元素的特点，作为温泉水进行泡澡、理疗，以及经适当处理后生产矿泉水。不符合饮用水水质标准的温泉水不应作为淋浴、洗脸、洗衣、餐饮等生活用水。地热水直接供给生活热水时，应按地热水的水温、水压和水质，采取相应的升温、降温或降低水中不符合生活热水水质卫生指标物质的水处理等技术措施，保证供水和用水安全。

（2）我国将可再生能源的开发利用列为能源发展的优先领域。在可再生能源建筑应用中，又以太阳能和地热能利用为主。《中华人民共和国可再生能源法》《中华人民共和国节约能源法》《民用建筑节能条例》等法规中都有相关条文，从国家层面鼓励利用太阳能，如《中华人民共和国节约能源法》第四十条明确：“国家鼓励在新建建筑和既有建筑节能改造中使用新型墙体材料等节能建筑材料和节能设备，安装和使用太阳能等可再生能源利用系统”；《中华人民共和国可再生能源法》第十七条规定：“国家鼓励单位和个人安装和使用太阳能热水系统、太阳能供热采暖和制冷系统、太阳能光伏发电系统等太阳能利用系统”；《民用建筑节能条例》（中华人民共和国国务院令第 530 号）第四条要求：“国家鼓励和扶持在新建建筑和既有建筑节能改造中采用太阳能、地热能等可再生能源。在具备太阳能利用条件的地区，有关地方人民政府及其部门应当采取有效措施，鼓励和扶持单位、个人安装使用太阳能热水系统、照明系统、供热系统、采暖制冷系统等太阳能利用系统”。随着各地方政府相继出台政策推广太阳能利用，目前，集中热水供应系统采用太阳能供应热水越来越广泛，涉及太阳能热水的相关产品也越来越多，市场发展迅猛。由于太阳能的利用与天气条件密切相关，考虑到太阳能热水系统的经济、合理性，参照现行国家标准《民用建筑太阳能热水系统应用技术标准》GB 50364 中第三等级的“资源一般区”，对太阳能利用的资源条件提出了太阳能日照时数大于1400h/a且年太阳能辐照量大于4200MJ/m^2及年极端最低气温不低于−45℃的地区，可优先采用太阳能作为热源。太阳能供热不稳定，以太阳能为热源的集中热水供应系统不能全天候工作，采用太阳能热水系统应设置辅助热源以满足稳定的热水供应需求。

全国各地日照时数及年太阳能辐照量可参见本标准附录 H。

太阳能热水系统具体设计要求详见本标准第 6.6 节。

（3）空气源热泵制备热水，是吸收空气中的低温热量，经过压缩机压缩后转化为高温热能来加热水温，相比太阳能受天气的影响较小，但是，在室外温度较低的情况下，机组制热能力大大降低，会影响机组运行的换热效率，无法保证热水需求。因此，采用空气源热泵的地域性较强，应根据环境条件、使用需求选用适配的、质量可靠的产品。根据现行国家标准《民用建筑热工设计规范》GB 50176，夏热冬暖地区是指最冷月平均温度大于10℃、最热月平均温度25℃～29℃，日平均温度大于或等于25℃的天数100d～200d，主要是在我国南部（北纬27°以南，东经97°以东），包括海南全境、广东大部、广西大部、福建南部、云南小部分，以及香港、澳门与台湾。温和地区主要是指云南和贵州两省区。夏热冬冷地区是指最冷月平均温度0℃～10℃、最热月平均温度25℃～30℃，日平均温度小于25℃的天数小于或等于90d，日平均温度大于或等于25℃的天数40d～110d，主要是指长江中下游及其周围地区，大致为陇海线以南、南岭以北、四川盆地以东，包括上海、重庆两个直辖市，湖北、湖南、江西、安徽、浙江五省全部，四川、贵州两省东半部，江苏、河南两省南半部，福建省北半部，陕西、甘肃两省南端，广东、广西两省区北端。目前，空气源热泵在南方地区如广东、云南、福建等地应用较普遍，使用效果较好。在夏热冬冷地区使用空气源热泵，可能处于机组适用范围的临界状态，应根据使用条件和工况合理配置、选用高能效产品，保证系统运行的可靠性和经济性。集中热水供应系统的热源采用空气源热泵时，最冷月平均气温不小于10℃的地区，可不设辅助热源；最冷月平均气温小于10℃且小于0℃的地区，宜设置辅助热源。对于最冷月平均气温小于0℃的地区，因热泵机组在低温工况下运行的制热性能系数（*COP*）偏低，不宜采用空气源热泵热水供应系统。在设计和选用空气源热泵热水机组时，推荐采用达到节能认证的产品。现行国家标准《公共建筑节能设计标准》GB 50189—2015 第 5.3.3 条明确规定：“当采用空气源热泵热水机组制备生活热水时，制热量大于10kW的热泵热水机在名义制热工况和规定条件下，性能系数（*COP*）不宜低于表 5.3.3 的规定，且应有保证水质的有效措施”。（表 5.3.3 内容见表 21）

表 21　热泵热水机性能系数（*COP*）

制热量 H（kW）	热水机形式		普通型	低温型
$H \geqslant 10$	一次加热式		4.40	3.70
	循环加热	不提供水泵	4.40	3.70
		提供水泵	4.30	3.60

此外，考虑到空气源热泵制备热水的出水温度通常低于60℃，如机组出水水温不能

满足本标准第6.2.6条的规定，还须设置灭菌消毒设施或采取抑菌措施以保证供水水质。

(4) 现行国家标准《可再生能源建筑应用工程评价标准》GB/T 50801将可再生能源建筑应用定义为："在建筑供热水、采暖、空调和供电等系统中，采用太阳能、地热能等可再生能源系统提供全部或部分建筑用能的应用形式"，其中包括地埋管地源热泵系统和采用地下水、地表水的水源热泵系统。本条中的水源热泵是指以地下水或地表水为低温热源，通过水源热泵机组进行热交换，提取地下水或地表水等水源中的热能对生活热水进行加热。根据一些工程应用实例，合理利用水源热泵技术，有良好的节能效果。由于涉及开采使用地下水和取用江、河、湖、海等地表水，根据《中华人民共和国水法》对水资源的规划、开发利用、保护以及节约使用等有关规定，以及《中华人民共和国环境保护法》对水环境和生态保护的相关要求，采用水源热泵应对当地有关水资源和水环境状况进行充分评估。当采用地下水源和地表水源时，应经当地水务、交通航运等部门的审批，必要时应进行生态环境、水质卫生方面的评估。在地下水源充沛、水文地质条件适宜的区域采用地下水水源热泵时，只能用于置换地下热量，必须采取可靠回灌措施保证100%回灌，并不得对地下水资源造成浪费和污染，应符合现行国家标准《地源热泵系统工程技术规范》GB 50366—2005（2009年版）第5.1.1条的强制性规定："地下水换热系统应根据水文地质勘察资料进行设计。必须采取可靠回灌措施，确保置换冷量或热量后的地下水全部回灌到同一含水层，并不得对地下水资源造成浪费及污染。系统投入运行后，应对抽水量、回灌量及其水质进行定期监测"。在沿江、沿海、沿湖、地表水源充足、水文地质条件适宜的情况下采用地表水水源热泵时，应首先对地表水水源热泵系统运行对水环境的影响进行评估，并按有关主管部门审核批准的规划方案实施。若是条件允许，水源热泵也可利用城市污水、再生水。采用水源热泵应关注地下水、地表水或城市污水利用等不同水源的水质，以及机组、部件、管道等设施的防腐性能，视水质条件进行相应处理以满足机组对水质的要求，并根据不同水源条件选用有相应防腐蚀能力的材质或采取防腐措施，确保机组安全运行。通过水源热泵系统提供生活热水时，应采用换热设备间接供给。热泵热水系统具体设计要求详见本标准第6.6节有关条文。

(5) 当采用热力管网作为集中热水供应系统热源时，需注意热力管网须能保证全年供热，否则，应设置在热力管网检修期间使用的备用热源。我国北方地区城镇集中热源较为普遍，集中热水供应系统可优先采用。在具有城市集中热力管网的地区，对于新规划或开发的建筑与小区，当热力管网能保证全年供热时，可采用热力管网作为集中热水供应系统的热源；当热水用水区域附近设有城镇或区域集中锅炉房且其能充分供给蒸汽或高温热水时，可采用就近的区域性锅炉房提供的蒸汽或高温热水作为集中热水供应系统的热源。

(6) 在无城市集中热力管网或区域性锅炉房热源的情况下，如有充足的城市燃气供应，可采用燃气热水机组；如无燃气供应，采用燃油时，可采用燃油热水机组。根据现行国家标准《公共建筑节能设计标准》GB 50189中的相关规定，除有其他蒸汽使用要求外，以燃气或燃油作为热源时，宜采用燃气或燃油热水机组直接制备热水，应避免采用燃气或燃油锅炉制备高温、高压蒸汽再进行热交换后供应生活热水，以免能量高质低用而浪费能源。但在水质硬度大的地方，可采用燃气或燃油热水机组制备70℃～80℃热媒水，通过水加热器间接换热供应热水，这里的燃气或燃油热水机组均指的是燃气、燃油常压热水锅炉。

（7）由于采用电能制备热水是把高品位的电能转换为低品位的热能进行集中热水供应，热效率低，运行成本高，现行国家标准《公共建筑节能设计标准》GB 50189—2015对采用电力集中制备热水作出了明确规定，对于最高日生活热水量大于5m³的集中生活热水系统，只有在城市电网供电充裕的区域，当供电部门鼓励采用低谷时段电力并给予电价优惠政策时，可采用利用低谷电进行电加热的蓄热式电热水炉供应热水，且应设有足够的蓄热设施，必须保证电加热在峰值时段和平时段不使用。除此之外，不允许采用直接电加热作为热源或作为集中太阳能热水系统的辅助热源，电加热通常只用于分散集热、分散供热的太阳能热水系统的辅助热源。

6.3.2　局部热水供应系统的热源宜按下列顺序选择：

1　符合本标准第6.3.1条第2款条件的地区宜采用太阳能；

2　在夏热冬暖、夏热冬冷地区宜采用空气源热泵；

3　采用燃气、电能作为热源或作为辅助热源；

4　在有蒸汽供给的地方，可采用蒸汽作为热源。

【释义与实施要点】

本条规定了局部热水供应系统热源选择的基本原则。

局部热水供应系统是针对单一功能区、单一场所而独立设置的热水供应系统，适用于单栋别墅、住宅每户、单个厨房餐厅以及单个公共卫生间或公共淋浴间等场所的热水供应。局部热水供应系统与集中热水供应系统的主要区别在于其单一性和独立性，一般采用小型加热设备，系统相对简单，热损失较小，安装及维护管理容易。局部热水供应系统应根据项目的能源和环境条件、使用要求等按照下列顺序选择其热源。

（1）根据国家对可再生能源利用的政策，当太阳能资源满足规定条件时，宜优先采用太阳能。局部热水供应系统采用太阳能的资源条件要求与集中热水供应系统相同。

（2）推荐在空气源热泵使用条件较好、使用效率较高的夏热冬暖、夏热冬冷地区采用空气源热泵。当空气源热泵在最冷月平均气温小于10℃且不小于0℃的夏热冬冷地区应用时，应复核其使用条件，选配高能效产品，并宜根据使用工况设置辅助热源以保证热水供应。

（3）采用电能制备热水方便、简洁，适用于日照或气候受局限而不宜采用太阳能或空气源热泵地区的局部热水供应。当最高日热水用水量不大于5m³时，根据当地电力供应状况，可采用夜间低谷电加热制备热水。对有燃气供应的厨房餐厅，宜采用燃气作为局部热水供应系统的热源。别墅、住宅等局部热水供应系统也可采用电能或燃气作为太阳能或空气源热泵的辅助热源。对于无集中淋浴设施、仅洗手盆有热水需求的办公楼，可就地设置即热式电热水器供应洗手用热水。

（4）在有城市集中热力管网或区域性锅炉房可供蒸汽的地方，以及厨房、洗衣房、高温消毒和满足工艺需求等需要使用蒸汽并且具有蒸汽来源可直接供给蒸汽的场所，其局部热水供应系统可采用蒸汽作为热源。工业企业淋浴间如具有蒸汽热力管网供给蒸汽条件时，其局部热水供应系统可采用蒸汽作为热源或辅助热源。

6.3.3　升温后的冷却水，当其水质符合本标准第6.2.2条规定的要求时，可作为生活用热水。

【释义与实施要点】

本条规定了直接利用冷却水供应生活热水的水质要求。

冷却水的作用是带走设备运行过程中排放的热量，如民用建筑中为集中空调系统制冷机组排放冷凝热配设的空调循环冷却水系统、为柴油发电机（水冷式）配设的冷却水系统、对高温凝结水予以降温等系统通常采用冷却水循环使用以节约用水，而且为了保证循环冷却水系统的水质，需采取过滤、缓蚀、阻垢、杀菌、灭藻等水处理措施。升温后的冷却水，其热量可作为余热回收利用。当采用直流形式进行换热冷却、降温时，其冷却水水量也可利用。如直接利用升温后的冷却水作为生活用热水，其水质应满足现行国家标准《生活饮用水卫生标准》GB 5749的规定。

6.3.4 当采用废气、烟气、高温无毒废液等废热作为热媒时，应符合下列规定：

1 加热设备应防腐，其构造应便于清理水垢和杂物；

2 应采取措施防止热媒管道渗漏而污染水质；

3 应采取措施消除废气压力波动或除油。

【释义与实施要点】

本条规定了废热利用的设计要求。

在有热电厂、工厂等废热资源利用条件的区域，可通过废热利用解决建筑用能需求，以达到能源梯级综合利用、节能减排的目的。废热回收利用设备应根据废气、烟气、高温无毒废液等废热的性质、温度和压力进行选型，目前常见的是采用废热锅炉进行废热回收和利用。在利用高温废气、烟气作为热源时，应注意控制废热气体温度和压力，为避免因温度变化、结露等导致高温废气、烟气中含有的腐蚀组分析出而影响设备使用寿命，对水加热设备提出了防腐要求；当废气、烟气含尘量较高时，加热设备应充分考虑粉尘堵塞和冲刷磨蚀可能性，其构造应便于设备检修，方便及时清除水垢和杂质，提高加热设备的效率；针对高温废气的压力和温度波动对加热设备受热部分的冲击，以及因高温废气热媒可能带有汽缸润滑油、杂质颗粒对水质的潜在风险和传热效果的不利影响，提出了热媒管道应防止渗漏以避免污染热水水质的规定，同时要求采取措施消除废气压力波动和除油，通常的做法是安装储气罐或设置除油器。

根据《中华人民共和国节约能源法》第三十一条的规定“国家鼓励工业企业采用高效、节能的电动机、锅炉、窑炉、风机、泵类等设备，采用热电联产、余热余压利用、洁净煤以及先进的用能监测和控制等技术”，考虑到目前国家对生产企业节能减排、环境保护的相关规定和考核要求，对于民用建筑而言，如利用工业废热作为热源，可能更常见的是以经由热力管网供给的、来自工业废热利用产生的蒸汽或高温热水作为热源，通过水加热备采用间接换热或直接加热方式制备热水。

6.3.5 采用蒸汽直接通入水中或采取汽水混合设备的加热方式时，宜用于开式热水供应系统，并应符合下列规定：

1 蒸汽中不得含油质及有害物质；

2 加热时应采用消声混合器，所产生的噪声应符合现行国家标准《声环境质量标准》

GB 3096 的规定；

3　应采取防止热水倒流至蒸汽管道的措施。

【释义与实施要点】

本条规定了蒸汽直接加热的设计要求。

蒸汽加热方式可分为间接加热和直接加热。蒸汽间接加热一般采用汽—水加热设备进行间接换热，蒸汽经换热后的凝结水通常回收再利用，当凝结水温度低于70℃时，可直接泵送回蒸汽锅炉。蒸汽直接加热是将蒸汽直接通入水中快速加热或采用汽水混合设备将蒸汽与冷水混合进行加热（见图10），适用于不回收凝结水的场合。蒸汽直接通入水中加热常用于对噪声控制要求不高、采用热水水箱供给热水的开式热水供应系统，如工业企业淋浴间、公共浴室等的热水供应，由于有压蒸汽直接冲入水中会产生较强烈的水击、振动和噪声，通常采用消声喷射器、多孔花管等消声装置来降低和消解噪声，以及引导水流快速混合。引入的蒸汽管道应固定牢固。采用消声混合器加热时，所产生的噪声应符合现行国家标准《声环境质量标准》GB3096的要求。采用汽水混合设备加热时，要求蒸汽压力、冷水供水压力稳定，必须有可靠的温度控制，并设置开式热水箱以保证供水的稳定和安全。蒸汽直接加热大多用于定时供应的开式热水供应系统，其配设的热水水箱有效容积宜按热水使用实际需求负荷确定。采用汽水混合设备直接加热的具体配管设计可参照国家建筑标准设计图集《水加热器选用及安装》16S122中“喷射式汽—水快速水加热器系统

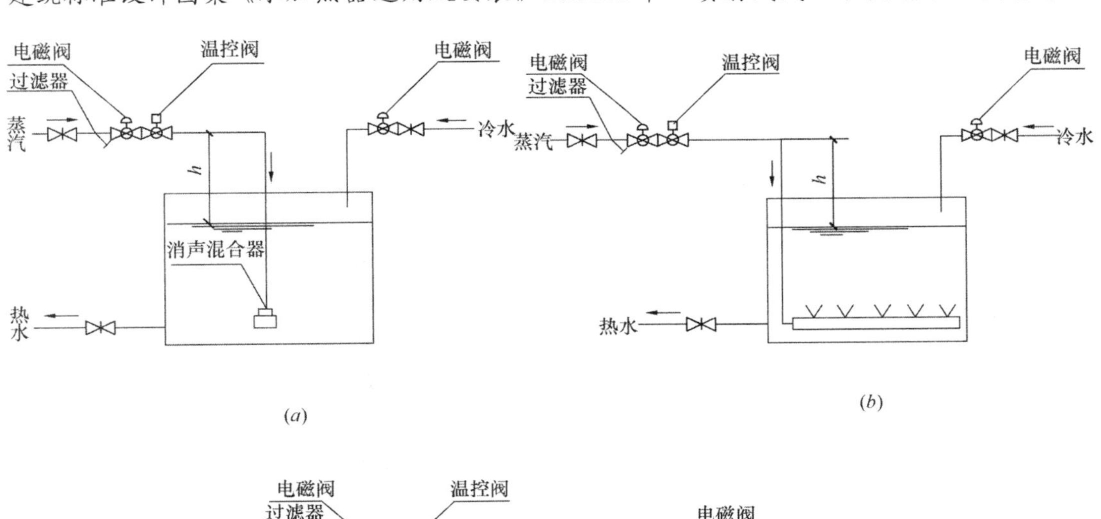

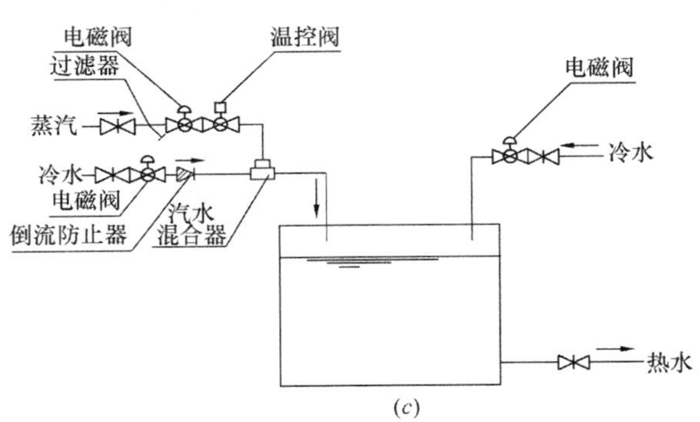

图10　蒸汽直接加热方式示意图

(*a*) 消声混合器加热；(*b*) 多孔花管加热；(*c*) 汽水混合设备加热

配管示意图”。

蒸汽直接加热热效率高，可以充分利用蒸汽的热量及其凝结水，能有效解决由热力管网供给蒸汽热源带来的凝结水回收利用问题。但蒸汽直接混入了需加热的水中，为了保证热水水质，首先需要确认蒸汽中不含油质和有害物质，符合生活饮用水标准。当蒸汽管道内可能存在杂质时，应安装过滤装置。同时，因蒸汽直接通入水中，蒸汽管道直接插入水下并开口，为了防止不加热时蒸汽管内压力骤降导致热水箱内的水倒流至蒸汽管内，必须采取防止热水倒流的措施，常见的做法是抬高蒸汽管入水管的标高，使其高出热水箱高水位的高度 h 不小于 500mm。采用在管道上设置汽水混合设备的蒸汽直接加热方式时，应在汽水混合设备前的蒸汽入口管段上安装止回阀。

6.3.6 热水供应系统选择宜符合下列规定：

1 宾馆、公寓、医院、养老院等公共建筑及有使用集中供应热水要求的居住小区，宜采用集中热水供应系统；

2 小区集中热水供应应根据建筑物的分布情况等采用小区共用系统、多栋建筑共用系统或每幢建筑单设系统，共用系统水加热站室的服务半径不应大于 500m；

3 普通住宅、无集中沐浴设施的办公楼及用水点分散、日用水量（按 60℃计）小于 $5m^3$ 的建筑宜采用局部热水供应系统；

4 当普通住宅、宿舍、普通旅馆、招待所等组成的小区或单栋建筑如设集中热水供应时，宜采用定时集中热水供应系统；

5 全日集中热水供应系统中的较大型公共浴室、洗衣房、厨房等耗热量较大且用水时段固定的用水部位，宜设单独的热水管网定时供应热水或另设局部热水供应系统。

【释义与实施要点】

本条规定了热水供应系统选择的基本原则。

热水供应系统应根据节能、节水的原则，综合考虑建筑物性质、使用对象、热水用水量、用水规律、用水点分布、热源条件、水加热设备性能及维护管理需求、运营能耗等因素，选择合适的热水供应方式。通常，集中热水供应系统一般是将水在锅炉房或水加热设备间集中加热，再经由热水管网供给一栋（不含单栋别墅）、数栋建筑或供给多功能单栋建筑中一个、多个功能部门所需的全日、工作班或营业时段内不间断用水或特定某一时段内的热水，适用于热水用水量较大、用水点较为集中的建筑，该系统应控制系统的规模在合适的服务半径内，避免管路过长而增加管网的热损失和运行能耗，以利于节能。局部热水供应系统则主要采用就地设置小型水加热器的方式，供给局部范围内的一个或几个用水点的热水，适用于热水用水量较小、用水点较分散的建筑。

（1）宾馆、公寓、医院、养老院等公共建筑的热水用水量较大，需要全天保证热水供应，对热水使用的舒适性和安全性要求较高，此类建筑的物业管理条件较好，通常具有良好的运行维护能力，推荐采用全日集中热水供应系统，以满足其稳定、可靠的热水供应需求，也利于系统维护和能耗管理。对于居住小区，当开发商或建设单位要求采用集中热水供应方式时，可设置集中热水供应系统。由于普通住宅的建设标准不高，其热水如集中供应宜采用定时集中热水供应系统，以利于减少能耗。对于其他建筑标准不高、热水使用要求不高的宿舍、普通旅馆、招待所等建筑或此类建筑组成的小区，以及学校、剧院、体育场馆等设置集中热水供应系统时，也建议采用定时供应热水，可在使用前通过循环水泵和回水管道将配水管网中的水强制循环加热，使其水温提升到规定的供水温度后供给使用，而无需任何时刻都维持循环管网的水温不低于设计温度，以达到节能的目的。

（2）根据建筑功能及建筑物布局状况，小区集中热水供应系统可采用小区或多栋建筑共用系统，也可采用各栋建筑分别单设系统的形式。同时，为了减少管路的热量损失和输送动力损失，避免管网末端温度降低和控制热水水质风险，对小区集中热水供应系统的规模提出了限制要求。依据广州亚运城的太阳能—热泵热水系统的外网计算，当室外热水管道长度 $L\approx1000$m 时，其每日的外网热损失与整个系统集取太阳能的有效得热量相等，由此可见，不能忽视集中热水供应系统的室外管道偏长所带来的热循环能耗问题。因此，小区集中热水供应系统采用共用系统时，要求换热站或水加热器室尽量靠近热水用水量较大的建筑，并宜位于热水供应系统的适中位置，其至最远建筑或用水点的服务半径不应大于500m。现行国家标准《公共建筑节能设计标准》GB 50189—2015 对小区集中热水供应系统规模及换热站位置也有相应规定，第 5.3.4 条要求“小区内设有集中热水供应系统的热水循环管网服务半径不宜大于 300m 且不应大于 500m。水加热、热交换站室宜设置在小区的中心位置”。

（3）普通住宅、无集中沐浴设施的办公楼以及用水点分散、热水用水量较少的建筑推荐采用局部热水供应系统，主要是基于其热水使用特点和降低能耗、节水的目的。普通住宅的热水供应点为厨房和卫生间盥洗，其热水用水量较多的洗浴高峰用水时间段通常是在晚上，采用局部热水供应系统就地安装小型储热式电热水器供应卫生间或厨房用热水，可避免采用集中热水供应系统带来的管网系统投资大、运行能耗较高、维护管理工作量较大等弊端。仅公共卫生间盥洗的洗手盆有热水需求的办公楼，其热水用水量小，每次用水（放水）时间短，如采用集中热水供应系统，管路长、热损失较大，为了保证热水出水温度还需设热水循环系统而增加能耗，而采用就地设置小型储热式电热水器或快速电热水器供应热水，热水管道短，热损失少，运行管理方便，因此也建议采用局部热水供应系统。对于其他用水量小且分散的建筑，如饮食店、理发店、门诊所等，采用局部热水供应系统，系统简单，维护容易。还有个别用水点分散的用户、日用水量较小（按 60℃计的日用水量小于 $5m^3$）的建筑，当其距离集中换热站室较远时，建议采用分散加热方式的局部热水供应系统，不需敷设较长的热水管路，以避免管道输送过程中的热量损失。

（4）根据现行国家标准《公共建筑节能设计标准》GB 50189—2015 第 5.3.5 条的相关规定“设有集中热水供应系统的建筑中，日热水用量设计值大于等于 $5m^3$ 或定时供应热水的用户宜设置单独的热水循环系统”，因此，对设有全日集中热水供应系统的建筑中的公共浴室、洗衣房、厨房等用户，因其热水用水量较大，用水时间与其他用水点不尽一致，使用热水时会对热水系统稳定性产生不利影响，建议设置单独的热水管网，定时循环供应热水，有利于避免引起其他用水点水量、水压的波动，便于管理和计量。个别对热水水质、水温或供应时间有特殊要求的用水部位（如要求提供软水和高于 60℃热水的洗衣房），宜另行设置局部热水供应系统。

6.3.7 集中热水供应系统的分区及供水压力的稳定、平衡，应遵循下列原则：

1 应与给水系统的分区一致，并应符合下列规定：

1）闭式热水供应系统的各区水加热器、贮热水罐的进水均应由同区的给水系统专管供应；

2）由热水箱和热水供水泵联合供水的热水供应系统的热水供水泵扬程应与相应供水范围的给水泵压力协调，保证系统冷热水压力平衡；

3）当上述条件不能满足时，应采取保证系统冷、热水压力平衡的措施。

2 由城镇给水管网直接向闭式热水供应系统的水加热器、贮热水罐补水的冷水补水管上装有倒流防止器时，其相应供水范围内的给水管宜从该倒流防止器后引出。

3 当给水管道的水压变化较大且用水点要求水压稳定时，宜采用设高位热水箱重力供水的开式热水供应系统或采取稳压措施。

4 当卫生设备设有冷热水混合器或混合龙头时，冷、热水供应系统在配水点处应有相近的水压。

5 公共浴室淋浴器出水水温应稳定，并宜采取下列措施：

1）采用开式热水供应系统；

2）给水额定流量较大的用水设备的管道应与淋浴配水管道分开；

3）多于3个淋浴器的配水管道宜布置成环形；

4）成组淋浴器的配水管的沿程水头损失，当淋浴器少于或等于6个时，可采用每米不大于300Pa；当淋浴器多于6个时，可采用每米不大于350Pa；配水管不宜变径，且其最小管径不得小于25mm；

5）公共淋浴室宜采用单管热水供应系统或采用带定温混合阀的双管热水供应系统，单管热水供应系统应采取保证热水水温稳定的技术措施。当采用公共浴池沐浴时，应设循环水处理系统及消毒设备。

【释义与实施要点】

本条规定了集中热水供应系统的分区原则及保证供水压力稳定的技术措施。

按照本标准第3.4.2条的规定，卫生器具给水配件承受的最大工作压力不得大于0.60MPa，为满足卫生器具给水配件的工作压力，高层建筑或供水区域较大的多层建筑的生活给水系统在超出分区压力规定时均需采用分区供水，以防止给水压力过高损坏给水配件，并避免过高压力带来的不必要的水量浪费。给水系统分区供水范围的确定应综合考虑建筑高度、使用功能、用水点分布情况、材料设备性能、运行管理要求等因素，通常各分区最低卫生器具配水点处的静水压力不宜大于0.45MPa。当同时设有集中热水供应系统时，基于减少热水系统分区和热水系统热交换设备数量的考虑，在保证静水压力不大于卫生器具给水配件能够承受的最大工作压力的前提下，给水系统相应分区可适当加大，可按照静水压力不大于0.55MPa进行分区。

集中热水供应系统，水加热设备的出水温度一般不宜低于55℃，热水配水点的供水水温要求不应低于45℃，而盥洗、沐浴等有热水需求的生活用水的使用温度在30℃～40℃，其用水需经冷热水的混合，调整至所需的合适水温供给实际使用。为了便于冷热水均衡混合和进行水温调节，达到供水稳定、用水舒适和节水、节能的目的，应使生活用水配水点处的冷热水供水压力保持稳定与平衡。集中热水供应系统的供水分区与生活给水（冷水）系统分区相同，是保证系统内冷热水供水压力稳定、平衡的有效方法。采用闭式热水供应系统时，其水加热设施（水加热器、贮热水罐等）首推按分区分别设置，并由同分区的给水系统设专管供给其冷水补水，也就是各分区的冷热水供水系统要“同源”，同时要求热水的原水管上不应有分支管路供给其他用水。对于采用热水箱经由热水供水泵提供热水的集中热水供应系统，如太阳能热水系统、热泵热水系统等采用集热、贮热水箱经热水加压泵供水的热水供应系统，由于其热水供水系统与冷水给水系统不“同源”，因而要求热水供水泵的扬程须与相应分区的给水系统的供水压力相协调，应能使用水点处的热水供水压力与冷水给水压力保持平衡，热水供水形式宜与给水系统一致以保证供水压力的稳定。当集中热水供应系统分区与给水系统分区不一致或冷热水不“同源”时，可在配水支管上设置可调式减压阀减压、在配水点处设置带调压功能的混合器或混合阀，以保证冷热水压力平衡和水温稳定。对于无条件分区设置水加热设施的集中热水供应系统，或为简化系统而利用减压阀进行分区的集中热水供应系统，当闭式热水系统的高、低分区共用高区水加热器或贮热水罐时，可在低区热水系统的用水支管或分户供水支管上设置优质可靠的减压阀来满足用水点处冷热水压力平衡的要求，此时还应注意保证热水系统的静水压力不大于卫生器具给水配件能够承受的最大工作压力，即低区支管减压阀前的压力不应大于0.55MPa。另外，基于确保生活热水使用安全考虑，当集中热水供应系统冷热水供水不“同源”时，建议热水供水设备与冷水供水设备连锁，在冷水停止供应时，热水也同时停止供应，以避免发生烫伤事故。

在充分利用城镇给水管网的压力采用市政直供的给水系统中，根据本标准第3.3.7条的有关规定，为保证城市供水安全、防止回流污染，须在建筑小区引入管上或热水锅炉、热水机组、水加热器、气压水罐等有压容器或密闭容器注水的进水管上设置倒流防止器。由于倒流防止器通常存在2m～7m的水头损失，即使采用的是低阻力倒流防止器，也有2m～3m的水头损失（按相关国家标准，低阻力倒流防止器的水头损失小于3m，减压型倒流防止器的水头损失小于7m），因此，当生活给水系统由城镇给水管网直接供水且其供水服务范围设有集中热水供应系统时，闭式热水供应系统的水加热器、贮热水罐的冷水进水由城镇给水管网经倒流防止器后直接供给，则其相同服务范围内有集中热水需求的用水部位的冷水供水管也须从该倒流防止器后的给水管上引出，以避免受倒流防止器阻力影响导致冷热水源头部分的给水压力偏差，保证系统冷热水的供水压力平衡。

对于给水管道水压变化较大但用水水压又要求比较稳定的用水部位的热水供应，如公共浴室的淋浴间，其热水用水量较大，推荐供水系统采用设置高位冷、热水箱重力供水的方式，热水由高位热水箱供水，此时热水系统的水压取决于热水箱的水位，与提供热水水源的给水系统压力以及水加热设施的阻力损失等没有关系，有利于热水用水水压的稳定，便于调节冷热水混合的出水温度。当采用高位热水箱重力供水的开式热水供应系统出现部分楼层或用水区域的压力超出规定时，可设置减压稳压阀代替分区高位热水箱，减压稳压阀应设在各用水支管上。

当热水用水点的卫生器具给水配件带有冷热水混合器或采用冷热水混合龙头配水时，规定配水点的冷热水压力应保持平衡，主要是为了避免因供水水压不稳定导致冷热水混合器或冷热水混合龙头出水温度的波动，防止忽冷忽热难以调节引起使用不便或造成烫伤事故，以保证供水安全、用水舒适。由于实际工程中的热水管网与给水管网不尽相同，管路损失也有差异，水加热设施还存在阻力损失，难以做到同一用水点处的冷热水压力完全一致，因此，提出冷热水供应系统在配水点应具有相近的压力，并使热水供水管路与冷水供水管路的阻力损失尽可能相近。通常集中热水供应系统用水点处冷热水的压力差不宜大于0.01MPa，不应大于0.02MPa，其中，按照现行国家标准《民用建筑节水设计标准》GB 50555的规定，直接供给生活热水的水加热设备的被加热水侧阻力损失不宜大于0.01MPa。

公共浴室的热水用水量较大，其中的淋浴器用水对水压稳定性要求较高，为了保证公共浴室中淋浴器的出水水温、水压的稳定和节约用水，根据公共浴室集中热水供应系统的特点，本标准提出了具体规定和做法。首先，对于供水系统形式，推荐采用开式热水供应系统，即如本条第3款的规定，设置高位冷、热水箱重力供水方式，利用水箱水位来保持供水压力的稳定，便于用水点出水水温的调节，避免热水压力偏高、实际出水量增加而浪费水量或热水量供不应求。同时，建议采用带有定温装置（设置定温混合阀）的双管热水供应系统或采用单管热水供应系统，以解决淋浴器出水温度的忽高忽低、不易调控的问题。通过定温混合阀控制使用水温、保证水温稳定，可不受用水时间、地点的限制，用水舒适，在大多数双管热水供应系统中都适用。单管热水供应系统根据冷热水不同水温自动调节水量比的方法来保证其热水水温的稳定，其热水出水水温应控制在热水使用温度范围内。由于单管热水供应系统配水点的出水温度不能随意自行调节，一般用于供水时间较短、用水点较集中的场所，如定时开放的工业企业生活间和学校的集中淋浴室等。其次，对于供水管网，要求给水流量较大的用水设备不应影响淋浴器用水，以确保淋浴器出水温度的稳定。浴盆、浴池、洗涤池等用水量大的器具的给水管道应与淋浴器配水管道分开，避免因其间断供水引起淋浴器配水管道的压力波动偏大以致淋浴器出水温度急剧变化。再者，对淋浴器的配水管布置及其阻力损失控制，规定配水管道供给的淋浴器超过3个时，应布置成环状供水，并建议环状供水管上不接出供给其他器具用水的分支管，以减少各淋浴器启闭时互相之间以及其他器具对淋浴器的影响；要求控制成组布置的淋浴器的配水管的沿程水头损失，以减少使用和调节淋浴器时配水管道内水头损失变化对淋浴的不利影响，规定淋浴器数量不超过6个时，其配水管的沿程水头损失控制在每米不大于300Pa，超过6个时则可控制在每米350Pa内，并规定配水管道不宜变径，其最小管径不得小于25mm，以保证配水支管稳定供水。

此外，由于多人共用的公共浴池通常不容易保证水质清洁，存在交叉感染的隐患，因此，不推荐公共浴室采用公共浴池的沐浴方式。如设公共浴池，为保证水质卫生安全，应采取循环水处理及消毒措施对池水进行处理和消毒。

6.3.8 水加热设备机房的设置宜符合下列规定：

1 宜与给水加压泵房相近设置；

2 宜靠近耗热量最大或设有集中热水供应的最高建筑；

3 宜位于系统的中部；

4 集中热水供应系统当设有专用热源站时，水加热设备机房与热源站宜相邻设置。

【释义与实施要点】

本条规定了水加热设备机房的设置原则。

本条的要求与本标准第6.3.6条第2款对小区集中热水供应系统的水加热站室服务半径不应大于500m的规定，以及现行国家标准《公共建筑节能设计标准》GB 50189—2015

第 5.3.4 条“小区内设有集中热水供应系统的热水循环管网服务半径不宜大于 300m 且不应大于 500m。水加热、热交换站室宜设置在小区的中心位置”，是基于相同的目的，意在通过合理布置水加热设备机房，更有效地保证热水循环管网合理的服务半径，控制热水管线的敷设长度，降低热损耗和运行能耗，确保冷热水的压力平衡和水质安全，使热水系统节能、经济、卫生，使用舒适。

集中热水供应系统水加热设备机房的布置，应结合给水系统形式，综合建筑类型、建筑物布置、使用与管理需求、系统耗热量以及节水、节能、经济运行等因素确定。水加热设备机房与给水加压泵房布置一致或者设置在其相邻位置，可缩短两者间的连接管段，便于冷、热水的输、配水管道同程布置以使供水系统的冷热水压力平衡，有利于节能、节水和经济运行。水加热设备机房要求靠近热水用水量最大或设有集中热水供应的用水点最高的建筑或部位，或者要求设置在热水管网系统的中部即负荷中心，都是为了尽量缩短热水管线的敷设长度，避免热水管线过长导致阻力损失过大而造成冷热水压力不平衡，减少管路热量损失和动力损失以及对运行能耗和成本的不利影响，节材和节能。同时，也可防止管线太长导致管网末端水温降低，避免管道内滋生致病菌的隐患，有利于热水供水卫生安全。此外，水加热设备机房与其专用热源站相邻设置，便于系统运行管理。

6.3.9　老年人照料设施、安定医院、幼儿园、监狱等建筑中为特殊人群提供沐浴热水的设施，应有防烫伤措施。

【释义与实施要点】

本条规定了特定使用场所保证用水安全、防止烫伤的规定。本条为强制性条文，必须严格执行。

生活热水系统从热源、水加热设施、热水管网到末端配水点给水整个过程，均存在烫伤事故隐患。由于热水配水点的供水水温要求不应低于 45℃，而盥洗、沐浴等有热水需求的生活用水的使用温度在 30℃～40℃，在人体直接接触热水的淋浴、浴盆设备配水点处若出现冷热水供水压力不均衡、热水温度过高、淋浴器开关操作不当或冷热水开关失灵等情况，便容易发生烫伤事故。为了保证老人、幼儿等弱势群体集聚场所以及安定医院、监狱等特殊使用场所的热水用水安全，老年人照料设施、安定医院、幼儿园、监狱等场所的淋浴器和浴盆给水配件应采取防烫伤措施，对水加热设备的热水供水温度进行控制，保持用水点处冷热水压力稳定与平衡，在系统或给水终端设置安全可靠的恒温混合阀，调节和恒定合理的出水温度，并在系统冷水或热水因故障中断供水时自动关断阀门停止供水。

6.3.10　集中热水供应系统应设热水循环系统，并应符合下列规定：

1　热水配水点保证出水温度不低于 45℃的时间，居住建筑不应大于 15s，公共建筑不应大于 10s；

2　合理布置循环管道，减少能耗；

3　对使用水温要求不高且不多于 3 个的非沐浴用水点，当其热水供水管长度大于 15m 时，可不设热水回水管。

【释义与实施要点】

本条规定了热水循环系统的设置原则。

集中热水供应系统设置热水循环系统的目的，是通过热水循环以弥补不用水或少用水时配水管道的热损失，使配水点能尽快提供满足使用需求的热水，节水和保证热水供水稳定、使用舒适。本条文规定系参照现行国家标准《民用建筑节水设计标准》GB 50555 的有关规定，全日集中热水供应系统的循环系统，应保证配水点出水温度不低于 45℃的时间，住宅不得大于 15s，医院和旅馆等公共建筑不得大于 10s。对配水点热水出水温度要求不低于 45℃，是为了避免军团菌在不能循环的热水支管及配水点滋生，并兼顾使用的舒适性、安全性以及节能。据有关文献报道，军团菌的适宜生长温度为 30℃～37℃，预防军团菌的最低温度为 46℃，现行行业标准《生活热水水质标准》CJ/T 521—2018 中已要求控制热水系统用户终端用水点水温不低于 46℃。有研究显示，热水供水温度降低 5℃，管道系统节能率约为 12.5%。另有研究报告指出，成人接触 49℃以上的热水，在短时间内即可造成 2 级～3 级烫伤。因此，综合防止军团菌滋生、防止烫伤和减少能耗等因素，热水配水点保证出水温度按 45℃考虑。酒店、医院等公共建筑对生活热水使用舒适度要求较高，通常设计时热水配水立管靠近卫生间，配水支管较短，按照现行行业标准《旅馆建筑设计规范》JGJ 62 的规定，一级至三级旅馆建筑用水点热水出水时间不应大于 10s，四级、五级旅馆建筑不应大于 5s。国际酒店组织要求五星级酒店的热水出水时间不超过 5s～7s。现行国家标准《综合医院建筑设计规范》GB 51039—2014 要求热水系统任何用水点在打开用水开关后宜在 5s～10s 内出热水。同时，结合节水和节能等要求，本标准规定公共建筑不应大于 10s。住宅建筑集中供应热水时需要设热水表单独计量，入户配水支管较长，为避免支管循环引起计量误差及纠纷，增加维护管理难度，允许出水时间适当延长。现行国家标准《住宅设计规范》GB 50096—2011 对此作了规定，要求集中热水供应系统热水表后或户内热水器后不循环的热水支管长度不超过 8m，用水点热水出水时间不大于 15s。

为保证热水出水水温和出水时间，集中热水供应系统的热水循环应合理布置循环管道，并采用机械循环，使热水干管、立管或干管、立管和支管中的热水有效循环。支管设自调控电伴热保温时，应根据使用要求设置，控制合适的维持温度，并采用节能运行方式。集中热水供应系统循环管道的布置应符合本标准第 6.3.11 条、第 6.3.12 条和第 6.3.14 条的规定。

对于使用水温要求不高的非淋浴用水点，如厨房洗涤池，当用水点数量不超过 3 个且其热水供水管长度大于 15m 时，不要求设置热水回水管，其用意是为了减少热水循环管道及其运行能耗。

6.3.11 小区集中热水供应系统应设热水回水总管和总循环水泵保证供水总管的热水循环，其所供单栋建筑的热水供、回水循环管道的设置应符合本标准第 6.3.12 条的规定。

【释义与实施要点】

本条规定了小区集中热水供应系统热水循环的基本原则。

小区集中热水供应系统的热水循环通常包括两个部分：小区热水供水干管和小区热水回水干管的总循环系统，以及相应服务区域的单体建筑内的热水供水和热水回水的子循环系统。小区集中热水供应系统的总循环系统应设热水回水总干管和总循环水泵，采用机械循环，总循环水泵的流量应满足补充小区内全部供水管网热损失的要求。小区热水回水总干管的设置应保证每栋单体建筑中热水干管、立管的热水循环，有条件时可采用同程布置系统。小区集中热水供应系统中，单体建筑内的子循环系统应按本标准第 6.3.12 条执行，各单体建筑子循环系统的回水分干管与小区总循环系统的回水总干管连接时，可采用设置循环专用阀件、分循环水泵保证总系统与各分系统的循环效果，具体做法详见本标准第 6.3.14 条。

6.3.12 单栋建筑的集中热水供应系统应设热水回水管和循环水泵保证干管和立管中的热水循环。

【释义与实施要点】

本条规定了单栋建筑集中热水供应系统热水循环的基本原则。

热水循环有如下三种形式：一是干管循环（只保证热水供水干管中的热水循环），二是立管循环（保证热水供水干管、立管中的热水循环，即干、立管循环系统），三是支管循环（保证热水供水干管、立管、支管中的热水循环，即干、立、支管循环系统）。其中，干、立管循环系统是集中热水供应系统的主要循环方式。单栋建筑的集中热水供应系统应保证热水干管、立管的热水循环，应设置热水回水管。对于用水舒适性标准高、要求随时取得符合规定温度热水的建筑，条件许可时还应保证支管中的热水循环。当支管循环难以实施时，建议采用自调控电伴热措施保持支管中的热水温度。单体建筑的集中热水供应系统应设循环水泵，采用机械循环方式。

单栋建筑集中热水供应系统的热水循环管道宜同程布置，以利于保证热水需要的有效循环。当无条件或不适宜采用同程布置方式时，应采取相应措施保证循环效果。如建筑内各热水供、回水立管布置相同或相近，则各回水立管可采用导流三通与回水干管连接；如建筑内各热水供、回水立管布置不相同，则宜在回水立管上设置温控阀或流量平衡阀。采用开式热水供应系统时，可通过在回水立管上设置限流调节阀控制和平衡各立管循环流量，再由总回水管回流至开式热水供应系统。

6.3.13 采用干管和立管循环的集中热水供应系统的建筑，当系统布置不能满足第 6.3.10 条第 1 款的要求时，应采取下列措施：

1 支管应设自调控电伴热保温；

2 不设分户水表的支管应设支管循环系统。

【释义与实施要点】

本条规定了热水供水支管保证配水点出水温度的技术措施。

集中热水供应系统采用干管和立管循环时，如不循环的支管较长且间断用水时间较长，一方面因管路热损失可能造成用水点供水不能及时满足热水出水温度要求，另一方面不循环支管易形成滞水死水区而可能存在军团菌污染的潜在风险。此时，应对支管采取有效措施，使用要求较高且易实现管道同程布置的公共建筑，宜采用支管循环。用水点分散的建筑，可通过多设分立管取代较长的水平支管、采用不设回水支管水表的贯通循环支管、设置支管自调控电伴热等措施以保证循环效果，具体应根据项目情况经技术经济比较确定。

设置支管自调控电伴热来保证热水供水温度是热水循环系统的有效补充措施，适用于条件允许的各种场所。所谓电伴热，是利用电热能量来补充不循环支管所散失热量的一种电热方式，维持支管内水温不低于45℃。自调控电伴热是依据伴热温度要求按需供热，可随被伴热体所需补充热量自动调节输出功率的电伴热。对于设有分户水表计量的住宅、别墅及酒店式公寓等居住建筑，本条规定不宜采用支管循环系统，其理由：一是支管进、出口要分设水表，容易产生计量误差，并引起计费纠纷；二是循环管道及阀件太多难以维护管理，循环效果难以保证；三是住宅相对公共建筑，易采取节水措施；四是能耗大；五是施工安装困难。另外，经设支管自调控电伴热的工程测算：采用支管自调控电伴热与采用支管循环比较，虽然前者一次性投资大，但节能效果显著，如居住建筑的支管采用定时自调控电伴热，每天伴热按6h计，比支管循环节能约70%；运行2年～3年节能节省的能源费可抵消增加的一次投资费用，并且还基本解决了以上支管循环的各种问题。但采用支管自调控电伴热，支管宜布置在吊顶内，如敷设在垫层时，垫层需增加厚度。对于不设分户水表且易实现管道同程布置的宾馆、酒店、医院等公共建筑，其物业管理条件相对较好，运行维护能力也较高，则可设置支管循环系统来满足其较高的水温及舒适度要求。

6.3.14 热水循环系统应采取下列措施保证循环效果：

1 当居住小区内集中热水供应系统的各单栋建筑的热水管道布置相同，且不增加室外热水回水总管时，宜采用同程布置的循环系统。当无此条件时，宜根据建筑物的布置、各单体建筑物内热水循环管道布置的差异等，在单栋建筑回水干管末端设分循环水泵、温度控制或流量控制的循环阀件。

2 单栋建筑内集中热水供应系统的热水循环管宜根据配水点的分布布置循环管道：

1) 循环管道同程布置。

2) 循环管道异程布置，在回水立管上设导流循环管件、温度控制或流量控制的循环阀件。

3 采用减压阀分区时，除应符合本标准第3.5.10条、第3.5.11条的规定外，尚应保证各分区热水的循环。

4 太阳能热水系统的循环管道设置应符合本标准第6.6.1条第6款的规定。

5 设有3个或3个以上卫生间的住宅、酒店式公寓、别墅等共用热水器的局部热水供应系统，宜采取下列措施：

1) 设小循环泵机械循环；

2) 设回水配件自然循环；

3) 热水管设自调控电伴热保温。

【释义与实施要点】

本条规定了热水循环系统保证循环效果的技术措施。

集中热水供应系统设置热水循环系统的目的是为了保证热水使用效果，满足配水点热水水压和水温的稳定、可靠，消除水质安全隐患，并节水和节能。如循环系统运行效果不佳，便可能无法确保热水出水水温，既白白多放掉冷水又大大降低了用水舒适性，还使管网中出现滞水区引起水质安全隐患。热水循环系统及其管道设置不合理，将增加系统热损失而使运行能耗增大，不利于节能和降低运行成本。随着我国城市建设的发展和人民生活水平的提高，集中热水供应系统设置越来越普及，作为集中热水供应系统的难点和重点，热水循环系统的关键是如何针对不同的系统采用合理、适用的措施来保证循环效果，满足本标准第6.3.10条的要求。

热水循环系统保证循环效果采取的主要措施有：供、回水管同程布置，在回水立管上设导流三通、温控循环阀、流量平衡阀、大阻力短管或采取适当加大循环泵的流量等措施。其中，供、回水管同程布置是最为成熟可行并为大部分工程设计应用的有效措施。所谓循环管道同程布置是指相对于每个配水点的供、回水管总长相等或者近似相等，其实质是使循环水流经各回水管道的阻力近似相等。为使循环管道阻力平衡，采用同程布管时，建议采用上行下给供水方式，供、回水干管的管径宜不变径或少变径。循环管道同程布置也存在需要增加管道及由此带来的耗材、布置复杂、热损失增大等缺点，其在单体建筑中应用的可行性较高，在大部分小区集中热水供应系统及一些热水用水点分布无规律的单栋建筑的集中热水供应系统则很难实现。本标准在《建筑给水排水设计规范》GB 50015—2003（2009年版）修订时，已将循环管道同程布置限定为建筑物内的集中热水供应系统的布置要求，并规定"当采用同程布置困难时，应采取保证干管和立管循环效果的措施"；对于居住小区内集中热水供应系统的热水循环管道，则提出"宜根据建筑物的布置、各单体建筑物内热水循环管道布置的差异等，采取保证循环效果的适宜措施"，并推荐了在回水分干管上加设小循环泵、温控阀、限流阀等措施。

在本标准此次修订过程中，为了解决上述循环用阀件和管件的合理应用问题，中国建筑设计研究院有限公司立项开展了"集中热水供应系统循环效果的保证措施——热水循环系统的测试与研究"课题研究，并于2014年初在企业的协助下，搭建了一个热水循环非同程系统的中型实验平台。对温控循环阀、流量平衡阀、导流三通、大阻力短管进行了循环效果的实测。通过对等长立管、不等长立管的上行下给、下行上给等多系统及动态、静态多工况实测，分析得出的测试结果如下：

（1）温控循环阀在阀体安装及调试好的基础上用于不同系统形式、不同循环流量时，各回水立管循环阀后水温均保持在阀体设定温度±2℃，完全满足循环要求。

（2）流量平衡阀，因所测阀件的最小通过流量大于各立管的循环流量，因而未能测试。

（3）导流三通在循环流量Q_s为15%～20%设计小时热水量q_{rh}的条件下，不同系统形式实测各回水立管导流三通后水温均为40℃左右（水加热器出水温度为48℃～51℃），说明导流三通有较好的保证循环效果的作用。

（4）大阻力短管即在回水立管末端设一段$DN15$的小管径管段，在$Q_s \approx 0.3q_{rh}$时，等长立管不同系统形式动态、静态工况短管后水温均为40℃左右，但不等长立管系统效果较差。

通过上述实测结果的分析研究，对热水循环系统循环效果的保证措施提出如下建议：

（1）对于单栋建筑的管道异程布置集中热水供应系统，可在回水立管上设导流循环管件、温度控制或流量控制的循环阀件（设置图示见表22），其设置原则为：

1）温控循环阀适用于各种热水供、回水异程布置系统；

2）流量平衡阀虽未经实测，但通过上述阀件、管件测试分析，在各立管循环分配流量大于阀体最小通过流量时亦可满足保证各立管循环的要求；

3）导流三通适用于上行下给布管等长立管或立管近似等长的系统和下行上给布管等

长立管的系统；

4）大阻力短管适用于上行下给布管等长立管系统，但循环流量宜适当放大。

（2）对于居住小区共用的集中热水供应系统，因其管道布置复杂，管道长，除本条第 1 款限定可设同程布置的系统外，其他系统宜首选小循环泵，也可采用温控循环阀、流量平衡阀等控制阀件来保证各单栋建筑热水系统回水分干管的循环效果（见表 22 中图 2、图 3）；单栋建筑内热水系统各立管则可按前述部分设置循环阀件或管件。

（3）参考图示见表 22。

表 22 集中热水供应系统循环系统参考图示

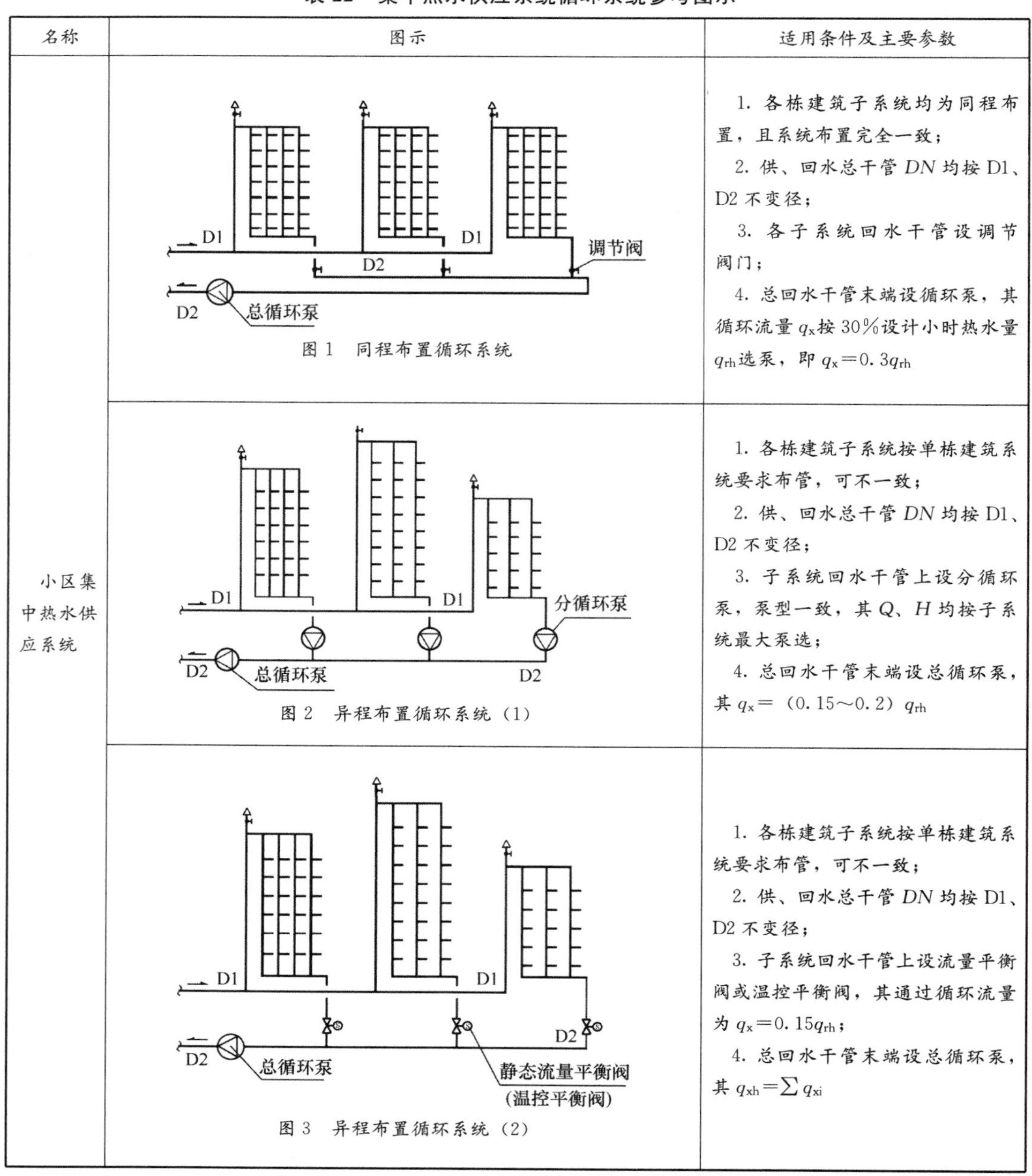

名称	图示	适用条件及主要参数
小区集中热水供应系统	图 1 同程布置循环系统	1. 各栋建筑子系统均为同程布置，且系统布置完全一致； 2. 供、回水总干管 *DN* 均按 D1、D2 不变径； 3. 各子系统回水干管设调节阀门； 4. 总回水干管末端设循环泵，其循环流量 q_x 按 30%设计小时热水量 q_{rh} 选泵，即 $q_x=0.3q_{rh}$
	图 2 异程布置循环系统（1）	1. 各栋建筑子系统按单栋建筑系统要求布管，可不一致； 2. 供、回水总干管 *DN* 均按 D1、D2 不变径； 3. 子系统回水干管上设分循环泵，泵型一致，其 *Q*、*H* 均按子系统最大泵选； 4. 总回水干管末端设总循环泵，其 $q_x=(0.15\sim0.2)q_{rh}$
	图 3 异程布置循环系统（2）	1. 各栋建筑子系统按单栋建筑系统要求布管，可不一致； 2. 供、回水总干管 *DN* 均按 D1、D2 不变径； 3. 子系统回水干管上设流量平衡阀或温控平衡阀，其通过循环流量为 $q_x=0.15q_{rh}$； 4. 总回水干管末端设总循环泵，其 $q_{xh}=\sum q_{xi}$

续表 22

名称		图示	适用条件及主要参数
单栋建筑集中热水供应系统	上行下给布管	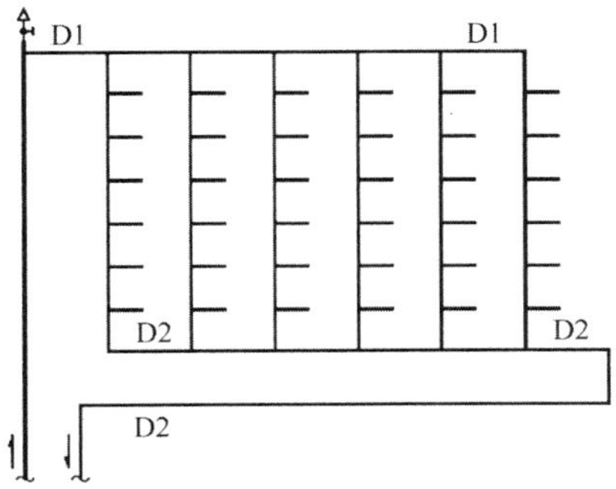 D1 D1 D2 D2 D2 图 4　同程布置循环系统	1. 热水立管等长或近似等长； 2. 供、回水干立管按 D1、D2 不变径； 3. 循环泵 $q_{xh}=(0.2\sim0.25)\ q_{rh}$
		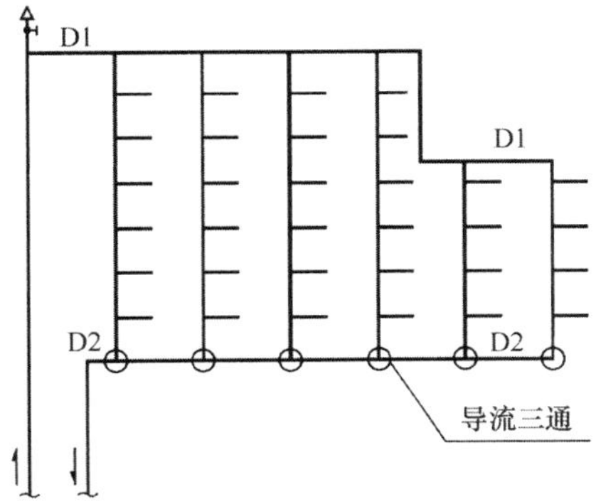 D1 D1 D2 D2 导流三通 图 5　异程布置循环系统（1）	1. 热水立管等长或基本等长； 2. 采用导流三通作为循环管件； 3. 供、回水干管按 D1、D2 不变径； 4. 循环泵 $q_{xh}=(0.2\sim0.3)\ q_{rh}$
		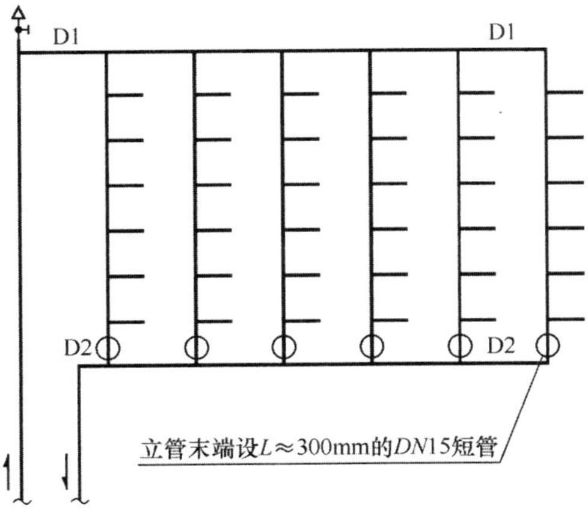 D1 D1 D2 D2 立管末端设 $L\approx300$mm的 DN15短管 图 6　异程布置循环系统（2）	1. 热水立管等长； 2. 回水立管末端设 $L\approx300$mm 的 DN15 短管； 3. 供、回水干管按 D1、D2 不变径； 4. 循环泵 $q_{xh}=(0.3\sim0.4)\ q_{rh}$

续表 22

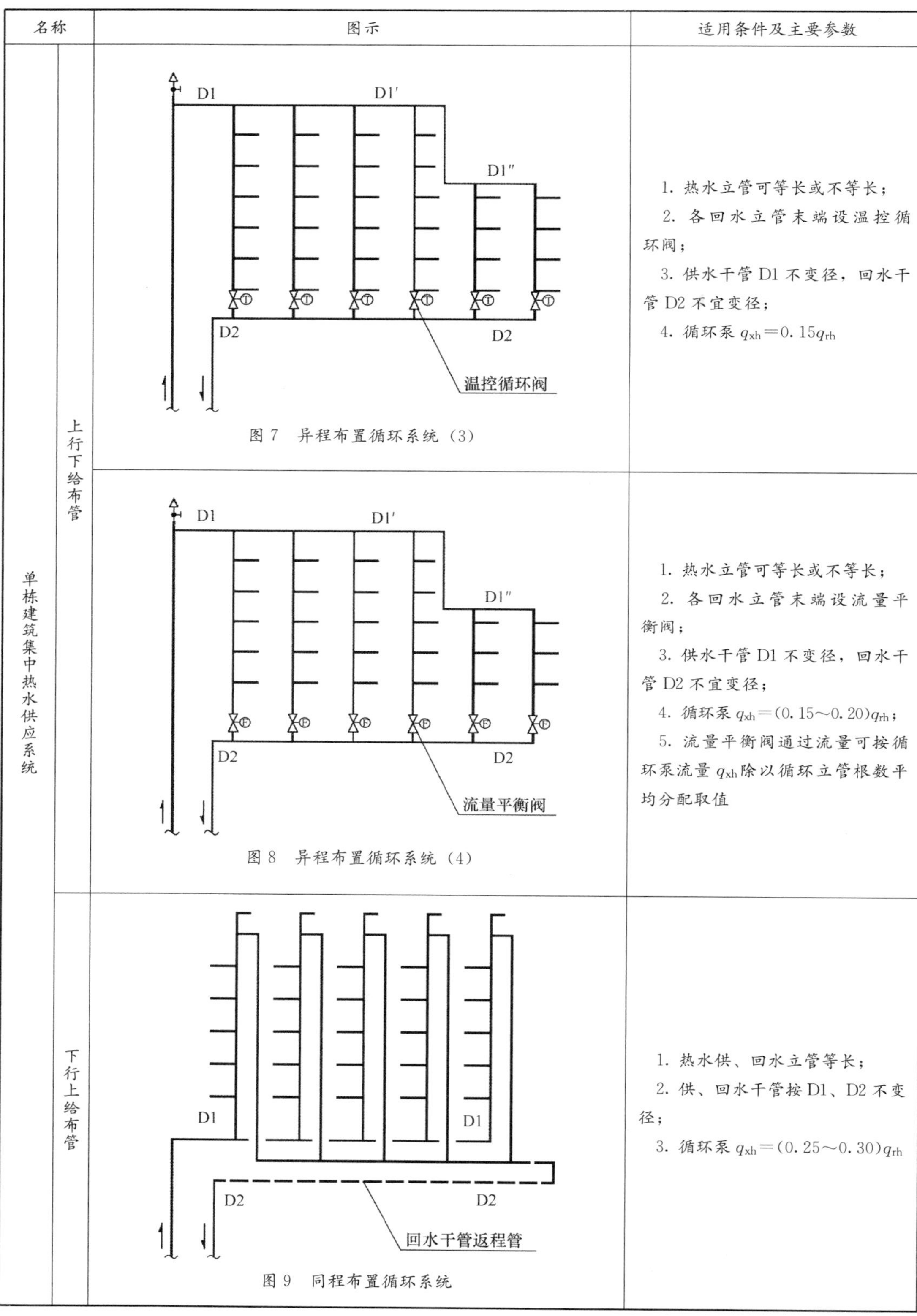

名称		图示	适用条件及主要参数
单栋建筑集中热水供应系统	上行下给布管	 图 7 异程布置循环系统（3）	1. 热水立管可等长或不等长； 2. 各回水立管末端设温控循环阀； 3. 供水干管 D1 不变径，回水干管 D2 不宜变径； 4. 循环泵 $q_{xh}=0.15q_{rh}$
		 图 8 异程布置循环系统（4）	1. 热水立管可等长或不等长； 2. 各回水立管末端设流量平衡阀； 3. 供水干管 D1 不变径，回水干管 D2 不宜变径； 4. 循环泵 $q_{xh}=(0.15\sim0.20)q_{rh}$； 5. 流量平衡阀通过流量可按循环泵流量 q_{xh} 除以循环立管根数平均分配取值
	下行上给布管	 图 9 同程布置循环系统	1. 热水供、回水立管等长； 2. 供、回水干管按 D1、D2 不变径； 3. 循环泵 $q_{xh}=(0.25\sim0.30)q_{rh}$

续表 22

名称		图示	适用条件及主要参数
单栋建筑集中热水供应系统	下行上给布管	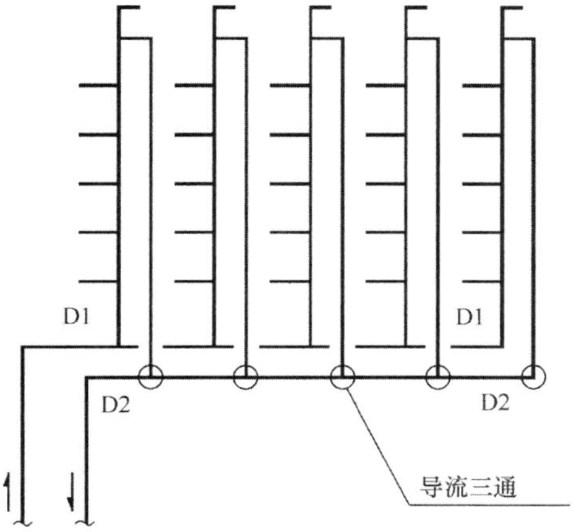 D1 D1 D2 D2 导流三通 图 10　异程布置循环系统（1）	1. 热水供、回水立管等长； 2. 采用导流三通作为循环管件； 3. 供、回水干管按 D1、D2 不变径； 4. 循环泵 $q_{xh}=(0.25\sim0.30)q_{rh}$； 5. 适用于干管返程管较短的布管系统
		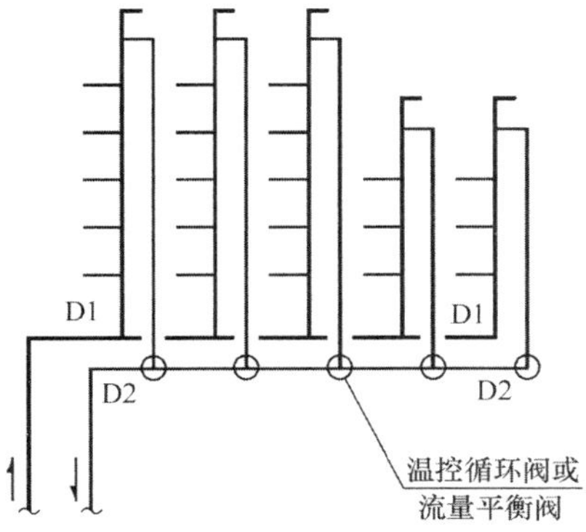 D1 D1 D2 D2 温控循环阀或流量平衡阀 图 11　异程布置循环系统（2）	1. 热水供、回水立管不等长； 2. 回水立管末端设温控循环阀或流量平衡阀； 3. 供、回水干管按 D1、D2 不变径； 4. 循环泵 $q_{xh}=0.15q_{rh}$
	同系统供多部位用水	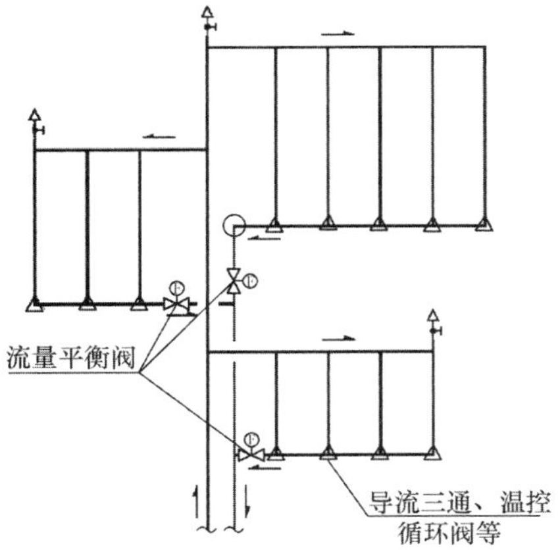 流量平衡阀 导流三通、温控循环阀等 图 12　同一系统供多用水部位的异程布管	1. 各用水部位的循环管布置可参照本表图 4～图 11； 2. 各用水部位回水分干管连接主回水干管处设流量平衡阀或温控循环阀； 3. 回水分干管循环流量 $q_{xi}=0.15q_{rh}$； 4. 循环泵 $q_{xh}=\sum q_{xi}$

续表 22

名称		图示	适用条件及主要参数
单栋建筑集中热水供应系统	同系统供多部位用水	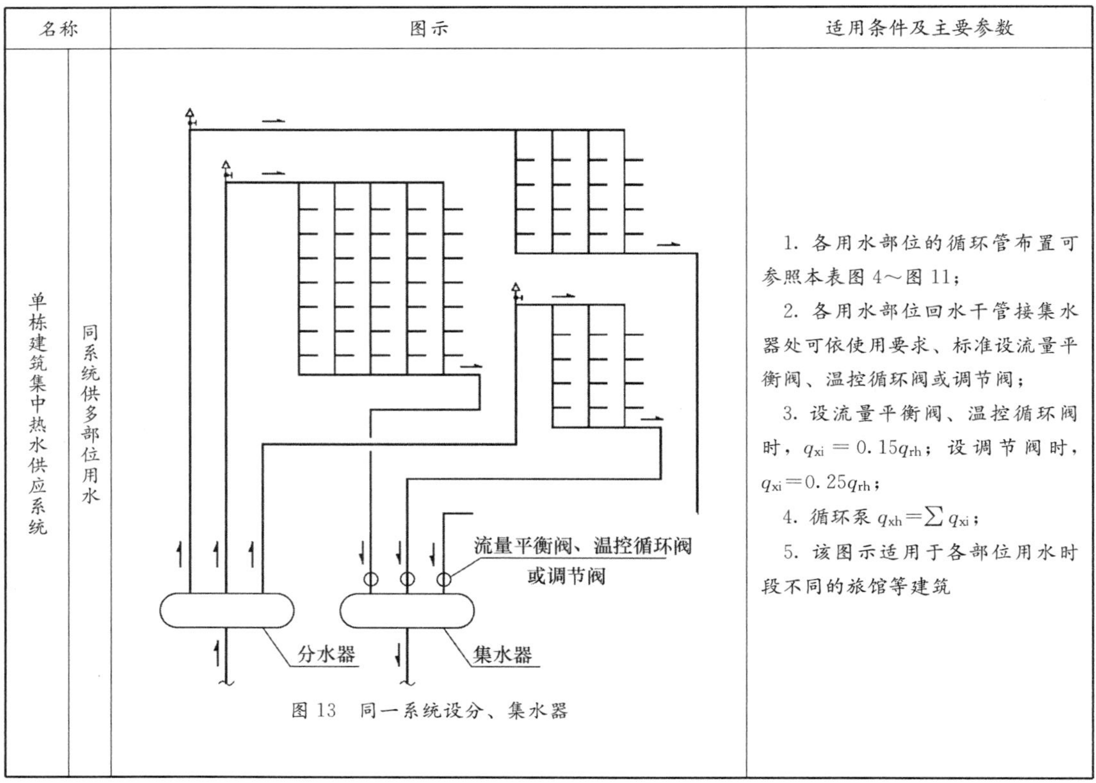 图 13 同一系统设分、集水器	1. 各用水部位的循环管布置可参照本表图 4～图 11； 2. 各用水部位回水干管接集水器处可依使用要求、标准设流量平衡阀、温控循环阀或调节阀； 3. 设流量平衡阀、温控循环阀时，$q_{xi}=0.15q_{rh}$；设调节阀时，$q_{xi}=0.25q_{rh}$； 4. 循环泵 $q_{xh}=\sum q_{xi}$； 5. 该图示适用于各部位用水时段不同的旅馆等建筑

（4）当热水系统采用减压阀进行分区时，除满足本标准第 3.5.10 条、第 3.5.11 条关于减压阀配设的相关规定之外，应注意使减压阀的密封部分材质满足热水系统水温要求，尤其是减压阀在系统中的设置位置应保证各分区热水的循环效果。图 11 为减压阀安装在热水系统的三个不同图示，其中，图（*a*）和图（*b*）是正确的，图（*c*）是错误的。

图 11（*a*）中，高、低分区分设水加热器，两区水加热器均由高区冷水高位水箱供水，低区热水供水系统的减压阀设在低区水加热器的冷水供水管上。在这样的系统布置与减压阀设置形式下，高、低分区各自独立运行，可使系统有效循环。

图 11（*b*）中，高、低分区的热水系统共用高区的水加热器，低区热水系统的减压阀均设在各分户支管上，不影响立管和干管的循环。其优点是系统不需要另外采取措施就能保证循环系统正常工作。缺点是低区各用户均需设减压阀，减压阀数量较多，须要求质量可靠。此系统应控制最低用水点处支管减压阀前的静压不大于 0.55MPa。

图 11（*c*）为高、低两区共用水加热器的热水供应系统，其错误在于分区减压阀设在低区的热水供水立管上，这样高、低区热水回水汇合至图中“A”点时，由于低区系统经过了减压其压力将低于高区，即低区管网中的热水就循环不了。解决的办法只能在高区回水干管上也加一减压阀，减压值与低区热水供水立管上减压阀的减压值相同，然后再把循环泵的扬程加上系统所减掉的压力值。这样做，从理论上分析可以实现整个系统的循环，但有意加大水泵扬程，耗能又不经济，且高、低区分设的减压阀的阀后压力很难做到完全一致，将造成系统运行的不稳定。

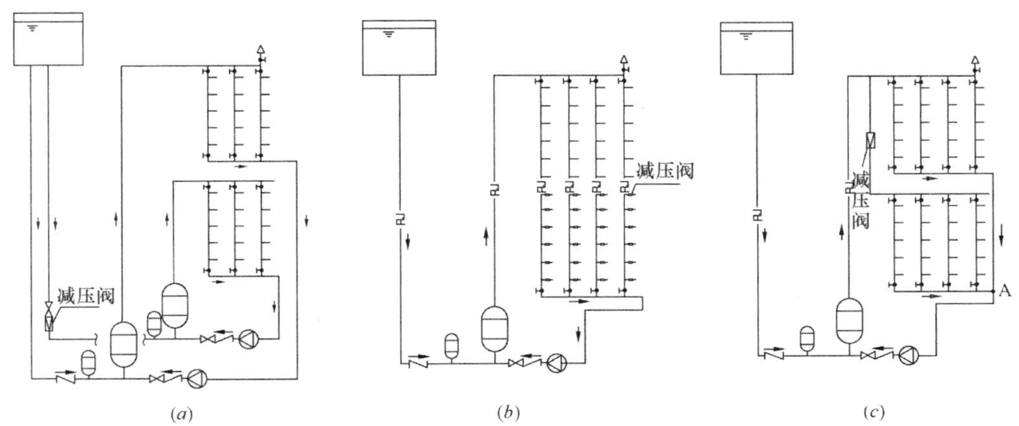

图 11 热水系统减压阀设置示意图

(a) 正确图示；(b) 正确图示；(c) 错误图示

(5) 对于设有 3 个及 3 个以上卫生间的住宅、酒店式公寓、别墅等建筑采用的局部热水供应系统，因热水管道偏长，建议设循环管道，采用机械循环或自然循环，或采取热水供水管设置自调控（定时）电伴热措施，具体的适用场所及相应措施建议为：

1) 当上、下层卫生间对齐布置时，可采用专用回水配件自然循环；

2) 当上、下层卫生间不对齐、分散布置时，可设置带智能控制的小热水循环泵机械循环；

3) 室内热水供水管不埋地或不在垫层内敷设时，可采取自调控定时电伴热措施。

当设置太阳能热水系统时，对于集中集热、分散供热的太阳能热水系统，根据本标准第 6.6.1 条第 6 款的规定，如采用由集热水箱或由集热、贮热、换热一体间接预热承压冷水供应热水的组合系统直接向分散带温控的热水器供水的方式，且至最远热水器的热水管总长不大于 20m，考虑到连接热水箱与辅热设施的热水管道较短，太阳能热水补水供水较快，冷水放水不多，为了简化系统和节能，热水供水系统可不设循环管道，详见图 31。

6.4 耗热量、热水量和加热设备供热量的计算

6.4.1 设计小时耗热量的计算应符合下列规定：

1 设有集中热水供应系统的居住小区的设计小时耗热量，应按下列规定计算：

1) 当居住小区内配套公共设施的最大用水时时段与住宅的最大用水时时段一致时，应按两者的设计小时耗热量叠加计算；

2) 当居住小区内配套公共设施的最大用水时时段与住宅的最大用水时时段不一致时，应按住宅的设计小时耗热量加配套公共设施的平均小时耗热量叠加计算。

2 宿舍（居室内设卫生间）、住宅、别墅、酒店式公寓、招待所、培训中心、旅馆、宾馆的客房（不含员工）、医院住院部、养老院、幼儿园、托儿所（有住宿）、办公楼等建筑的全日集中热水供应系统的设计小时耗热量应按下式计算：

$$Q_h = K_h \frac{mq_r C(t_r - t_l)\rho_r}{T} C_\gamma \qquad (6.4.1\text{-}1)$$

式中：Q_h——设计小时耗热量（kJ/h）；

m——用水计算单位数（人数或床位数）；

q_r——热水用水定额[L/(人·d)或L/(床· d)]，按本标准表6.2.1-1中最高日用水定额采用；

t_r——热水温度（℃），t_r=60℃；

C——水的比热[kJ/(kg·℃)]，C=4.187kJ/(kg·℃)；

t_l——冷水温度（℃），按本标准表6.2. 5取用；

ρ_r——热水密度（kg/L）；

T——每日使用时间（h），按本标准表6.2.1-1取用；

C_γ——热水供应系统的热损失系数，C_γ=1.10～1.15；

K_h——小时变化系数，可按表6.4.1取用。

表6.4.1 热水小时变化系数K_h值

类别	住宅	别墅	酒店式公寓	宿舍（居室内设卫生间）	招待所、培训中心、普通旅馆	宾馆	医院、疗养院	幼儿园、托儿所	养老院
热水用水定额[L/(人·d)或L/(床·d)]	60～100	70～110	80～100	70～100	25～40 40～60 50～80 60～100	120～160	60～100 70～130 110～200 100～160	20～40	50～70
使用人（床）数	100～6000	100～6000	150～1200	150～1200	150～1200	150～1200	50～1000	50～1000	50～1000
K_h	4.80～2.75	4.21～2.47	4.00～2.58	4.80～3.20	3.84～3.00	3.33～2.60	3.63～2.56	4.80～3.20	3.20～2.74

注：1 表中热水用水定额与表6.2.1-1中最高日用水定额对应。

2 K_h应根据热水用水定额高低、使用人（床）数多少取值，当热水用水定额高、使用人（床）数多时取低值，反之取高值。使用人（床）数小于或等于下限值及大于或等于上限值时，K_h就取上限值及下限值，中间值可用定额与人（床）数的乘积作为变量内插法求得。

3 设有全日集中热水供应系统的办公楼、公共浴室等表中未列入的其他类建筑的K_h值可按本标准表3.2.2中给水的小时变化系数选值。

3 定时集中热水供应系统，工业企业生活间、公共浴室、宿舍（设公用盥洗卫生间）、剧院化妆间、体育场（馆）运动员休息室等建筑的全日集中热水供应系统及局部热水供应系统的设计小时耗热量应按下式计算：

$$Q_h = \sum q_h C(t_{r1} - t_l)\rho_r n_o b_g C_\gamma \tag{6.4.1-2}$$

式中：Q_h——设计小时耗热量（kJ/h）；

q_h——卫生器具热水的小时用水定额（L/h），按本标准表6.2.1-2取用；

t_{r1}——使用温度（℃），按本标准表6.2.1-2“使用水温”取用；

n_o——同类型卫生器具数；

b_g——同类型卫生器具的同时使用百分数。住宅、旅馆、医院、疗养院病房、卫生间内浴盆或淋浴器可按70%～100%计，其他器具不计，但定时连续供水时间应大于或等于2h；工业企业生活间、公共浴室、宿舍（设公用盥洗卫生间）、剧院、体育场（馆）等的浴室内的淋浴器和洗脸盆均按表3.7.8-1的上限取值；住宅一户设有多个卫生间时，可按一个卫生间计算。

4　具有多个不同使用热水部门的单一建筑或具有多种使用功能的综合性建筑，当其热水由同一全日集中热水供应系统供应时，设计小时耗热量可按同一时间内出现用水高峰的主要用水部门的设计小时耗热量，加其他用水部门的平均小时耗热量计算。

【释义与实施要点】

1. 本条第1款对居住小区或多栋供给建筑共用一集中热水供应系统时的设计小时耗热量计算作出了规定。

设计小时耗热量是选用热源、水加热设备的主要设计参数，如其不考虑用户使用工况均按最大用水时的设计小时耗热量叠加以确定共用系统的设计小时耗热量，则选用的热源设备设施和水加热设备将过大，运行时大马拉小车，能耗大、效率低，一次投资大，这种情况在20世纪的设集中热水供应系统的工程中尤为严重。因此，规定本条是为了合理确定共用系统的设计小时耗热量。

2. 本条第2款、第3款对集中热水供应系统的三种不同使用工况的设计小时耗热量计算作出了规定：

(1) 本条式（6.4.1-1）适用于设全日集中热水供应系统的宿舍（居室内设卫生间）、住宅、别墅、酒店式公寓、招待所、培训中心、旅馆、宾馆的客房（不含员工）、医院住院部、养老院、幼儿园、托儿所（有住宿）、办公楼等建筑的设计小时耗热量计算。

(2) 本条式（6.4.1-2）适用于下列热水供应系统的设计小时耗热量计算：

1）工业企业生活间、公共浴室、宿舍（设公用盥洗卫生间）、剧院化妆间、体育场（馆）运动员休息室等建筑的全日集中热水供应系统；

2）定时集中热水供应系统；

3）局部热水供应系统。

(3) 设有全日集中热水供应系统的建筑中旅馆、医院等每日使用热水的时间较分散，因此系统的设计小时耗热量按使用人数和用水定额为主要参数的式（6.4.1-1）计算。

工业企业生活间、公共浴室等建筑的全日集中热水供应系统有使用热水较集中的特点，其使用工况与定时集中热水供应系统相似，因此其设计小时耗热量均按卫生器具数和相应的用水定额为主要参数的式（6.4.1-2）计算。

3. 局部热水供应系统的定义见本标准第2.1.93条，符合其定义的单栋别墅等建筑或单个部门、用房的热水供应系统应按式（6.4.1-2）计算设计小时耗热量。

4. 本条第4款规定了单栋建筑的全日集中热水供应系统设计小时耗热量的计算方法，本款类同第1款，即不应不加分析热水使用工况将各部门设计小时耗热量叠加，防止选用设备过大带来的弊病。

5. 式（6.4.1-1）中 K_h 值及其计算释义

(1) 计算设计小时耗热量 Q_h 公式中的小时变化系数 K_h 值对 Q_h 影响大，而 Q_h 又是设计计算热源或热媒负荷选用水加热设备的关键参数，2000年以前不少工程都存在容积式水加热器选型过大，导致使用频率低、耗能、一次投资高、占地大等一系列问题，其中原规范的 K_h 过大是造成此问题的主要原因。

本标准2009年版在调研分析的基础上对 K_h 的取值方法作了较大修正，把原规范的 K_h 只与用水人数相关改为与用水人数及热水用水定额相关，并考虑了与相应冷水系统的小时变化系数协调的关系，这样 Q_h 的计算就趋于合理了。

(2) 原规范 K_h 只与用水人数相关，计算时可直接通过插入法计算 K_h 值。2009 年版规范修编后的 K_h 涉及用水人数和热水用水定额两个参数，不能用简单的插入法直接计算，根据实际使用热水时，人数多，用水定额值高时使用趋于均匀，反之亦然的规律，为简化计算，本次全面修编时，将两者的乘积作为一个变量使用插入法来计算 K_h 值，示例如下：

某医院设公用盥洗室、淋浴室，采用全日集中热水供应系统，设有病床 800 张，60℃热水用水定额取 110L/(床・d)，试计算热水系统的 K_h 值。

计算步骤：

1) 查表 6.4.1，医院的 K_h=3.63～2.56；

2) 按 800 床位和 110L/(床・d) 的乘积作为变量采用内插法计算系统的 K_h 值：

$$K_h = K_{h,max} - \frac{m \cdot q_r - m_{min} \cdot q_{r,min}}{m_{max} \cdot q_{r,max} - m_{min} \cdot q_{r,min}} \times (K_{h,max} - k_{h,min})$$

$$= 3.63 - \frac{800 \times 110 - 50 \times 70}{1000 \times 130 - 50 \times 70} \times (3.63 - 2.56) = 2.92$$

或

$$K_h = K_{h,min} + \left(1 - \frac{m \cdot q_r - m_{min} \cdot q_{r,min}}{m_{max} \cdot q_{r,max} - m_{min} \cdot q_{r,min}}\right) \times (K_{h,max} - K_{h,min})$$

$$= 2.56 + \left(1 - \frac{800 \times 110 - 50 \times 70}{1000 \times 130 - 50 \times 70}\right) \times (3.63 - 2.56) = 2.92$$

6.4.3 集中热水供应系统中，热源设备、水加热设备的设计小时供热量宜按下列原则确定：

1 导流型容积式水加热器或贮热容积与其相当的水加热器、燃油（气）热水机组应按下式计算：

$$Q_g = Q_h - \frac{\eta V_r}{T_1}(t_{r2} - t_l)C\rho_r \qquad (6.4.3\text{-}1)$$

式中：Q_g——导流型容积式水加热器的设计小时供热量（kJ/h）；

η——有效贮热容积系数，导流型容积式水加热器 η 取 0.8～0.9；第一循环系统为自然循环时，卧式贮热水罐 η 取 0.80～0.85，立式贮热水罐 η 取 0.85～0.90；第一循环系统为机械循环时，卧、立式贮热水罐 η 取 1.0；

V_r——总贮热容积（L）；

T_1——设计小时耗热量持续时间（h），全日集中热水供应系统 T_1 取 2h～4h；定时集中热水供应系统 T_1 等于定时供水的时间（h）；当 Q_g 计算值小于平均小时耗热量时，Q_g 应取平均小时耗热量。

2 半容积式水加热器或贮热容积与其相当的水加热器、燃油（气）热水机组的设计小时供热量应按设计小时耗热量计算。

3 半即热式、快速式水加热器的设计小时供热量应按下式计算：

$$Q_g = 3600 q_g (t_\gamma - t_l) C\rho_\gamma \qquad (6.4.3\text{-}2)$$

式中：Q_g——半即热式、快速式水加热器的设计小时供热量（kJ/h）；

q_g——集中热水供应系统供水总干管的设计秒流量（L/s）。

【释义与实施要点】

1. 本条规定了集中热水供应系统中不同贮热容积、不同构造形式的水加热器的设计小时供热量的计算，为在保证使用的条件下合理确定热源或热媒制备设备的热负荷提供了设计依据。

2. 第 1 款规定了导流型容积式水加热器等设备的设计小时供热量 Q_g 的计算公式。

(1) 本款删除了 2009 年版中的传统容积式水加热器，其理由见本标准第 6.5.10 条【释义与实施要点】。

(2) 导流型容积式水加热器的定义及特点详见本标准第 6.5.10 条【释义与实施要点】。

(3) 导流型容积式水加热器或贮热容积与其相当的水加热器、燃油（气）热水机组的供热量按本标准式（6.4.3-1）计算。该式是参照《美国 1989 年管道工程资料手册》《ASPE DataBooK》的相关公式改写而成的。原公式为：

$$Q_t = R + \frac{MS_t}{d} \tag{4}$$

式中：Q_t——可提供的热水流量（L/s）；

R——水加热器加热的水量（L/s）；

M——可以使用的热水占罐体容积之比；

S_t——总贮水容积（L）；

d——高峰用水持续时间（h）。

对照美国公式，式（6.4.3-1）中的 Q_g、Q_h、T_1 分别相当于美国公式中的 R、Q_t 和 d，而 ηV_r 则相当于美国公式的 MS_t。但美国公式是热水量平衡，忽略了水温因素，式（6.4.3-1）为热量平衡，更为准确。

式（6.4.3-1）的意义为，带有相当量贮热容积的水加热设备供热时，提供系统的设计小时耗热量由两部分组成：一部分是设计小时耗热量用水时间段内热媒的供热量 Q_g；一部分是供给设计小时耗热量用水前水加热设备内已贮存好的热量。

即式（6.4.3-1）的后半部分：$\frac{\eta V_r}{T_1}(t_{r2} - t_l)C\rho_r$。

采用这个公式比较合理地解决了热媒供热量，即锅炉或热水机组容量与水加热贮热设备之间的搭配关系。即前者大、后者可小，或前者小、后者可大。避免了以往设计中不管水加热设备的贮热容积多大，锅炉或热水机组均按设计小时耗热量来选择，从而引起锅炉或热水机组和水加热设备两者均偏大，利用率低，不合理、不经济的现象。但当 Q_g 计算值小于平均小时耗热量时，Q_g 应按平均小时耗热量取值。

3. 第 2 款规定了半容积式水加热器等设备的设计小时供热量 Q_g 的计算方法。

(1) 半容积式水加热器的定义及特点详见本标准第 6.5.10 条【释义与实施要点】。

(2) 半容积式水加热器或贮热容积与其相当的水加热器、燃油（气）热水机组的供热量按设计小时耗热量计算。

由于半容积式水加热器的贮水容积只有导流型容积式水加热器的 1/2～1/3，甚至更小些，主要起调节稳定温度的作用，防止设备出水时冷时热。在调节供热量方面，只能调节设计小时耗热量与设计秒流量耗热量之间的差值，即保证在 2min～5min 高峰秒流量时不断热水。而这部分贮热水容积对于设计小时耗热量本身的调节作用很小，可以忽略不计。因此，半容积式水加热器的热媒供热量或贮热容积与其相当的热水机组的供热量按设计小时耗热量计算。由于半容积式水加热器具有无冷温水区保证热水水质的优点，其贮热容积部分可根据使用要求加大，此时相应的 Q_g 亦可按本标准式（6.4.3-1）计算。

4. 第 3 款规定了半即热式、快速式水加热器设计小时供热量的计算方法。

（1）半即热式、快速式水加热器的定义及特点详见本标准第 6.5.11 条【释义与实施要点】。

（2）半即热式、快速式水加热器的供热量按设计秒流量计算。

半即热式等水加热设备其贮热容积一般不足 2min 的设计小时耗热量所需的贮热容积，对进入设备内的被加热水的温度与热量基本上起不到任何调节平衡作用。因此，其供热量应按设计秒流量所需的耗热量供给。当半即热式、快速式水加热器配贮热水罐（箱）供热水时，其设计小时供热量可按导流型容积式或半容积式水加热器的设计小时供热量计算。

6.5 水的加热和贮存

6.5.1 水加热设备应根据使用特点、耗热量、热源、维护管理及卫生防菌等因素选择，并应符合下列规定：

1 热效率高，换热效果好，节能，节省设备用房；

2 生活热水侧阻力损失小，有利于整个系统冷、热水压力的平衡；

3 设备应留有人孔等方便维护检修的装置，并应按本标准第 6.8.9 条、第 6.8.10 条配置控温、泄压等安全阀件。

【释义与实施要点】

该条对水加热设备提出下列三点基本要求：

第 1 款是对水加热设备的主要性能——热工性能提出一个总的要求。作为一个水加热换热设备，其首要条件是热效率高、换热效果好、节能。具体来说，对于热水机组其燃烧效率一般应在 85%以上，烟气出口温度应小于 200℃，烟气黑度等应满足消烟除尘的有关要求。对于间接加热的水加热器在保证被加热水温度及设计流量工况下，汽—水换热时，在饱和蒸汽压力为 0.2MPa～0.6MPa 时，凝结水出水温度为 50℃～70℃的条件下，传热系数 K=5400kJ/(m^2·℃·h)～10800kJ/(m^2·℃·h)；水—水换热时，且热媒为 80℃～95℃的热水时，热媒温降约为 20℃～30℃，传热系数 K= 2160kJ/(m^2·℃·h)～4320kJ/(m^2·℃·h)。

这一款的另一点是提出水加热设备还必须体型小，以节省设备用房。

第 2 款规定生活热水侧阻力损失小。生活热水大部分用于沐浴和盥洗。而沐浴和盥洗都是通过冷热水混合器或混合龙头来实施的。其冷热水压力需平衡、稳定的问题已在本标准第 6.3.7 条【释义与实施要点】中作了详细说明。以往有不少工程因采用不合适的水加热设备出现过系统冷热水压力波动大的问题，耗水耗能且使用不舒适。个别工程出现了顶层热水上不去的问题。因此，建议水加热设备被加热水侧的阻力损失宜小于等于 0.01MPa。

第 3 款对水加热器的安全检修作了规定。

水加热设备的安全可靠性能包括两方面的内容：一是设备本身的安全，如不能承压的热水机组，承压后就成了锅炉；间接加热设备应按压力容器设计和加工，并有相应的安全装置。二是被加热水的温度必须得到有效可靠的控制，否则容易发生烫伤的事故。

构造简单、操作维修方便、生活热水侧阻力损失小是生活用热水加热设备区别其他形式的换热设备的主要特点。

因为生活热水的原水一般是不经处理的自来水，具有一定硬度，近年来虽有各种物理、化学简易阻垢处理方法，但均难以保证其真正的使用效果。体量大的水加热设备安装就位后，很难有检修的余地，更有甚者，有的水加热设备的换热盘管根本无法拆卸更换，设备不留检修人孔等都将给使用者带来极大的麻烦，因此，本款特提出此要求。

满足本款要求的具体措施是：

（1）U 型管束半容积式水加热器的壳体上应设人孔；

（2）立式浮动盘管水加热器安装就位后，机房应留有抽出浮动盘管的竖向或侧向空间。

6.5.2 选用水加热设备尚应遵循下列原则：

1 当采用自备热源时，应根据冷水水质总硬度大小、供水温度等采用直接供应热水或间接供应热水的燃油（气）热水机组；

2 当采用蒸汽、高温水为热媒时，应结合用水的均匀性、水质要求、热媒的供应能力、系统对冷热水压力平衡稳定的要求及设备所带温控安全装置的灵敏度、可靠性等，经综合技术经济比较后选择间接水加热设备；

3 当采用电能作热源时，其水加热设备应采取保护电热元件的措施；

4 采用太阳能作热源的水加热设备选择应按本标准第 6.6.5 条第 6 款确定；

5 采用热泵作热源的水加热设备选择应按本标准第 6.6.7 条第 3 款确定；

【释义与实施要点】

1. 燃油（气）热水机组除应满足本标准第 6.5.1 条的要求之外，还应具备燃料燃烧完全、消烟除尘、机组水套通大气、自动控制水温、火焰传感、自动报警等功能；机组还应设防爆装置。

2. 本款对采用间接换热供应热水的系统选用不同类水加热器的相关因素，条款中提到有 5 项因素，即：用水均匀性、水质要求、热媒的供应能力、系统对冷热水压力平衡的要求及安全装置的灵敏度。

设计可结合工程的具体情况、特点来选择侧重考虑选用设备的因素。

（1）一般以供沐浴热水为主的建筑，侧重点是热媒的供应能力。尤其是自设热水机组、热水炉等供热源时，宜选用导流型容积式或加大贮热容积的半容积式水加热器，即加大贮热量，这样可选用较小负荷的热源机组。由于热源机组的一次投资远高于水加热器，选用较小机组省投资，且热媒负荷较均匀，热源部分高效节能。

（2）医院、养老院等建筑的热水系统侧重点一般是保证热水水质和供水安全可靠，应选用无冷温水滞水区的半容积式水加热器或类同设备。

（3）当采用太阳能、热泵等为热源时，侧重点是热媒供应能力，因太阳能、热泵为低密度热源，宜选用传热系数高的板式快速水加热器配贮热水罐。

（4）设备间小且热媒负荷能满足设计秒流量热水量要求时，侧重点是设备间小与热媒供应能力足，可选用半即热式水加热器。

（5）游泳池水加热系统，侧重点是用热量均匀不需配调节热量的贮热容积，宜选用板式或其他快速式水加热器。

6.5.3 医院集中热水供应系统的热源机组及水加热设备不得少于2台，其他建筑的热水供应系统的水加热设备不宜少于2台，当一台检修时，其余各台的总供热能力不得小于设计小时供热量的60%。

【释义与实施要点】

本条规定医院的热水供应系统的锅炉或水加热器不得少于2台，当一台检修时，其余各台的总供热能力不得小于设计小时供热量的60%。

由于医院手术室、产房、器械洗涤等部门要求经常有热水供应，不能有意外的中断，否则有可能造成医疗事故。因此，医院集中热水供应系统的水加热设备不得少于2台，以保证一台设备检修或故障时，还有一台继续运行，不中断热水供应。

除了医院、宾馆、旅馆、公寓、养老院、幼儿园、居住建筑等需供沐浴热水的全日集中热水供应系统的水加热设备亦不应少于2台。因为无论水加热器、锅炉还是热水机组均需定期检修或更换换热元件，检修时间少则半天多则数天，如一个系统只一台设备则此期间无热水供应，不仅给人们的生活带来不便，还将造成一定的经济损失。

另外，一个系统选用2台设备，每台设备的供热量可为单选一台设备供热量的60%，这样运行灵活，减少能耗，节约能源。

6.5.4 医院建筑应采用无冷温水滞水区的水加热设备。

【释义与实施要点】

医院建筑不得采用有冷温水滞水区的水加热设备，因为医院是各种致病细菌滋生繁殖最适宜的地方，带有冷温水滞水区的水加热器，其滞水区的水温一般在20℃～30℃之间，是细菌繁殖生长最适宜的环境，国外早已有从这种有滞水区的容积式水加热器中发现过军团菌等致人体生命危险病菌的报道。

因此医院等病菌滋生繁殖较严重的地方，集中热水供应系统不得采用带冷温水滞水区的水加热器是保证热水水质安全避免其引发传染疾病的重要保证。其实施要点如下：

一是采用无冷温水滞水区的半容积式水加热器。半容积式水加热器源于英国，国内科研设计单位于1996年在吸取英国产品特点的基础上利用系统循环泵研发了HRV半容积式水加热器，至今已在全国各地工程中广泛应用，并于2003年和2014年两次编入国家行业标准《导流型容积式水加热器和半容积式水加热器（U型管束）》CJ/T 163—2002和《导流型容积式水加热器和半容积式水加热器》CJ/T 163—2015。目前国内水加热器市场较混乱，产品良莠不齐，不少名为半容积式水加热器的产品仍存在明显的冷温水区，因此设计选型时应注明这种产品应符合现行行业标准《导流型容积式水加热器和半容积式水加热器》CJ/T 163—2015的要求；另外，当工程自设热水锅炉、热水机组为热源时，为节约热源机组的一次投资，可采用加大半容积式水加热器贮热容积的措施。

二是温水水温可以≥40℃为界。因为容积式水加热器的冷温水区产生的原因是冷水、热水回水直接进入水加热器底部造成的，而半容积式水加热器的冷水、热水回水是经换热部分换热以后进入贮水容器底部，根据本标准第6.2.6条配水点水温不应低于45℃的规定，一般回水管末端最低水温约比之低 3℃～5℃，因此，在水加热器不能换热时段内，进入贮水容器底的冷水与回水的混合水温一般≥40℃。

6.5.5 局部热水供应设备，应符合下列规定：

1 选用设备应综合考虑热源条件、建筑物性质、安装位置、安全要求及设备性能特点等因素；

2 当供给 2 个及 2 个以上用水器具同时使用时，宜采用带有贮热调节容积的热水器；

3 当以太阳能作热源时，应设辅助热源；

4 热水器不应安装在下列位置：

1）易燃物堆放处；

2）对燃气管、表或电气设备有安全隐患处；

3）腐蚀性气体和灰尘污染处。

【释义与实施要点】

（1）本条第 1 款为选择局部加热设备的总原则。首先要因地制宜按太阳能、燃气、电能等热源顺序选择局部加热设备，另外还要结合建筑物的性质、使用对象、操作管理条件、安装位置、采用燃气与电热水器时的安全装置等因素综合考虑。

（2）需同时供给 2 个及 2 个以上卫生器具或设备热水时，宜选用带贮热容积的加热设备；选用电热水器时应带贮热容积以减小热源的瞬时负荷。如果完全按即热即用没有贮热调节容积选用设备时，则供一个 q=0.15L/s 的标准淋浴器当冷水温度为 10℃时的电热水器连续使用时其功率约为 18kW，显然作为局部热水器供多个器具同时使用，没有贮热调节容积是很不合适的。

（3）燃气热水器的类型、特点及适用范围见表 23。

表 23 燃气热水器的类型、特点及适用范围

类型	图 示	特 点	适用范围
自燃排气式（D）	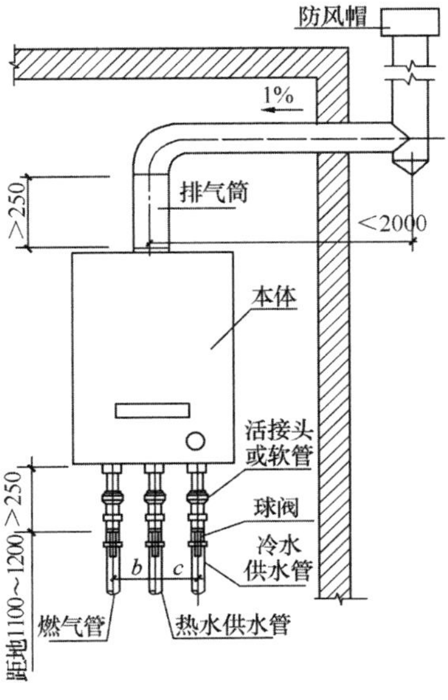 防风帽 1% 排气筒 ≥250 <2000 本体 活接头或软管 球阀 冷水供水管 ≥250 距地1100～1200 b c 燃气管 热水供水管	1. 燃烧所需空气取自室内，排气管在自然抽力作用下将烟气排至室外； 2. 排气压力很小，在无风状态或微风时能正常使用，风大时烟气会回流到室内。产品档次和价格较低，安装排气道难度较大，容易出现排烟不彻底	适用于低层、独立式建筑

续表23

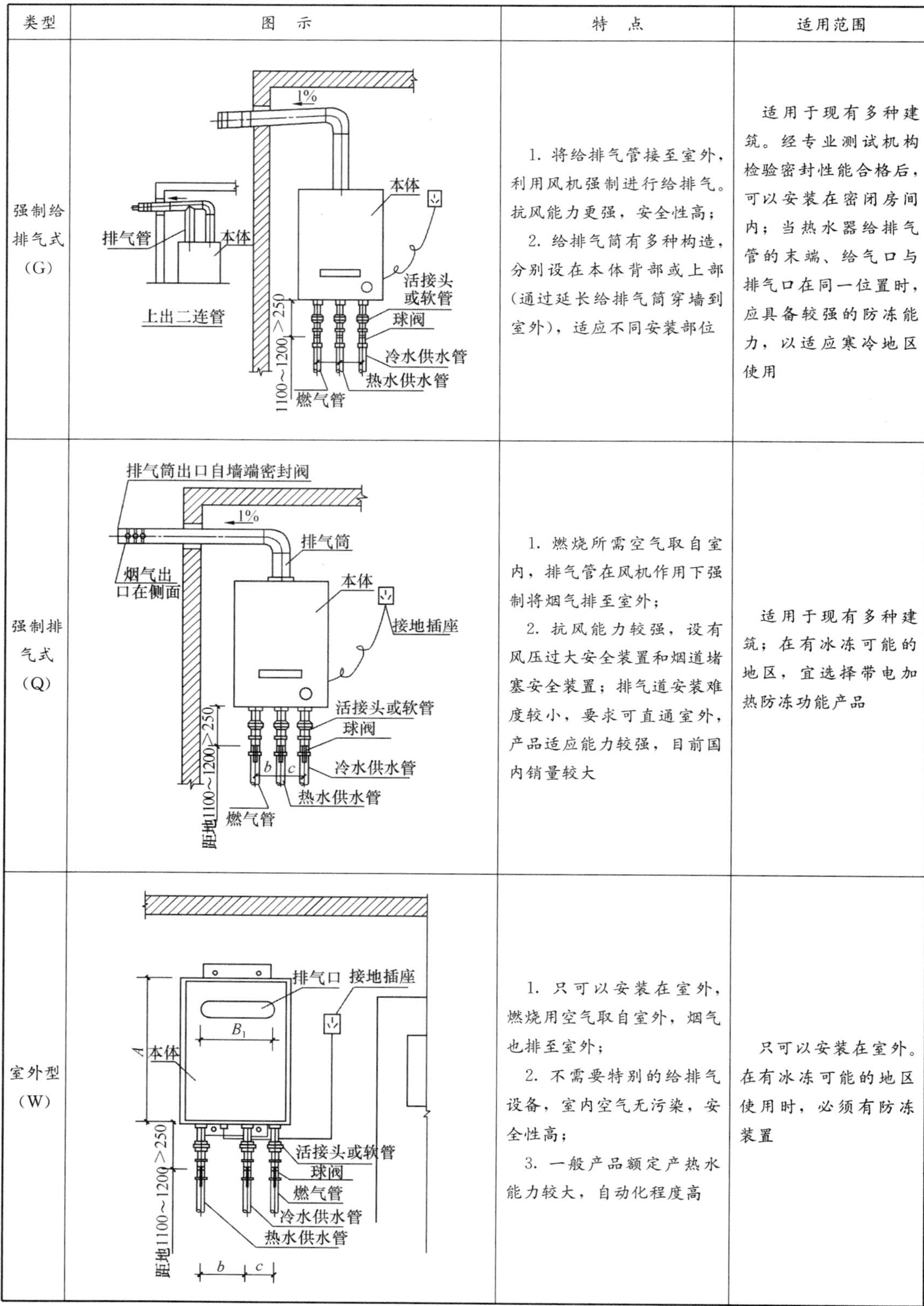

类型	图 示	特 点	适用范围
强制给排气式（G）	1% 本体 排气管 本体 上出二连管 活接头或软管 球阀 冷水供水管 热水供水管 燃气管 1100～1200＞250	1. 将给排气管接至室外，利用风机强制进行给排气。抗风能力更强，安全性高； 2. 给排气筒有多种构造，分别设在本体背部或上部（通过延长给排气筒穿墙到室外），适应不同安装部位	适用于现有多种建筑。经专业测试机构检验密封性能合格后，可以安装在密闭房间内；当热水器给排气管的末端、给气口与排气口在同一位置时，应具备较强的防冻能力，以适应寒冷地区使用
强制排气式（Q）	排气筒出口自墙端密封阀 1% 排气筒 烟气出口在侧面 本体 接地插座 活接头或软管 球阀 冷水供水管 热水供水管 燃气管 b c 距地1100～1200＞250	1. 燃烧所需空气取自室内，排气管在风机作用下强制将烟气排至室外； 2. 抗风能力较强，设有风压过大安全装置和烟道堵塞安全装置；排气道安装难度较小，要求可直通室外，产品适应能力较强，目前国内销量较大	适用于现有多种建筑；在有冰冻可能的地区，宜选择带电加热防冻功能产品
室外型（W）	排气口 接地插座 B_1 A 本体 活接头或软管 球阀 燃气管 冷水供水管 热水供水管 距地1100～1200＞250 b c	1. 只可以安装在室外，燃烧用空气取自室外，烟气也排至室外； 2. 不需要特别的给排气设备，室内空气无污染，安全性高； 3. 一般产品额定产热水能力较大，自动化程度高	只可以安装在室外。在有冰冻可能的地区使用时，必须有防冻装置

（4）太阳能热水器的几种常设置图示见表 24。

表 24　太阳能热水器按集热、换热、运行方式的不同分类

类型		图　示	特　征	设置条件
集热方式	自然循环（图 A、图 B）	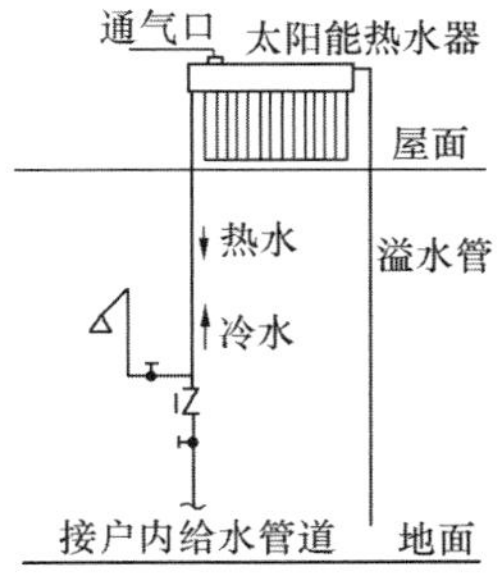 图 A	水箱与集热器之间依靠热流密度的变化形成热循环	
	机械循环（图 C、图 D）		集热器与水箱之间依靠循环泵形成热循环	
制备热水方式	直接式（图 A、图 B、图 C）	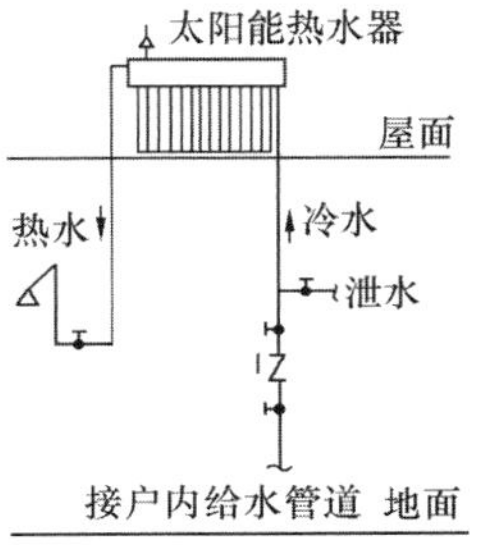 图 B	耗用的热水流经集热器，直接加热水； 非耗用的传热工质流经集热器，利用换热器加热水	
	间接式（图 D）			
集热器与贮热水箱的放置关系	紧凑式（图 A、图 B）	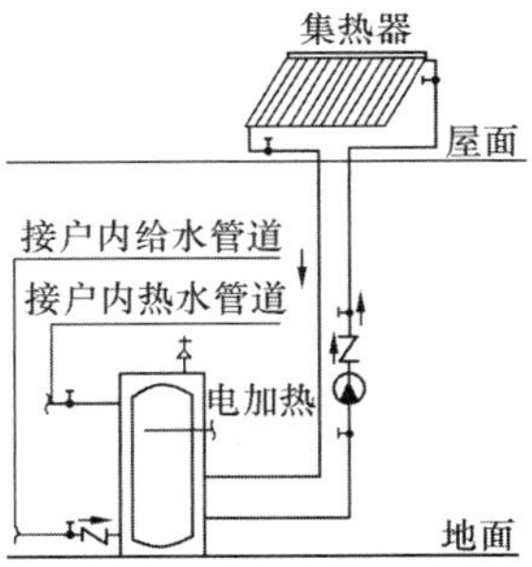 图 C	集热器与贮热水箱直接相连或相邻	
	分离式（图 C、图 D）		集热器与贮热水箱分开放置	
取水方法	落水法（图 A）	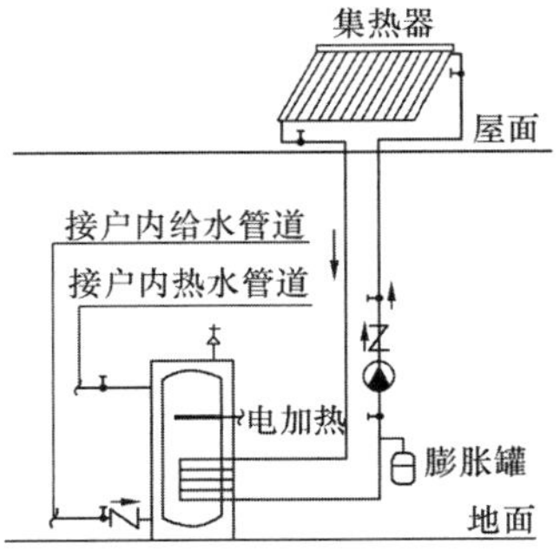 图 D	水箱通大气，利用重力落差供水	
	顶水法（图 B）		水箱密闭，利用冷水供水压力供水	

（5）有关燃气热水器、电热水器、太阳能热水器的选型设计计算等可参见国家建筑标准设计图集《热水器选用及安装》08S126。

6.5.6 燃气热水器、电热水器必须带有保证使用安全的装置。严禁在浴室内安装直接排气式燃气热水器等在使用空间内积聚有害气体的加热设备。

【释义与实施要点】

本条为强制性条文，必须严格执行。特别强调采用燃气热水器和电热水器的安全问题。国内发生过多起燃气热水器漏气中毒致人身亡的事故，因此，选用这些局部加热设备时一定要按其产品标准、相关的安全技术通则、安装及验收规程等中的有关要求进行设计。住宅的燃气热水器应设置在厨房或与厨房相连的阳台内，必须有良好的自然通风条件。

燃气热水器设置的位置，目前三本国家规范的相关条款有一定差异，其条款分别为《住宅建筑规范》GB 50368—2005第8.4.4条规定："套内的燃气设备应设置在厨房或与厨房相连的阳台内"；《住宅设计规范》GB 50096—2011中规定："燃气热水器等燃气设备应安装在通气良好的厨房、阳台或其他非居住房间"、"严禁在浴室内安装直排式、半密闭式燃气热水器等在使用空间内积聚有害气体的加热设备"；《建筑给水排水设计规范》GB 50015—2003（2009年版）第5.4.5条规定："严禁在浴室内安装直排式燃气热水器等在使用空间内积聚有害气体的加热设备"。

针对上述条款存在的异议问题，规范组经反复研究，为与有关标准协调一致，决定此强条仍为："严禁在浴室内安装直接排气式燃气热水器"。

6.5.7 水加热器的加热面积应按下式计算：

$$F_{jr} = \frac{Q_g}{\varepsilon K \Delta t_j} \tag{6.5.7}$$

式中：F_{jr}——水加热器的加热面积（m^2）；

Q_g——设计小时供热量（kJ/h）；

K——传热系数[kJ/(m^2·℃·h)]；

ε——水垢和热媒分布不均匀影响传热效率的系数，采用0.6～0.8；

Δt_j——热媒与被加热水的计算温度差（℃），按本标准第6.5.8条的规定确定。

【释义与实施要点】

1. 该公式是计算水加热器加热面积的通用公式。

2. 公式中Q_g、K、ε的选用：

（1）设计小时供热量Q_g应按本标准第6.4.3条计算。即选用不同类型的水加热器，其Q_g不同，如同一系统选用导流型容积式水加热器与半即热式水加热器，前者Q_g按本标准式（6.4.3-1）计算，其值小于设计小时耗热量Q_h；后者按本标准式（6.4.3-2）计算，其值远大于Q_h，二者相差约5倍～10倍。

（2）传热系数K：

导流型容积式水加热器、半容积式水加热器、半即热式水加热器，其换热原理为水—水换热时以传导和对流两种换热方式交差混合进行，汽—水换热时以冷凝换热为主，传导对流换热为辅。难以用公式计算其过程的传热系数K值，只有通过工程或模拟工况实测

方可得出 K 值。我国行业标准《导流型容积式水加热器和半容积式水加热器》CJ/T 163—2015、《半即热式换热器》CJ/T 467—2014 中给出了经热工测试得出的该三种常用的水加热器的 K 值及相应的热媒和被加热水的阻力（见表 25～表 27），可供设计选用。

表 25 RV-03、RV-04 导流型容积式水加热器主要热工性能参数表

工况 \ 参数 \ 型号		RV-03 (BRV-03)	RV-04 (BRV-04)
汽—水换热	饱和蒸汽压力 P_t（MPa）	0.2～0.6	0.2～0.6
	凝结水出水温度 t_{mz}（℃）	50～70	50～70
	传热系数 K [W/(m^2·℃)]	800～1100 (1750～2890)	800～1100 (1750～2890)
	凝结水剩余压头（MPa）	0.07～0.20	0.05～0.20
	被加热水阻力（MPa）	≤0.003	≤0.003
水—水换热	热媒水初温 t_{mc}（℃）	70～95	70～95
	热媒水终温 t_{mz}（℃）	50～67	50～67
	传热系数 K [W/(m^2·℃)]	500～900 (1450～2260)	500～900 (1450～2260)
	热媒阻力 Δh（MPa）	0.01～0.02	0.03～0.05
	被加热水阻力 Δh（MPa）	≤0.003	≤0.003

注：1 表中传热系数 K 带括号者，（ ）内表示波节管 U 型管束的 K 值，（ ）外表示光面管 U 型管束的 K 值。
2 当汽—水换热要求 t_{mz}≤40℃，水—水换热的 t_{mc}≤70℃，要求 t_{mz}≤40℃时，K 值宜按表中低限值的 80%选取。
3 冷水（被加热水）温度 t_c 按 5℃～15℃计。热水出水温度 t_r 按 55℃～60℃计。

表 26 HRV(BHRV)-01、HRV(BHRV)-02 半容积式水加热器主要热工性能参数表

工况	项　目	参数
汽—水换热	饱和蒸汽压力 P_t（MPa）	0.2～0.6
	凝结水出水温度 t_{mz}（℃）	40～70
	传热系数 K [W/(m^2·℃)]	1150～1500 (2900～3500)
	凝结水剩余压头（MPa）	0.05～0.20
	被加热水阻力（MPa）	≤0.005
水—水换热	热媒水初温 t_{mc}（℃）	70～95
	热媒水终温 t_{mz}（℃）	52～68
	传热系数 K [W/(m^2·℃)]	750～950 (1500～1860)
	热媒阻力 Δh（MPa）	0.04～0.06
	被加热水阻力 Δh（MPa）	≤0.005

注：1 表中传热系数 K 带括号者，（ ）内表示波节管 U 型管束的 K 值，（ ）外表示光面管 U 型管束的 K 值。
2 当汽—水换热要求 t_{mz}≤40℃，水—水换热的 t_{mc}≤70℃，要求 t_{mz}≤40℃时，K 值宜按表中低限值的 80%选取。
3 冷水（被加热水）温度 t_c 按 5℃～15℃计。热水出水温度 t_r 按 55℃～60℃计。

表27 SW、WW半即热式水加热器主要性能参数表

工况	项目	参数
汽—水换热	饱和蒸汽压力 P_t（MPa）	0.15～0.7
	凝结水出水温度 t_{mz}（℃）	≤60℃
	凝结水剩余水头（MPa）	≈0
	被加热水阻力 Δh（MPa）	≤0.02
	传热系数 K [W/(m^2·℃)]	1900～3530
水—水换热	热媒水初温 t_{mc}（℃）	70～110
	热媒水终温 t_{mz}（℃）	50～80
	热媒水阻力 Δh（MPa）	≤0.04
	被加热水阻力 Δh（MPa）	≤0.02
	传热系数 K [W/(m^2·℃)]	1500～2500

注：冷水（被加热水）温度按10℃～15℃计；热水出水温度按55℃～60℃计。

(3) 公式中ε为考虑由于水垢等因素影响传热系数K值的附加系数。从调查资料看，水加热器结垢现象比较严重，在无简单、行之有效的水处理方法的情况下，加热管束要避免水垢的产生是很困难的，结垢的多少取决于水质及运行情况。由于水垢的导热性能很差（水垢的传热系数为2.2kJ/(m^2·℃·h)～9.3 kJ/(m^2·℃·h)），因而水加热器往往受水垢的影响导致其传热效率降低。因此，在计算水加热器的传热系数时应附加一个系数。

ε采用0.6～0.8，是引用国外的资料。

6.5.8 水加热器热媒与被加热水的计算温度差应按下列公式计算：

1 导流型容积式水加热器、半容积式水加热器：

$$\Delta t_j = \frac{t_{mc} + t_{mz}}{2} - \frac{t_c + t_z}{2} \quad (6.5.8\text{-}1)$$

式中：t_{mc}、t_{mz}——热媒的初温和终温（℃）；

t_c、t_z——被加热水的初温和终温（℃）。

2 快速式水加热器、半即热式水加热器：

$$\Delta t_j = \frac{\Delta t_{max} - \Delta t_{min}}{\ln \frac{\Delta t_{max}}{\Delta t_{min}}} \quad (6.5.8\text{-}2)$$

式中：Δt_{max}——热媒与被加热水在水加热器一端的最大温度差（℃）；

Δt_{min}——热媒与被加热水在水加热器另一端的最小温度差（℃）。

【释义与实施要点】

本条规定了热媒与被加热水的计算温度差的计算公式。

(1) 导流型容积式水加热器、半容积式水加热器的计算温度差是采用算术平均温度差计算的。因导流型容积式水加热器和半容积式水加热器中的水温是逐渐、均匀升高的，即加热盘管设置在加热器的底部，冷水自下部受热上升，经传导、对流循环使水加热器内的水全部加热，同时这两种水加热器均有一定的调节容积，计算温度差粗略一点影响不大。

(2) 快速式水加热器、半即热式水加热器的计算温度差是采用平均对数温度差计算的。因快速式水加热器主要是靠对流换热，换热时水在加热器内是不停留的、无调节容积，因此，加热器的计算温度差应较精确计算。

(3) 对本标准快速式水加热器计算公式（6.5.8-2）的说明：快速式水加热器有逆流式和顺流式两种换热工况，前者比后者换热效果好，因此生活热水采用的快速式水加热器或半即热式水加热器基本上均采用如图12所示的逆流式换热。

式（6.5.8-2）中的 Δt_{max}（热媒与被加热水在水加热器一端的最大温度差）与 Δt_{min}（热媒与被加热水在水加热器另一端的最小温度差）如图12所示。

$\Delta t_{max}=t_{mc}-t_z$ 或 $\Delta t_{max}=t_{mz}-t_c$；$\Delta t_{min}=t_{mz}-t_c$ 或 $\Delta t_{min}=t_{mc}-t_z$。

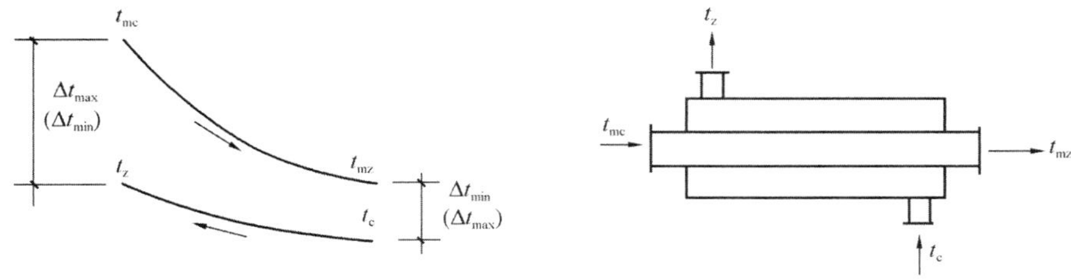

图12 快速换热器水加热工况示意图

(4) 当采用低温热媒水换热时，有可能本标准式（6.5.8-2）中的 $\Delta t_{max}\approx\Delta t_{min}$，此时 $\Delta t_j\approx0$，即 F_{jr} 为无限大，显然不合理，可按本标准式（6.5.8-1）计算 Δt_j，最终计算的 F_{jr} 值基本能满足要求。

6.5.9 热媒的计算温度应符合下列规定：

1 热媒为饱和蒸汽时的热媒初温、终温的计算：

1) 热媒的初温 t_{mc}：当热媒为压力大于70kPa的饱和蒸汽时，t_{mc} 应按饱和蒸汽温度计算；压力小于或等于70kPa时，t_{mc} 应按100℃计算；

2) 热媒的终温 t_{mz}：应由经热工性能测定的产品提供，可按 t_{mz} =50℃～90℃。

2 热媒为热水时，热媒的初温应按热媒供水的最低温度计算；热媒的终温应由经热工性能测定的产品提供；当热媒初温 t_{mc} =70℃～100℃时，可按终温 t_{mz} = 50℃～80℃计算。

3 热媒为热力管网的热水时，热媒的计算温度应按热力管网供回水的最低温度计算。

【释义与实施要点】

本条规定了热媒的计算温度。热媒的初温和终温是决定水加热器加热面积大小的主要因素之一，从热工理论上讲，饱和蒸汽温度随蒸汽压力不同而相应改变。

当蒸汽压力（相对压力）小于或等于70kPa时，蒸汽压力和蒸汽温度变化情况见表28。

表28 蒸汽压力和蒸汽温度变化表（蒸汽压力（相对压力）≤70kPa时）

蒸汽压力（kPa）	10	20	30	40	50	60	70
饱和蒸汽温度（℃）	101.70	104.25	106.56	108.74	110.79	112.73	114.57

当蒸汽压力（相对压力）大于70kPa时，蒸汽压力和蒸汽温度变化情况见表29。

表 29 蒸汽压力和蒸汽温度变化表（蒸汽压力（相对压力）>70kPa 时）

蒸汽压力（kPa）	80	90	100	120	140	160	180	200
饱和蒸汽温度（℃）	116.33	118.01	119.62	122.65	125.46	128.08	130.55	132.88

从以上数据可知，当蒸汽压力小于或等于 70kPa 时，其温度变化差值不大，而且在实际应用时，为了克服系统阻力将蒸汽送至用汽点并保证一定的压力，一般蒸汽压力都要保持在 30kPa～40kPa 左右，这时的温度为 106.56℃和 108.74℃，与 100℃的差值仅为 6℃～8℃，对水加热器的影响不大。为了简化计算，统一按 100℃计算。

当蒸汽压力大于 70kPa 时，蒸汽温度应按饱和蒸汽温度计算，因高压蒸汽热焓值高，若也取 100℃为计算蒸汽温度，则计算出的加热面积偏大造成浪费。

当热媒为热力管网的热水时，应按热力管网供、回水的最低温度计算的规定，是考虑最不利的情况，如北京市的热力管网供水温度冬季为 70℃～130℃、夏季为 40℃～70℃。

本条对热媒初温、终温的计算作出了较具体的规定。条文中推荐的热媒为饱和蒸汽与热水时的热媒初温、终温的参数，来源于 RV 系列导流型容积式水加热器、HRV 系列半容积式水加热器、SW 和 WW 系列浮动盘管半即热式水加热器等产品经热工性能测定的实测数据，可在设计计算中采用。

6.5.10 导流型容积式水加热器或加热水箱（罐）等的容积附加系数应符合下列规定：

1 导流型容积式水加热器、贮热水箱（罐）的计算容积的附加系数应按本标准式（6.4.3-1）中的有效贮热容积系数 η 计算；

2 当采用半容积式水加热器、带有强制罐内水循环水泵的水加热器或贮热水箱（罐）时，其计算容积可不附加。

【释义与实施要点】

水加热设备设置贮存调节容积之目的，是为了保证系统达到设计小时流量与设计秒流量用水时均能平稳供给所需温度的热水。即系统的设计小时流量与设计秒流量是由热媒在这段时间内加热的热水量与贮热容器已贮存的热水量两者联合供给的。不同结构形式和加热工艺的水加热设备，其有效贮热容积部分大致可以分为下列两种情况：

（1）U 型管式导流型容积式水加热器（见图 13），在 U 型管盘管外有一组导流装置，初始加热时，冷水进入水加热器的导流筒内被加热成热水上升，继而迫使水加热器上部的冷水返下形成自然循环，逐渐将水加热器内的水加热。随着升温时间的延续，当水加热器上部充满所需温度的热水时，自然循环即终止。此时，位于 U 型管下部的水虽然经循环已被加热，但达不到所需要的温度，按热量计算，容器的有效贮热容积约为 80%～90%。

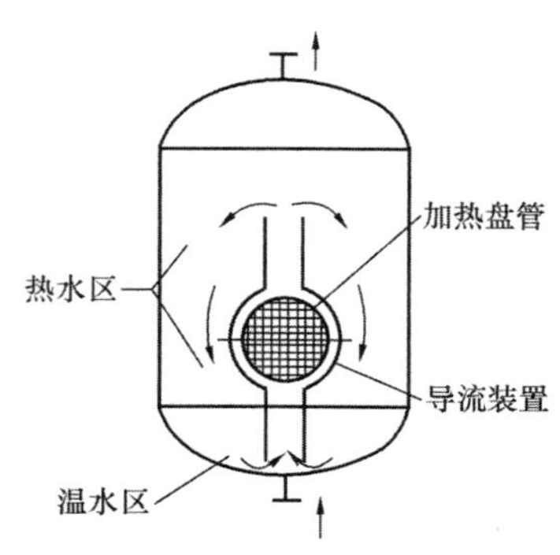

图 13 导流型容积式水加热器示意图

（2）半容积式水加热器实质上是一个经改进的快速式水加热器插入一个贮热容器内组成的设备，如图 14 所示。它与容积式水加热器构造上最大的区别就是：前者的加热与贮热两部分是完全分开的，而后者的加热与贮热连在一起。半容积式水加热器的工作过程是：水加热器加热好的水经连通管输送至贮热容器底部，贮热容器内贮存的全是所需温度的热水，计算水加热器容积时不需要考虑附加容积。没有冷温水滞水区能有效保证热水水质，这是半容积式水加热器的核心点，经调查国内有的名为“半容积式水加热器”的产品达不到此要求。因此设计应经调研选用。

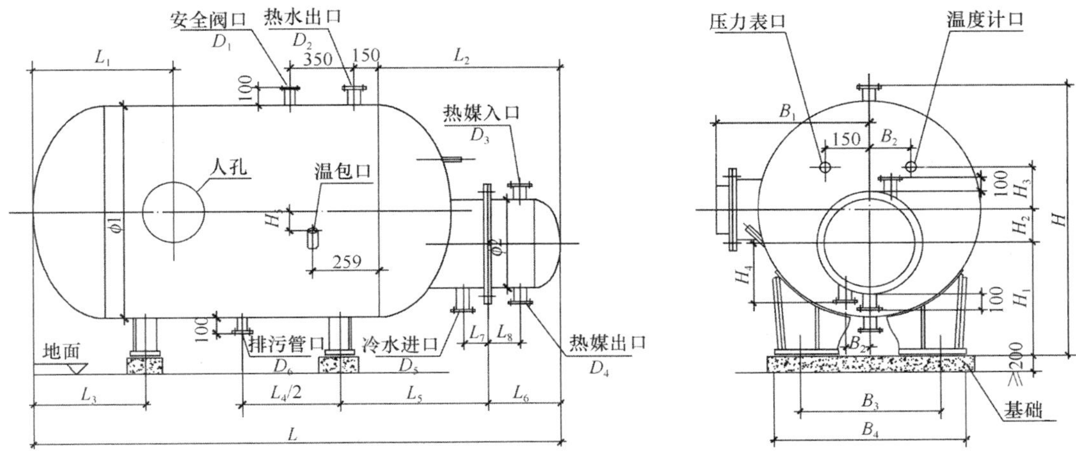

图 14 半容积式水加热器示意图

浮动盘管为换热元件的水加热器的容积附加系数，可参照本条第 1 款的规定采用。一般立式浮动盘管型容积式水加热器，盘管靠底布置时，有效贮热容积为 90%～95%。

6.5.11 水加热设施贮热量应符合下列规定：

1 内置加热盘管的加热水箱、导流型容积式水加热器、半容积式水加热器的贮热量应符合表 6.5.11 的规定。

表 6.5.11 水加热设施的贮热量

加热设施	以蒸汽和 95℃以上的热水为热媒		以小于或等于 95℃的热水为热媒	
	工业企业淋浴室	其他建筑物	工业企业淋浴室	其他建筑物
内置加热盘管的加热水箱	≥30min · Q_h	≥45min · Q_h	≥60min · Q_h	≥90min · Q_h
导流型容积式水加热器	≥20min · Q_h	≥30min · Q_h	≥30min · Q_h	≥40min · Q_h
半容积式水加热器	≥15min · Q_h	≥15min · Q_h	≥15min · Q_h	≥20min · Q_h

注：1 燃油（气）热水机组所配贮热水罐，贮热量宜根据热媒供应情况按导流型容积式水加热器或半容积式水加热器确定。
2 表中 Q_h 为设计小时耗热量（kJ/h）。

2 半即热式、快速式水加热器，当热媒按设计秒流量供应且有完善可靠的温度自动控制及安全装置时，可不设贮热水罐；当其不具备上述条件时，应设贮热水罐；贮热量宜根据热媒供应情况按导流型容积式水加热器或半容积式水加热器确定。

3 太阳能热水供应系统的水加热器、集热水箱（罐）的有效容积可按本标准式（6.6.5-1）、式（6.6.5-2）计算确定，水源、空气源热泵热水供应系统的贮热水箱（罐）的有效容积可按本标准式（6.6.7-2）计算确定。

4 集中生活热水供应系统利用低谷电制备生活热水时，其贮热水箱总容积、电热机组功率应符合下列规定：

1）采用高温贮热水箱贮热、低温供热水箱供热的直接供应热水系统时，其热水箱总容积应分别按下列公式计算：

$$V_1 = \frac{1.1T_2mq_r(t_r - t_l)C_\gamma}{1000(t_h - t_l)} \quad (6.5.11\text{-}1)$$

$$V_2 = \frac{T_3Q_{\gamma h}}{1000} \quad (6.5.11\text{-}2)$$

式中：V_1——高温贮热水箱总容积（m^3）；

V_2——低温（供水温度 t_γ=60℃）供热水箱总容积（m^3）；

1.1——总容积与有效贮水容积之比值；

T_2——高温热水贮水时间，T_2=1d；

T_3——低温热水贮水时间，T_3=0.25h～0.30h；

t_h——贮水温度（℃），t_h= 80℃～90℃；

$Q_{\gamma h}$——设计小时热水量（L/h）。

2）采用贮热、供热合一的低温水箱的直接供应热水系统时，热水箱总容积应按下式计算：

$$V_3 = \frac{1.1T_2mq_rC_\gamma}{1000} \quad (6.5.11\text{-}3)$$

式中：V_3——贮热、供热合一的低温贮热水箱（供水温度 t_r=60℃）的总容积（m^3）。

3）采用贮热水箱贮存热媒水的间接供应热水系统时，贮热水箱总容积应按下式计算：

$$V_4 = \frac{1.1T_2mq_r(t_r - t_l)C_\gamma}{1000\Delta t_m^m} \quad (6.5.11\text{-}4)$$

式中：V_4——热媒水贮热水箱总容积（m^3）；

Δt_m^m——热媒水间接换热被加热水时，热媒供、回水平均温度差；一般可取热媒供水温度 t_{mc}=80℃～90℃；Δt_m^m=25℃。

4）电热机组的功率应按下式计算：

$$N = \frac{mq_rC(t_r - t_l)\rho_r \cdot C_r}{3600T_4M} \quad (6.5.11\text{-}5)$$

式中：N——电热水机组功率（kW）；

T_4——每天低谷电加热的时间，T_4=6h～8h；

M——电能转为热能的效率，M=0.98。

【释义与实施要点】

1. 贮水器的容积，理应根据日热水用水量小时变化曲线设计计算确定。由于目前很难取得这种曲线，所以设计计算时应根据热源品种、热源充沛程度、水加热设备的加热能力以及用水均匀性、管理情况等因素综合考虑确定。

2. 本标准表 6.5.11 划分为以蒸汽和 95℃以上的热水为热媒及以小于或等于 95℃的热水为热媒两种换热工况，分别计算贮热量。

（1）汽—水换热时，以冷凝换热为主的换热效果比水—水换热优越得多，在相同换热面积的条件下，其换热量前者可为后者的 3 倍～9 倍。当热媒水温度高时与汽—水换热差距小一点，当热媒水温度低时（如有的热网水夏天供70℃左右的水）则与汽—水换热差距大于10倍。在这种热媒条件差的条件下，本标准表6.5.11中导流型容积式水加热器、半容积式水加热器的贮热量值已为最低值。

（2）从传统型容积式水加热器的升温时间及国内导流型容积式水加热器、半容积式水加热器实测升温时间来看（见表30），本标准表6.5.11中，“≤95℃”热水为热媒时贮热量值已不宜再小。

表30 水加热器升温时间

加热设备	热媒水温度（℃）	升温时间（13℃升至55℃）
容积式水加热器	70～80	>2h
导流型容积式水加热器	70～80	≈40min
U型管式半容积式水加热器	70～80	20min～25min
浮动盘管式半容积式水加热器	70～80	≈20min

3. 本标准表6.5.11中列出的三种水加热设备的释义

（1）内置加热盘管的加热水箱

内置加热盘管的加热水箱常用于太阳能热水系统的辅热系统，如图15所示。

加热水箱中的盘管一般采用U型管束，为提高管束的传热系数K值，管束宜按图16所示的四行程布置。

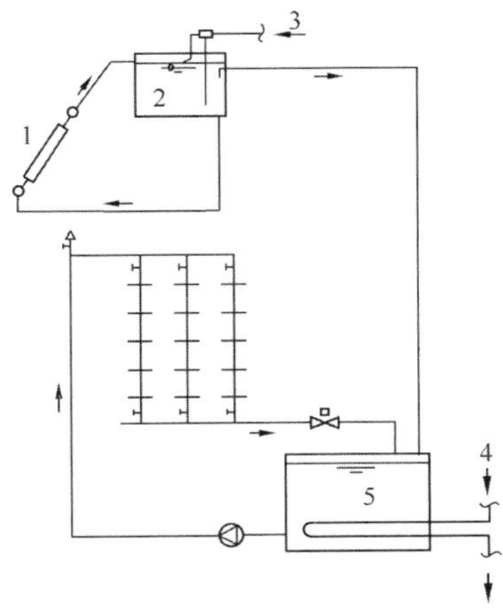

图15 内置加热盘管的加热水箱太阳能热水系统

1—集热器；2—集热水箱；3—冷水；4—辅热热源；5—供热水箱

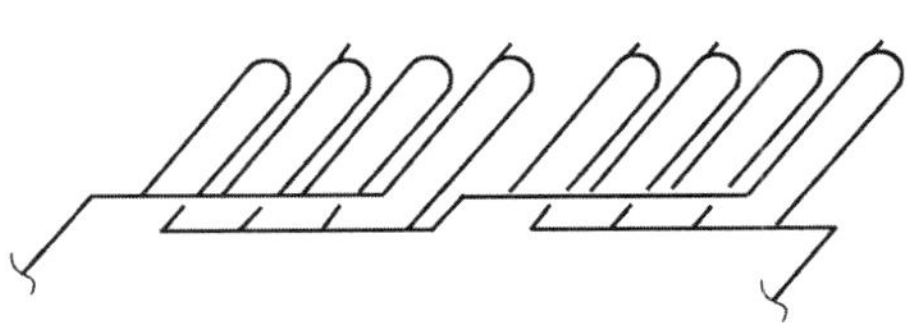

图16 四行程U型管束布置图

（2）本标准此次全面修订中删除了2009年版表5.4.10中的容积式水加热器。

本标准2009年版及以往版本中的容积式水加热器是指换热元件为两行程的U型管束的传统容积式水加热器（以下简称“传统加热器”），它是20世纪90年代以前国内最为广泛采用的水加热设备，在使用中存在如下问题：

1）传热系数低、换热效果差，是一种耗能产品。“传统加热器”采用两行程口径$\phi 38$的U型管束，换热行程太短，热媒流速低，因此其传热系数K低，汽—水换热时$K=650\text{W}/(\text{m}^2\cdot\text{K})\sim700\text{W}/(\text{m}^2\cdot\text{K})$，水—水换热时$K=350\text{W}/(\text{m}^2\cdot\text{K})\sim400\text{W}/(\text{m}^2\cdot$

K)；且热媒流经换热管束，未经充分换热就流出管束，运行中带来的后果是：80℃以下低温水为热媒时，被加热水经一次换热温升只有约 20℃，热媒水只下降了约 10℃，二者均需通过串联两级换热才能满足使用要求。

蒸汽为热媒换热时，蒸汽通过管束换热过程中只能释放出汽化热即潜热部分热量，而汽凝结成冷凝水的高温水热量即显热部分未被利用，即经换热后流出的凝结水温度均在 100℃以上。而在工程实践中，这种量小且不稳定的高温凝结水很难作回收处理，大部分工程均就地排放，严重浪费能源，污染环境，并损坏排水管管材。

2）存在较大冷温水滞水区，热水水质差，容积利用率低。“传统加热器”存在 25%～30%的冷温水滞水区，是军团菌等细菌滋生区，严重影响热水水质，且占容器的 1/4～1/3 的部分为无用容积，需增大罐型或增加设备数量。

3）耗材、占地大、一次投资大。由于“传统加热器”K 值低，换热效果差，容积利用率低，设计选型时设备数量有可能成倍地增加（尤其是低温水换热工况），即耗用设备材料需成倍增加。而“传统加热器”罐型为满足 U 型管束换热面积的要求大多为卧式，加上前方需预留抽出 U 型管束的地方，这样设备间面积就需为此而增大很多。据 20 世纪 90 年代初某五星级宾馆采用 RV-02 立式导流型容积式水加热器与“传统加热器”比较，水—水换热时，采用前者比后者用钢量省 36%、占地面积省 67%、一次投资省 52.7%。

根据以上对“传统加热器”问题的剖析，“传统加热器”早就应该被淘汰，而其更新换代产品导流型容积式水加热器、半容积式水加热器已有二十多年工程使用实践，完全可以取代这种产品，因此，本标准此条款删除了“容积式水加热器”这种传统设备。

（3）导流型容积式水加热器

导流型容积式水加热器定义为“带有引导被加热水流向加热管束的容积式水加热器”。工作原理参见本指南第 6.5.10 条【释义与实施要点】。设计可参照国家建筑标准设计图集《水加热器选用及安装》16S122 中“导流型容积式水加热器”选型计算。

（4）半容积式水加热器

半容积式水加热器定义为“带有适量贮存与调节热水容积的内藏式快速水加热设备”。工作原理参见本指南第 6.5.10 条【释义与实施要点】。设计可参照国家建筑标准设计图集《水加热器选用及安装》16S122 中“半容积式水加热器”选型计算。

4. 采用低谷电制备生活热水的系统图示如图 17 所示。

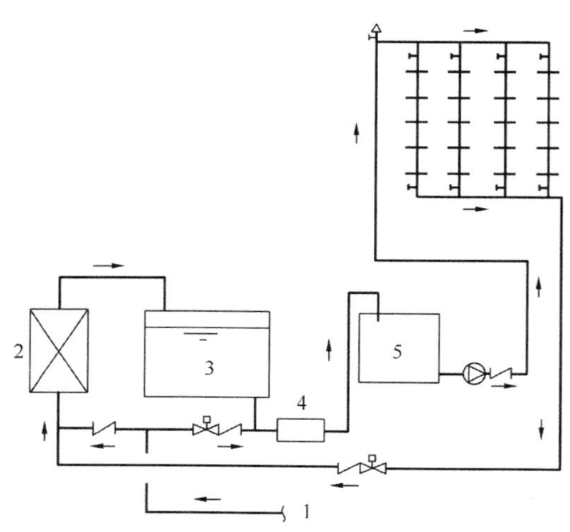

图 17 电热机组利用谷电加热热水系统

1—冷水；2—电热机组；3—高温热水贮水箱；4—混合器；5—低温热水贮水箱

电热机组各热水箱容积的具体选型，均可按本标准条文中式（6.5.11-1）～式(6.5.11-5)计算。

6.5.13 闭式热水供应系统的冷水补给水管的设置除应符合本标准第 6.3.7 条的要求外，

尚应符合下列规定：

1 冷水补给水管的管径应按热水供应系统总干管的设计秒流量确定；

2 有第一循环的热水供应系统，当第一循环采用自然循环时，冷水补给水管应接入贮热水罐，不应接入第一循环的回水管、热水锅炉或热水机组。

【释义与实施要点】

本条第1款指水加热器的冷水补给水管的管径应与其热水出水管管径一致并均按设计秒流量确定。这是因为水加热器为闭式系统的承压容器，它只能贮存和调节供热热量和供热温度，不能调节供热水量，因此水加热器的冷水补给水管应与其热水出水管管径一致。

开式热水供应系统的热水箱不承压，如同给水系统的水箱一样，它具有贮存调节热水量的功能，当热水箱容积按给水箱容积计算确定时，其冷水补给水管可按设计小时热水量确定。

本条第2款指由热水锅炉或热水机组配热水贮水罐联合供热水时的管路连接要求，如图18所示。

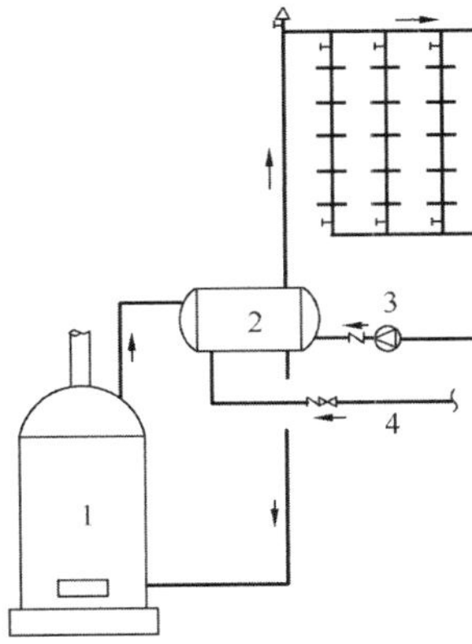

图18 热水锅炉配热水贮水罐供热水配管示意图
1—热水锅炉；2—贮热水罐；3—循环泵；4—冷水

如图18所示，热水锅炉与热水贮水罐的连管为第一循环，热水贮水罐连供水系统为第二循环。

本款规定第一循环为自然循环时，冷水补给水管应接入贮水罐，而不应直接接入热水锅炉或热水机组，其主要目的是增大自然循环密度差，即增大其循环动力，有利于加速热量传递，使热水贮水箱尽快补热。另一目的是冷水不直接进入高温的锅炉炉膛有利于延长热水锅炉使用寿命。

6.5.14 热水箱应加盖，并应设溢流管、泄水管和引出室外的通气管。热水箱溢流水位超出冷水补水箱的水位高度应按热水膨胀量计算。泄水管、溢流管不得与排水管道直接连接。

【释义与实施要点】

本条规定热水贮水箱的配管、附件等除应满足本标准第3.8.6条给水水箱的要求外，对通气管、溢水管的设置还提出了特殊要求。热水箱的通气管除了保证水箱上空空气流通保证水质、维持压力平衡外，还需将热水蒸发的热气及时排出，为防止排出的热气污染机房环境，故规定通气管应引至室外。

溢流管的设置高度应以不溢出热水膨胀量计算，具体计算参见本标准第6.5.19条。

6.5.15 水加热设备和贮热设备罐体，应根据水质情况及使用要求采用耐腐蚀材料制作或在钢制罐体内表面衬不锈钢、铜等防腐面层。

【释义与实施要点】

水加热设备、贮热设备贮存有一定温度的热水，水中溶解氧析出较多，当其采用钢板制作时，氧腐蚀比较严重，易恶化水质和污染卫生器具。这种情况在我国以水质较软的地面水为水源的南方地区更为突出。因此，水加热设备和贮热设备宜根据水质条件采用耐腐蚀材料（如不锈钢、铁素体不锈钢、不锈钢复合板）等制作或衬不锈钢、铜等防腐面层。

当水中氯离子含量较高时宜采用钢板衬铜，或采用316L不锈钢、444铁素体不锈钢。采用衬面层时应注意两点：一是面层材质应符合现行有关卫生标准的要求，二是衬面层工艺必须符合相关规定，保证面层与母体结合密实牢固。

从目前国内水加热器制造企业对容器罐体采用钢板衬铜或衬不锈钢的质量来看，大部分产品均达不到双层金属板材贴合严密无隙的要求，不少产品使用一段时间后，水加热器会出红锈水。钢板衬铜或不锈钢源于英国水加热器产品，为使两种不同材质的金属板严密贴合，它有一套完整的除锈、抽真空（真空度应近似100%）的加工工艺，目前国内还没有一个水加热器制造企业采用此种技术来完成衬板工艺，只有个别企业通过成型焊接来保证衬板质量。因此，设计选用水加热器罐体材质宜尽量选用不锈钢444、铁素体不锈钢单一材质。另外，除水加热器贮热水罐外的热水机组、热水锅炉等水加热设备，当其直接供热水时，其涉水部分的材质均应考虑防腐蚀出红水的问题。

6.5.16 水加热器的布置应符合下列规定：

1 导流型容积式、半容积式水加热器的侧向或竖向应留有抽出加热管束或盘管的空间；

2 导流型容积式、半容积式水加热器的一侧应有净宽不小于0.7m的通道，其他侧净宽不应小于0.5m；

3 水加热器上部附件的最高点至建筑结构最低点的净距应满足检修的要求，并不得小于0.2m，房间净高不得低于2.2m。

【释义与实施要点】

本条第1款指导流型容积式水加热器与半容积式水加热器的布置要求。这两种水加热器主要由罐体与换热管束或盘管组成。由于换热过程中管束或盘管内外壁尤其是外壁易被水垢环堵和腐蚀，运行过程中需定期从罐体中抽出管束或盘管进行清垢除锈甚而更换，以保证设备的正常运行和保证水质。这两种设备体型大，安装就位后很难移出机房检修。近年来一些使用无检修人孔的立式浮动盘管水加热器，因盘管不能从罐体抽出或盘管本体无法检修更换，以致设备运行故障，不能运行亦无法更换，严重影响使用，因此作出本款规定。

（1）立、卧式U型管束导流型容积式、半容积式水加热器的管束均为卧置，检修时需打开管箱抽出管束，因此，布置设备时，应先了解最长U型管束的长度，在管箱一侧应留有大于管束最大长度的空间。

（2）浮动盘管型导流型容积式、半容积式水加热器大多为立式，盘管组成整体从罐体下部插入，当罐体无检修人孔时，检修盘管时，需将罐体提升或将罐体卧倒方能抽出盘管，这在一般设备间是做不到的，解决的办法一是罐体留检修人孔，由人进去检修，二是盘管分成多组经人孔进罐体内组装和检修。相对而言后者更为妥当。

本条第2款指除满足第1款要求外，罐体之间及罐体距墙等净空应满足安装、检修等的操作要求。

本条第3款规定设备间净高不得低于2.2m。由于换热间运行中散热量大，室内燥热，工作条件差，因此换热间宜布置在空间较高、设备布置不太拥挤的地方，有利于改善工作环境。

6.5.17　燃油（气）热水机组机房的布置应符合下列规定：

1　燃油（气）热水机组机房宜与其他建筑物分离独立设置；当机房设在建筑物内时，不应设置在人员密集场所的上、下或贴邻，并应设对外的安全出口。

2　机房的布置应满足设备的安装、运行和检修要求，并靠外墙布置其前方应留不少于机组长度2/3的空间，后方应留0.8m～1.5m的空间，两侧通道宽度应为机组宽度，且不应小于1.0m。机组最上部部件（烟囱除外）至机房顶板梁底净距不宜小于0.8m。

3　机房与燃油（气）机组配套的日用油箱、贮油罐等的布置和供油、供气管道的敷设均应符合有关消防、安全的要求。

【释义与实施要点】

燃油（气）热水机组是一种常压的加热设备，不属于热水锅炉范畴。详见术语释义。因此它的设置位置、防火、防爆要求等不如热水锅炉那么高。具体要求参见中国工程建设标准化协会标准《燃油、燃气热水机组生活热水供应设计规程》CECS 134—2002。

燃油（气）热水机组热水系统形式可参见图19～图22。

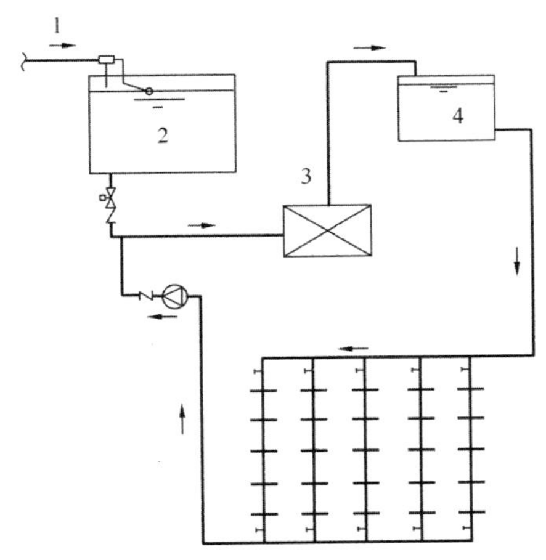

图19　热水机组配热水箱
重力供热水系统示意图
1—冷水；2—冷水箱；3—热水机组；
4—热水箱

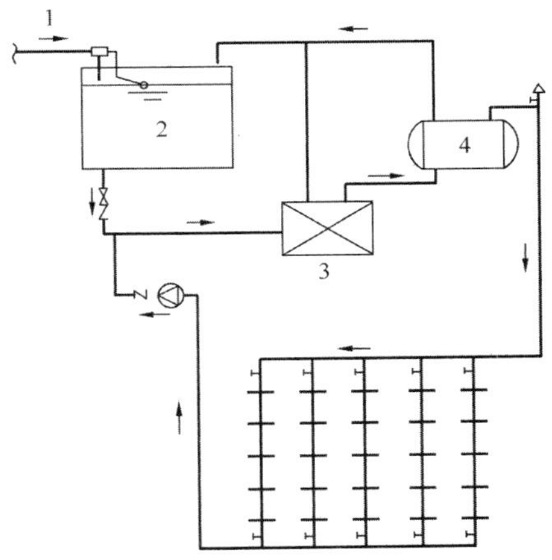

图20　热水机组配贮热水罐
重力供热水系统示意图
1—冷水；2—冷水箱；3—热水机组；
4—贮热水罐

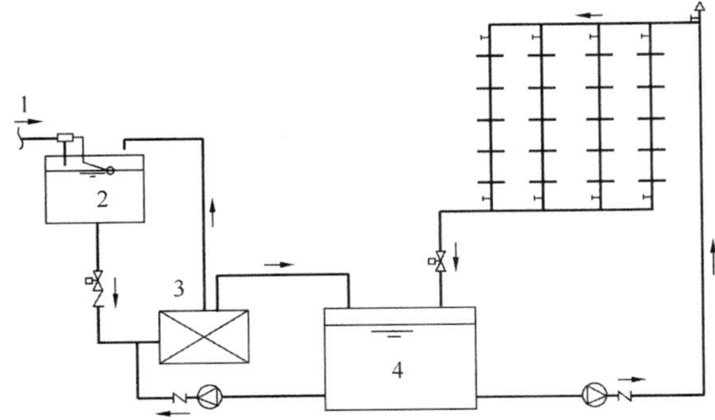

图21　热水机组配贮热水箱加压供热水系统示意图
1—冷水；2—冷水箱；3—热水机组；4—贮热水箱

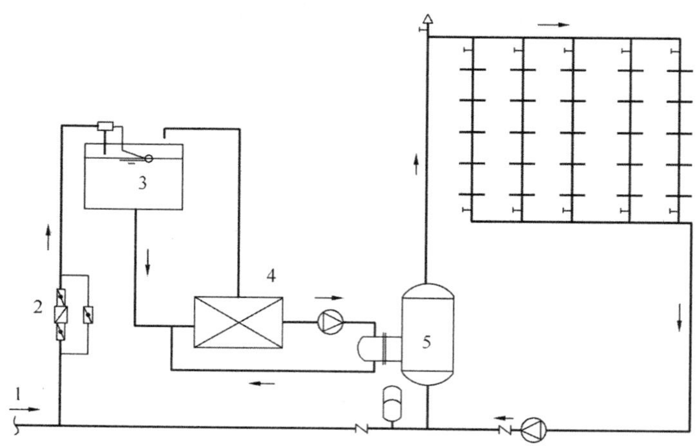

图 22 热水机组配水加热器供热水系统示意图

1—冷水；2—软水装置；3—冷水箱；4—热水机组；5—水加热器

燃油（气）热水机组及贮油罐、日用油箱等设置应符合现行国家标准《建筑设计防火规范》GB 50016 等的要求。机房布置、贮油罐及日用油箱的设置及布置可参见国家建筑标准设计图集《热水机组选用与安装》05SS121 中有关详图。

燃气管道应由燃气专业设计。

6.5.19 在设有膨胀管的开式热水供应系统中，膨胀管的设置应符合下列规定：

1 当热水系统由高位生活饮用冷水箱补水时，可将膨胀管引至同一建筑物的非生活饮用水箱的上空，其高度应按下式计算：

$$h_1 \geqslant H_1\left(\frac{\rho_l}{\rho_r}-1\right) \tag{6.5.19}$$

式中：h_l——膨胀管高出高位冷水箱最高水位的垂直高度（m）；

H_1——热水锅炉、水加热器底部至高位冷水箱水面的高度（m）；

ρ_l——冷水密度（kg/m^3）；

ρ_r——热水密度（kg/m^3），膨胀管出口离接入非生活饮用水箱溢流水位的高度不应少于 100mm。

2 当膨胀管有结冻可能时，应采取保温措施。

3 膨胀管的最小管径应按表 6.5.19 确定。

表 6.5.19 膨胀管的最小管径

热水锅炉或水加热器的加热面积（m^2）	<10	≥10 且<15	≥15 且<20	≥20
膨胀管最小管径（mm）	25	32	40	50

【释义与实施要点】

本条对膨胀管的设置作了具体规定。

设有高位冷水箱供水的热水系统设膨胀管时，不得将膨胀管返至高位冷水箱上空，目的是防止热水系统中的水体升温膨胀时，将膨胀的水量返至生活用冷水箱，引起该水箱内水体的热污染。解决的办法是将膨胀管引至其他非生活饮用水箱的上空。因一般多层、高层建筑大多有消防专用高位水箱，有的还有中水水箱等，这些非生活饮用水箱的上空都可接纳膨胀管的泄水。

为防止热水箱的水因受热膨胀而流失，规定热水箱溢流水位超出冷水补给水箱的水位高度 h 应按本标准式（6.5.19）计算，其设置如图 23 所示。

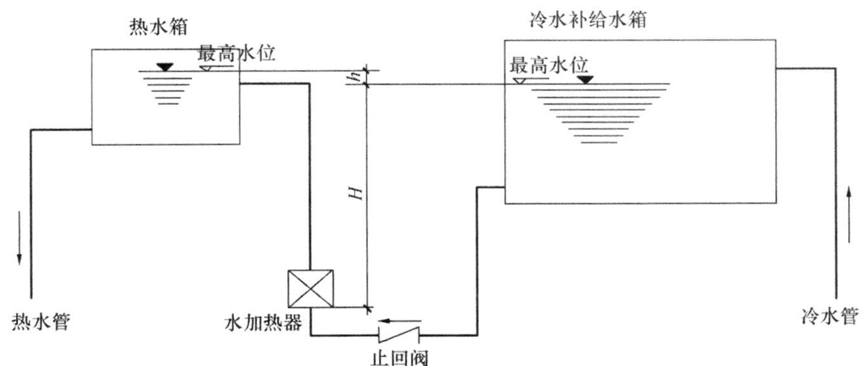

图 23 热水箱与冷水补给水箱布置

6.5.20 膨胀管上严禁装设阀门。

【释义与实施要点】

本条为强制性条文，必须严格执行。膨胀管上严禁设置阀门是确保热水供应系统的安全措施。当开式热水供应系统有多台锅炉或水加热器时，为便于运行和维修亦应分别设置。

6.5.21 在闭式热水供应系统中，应设置压力式膨胀罐、泄压阀，并应符合下列规定：

1 最高日日用热水量小于或等于 $30m^3$ 的热水供应系统可采用安全阀等泄压的措施。

2 最高日日用热水量大于 $30m^3$ 的热水供应系统应设置压力式膨胀罐；膨胀罐的总容积应按下式计算：

$$V_e = \frac{(\rho_f - \rho_r)P_2}{(P_2 - P_1)\rho_r}V_s \tag{6.5.21}$$

式中：V_e——膨胀罐的总容积（m^3）；

ρ_f——加热前加热、贮热设备内水的密度（kg/m^3），定时供应热水的系统宜按冷水温度确定；全日集中热水供应系统宜按热水回水温度确定；

ρ_r——热水密度（kg/m^3）；

P_1——膨胀罐处管内水压力（MPa，绝对压力），为管内工作压力加 0.1 MPa；

P_2——膨胀罐处管内最大允许压力（MPa，绝对压力），其数值可取 $1.10P_1$，但应校核 P_2 值，并应小于水加热器设计压力；

V_s——系统内热水总容积（m^3）。

3 膨胀罐宜设置在水加热设备的冷水补水管上或热水回水管上，其连接管上不宜设阀门。

【释义与实施要点】

（1）闭式热水供应系统设压力式膨胀罐、泄压阀均是为了保证系统的运行安全，即通过设置压力式膨胀罐、泄压阀及时吸纳系统膨胀量或泄走膨胀量，防止系统因此而升压造成安全事故。

（2）压力式膨胀罐能吸纳系统膨胀量，既可限制系统的升压又可不泄放热水，节水节能，它适用于最高日热水量≥30m^3的较大热水系统。

膨胀罐宜设置在水加热设备的冷水补水管上或热水回水管上，其理由是降低膨胀罐贮热的水温，延长膨胀罐内橡胶胶囊的使用寿命。

膨胀罐与系统连接管上不宜设阀门是防止阀门误关，造成膨胀罐不能工作引起安全事故。

（3）最高日热水量＜30m^3的小系统，可通过系统设置安全阀、泄压阀来泄放膨胀量。当水加热设备自带安全阀时，系统可不另设置泄压放水阀件，当选用泄压阀泄压时，应选用专用热水的泄压阀。

（4）公式中V_s所指系统内热水总容积包括水加热设备的贮热水容积。

6.6 太阳能、热泵热水供应系统

【释义与实施要点】

太阳能热水系统是此次全面修编本标准热水部分的重点部分，并将其单列一节，其主要理由如下：

（1）近年来，全国有众多城市出台了太阳能应用于生活热水热源的政策，新设计的工程大部分都要上太阳能热水系统。因此太阳能热水系统已纳入了生活热水系统设计的重要组成部分。

（2）太阳能热水系统设计虽然不是新内容，但以往通过系统设计者甚少。而太阳能热水系统又涉及太阳能集热能源与给水排水两个专业，因此，如何做好集中太阳能热水系统的设计，对于绝大部分本专业的设计者来说是一新课题。

（3）大部分工程设计的太阳能热水系统均是由太阳能设备公司二次设计满足施工安装要求，而这些公司良莠不齐，对于给水排水系统的要求不甚了解，因此，现有运行的集中太阳能热水系统能达到设计使用要求者不多。

（4）北京奥运村、广州亚运城等大型集中太阳能热水系统是经设计单位在国内外知名太阳能设计公司或热能设备公司的密切配合下设计及施工安装的大型系统。较好地满足了奥运会、亚运会期间的使用要求。但会后由于使用者的突变，即运动员村变为公寓、住宅，用水人数骤减，而大型太阳能集热系统仍需全系统运行，使热水制水成本分摊到使用者时热水水费很高，致使系统运行无法正常维持。总结这些大型集中太阳能热水系统的设计、运行的经验教训，并将其主要成果反映到本标准中，将对规范太阳能热水系统的设计具有指导意义。

6.6.1 太阳能热水系统的选择应遵循下列原则：

1 公共建筑宜采用集中集热、集中供热太阳能热水系统。

2 住宅类建筑宜采用集中集热、分散供热太阳能热水系统或分散集热、分散供热太阳能热水系统。

3 小区设集中集热、集中供热太阳能热水系统或集中集热、分散供热太阳能热水系统时应符合本标准第 6.3.6 条的规定；太阳能集热系统宜按分栋建筑设置，当需合建系统时，宜控制集热器阵列总出口至集热水箱的距离不大于 300m。

4 太阳能热水系统应根据集热器构造、冷水水质硬度及冷热水压力平衡要求等经比较确定采用直接太阳能热水系统或间接太阳能热水系统。

5 太阳能热水系统应根据集热器类型及其承压能力、集热系统布置方式、运行管理条件等经比较采用闭式太阳能集热系统或开式太阳能集热系统；开式太阳能集热系统宜采用集热、贮热、换热一体间接预热承压冷水供应热水的组合系统。

6 集中集热、分散供热太阳能热水系统采用由集热水箱或由集热、贮热、换热一体间接预热承压冷水供应热水的组合系统直接向分散带温控的热水器供水，且至最远热水器热水管总长不大于 20m 时，热水供水系统可不设循环管道。

7 除上款规定外的其他集中集热、集中供热太阳能热水系统和集中集热、分散供热太阳能热水系统的循环管道设置应按本标准第 6.3.14 条执行。

【释义与实施要点】

本条的总原则为太阳能热水系统适用规模宜小。

1. 本条第 1 款、第 2 款分别规定了公共建筑和住宅建筑适宜采用的太阳能热水系统。

(1) 公共建筑如旅馆、医院等对热水使用的要求较高、管理水平较好、维修条件较完善、无收费矛盾等难题。因此，这类建筑宜采用集中集热、集中供热太阳能热水系统。

(2) 住宅类建筑一般物业管理水平不及公共建筑，且当采用集中集热、集中供热太阳能热水系统时不能适应住宅入住率即使用人数的变化，当入住率很低时，整个热水制备成本分摊到少数使用者身上，热水价格很高。如北京某公租住宅，开始入住率只有 10%时太阳能热水价格为 310.46 元/t，使住户无法承受这样的价格，用不了多久就被迫停用瘫痪。

另外，住宅使用设支管循环的集中集热、集中供热太阳能热水系统还存在水表计量误差，引起收费矛盾，难以解决的难题。因此第 2 款规定住宅类建筑宜采用集中集热、分散供热太阳能热水系统或分散集热、分散供热太阳能热水系统。

2. 本条第 3 款对住宅小区的太阳能热水系统作了规定。推荐分栋住宅单设系统，其优点是系统较小，无室外埋地管道，便于物业维护管理，并可大大减少系统的事故维修工作量，减少能耗。多栋建筑合建系统虽有共用集热、供热设备的优点，但存在连接管道多而复杂，尤其是埋地的热水管故障多等缺点。维修工作量大，且管路热损失大，使用率低，据工程测算，有的大型合建系统室外埋地管道的热损耗等于一天的太阳能集热量。因此本款参照国外太阳能公司的参数规定：合建系统宜控制集热器阵列总出口至集热水箱的距离不大于 300m。

3. 本条第 4 款规定了采用直接太阳能热水系统和间接太阳能热水系统需考虑的因素。

(1) 首要因素是集热器构造，国内目前生产的集热器主要有平板型和真空管型。前者集热排管管径较大，后者集热内管管径一般为 $\phi6 \sim \phi8$，管径小。由于集热管内温度可达 100℃以上，被加热水通过集热管时水中碳酸钙均将形成水垢沉积，尽管玻璃管壁很光滑，亦可能产生水垢沉积。因此，真空管型集热器较适用于间接太阳能热水系统，直接太阳能热水系统宜采用平板型集热器。

(2) 冷水水质硬度的大小即代表水中碳酸钙含量的多少，亦即水垢的多少。一般来说，

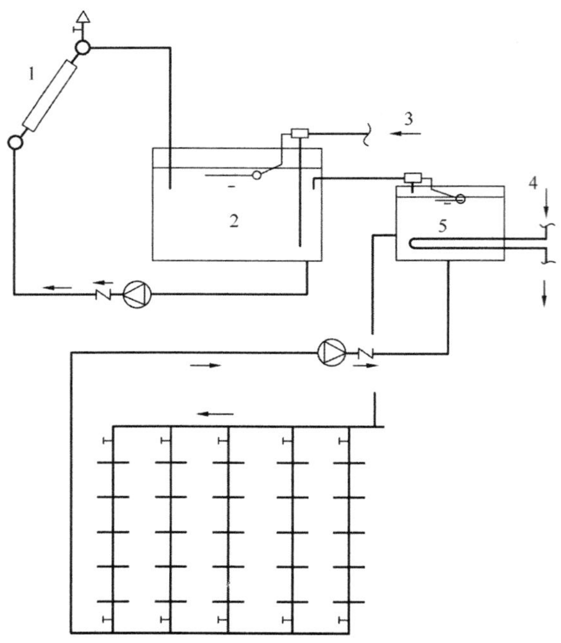

图24 机械循环集热直接重力太阳能热水供水系统

1—集热器；2—集热贮热水箱；3—冷水；4—辅助热源；5—供热水箱

以地表水为水源的冷水硬度较低，以地下水为水源的冷水硬度较高。

（3）直接或间接太阳能热水系统与系统的冷热水压力平衡有直接关系。图24～图27分别表示两种直接太阳能热水系统和两种间接太阳能热水系统。

图24所示为设高位集热贮热水箱、供热水箱的直接供水方式。当供热水箱高度满足最不利点供水压力时，系统可为重力供水不需设加压泵，为使系统冷热水压力平衡，宜在相同高度处设冷水箱供冷水，当无条件时，冷水系统可设减压阀控制阀后压力与热水供水系统一致。

图25所示为设低位集热贮热水箱、供热水箱的直接供水方式。供热水箱需设变频供水泵组供水。供水泵组可按本标准第6.7.11条配置，为满足系统冷热水压力平衡之要求泵组扬程应按相同标高处冷水管供水压力确定。

图26所示为板式换热器配集热水罐和辅热水加热器的间接供水方式。此系统冷水集

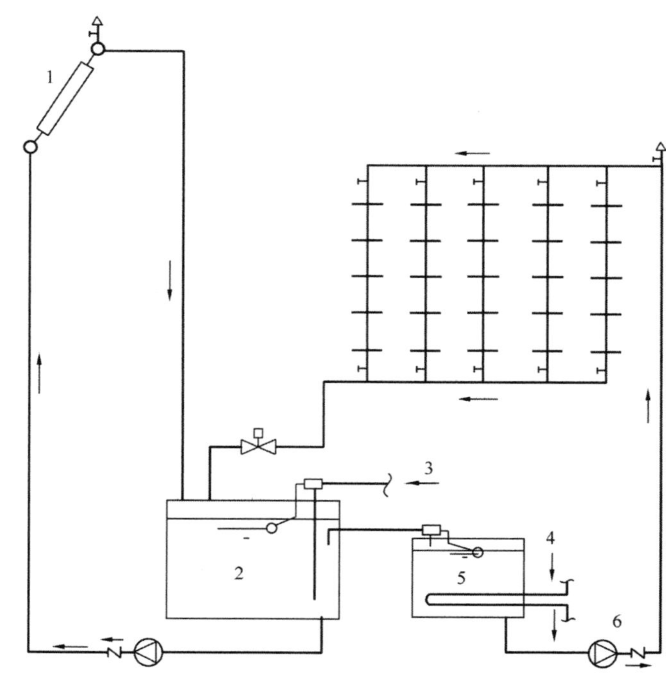

图25 机械循环集热直接压力太阳能热水供水系统

1—集热器；2—集热贮热水箱；3—冷水；4—辅助热源；5—供热水箱；6—供水泵

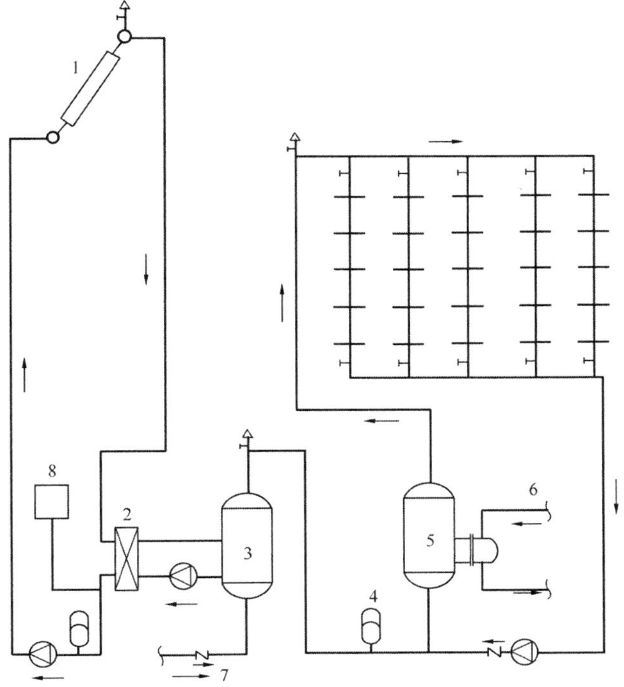

图 26 机械循环集热间接太阳能热水供水系统（一）

1—集热器；2—板式换热器；3—集热水罐；4—膨胀罐；5—辅热水加热器；6—辅助热源；7—冷水；8—补水系统

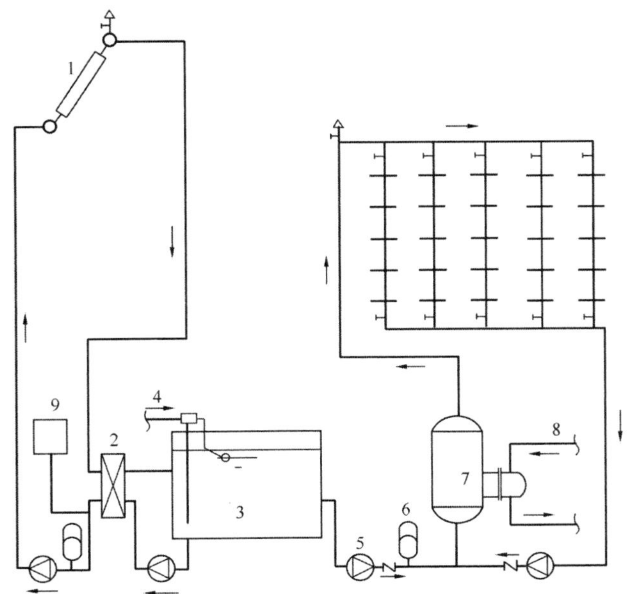

图 27 机械循环集热间接太阳能热水供水系统（二）

1—集热器；2—板式换热器；3—集热贮热水箱；4—冷水；5—供水泵；6—膨胀罐；7—辅热水加热器；8—辅助热源；9—补水系统

热水罐经预热、辅热后供热水，可直接利用冷水系统压力保证系统冷热水压力平衡，且集热系统中的热媒水可采用软化水，有利于减缓集热系统的结垢，提高集热效率并延长集热器使用寿命。

图 27 所示为板式换热器配低位集热贮热水箱、辅热水加热器间接供水方式。此系统需配供热水泵组，其配置要求同图 25，适用于集热器总面积＞500m² 的系统，即用集热贮热水箱代替图 26 中的储热水罐，可节约一次投资和减少占地面积。

4. 本条第 5 款、第 6 款规定了开式和闭式两种太阳能热水系统的选择因素，重点推荐“集热、贮热、换热一体间接预热承压冷水供应热水的组合系统”。

（1）开式、闭式太阳能热水系统的选择因素

1）集热器的承压能力

常用的集热器类型见表 31。

表 31　常用集热器类型

分类	主要特征	图　示
平板型	接收太阳辐射并向其传热工质传递热量的非聚光型部件，吸热体结构基本为平板形状。结构简单，抗冻能力较弱，耐压和耐冷热冲击能力强，价格较低	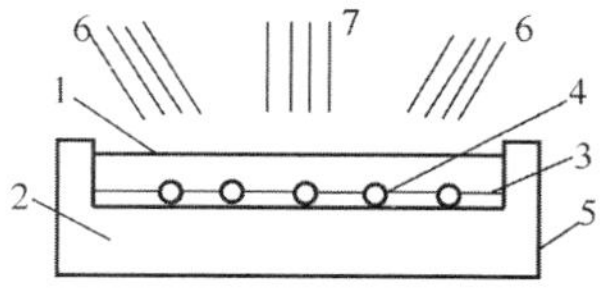 1—透明盖层；2—隔热材料；3—吸热板； 4—排管；5—外壳；6—散射太阳辐射； 7—直射太阳辐射
全玻璃真空管型	采用透明管（通常为玻璃管）并在管壁与吸热体之间有真空空间的太阳集热器，水流经玻璃管直接加热。结构简单，价格适中，具有一定的抗冻、耐压和耐冷热冲击能力	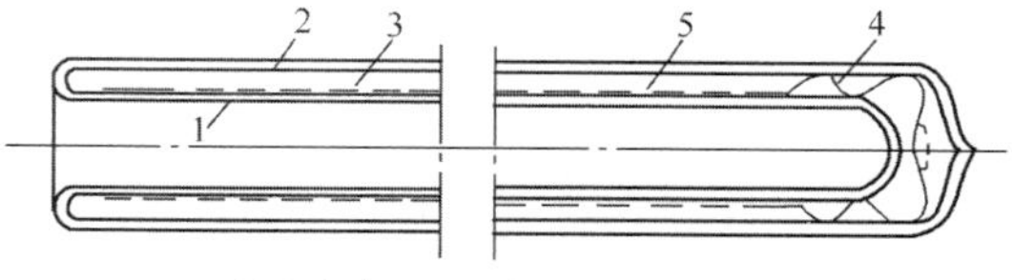 1—内玻璃管；2—外玻璃管；3—真空； 4—有支架的消气剂；5—选择性吸收表面
金属-玻璃真空管型	采用玻璃管外罩，将热管直接插入管内或应用 U 形金属管吸热板插入管内的集热管。抗冻、耐压和耐冷热冲击能力强，价格较高	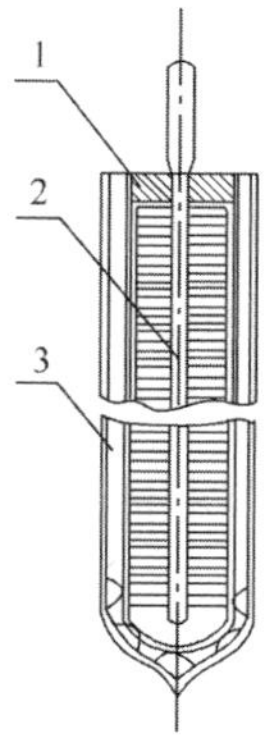 1—保温堵墙； 2—热管吸热板； 3—全玻璃真空管 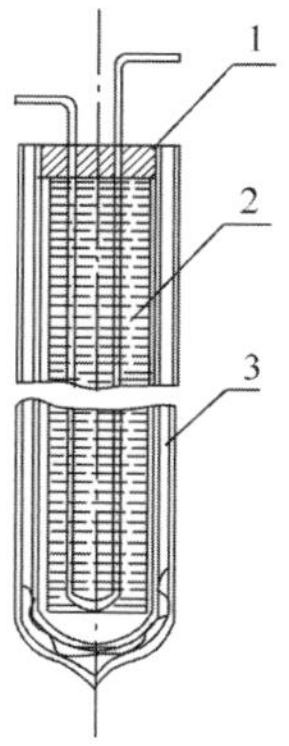 1—保温堵墙； 2—U 形管吸热板； 3—全玻璃真空管

从表 31 得知，全玻璃真空管型集热器的承压能力较差。闭式系统宜选金属-玻璃真空管型和平板型集热器。

2）集热系统形式

直接供水系统均为开式太阳能热水系统，如图 24、图 25 图所示；大多数间接供水系统为闭式太阳能热水系统，如图 26、图 27 所示。

3）运行管理条件

闭式承压系统，集热系统内介质温度最高可达 200℃以上，优点是集热效率较高，但它相应的管材、管件、阀件均要求耐此高温，还应设置防管系高温差伸缩附件，维护、管理必须到位。否则将严重影响系统的正常运行。

开式系统不承压，介质温度小于 100℃，相应的系统运行管理要求较低。

(2) 现有太阳能热水系统存在的问题

北京奥运村、广州亚运城设置的集中集热、集中供热太阳能热水系统是至今国内最大型的太阳能热水系统。下面通过这两个典型工程及其他一些工程的应用情况来剖析其存在的问题。

1）集热系统复杂，耗资大、适用性差

图 28 是北京奥运村太阳能热水系统的设计原理图，工程基本按此实施。该系统的设计要点是：通过一级集热循环系统换热集热提高集热系统承压能力，借以提高集热介质温度，充分集取太阳能光热，二级集热换热是为了避免一级集热水罐（箱）体积太大，其下

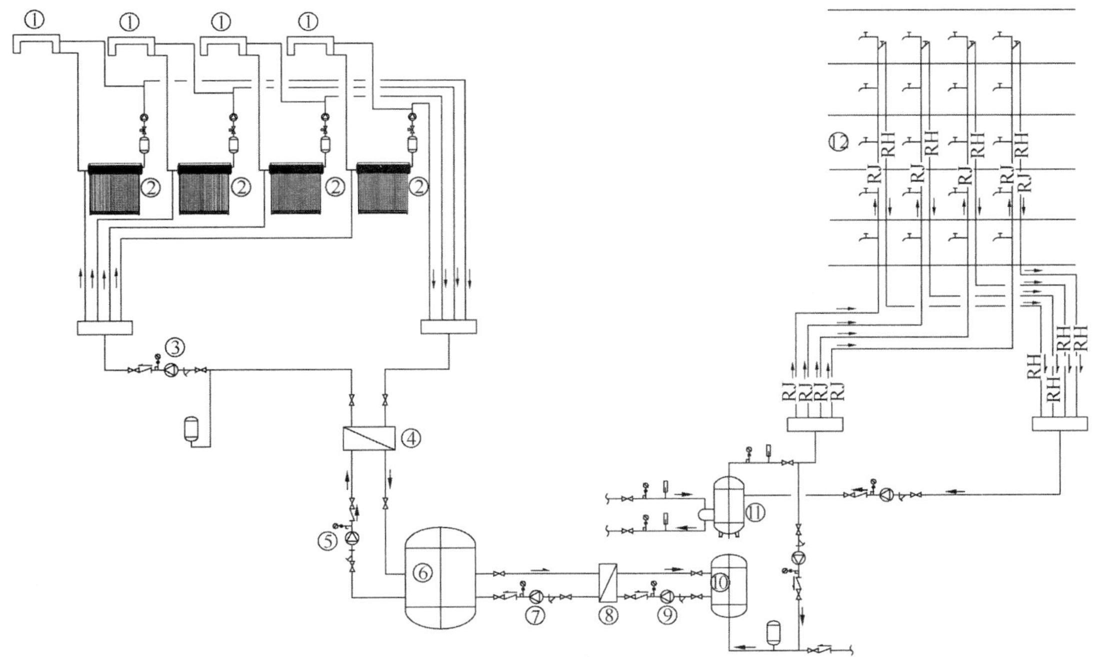

图 28 北京奥运村大型太阳能集中热水系统方案设计图

1—空气散热器；2—太阳能集热器组；3—一级集热循环泵 A；4—一级集热板换；5—一级集热循环泵 B；6—一级集热水罐（箱）；7—二级集热循环泵 C；8—二级集热板换；9—二级集热循环泵 D；10—二级集热水罐；11—辅热水加热器；12—热水用户

部易滋生军团菌等细菌。冷水经二级集热水罐通过板式换热器将其预热再进入常规热源的水加热器辅热后供水。

从图28可以看出：辅热水加热器前的1～10共计10种设备设施均为集热系统的组件，可称是最复杂的生活热水系统。它带来的问题：一是设备多，投资大，占地大，控制复杂，运行维护成本高；二是适用性差。虽然奥运村、亚运城这两个大型太阳能热水系统会期运行效果好，满足了运动会期间的集中用热水要求，但会后转为公寓住宅时，尤其是初期，使用人数骤减，而大型集热系统却按满负荷运行，集热量过大需采用空气散热器散热，不仅耗能，且其全系统运行的成本分摊到使用者身上，即出现了类似前述某公租房1t太阳能热水需300多元奇价的工况，致使系统无法运行，只能停用。

2）集热效率低

大型集热器均采用小组集热器串联成大组，大组并联成循环系统的布置方式，循环系统复杂。其间短路循环现象严重，相当多的集热器集取热量无法传递到集热水箱，这些集热器形同虚设。另外，这两个系统的集热器大多采用U形金属玻-璃真空管集热器，为闭式承压系统，运行时集热水温接近200℃，管内易形成气堵，并产生水垢沉积，因此这些集热系统的集热效率均较低，长时间运行后，集热效率更低，只有20%～40%。

3）能耗大

太阳能热水系统的能耗包括集热系统能耗与供热系统能耗。集热系统能耗包含：集热循环泵的集热循环与防冻循环能耗、防过热用空气散热器能耗、集热管路热损失能耗。总计集热系统能耗约占有效得热量的20%～40%。

供热系统能耗：指有的太阳能热水系统采用集、供热水箱配热水加压泵组供水的方式。该系统不能直接利用冷水系统压力，不利于系统热水压力平衡，且增加了供水泵组运行能耗。

4）运行事故多、维护管理困难

由于太阳能集热系统尤其是闭式承压系统介质达200℃左右的高温，相应的管道、管件、阀件、附件的密封部分均易出问题，冒气漏水，集热器本身因循环短路、水垢堵塞及产品质量问题等引起玻璃管爆管，寒冷地区集热系统防冻措施不妥或故障时易使集热管冻裂，这些问题在运行中频发，给维护管理带来极大困难。

（3）推荐采用集热、贮热、换热一体间接预热承压冷水供应热水的组合系统

2008～2012年，中国建筑设计研究院有限公司承担的国家科技部课题“太阳能与热泵管网贮热技术集成与示范研究”课题组在总结广州亚运城、中央财经大学等太阳能热水工程设计、运行的基础上，针对上述现有太阳能热水系统存在的问题成功地研发了集热、贮热、换热一体的“无动力集热循环集中太阳能热水系统”。它是一种集热、贮热、换热一体间接预热承压冷水供应热水的组合系统。

1）系统原理

“无动力集热循环集中太阳能热水系统”的组合系统如图29所示，它由玻璃真空管集热器、开式集热（热媒）水箱、闭式承压集热水管组成。其工作原理如图30所示。

玻璃真空管集取太阳能光热经自然循环加热开式集热水箱内的热媒水，热媒水通过热传导（不用水时）和对流换热（用水时）加热闭式承压水管内的冷水，管内冷水来自同一供水系统，可直接利用其水压供应热水，满足系统冷热水压力平衡的要求。

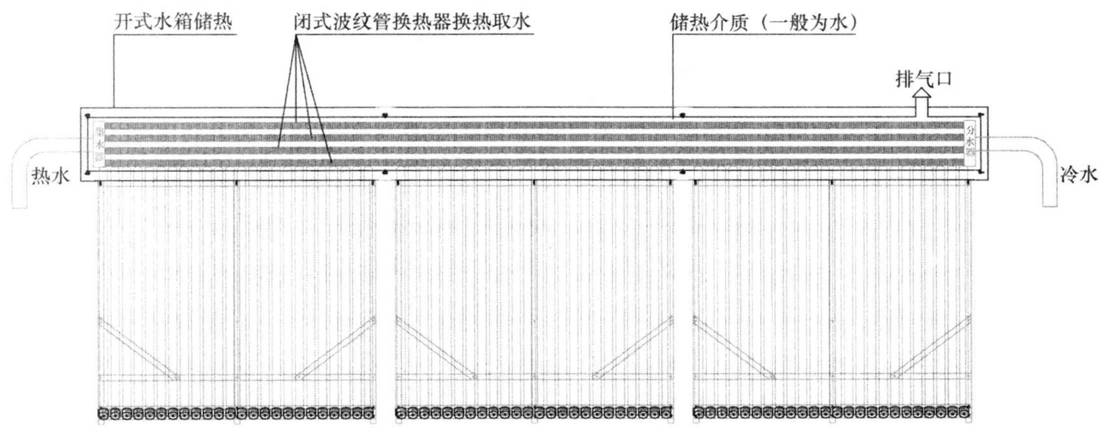

图 29 无动力集热循环集中太阳能热水系统组合系统原理图

2）系统特点

① 系统简化、合理适用。

如图 31 所示，与传统系统比较其优点是：集热系统无集热水箱、集热循环泵，系统大大简化；供水直接利用同系统冷水压力且闭式承压集热水管为 $DN100$～$DN200$，阻力小，受水垢的影响小，整个系统简单适用。

图 31 所示系统与图 28 所示复杂的太阳能热水系统相比，没有一、二级集热换热系统，没有相应的集热水罐（箱）及多台集热换热器和循环泵，不需设为防止系统高温爆管用的空气冷却器，设计施工、运行管理大为简化，运营成本降低，能真正体现利用太阳能的节能效果。

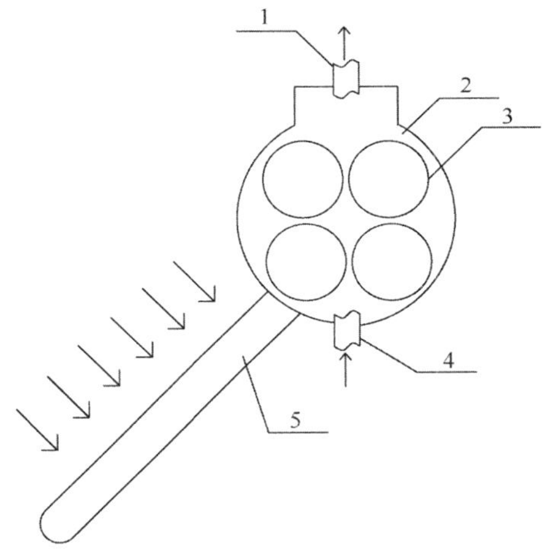

图 30 集热系统工作原理图

1—热水出水管；2—开式集热外箱；3—闭式集热内箱；4—冷水进水管；5—玻璃真空管

② 集热效率明显提高，无运行能耗。

该系统集热、贮热、换热为一体，独立集热换热省去了传统系统所需的循环管道、循环泵，消除了因此而产生的集热系统短路循环、气堵等严重影响集热效率的因素，集热器总的集热效率等同单组集热器的效率，其效率远高于传统系统，另外该系统减少了循环管路及水箱等的热损失，因此集热效率可比传统系统提高 1 倍以上。同时，该系统无需循环泵，省投资、省地，无运行能耗。

③ 有利于与建筑一体化，降低建筑成本。

该系统无集热水罐（箱）、循环泵等设备设施，无需在屋顶或室内设设备间，无碍建筑立面的布置，节省了建筑使用面积，降低了建筑成本。

④ 传统系统运行中的难题得以较妥善解决。

该系统集热部分为开式构造，热媒水温度最高小于 100℃。相比闭式承压系统的

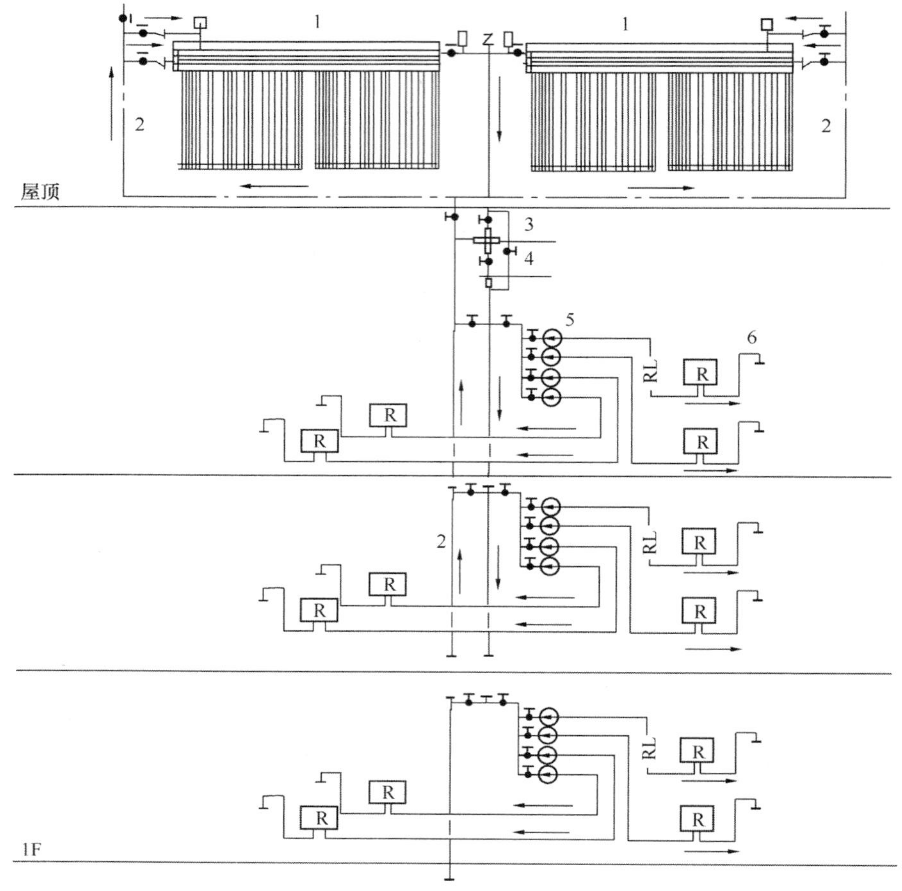

图31 住宅集中集热、分散供热太阳能热水系统原理图
1—集热器；2—冷水管；3—混水阀；4—温控阀；5—水表；6—淋浴器

200℃高温，集热用管道、阀件等均易选用，可消除集热管积气爆管和失效等运行事故。另外，该装置采用 ϕ400 大管箱集贮热媒水，热容量大，有利于缓解集热器本体的冬季防冻。

⑤ 运行费用低廉，适用于用热负荷的变化。

该系统无集热循环系统，不需设空气散热器等需耗能的运行设备，供热系统亦不需另设加压泵组，因此运行费用低廉，对因用水人数的变化引起换热负荷变化而增加热水单位的影响很小。

⑥ 为进一步简化该系统，提高其适用性，本条第6款规定：该系统直接“向分散带温控的热水器供水，且至最远热水器热水管总长不大于20m时，热水供水系统可不设循环管道”。这种系统如图31所示，该系统虽无热水循环管，但用户终端自备热水器，供热短管中的先期冷水经热水器加热出热水，随着停留在供热短管中的冷水流尽后，太阳能热水即可供使用。该系统只是开始使用20s左右用不上太阳能热水，但它简单、适用、节水、节能。

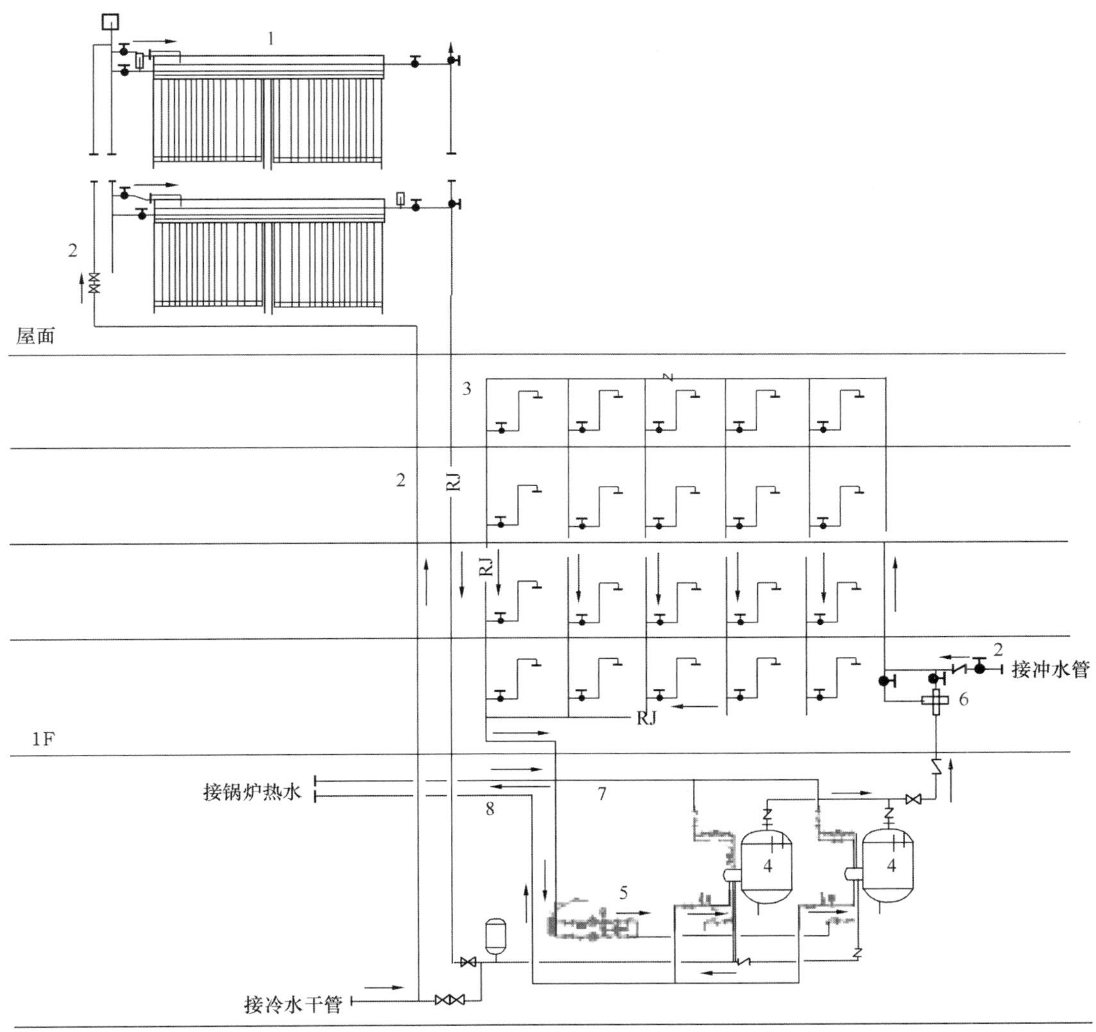

图 32 旅馆等公共建筑集中集热、集中供热太阳能热水系统原理图

1—集热器；2—冷水管；3—热水管；4—交换器辅助热源；5—生活热水循环泵；6—混水阀；7—辅助热媒供水管；8—辅助热媒回水管

6.6.2 太阳能集热系统集热器总面积的计算应符合下列规定：

1 直接太阳能热水系统的集热器总面积应按下式计算：

$$A_{jz}=\frac{Q_{md}f}{b_j J_t \eta_j (1-\eta_l)} \tag{6.6.2-1}$$

式中：A_{jz}——直接太阳能热水系统集热器总面积（m^2）；

Q_{md}——平均日耗热量（kJ/d），按本标准式（6.6.3）计算；

f——太阳能保证率，按本标准第 6.6.3 条第 3 款确定；

b_j——集热器面积补偿系数，按本标准第 6.6.3 条第 4 款确定；

J_t——集热器总面积的平均日太阳辐照量［kJ/(m^2 · d)］，可按本标准附录 H 确定；

η_j——集热器总面积的年平均集热效率，按本标准第 6.6.3 条第 5 款确定；

η_1——集热系统的热损失，按本标准第 6.6.3 条第 6 款确定。

2 间接太阳能热水系统的集热器总面积应按下式计算：

$$A_{jj} = A_{jz}\left(1 + \frac{U_L A_{jz}}{KF_{jr}}\right) \tag{6.6.2-2}$$

式中：A_{jj}——间接太阳能热水系统集热器总面积（m^2）；

U_L——集热器热损失系数[kJ/（m^2 · ℃ · h）]，应根据集热器产品的实测值确定，平板型可取 14.4kJ/(m^2 · ℃ · h)～21.6kJ/(m^2 · ℃ · h)；真空管型可取 3.6kJ/(m^2 · ℃ · h)～7.2kJ/(m^2 · ℃ · h)；

K——水加热器传热系数 [kJ/(m^2 · ℃ · h)]；

F_{jr}——水加热器加热面积（m^2）。

【释义与实施要点】

此条为太阳能集热器总面积的计算，由于其计算公式中参数的选取与常规热源热水系统有较大差别，所以单列第 6.6.3 条对各参数作出规定。

公式中的“集热器总面积”根据国家标准《太阳能热利用术语》GB/T 12936—2007 中术语定义为：“整个集热器的最大投影面积，不包括那些固定和连接传热工质管道的组成部分，单位为平方米（m^2）”。

工程招标投标时，可以此为依据，根据集热器安装倾角来计算其集热器轮廓总面积及集热器数量。

6.6.3 太阳能热水系统主要设计参数的选择应符合下列规定：

1 太阳能热水系统的设计热水用水定额应按本标准表 6.2.1-1 平均日热水用水定额确定。

2 平均日耗热量应按下式计算：

$$Q_{md} = q_{mr} m b_1 C \rho_r (t_r - t_L^m) \tag{6.6.3}$$

式中：q_{mr}——平均日热水用水定额 [L/(人 · d)，L/(床 · d)]，见表 6.2.1-1；

m——用水计算单位数（人数或床位数）；

b_1——同日使用率（住宅建筑为入住率），其平均值应按实际使用工况确定，当无条件时可按表 6.6.3-1 取值；

t_L^m——年平均冷水温度（℃），可参照城市当地自来水厂年平均水温值计算。

表 6.6.3-1 不同类型建筑的 b_1 值

建筑物名称	b_1
住宅	0.5～0.9
宾馆、旅馆	0.3～0.7
宿舍	0.7～1.0
医院、疗养院	0.8～1.0
幼儿园、托儿所、养老院	0.8～1.0

注：分散供热、分散集热太阳能热水系统的 b_1=1。

3 太阳能保证率 f 应根据当地的太阳能辐照量、系统耗热量的稳定性、经济性及用户要求等因素综合确定。太阳能保证率 f 应按表 6.6.3-2 取值。

表 6.6.3-2 太阳能保证率 f 值

年太阳能辐照量［MJ/(m²·d)］	f (%)
≥6700	60～80
5400～6700	50～60
4200～5400	40～50
≤4200	30～40

注：1 宿舍、医院、疗养院、幼儿园、托儿所、养老院等系统负荷较稳定的建筑取表中上限值，其他类建筑取下限值。

2 分散集热、分散供热太阳能热水系统可按表中上限取值。

4 集热器总面积补偿系数 b_j 应根据集热器的布置方位及安装倾角确定。当集热器朝南布置的偏离角小于或等于15°，安装倾角为当地纬度 ψ±10°时，b_j 取1；当集热器布置不符合上述规定时，应按照现行国家标准《民用建筑太阳能热水系统应用技术标准》GB 50364 的规定进行集热器面积的补偿计算。

5 集热器总面积的平均集热效率 η_j 应根据经过测定的基于集热器总面积的瞬时效率方程在归一化温差为 0.03 时的效率值确定。分散集热、分散供热系统的 η_j 经验值为 40%～70%；集中集热系统的 η_j 应考虑系统形式、集热器类型等因素的影响，经验值为 30%～45%。

6 集热系统的热损失 η_l 应根据集热器类型、集热管路长短、集热水箱（罐）大小及当地气候条件、集热系统保温性能等因素综合确定，当集热器或集热器组紧靠集热水箱（罐）时，η_l 取 15%～20%；当集热器或集热器组与集热水箱（罐）分别布置在两处时，η_l 取 20%～30%。

【释义与实施要点】

太阳能是一种低密度、不稳定、不可控的热源，其热水系统不能按常规热水系统设计；其中一些主要设计参数的选择均不同于常规系统，因此本标准特编写本条款，以利设计正确合理选用设计参数，保证系统正常运行。

1. 本条第 1 款规定太阳能热水系统的设计热水用水定额应按本标准表 6.2.1-1 中的平均日热水用水定额选取。该参数系参照现行国家标准《民用建筑节水设计标准》GB 5055—2010 中热水节水用水定额编制。与最高日用水定额相比：住宅类建筑约减少了 45%～70%，公共建筑类建筑约减少了 10%～30%；有关太阳能热水系统热水定额的其他参考值为：德国太阳能热水系统设计手册规定 60℃热水定额为：公共建筑中集中热水系统 18L/(人·d)～28L/(人·d)，住宅单户、双户布局的系统 30L/(人·d)～40L/(人·d)。

中国建筑设计研究院有限公司调查国内多个集中集热、集中供热或分散供热的太阳能热水系统，统计其平均日热水用水定额（热水温度为 50℃～55℃）为≤50L/(人·d)。设计者可依据工程实际情况参照上述参数值选用。

2. 本条第 2 款引入了平均日耗热量的计算公式。

式（6.6.3）中引入的常规热源热水系统所没有或不同的参数为：q_{mr} ——平均日热水

用水定额；b_1 ——同日使用率；t_L^m ——年平均冷水温度。其中 q_{mr} 已在上款作了释义及实施的说明。

(1) b_1 ——同日使用率（住宅为入住率）的选用

引入 b_1 值反映了日常的实际用水人数，这对合理设计太阳能热水系统很重要，如住宅实际入住率按相关统计资料得知 $b_1 \approx 0.7$；设计常规热水系统时均按满负荷计算。例如住宅100户、3.5人/户，则设计用水人数为350人，而实际用水人数为350×0.7＝245人，单此一项集热器总面积计算差为30%。

b_1 值的选取，宜根据建筑类型、地理位置、业主要求等多方面因素调研确定。本条表6.6.3-1提供的 b_1 值，当无条件得到更具体的 b_1 值时，可供设计选用。

(2) t_L^m ——年平均冷水温度（℃）的选用

冷水温度值对于计算集热器总面积亦有较大影响。在以地下水为水源的地方，一年中冷水温度变化不大，即对计算总面积，设计可以按本标准表6.2.5冷水计算温度（℃）中“地下水”栏中的高值选用。

在以地表水为水源的地方，则不能按表6.2.5中“地面水”栏中的值选 t_L 值，因为这些地方一年中冷水温度变化很大，例如上海市水源最低水温为3℃，月平均最低水温为6.4℃，月平均最高水温为31.7℃，按此计算太阳能集热器总面积 A 时，当 t_L 按月平均高值时 $A=100\text{m}^2$，当 t_L 按月平均低值时 $A=187\text{m}^2$，如按 t_L^m 的年平均值即取最低最高值的平均值计算为 $A=144\text{m}^2$。即按 t_L^m 比按表6.2.5中的 t_L 计算，A 可减少约30%。

t_L^m 值可向当地自来水公司查询，也可按相关设计手册中提供的月平均最高值与最低值的平均值计算，亦可参照邻近城市的参数选值。

3. 本条第3款规定了太阳能保证率 f 的选用。

(1) 太阳能保证率 f 的概念：

$$f=\frac{\text{日太阳能提供的热量}}{\text{日所需总供热量}}=\frac{A_{jz}b_j J_t \eta_j(1-\eta_l)}{Q_{md}} \tag{5}$$

式(5)反映了 f 的含义，公式的后半部分即式(6.6.2-1)的改写。

(2) f 值对于计算 A_{jz} 亦有很大影响，它应根据当地太阳能辐照量、系统负荷的稳定性、经济性及用户要求等因素综合确定。

中国建筑设计研究院有限公司曾就天津某工程集中太阳能热水系统的 f 值作了深入的分析、研究及运行推理，得出了该工程在不同 f 值下太阳能供热量与耗热量的曲线，当 f 取0.8时，曲线如图33所示，一年中绝大部分时间供热量大于耗热量，即 f 值过大，从以上分析得知，f 值应选用适当，尤其不能偏大。本条表6.6.3-2及表注提供了 f 值的取值范围，设计可依据工程实际条件选用。

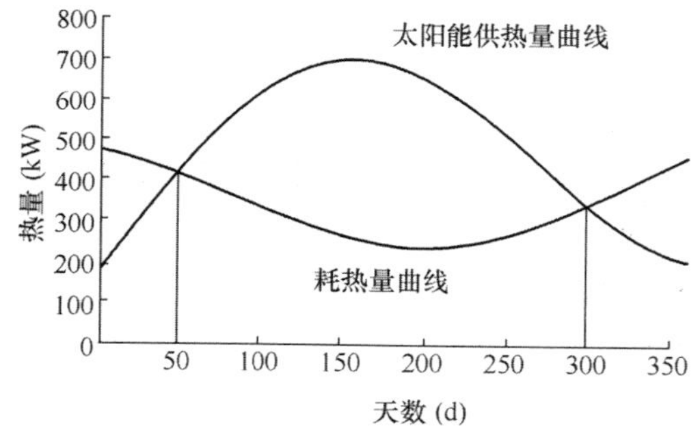

图33 某工程 f 取0.8时太阳能供热量与耗热量曲线

4. 本条第5款规定了集热器总面积的年平均集热效率 η_j 的选用。

(1) 集热器集热效率 η_j 的概念

现行国家标准《太阳能热利用术语》

GB/T 12936—2007 中对集热器效率定义为："在稳态（或准稳态）条件下，集热器传热工质在规定时段内输出的能量与同一时段内入射在集热器所规定集热器面积（总面积、吸热体面积或采光面积）上的太阳辐照量的乘积之比"。

简言之，η_j 即一天中集热器产出的热量（热水量×温差）与该集热器得到的太阳能热量（集热器面积×太阳辐照量）之比值。

（2）对于分散集热、分散供热太阳能热水系统，η_j 可按单个集热器的 η_j 取值，其值应经国家认可的测试单位测定后提供。经验值为 40%～70%。

（3）对于集中集热、集中供热及集中集热、分散供热太阳能热水系统的 η_j 则不能简单地按单个集热器的 η_j 取值，其理由在第 6.6.2 条第 4 款说明中已作了详细分析。

1）对于集热器组串、并联布置循环集热的传统系统，一般 η_j 取 20%～40%，这比本条第 5 款的 η_j 为 30%～45%要低，其理由是后者为奥运村、亚运城两大太阳能热水系统的实测值，而一般工程的设计、施工等达不到该两项工程的水平，且系统长期运行后，η_j 有所衰减，因此实际运行的 η_j 为 20%～40%更为合理。

2）对于无动力集热循环集中太阳能热水系统，η_j 约为 50%。

5. 本条第 6 款规定了集热系统热损失 η_1 的选用。

（1）η_1 的概念

η_1 为集热系统包括集热器本体、集热循环管或连接管、集热水箱（罐）等运行中的散热量占集热器有效得热量的比值。

（2）η_1 的影响因素

1）集热器类型：真空管集热器隔热效果优于平板型，即热损失相对小。

2）集热循环管或连接管管长及敷设，保温差，则热损失大。

3）当地气候条件，温度低者散热损失大。

4）集热水箱（罐）大小及放置位置，位于室外者，热损失大。

（3）η_1 的经验值

集热器组紧靠集热水箱的太阳能集热系统，如无动力集热循环集中太阳能热水系统因连接管路短，η_1 取 15%～20%。集热器组与集热水箱（罐）不在同处，如集热器组在屋面，集热水箱（罐）在地下室等，集热循环管道长，η_1 取 20%～30%；多栋建筑共用集热系统，集热循环管长而复杂，η_1 可取 30%。

6.6.4　集热系统的设置应符合现行国家标准《民用建筑太阳能热水系统应用技术标准》GB 50364 的规定。

【释义与实施要点】

太阳能集热器及集热系统的设置与建筑整体协调一体化，是设计该系统的重要因素。现行国家标准《民用建筑太阳能热水系统应用技术标准》GB 50364—2018 中对太阳能热水系统与建筑整体及周围环境协调一并设计及集热器、基座、支架等的安装、保温、防腐等均作了具体规定，设计应予引用。

6.6.5　集热系统附属设施的设计计算应符合下列规定：

1　集中集热、集中供热太阳能热水系统的集热水加热器或集热水箱（罐）宜与供热水加热器或供热水箱（罐）分开设置，串联连接，辅热热源设在供热设施内，其有效容积应按下列计算：

1）集热水加热器或集热水箱（罐）的有效容积应按下式计算：

$$V_{rx} = q_{rjd} \cdot A_j \tag{6.6.5-1}$$

式中：V_{rx}——集热水加热器或集热水箱（罐）有效容积（L）；

A_j——集热器总面积（m^2），$A_j = A_{jz}$或$A_j = A_{jj}$；

q_{rjd}——集热器单位轮廓面积平均日产 60℃热水量［L/(m^2·d)］，根据集热器产品的实测结果确定。当无条件时，根据当地太阳能辐照量、集热面积大小等选用下列参数：直接太阳能热水系 q_{rjd}=40L/(m^2·d)～80L/(m^2·d)；间接太阳能热水系统 q_{rjd}=30L/(m^2·d)～55 L/(m^2·d)。

2）供热水加热器或供热水箱（罐）的有效容积按本标准第 6.5.11 条确定。

2 分散集热、分散供热太阳能热水系统采用集热、供热共用热水箱（罐）时，其有效容积应按本标准式（6.6.5-1）计算。热水箱（罐）中设置辅热元件时，应符合本标准第 6.6.6 条的规定，其控制应保证有利于太阳能热源的充分利用。

3 集中集热、分散供热太阳能热水系统，当分散供热用户采用容积式热水器间接换热冷水时，其集热水箱的有效容积宜按下式计算：

$$V_{rx1} = V_{rx} - b_1 m_1 V_{rx2} \tag{6.6.5-2}$$

式中：V_{rx1}——集热水箱的有效容积（L）；

m_1——分散供热用户的个数（户数）；

V_{rx2}——分散供热用户设置的分户容积式热水器的有效容积（L），应按每户实际用水人数确定，一般V_{rx2}取 60L～120L。

V_{rx1}除按上式计算外，还宜留有调节集热系统超温排回的一定容积。其最小有效容积不应小于 3min 热媒循环泵的设计流量且不宜小于 800L。

4 集中集热、分散供热太阳能热水系统，当分散供热用户采用热水器辅热直接供水时，其集热水箱的有效容积应按本标准式（6.6.5-1）计算。

5 强制循环的太阳能集热系统应设循环水泵，其流量和扬程的计算应符合下列规定：

1）集热循环水泵的流量等同集热系统循环流量可按下式计算：

$$q_x = q_{gz} \cdot A_j \tag{6.6.5-3}$$

式中：q_x——集热系统循环流量（L/s）；

q_{gz}——单位轮廓面积集热器对应的工质流量［L/(m^2·s)］，按集热器产品实测数据确定。当无条件时，可取 0.015 L/(m^2·s) ～ 0.020 L/(m^2·s)。

2）开式太阳能集热系统循环水泵的扬程应按下式计算：

$$H_b = h_{jx} + h_j + h_z + h_f \tag{6.6.5-4}$$

式中：H_b——循环水泵扬程（kPa）；

h_{jx}——集热系统循环流量通过循环管道的沿程与局部阻力损失（kPa）；

h_j——集热系统循环流量通过集热器的阻力损失（kPa）；

h_z——集热器顶与集热水箱最低水位之间的几何高差（kPa）；

h_f——附加压力（kPa），取 20kPa～50kPa。

3）闭式太阳能集热系统循环水泵的扬程应按下式计算：

$$H_b = h_{jx} + h_e + h_j + h_f \quad (6.6.5\text{-}5)$$

式中：h_e——循环流量通过集热水加热器的阻力损失（KPa）。

6 集中集热、集中供热的间接太阳能热水系统的集热系统附属集热设施的设计计算宜符合下列规定：

1） 当集热器总面积 A_j 小于 500m² 时，宜选用板式快速水加热器配集热水箱（罐），或选用导流型容积式或半容积式水加热器集热；

2） 当集热器总面积 A_j 大于或等于 500m² 时，宜选用板式水加热器配集热水箱集热；

3） 集热系统的水加热器的水加热面积应按本标准式（6.5.7）计算确定；

4） 热媒与被加热水的计算温度差 Δt_j 可按 5℃～10℃取值。

7 太阳能集热系统应设防过热、防爆、防冰冻、防倒热循环及防雷击等安全设施，并应符合下列规定：

1） 太阳能集热系统应设放气阀、泄水阀、集热介质充装系统；

2） 闭式太阳能热水系统应设安全阀、膨胀罐、空气散热器等防过热、防爆的安全设施；

3） 严寒和寒冷地区的太阳能集热系统应采用集热系统倒循环、添加防冻液等防冻措施；集中集热、分散供热的间接太阳能热水系统应设置电磁阀等防倒热循环阀件。

8 集热系统的管道、集热水箱等应作保温层，并应按当地年平均气温与系统内最高集热温度或贮水温度计算保温层厚度。

9 开式太阳能集热系统应采用耐温不小于 100℃的金属管材、管件、附件及阀件；闭式太阳能集热系统应采用耐温不小于 200℃的金属管材、管件、附件及阀件。直接太阳能集热系统宜采用不锈钢管材。

【释义与实施要点】

1. 本条第 1 款规定集中集热、集中供热太阳能热水系统的集热水箱（罐）宜与供热水箱（罐）分设，如图 34 所示。

集热、供热分设水箱（罐）的原因：一是为了便于集热、辅热两种热源运行的自动控制，充分集取太阳能热能，因同一水箱（罐）内如设置两种热源，一种是低密度、不可控、不稳定的非常规热源，一种是常规热源，二者同置于一个水箱（罐）内，很难实现合理的自动控制。即常规热源一开启运行，全水箱（罐）内的水均已加热到设定温度，太阳能热源得不到利用。二是无太阳能时，辅热系统即常规热源热水系统，需加热的贮热水容积远小于太阳能集热水箱容积，这样设计常规热源负荷将成倍加大，很不经济，运行亦不合理。

集热水箱（罐）与供热水箱（罐）的容积分别按本条第 1 款 1）中式（6.6.5-1）及 2）设计计算。

2. 本条第 2 款规定分散集热、分散供热太阳能热水系统共用一个热水箱（罐）时的要点：

（1）箱（罐）体容积按式（6.6.5-1）计算；

（2）辅热元件（一般为电热元件）的功率宜按无太阳能时容积式电热水器计算；

（3）为了保证充分利用太阳能，辅助热源宜采用手动控制。热水罐体布置如图 35 所示。

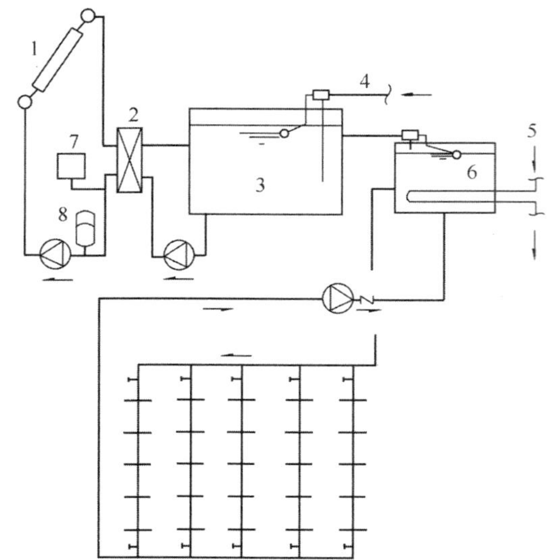

图 34 太阳能集热、辅热水箱分设系统图

1—集热器；2—板式换热器；3—集热贮热水箱；4— 冷水；5—辅助热源；6—辅热水箱；7—补水系统；8—膨胀罐

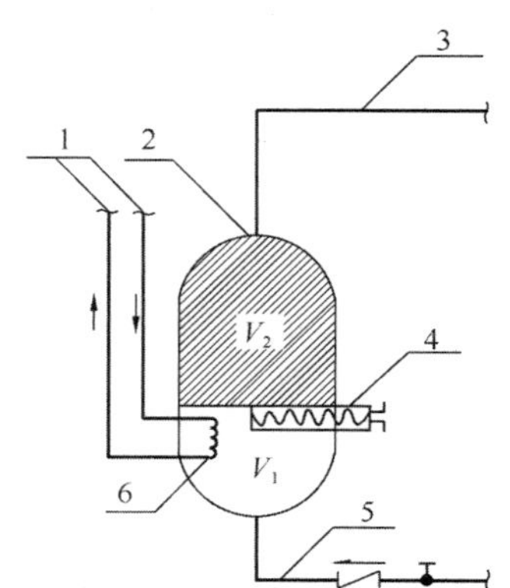

图 35 分散集热时共用热水罐图示

1— 接集热器供、回水管；2—集热水罐；3—热水管；4—电热元件（罐热）；5—冷水管；6—换热盘管

图中 V_2 即电热元件上空的容积，应按电热元件和此部分贮热水容积联合工作满足使用要求确定，V_1+V_2 满足式（6.6.5-1）的要求。

3. 本条第 3 款规定了集中集热、分散供热太阳能热水系统，当分散供热用户采用容积式热水器间接换热冷水时，集热水箱有效容积的计算方法。该系统如图 36 所示。

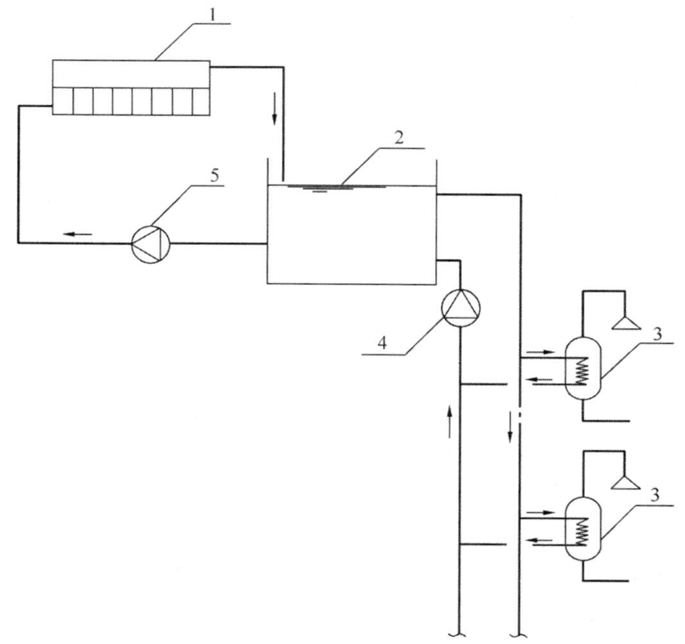

图 36 集中集热、分散供热太阳能热水系统间接供水系统示意图

1—集热器组；2—集热水箱；3—分户容积式水加热器；4—供热循环泵；5—集热循环泵

（1）式（6.6.5-2）的意义为：集热器的热量分别通过集热、供热循环泵贮存在集热水箱和分户容积式热水器中。因此，这种系统的集热水箱的容积 V_{rx1} 可以按式（6.6.5-1）中 V_{rx} 减去实际使用分户容积式热水器有效容积之和计算，即 $V_{rx1}=V_{rx}-b_1m_1V_{rx2}$。

（2）本款规定 V_{rx1} 还应满足本标准第3.8.2条的要求，即集热水箱有效容积不应小于3min集热水泵的设计流量。且还宜留有一定调节集热系统在夏季太阳能光照强时介质超温过热排回的容积，以保证集热系统的安全运行。

（3）本款规定 V_{rx1} 的最小有效容积不宜小于800L，系参考现有相应太阳能热水系统所用参数。

4. 本条第4款规定了集中集热、分散供热太阳能热水系统直接供水时，集热水箱有效容积的计算方法。该系统如图37所示。这种系统集取的热量只能汇集在集热水箱中，分户热水器仅在使用时利用太阳能热水，而集热时不能贮存其热量，因此该系统的集热水箱的有效容积 V_{rx1} 等于 V_{rx}，即按式（6.6.5-1）计算。

另外，第6.6.1条推荐的集热、贮热、换热一体的贮筒式组合系统，集热器组内已自带贮热装置，贮热量基本满足集热量的要求，因此不需另配集热水箱，如图37所示。

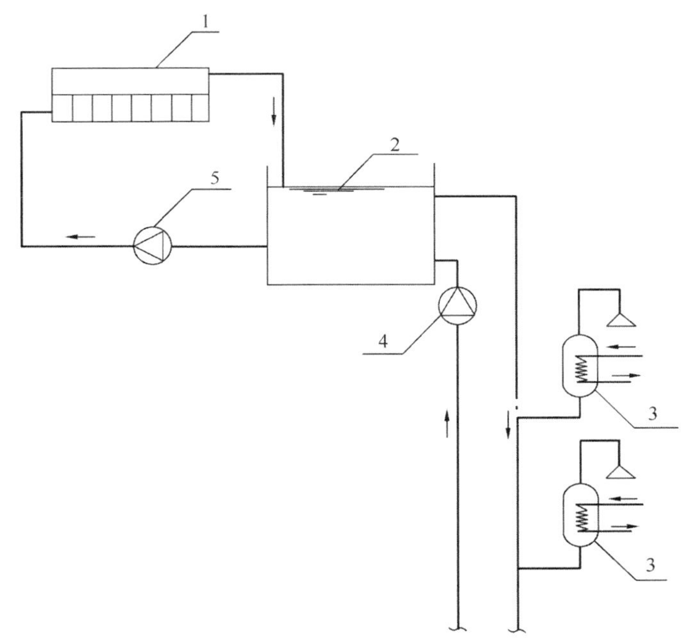

图37　集中集热、分散供热直接太阳能热水系统示意图

1—集热器组；2—集热水箱；3—分户热水器；4—供热循环泵；5—集热循环泵

5. 本条第6款规定了集中集热、集中供热的间接太阳能热水系统的集热系统合理配置集热设施的措施：

（1）如上所述，本标准第6.6.1条中推荐的集热、贮热、换热一体间接预热承压冷水供应热水的贮筒式组合系统，不必另设集热水箱（罐）及集热循环泵。

（2）采用常规的集中集热、集中供热间接太阳能热水系统时，可根据系统的规模大小，即集热器总面积的大小来确定合理的集热设施。

1）当集热器总面积 $A_j<500m^2$ 时，根据式（6.6.5-1）计算，集热水量即集热水加热器或集热水箱（罐）的有效容积 $V_{rx}\leqslant 20m^3$，如采用水加热器集热，根据机房的尺寸大小可采用 4 个 $5m^3$ 或 3 个 $6.5m^3$ 或 2 个 $10m^3$ 的水加热器来集热，如图 38 所示。

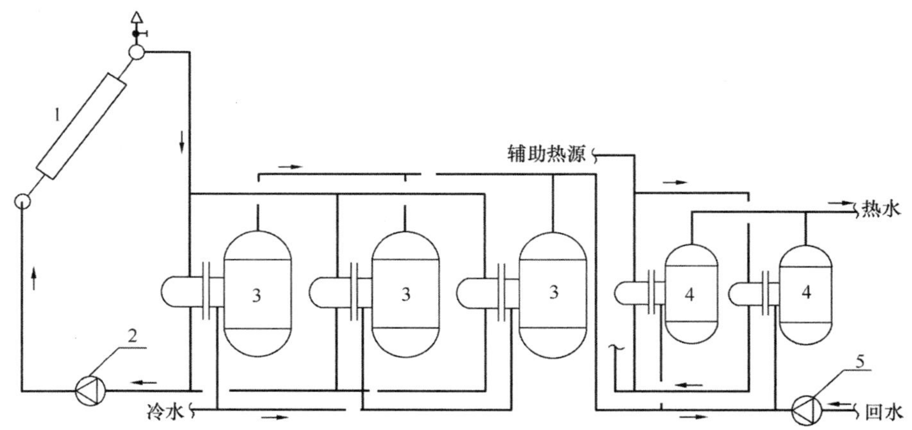

图 38 采用水加热器集热的间接太阳能热水系统示意图

1—集热器组；2—集热循环水泵；3—集热半容积式水加热器；
4—供热半容积式水加热器；5—回水循环泵

图中集热半容积式水加热器每台容积为 $6.5m^3$，总容积 $V_{rx}=3\times 6.5=19.5m^3$。供热半容积式水加热器贮热量按第 6.4.3 条选型计算。$V_{xr}\leqslant 20m^3$，如采用集热水箱配板式水加热器的集热方式，可采用一个 $20m^3$ 的集热水箱集热，如图 39 所示。

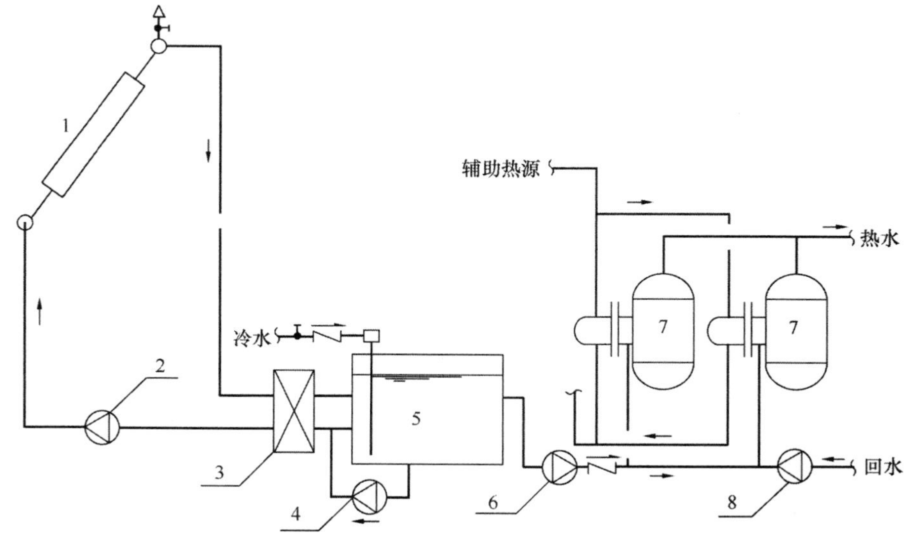

图 39 采用集热水箱集热的间接太阳能热水系统

1—集热器组；2—集热循环水泵；3—板式水加热器；4—集热循环水泵 2；
5—集热水箱；6—供水泵组；7—供热半容积式水加热器；8—回水循环泵

图中供水泵组应按用水系统冷热水压力平衡选择扬程。

2）当集热器总面积 $A_j \geqslant 500m^2$ 时，经计算，$V_{rx} > 20m^3$，为节省一次投资和节省机房面积，宜采取图39集热水箱配板式水加热器集热的系统。

3）图38和图39所示不同集热系统各有优缺点。

图38采用水加热器集热的优点是：系统简单，能利用冷水供水压力，保证系统冷热水压力平衡，运行费用低；缺点是：一次投资大，占用机房面积大。

图39采用集热水箱配板式水加热器集热的优缺点与图38所示系统恰恰相反。它需增加一组集热循环泵和供水压力泵，且不能利用冷水压力，运行费用较高。但一个集热水箱比多台水加热器造价低很多，占地面积小。这对于集热总面积较大的太阳能系统是合理的。因此，目前已建的大部分太阳能热水系统采用这种系统。

6. 本条第7款规定了太阳能集热系统应设置防过热、防爆、防冰冻、防倒热循环及防雷击等安全设施。

（1）防过热、防爆措施

前已述及，太阳能集热系统，尤其是闭式承压系统，最高集热温度可达200℃，相当于1.5MPa压力的饱和水蒸气的温度，因此，这种系统如没有相应的防过热、防爆措施，就会引起集热器本体、集热管道、零件、阀件、附件等的损坏，如有的系统在调试阶段，几乎所有放气阀都损坏，有的系统运行初期，上千根集热管爆管。

集热系统防过热、防爆的主要措施有：

1）集热系统按本条第9款的要求选用耐高温的管道阀件、附件。

2）闭式承压集热系统设膨胀罐、安全阀、放气阀。

3）承压集热系统设空气散热器，一般用于较大型且热水用水有可能中断的系统。如大学宿舍暑期放假时间较长，此段时间无热水用水，而夏季恰为辐照量最强的时段，集热系统热量得不到利用，如不采取措施将其降温，将长期处于200℃左右高温，极易出现气堵爆管、系统瘫痪的后果。所以类似工程的闭式承压太阳能热水系统除了设膨胀罐、安全阀、放气阀等外，还宜设空气散热器，降低集热温度。

4）集热器采用遮阳措施：当不需使用太阳能热水器系统时，将集热器遮盖。

5）当采用直接太阳能热水系统时，应在供水总管上设恒温混合阀等控制供水温度低于60℃，以防烫伤事故的发生。

（2）防冻措施

有结冻可能及北方寒冷地区的太阳能热水系统应有集热系统的防冻措施，主要措施有：

1）排空法：将集热系统内的水排空，此法适用于设有中水、雨水等非传统水源利用的工程，即将排空的水泄入这些水源的贮存池作为中水使用。

2）排回法：间接太阳能热水系统可能结冻时，将集热器及管路内的热媒水泄至热媒水箱，第二天集热时，再将此部分热媒水泵入集热系统循环利用。其条件是需设一个专用热媒水箱及补水泵，此法适用于较小的系统。

3）添加防冻液：在集热系统中添加一定浓度的氧化钙、乙醇（酒精）、甲醇、丙二醇、氯化钠等防冻剂，降低介质冰点，使其不冻结。这种方法最简单，运行方便。其缺点：一是防冻剂均具有腐蚀性，尤其是介质温度≥115℃时具有强腐蚀性，因此，应控制集热温度<115℃；二是防冻剂易挥发、氧化，应尽量减少系统的排气；三是防冻剂价格

较贵，需定期补充，运行不经济。因此这种方法一般适用于冰冻期较长的寒冷、严寒地区的较大型系统。

4）倒循环法：利用集热循环泵倒循环，即冰冻时，通过温度传感器控制集热循环泵，将集热水箱中的热水返至集热系统，保持集热介质不冻结。这是一种较常用的方法，需注意的问题是做好集热管道保温，合理控制循环泵的运行以节约运行能耗。

5）防倒热循环法：集中集热、分散供热太阳能热水系统的用水终端均设有带辅助热源的热水器。当热水器内水温高于太阳能热水系统供水温度、循环泵运行温度时，将会造成热水器内的高温水倒入太阳能热水系统，形成倒热循环。一般解决的方法是在分户热水器循环管上设电磁阀，在热水器端设温度传感器控制其启停，当其温度低于太阳能热水供水管温度时，开启，反之关闭。

7. 本条第9款规定了太阳能集热系统的管材、阀件、附件等材质的选用及耐高温的要求。

由于太阳能热源不可控而热水使用又是极不均匀的，因此，夏季太阳能辐照量强时，集热系统的温度很高，尤其是闭式承压系统更为突出。北京财经大学的闭式承压太阳能集热系统7月中实测最高温度为193℃，德国太阳能热水系统设计手册中亦规定，闭式承压系统的集热部分均应按耐温200℃选用管材及相应配件。国内一些较大型的闭式承压太阳能集热系统，在调试及使用初期便累次发生放气阀等阀件损坏、集热管爆管等事故，究其原因，主要是阀件密封材料耐高温达不到要求以及集热管质量不过关。因此设计这种闭式承压太阳能集热系统应明确要求，相应材质的耐温应≥200℃。

开式太阳能集热系统，集热介质通大气，其最高集热温度为100℃，因此相应的管材、阀件、附件等均可按耐温≥100℃选用。

6.6.6 太阳能热水系统应设辅助热源及加热设施，并应符合下列规定：

1 辅助热源宜因地制宜选择，分散集热、分散供热太阳能热水系统和集中集热、分散供热太阳能热水系统宜采用燃气、电；集中集热、集中供热太阳能热水系统宜采用城市热力管网、燃气、燃油、热泵等。集热、辅热设施宜按本标准第6.6.5条第1款和第2款的规定设置。

2 辅助热源的供热量宜按无太阳能时参照本标准第6.4.3条设计计算。

3 辅助热源的控制应在保证充分利用太阳能集热量的条件下，根据不同的热水供水方式采用手动控制、全日自动控制或定时自动控制。

4 辅助热源的水加热设备应根据热源种类及其供水水质、冷热水系统形式采用直接加热或间接加热设备。

【释义与实施要点】

1. 本条第1款规定了不同的太阳能热水系统选用辅助热源的先后顺序。

（1）分散集热、分散供热或集中集热、分散供热的太阳能热水系统，终端均设辅热燃气热水器或电热水器。按使用安装安全、简便考虑，以电热水器为宜，但我国目前电力供应较为紧张，不少城市的相关规定，不宜采用电能制备热水，因此本条规定，辅助热源燃气放在电能之前。但在设计采用燃气热水器辅热时应注意以下两点：

1）本标准第6.5.6条作为强制性条文规定：严禁在浴室内安装直接排气式燃气热水

器，燃气热水器只能安装在带外窗的厨房或阳台上。

2）为了充分利用太阳能，宜选用带自动控制水温的燃气热水器，可参考国家建筑标准设计图集《太阳能集中热水系统选用与安装》15S128。

（2）集中集热、集中供热太阳能热水系统的辅助热源选用顺序为城市热力管网、燃气、燃油、热泵等，一般不得用电能辅热。如北京市节能规范中就明确规定，不得用电作为集中太阳能热水系统的辅助热源。

2. 本条第2款规定了辅助热源的供热量宜按无太阳能时的常规热源系统设计计算。因为太阳能是一种不稳定的非常规热源，无太阳时太阳能热源将中断。因此，凡不能中断热水供应的系统，均需按无太阳能时设计辅助热源系统，其具体设计计算按本标准第6.4.3条执行。

3. 本条第3款强调制热过程的控制，应保证充分利用太阳能集热。

（1）一般集中集热、集中供热太阳能热水系统，集热设施宜与辅热设施分设。即执行本标准第6.6.5条第1款的规定。如图34所示，两种热源分设在不同的集、辅（供）热水加热器或集、辅（供）热水箱（罐）内，既有利于太阳能源的充分利用，又有利于两种热源分别采取自动控制。

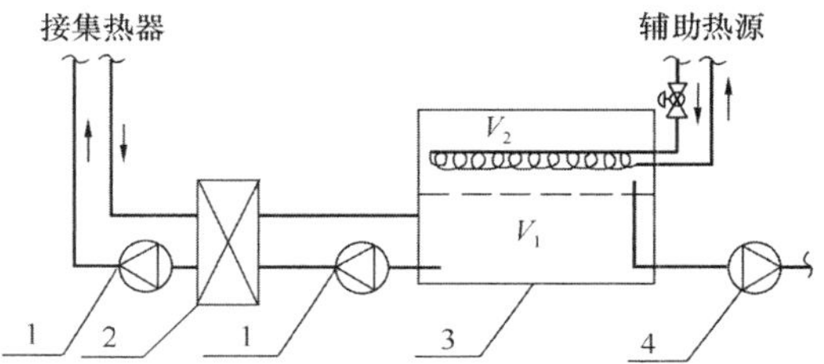

图40 集热、辅热共用热水箱时辅热装置布置系统图

1—集热循环水泵；2—板式水加热器；3—贮热水箱；4—供水泵组

（2）当上述条件不能满足需将集热、辅热两种热源共用设施时，宜采用如图40所示的布置。图中：V_1为太阳能集热水容积，按集热水箱容积计算；V_2为辅热供热水容积，按本标准第6.5.11条贮热量计算。

（3）当不满足（1）、（2）要求时，则辅助热源只宜用手动控制，否则太阳能集热系统基本无用。

（4）分散集热、分散供热太阳能热水系统，当集热、辅热共用贮热水罐时宜按本标准第6.6.5条第2款实施。否则只能用手动控制辅助热源的启停。

6.6.7 当采用热泵机组供应热水时，其设计应符合下列规定：

1 水源热泵热水供应系统设计应符合下列规定：

1） 水源热泵应选择水量充足、水质较好、水温较高且稳定的地下水、地表水、废水为热源；

2） 水源总水量应按供热量、水源温度和热泵机组性能等综合因素确定；

3） 水源热泵的设计小时供热量应按下式计算：

$$Q_g = \frac{mq_r C(t_r - t_l)\rho_r C_\gamma}{T_5} \quad (6.6.7\text{-}1)$$

式中：Q_g——水源热泵设计小时供热量（kJ/h）；

q_r——热水用水定额［L/(人·d）或L/(床·d)］，按不高于本标准表6.2.1-1的最高日用水定额或表6.2.1-2中用水定额中下限取值；

T_5——热泵机组设计工作时间（h/d），取8h～16h。

4）水源水质应满足热泵机组或水加热器的水质要求，当其不满足时，应采取有效的过滤、沉淀、灭藻、阻垢、缓蚀等处理措施。当以污水、废水为水源时，尚应先对污水、废水进行预处理。

2 水源热泵换热系统设计应符合现行国家标准《地源热泵系统工程技术规范》GB 50366的相关规定。

3 水源热泵宜采用快速水加热器配贮热水箱（罐）间接换热制备热水，设计应符合下列规定：

1）全日集中热水供应系统的贮热水箱（罐）的有效容积应按下式计算：

$$V_r = k_1 \frac{(Q_h - Q_g)T_1}{(t_r - t_l)C\rho_r} \tag{6.6.7-2}$$

式中：V_r——贮热水箱（罐）总容积（L）；

k_1——用水均匀性的安全系数，按用水均匀性选值，k_1=1.25～1.50。

2）定时热水供应系统的贮热水箱（罐）的有效容积宜为定时供应热水的全部热水量。

3）快速水加热器的加热面积应按本标准式（6.5.7）计算，板式快速水加热器K值应为3000kJ/(m^2·℃·h)～4000kJ/(m^2·℃·h)，管束式快速水加热器K值应为1500kJ/(m^2·℃·h)～3000kJ/(m^2·℃·h)，Δt_j应为3℃～6℃。

4）快速水加热器两侧与热泵、贮热水箱（罐）连接的循环水泵的流量和扬程应按下列公式计算：

$$q_{xh} = \frac{k_2 Q_g}{3600C\rho_r\Delta t} \tag{6.6.7-3}$$

$$H_b = h_{xh} + h_{e1} + h_f \tag{6.6.7-4}$$

式中：q_{xh}——循环水泵流量（L/s）；

k_2——考虑水温差因素的附加系数，k_2=1.2～1.5；

Δt——快速水加热器两侧的热媒进水、出水温差或热水进水、出水温差，可按Δt=5℃～10℃取值；

H_b——循环水泵扬程（kPa）；

h_{xh}——循环流量通过循环管道的沿程与局部阻力损失（kPa）；

h_{e1}——循环流量通过热泵冷凝器、快速水加热器的阻力损失（kPa），冷凝器阻力由产品提供，板式水加热器阻力为40kPa～60kPa。

4 水源热泵机组布置应符合下列规定：

1）热泵机房应合理布置设备和运输通道，并预留安装孔、洞；

2）机组距墙的净距不宜小于1.0m，机组之间及机组与其他设备之间的净距不宜小于1.2m，机组与配电柜之间净距不宜小于1.5m；

3）机组与其上方管道、烟道或电缆桥架的净距不宜小于1.0m；

4）机组应按产品要求在其一端留有不小于蒸发器、冷凝器中换热管束长度的检修位置。

5 空气源热泵热水供应系统设计应符合下列规定：

1）最冷月平均气温不小于10℃的地区，空气源热泵热水供应系统可不设辅助热源；

2）最冷月平均气温小于10℃且不小于0℃的地区，空气源热泵热水供应系统宜采取设置辅助热源，或采取延长空气源热泵的工作时间等满足使用要求的措施；

3）最冷月平均气温小于0℃的地区，不宜采用空气源热泵热水供应系统；

4）空气源热泵辅助热源应就地获取，经过经济技术比较，选用投资省、低能耗热源；

5）辅助热源应只在最冷月平均气温小于10℃的季节运行，供热量可按补充在该季节空气源热泵产热量不满足系统耗热量的部分计算；

6）空气源热泵的供热量可按本标准式（6.6.7-1）计算确定；当设辅助热源时，宜按当地农历春分、秋分所在月的平均气温和冷水供水温度计算；当不设辅助热源时，应按当地最冷月平均气温和冷水供水温度计算；

7）空气源热泵采取直接加热系统时，直接加热系统要求冷水进水总硬度（以碳酸钙计）不应大于120mg/L，其贮热水箱（罐）的总容积应按本标准式（6.6.7-2）计算。

6 空气源热泵机组布置应符合下列规定：

1）机组不得布置在通风条件差、环境噪声控制严及人员密集的场所；

2）机组进风面距遮挡物宜大于1.5m，控制面距墙宜大于1.2m，顶部出风的机组，其上部净空宜大于4.5m；

3）机组进风面相对布置时，其间距宜大于3.0m。

【释义与实施要点】

1. 本条第1款对水源热泵热水供应系统的水源选择、热泵机组的设计小时供热量以及水源水质处理等作了规定。

（1）水源总水量的要求

水源热泵是利用水源的低温热量制热，如水量不够则水源水循环一段时间后整个水体温度下降，可利用温差越来越低，热泵制热效率即*COP*值亦越来越低，最终成了用电加热水了。因此，采用水源热泵热水系统应核算水源量是否足够。

1）当用地表水为水源时，必须有足够大的水面和一定深度的水体。据资料介绍：不形成明显温度梯度的水深为3m～5m。在此范围内取水，热负荷为42kJ/(m^2·h)，即每平方米水面每小时约可提供的热量为42kJ。此参数可作为方案设计时参考。

2）当用深井水为水源时，要求深井出水量可按下式计算：

$$q_j = \frac{\left(1 - \frac{1}{COP}\right)Q_g}{\Delta t_j \cdot C \cdot \rho_v} \tag{6}$$

式中：q_j——深井小时出水量（L/h）；

COP——能效比，为热泵产出的热量与热泵压缩机输入功率之比，一般*COP*取3，以设备提供的*COP*值为准；

Q_g——热泵设计小时供热量（kJ/h），按本标准式（6.6.7-1）计算；

Δt_j——深井水进出热泵或预热水加热器时的温差，Δt_j =6℃～8℃；

C——水的比热，C=4.187kJ/(kg·℃)；

ρ_v——井水平均密度（kg/L）。

（2）水源热泵的设计小时供热量 Q_g 应按式（6.6.7-1）计算。

该式计算参数的选用注意点为：

1）q_r——热水用水定额，宜按本标准表6.2.1-1或表6.2.1-2中最高日用水定额或用水定额中的下限取值。理由：一是热水系统为满负荷最高日且用水定额为高值时的发生几率很低；二是热泵机组一次投资相对较大，设计按满负荷最高日低用水定额选设备，完全可以满足绝大部分用水时间用热水的要求，即便出现超过 q_r 的工况，也可以通过延长设备运行时间来满足使用要求，这样既可合理选用设备，又能满足使用要求。

2）T_5——热泵机组设计工作时间，取8h～16h，可按系统是否设置辅助热源来取值。一般不设辅助热源者 T_5 取8h～12h，设辅助热源者 T_5 取16h。理由是：不设辅助热源者，系统供热量全部由热泵承担，而使用工况有可能出现上述高于 Q_g 的情况，机组本身也将随着使用时间的延长，效率衰减，因此设计选用 T_5 低值，可以通过适当延长热泵工作时间来保证可能出现高峰负荷的正常用水。系统设有辅助热源时，辅助热源可承担高峰负荷或设备故障时的用水，所以热泵机组可按 T_5 高值选用。这样整个制热系统选型经济合理。

另外，在工程实践中，一般水源热泵供热系统不设辅助热源，空气源热泵设置辅助热源的条件及具体规定详见本条第5款。

（3）水源热泵水源的水质处理

水源热泵可采用下列三种制热系统：

1）水源水质基本符合自来水水质要求，且总硬度（以 $CaCO_3$ 计）小于100mg/L时，可采用水源水直接进热泵机组换热的系统，如图示41所示。

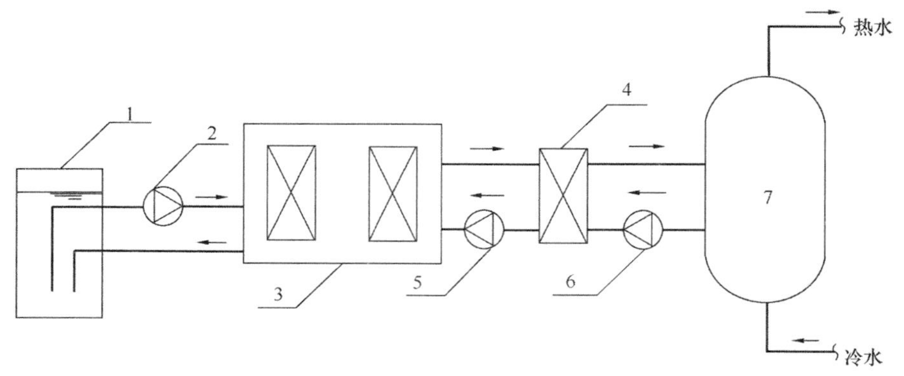

图41 水源水直接换热系统示意图

1—水源；2—水源水循环水泵；3—热泵机组；4—板式水加热器；5—热媒水循环水泵；6—热水循环水泵；7—贮热水罐

2）水源水质基本符合自来水水质要求，但总硬度（以 $CaCO_3$ 计）大于或等于100mg/L时，宜采用水源水间接换热的系统，如图42所示。

3）水源水质不满足自来水水质要求，应进行水质处理后采用间接换热系统，如图43所示。

2. 本条第3款规定了水源热泵，除前述图41的个别情况外均宜采用间接换热制备热水的方式，并对该方式所用的贮热水箱（罐）、板式快速水加热器、循环水泵等的设计计算参数作了规定。

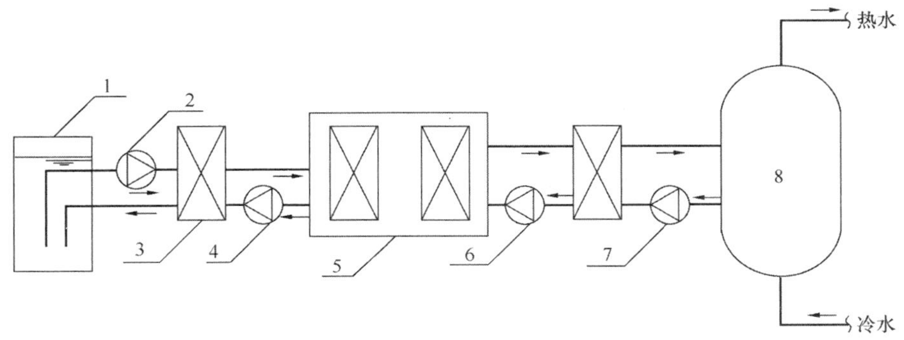

图 42 水源水间接换热系统示意图

1—水源；2—水源水循环水泵；3—板式水加热器；4、6—热媒水循环水泵；
5—热泵机组；7—热水循环水泵；8—贮热水罐

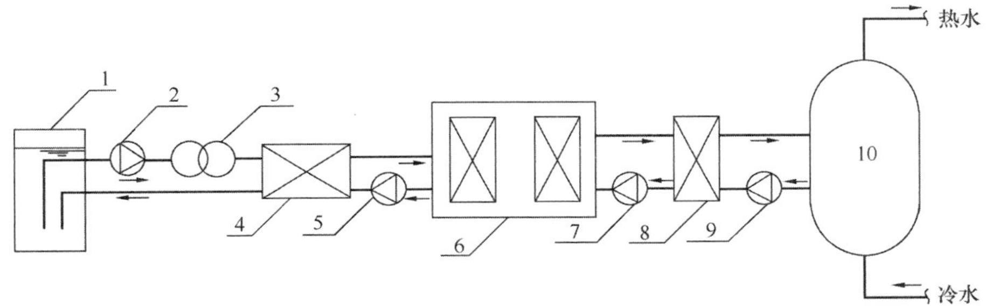

图 43 设水处理装置的热泵热水系统示意图

1—水源；2—水源水循环水泵；3—水处理设施；4—专用快速水加热器；5、7—热媒水循环水泵；
6—热泵机组；8—板式水加热器；9—热水循环泵；10—贮热水罐

注：水处理设施一般由设计提出工艺要求，设备商提供设计计算资料及配套供应处理设备。

规定热泵制备热水宜采用间接换热的方式，如图 42 所示，其理由是：如果采用热泵直接制备热水，因一般自来水总硬度（以 $CaCO_3$ 计）均为 100mg/L～400mg/L，热泵冷凝器换热管束一般为 $\phi6$～$\phi8$，直接换热时被加热水流经管内，运行一定时间后，管中结垢物易堵塞管道断面，换热效果变差，阻力损失增大，而经常清洗管道水垢又将严重影响其使用寿命，因此本条推荐采用间接换热供热水的方式。

水源热泵采用板式快速水加热器，两侧加循环水泵配贮热水罐来制备热水，虽然增设了一组循环水泵，但采用板换换热，传热系数高，热水温度与热媒水温度之差可以缩小到约 2℃，换热充分，特别适用于热媒水温只有 50℃～60℃的热泵机组制备热水。

3. 本条第 5 款规定了空气源热泵热水供应系统的适用条件、设计计算参数的选取、制热系统及机组布置要求。

(1) 空气源热泵的热源是空气，随处可取，因此它的使用比水源热泵要宽广得多。但空气的热焓值比水低得多，相应机组的 *COP* 值也低于水源热泵，尤其是寒冷地区，冬季如采用空气源热泵，则 $COP \leqslant 1.5$，实质为电加热制备热水。因此本条规定，最冷月平均气温小于 0℃的地区，不宜采用空气源热泵制备热水。

(2) 空气源热泵是否需配辅助热源，本条亦作了规定。

1）一般对热水供应无特殊要求的系统，以延长热泵工作时间保证短时段高峰用水的供应为宜，这样节省一次投资，节省机房面积，运行简单。

2）对热水供应要求保证率高的系统，可考虑配置辅助热源，但辅助热源的供热量可按补充低温季节热泵产热量不满足耗热量的部分计算，而不应像太阳能热水系统那样按无太阳能时设计计算辅助热源。

（3）空气源热泵机组的布置，与冷却塔相似。一般宜布置在屋面上，这样一方面可减少噪声对人、对环境的污染，另一方面空气流通，可避免空气循环回流而影响制热效率。因此本条对机组布置作了具体规定。

6.7 管 网 计 算

6.7.4 热水管网的水头损失计算应符合下列规定：

1 单位长度水头损失，应按本标准第3.7.14条确定，管道的计算内径d_j应考虑结垢和腐蚀引起的过水断面缩小的因素；

2 局部水头损失，可按本标准第3.7.15条的规定计算。

【释义与实施要点】

本条第1款规定热水管单位长度的水头损失i（kPa/m）按本标准第3.7.14条确定或按给水的i值计算。热水水温高于给水水温，即热水的密度及黏滞系数均低于给水，即相应的i值应低于给水，但热水管道运行中，由于达到设计流量的工况很短，水中结垢物易附着管壁，引起管内壁粗糙度增加，过水断面缩小，阻力损失将增大，这样对i值的影响有正有负，设计计算时，一般均按给水的i值计算。供水温度高者可适当放大管径。

6.7.5 全日集中热水供应系统的热水循环流量应按下式计算：

$$q_x = \frac{Q_s}{C\rho_r\Delta t_s} \tag{6.7.5}$$

式中：q_x——全日集中热水供应系统循环流量（L/h）；

Q_s——配水管道的热损失（kJ/h），经计算确定，单体建筑可取（2%～4%）Q_h，小区可取（3%～5%）Q_h；

Δt_s——配水管道的热水温度差（℃），按系统大小确定，单体建筑可取5℃～10℃，小区可取6℃～12℃。

【释义与实施要点】

本条规定了全日集中热水供应系统循环流量的计算方法。

1. 集中热水供应系统循环流量的概念

集中热水供应系统循环流量是指为保证配水点热水供水温度弥补配水管道热损失所需的热水循环水量，它不同于供暖系统循环流量的概念。

2. 式（6.7.5）中的参数取值

（1）配水管道的热损失Q_s（kJ/h），当系统配水点较集中且供水干管长度较短时可取低值，反之取高值。此外，配水管道的热损失还与管道敷设位置、保温效果等有密切关系。公式中给出的单栋建筑 Q_s 取（2%～4%）Q_h，小区 Q_s 取（3%～5%）Q_h，是以配水管道作规范保温、室外热水干管作管沟敷设或直埋敷设为依据条件，当寒冷地区的热水干管不敷设在供暖空间，室外管架空敷设时，应另经散热损失计算。

（2）配水管道的热水温度差 Δt_s 取值与 Q_s 相关，即 Q_s 大时，Δt_s 大，反之亦然。

（3）经实际工程计算，$Q_s \approx$（10%～15%）Q_h，此值可作为初步设计时的参数，但对于上述寒冷地区管道不敷设在供暖空间者，此值偏低，应经实际计算确定。

6.7.6　定时集中热水供应系统的热水循环流量可按循环管网总水容积的 2 倍～4 倍计算。循环管网总水容积包括配水管、回水管的总容积，不包括不循环管网、水加热器或贮热水设施的容积。

【释义与实施要点】

本条规定了定时集中热水供应系统热水循环流量的计算方法。

（1）q_x 为循环管网总水容积的 2 倍～4 倍。例如，总水容积为 1.5m³，则 q_x =3000 L/h～6000L/h。即供水系统启动前，开启循环泵，约 15min～30min 可将供、回水管全换成热水。

（2）循环管网总水容积只包括有循环流量通过的配水管与回水管的容积，不含不循环的配水管及水加热器、贮热水设施的容积。

6.7.7　热水供应系统中，锅炉或水加热器的出水温度与配水点的最低水温的温度差，单体建筑不得大于 10℃，建筑小区不得大于 12℃。

【释义与实施要点】

本条对集中热水供应系统中，水加热设备出水温度与配水点的出水温度的最大温差作了规定。据工程实例显示，在配水管做好保温的条件下，系统最大温差均在 10℃ 以内，其实施要点：一是管道做好保温处理；二是控制系统规模，满足本标准第 6.3.6 条“共用系统水加热站室的服务半径不应大于 500m”的要求；三是寒冷地区室外热水干管不架空，不敷设在无供暖的空间。

6.7.9　热水供应系统的循环回水管管径，应按管路的循环流量经水力计算确定。

【释义与实施要点】

本条规定循环回水管管径应按管路的相应循环流量经水力计算确定。

由于热水循环流量的计算较繁烦，一般热水系统可参照下列原则选用回水管管径。

1. 回水干管管径

回水干管管径见表 32。

表 32　热水回水管管径

热水供水管管径（mm）	25～32	40	50	65	80	100	125	150	200
热水回水管管径（mm）	20	25	32	40	40～50	50～65	65～80	80～100	100～125

注：表中热水供水管管径为 80mm～200mm 时，相应回水管管径 D 有两个值可选，当循环水泵流量 $q_{xh} \leqslant 0.25\, q_{rh}$（设计小时热水量）时，$D$ 可选小值，当 $q_{xh} > 0.25 q_{rh}$ 时，D 应选大值。

2. 回水立管管径

上行下给式系统供水立管下部的回水管段及下行上给式系统的回水立管的管径，当水质总硬度（以$CaCO_3$计）<120mg/L、供水温度小于55℃时，可为DN15，当水质总硬度（以$CaCO_3$计）≥120mg/L时，宜为DN20。

3. 分户回水支管管径可为DN15。

6.7.10 集中热水供应系统的循环水泵设计应符合下列规定：

1 水泵的出水量应按下式计算：

$$q_{xh} = K_x \cdot q_x \tag{6.7.10-1}$$

式中：q_{xh}——循环水泵的流量（L/h）；

K_x——相应循环措施的附加系数，取K_x=1.5～2.5。

2 水泵的扬程应按下式计算：

$$H_b = h_p + h_x \tag{6.7.10-2}$$

式中：H_b——循环水泵的扬程（kPa）；

h_p——循环流量通过配水管网的水头损失（kPa）；

h_x——循环流量通过回水管网的水头损失（kPa）。

当采用半即热式水加热器或快速水加热器时，水泵扬程尚应计算水加热器的水头损失。

当计算H_b值较小时，可选H_b=0.05MPa～0.10MPa。

3 循环水泵应选用热水泵，水泵壳体承受的工作压力不得小于其所承受的静水压力加水泵扬程。

4 循环水泵宜设备用泵，交替运行。

5 全日集中热水供应系统的循环水泵在泵前回水总管上应设温度传感器，由温度控制开停。定时热水供应系统的循环水泵宜手动控制，或定时自动控制。

【释义与实施要点】

1. 本条第1款规定了循环水泵的出水量计算。

（1）对本标准以往版本的此条款作了修正。

《建筑给水排水设计规范》GB 50015—2003（2009年版）第5.5.10条第1款为："1 水泵的出水量应为循环流量"，本次修订条款规定的公式为$q_{xh}=K_x q_x$。

修正的理由：一是循环系统实际运行时是间断的，如$q_{xh}=q_x$，则循环泵运行不能间断。当然原条款中循环流量q_x计算留有富余，即高于实际的连续运行的q_x值，但规范规定二者相同，与工程实际运行不一。二是本次规范修编中具体引入了循环阀件、小循环泵等应用条款，而这些部件的引入，对水泵出水量有不同的要求，如统一q_{xh}按一个值选用，则会产生循环水泵选用过大或过小的问题。因此本款规定了按式（6.7.10-1）计算。

（2）循环措施附加系数K_x值应根据热水循环管道的布置、采用保证循环效果的措施等因素选取，具体选值可参考本指南表22。

各单栋建筑的回水支干管上宜设小循环泵或流量平衡阀。当选用小循环泵时，应选用同型泵，其循环流量和扬程均按单栋建筑系统中循环流量、扬程最大者选用。当选用流量平衡阀时，可按表22中图示取值。

共用回水总干管上设总循环水泵，其循环流量和扬程按总系统的循环流量 q_{xh} 和扬程 H_b 计算。q_{xh} 可为 $q_{xh}=0.20q_{rh}$。

2. 本条第 3 款规定了循环水泵应选用热水泵，并应注明水泵的壳体承受的工作压力应不小于其承受的静水压力加水泵扬程。理由是，循环水泵一般均与水加热设备邻接位于整个系统下部，其壳体承受系统的供水压力和本身运行扬程所产生的压力，如只按后者选择泵体，运行时，泵壳可能爆裂。

3. 本条第 5 款规定了循环水泵的控制方式。全日集中热水供应系统在泵前回水总管上设温度传感器自动控制水泵启停。温控范围在保证配水点处水温≥45℃的前提下，可按表 33 设置。

表 33 温度传感器温控范围

水加热设备出水温度（℃）	循环水泵启泵温度（℃）	循环水泵关泵温度（℃）
60	50	55
55	45	50
50	43	48

6.7.11 采用热水箱和热水供水泵联合供水的全日热水供应系统的热水供水泵、循环水泵应符合下列规定：

1 热水供水泵与循环水泵宜合并设置热水泵，流量和扬程应按热水供水泵计算；

2 热水供水泵的流量按本标准第 3.9.3 条计算，并符合本标准第 6.3.7 条的规定；

3 热水泵应按本标准第 3.9.1 条选择，且热水泵不宜少于 3 台；

4 热水总回水管上应设温度控制阀件控制总回水管的开、关。

【释义与实施要点】

1. 热水箱+热水供水泵、热水循环泵的热水供水系统如图 44 所示。

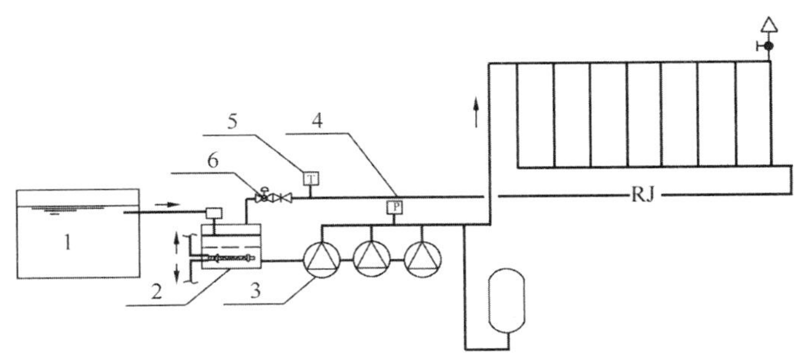

图 44 太阳能热水系统集热水箱+供热水箱+供水（循环水）泵组供水系统示意图

1—集热水箱；2—供热水箱；3—热水供水兼循环水泵组；4—压力传感器；

5—温度传感器；6—电磁阀

2. 本条第 1 款规定了图 44 所示系统的热水供水泵、循环水泵宜合并设置，且水泵的 Q、H 均可不考虑循环水泵的 q_{xh} 和 H_b。理由是热水供水泵的 Q、H 是按系统供水设计秒流量选取的，在配水管网用水达到设计秒流量高峰用水的短时间（一般为 2min～10min）内，循环供水管、回水管内均为热水，不需循环，即高峰秒流量供水时不需附加循环流量。而非高峰供水时，循环流量只相当于供水设计秒流量 q_s 的 1/10～1/20，因此，它可作为一个用水点出流量考虑，不需另外附加流量。其中实施要点是在电磁阀前应设调节阀，控制循环流量。

3. 本条第 3 款规定了此系统热水泵的选择。

（1）应选变频调速泵组。

（2）泵组水泵不宜少于 3 台，2 用 1 备或 3 用 1 备。因为热水供水管网绝大部分时间处于非高峰用水工况，尤其是午夜后基本无供水，只有循环水量通过，如水泵 1 用 1 备，即便用变频泵，其运行效率也很低，耗能。

6.7.13 第一循环管的自然压力值，应按下式计算：

$$H_{xr} = 10\Delta h(\rho_1 - \rho_2) \tag{6.7.13}$$

式中：H_{xr}——第一循环管的自然压力值（Pa）；

Δh——热水锅炉或水加热器中心与贮热水罐中心的标高差（m）；

ρ_1——贮热水罐回水的密度（kg/m^3）；

ρ_2——热水锅炉或水加热器供水的密度（kg/m^3）。

【释义与实施要点】

（1）第一循环管如图 45 所示。

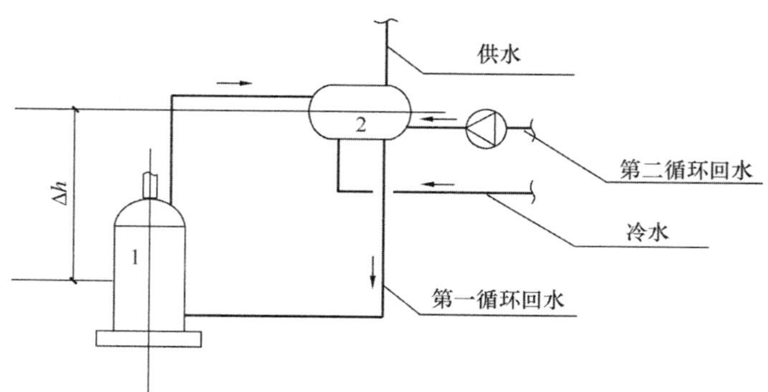

图 45 第一、二循环管示意图

1—锅炉（或水加热器）；2—贮热水罐

（2）采用该图示时，应保证贮热水罐底高于锅炉顶，否则第一循环管上应加循环水泵。

（3）第一、二循环管的连接宜按该图示设置。

6.8 管材、附件和管道敷设

6.8.1 热水系统采用的管材和管件，应符合国家现行标准的有关规定。管道的工作压力和工作温度不得大于国家现行标准规定的许用工作压力和工作温度。

【释义与实施要点】

热水系统可以采用的管材和管件种类较多，主要有薄壁不锈钢管、薄壁铜管、塑料热水管、复合热水管等。这些管材和管件大多已经有了国家现行规范或标准，如《薄壁不锈钢管道技术规范》GB/T 29038、《钢塑复合管》GB/T 28897 等。当确定采用某种连接方式的管材和管件后，所采用的管道工作压力和工作温度应符合相应材质的国家现行规范或标准中规定的许用工作压力和工作温度要求。

热媒管道中的介质温度一般为 70℃～200℃，热水管道中的水温一般为 45℃～70℃，当介质温度在 70℃～200℃时，应采用能耐高温的金属管材，不得采用塑料热水管或钢塑给水管；当介质温度在 45℃～70℃时，可采用薄壁不锈钢管、薄壁铜管、塑料热水管、复合热水管等。

热水管道的工作压力与工作温度有比较显著的关系，必须按相应介质温度下所需承受的工作压力来选择管材。

6.8.2 热水管道应选用耐腐蚀和安装连接方便可靠的管材，可采用薄壁不锈钢管、薄壁铜管、塑料热水管、复合热水管等。当采用塑料热水管或塑料和金属复合热水管材时，应符合下列规定：

1 管道的工作压力应按相应温度下的许用工作压力选择；

2 设备机房内的管道不应采用塑料热水管。

【释义与实施要点】

热水系统采用的管道应根据建筑物类别、建筑物高度、热水温度、使用环境以及供货条件等因素，经技术经济比较后确定。本条规定了选用热水管道的管材排列推荐顺序为：薄壁不锈钢管、薄壁铜管、塑料热水管、塑料和金属复合热水管等。

近年来，根据国家有关部门关于“在城镇新建住宅中，禁止使用冷镀锌钢管用于室内给水管道，并根据当地实际情况逐步限制禁止使用热镀锌钢管，推广应用铝塑复合管、交联聚乙烯（PE-X）管、三型无规共聚聚丙烯（PP-R）管、耐热聚乙烯管（PERT）等新型管材，有条件的地方也可推广应用铜管”的规定等，越来越多的给水管材得到推广和使用。但是热水管道的使用，除了应满足上述规定外，还应重点关注管道的工作压力、工作温度、管道耐腐蚀性、管件密封材料性能等。

塑料管道不同于金属管道，其能承受的压力受温度的影响很大，尤其是管道内的介质温度升高至一定温度范围时，管道承受的压力会出现骤降的现象，所以管道的工作压力应按相应温度下的许用工作压力选择。表 34 中列举了热水系统中常用的几种塑料给水管道的耐温性能。

表 34　常用塑料热水管道的耐温性能

管材	长期适用温度（℃）	短期适用温度（℃）	软化温度（℃）
PB	≤90	≤95	124
CPVC	≤90	≤95	125
PP-R	≤60	≤90	140
PEX	≤90	≤95	133
PEX-Al-PEX	≤60	≤90	133

设备机房内的管道安装维修时，时常会出现被尖锐硬物碰撞的可能，有时可能还要站人承重，而一般的塑料管材质脆、怕撞击和刮擦；同时与动力设备连接后，虽然安装有避震措施，但在长期出现高频振动的情况下，仍然会降低塑料热水管道的使用寿命，所以不应用作机房的连接管道。

6.8.3 热水管道系统应采取补偿管道热胀冷缩的措施。

【释义与实施要点】

无论采用何种材质作为热水管道，热水管道都会随着热水温度的升降产生热胀冷缩现象。如果热胀冷缩产生的伸缩量得不到有效补偿或者没有自由伸缩的余地，管道将承受超过管道所许可的内应力，并对管道两端固定支架产生很大推力，从而致使管道发生弯曲变形或出现位移，甚至出现接头开裂或管道破裂。

为了减释管道在热胀冷缩时产生的内应力，设计时应优先利用管道的自然转弯；当直线管段较长不能依靠自然补偿来解决膨胀伸长量时，应在直线管段长度较长的热水管段上每隔一定的距离设置伸缩器。不锈钢管、铜管及塑料管的线膨胀系数均不相同，应分别按不同管材在管道上合理布置伸缩器。常用管材的线膨胀系数见表35。

表35 几种常用管材的线膨胀系数∂值 [mm/(m·℃)]

管材	碳管	铜	不锈钢	钢塑	CPVC	PP-R	PEX	PB	PAP
∂	0.012	0.0176	0.0173	0.025	0.07	0.15	0.16	0.13	0.025

6.8.4 配水干管和立管最高点应设置排气装置。系统最低点应设置泄水装置。

【释义与实施要点】

本条规定了在热水管道系统中设置排气装置和泄水装置的位置。

在热水系统中，由于热水会在管道内不断析出气体（溶解氧及二氧化碳），使管内积聚气体，如不及时排除，不但阻碍管道内过水能力，还将加速管道内壁的腐蚀。为了使热水供应系统能正常运行，应在热水管道内容易积聚气体的地方装自动放气阀。

在热水系统的最低点设泄水装置是为了放空系统中的水，以便维修。如在系统的最低处有配水点时，则可直接利用最低配水点泄水而不另设泄水装置。

6.8.5 下行上给式系统回水立管可在最高配水点以下与配水立管连接。上行下给式系统可将循环管道与各立管连接。

【释义与实施要点】

本条规定了在下行上给式或上行下给式热水系统中，热水回水管道与热水供水立管连接的方式和位置。

采用下行上给式布置时，回水立管可在最高配水点以下约0.5m处与配水立管连接，避免回水立管的顶端形成气塞从而影响热水的循环，确保系统内积聚的气体能从最高配水点或最高点设置的排气装置排出。采用上行下给式布置时，热水横干管多敷设在建筑物顶层吊顶内，回水管道多敷设在系统的最低处，并与各立管直接连接，该布置方式有利于系统的压力分布和高温热水自然循环的上行要求，并且有利于系统同程布置。

6.8.6　热水系统上各类阀门的材质及阀型应符合本标准第 3.5.3 条～第 3.5.5 条和第 3.5.7 条的规定。

【释义与实施要点】

本条规定了热水系统中各类阀门的材质及阀型的选用要求应与给水系统保持一致。

一般热水系统与给水系统采用同源设计，除了温度不同外，其余性质基本趋同，选用的阀门材质及阀型与给水系统的规定一致，符合系统设计要求。选用阀门的材质除应满足上述规定外，还应考虑介质温度对阀门密封材料的影响；当选用的热水及给水管道的材质不一致时，冷热水管道连接处的阀门材质还应考虑电化学腐蚀因素的影响。

6.8.7　热水管网应在下列管段上装设阀门：

1　与配水、回水干管连接的分干管；

2　配水立管和回水立管；

3　从立管接出的支管；

4　室内热水管道向住户、公用卫生间等接出的配水管的起端；

5　水加热设备，水处理设备的进、出水管及系统用于温度、流量、压力等控制阀件连接处的管段上按其安装要求配置阀门。

【释义与实施要点】

热水管段上装设的阀门，主要具有截止、调节、导流、防止逆流、稳压、分流或溢流泄压以及用于设备和管段的维修等功能。本条规定了热水管段上装设阀门的位置，该类阀门的装设主要用于设备和管段的维修。

（1）当用于管段维修时，一般设置在该管段的起端。本条中的第 1 款～第 4 款均属于该种情况。

（2）当用于设备维修时，一般设置在靠近设备的位置，并且在该阀门被关闭进行设备检修时，不影响其他相邻设备及管道的运行。本条中的第 5 款属于该种情况。

6.8.8　热水管网应在下列管段上设置止回阀：

1　水加热器或贮热水罐的冷水供水管；

2　机械循环的第二循环系统回水管；

3　冷热水混水器、恒温混合阀等的冷、热水供水管。

【释义与实施要点】

本条对止回阀在热水管段上的设置位置作了规定。

第 1 款规定是为了防止热水进入给水系统，保证冷水不会因升温导致水质变坏。

第 2 款规定是为了防止冷水进入热水回水管道，以保证配水点的供水温度。

第 3 款规定是为了防止冷、热水通过冷热水混合器、恒温混合阀等相互串水而影响其他设备的正常使用和影响冷水水质。如设计成组混合器时，则止回阀可装在冷、热水的干管上。

6.8.9　水加热设备的出水温度应根据其贮热调节容积大小分别采用不同温级精度要求的自动温度控制装置。当采用汽水换热的水加热设备时，应在热媒管上增设切断汽源的电动阀。

【释义与实施要点】

水加热设备的出水温度对热水系统的节能节水以及安全供水性有着重要的影响。本条对水加热设备设置自动温度控制装置以及对采用蒸汽为热媒的管段上增设切断汽源的电动阀作了明确规定。

(1) 人工控制温度的方式受人员素质、热媒、用水变化等多种因素的影响，水加热设备的出水温度得不到有效控制。特别是有的汽水换热设备由于水温控制不到位长期达80℃以上，出现设备使用不到一年就报废的情况。随着智能化控制装置的发展，大量先进的自动温度控制装置被广泛应用于水加热设备中，提高了水加热设备的供水安全性，提高了设备节能节水的能力。因此，本条规定所有水加热器均应设置自动温度控制装置（一般为温控阀）。

(2) 自动温度控制装置主要有直接式（自力式）自动温度控制阀、电动势自动温度控制阀、压力式自动温度控制阀三种。

(3) 自动温度控制装置的温度探测部分（一般为温包）设置部位对出水温度的正确控制非常重要，一般应视水加热设备自身结构确定。对于导流型容积式、半容积式水加热设备，不应将温包设置在出水口，因为当温包反映出水口水温的变化时，设备罐体内的水温早已发生变化，此时自动温度控制阀再动作调整出水温度为时已晚，因此宜将温包设置在靠近换热管束的上部位置。

(4) 自动温度控制装置应根据水加热设备的类型，即有无贮存调节容积及容积的相对大小来确定相应的温度控制范围。根据半即热式水加热器产品标准等的规定，不同水加热器对自动温度控制装置的温度控制级别范围参见表36。

表36 水加热设备温度控制级别范围

水加热设备类型	自动温度控制装置温级范围（℃）
导流型容积式水加热器	±5
半容积式水加热器	±4
半即热式水加热器	±3

半即热式水加热器由于调节容积小，除装自动温度控制装置外，还需有配套的其他温度调节与安全装置。

(5) 蒸汽的换热速率很快，如不能及时有效地控制出水温度，极易造成被加热水超温出流，严重影响供水安全性，因此在采用蒸汽为热媒的管段上增设切断汽源的电动阀，能够提高系统的供水安全。此条为新编内容。

6.8.10 水加热设备的上部、热媒进出口管、贮热水罐、冷热水混合器上和恒温混合阀的本体或连接管上应装温度计、压力表；热水循环泵的进水管上应装温度计及控制循环水泵开停的温度传感器；热水箱应装温度计、水位计；压力容器设备应装安全阀，安全阀的接管直径应经计算确定，并应符合锅炉及压力容器的有关规定，安全阀前后不得设阀门，其泄水管应引至安全处。

【释义与实施要点】

本条规定了热水系统中各种设备需要设置温度计、压力表、温度传感器、水位计、安全阀等关键仪表和附件的位置和要求。

水加热设备的上部、热媒进出水（汽）管、贮热水罐和冷热水混合器上装温度计、压力表以及热水箱装温度计、水位计等，目的是便于操作人员观察设备及系统运行情况，做好运行记录，并可以减少或避免不安全事故。

热水循环泵的进水管上装温度计及控制循环水泵开停的温度传感器，是为了保证热水循环系统正常运行并节能。

承压容器上装安全阀是劳动部门和压力容器有关规定的要求，也是闭式热水系统所采取的一项必要的安全措施。用于热水系统的安全阀可按泄掉系统温升膨胀产生的压力进行计算，其开启压力根据“压力容器”有关规定设定为容器设计压力的1.05倍。安全阀的形式一般可选用微启式弹簧安全阀。安全阀可参照《建筑给水排水设计手册》热水部分相关内容计算选型。

6.8.11 水加热设备的冷水供水管上应装冷水表，设有集中热水供应系统的住宅应装分户热水水表，洗衣房、厨房、游乐设施、公共浴池等需要单独计量的热水供水管上应装热水水表，其设有回水管者应在回水管上装热水水表。水表的选型、计算及设置应符合本标准第3.5.18条、第3.5.19条的规定。

【释义与实施要点】

本条规定了热水系统中设置水表的场所、种类以及与水表的选型、计算和设置相关的规定。

在集中热水供应系统或局部热水供应系统中设置水表主要是为了计量和收费，从而实现节能节水的目的。一般热水和给水系统中设置的冷热水表除了在温度控制方面要求不同外，其余均相同。热水水表除介质温度应满足热水水温要求外，其选型等要求均同冷水水表。

6.8.12 热水横干管的敷设坡度上行下给式系统不宜小于0.005，下行上给式系统不宜小于0.003。

【释义与实施要点】

本条对原规范中热水横干管敷设坡度不宜小于0.003的规定进行了修改，明确了上行下给式和下行上给式两种供水系统中热水横干管的不同敷设坡度要求。

据调查，在上行下给式系统中管道的腐蚀情况比下行上给式系统更加严重。分析认为：管道的腐蚀与系统中不能及时排除积聚的气体有关。因此上行下给式系统中供回水横干管的敷设坡度宜采用略大于下行上给式系统中的敷设坡度，以利于管道中积聚的气体至最高配水点或排气阀排出。本次修编中将供回水横干管的敷设坡度调整为不宜小于0.005。

下行上给式系统的最高配水点有长时间不用的可能，管道内积聚的气体会由回水立管带至低位的横干管中而引起管道腐蚀。下行上给式系统供回水横干管的敷设坡度延用了原有规定，宜设≥0.003的坡度。

6.8.13 塑料热水管宜暗设，明设时立管宜布置在不受撞击处。当不能避免时，应在管外采取保护措施。

【释义与实施要点】

本条规定了塑料热水管道的敷设要求。

塑料热水管材的材质较脆，怕撞击、怕紫外线照射，且其刚度（硬度）较差，不宜明装。因此，为适应建筑装修的要求，塑料热水管宜暗设。

对于外径 *de*≤25mm 的聚丁烯管、改性聚丙烯管、交联聚乙烯管等柔性塑料热水管一般可以直接敷设在建筑垫层或墙体管槽内，但不得直接埋设在钢筋混凝土结构墙板内，且敷设在建筑垫层或墙体管槽内的管道不应有接头。

对于外径 *de*≥32mm 的塑料热水管，由于管径较大，管道热胀冷缩时产生的应力更大，可能会对装饰面产生一定的破坏作用，因此可敷设在管井或吊顶内。

为防止明设的塑料热水管被撞击或其他因素损坏，一般在管外设置保护措施，保护措施应根据被保护管道设置的环境温度、可能出现的撞击的危险程度确定，一般采用刚度大、耐腐蚀性强、化学稳定性好的金属保护套管。

6.8.14 热水锅炉、燃油（气）热水机组、水加热设备、贮热水罐、分（集）水器、热水输（配）水、循环回水干（立）管应做保温，保温层的厚度应经计算确定并应符合本标准第 3.6.12 条的规定。

【释义与实施要点】

本条明确规定热水系统中所有的管道和设备均应做保温。

热水系统中所有的管道和设备以及只要因明露可能造成热量损失的部件（如高温介质流过的阀门等附件），均应采取保温措施。

做保温的主要目的是为了节能，同时也具有一定的安全防护功能（如防烫伤）。

热水管保温层的构造和计算，可按现行国家标准《设备及管道绝热设计导则》GB/T 8175 和《建筑给水排水设计手册》中的规定执行。

6.8.15 室外热水供、回水管道宜采用管沟敷设。当采用直埋敷设时，应采用憎水型保温材料保温，保温层外应做密封的防潮防水层，其外再做硬质保护层。管道直埋敷设应符合国家现行标准《城镇供热直埋热水管道技术规程》CJJ/T 81、《建筑给水排水及采暖工程施工质量验收规范》GB 50242 和《设备及管道绝热设计导则》GB/T 8175 的规定。

【释义与实施要点】

本条对室外热水管道的两种敷设方式提出了具体要求。

根据调查，近年来国内不少小区集中热水供应系统中，室外热水干管大都采用直接埋地敷设的方式，但其设计、施工均存在一定的技术问题，以致在使用中出现开裂或断裂等较严重的问题，给物业及用户造成损失。由于直埋热水管道全部敷设在地下，一旦出现质量问题，维护相当困难，因此，室外热水供、回水管道宜采用管沟敷设。

近年来，随着技术的发展和标准化工作的推进，直埋敷设技术得到越来越多的重视和应用。本条列举了采用直埋技术敷设管道的主要现行标准。

为了保证保温质量、保证产品质量的安全可靠，宜采用工厂定制的保温成型制品作保温层；直埋管道宜直接采用工厂定制的成型制品（包括保温层、防潮层、保护层）。

直埋管道设置补偿器的位置应设置检查井，便于维护检修。

6.8.16 热水管穿越建筑物墙壁、楼板和基础处应设置金属套管，穿越屋面及地下室外墙时应设置金属防水套管。

【释义与实施要点】

热水管道穿越楼板时，为了防止管道膨胀伸缩移动造成管外壁四周出现缝隙，引起上层漏水至下层的事故，应加套管；穿越屋面时，除了需要防止上层漏水至下层的问题，还应防止屋面雨水的渗漏，因此需要设置金属防水套管。

一般套管内径应比通过热水管的外径大 2 号～3 号，中间填不燃烧材料再用沥青油膏等软密封防水填料灌平。套管高出地面大于或等于 50mm。

6.8.17 热水管道的敷设应按本标准第 3.6 节中有关条款执行。

【释义与实施要点】

热水管道的敷设原则大多与给水管道相似，因此本条对相似的条款进行了省略处理；对于热水管道特有的敷设要求，在本章内的其他条款中已作了规定。

6.8.18 用蒸汽作热媒间接加热的水加热器应在每台开水器凝结水回水管上单独设疏水器，蒸汽立管最低处、蒸汽管下凹处的下部应设疏水器。

【释义与实施要点】

本条规定了在用蒸汽作热媒间接加热的系统中，疏水器设置的位置。疏水器设置的目的是保证热媒管道汽水分离，蒸汽畅通，不产生汽水撞击，延长设备使用寿命。

需要使用蒸汽的设备上只需要蒸汽，但在运行过程中这种设备内肯定会产生凝结水，同时还混入了空气和其他不可凝气体，此时，如不及时排出这部分凝结水会引起设备故障和降低性能。设置疏水器最重要的功能有：能迅速排除产生的凝结水，防止蒸汽泄漏，排除空气及其他不可凝气体。

通常，生活用水使用规律很不均匀，绝大部分时间内水加热器不在设计工况下工作，尤其是在水加热器初始升温或在很少用水的情况下升温时。由于一般自动温控装置难以根据水加热器内热水温升情况或被加热水流量大小自动调节阀门开启度，因而此时的凝结水出水温度可能很高。对于这种用水不均匀又无灵敏可靠温控装置的水加热设备，当以饱和蒸汽为热媒时，均应在凝结水出水管上装疏水器。但能确保凝结水出水温度不大于 80℃ 的设备，可以不设疏水器。

为了防止各台水加热器因热媒阻力不同（即背压不同）相互影响疏水器工作的效果，应在每台设备的凝结水回水管上单独设疏水器。

6.8.19 疏水器口径应经计算确定，疏水器前应装过滤器，旁边不宜附设旁通阀。

【释义与实施要点】

本条规定了疏水器的计算和设置要求。

疏水器的口径不能直接按凝结水管管径选择，应按其最大排水量、进出口最大压差、附加系数三个因素经计算确定。

为了保证疏水器的使用效果，应在其前装过滤器。疏水器不宜附设旁通管，目的是为了杜绝疏水器该维修时不维修，反而通过开启旁通管排放造成疏水器形同虚设。但对于特别重要的加热设备，如不允许短时间中断排除凝结水或生产上要求速热时，可考虑装设旁通管；对于只有偶尔情况下才出现大于或等于 80℃高温凝结水（正常工况时小于 80℃）的管路亦可设旁通管，即正常运行时凝结水从旁通管路走，特殊情况下凝结水经疏水器走。

疏水器的相关计算和具体设置要求，可参见《建筑给水排水设计手册》热水章节。

6.9 饮 水 供 应

6.9.1 饮水定额及小时变化系数，应根据建筑物的性质和地区的条件按表 6.9.1 确定。

表 6.9.1 饮水定额及小时变化系数

建筑物名称	单位	饮水定额（L）	K_h
热车间	每人每班	3～5	1.5
一般车间	每人每班	2～4	1.5
工厂生活间	每人每班	1～2	1.5
办公楼	每人每班	1～2	1.5
宿舍	每人每日	1～2	1.5
教学楼	每学生每日	1～2	2.0
医院	每病床每日	2～3	1.5
影剧院	每观众每场	0.2	1.0
招待所、旅馆	每客人每日	2～3	1.5
体育馆（场）	每观众每场	0.2	1.0

注：小时变化系数 K_h 系指饮水供应时间内的变化系数。

【释义与实施要点】

饮水定额及小时变化系数的选值，关系到饮水设备选用的正确合理性，与管道直饮水系统或终端直饮水设备的供水安全可靠、节水、节能密切相关。设计应结合建筑物的不同性质、饮水供应系统、设备的要求和不同的地区条件，选择合理的饮水定额及小时变化系数。

除了表 6.9.1 中的规定外，还有一些特殊的建筑物可以参考表 37 选用。

表 37 特殊建筑物饮水定额及小时变化系数

建筑物名称	单位	饮水定额（L）	K_h
会展中心（博物馆、展览馆）	每人每日	0.4	1.0
航站楼、火车站、客运站	每人每日	0.2～0.4	1.0
部队营房	每人每日	3～5	1.5

6.9.2 设有管道直饮水的建筑最高日管道直饮水定额可按表 6.9.2 采用。

表 6.9.2 最高日管道直饮水定额

用水场所	单位	最高日直饮水定额
住宅楼、公寓	L/(人·d)	2.0～2.5
办公楼	L/(人·班)	1.0～2.0
教学楼	L/(人·d)	1.0～2.0
旅馆	L/(床·d)	2.0～3.0
医院	L/(床·d)	2.0～3.0
体育场馆	L/(观众·场)	0.2
会展中心（博物馆、展览馆）	L/(人·d)	0.4
航站楼、火车站、客运站	L/(人·d)	0.2～0.4

注：1 此定额仅为饮用水量。
2 经济发达地区的最高日直饮水定额，居民住宅楼可提高至 4 L/(人·d) ～5 L/(人·d)。
3 最高日管道直饮水定额也可根据用户要求确定。

【释义与实施要点】

本条规定了设有管道直饮水系统的建筑物内，最高日管道直饮水定额的选值。

表中列举的住宅楼、办公楼、教学楼和旅馆是目前设置管道直饮水系统的主要建筑类型，尤其是高星级旅馆更多。

备注中对最高日直饮水定额的选值范围进行了拓展，主要是为了满足不同建筑物性质的实际需求。例如，在住宅楼内，饮水除了主要用于人员饮用外，也有将其用于煮饭、淘米、洗涤瓜果蔬菜及冲洗餐具等的情况，因此住宅楼可提高至 4 L/(人·d) ～5 L/(人·d)。

6.9.3 管道直饮水系统应符合下列规定：

1 管道直饮水应对原水进行深度净化处理，水质应符合现行行业标准《饮用净水水质标准》CJ 94 的规定。

2 管道直饮水水嘴额定流量宜为 0.04L/s～0.06L/s，最低工作压力不得小于 0.03MPa。

3 管道直饮水系统必须独立设置。

4 管道直饮水宜采用调速泵组直接供水或处理设备置于屋顶的水箱重力式供水方式。

5 高层建筑管道直饮水系统应竖向分区，各分区最低处配水点的静水压，住宅不宜大于 0.35MPa，公共建筑不宜大于 0.40MPa，且最不利配水点处的水压，应满足用水水压的要求。

6 管道直饮水应设循环管道，其供、回水管网应同程布置，当不能满足时，应采取保证循环效果的措施。循环管网内水的停留时间不应超过 12h。从立管接至配水龙头的支管管段长度不宜大于 3m。

7 办公楼等公共建筑每层自设终端净水处理设备时，可不设循环管道。

8 管道直饮水系统配水管的瞬时高峰用水量应按下式计算：

$$q_g = mq_o \quad (6.9.3)$$

式中：q_g——计算管段的设计秒流量（L/s）；

q_o——饮水水嘴额定流量，q_o=0.04L/s～0.06L/s；

m——计算管段上同时使用饮水水嘴的数量，根据其水嘴数量可按本标准附录 J 确定。

9 管道直饮水系统配水管的水头损失，应按本标准第 3.7.14 条、第 3.7.15 条的规定计算。

【释义与实施要点】

本条对直饮水系统的水质、水嘴流量、供水方式、循环管网的设置及设计秒流量计算等分别作了规定。

第 1 款规定了水质的要求。管道直饮水一般均以市政给水为原水，经过深度处理方法制备而成，其水质应符合现行行业标准《饮用净水水质标准》CJ 94 的规定。

由于管道直饮水系统水量小，水质要求高，目前常采用膜技术对其进行深度处理。膜处理前设机械过滤器等前处理，膜处理后应进行消毒灭菌等后处理。膜处理又分成微滤（MF）、超滤（UF）、纳滤（NF）和反渗透（RO）四种方法。可视原水水质条件、工作压力、产品水的回收率及出水水质要求等因素进行选择。根据最新的调研，目前管道直饮水系统主要采用反渗透（RO）技术，原因是通过反渗透（RO）技术处理后的水质接近纯水，可以使管道内饮水滞留较长时间后，细菌滋生的数量仍然满足水质检测的要求，但反渗透膜过滤水有废水率高且原水中一些有利于人体健康的元素也都滤掉的弊病，而其他三种方法有可能出现水质不达标的现象。

第 2 款规定了水嘴的参数。管道直饮水的用水量小，且其价格比一般生活给水贵得多，为了尽量避免饮水的浪费，直饮水不能采用一般额定流量大的水嘴，而宜采用额定流量为 0.04L/s 左右的专用水嘴，其最低工作压力不小于 0.03MPa，规格为 *DN*10。专用水嘴的流量、压力值是“建筑和居住小区优质饮水供应技术”课题组对一种不锈钢鹅颈水嘴进行实测后推荐的参数。

第 3 款，为了确保管道直饮水系统的水质稳定达标、运行安全可靠，作出了系统独立设置的规定。

第 4 款推荐管道直饮水系统采用变频机组直接供水的方式。其目的是避免采用高位水箱贮水难以保证循环效果和直饮水水质的问题。同时，采用变频机组供水还可使所有设备均集中在设备间，便于管理控制。

第 5 款规定高层建筑管道直饮水系统竖向分区，基本同生活给水分区。有条件时分区的范围宜比生活给水分区小一点，这样更有利于节水。分区的方法可采用减压阀，因饮水水质好，减压阀前可水加截污器。

第 6 款规定管道直饮水必须设循环管道，并保证干管和立管中饮水的有效循环。其目的是防止管网中长时间滞留的饮水在管道接头、阀门等局部不光滑处由于细菌繁殖或微粒集聚等因素而产生水质污染和恶化的后果。循环回水系统一方面能把系统中各种污染物及时去掉，避免水质的下降，同时又缩短了水在配水管网中的停留时间，以抑制水中微生物的繁殖。本条规定“循环管网内水的停留不应超过 12h”是根据现行行业标准《建筑与小区管道直饮水系统技术规程》CJJ/T 110—2017 的条文编写的。

循环管网应同程布置，保证整个系统的循环效果。由于循环系统很难实现支管循环，因此，从立管接至配水龙头的支管管段长度应尽量短，一般不宜超过 3m。

第 7 款规定设置终端直饮水设备时，可不设循环管道。其原因是，终端直饮水设备采用了即时消毒即时饮用的方式。

第 8 款规定了管道直饮水系统配水管的设计秒流量公式。管道直饮水系统配水管的设计秒流量公式 $q_g = mq_o$ 是现行行业标准《建筑与小区管道直饮水系统技术规程》CJJ/T 110—2017 所推荐的公式。

式中 m 为计算管段上同时使用饮水水嘴的数量。当水嘴数量不大于 24 个时，m 值可按本标准附录 J 表 J. 0. 1 直接取值；当水嘴数量大于 24 个时，在按式（J. 0. 3）计算取得水嘴同时使用概率 P_o 值后查附录 J 表 J. 0. 2 取值。

第 9 款规定了管道直饮水系统配水管水头损失的计算要求。

6. 9. 4 开水供应应符合下列规定：

1 开水计算温度应按 100℃计算，冷水计算温度应符合本标准第 6. 2. 5 条的规定；

2 当开水炉（器）需设置通气管时，其通气管应引至室外；

3 配水水嘴宜为旋塞；

4 开水器应装设温度计和水位计，开水锅炉应装设温度计，必要时还应装设沸水笛或安全阀。

【释义与实施要点】

本条对开水供应的部分内容作出了明确规定。

第 1 款规定了进行开水供应计算时，开水及冷水的计算温度。当位于高海拔地区时，开水的计算温度会降低，可根据海拔高度与沸点关系的对照表执行（见表 38）。

表 38 海拔与沸点关系对照表

海拔高度（m）	沸点（℃）	海拔高度（m）	沸点（℃）
0	100	3000	90
500	98	3500	88
1000	97	4000	86
1500	95	4500	84
2000	93	5000	81
2500	91		

第 2 款规定了开水炉（器）设置通气管的要求。开水接近沸点时即有水蒸气排出，因此需设置独立的通气管道至室外安全区域，以防烫伤人，通气管末端设不锈钢网罩，防止污染，管道不得与通风系统相接。

第 3 款规定了配水水嘴的开闭方式。旋塞水嘴使用寿命较长，不易漏水，且能快速开闭水嘴，使用方便。采用旋塞水嘴时，其手柄应采用导热性较差的材料。近年来发现，采用按钮式开闭配水水嘴的方式也已经得到广泛使用。

第 4 款规定开水器装设温度计和水位计是为了让使用人员和检修人员能直观地看到开水器内部的情况，做到正确使用、安全检修。开水锅炉容量较大，加热至沸水时，一旦使用不当，会有安全隐患，装设沸水笛或安全阀即是为了消除设备自身的安全隐患、提醒使用人员，避免出现安全事故。目前绝大多数场合以使用开水器为主，并且开水器内实际加热至沸水的温度一般均低于100℃。采用以上措施有利于设备的安全使用、有利于延长设备的使用寿命。

6.9.5 当中小学校、体育场馆等公共建筑设饮水器时，应符合下列规定：

1 以温水或自来水为原水的直饮水，应进行过滤和消毒处理；

2 应设循环管道，循环回水应经消毒处理；

3 饮水器的喷嘴应倾斜安装并设防护装置，喷嘴孔的高度应保证排水管堵塞时不被淹没；

4 应使同组喷嘴压力一致；

5 饮水器应采用不锈钢、铜镀铬或瓷质、搪瓷制品，其表面应光洁、易于清洗。

【释义与实施要点】

本条规定了部分公共建筑设置饮水器的要求。

采用饮水器时，系统的设备及管道与管道直饮水系统的要求基本一致。原水应进行过滤、消毒以及系统设置循环管道均是为了满足出水水质能够达标，其水质应符合现行行业标准《饮用净水水质标准》CJ 94 的规定。

公共场所安装的饮水器由于大量人员使用，喷嘴很容易滋生细菌，饮水器喷嘴倾斜安装后，出水是斜喷出来的，饮水人员无需碰到喷嘴即可方便饮用，避免了滋生细菌的问题。饮水器喷嘴的安装高度应满足使用场所人员的身高要求，且喷嘴应安装在高位，并保证排水管堵塞时不被淹没，以确保喷嘴的使用卫生要求。同组喷嘴压力应尽可能一致，是为了避免喷嘴出水溅出水盘。

近年来，我国在公共建筑内采用终端直饮水设备取代饮水器的方式越来越广泛，在设备的卫生安全、管理维护、节能节水以及方便使用等方面，终端直饮水设备更加可靠。

6.9.6 管道直饮水系统管道应选用耐腐蚀、内表面光滑，符合食品级卫生、温度要求的薄壁不锈钢管、薄壁铜管、优质塑料管。开水管道金属管材的许用工作温度应大于100℃。

【释义与实施要点】

本条对管道直饮水系统管道的材质提出了具体要求，并首推薄壁不锈钢管作为饮水管管材，宜优先采用316（0Cr17Ni12Mo2）或316L（0Cr17Ni14Mo2）两种。采用薄壁不锈钢管的主要优点有：强度高且受温度变化的影响很小；热传导率低，只有镀锌钢管的1/4，铜管的1/25；耐腐蚀性能强；管壁光滑卫生性能好，阻力小。

当采用反渗透膜工艺时，因出水pH值可能小于6，会对铜管造成腐蚀，因此不宜采用铜管。

6.9.7 开水管道应采取保温措施。

【释义与实施要点】

采用管道保温措施是为了满足节能要求，同时也能避免维护时被误烫伤。开水管道保温层的构造和计算，可按现行国家标准《设备及管道绝热技术通则》GB/T 4272 中的规定执行，并参见《建筑给水排水设计手册》中的相关内容。

6.9.8 阀门、水表、管道连接件、密封材料、配水喷嘴等选用材质均应符合食品级卫生要求，并与管材匹配。

【释义与实施要点】

饮水系统对水质的稳定及系统运行的安全可靠要求很高，因此系统中所有与水接触的材料及部件均应符合食品级卫生要求，并应符合现行国家标准《生活饮用水输配水设备及防护材料的安全性评价标准》GB/T 17219 的规定。

6.9.9 饮水供应点的设置，应符合下列规定：

1 不得设在易污染的地点，对于经常产生有害气体或粉尘的车间，应设在不受污染的生活间或小室内；

2 位置应便于取用、检修和清扫，并应保证良好的通风和照明。

【释义与实施要点】

本条规定了饮水供应点的设置要求。

第 1 款规定了饮水供应点设置的卫生要求。当饮水供应点附近有污染源时，既要保证设置一定的安全距离（宜大于 10m），又要设置独立的生活间或茶水间进行隔离。

第 2 款规定了饮水供应点设备维护空间和环境的要求。饮水供应点设置的饮水设备需要全日使用、定期检测出水水质、定期更换滤料，并进行必要的维护检修，应有必要的正常使用、检修操作空间和照明使用条件；保证良好的通风条件，能提高设备使用环境的卫生条件，延长设备的使用寿命。

6.9.10 开水间、饮水处理间应设给水管、排污排水用地漏。给水管管径可按设计小时饮水量计算。开水器、开水炉排污、排水管道应采用金属排水管或耐热塑料排水管。

【释义与实施要点】

本条对开水间、饮水处理间的给水排水设计作出了规定，并明确了排水管道采用的材料。

给水排水管道的设计或预留是开水间、饮水处理间布置的主要内容。一般开水器或终端直饮水设备均有一定的贮水容积，可以承受一段高峰用水时间内的用水负荷，因此给水管管径按设计小时饮水量计算即可。

开水器、开水炉的排污、排水管道内排除的水温较高，因此需要采用金属排水管或耐热塑料排水管。

第3篇　专 题 研 究

专题 1

建筑排水立管自循环通气的探索发现和规范条文修订设想

张　森

（国家标准《建筑给水排水设计规范》管理组）

摘　要：在建筑排水系统中，由于建筑屋顶设计的缘故，在排水立管无法伸顶的情况下，如何在保证管道通水能力的前提下保证运行工况的安全和卫生，是一个值得研究的问题。本文在对不伸顶通气的排水立管的各种自循环通气模式进行通水能力探索性测试所取得大量数据的基础上，总结了一套排水立管自循环通气的设计要点。发现了自循环通气的基本特征，并在《建筑给水排水设计规范》GB 50015—2003 局部修订之际，将测试成果纳入规范，提出有关条文修订设想，为我国建筑排水通气系统设计增添了新内容。

关键词：建筑排水立管；自循环通气；探索发现；规范条文修订

建筑排水系统的伸顶通气十分重要，其有两大作用：（1）平衡排水管道系统中由于楼层排水造成立管中产生的正负压力波动，保护卫生器具存水弯中的水封，防止由于卫生器具水封破坏而造成排水管道中有毒有害气体污染室内环境；（2）将排水管道中积聚的有毒有害气体散发至大气中，防止下水道中甲烷气体引燃而发生爆炸。同时，排水立管的水团下落将气体压至室外排水管道内，空气流通，防止因有毒气体积聚、浓度增高而造成下井操作工人的人身安全隐患。由此可见，排水系统伸顶通气的重要性不言而喻，故在正常情况下，排水立管的顶端必须延伸出屋顶。但是随着建筑的个性化设计，一些大型屋面的公共建筑的屋顶采用新造型、新材料等，使排水立管伸顶成为问题。于是有一段时间，将吸气阀替代伸顶通气管，一些建筑本应可以伸顶通气，也用了吸气阀。由于吸气阀是个活动密封部件，气体阀门不可能有很好的气密性，它存在使用寿命和发生故障的问题，故在相应的欧洲标准中规定吸气阀不能固定安装，并要求可更换。目前没有一种预警装置对发生故障的吸气阀报警，也没有一个制造商和经销商承诺对所安装的吸气阀进行巡检更换，因此，存在排水管道内气体泄漏污染室内环境的安全隐患。对于排水管道内气体污染室内环境，不仅仅是令人窒息的恶臭，而且通过 2003 年“非典”疫情，已确认从排水管道中溢出的气体中带有病菌和病毒的气溶胶颗粒是传播疾病的途径之一。为此，迫使人们寻求一种安全可靠的办法解决不伸顶条件下如何保证其排水管道的正常运行。在以前采用一种不通气立管的方式，但因其通水能力有限，不能承担较多的卫生器具排水，不能满足工程建设的需要。于是在 2006 年原建设部下达要求对国家标准《建筑给水排水设计规范》GB 50015—2003 进行局部修订之际，将此作为研究课题列入上海现代建筑设计集团科研项目课题（编号为 20061B011-水），组建研究小组，制定具体测试方案和要求，并委托同济大学进行测试。2006 年 9 月至 10 月期间在同济大学 12 层留学生宿舍楼消防扶梯平台进行了探索性测试。

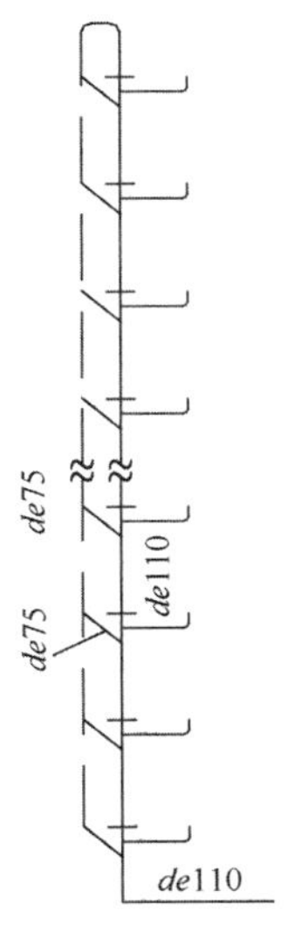

图 46　测试方案一

1. 探索和发现

在分析排水立管污水下落过程中，在水团的前方为被水团下落压缩的气体呈正压，在水团的后方为水团下落抽吸形成的负压，能否将排水立管中压缩的气体通过专用通气立管和连接管（H 管）对其压力进行平衡？于是构筑成自循环通气的第一套测试方案，见图 46。

该方案与专用通气立管相似，唯一不同的是将排水立管的顶端与通气立管顶端用 2 个 90°弯头连接，测试结果见表 39。

表 39　方案一各楼层压力（mmH_2O）

工况	自循环补气立管 *de*75，排出管 *de*110，2×45°												
测试编号	排水楼层（大便器排水）	各楼层压力											
		12F	11F	10F	9F	8F	7F	6F	5F	4F	3F	2F	1F
911-13	12F	−30	−29	−38	−34	−28	−25	−21	−14	−11	−9	−8	−6
911-14	12F、11F	−64	−63	−58	−60	−62	−57	−60	−57	−44	−39	−24	−31
911-15	12F、11F、10F	−70	−64	−68	−75								

表 39 中数据显示，在排水立管中均呈现负压状态，而且排水立管的负荷只能允许一个大便器的排水，与不设通气立管的不通气排水立管的负荷相同。没有达到平衡排水立管压力、增加排水流量的目的。分析其原因是立管排水时，水团压缩气体主要通过 *de*110 的排水立管和排出管，气体选择大通道路径排放。在每层排水支管连接处产生抽吸（水射原理）形成负压，不会形成 *de*110 排水立管→*de*75 结合通气管→*de*75 通气立管→*de*110 排水立管的小循环通气。为了进一步探索自循环机理，制定了第二套测试方案，见图 47。测试结果见表 40。

表 40　方案二各楼层压力（mmH_2O）

工况	自循环通气立管 *de*75，排出管 *de*110，1×90°（通气立管底部通大气）												
测试编号	排水楼层（大便器排水）	各楼层压力											
		12F	11F	10F	9F	8F	7F	6F	5F	4F	3F	2F	1F
913-1	12F	−30	−30	−27	−25	−28	−25	−20	−15	−9	−7	−5	−7
913-2	12F、11F	−70	−60	−50	−61	−64	−59	−57	−55	−37	−23	−13	−7
913-3	12F、11F、10F	−66	−63	−50	−67	−64							

方案二在通气立管的底部通大气（仅在探索性试验中采用，实际工程不允许通大气），排水立管中负压是否能从通气立管底部开口处得到补充气体？表 40 中数据显示，这样做

并不能起到补气的作用，负压没有得到平衡。分析原由是由于 *de*75 的通气管长 32m，阻力大，不足以弥补。于是制定了第三套测试方案，见图 48。测试结果见表 41。

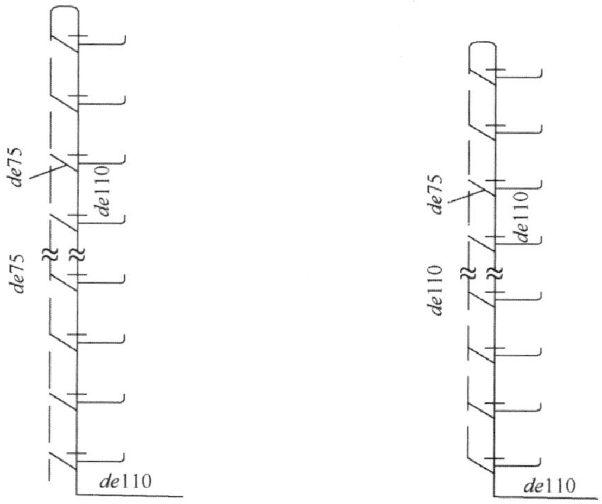

图 47 测试方案二　　图 48 测试方案三

表 41 方案三各楼层压力（mmH_2O）

工况	自循环补气管 *de*110，排出管 *de*110，2×45°												
测试编号	排水楼层（大便器排水）	各楼层压力											
		12F	11F	10F	9F	8F	7F	6F	5F	4F	3F	2F	1F
919-1	12F	−5	−6	−6	−4	−1							
919-2	12F、11F	−17	−16	−24	−18	−13	−17	−19	−19	−18	−9	−13	8
919-3	12F、11F（2 个）	−36	−32	−38	−36	−31	−32	−35	−34	−36	−30	−26	−13
919-4	12F、11F（2 个）、10F	−40	−37	−40	−30	−31	−32	−32	−32	−30	−30	−28	−19
919-5	12F、11F（2 个）、10F、9F	−45	−44	−44	−26	−35							
919-6	12F、11F（2 个）、10F、9F、8F	−78	−79	−82	−66	−77							

表 41 中数据显示，加大通气立管管径，减小从立管补气的阻力，可承担楼层 4 个大便器同时排水的负荷，但从表 41 中数据分析，在立管的底层仍有 $10mmH_2O$～$20mmH_2O$ 的负压出现，说明按常规的专用通气立管与排水立管的连接方式，自循环通气的力度不够。于是制定了第四套测试方案，将通气立管底部接至检查井，形成一个以 *de*110 管道的大循环，观察其是否有所改善。见图 49～图 51。测试结果见表 42。

表 42 方案四各楼层压力（mmH_2O）

工况	自循环通气立管 *de*110，排出管 *de*110，2×45°（排出管、通气管接检查井）结合通气每层连接												
测试编号	排水楼层（大便器排水）	各楼层压力											
		12F	11F	10F	9F	8F	7F	6F	5F	4F	3F	2F	1F
917-13	12F	−5	−7	−4	−2	−1							
917-15	12F、11F	−9	−8	−9	−10	−6	−13	−11	−11	−9	−10	−5	5
917-17	12F、11F（2 个）	−16	−14	−14	−14	−14	−22	−19	−23	−18	−13	−8	9

续表 42

工 况	自循环通气立管 $de110$，排出管 $de110$，2×45°（排出管、通气管接检查井）结合通气每层连接												
测试编号	排水楼层 大便器排水	各楼层压力											
		12F	11F	10F	9F	8F	7F	6F	5F	4F	3F	2F	1F
917-19	12F、11F（2 个）、10F	−16	−15	−15	−14	−14	−19	−19	−17	−16	−12	−9	7
917-21	12F、11F（2 个）、10F、9F	−22	−17	−17	−21	−16	−24	−23	−25	−23	−19	−12	7
917-22	12F、11F（2 个）、10F、9F、8F	−18	−15	−18	−16	−24	−34	−28	−22	−20	−21	−14	9
917-23	12F、11F（2 个）、10F、9F、8F、7F	−21	−17	−17	−20	−22	−31	−31	−24	−21	−24	−15	10
917-24	12F（2 个）、11F（2 个）、10F、9F、8F、7F	−23	−17	−24	−20	−26	−36	−29	−28	−25	−24	−20	10

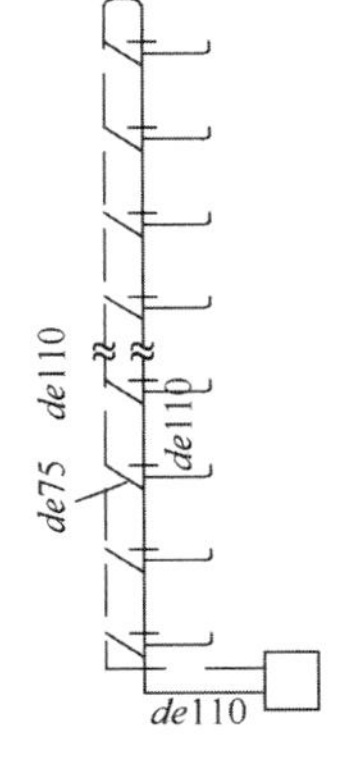

图 49 测试方案四

图 50 自循环系统的立管顶部设置

图 51 通气立管底部接至检查井

表 42 中数据显示，专用通气立管接至检查井，其排水立管中的负压得到较大平衡，其通水能力大幅度提高，实现了自循环补气的效果。分析其机理，是排水立管水团下落压缩气流在排出管中通过检查井返回至通气立管，补充水团后方的负压区，形成气流的良性循环。由于测试装量仅有 8 个大便器，全部排水其最大负压值为−360Pa。从测试图 51 可知，如果排水管较长，排出管长度加上迂回通气管长度，无形中增加了气流阻力，如果通气立管不与检查井连接，改用三通与排出管连接，能否达到同等效果？于是制定了第五套测试方案，见图 52 和图 53。测试结果见表 43。

表 43 方案五各楼层压力（mmH_2O）

工 况	自循环通气立管 $de110$，排出管 $de110$，2×45°，通气立管与排出管用三通连接、H 管每层连接												
测试编号	排水楼层 （大便器排水）	各楼层压力											
		12F	11F	10F	9F	8F	7F	6F	5F	4F	3F	2F	1F
926-21	12F	−6	−4	−10	−5	−6							
926-22	12F、11F	−12	−8	−20	−12	−12	−13	−13	−12	−12	−11	−6	6
926-23	12F、11F（2 个）	−18	−12	−25	−24	−18	−19	−20	−19	−17	−14	−12	6

续表 43

工况	自循环通气立管 $de110$，排出管 $de110$，2×45°，通气立管与排出管用三通连接、H 管每层连接												
测试编号	排水楼层（大便器排水）	各楼层压力											
		12F	11F	10F	9F	8F	7F	6F	5F	4F	3F	2F	1F
926-24	12F、11F（2个）、10F	−17	−8	−27	−19	−16	−18	−18	−16	−14	−11	−8	8
926-25	12F、11F（2个）、10F、9F	−19	−15	−29	−21	−22	−26	−32	−28	−32	−19	−13	11
926-26	12F、11F（2个）、10F、9F、8F	−20	−13	−28	−21	−23	−31	−30	−26	−21	−19	−16	12
926-27	12F、11F（2个）、10F、9F、8F、7F	−21	−13	−30	−21	−17	−32	−27	−25	−21	−22	−19	18
926-28	12F（2个）、11F（2个）、10F、9F、8F、7F	−21	−15	−29	−24	−21	−33	−32	−29	−21	−30	−18	10

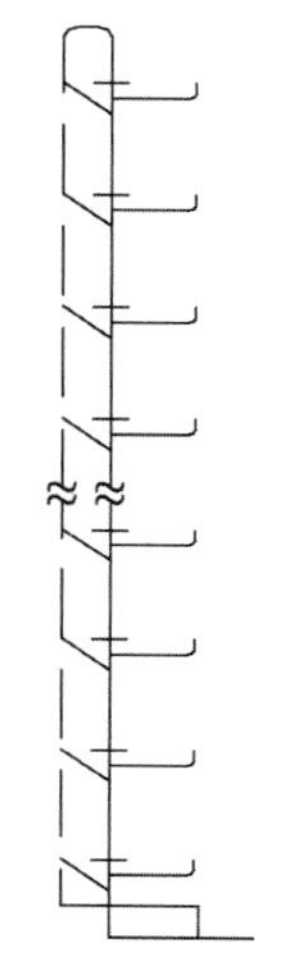

图 52　测试方案五

图 53　通气立管与排出管连接

表 43 中数据显示，通气立管和排出管连接比通气立管和检查井连接略有改善，最大负压从 36mmH_2O 降至 33mmH_2O，这就更便于在工程中安装连接。通过与设置伸顶专用通气立管的排水立管通水能力数据比较已十分接近，见表 44。

表 44　设有伸顶专用通气立管的排水立管各楼层的压力（mmH_2O）

工况	专用通气管 $de110$，排出管 $de110$，2×45°（排水管接检查井）												
测试编号	排水楼层	各楼层压力											
		12F	11F	10F	9F	8F	7F	6F	5F	4F	3F	2F	1F
917-1	12F	−5	−3	−4	−2	−1	−4	−3	−5	−4	−4	2	6
917-2	12F、11F	−7	−3	−6	−4	−7	−9	−9	−10	−10	−8	5	5
917-4	12F、11F（2个）	−11	−9	−11	−10	−12	−13	−17	−15	−14	−14	−13	9
917-6	12F、11F（2个）、10F	−11	−9	−10	−12	−12	−12	−17	−18	−16	−13	−11	9
917-8	12F、11F（2个）、10F、9F	−12	−7	−8	−11	−20	−20	−21	−20	−16	−18	−15	8

续表 44

工况	专用通气管 *de*110，排出管 *de*110，2×45°（排水管接检查井）												
测试编号	排水楼层	各楼层压力											
		12F	11F	10F	9F	8F	7F	6F	5F	4F	3F	2F	1F
917-10	12F、11F（2 个）、10F、9F、8F	−11	−9	−8	−8	−14	−23	−25	−25	−23	−21	−20	10
917-11	12F、11F（2 个）、10F、9F、8F、7F	−11	−9	−13	−10	−20	−25	−25	−24	−21	−25	−17	7
917-12	12F（2 个）、11F（2 个）、10F、9F、8F、7F	−9	−5	−8	−8	−20	−23	−26	−25	−21	−22	−14	8

针对一些大型公共建筑卫生间设置许多大便器等卫生器具，按规范要求排水管道系统设置主通气立管和环形通气管，而这些大型公共建筑的屋顶又不允许排水立管伸顶的几率相对较高。此时，采用自循环的通气是否有效果？为此，制定了第六套测试方案，见图 54。测试结果见表 45。

表 45　方案六各楼层压力（mmH_2O）

工况	自循环通气立管 *de*110，排出管 *de*110，2×45°（辅助通气管 *de*50）					
测试编号	排水楼层	各楼层压力				
		12F	11F	10F	9F	8F	7F
926-21	12F	−4	−7	−4	−4	−3	
926-22	12F、11F	−9	−11	−9	−11	−9	−10
926-23	12F、11F（2 个）	−15	−17	−24	−23	−20	−20
926-24	12F、11F（2 个）、10F	−16	−19	−19	−20	−21	−20
926-25	12F、11F（2 个）、10F、9F	−20	−19	−21	−23	−32	−28
926-26	12F、11F（2 个）、10F、9F、8F	−18	−22	−21	−20	−28	−33
926-27	12F、11F（2 个）、10F、9F、8F、7F	−17	−19	−21	−18	−28	−28
926-28	12F（2 个）、11F（2 个）、10F、9F、8F、7F	−20	−21	−24	−22	−24	−29

表 45 中数据显示，按主通气立管＋环形通气管模式的自循环通气，其平衡排水立管中压力的效果要比按专用通气立管模式的自循环通气更佳。这是由于环形通气管补气，补到横支管上，直接减弱了排水立管中压力波动对排水横支管的影响。

至此，在同济大学学生宿舍楼消防平台进行的探索性测试告一段落，测试方法是每层装有大便器，每间隔 1.5s。瞬时叠加排水。那么对定常流水测试方法，这样的自循环通气系统是否也有效果？为此，在 2006 年年底，在日本积水化学工业株式会社 50m 高的测试塔上，进行了定常流水的自循环通气排水系统的测试，见图 54、图 55。测试结果见表 46。

图 54 立管顶部 2 个 90°弯头相接

图 55 通气立管底部与排出管相接

表 46 定常流水自循环通气时各层排水支管压力值（Pa）

工 况	排水立管 DN100，通气立管 de110，排出管 DN100								
排水楼层	各楼层压力								
	10F	9F	8F	7F	6F	5F	4F	3F	2F
10F 2.5L/s 9F 2.0L/s	−276	−351	−473	−380	−328	−306	−245	−246	−207

表 46 中数据显示，在同等常流水测试方法的前提下，自循环通气系统的排水能力比专用通气的排水立管还要大，也是伸顶通气排水立管通水能力的 1.68 倍。

2. 发现与应用

通过上述探索性测试发现自循环通气有以下特征：

（1）在不伸顶通气状况下，可以通过设置自循环通气管道系统来平衡排水立管中的压力波动。

（2）在自循环通气系统中，通气立管是自循环主通道，对排水立管通水能力起决定性作用。

（3）结合通气管与排水立管采用斜三通连接，决定了通气管道层间的小循环不会产生或者循环很弱。

（4）自循环通气系统可构成专用通气立管模式，也可构成主通气立管＋环形通气管模式，都能起到平衡排水横支管中的气压波动的作用。

（5）自循环通气系统的主循环管道的配件连接应顺气流，以减少循环气流阻力。

（6）自循环通气的通水能力略小于相对应的有伸顶通气的专用通气和主通气立管＋环形通气管模式的排水立管通水能力。

3. 规范条文局部修订设想

这次探索性测试发现的自循环通气系统的特征，为国家标准《建筑给水排水设计规范》GB 50015—2003局部修订提供了依据，为此，对规范相关条文提出如下修改建议：

第4.4.11条　自循环通气的排水立管最大通水能力应按下列要求确定：

1　专用通气形式　4.2L/s　（略小于伸顶专用通气立管模式的排水立管通水能力）；

2　环形通气形式　5.7L/s　（略小于伸顶通气环形通气管模式的排水立管通水能力）。

第4.6.1条　生活排水管道的立管顶端，应设置伸顶通气管，特殊情况无条件设置伸顶通气管时，可设置自循环通气管道系统。

第4.6.9A条　自循环通气系统，当采取通气立管与排水立管连接时，应符合下列要求：

1　立管顶端应在卫生器具上边缘以上不小于0.15m处采用2个90°弯头相连；

2　通气立管应每层用结合通气管与排水立管45°斜三通相连；

3　通气立管下端可在排水横管或排出管上采用倒顺水三通或倒斜三通相连。

第4.6.9B条　自循环通气系统，当采用通气立管与排水横支管连接时，应符合下列要求：

1　通气立管顶端和底部应按第4.6.9A条第1、3款的要求连接；

2　从每层排水横支管下游端接出环形通气管，应在高出卫生器具上边缘不小于0.15m与主通气立管相连，当横支管连接卫生器具较多且横支管较长，符合本规范第4.6.3条设置环形通气管的要求时，应在横支管的上游端按第4.6.9条第1、2款的要求连接环形通气管；

3　通气立管与排水立管连接的结合通气管设置间隔不宜多于8层。

4. 结束语

自循环通气系统的探索与发现，为建筑排水系统增加了一种创新的模式，是在不伸顶通气条件下一种安全、卫生的通气模式，但它毕竟只起到了通气管的作用之一——平衡排水立管中的气体压力波动，故只要条件许可，排水立管应尽量伸顶通气。

——本文刊载在《给水排水》杂志2007年第7期

后续：

其实这个自循环通气在许多排水系统中存在。

1. 专用通气立管排水系统

（1）为什么专用通气立管排水系统的通水能力大于仅伸顶通气排水立管的通水能力？就是靠排水立管→结合通气管→专用通气立管→结合通气管→排水立管形成小循环实现正负气压相互抵消，见图56。因此它不受立管高度的影响，立管的通水能力仅与专用通气立管管径、结合通气管管径以及设置间隔密度有关。

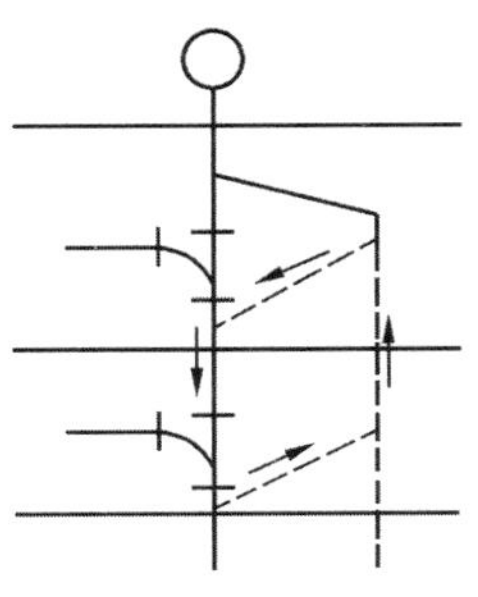

图56　专用通气立管小自循环

（2）为什么常流法测试的设有通气管的排水立管系统的通水能力（4.0L/s）远比瞬间流法测试的排水立管系统的通水能力小（8.0L/s），见图57。与仅设*de*110伸顶通气排水立管的通水能力差不多。这是由于上游源源不断来的定常流把小循环通道切断，所以通气立管根本不起作用，形同虚设，只能靠伸顶管补气。

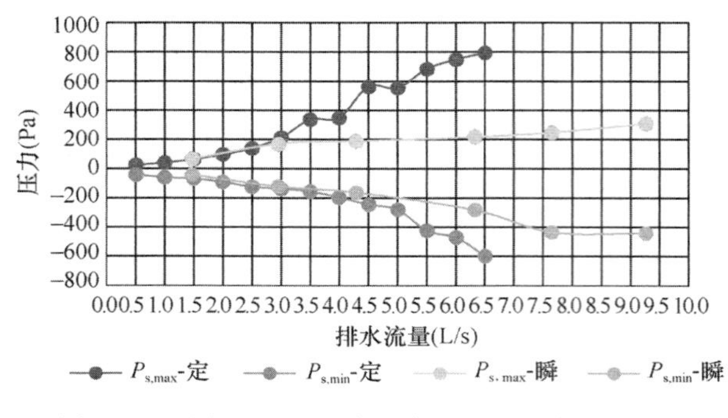

图57　33层110×110主通气＋环形通气定流量与瞬间流对比测试

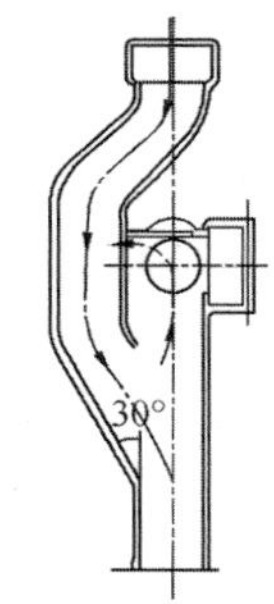

图58　苏维脱配件

2. 苏维脱排水系统

苏维脱特殊配件中有一个通气缝隙在配件中形成自闭式小循环，见图58。所以苏维脱排水系统的通水能力不受立管高度的影响，并且在瞬间流测试条件下有较大的通水能力(6.2L/s)。

为什么同样一种苏维脱配件排水系统，在定常流水试验条件下也有较大的通水能力(8.5L/s)?

这是由于：①苏维脱配件立管水流通道打了一个弯，延缓了立管水流下降速度；②苏维脱配件内立管水流通道与横支管之间有一道隔板，隔断了立管水流对横支管的水射效应(负压抽吸作用而在横支管中产生的负压)。

3. 自循环通气立管排水系统

这是我国针对许多特殊结构的屋顶不可设置伸顶通气管的情况建立的通气立管自循环，属世界首创。

根据同济大学测试平台实测，在结合通气管的管径比通气立管小一档的情况下，在排水立管底部呈现负压（通常情况下排水立管底部呈现正压），说明：

(1) 排水立管→自循环通气立管→排水立管是主要循环通道，属大循环，因此自循环通气立管应与排水立管同径。

(2) 实验证明，结合通气管不利于大循环，如同供电电线中短路一样，建议不设或少设或设小。这方面今后还要做测试研究“结合通气管在自循环通气中的影响”。

(3) 拓展：在排水横支管设置自循环通气横管替代环形通气管或副通气立管，见图59。其原理与排水立管设置自循环通气管一样，但由于排水横支管中水流速度均小于1.0m/s（立管中水流速度约3.0m/s)，自循环力度不如立管，因此de110排水横支管的自循环通气水平管只需de50就足够了。排水横支管长度大于12m时也可采用自循环通气，见图60。

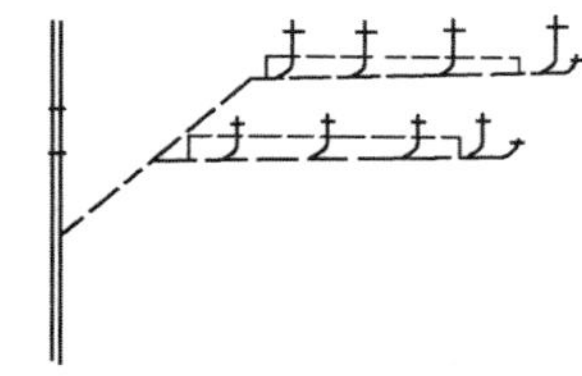

图59　排水横支管自循环通气

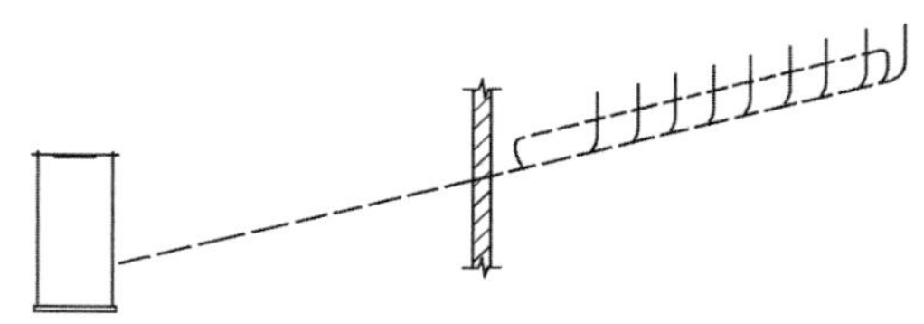

图60　埋地横支管自循环通气

4. 僻谣

现在网络谣言盛行。居然有人对自循环通气也造谣了。“有毒有害、易燃易爆气体会积聚在自循环系统内部，存在重大隐患”。

有点常识的人都知道燃爆的条件有三个——有燃爆气体、可燃气体有相当浓度、遇火星，这三个条件必须同时存在，缺一不可。排水管道系统只有市政下水道在有企业违规排放含可燃性化学物质，以及小区化粪池在兼氧发酵过程中产生甲烷气体，在有顽童点鞭炮产生火星时发生爆燃、伤人事故，因为所有的室外检查井都不是密闭的。可是所有的室内排水管道均为密闭的，也没有条件可接触火种，所以将此定性为谣言。

专题 2

关于吸气阀

《建筑给水排水设计规范（2009 年版）》
《建筑给水排水设计规范》管理组

2009 年 3 月有读者致函原建设部标准定额司，提出取消《建筑给水排水设计规范》GB 50015—2003 局部修订版中第 4.6.8 条“在建筑物内不得设置吸气阀替代通气管。”规定的要求。本专题报告系根据原建设部标准定额司的安排，全面阐述了吸气阀存在的安全隐患，规范制定条文的背景以及对吸气阀应用不同观点的分析，将有助于正确理解条文含义，在工程中正确执行规范条文，使设计符合安全、卫生、适用、经济的基本要求。

1. 排水通气系统的作用

自从卫生器具排水系统建立后，人们发现在卫生器具排水时，存水弯中的水封会被抽吸掉，有时卫生器具内会冒泡，甚至会喷溅。分析其原因就是在卫生器具排水时在排水管道中会产生正压和负压的波动，当这些正、负气压的波动足够大时，会将存水弯的水封破坏。卫生器具存水弯的水封是隔绝排水管道中臭味窜入室内的有效屏障。之后，为了解决排水过程中产生的上述问题，人们在排水管道上建立了通气系统。一是将大气通过通气管引入排水管道中消除其负压；二是将排水管道中正压通过通气管得以释放；同时通过通气管伸出屋面，将排水管道内的臭气通过通气管排放到大气中去。所以通气管中的气体是有进有出的，就像我们需要呼吸一样。我国经过几十年的工程实践建立了一套完整的通气管道系统，见图 61。

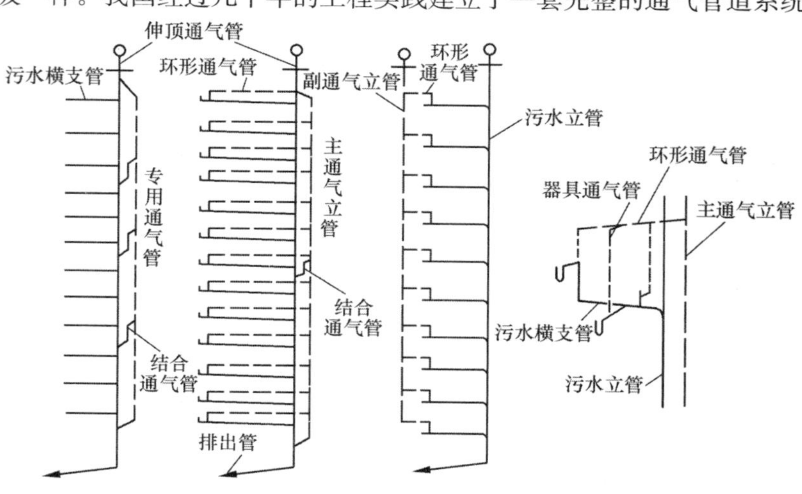

图 61　排水管道通气管道系统图

该通气系统的特点是：除了排出管与室外排水管道连接、伸顶通气管伸出屋面通大气外，在室内部分排水管道均为气密性的固定密封（橡胶圈、熔接、粘接），卫生器具排水均设有水封。

2. 吸气阀的原理及存在的问题

从吸气阀的构造来看，它实际上是只有进气不能出气的单向气阀，其密封依赖于阀瓣膜片，是一种机械密封，气密性差。见图 62。

吸气阀产品是从 20 世纪 90 年代由外国销往国内的，由于膜片是用软塑料制成的，人们对其使用寿命及可靠性等持怀疑态度，故使用十分谨慎，仅在一些不能设伸顶通气管的建筑中采用。之后随着我国对外开放力度加大，一些制造吸气阀的国外企业通过国内代理商加大行销力度，国内塑胶制品企业看好吸气阀带来的丰厚利润，也纷纷加入生产吸气阀的行列。一时间建筑给水排水设计欲将吸气阀统统替代通气管。2003 年世界发生了“非典”疫情，给世人敲响了警钟。我国香港卫生署的“淘大花园爆发严重呼吸系统综合症事件主要调查结果”和“世界卫生组织关于淘大花园的环境卫生报告”显示：某层住户含有病毒的污水排放于排水系统中，如其他楼层住宅的地漏或器具存水弯水封失效，含有非典病毒气的溶胶粒就会进入其室内；或者，每当有人使用浴室时，关门及排气扇的运行能造成负气压，如果该户地漏的水封构造不合理，就会使含有病毒的小液滴由地漏被抽入浴室，又会通过共用排气道排向其他楼层浴室。带病毒的污水液滴可黏附在各种物品的表面上，如地毯、毛巾、浴室用品和浴室设备，感染浴室的使用者。因此，吸气阀的安全性问题引起了社会各界的高度重视，气密性差不仅带来臭气问题，更可能成为病毒侵入室内的突破口，使得排水系统成为恶性传染疾病的传播途径，人们开始关注排水通气系统的卫生安全问题。

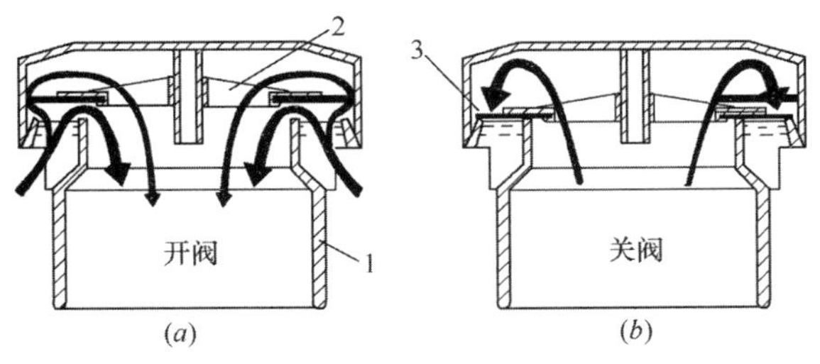

图 62 吸气阀原理图

(a) 负压时阀瓣上升开启（吸气）；(b) 正压时阀瓣下落关闭（密封）

2003 年，国家住宅与居住环境工程技术研究中心对北京 3 个建材市场的地漏产品进行了大量的实际调查研究，然后从中抽取了部分典型地漏产品进行了构造分析和性能测试方面的研究。采用烟雾试验抽样检测 7 种机械密封代替水封的地漏（新的，尚未投入排水系统运行），71%有烟雾冒出，存在臭气泄漏。

2004 年上海建筑设计研究院与上海市疾病预防控制中心合作，结合上海公共卫生中心工程，选择一所传染病医院和一所三级甲等综合性医院作为测试对象，对排水通气系统中通气口部气体进行了实地采样、检测。传染病医院检测到金黄色葡萄球等致病菌，三级甲等综合性医院检测到霉菌、粪肠球菌、琼氏不动杆菌、泡囊短波单胞菌、施氏假单胞菌、鲍氏/醋酸钙不动杆菌、少动鞘氨醇单胞菌、鲁氏不动杆菌和产硷假单胞菌、巴斯德菌属、梅氏弧菌、皮氏罗尔斯顿菌、美人鱼发光杆菌、罩丸酮丛毛单包菌等致病菌，真可谓细菌多多。联系到吸气阀气体泄漏问题，认为泄漏的不仅仅是臭气，而是存在传播致病菌的卫生安全隐患。

(1) 吸气阀气密性差。

欧洲标准规定：在 30Pa、500Pa、10000Pa 正压下进行气密性试验，保持压力 5min 后，压力跌至 90%为合格。5min 内还有 10%的气体压力到哪里去了？5min 后气体压力是否继续下跌，直至为零？由于吸气阀不是气密性管道附件，故气体泄漏不可避免。而采用管道通气就不存在气体泄漏问题。

(2) 吸气阀使用寿命比通气管道短。

通气管道寿命与管材有关，塑料排水管材一般可达 50 年，几乎与建筑同寿命。而吸气阀根据欧洲标准检测运行 1800 次～14400 次为合格。按住宅 6 层的卫生间一根立管服务 6 户，每户 3 人，每人每天用大便器、洗面器和浴盆各 1 次计，每根立管上吸气阀每天开启 54 次，折合使用 33d～267d。因此欧洲标准规定吸气阀与管道不能固定，要求便于更换。可是怎么能知道吸气阀已损坏泄漏气体？由谁去检测更换？制造商说闻到了臭味即要更换，这岂非当闻到臭味即意味着室内环境已经受到污染，人们的健康已经受到伤害？吸气阀对于平民百姓是陌生的东西，闻到臭味只想到大便器泛臭，决不会怀疑到吸气阀已经损坏泄漏臭气，所以吸气阀如同一颗非定时炸弹，谁也不知道其什么时候失效漏气。

吸气阀与通气管道性能对比见表 47。

表 47　通气管道系统与吸气阀性能对比

性　能	吸气阀	通气管道系统
通气功能	功能不全，只进气，不排气	既能进气平衡，又能排气
压力平衡功能	不能消除立管污水下落过程中产生的正压	能自动平衡
压力平衡力度	正负压平衡乏力	压力平衡力度大
密封性能	5min 压力降 10%，有泄漏	硬密封，固定密封，100%密封
寿命	1800 次～14400 次	无限，与建筑同寿命
维护修理	需维护清理、更换检修	免维修
防护	需防虫罩、保温罩	无需防护
安全、卫生	有泄漏，失灵导致补气失效， 有影响卫生健康的安全隐患	安全、无卫生隐患
费用	昂贵	仅通气管道费用，价廉

通过表中比较清楚地看到，通气管道系统是最安全、可靠和经济的通气系统。把一个建筑物内免维护、主动平衡、安全可靠的通气管道系统用通气功能不全、有安全隐患且价格昂贵的产品替代，这种理念新在何处？这种“新”技术、“新”概念不是“先进”，实则是倒退，一旦吸气阀功能丧失，存水弯水封破坏或失灵后气体泄漏，会造成室内环境污染，甚至造成传染病蔓延，到时亡羊补牢为时已晚。

3. 规范、标准对吸气阀的条文规定

在《建筑给水排水设计规范》GBJ 15—1988 全面修订之际，正值大量吸气阀盲目替代管道通气的势头刚开始，且进口的、国产的产品良莠不齐，以及吸气阀本身存在着气体泄漏的问题，故规范必须对吸气阀的使用列条规定。条文如何写？经过反复斟酌，借鉴澳大利亚和新西兰的规范（AS/NZS 3500—1998）规定在排水管道系统某些部位吸气阀不

应替代管道通气。为此选择“不得替代”之用词。《建筑给水排水设计规范》GB 50015—2003 版最终条文为：“在建筑物内不得设置吸气阀替代通气管”。其条文含义是如果能设置通气管的应尽量设通气管，不得以吸气阀替代之。如在一些特殊场合，实在不能设伸顶通气管伸出屋顶时，才可勉强采用吸气阀，在许多不能伸顶的特殊建筑（如浦东机场、上海铁路南站、国家大剧院等工程）中，质量好的吸气阀也得到了应用。《建筑给水排水设计规范》管理组也为许多特殊工程使用吸气阀开具了证明文件。规范条文并非全面禁用吸气阀写法：“在建筑物内不得设置吸气阀”。《建筑给水排水设计规范》GB 50015—2003 颁布后，受到专业人士重视，认为条文规定及时，“替代”用词恰当。对规范建筑给水排水设计，保障室内卫生安全起到了积极作用。

由于生产吸气阀的企业产品良莠不齐，2003 年立项制定产品行业标准。但在标准中仍引用国外标准中规定的气密性能：在 30Pa、500Pa、10000Pa 正压下进行气密性试验，保压 5min 后，压力跌至 90%。依然存在泄漏问题。有人否认这一压降是泄漏：①气体摩擦；②温度上升 3℃；③吸气阀体积增大；④毛细孔吸收；⑤测试充气阀泄漏；⑥测试过渡接头密封不佳；以上原因造成 5min 后压力跌至 90%。而与欧洲著名吸气阀制造商 Durgo（多歌）公司总工程师 Mr. Hans Hansson 先生交换意见时，他承认吸气阀是不可能做到 100%密封的，否则吸气阀永远打不开了。他同时对中国规范为什么规定不能用吸气阀替代通气管的规定表示理解。

在《建筑给水排水设计规范》GB 50015—2003 颁布后，国内一些专家也发表过不同看法：

（1）“国外规范有使用吸气阀规定和标准，为什么在中国受到限制。”

持有这种观点的人陷入了“只要国外的新东西都是好东西”的误区。据统计，在我国历史上盲目引进造成灾害的负面影响事例不少。

原建设部标准定额司再三强调：国外的标准不一定是先进标准。吸收引进一定要符合国情。原国家计委标准司的老领导周祥生、周质沃、孙汉强再三叮嘱：规范修订不能降低原规范卫生标准。而建筑给水排水设计与百姓生活健康卫生休戚相关，马虎不得。

国外（欧洲、美国、澳大利亚）住宅一般都是 1 层～2 层独立别墅或联体别墅，卫生间排水管负荷小，使用频率低，而我国住宅都为多层、高层建筑，排水管高负荷运行，排水管道内湿度大，易凝结水滴。另外，我国生态环境（灰尘、沙尘）不如这些发达国家，影响吸气阀的使用功能。

经对国外标准规范编制单位、成员分析，标准规范内容规定与其成员组成有关。

西方国家（美国、欧洲、澳大利亚）编制标准规范是由一个技术委员会制定，这个技术委员会由以下部分组成：①政府环境保护、土地、水资源环境保护、规划部门；②塑料、化工、房产、供电、供水、制造商产业协会、商会；③建筑业、水暖工程、燃气用具等方面的制造商。

美国 UPC 是由美国国际机械工程师协会（IAPMO）主编的，这个协会由许多制造企业组成，不但编制标准，而且开展技术培训、产品认证，是赢利组织。因此，在 UPC 规范中不免体现制造商的利益，有许多章节条文涉及推荐产品，美国 UPC 规范编制技术委员会秘书长是铜业协会的，在 UPC 规范中连室外给水管道、室内外排水管道、雨落水管、雨水檐沟都推荐铜质，而室内用塑料管相对少。

欧洲标准《建筑重力排水系统》BS EN 12056 .1～4：2000是由英国建筑与土木行业协会下属废水委员会、屋面排水和卫生管道小组委员会起草的。同样存在上述现象。

如吸气阀，在欧洲和澳大利亚标准中最早出现，因为生产吸气阀的著名企业一个在欧洲，另一个在澳大利亚。

西方国家建筑材料、人工费用高，据资料介绍，人工费用占62%的卫生管道工程造价。吸气阀的特点是节省通气管、节省人工费。由此可知，为什么欧洲、澳大利亚标准中要推荐吸气阀了。

国家标准《建筑给水排水设计规范》七个版本的主要起草人均为设计院的工程师，没有制造商（行业标准CJJ、协会标准CECS除外）。故规范具有实用性，以建筑给水排水设计符合安全、卫生、适用、经济为基本宗旨，以维护国人生命安全和环境卫生为原则，不代表任何产品制造商的利益。设计人员有权选择和推荐工程需要应用的产品，优化设计成先进的给水排水系统。本规范一方面积极吸收国外先进技术、引进新型产品，如为实现我国新颁布的《生活饮用水卫生标准》GB 5749—2006明确规定在配水龙头放出的水106项水质达标要求。本规范引用国外倒流防止器和真空破坏器（已制定产品标准和应用技术规程），以逐步完善二次供水系统防回流污染技术。另一方面对卫生安全方面有隐患的产品，规范规定禁用或限制使用。如禁用钟罩式地漏；不得使用水封深度小于50mm的地漏；严禁使用机械密封替代水封的地漏等。

（2）“既然建设部已颁布吸气阀的产品行业标准，就应该推广应用。”

吸气阀产品行业标准立项是由其建材有限公司申请的，编制费用、试验室建立由国外吸气阀制造商提供。这是他们为开拓中国市场进行的商业投入，其立项的背景就是吸气阀产品良莠不齐，因此制定产品行业标准也是需要的。

2005年由其建材有限公司向中国工程建设标准化协会申请制定CECS标准《吸气阀应用技术规程》，经协会建筑给水排水专业委员会组织专家审核，认为该产品尚未解决气体泄漏问题，暂缓立项。这说明能不能推广应用，取决于吸气阀产品本身的缺陷是否改进，是否满足工程建设的需要。

（3）“世界卫生组织在‘卫生管道健康指南’中推荐采用，中国是世界卫生组织成员，就应该推荐采用。”

世界卫生组织在“卫生管道健康指南”（Health aspects of plumbing）（以下简称“指南”）第6.2.4条是这样规定的：

6.2.4 All drains should be adequately ventilated

Every drainage system should be designed and constructed so that adequate quantities of air can circulate through every pipe, thus enabling the system to function properly and protection the liquid seal of the traps. The uppermost part of the drainage system should be connected to ventilating pipe of adequate size, discharging above roof level and positioned so that the return of foul air to the building is provented. Air admittance valves are a possible alternative when positive pressure is not required. The valves open automatically on sensing negative pressure within the system, allowing air ingress only.

翻译成中文：

6.2.4 所有的排水管应该有充足的通气

每个排水系统应被设计和建造成能够使充足的空气可以在每根管道内得到循环，因而使系统正常运行，保护存水弯水封。排水系统中最重要的部分应该用一根尺寸足够大的通气管相连接，伸顶出屋面，并把它布置好，以防止污浊气体回流进入建筑内。当没有正压力的时候，吸气阀是一个可选的方法。阀门自动感应到系统内负压力时打开，仅允许空气进入。

只有全面解读"指南"条文，才能使排水系统正常运行，保障人们的健康。"指南"首先要求排水系统内每根管道内空气得以循环（circulat)，要得以循环，必须设置通气管。第二，也是至关重要的，要设伸顶通气管伸出屋面（above roof level)。第三，对使用吸气阀有先决条件，那就是排水系统中没有正压的时候(when)。可见为什么"指南"设置这一先决条件？当然是由于吸气阀在正压时泄漏的缘故。

可是对于一栋建筑排水立管中污水下落过程中，在污水水团之前均为正压，在污水水团之后才出现负压。当污水水团到达立管底部时，反压造成管道系统均为正压。所以在排水管道中没有绝对正压，也没有绝对负压，只不过量值大小而已。图 63 是对排水立管（有伸顶通气）所得的测试曲线（一般试验只取其正、负压最大值)。可见，在立管的每一节点都存在正、负压的波动。

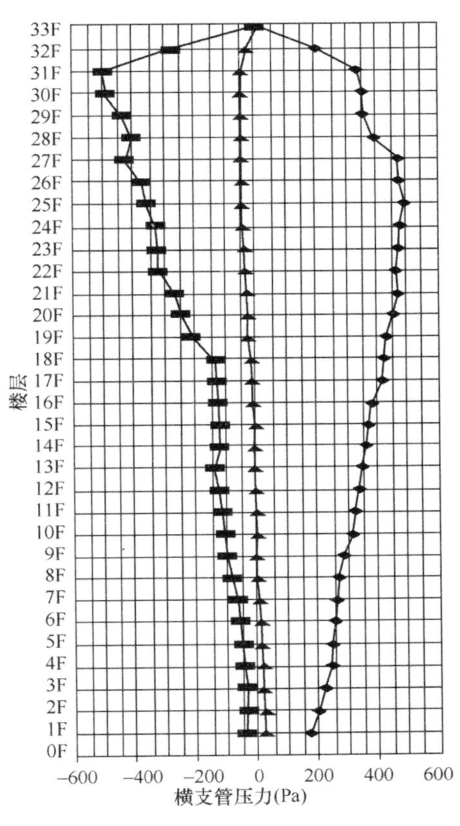

图 63 立管压力曲线

当卫生间设有排气扇且门窗均关闭时，此时卫生间处于负压状态，而排水管内相对于卫生间处于正压状态，极有可能使排水管道内污秽气体通过吸气阀进入室内，污染室内环境。

综上所述，"指南"并未推荐吸气阀，而是提出设置吸气阀的条件，由设计者判断什么是排水系统中没有正压的时候。

(4) 大多数持有不同意见的人是对吸气阀气体泄漏的危害性认识不足，对规范条文理解成禁用吸气阀。只有极个别"专家"人云亦云，编造了连吸气阀制造商、经销商都不敢出言的"是通气系统发展新阶段"的论点。

4. 自循环通气的探索研究

针对不伸顶的排水立管所承担排水负荷小，不能满足工程需要的问题，2006 年国家标准《建筑给水排水设计规范》管理组与同济大学环境工程学院合作，对自循环通气模式进行了探索性测试，取得了研究成果，并在日本积水化学株式会社 50m 高的试验塔进行验证，解决了不伸顶通气管道在全密封状态（连接卫生器具处设有存水弯水封）下有较大的通水能力。实现了国际上首创利用管道连接抵消正负压的自循环通气模式。该成果得到了专家们的肯定，在工程上得到了应用，并纳入了《建筑给水排水设计规范》GB 50015—2003 局部修订版。为一些不能设置伸顶通气管的建筑工程，提供了安全可靠的技术保障。

自循环通气见图 64。

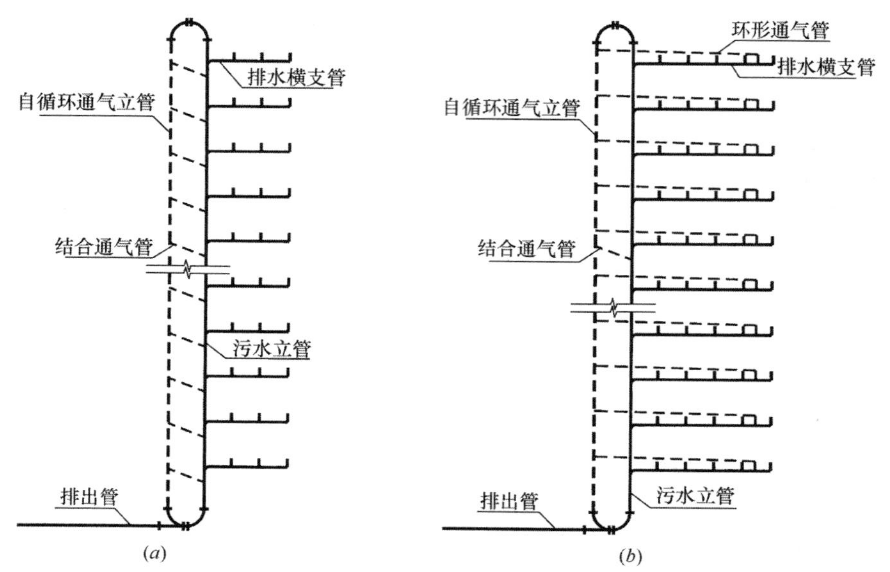

图 64 自循环通气模式图

(a) 专用通气自循环示意图；(b) 环形通气自循环示意图

自循环通气比吸气阀通气更安全可靠。有的专家建议将规范第 4.6.8 条修改成“在建筑物内严禁采用吸气阀。”并作为强制性条文。经编制组讨论，仍保留原规范第 4.6.8 条，并在第 4.6.1 条有关不能设置伸顶通气管的情况下，明确规定设置侧墙通气和汇合管以及自循环通气。这样，吸气阀泄漏问题不解决，无需强制禁用，也会自然淘汰。优胜劣汰是符合科学发展自然规律的。

现在我国许多机场候机楼、屋顶特殊的大型公共建筑都采用自循环通气。

2014 年某院一行出访北欧，对瑞典吸气阀生产商多哥（Durgo）公司进行访问，回国后提出在《建筑给水排水设计规范》GB 50015—2003（2009 年版）全面修订稿中要体现采用吸气阀问题。

在规范报批稿中编写了这样的条文：

4.7.2 生活排水管道的立管顶端应设置伸顶通气管。当遇特殊情况，伸顶通气管无法伸出屋面时，可设置下列通气方式：

1 宜设置侧墙通气时，通气管口的设置应符合本标准第 4.7.12 的要求；

2 当本条第 1 款无法实施时，可设置自循环通气管道系统，自循环通气管道系统的设置应符合本标准第 4.7.9 条、第 4.7.10 条的要求；

3 公共建筑排水管道当本条第 1 款和第 2 款均无法满足时，可设置吸气阀。

【条文说明】执行本条时应按款的顺序，根据工程的具体情况，提供切实证据或理由选择通气管不伸顶的实施方案。如选择设置吸气阀时，吸气阀应经检验机构检测符合行业标准《建筑排水系统用吸气阀》CJ 202—2004 的要求。

4.7.9 在建筑物内不得用吸气阀替代器具通气管和环形通气管。

【条文说明】本条系根据第4.7.2条增补和第4.7.8条修改后对原规范（2009年版）第4.6.8条的改写。

4.7.12 高出屋面的通气管设置应符合下列规定：

1 通气管高出屋面不得小于0.3m，且应大于最大积雪厚度，通气管顶端应装设风帽或网罩；

2 在通气管口周围4m以内有门窗时，通气管口应高出窗顶0.6m或引向无门窗一侧；

3 在经常有人停留的平屋面上，通气管口应高出屋面2m，当屋面通气管有碍于人们活动时，可按本标准第4.7.2条规定执行；

4 通气管口不宜设在建筑物挑出部分的下面；

5 在全年不结冻的地区，可在室外设吸气阀替代伸顶通气管，吸气阀设在屋面隐蔽处；

6 当伸顶通气管为金属管材时，应根据防雷要求设置防雷装置。

最近又有国外吸气阀代理商进行营销攻关，要求规范取消对吸气阀的“禁令”，我们的回复是当吸气阀具有泄漏气报警功能且建立通过网络传至物业监控平台，并经过工程运行后才研究规范列条问题。

参考文献：

[1] 中国建筑设计研究院住宅及环境研究中心. 关键产品的性能及管道布置方法研究报告[R]. 北京：2004.

[2] 刘静洲. 浅谈地漏与吸气阀安全问题[J]. 给水排水，2004，30(3)：103-104.

[3] 黄秉政. 对排水系统吸气阀的探讨和建议[J]. 给水排水，2004，30(9)：111-112.

[4] 张淼. 从吸气阀气密性能剖析其使用安全性[J]. 给水排水，2005，31(2)：108-109.

[5] 姜文源. 吸气阀的定位及应用探讨[J]. 给水排水，2005，31(6)：112-113.

[6] 方汝清，唐先权，王瑞. 关于吸气阀排水系统的思考[J]. 给水排水，2005，31(3)：117-118.

[7] 于飞. 《建筑排水系统吸气阀》产品标准简介[J]. 给水排水，2005，31(10)：112-114.

[8] 张淼. 吸气阀(AVV)-正压衰减器(PAPA)存在污染室内环境危害人们健康的安全隐患[J]. 水务世界，2006(3)：45-52.

[9] 脱宁，朱建荣，张隽，等. 医疗机构排水系统透气管口部致病微生物现状研究[J]. 2007.

[10] Not Available. Health Aspects of Plumbing[M]. World health organization，World plumbing council，2006.

[11] 《建筑重力排水系统》BS EN 12056. 1～4：2000[S].

[12] 《建筑给水排水设计规范》GB 50015—2003局部修订2008版报批稿.

[13] 《建筑给水排水设计规范》GB 50015全面修订送审初稿，2016.

专题 3

生活排水管道通水能力测试方法及与之相关问题的探讨

张 森

（上海现代建筑设计集团有限公司技术中心，上海 200041）

摘 要：针对我国正在进行的生活排水系统立管排水能力测试，从生活排水立管中的流态、压力波动，水封耐气压波动性能、水封破坏的定义等方面进行深入探讨，有助于建立更为科学的测试理论、方法和手段。

关键词：生活排水系统；通水能力；测试方法；相关问题探讨

1. 生活排水立管中的流态、流量、流速

生活排水立管中流态、流量、流速的研究早在 20 世纪 40 年代就有众多国内外学者做过相同的管道内水流状态、终限流速、终限长度等测试。他们都是这样描述流态：随着排水支管进入立管中流量增大，水流从附壁螺旋流→水膜流→水塞流，继而在立管中自上而下形成附壁环状有一定厚度的水膜，在重力和管壁摩擦力的双重作用下运动，当这两个力达到平衡后，以“终限流速”下落，流速不会加大也不会减小，见表 48。而污水从横支管进入处至立管中水流达到终限流速的高度（或距离）称为“终限长度”，在立管底部的排出管中形成明显的水跃现象。由水膜理论推导了立管通水能力负荷为立管终限流速下 1/3～7/24 充满率。

表 48 排水立管内水流的终限流速（m/s）

排水流量 Q_w（L/s）	Wyly	Dowson	仓渕	郑政利
1.0	1.60	2.06	5.48	3.161
2.0	2.11	2.06	7.90	5.353
3.0	2.48	3.20	8.79	5.298
4.0	2.79	3.60	9.30	6.533

这个流态、终限流速等“膜理论”已经成了建筑排水领域的“经典”，在我国高校教授学生有半个世纪之久。这个理论是采用定常流水测试条件下在实验室进行的，这种常流水只有在屋面雨水排水立管中才有此流态，与实际生活排水系统中卫生器具排水运行工况有出入，从表 49 可知，卫生器具使用频繁、排水流量大且排水时间短，易产生瞬间洪峰

的是大便器。

表 49　卫生器具排水流量

卫生器具名称	排水流量(L/s)	一次排水时间(s)	高峰时段	排水流量摘录标准
坐便器	1.70	3～5	6：00—7：00	《便器水箱配件》JC 987—2005
蹲便器	1.67	5		《机械式便器冲洗阀》JC/T 931—2003
洗脸盆	0.25			《建筑给水排水设计规范》GB 50015—2003（2009年版）
家用洗衣机	0.50	40	8：00—9：00	
家用厨房洗涤盆	0.33	50	10：00—11：00 17：00—18：00	
淋浴盆	0.15	冲淋时间	20：00—22：00	
浴盆	1.00	120		
小便冲洗阀	0.12	3～5	—	《小便冲洗阀》QB 2948—2008

注：洗脸盆、洗涤盆与使用方式有关，如以水龙头冲洗，则排水流量等同水嘴流量。

在早晨，大便器同时使用概率高，数个大便器在一个排水时间间隔内在立管中形成的汇合流是水塞流，该水流在下降过程中受管壁摩擦阻力及气体顶托的影响，水塞破裂形成环状流并不断掺气又气水分离，由于润水面积扩大，流速下降，流量也由大变小衰减。没有终限流速，也没有终限长度。在排出管中没有产生明显的水跃现象。笔者曾在北京前三门测试中，在10层楼用一个高水箱便器冲水，在立管底部排出管口观察水流状态，如按膜理论应该只需10s左右水团可到达立管底部，结果是等了1min多在排出口呈现的是细水长流。同样，在同济大学测试平台瞬间流测试中（除排出管淹没封堵、立管底的排出管有转弯阻力增大外）排出管中均无呈现明显的水跃现象，立管底部用90°顺水三通、两个45°弯头及排出管放大管径至$de160$等方式均无明显差异，见图65、图66。最近在万科试验塔15层、14层、13层、12层四个大便器层间排水间隔1s，测得汇合流量与压力波动在立管高度上的变化曲线，经整理后P和q在一个图中显示，见图67。这充分说明生活排水立管运行工况是瞬间流，并且与常流水经典膜理论具有不同的流态特征。

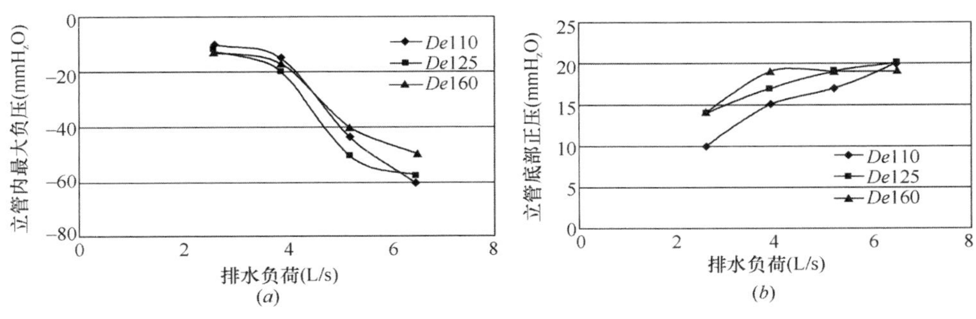

图65　排出管管径对立管压力波动的影响

（a）对立管内最大负压的影响；（b）对立管底部正压的影响

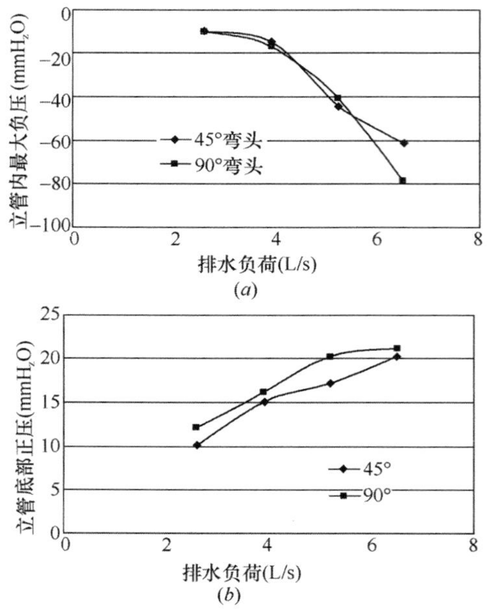

图 66 立管底部配件对立管压力波动的影响

（*a*）对立管内最大负压的影响；（*b*）对立管底部正压的影响

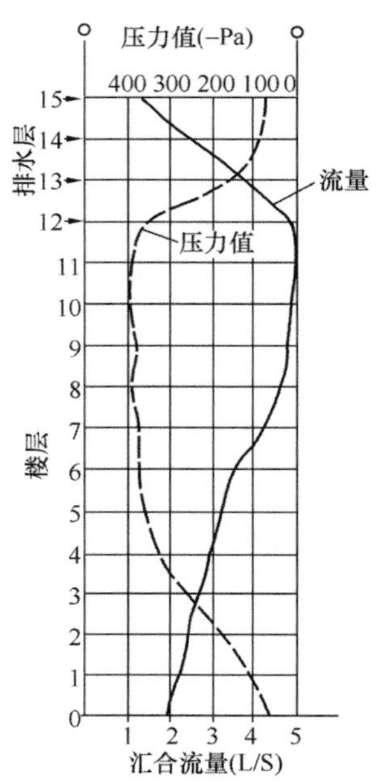

图 67 流量-压力在立管上的分布

2. 生活排水立管中的压力波动

图 68 是常流水在立管排水层下某一管段内形成的压力波。在许多定常流测试中获取的压力波形基本类似，所不同的是随着流量增大，振波的轴线向下移（负压增大）。

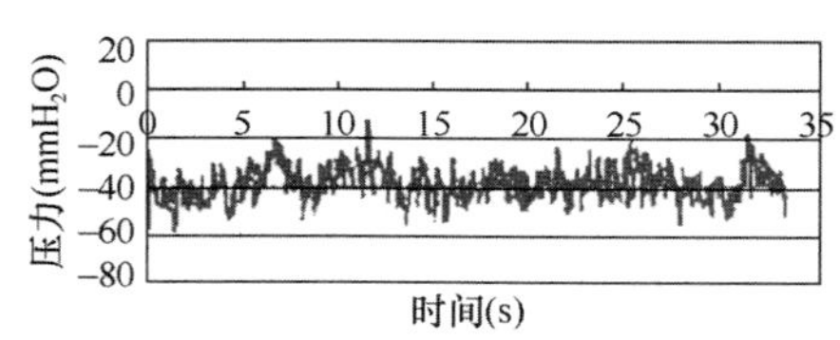

图 68 常流水在管段中的压力波型

而最近在万科试验塔上采用瞬间流从 15 层、14 层、13 层、12 层，每层排 1 个大便器，排水间隔 1s，在 11 层测得负压波动值最大，见图 67。11 层是 15 层、14 层、13 层、12 层排水的汇合流形成水塞的部位，水塞团向下运动，由于该层以上管道阻力（大气来不及从通气帽至 11 层的管段内补气）形成抽吸力，其压力波型见图 69。而瞬间流仅在水流经过横支管时才对横支管内气压产生一个较大脉冲，其先出现振幅较小的正压值，水流通过后便出现一个较大的负压值，水团通过测试点后压力基本消失。11 层以下各层的立管管段中由于水塞逐渐破裂，形成的水流环由厚变薄，其抽吸力逐渐下降，显示负压值逐渐衰减。到达立管底部只剩下较薄的水幕，形成不了正负压力。

从以上常流水和瞬间流在立管中形成两种不同波型可见：

常流水的脉冲波基本上在－400Pa 不到的轴线上下振动，振幅不到 200Pa，其脉冲频率约 0.5s；瞬间流从＋P_{max}至－P_{max}振幅达 600Pa，耗时（频率）约 3s，再恢复至 $P=$ 0Pa 其持续时间约 5s，显现水塞流的特征。

即使浴盆、洗衣机排水，虽然排水时间比大便器长，但最终还是会排完的。因此，在排水过程中呈现常流水特征在立管上出现一个－P 为轴线上下波动的压力波脉冲线，类似

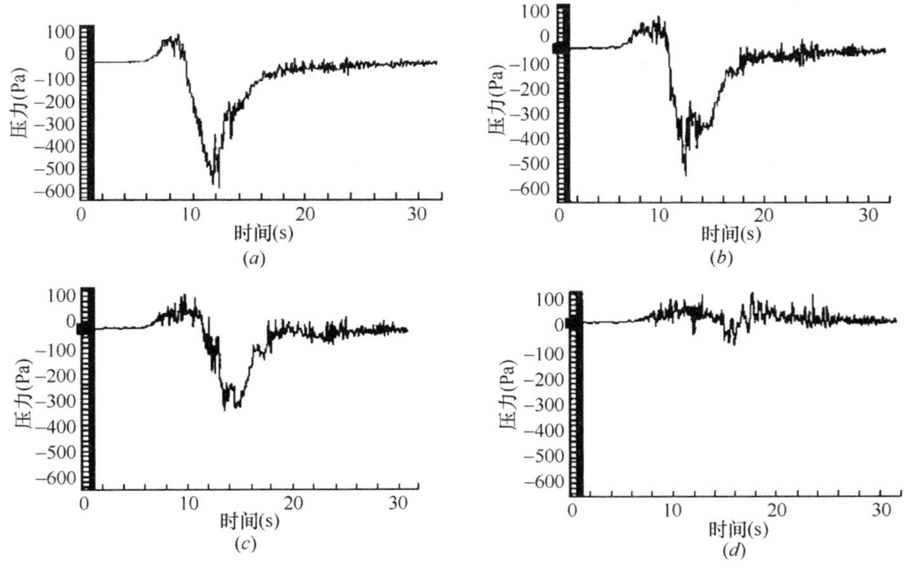

图69　瞬间排水在管段中的压力波型

（a）第11层；（b）第7层；（c）第4层；（d）第1层

于图68中压力波脉冲线。由于民众浴盆使用概率极小，在一根排水立管上同时排水的概率几乎为零，因此轴线 P 很小，压力波脉冲振幅也很小。但在浴盆水排完的瞬间，会出现一个相对较大的负压值，这呈现了瞬间流的特征。但与便器瞬间排水相比，可以忽略不计。根据汪雪姣等人的研究以1.0L/s常流水和便器瞬间流组合进行对比，见图70。

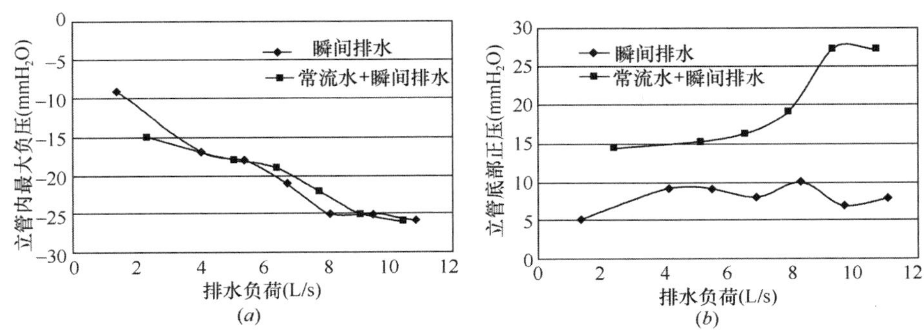

图70　瞬间排水与瞬间排水＋常流水对立管压力波动的影响对比

（a）对立管内最大负压的影响；（b）对立管底部正压的影响

由图70可见，1.0L/s常流水和便器瞬间流组合排水对立管中负压基本没有影响。唯在立管底部比纯便器瞬间流产生较大的正压。这也说明了为什么以常流水为测试体系的日本特殊单立管底部要设置长弯喇叭形大小头的原因，同时也说明了为什么在中国工程实际运行中反馈信息是“立管底部放大后的排出管出现淤堵现象”。

由于常流水和瞬间流在排水管道内产生的压力波的振幅和频率不一，因此对存水弯水封的影响不一样。也就是流态对确定排水立管通水能力负荷起很重要的作用。

3. 水封耐气压波动性能及测试方法

水封耐气压波动性能的研究，就是了解气压波动与水封两者之间的相互作用。排水立管通水能力负荷的确定必须建立在现有卫生器具存水弯水封承受气压波动性能的基础上，因为设计、研究的根本目的是保护水封不被破坏。

气压波作用于水封所造成的水封波动，应该符合牛顿定律，即 $F=ma$，其推力就是作用于存水弯水面 A 上的压力 $F=PA$，继而造成水封在存水弯中上下晃动，排水管道的气压波能量 W 转化成水封抬高或降低变化的势能，这符合能量守恒定律。由于水封中水有质量 m 且水在存水弯U形管中运动受相当于通过两个90°弯头管道的摩擦阻力，故属于有阻尼的运动。水封质量 m 在气压波作用下从0开始加速度运动，它具有惰性一面，但一旦在运动状态下，如气压波 $P=0$ 或呈 $-P$ 时，则它还会继续向前作减速运动，显示有惯性的一面。图71与图72是4.5L/s常流水时和10层～6层大便器瞬间流时立管压力（粗线显示）与存水弯水位（细线显示）关系曲线。

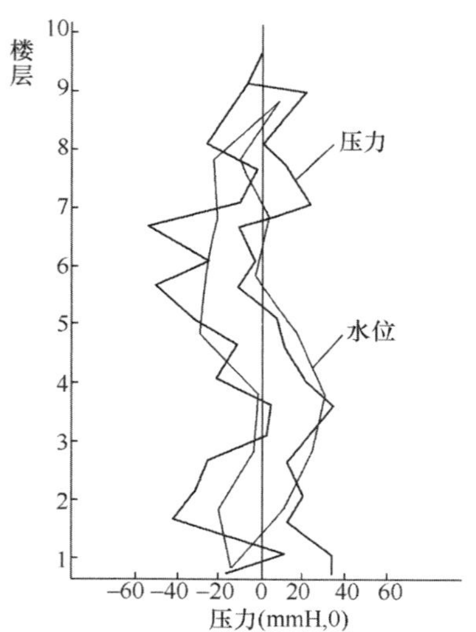

图71　第10层4.5L/s常流水时立管压力与存水弯水位关系曲线

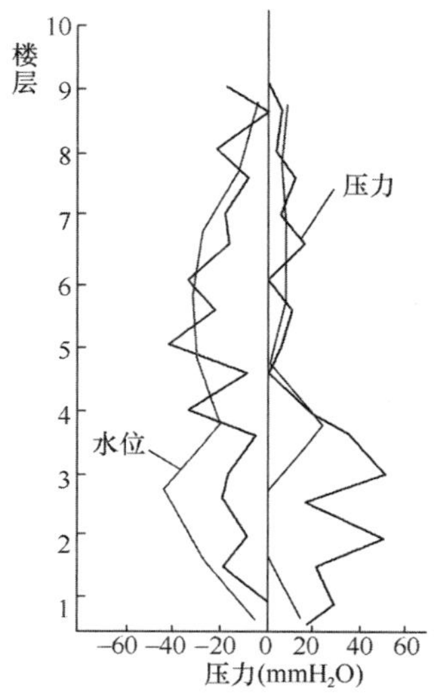

图72　10层～6层大便器瞬间流时立管压力与存水弯水位关系曲线

图71中，在常流水状态下，U形管存水弯中水封晃动固有频率大于立管中产生的气压波脉冲（振动）频率，存水弯水封水位波动值比立管中气压波动值小，水封运动显现惰性。图72中，在瞬间流状态下，在某个部位（一般在排水层以下）U形管存水弯中水封晃动固有频率接近立管中产生的气压波脉冲（振动）频率，于是产生谐振，存水弯水封水位值（一般为负压水位）大于气压波动值，水封运动显现惯性。这意味着瞬间流容易造成水封负压破坏。

由于卫生器具存水弯的形式、构造都不一样，有P型、S型、瓶型、钟型、倒钟型等。国外都做过这方面的研究和测试，它们抗气压波性能都不一样。日本学者对P型、S型、瓶型、钟型、倒钟型五种地漏进行了测试比较（以P型存水弯为基数100%），结果见表50。

表 50　地漏水封耐气压波动性能比较

存水弯形式	P型	S型	倒钟型	钟型	瓶型
出/进水端断面积之比	1.00	1.00	1.08	1.31	1.44
水封平均残留率（%）	100	77	73	95	107
水封未破坏次数	100	79	55	65	105
瞬时破封所需压力	100	75	66	102	107
完全破封所需压力	100	92	83	108	102

从表 50 可知，存水弯出水端断面积比进水端断面积大的瓶型存水弯具有较强的抗气压波动能力。据国内对钟型地漏水封抗压力波动性能试验测试，抗正压 700Pa～800Pa，抗负压 497Pa。但卫生器具存水弯不都是瓶型，而多数是 P 型和 S 型，只有地漏才有钟型或倒钟型。由于压力波动值测试压力传感器都设在排水横管上，以反映排水立管产生的气压脉冲值，这个气压脉冲对连接在排水管道上的所有卫生器具存水弯水封作用是一样的。

也不能因为提高地漏存水弯出/进水端断面积之比而可以减小水封深度，所以规范采取统一最小水封深度 50mm。贺传政等人提出的“水封深度不小于 50mm 的规定是误区”的提法不妥。

目前国内外研究水封耐气压波动性能采用的测试方法有：

（1）静态施压法。李学伟等人的研究就是施于存水弯水封一个气压值 P，并持续一段时间 t，测量水封的变化值，如行业标准《地漏》CJ/T 186—2003 中规定：“当排水管道负压为（－400±10）Pa 并持续 10s 时，地漏中水封深度应不小于 20mm”。

又如李庚等人的研究与之不同之处是采用瞬间施压，但由于设有真空稳压罐，其真空值仍能维持一段时间，因此其性质上还是属于静态施压法。

（2）动态施压法。就是由立管中排水产生的实际压力脉冲值，施于存水弯水封。如王跃辉等人曾在 20 世纪 90 年代进行过各种存水弯水封的承受管内压力性能测试，采用的常流水在排水立管中产生的压力波，如图 68 和表 50 所示。

（3）器具排水法。贺传政等人认为在器具排水无补水情况下水封自虹吸破坏后剩余水封值如小于 25mm，则该器具不适合使用。

笔者对上述三种方法作如下评论：

（1）器具排水法

贺传政等人以大便器排水无尾流（补水）剩余水封 15mmH_2O，因小于美国剩余水封 25mm 的规定，判定卫生间臭味是某些国外品牌大便器破封造成的，并提出不能用于中国的建筑排水系统上的论点。笔者认为：

1）对卫生间臭味判定是大便器破封造成的证据不足。据有关资料报道，卫生间的臭味主要来自：①地漏水封干涸。②洗脸盆排水管 $DN32$ 插入塑料排水管 $de50$，浴盆下水 $DN40$ 插入塑料排水管 $de50$ 接口未密封，导致排水管道中臭气窜入室内。

2）大便器只要经常使用，绝不会出现臭味。其理由是：①每次冲洗后排走污物的同时抽吸了一部空气，这也使虹吸水流破坏了，存水弯出水段有一部分回水，可以使便器有10mm～20mm水封，就这点水封就足以阻隔臭气溢出。②每个大便器冲洗水箱有个补水管插在溢流管上对便器水封补水，这是国家标准《卫生陶瓷》GB 6592—2005第6.1.2.4条规定："水封回复功能。每次冲水后的水封回复都不得小于50mm"。也就是说只要冲洗水箱排水阀打开，水位下降时，补水随即开始。

实际上对于大便器更应关注其排污功能，特别是对于虹吸式大便器，优良的大便器虹吸力特强，排污干净利落，其无尾水情况下剩余水封必很小。反之，一些排污能力差的虹吸式大便器，虹吸有气无力，其剩余水封反而大，甚至部分污物返回至大便器内，必须第二次、第三次冲洗。贺传政等人的测量数据显示，这款品牌的大便器是优良产品，值得推广采用。

3）不论是美国的剩余水封25mmH_2O还是日本的400Pa，指的是污水在重力作用下在排水管道内产生的允许气压波动值，而决非卫生器具排水后的允许剩余水封深度。美国的卫生器具存水弯剩余水封25mmH_2O实际上相当于排水管道内产生的允许气压波动值500Pa，见图73、图74；而日本的排水管道内产生的允许气压波动值400Pa是基于在所有的存水弯测试中，在最大负压大致上超过40mmH_2O处起产生了破封，也有留有20%的安全系数的说法。

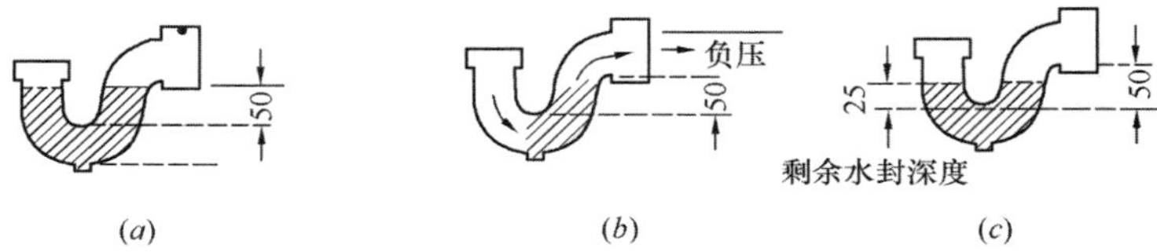

图73 立管内负压波动对存水弯的影响

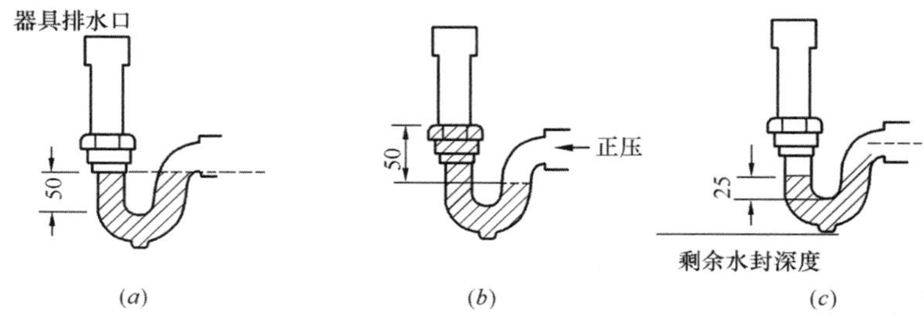

图74 立管内正压波动对存水弯的影响

（2）静态施压法

当排水管道负压为（−400±10)Pa并持续10s时，地漏中水封深度应不小于20mm。这个10s处于静止状况。从"生活排水立管中压力波动"图68和图69中清楚地看出生活排水在立管中形成的气压是波动的，而不是衡定的。因此该方法不能反映排水管道中压力波动对水封的真实影响。实际上，水封深度只要不小50mm，用该静态施压法测试的水封剩余值决不会低于20mm，因此，此方法是否有必要作为检测项值得探讨。

（3）动态施压法

这是日本学者在存水弯性能评价研究中采用的方法，此方法要比静态施压法更接近管道内的实际压力工况。但是采用常流水动态施压法，这与日本排水立管通水能力测试方法体系有关。

对于水封耐气压波动性能中国应该采用什么测试方法？从水封耐气压波动性能中可见，在瞬间流状态与常流水状态下对存水弯水封的影响是不一样的，所以笔者建议采用动态施压法中瞬间流的脉冲波施于存水弯水封，更接近生活排水立管中的水流工况。作为研究可在测试塔进行瞬间流测试，获取众多的脉冲波形，物色气压脉冲发生器，模拟图69显示的瞬间流的脉冲波频率、振幅的图形输入，实现瞬间流对存水弯水封的耐气压波动性能的测试。

4. 水封破坏的定义

排水立管通水能力的确定其根本目的是保证水封不被破坏，那么什么才是水封破坏？众说纷纭，大致归纳几种说法：

（1）气泡穿透说

“水封破坏”是指由于管道内的压力波动所引起的气体穿透水封的现象。

这个“穿透”不论是管道内正压造成冒泡还是负压吸入空气都认为是水封破坏。

通过目测方法能够确认穿透的称为“瞬时破封”；水封损失＝有效水封时即为“完全破封”，在“瞬时破封”与“完全破封”之间的这个区域称为“水封破坏区域”。

（2）残存水封蒸发说

当存水弯中剩余的水封高度不足以支付有效期内必然要发生的（蒸发）损失时，即可认为是水封破坏。

（3）正压穿透说

只有排水管道内正压气体穿透水封，才认为是水封破坏。负压抽吸穿透向管道内进气，有效地保护了周边洁具的水封不会被负压抽吸破坏。排水立管最大流量时不必再控制负压值，只需控制管内正压力不能突破40mmH_2O就可以了。

对于“水封破坏”这是我们建筑给水排水专业领域中一个基本概念，对其下定义还是要遵循2009版GB/T 1.1《标准化工作导则　第1部分：标准的结构和编写》附录A4术语原则和方法及工程建设标准对术语下定义的要求：

（1）反映本质特征，代表事物或概念的内在特征和外在特征。

（2）贴切，在概念体系中识别该概念直接有关的本质特征。

（3）简明，仅反映概念的本质特征，不应说明由本质特征导出任何特征。

（4）适度，概念的外延既不能过宽，也不能过窄。

广义的“水封”概念就是用水隔离两部分气体的手段，“水封破坏”就是水封丧失了隔离功能。这是水封破坏的内涵和本质。所以气泡穿透说的定义比较贴切，同时根据其破坏程度分成“瞬时破封”和“完全破封”及“水封破坏域”，这样的外延是适度的。

残存水封蒸发说没有抓住“水封破坏”的内涵和本质，只阐明了造成水封破坏的原因，即便阐述水封损失原因也不全面，因为水封损失不仅是蒸发，还有自虹吸、压力晃动等因素，且“有效期内”是虚拟概念，无法量化，易产生歧义。特别用“存水弯中剩余的水封高度”作为判别水封破坏的基准，可以认为正负压可以被气体穿透水封后的残存水封。这显然有悖于“水封”设置的宗旨。

正压穿透说基本认可气泡穿透水封为水封破坏，所不同的是负压抽吸室内气体进入排水管道，不对室内环境产生污染，而且似带水封的吸气阀省却了通气管道系统，要人们更关注的是正压破封。

这三种“水封破坏”的说法，最终要体现在排水立管中产生的正负气压允许值。以水封深度 50mm 为基准，就有以下允许值：

气泡穿透说的“水封破坏”就是排水立管中产生的正负气压允许值为 400Pa；

残有水封蒸发说的“水封破坏”可能是排水立管中产生的正负气压允许值为≥600Pa；

正压穿透说的“水封破坏”可能是排水立管中产生的负气压允许值为≥1000Pa，正气压允许值为 400Pa。

排水立管中三种不同的气压允许值，意味着排水立管有三种不同的通水能力。

笔者认为从排水管道实际运行瞬间流工况、“水封破坏”的定义为气泡穿透水封、存水弯水封谐振水位大于压力值这三方面考虑拟取正负气压允许值为 400Pa，大于此值意味水封被破封。

5. 瞬间流测试中瞬间流发生器的选择

在生活排水管道中产生瞬间流的卫生器具，要属大便器排水流量最大，见表 49。

由于坐便器品牌众多，类型有冲落式、虹吸式、喷射虹吸式、漩涡虹吸式、翻板式，其一次冲洗水量有 6L、4.5L，甚至还有 1.0L，表 49 中《便器水箱配件》JC 987—2005 中规定大便器排水流量是指冲洗水箱中冲洗总量除以冲洗时间的平均流量。经上海建筑科学研究院对市场上 17 个大便器进行测试，其平均排水流量为 1.0L/s～2.0L/s。研究人员为选用什么大便器作为瞬间流测试发生器而一时发难。其实大可不必，瞬间流测试与定常流测试最大的区别在于不是预先设定测试流量，而是测定便器组合排水在立管中的汇合流量实际值，正是由于这个汇合流量才使立管中瞬间产生大的正负气压脉冲，从图 67 中可以清楚地看出汇合流量与压力波动值的对应关系。所以只要选择冲洗水量大、品牌类型一致（最好是一个生产批次）就可以了。在国家标准《卫生洁具 便器用压力冲水装置》GB/T 26750—2011 中，甚至用制作标准水箱作为测试样本。

6. 瞬间流汇合流量 q 与压力波 P 的测定方法

综观流量计领域，采用的流量测试装置有接触式和非接触式，排水立管的测试应采用非接触式非均相化多相流量测量仪（本测试只需水相即可）。非接触式流量测量仪中适合于非满流的管道流量测试仪有超声波法和同位素法。但由于生活排水立管中水流夹杂着气体，属质量松散型，传声性能差，在近管壁的低流速区散射较强，而在中间高流速区散射较弱，这就使得多普勒超声波法的测量精度大大降低。经咨询有关生产多普勒流量计的著名厂商，其测量精度不能满足 0.1L/s 和 0.1s 的精度要求。同位素法由于涉及放射性物质，属于国家监控物质，必须申请并报批获得许可。同位素法还涉及安全防护、放射性水处理等一系列问题，用于测试排水管道流量的可能性几乎为零。目前尚无仪器能同时测量生活排水立管上某一管段内的气压值 P 及汇合流量 q。

为此在吸收日本空调和卫生工程学会标准《器具排水特性试验法》SHASE-S 220—

2010 的基础上运用到立管汇合流量的测试。其方法的核心就是质量法，把排水中气相在测量筒中分离，用水位或压力传感器将其量变转换成数字信号换算成流量与时间的参数。测试排水立管汇合流量是瞬间流量，而不是《器具排水特性试验法》中的坐便器排水量从 20％到 80％所花时间期间的平均排水流量。经分析，这种方法经济可行，只要传感器精度选择得当，测试精度也能满足要求，唯一缺点是测试管道装卸频繁，测量筒需要经常搬动。

从图 67 中得知，15 层～12 层有四个大便器（每个大便器排水量为 6.0L），立管为 de110PVC-U 排水管，层间排水时间间隔 1s，汇合流量在排水层以下一层为最大约 5.0L/s，到立管底部流量衰减至 2.0L/s。所以汇合流量不能在排出管口测量，系统必须分成两部分别测试压力值分布和最大汇合流量值，见图 75 中的（a）和（b）。先按其中的 B 装置测量立管中的压力 P 分布，再将 P_{max}处切断成 A 装置测量 q。

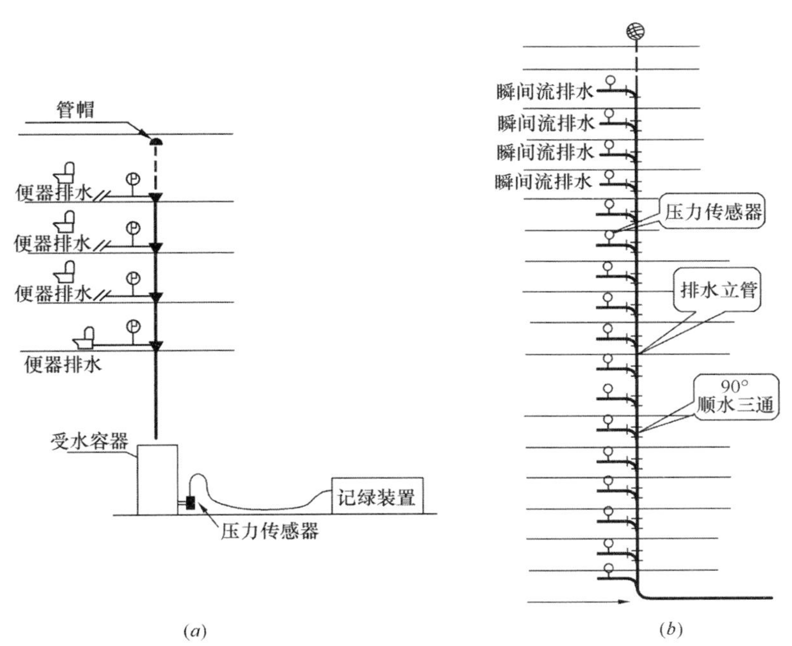

图 75　瞬间流汇合流量 q 与压力波 P 测定装置

（a）A 装置；（b）B 装置

那么 B 装置立管在 P_{max}处的 q_b与 A 装置测得的 q_a有什么差异？差异肯定是有的，可以通过力学分析求出，见图 76。M 为汇合流质量，$M=6\times4=24$kg，受重力作用形成下曳力：$F=M\times g=24\times9.8=235.2$N。

根据图 69 中第 11 层的压力曲线得知，图 76（a）、（b）立管中 M 均受到 11 层以上管段中补气造成的负压拉扯力 F_L，$F_L=P\times f=600\times\pi/4\times d_i^2=4.71$N，（$b$）立管中还受到图 69 中 11 层以下管道内空气阻力形成的正压托力 F_t，$F_t=P\times f=100\times\pi/4\times d_i^2=0.785$N。

建立力的平衡式：

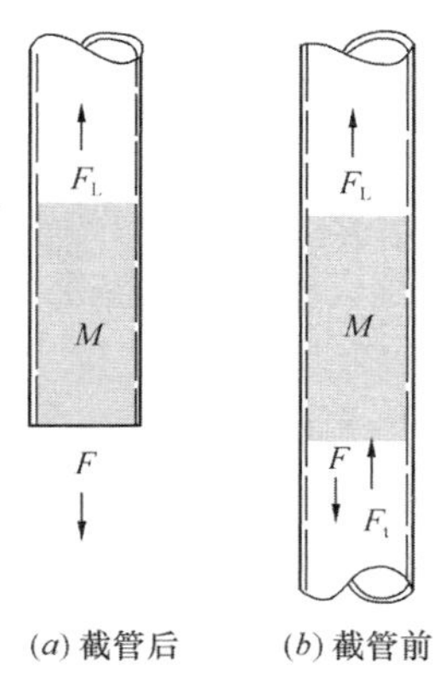

(a) 截管后　　(b) 截管前

图 76　受力分析图

$$q_b = \frac{235.2 - (4.71 + 0.785)}{235.2 - 4.71} q_a = \frac{229.7}{230.49} q_a = 0.996 q_a$$

这样的差异可以忽略不计，同时也证明采用测量筒测量汇合流量的方法是可行的。

7. 测试值的整理

通过测试塔对仅伸顶通气不同立管管径、设专用通气每层或隔层连接、特殊配件单立管、设环形通气管、设自循环通气等各种生活排水系统，按瞬间流方法测试将取得大量 P 值和相对应的 q 值。再将这些值在大便器排水个数情况下（即为汇合流量）立管中出现的 P_{max} 标点在 P-q 图上，再将这些点连成平滑的 P-q 趋势曲线，见图 77。

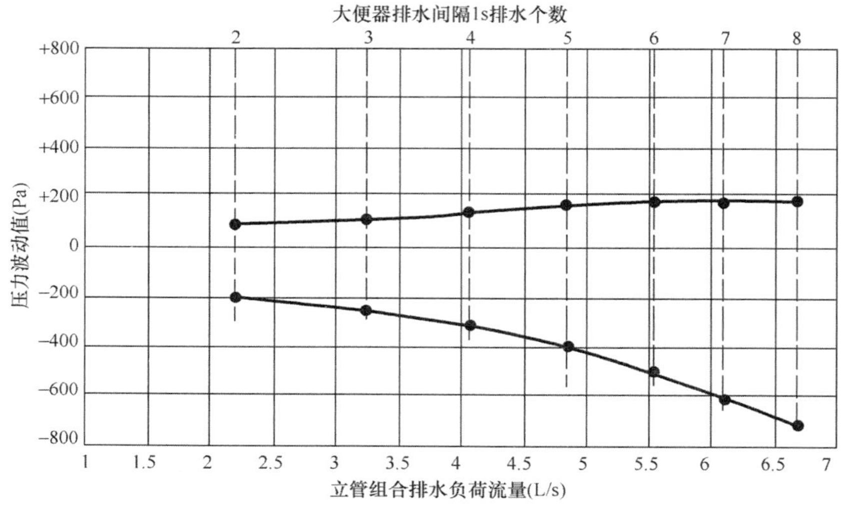

图 77　某生活排水立管 P-q 趋势曲线

图 77 中显示的瞬间流特征：①两条曲线中与大便器排水个数相对应的是汇合流量实测值而非定常值。②是在测试塔层高 3m、层间排水间隔时间 1s 的情况下的汇合流量，因为张哲等人对仅伸顶通气的排水立管、设有专用通气立管的排水立管、特殊单立管对汇合流量的影响测试，证明通气系统、支管与立管连接配件不同，其影响甚微。而层间排水间隔时间是主要因素，层间排水间隔时间 1s 的情况下汇合流量最大，所以其他的层间排水间隔时间的汇合流量就没有必要再测试了。③与大便器排水个数相对应的正负压力值 P_{max} 并不是同时取用立管同一部位，一般最大负压取自排水层以下部位；最大正压取自立管底部。P-q 趋势曲线与 400Pa 水平线相交点即为该系统的最大通水能力，从图 77 中可知：如以≤400Pa 为允许压力波动标准，该排水系统立管通水能力为 5 个大便器的汇合流量 4.8L/s。

目前各种类型的生活排水立管系统瞬间流测试工作正在进行，获取其最大通水能力测试值是迟早的事，规范如何在这些测试值基础上确定“生活排水立管最大设计排水能力”

是今后将要研究的课题。

参考文献：

[1] 李学伟，张英，张磊，等．地漏水封抗压力波动性能试验测试分析[J]．给水排水，2008，34(S1)：270-272.
[2] 张哲，张磊，席鹏鸽，等．瞬时排水方式确定排水立管通水能力的试验研究[J]．给水排水，2014，40(1)：75-78.
[3] 张哲，张磊，席鹏鸽，等．伸顶通气管道系统中瞬间流排水特性的影响因素研究(一)坐便器排水高度对排水管道系统压力的影响[J]．给水排水，2014，40(2)：91-94.
[4] 李庚，吴俊奇，张哲，等．负压瞬间抽吸坐便器水封的探索性试验研究[J]．给水排水，2014，40(2)：95-98.
[5] 张磊，张哲，席鹏鸽．伸顶通气管道系统中瞬间流排水特性的影响因素研究(二)坐便器排水高度对排水管道内汇合流量的影响[J]．给水排水，2014，40(3)：77-80.
[6] 贺传政，贺冠男．关于卫生间臭味的深层次思考[J]．给水排水，2013，39(4)：96-99.
[7] 王跃辉，鎌田元康．关于存水弯性能评价法的研究之7——各种存水弯水封的承受管内压力性能排水设备、存水弯、承受管内压力的性能[C]．日本建筑学会大会学术演讲梗概集，1999.
[8] 郑政利．排水立管终限流速实验研究[C]．CIBW062建筑给水排水国际论坛论文集.
[9] 贺传政，贺冠男．排水水封新概念[C]//中国建筑学会．第一届中国建筑学会建筑给水排水研究分会第二次会员大会暨学术交流会论文集，2010：222-229.
[10] 贺传政，贺冠男．排水系统水封的五个认识误区[J]．给水排水，2010，36(5)：117-120.
[11] 吴克建．充分重视建筑排水系统水封安全问题[R]．2010.
[12] 赵世明．关于水封破坏的探讨[J]．给水排水，1992，18(1)：36-44.
[13] 北京测试小组．苏维脱系统和普通排水单立管通水能力对比试验[J]．建筑技术，1981(5)：22-28.
[14] 咸阳陶瓷研究设计院．《卫生陶瓷》GB 6952—2005[S]．北京：中国标准出版社，2006.
[15] 卫明．工程建设标准编写指南[M]．北京：中国计划出版社，1999.
[16] 徐蔚雁，颜伟国，忻成梁，等．坐便器平均排水流量性能测试研究[J]．给水排水，2013，39(5)：139-141.
[17] 汪雪姣，高乃云，夏圣骥．高层建筑双立管排水系统气压波动的试验研究[J]．给水排水，2007，33(5)：70-76.
[18] 汪雪姣，高乃云，夏圣骥．单立管排水系统通水能力的试验研究[J]．给水排水，2007，33(6)：65-67.
[19] 张哲，张磊，席鹏鸽，等．器具排水瞬间流量分析初探[J]．给水排水，2013，39(11)：86-89.

——本文刊载在《给水排水》2015年第1期，获“沃德杯”第六届《给水排水》优秀论文三等奖

专题 4

生活排水立管通水能力专题报告

根据中华人民共和国住房和城乡建设部《关于印发 2012 年工程建设标准规范制订修订计划的通知》（建标［2012］5 号）的要求，由上海现代建筑设计集团有限公司主编的《建筑给水排水设计规范》GB 50015 开展全面修订，而“生活排水管道负荷测试”课题是规范修订的重要内容，特委托中国建筑设计研究院国家住宅与居住环境工程技术研究中心进行测试。测试内容参照国家标准《建筑给水排水设计规范》GB 50015—2003（2009 年版）第 4.4.11 条表 4.4.11 中设计参数。测试方法由上海现代建筑设计集团有限公司提供“生活排水管道通水能力测试方法”。

本研究报告以国家住宅与居住环境工程技术研究中心测试数据为依据并结合国内外历次生活排水管道通水能力测试成果，以及工程实践经验进行综合分析而成。

1. 测试方法的确定

排水立管通水能力是早在 20 世纪 40 年代由美国国家标准局威廉和艾顿博士在多层建筑通过常流水测试建立的生活排水立管终限流速、终限长度的膜理论，并确定立管充满率 1/3～7/24 为立管的负荷值，建立了生活排水立管通水能力 Wyly-Eaton 计算公式：

$$q = 2.5 \times 10^5 \times K_b^{-0.167} \times d_i^{2.667} \times f^{1.667}$$

式中 q——排水流量（L/s）；

K_b——管道粗糙度，(mm)；

d_i——计算内径（mm）；

f——立管充满率，一般取 0.33。

现时的美国规范将此公式制成计算表 51。

表 51 美国规范生活排水立管允许流量表

管径（英寸）	$f=1/4$		$f=7/24$		$f=1/3$	
	gpm	L/s	gpm	L/s	gpm	L/s
2	17.5	1.10	22.6	1.43	—	—
3	51.6	3.26	66.8	4.21	83.4	5.26
4	111	7.02	144	9.07	180	11.33
5	202	12.7	261	16.4	326	20.5
6	328	20.7	424	26.7	530	33.4
8	706	44.5	913	57.6	1140	72.0

由于 Wyly-Eaton 计算公式只限定于重力流，没有考虑排水系统通气模式，也没有对排水立管水封损失限定或对气压波动极限值限定，所以计算结果偏大。

欧洲采用 Wyly-Eaton 计算公式用于设计屋面雨水排水：在欧洲标准《室内重力流排水系统　第3部分：屋面雨水排水》EN 12056-3：2000 中，虹吸排水系统与非虹吸（重力流）排水系统的区别在于以雨水立管充满率 0.33 为分界线。

正因为 Wyly-Eaton 计算公式存在缺陷，现在国际上以试验塔足尺测试确定生活排水立管通水能力是大趋势。

综观国内外生活排水立管通水能力测试方法，大致有以下两种方法：

（1）定流量法

从顶层开始按照设定的流量向排水系统持续放水（排水），排水流量由 0.5L/s 开始按照 0.5L/s 的幅度递增至 2.5L/s，之后增加下层排水。依此顺序，逐层向下累加，排水系统内压力达到最大压力判定值时的流量数据作为排水系统的排水能力。这种测试方法最典型的是日本空调和卫生工程学会标准《集合式住宅的排水立管系统的排水能力试验方法》SHASE-S 218—2008。根据该标准 1999 年版记载：20 世纪八九十年代日本通过研究测试建立了自己的测试方法《住宅排水立管系统的排水能力试验方法》JSTM U 9152T—1992。1991 年日本都市地基整备公团建成了超高层住宅试验塔（108m），各家制造商也建有 50m 排水试验塔。1997 年 3 月 11 日在日本召开了以“思索单管式排水系统的应有规模”为题的专题讨论。通过使用浴缸之类的卫生器具，施加类似的恒定流量排水负荷试验，编制了《集合式住宅的排水立管系统的排水能力试验方法》SHASE-S・218—1999。

这说明日本为了推广特殊配件单立管在住宅中的应用并根据日本人的泡澡习惯，以浴盆排水的定常流进行排水立管负荷试验，才制定了这个排水能力测试方法标准。

（2）瞬间流量法（也称器具流量法）

从顶层开始卫生器具层间组合向排水系统排水，按卫生器具排水个数 n 逐渐向下递增，同时测得相应压力值（P），形成 n-P 关系曲线。然后用压力波动允许最大值，确定测试最大通水能力，见图 78。

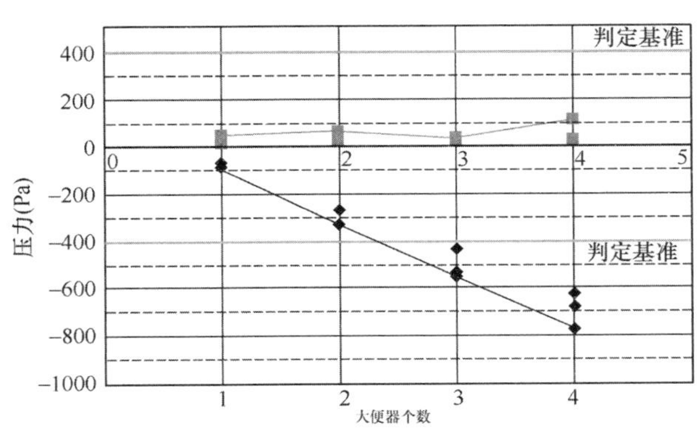

图 78　大便器排水个数与压力关系图

早期采用的瞬间流量法，单个卫生器具是采用规范上的卫生器具额定排水流量值（高水箱便器为 1.5L/s），因此通水能力即为 1.5L/s×n（卫生器具个数）。

之后由于节水型卫生器具的出现，故先进行单个卫生器具排水流量测试以获取测试卫生器具实际排水流量 q_o，考虑到多个卫生器具在立管中形成汇合流，而汇合流量 $q \neq nq_o$，要打一个折减系数即为设计最大通水能力。显然折减系数取多少，缺少科学依据。

为了取得层间排水在排水立管中形成的真实的汇合流量，由中国建筑设计研究院国家住宅与居住环境工程技术研究中心牵头进行瞬间流排水立管通水能力的试验方法研究，经过两年多的探索性测试和研究，解决了以下几个难题：

1）汇合流量测试

目前世界上尚无一种仪器能同时测得生活排水立管中的压力及流量。即使石油开采领域，也是先将原油中水、气、油三相分离，再逐一测试获取石油或天然气产量。对于生活排水立管中水气两相流，也应首先进行水气分离，然后测试污水的流量。参照日本标准《器具排水特性试验法》SHASE 220—2010 制作了测量筒，见图 79。日本用于测试一个卫生器具的排水流量 q、器具平均排水流量 q_d、最大器具排水流量 q_{max}、排水时间 t 等。而我国制作的测量筒用于测量层间排水在立管中形成的汇合流量。

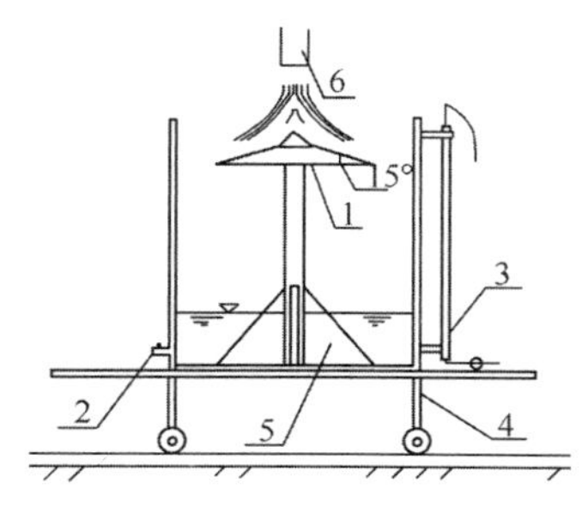

图 79　测量筒

1—整体圆盘；2—压力传感器；3—投入式液位仪；4—推车；5—支撑架；6—排水立管

2）数据重现性

① 由于瞬间流产生不是用流量计供给的，而是便器水箱冲洗产生的，即使同一品牌的便器仍有差异性，为此测试组依据《卫生洁具 便器用重力冲水装置及洁具支架》GB/T 26730—2011 第 6.6.1 条规定了标准水箱尺寸，制作标准冲洗水箱，称之为“瞬间流发生器”，避免了大便器类型、构造和生产批次不同造成的冲洗强度差异。

② 层间便器排水时间间隔采用电控方式，精度为 0.1s，避免人工口令操作造成误差，保证测试过程中无人工操作，实现全自动。

③ 各类开关、阀门的启闭和各类测试仪表的数据采集与储存，测试系统同步性误差为 5‰。

④ 流量测试与压力测试在同一条件下应测 3 次，测试结果取 3 次测试数据的平均值，当 3 次测试数据差值超过 10％时，应重新测试。

从测试数据分析，数据重现性相当好，流量与压力变化呈线性分布。

3）立管内压力 P 与汇合流量 q 不能同时测得

研究组经过多次探索性测试和吸收国内外屡次测试成果，发现汇合流量一般发生在层间排水最低层的下一层，层间排水时间间隔为 1.0s 时其汇合流量最大。找到了上述规律，这样可以大大减少测试工作量，并制定了先 P 后 q 或先 q 后 P 的分步测试法。通过力学分析，求出分步测试法对汇合流量影响仅 4‰误差。

4）立管 P-q 测试与 P 对水封影响分别测试

测试排水立管通水能力时应采用 $\pm p_{max}$判别标准。测试系统中排水支管只装压力传感器不应装存水弯，将管内压力变动时的最大值和最小值并经滤波后作为管内压力的代表值。系统测试时需要有超过$\pm p_{max}$的测试值，才能将 q 曲线与$\pm p_{max}$相交，此交点就是立管通水能力，见图 78。只有在测试水封抗压力波时才装地漏或存水弯，并且每个水封装置压力传感器、水位传感器，否则超过$\pm P_{max}$时水封早就破坏了，此 P 曲线是水封破坏了的曲线，不能反映排水立管真实的接纳生活污水能力。这个测试规则在日本标准《集合式住宅的排水立管系统的排水能力试验方法》SHASE-S 218—2008 中明确规定。国内某些测试装置只照搬了日本测试装置图，却遗漏了这个重要规则。其测试值的可靠性值得怀疑。

（3）规范测试方法确定

规范选用以瞬间流测试方法的测试数据为依据，其理由是：

1）从卫生器具排水流量与排水时间来看大便器排水在排水立管中最容易产生的是瞬间流，见表49。

根据我国人们生活习惯，高峰排水一般出现在早晨大便器使用，集中在6：00—7：00。晚上虽然浴盆和淋浴排水时间较长，但因其排水量小，不足以影响排水立管大的压力波动，这个试验早在2006年在同济大学测试平台进行过验证，采用1.0L/s常流水和大便器瞬间排水相叠加测试方法，测试结果与纯瞬间排水叠加方法在立管中产生的负压影响几乎相同，见图70（*a*）；而对于底部正压，常流水加瞬间排水的方法偏大，见图70（*b*）。而且从下班至睡前约4h延续时段，集中使用的概率极小，随着节水理念深入人心，以浴盆沐浴的方式概率极小。

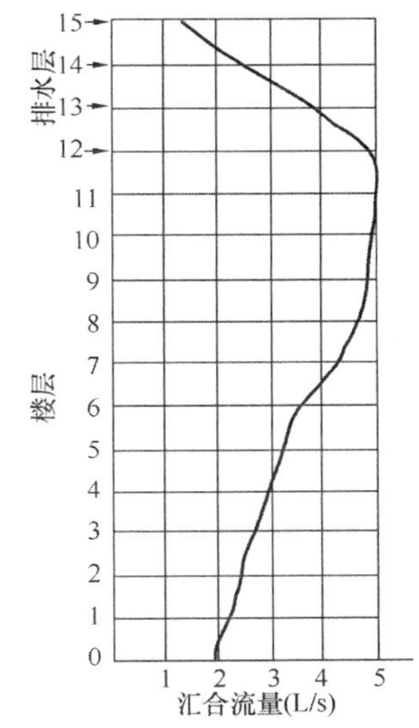

图80　汇合流量随立管变化曲线

为了弄清大便器层间组合排水在排水立管中的流态，从15层至12层每层排一个便器，层间排水间隔1s并对排水层以下第11层至立管底部每层测量其流量，发现并非威廉和艾顿博士的水膜理论所描述的那般，而是排水自上而下沿着立管呈变量流，汇合流量从5L/s渐变成2L/s，见图80。没有终限流速，没有终限长度，由于水团下落过程中随着润水面积不断扩大，流速变小，流量变小，这充分说明生活排水立管运行工况是瞬间流，而不是定常流。

日本也在40层超高层建筑中用器具法进行实测，其立管中流速是变速流，见图81。

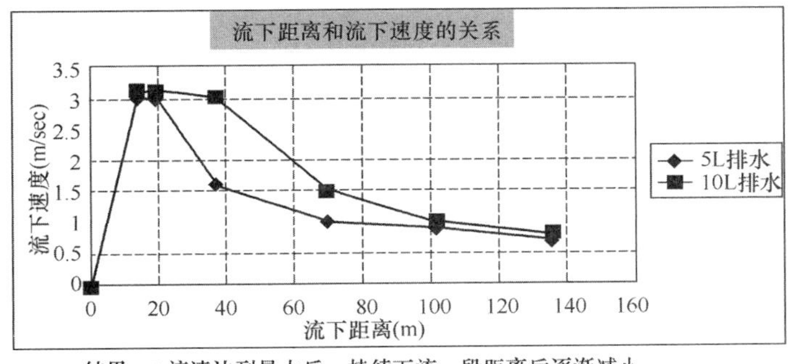

图81　日本40层超高层建筑用器具法进行实测立管中流速随高度变化曲线

在中国现在讲浴盆同时排水形成常流水的说法已没人信了，便有人撰文："下班后相对集中的冲澡淋浴时段和周末洗衣机使用的集中时段，仍属于一种典型的常流水排水方式。从调查了解的情况也可以发现，一些高层住宅多是在这些用水高峰时段出现明显返臭现象"。

按万科试验塔定常流量测试，要使伸顶通气单立管 $de110$ 和 $de160$ 达到 400Pa，33 层时要有 1.75L/s～1.8L/s 的流量；11 层时要有 2.5L/s～2.7L/s 的流量，以淋浴器排水流量 0.15L/s 计，则需要 11 只～18 只淋浴器同时使用，这是住宅？还是公共浴室？即使公共浴室也不会设在高层，所以这纯属毫无证据的猜测，是为商业利益的炒作。

2）高层住宅与试验塔对比测试证明立管排水实际运行工况是瞬间流。

由国家住宅与居住环境工程技术研究中心于 2016 年底开展了"通过噪声比对测试探索排水立管流态的试验研究"。分别在北京市某住宅楼和万科试验塔（以下简称试验塔）上进行。在 16 层住宅楼的底部和万科试验塔排水立管底部安装了噪声测试装置。

试验塔采用三种排水，见表 52。

表 52　三种排水方式的设置情况

排水方式	排水楼层	排水装置	排水流量
定流量法	14 层、15 层	每层设置 1 套定流量排水装置	0.5L/s～3.5L/s
瞬间流量法	13 层～15 层	每层设置 1 套瞬间流发生器	
混合流	13 层～15 层	15 层设置定流量排水装置，13 层～14 层设置瞬间流发生器。定流量法排水 40s 后瞬间流发生器排水	其中定流量的排水流量为 1.0L/s

测试的噪声曲线如图 82 所示。

住宅实际排水的噪声进行拟合对比结果解读：

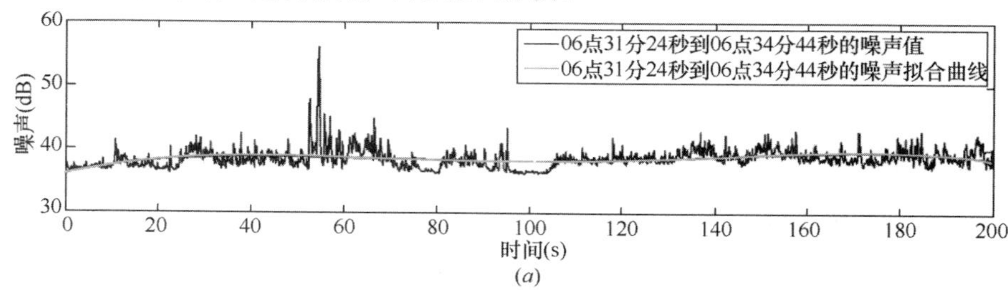

(a)

解读：早高峰排水出现 1 个便器排水（57dB 峰值）和数个漱口和洗脸排水（40dB 左右）。

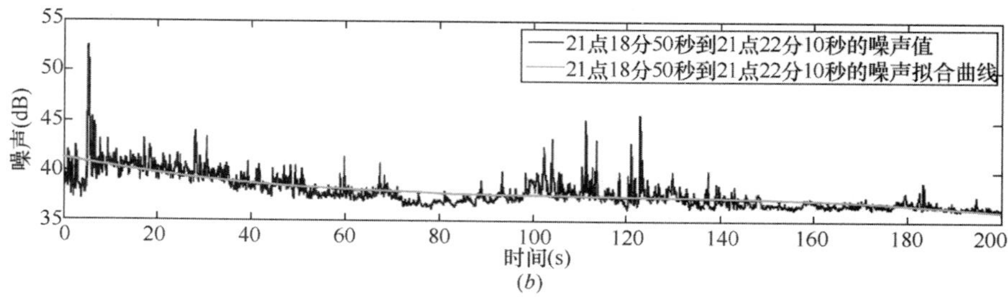

(b)

解读：晚高峰排水出现 1 个便器排水（53dB 峰值）和数个淋浴器和洗脸盆排水。

图 82　北京某高层住宅与万科试验塔三种排水方式的排水噪声变化曲线（一）
（a）高层住宅早高峰排水噪声；（b）高层住宅晚高峰排水噪声

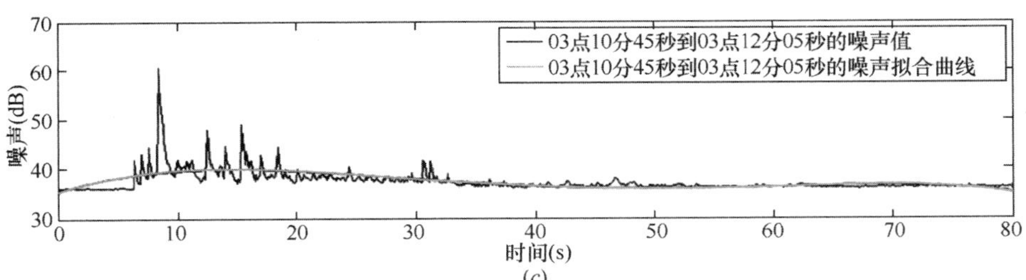

(c)

解读：凌晨如厕排水出现 1 个便器排水（60dB），没有洗手。

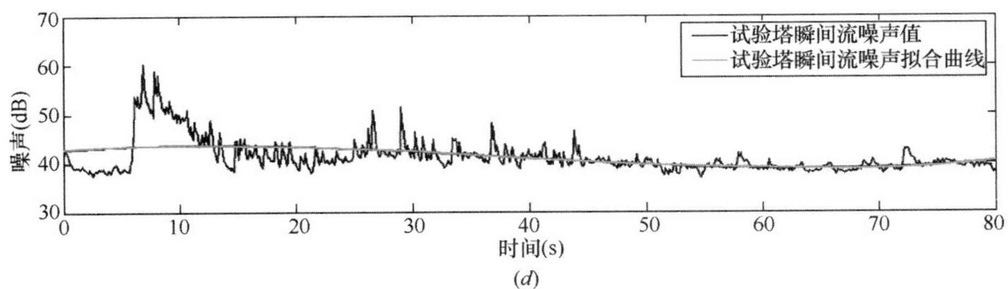

(d)

解读：3 个大便器排水每层隔 1s 排水在立管汇合，在底部形成洪峰，之后是在立管内壁润水面上水流慢慢流下，这就是变速变量流态。

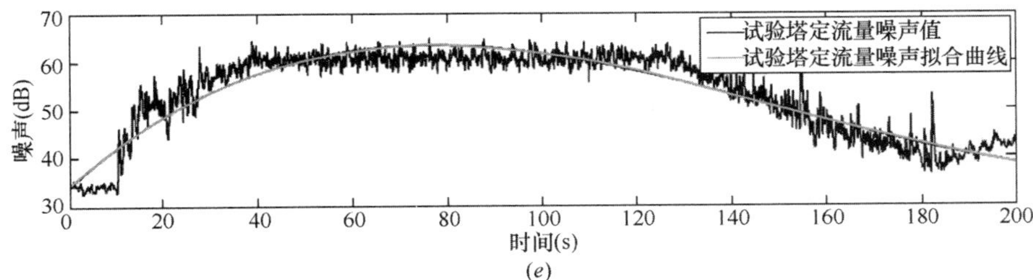

(e)

解读：在 2.0L/s 定流量持续排水 200s 的过程中还有一段流量增值段和流量递减段。

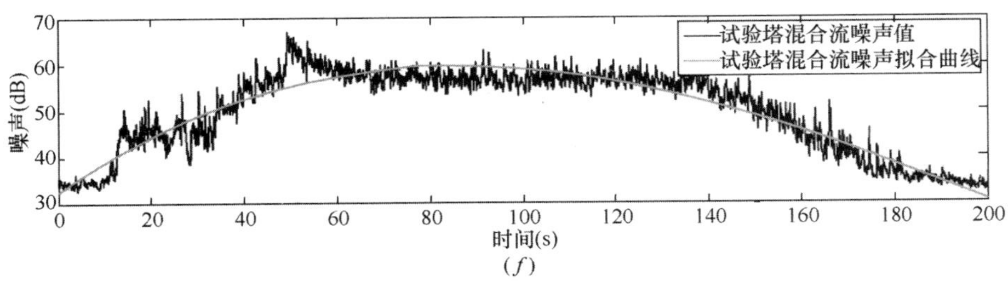

(f)

解读：常流水为填底，大便器排水起顶托作用成峰值。

图 82　北京某高层住宅与万科试验塔三种排水方式的排水噪声变化曲线（二）
(c) 高层住宅凌晨排水噪声；(d) 试验塔瞬间流排水噪声（13 层～15 层每层隔 1s 排水）；
(e) 试验塔定流量排水噪声（2.0L/s）；(f) 试验塔混合流排水噪声
（1.0L/s，40s 后+2 个大便器）

由上可知，试验塔瞬间流排水接近住宅楼运行工况（因试验塔测试只有大便器排水而无洗脸盆和淋浴器排水）。

3）以定流量为测试方法的 CECS 标准也承认“器具流量法较符合排水系统实际排水

情况”。

以日本空调和卫生工程学会标准《集合式住宅的排水立管系统的排水能力试验方法》SHASE-S 218—2008 为蓝本的定常流法为测试方法的协会标准《住宅生活排水系统立管排水能力测试标准》CECS 336—2013 和《公共建筑生活排水系统立管排水能力测试标准》CECS ×××—201×（征求意见稿）其条文说明：

2.0.4 常流量法不符合排水系统实际情况，但按照这种方法测试的结果重现性好。

2.0.5 器具流量法较符合排水系统实际排水情况，但器具流量法存在卫生器具启动时间不一致，持续时间有长短，通过流量小而叠加流量大等缺陷。

综上说明：即便是以定常流法为排水系统立管排水能力测试方法的 CECS 标准也承认“器具流量法较符合排水系统实际排水情况”。

定流量法虽测试便捷，数据重现性好，但不符合实际排水工况，再精确数据是无实际意义的。况且瞬间流法已将过去器具流量法中存在的缺陷解决了。

4）两种方法虽不同但与生活排水设计秒流量无关。

两种方法所不同之处在于：

常流水法——流量计计量后在各排水层常流水汇合入立管。

瞬间流法——排入立管汇合后计量汇合流量。

之所以立管中产生压力波动 P，其根源在于这个汇合流量。汇合流量都不存在是多少时段的平均流量的问题。

也有人认为：“生活排水设计秒流量即为生活排水 5min 的平均流量，所以要用常流水测试方法。”把测试方法与设计秒流量两者硬拉拽在一起，这种观点显然有误。排水立管系统的排水能力试验方法是确立排水立管能承接卫生器具排水流量的测试方法；而排水设计秒流量是不同卫生器具组合排出的流量。不能把两个不同性质的问题拽在一块。

普通高等教育九五、十五、十一五国家级规划教材高等学校给水排水工程专业指导委员会规划推荐教材《建筑给水排水工程》（第四、五、六版）（王增长主编）关于设计秒流量的定义：

为保证用水，生活给水管道的设计流量应为建筑内卫生器具按最不利情况组合出流时的最大瞬时流量，又称给水设计秒流量。

为保证最不利时刻的最大排水量能迅速、安全地排放，某管段的排水设计秒流量应为该管段的瞬时最大排水流量，又称排水设计秒流量。

至于“建筑给水设计秒流量是最高日最大小时最大 5min 平均秒流量”的定义，据说 20 世纪 80 年代教科书上有，虽然现在看来这个释义不确切，但正体现了“瞬时”概念，即 5/525600＝0.0000095（一年有 525600min）。

至于“生活排水设计秒流量即为生活排水 5min 的平均流量”纯属子虚乌有。

本次规范修订为了给“设计秒流量”术语下定义，参考了高校教材作如下释义：

2.1.28 设计秒流量 design peak flow

在建筑生活给水管道系统设计时，按其供水的卫生器具给水当量、使用人数、用水规律在高峰用水时段的最大瞬时给水流量作为该管段的设计流量，称为给水设计秒流量，其计量单位通常以 L/s 表示。

建筑内部在生活排水管道设计时，按其接纳的卫生器具数量、排水当量、排水规律在排水管段中产生的瞬时最大排水流量作为该管段的设计流量，称为排水设计秒流量，其计量单位通常以 L/s 表示。

定义的开头一层次系说明设计秒流量的适用范围，对于给水设计秒流量不但适用于室内管道计算还适用于室外给水管道计算，而且还用于变频供水设备的选择，所以用“建筑生活给水管道系统”。“系统”即涵盖管道和设备。

对于排水秒流量公式仅适用于室内排水管道设计，由于生活污水是间断流，一般污水提升均设置污水集水池按最大小时流量选泵，即使别墅地下室卫生间的成品污水提升装置流量只需满足最大排水器具大便器排水流量即可。

第二层次系说明影响设计秒流量量值的因素，也就是流量是怎么算出来的，仔细看一下秒流量计算公式中各个函数。

第三层次说明给（排）水规律，即为设计秒流量与各个函数之间的关系，卫生器具同时使用概率、平方根关系、同时使用百分数。

最后是描述设计秒流量是瞬时出现的峰值流量，只要按此流量设计就能满足 99.99% 的给水排水需求。

美国规范在排水立管通水能力计算时，卫生器具排水是以瞬时排水流量（peak discharge）（曲线 1）计入；而过滤器反冲洗排水和空调冷却排水是以平均流量（average flow）（曲线 2）计入，两者相加即为排水总瞬时负荷（peak loda）（曲线 3），见图 83。

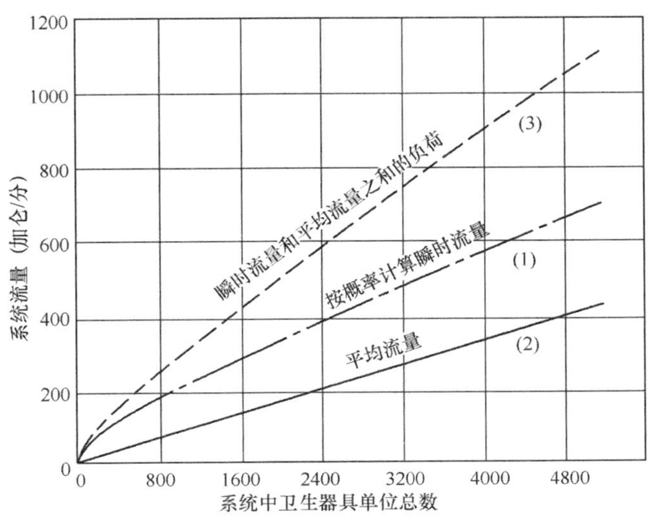

图 83　美国规范排水立管通水能力计算图关系曲线

与 400Pa 相交的 q 只有 1 个值，这个 q 值就是通水能力，而不论哪种测试方法，一个汇合流量只能获取一个最大正压 P_{max} 和一个最大负压 P_{min}，见图 84、图 85。

将数个汇合流量 q 与对应的 P_{max} 和 P_{min} 点在图 86 中。

5）定常流法的测试值与实际工程应用不符。

万科试验塔上 33 层和 11 层用定常流法取得的 P-q 曲线见图 87。de110 和 de160 只能承接 1 个大便器，这样的数据能用吗？

按现行排水秒流量计算公式计算，见表 53。

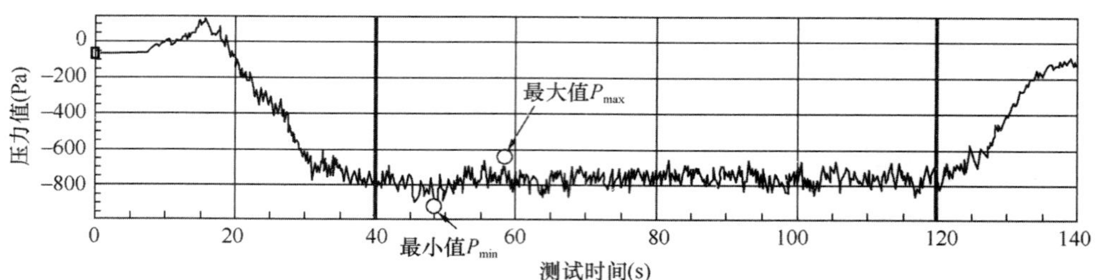

图 84 常流水的压力变化曲线

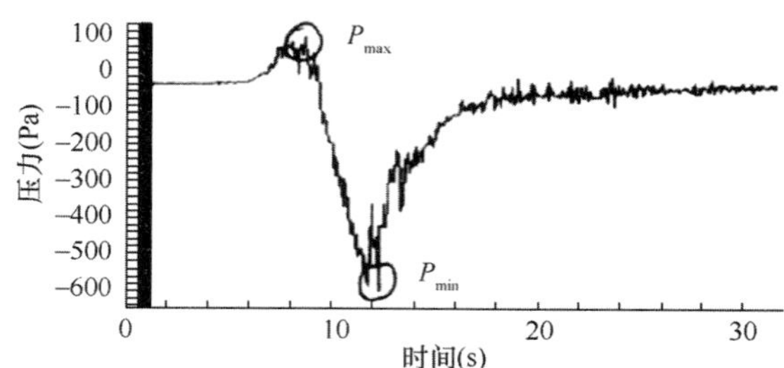

图 85 瞬间流的压力变化曲线

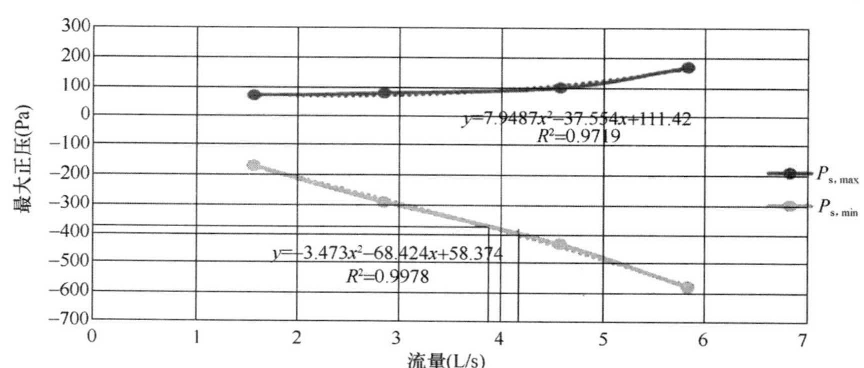

图 86 q-P 曲线

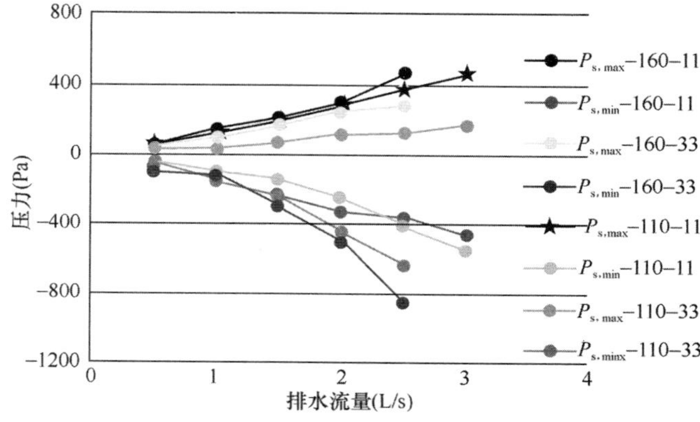

图 87 定常流伸顶通气系统 P-q 曲线

表 53　伸顶通气排水立管两种测试方法结果比较

测试方法	de110 伸顶通气排水立管	de160 伸顶通气排水立管
常流水法	1.8L/s	1.75L/s
	只能接 1 个大便器	
瞬间流法	4.0L/s	6.4L/s
	9 层（每户设有大便器、浴盆、洗脸盆和洗衣机各 1 个）	70 层（每户设有大便器、浴盆、洗脸盆和洗衣机各 1 个）
Wyly-Eaton 法	7.02L/s～11.33L/s	20.7L/s～33.4L/s

结论：规范采用瞬间流法符合我国民众生活习惯，符合生活排水立管实际运行工况，其测试数据可应用于工程设计。

2. 判别标准

（1）日本标准《集合式住宅的排水立管系统的排水能力试验方法》SHASE-S 218—2008

1）立管内压力的范围在±400Pa 以内；

2）试验用地漏的水封损失在 25mm 以下。

日本这个－400Pa 是采用了以 3Hz 过滤后的管内压力的最小值（最大负压），是通过试验对不使其破封的界限值进行验证过的值。也就是只要管内压力不大于 400Pa，水封损失不会超过 25mm。所以日本用压力值±400Pa 作为判别标准。

（2）欧美排水立管通水能力的理论是建立在水封损失≤25mm 基础上。

（3）我国《住宅生活排水系统立管排水能力测试标准》CECS 336—2013 规定立管内压力的范围在±400Pa 以内。

（4）水封比的定义系沿用日本东京大学镰田元康教授编写的《给水排水卫生设备学》中对水封比的定义，即以“脚断面积比”表示。脚断面积比地漏的流入脚的平均断面积与流出脚的平均断面积的比值。比值越大，通过感应虹吸作用或自虹吸作用的水封损失就越少。

日本标准《给水排水卫生设备规准·同解说》SHASE-S 206—2000 中术语“脚断面积比”的定义与《给水排水卫生设备学》一致。

但在日本标准《集合式住宅的排水立管系统的排水能力试验方法》SHASE-S 218—2008 中的底部断面积比恰恰与之相反：是指地漏的出水底部的平均断面积与进水底部的平均断面积之比。与日本标准《给水排水卫生设备规准·同解说》SHASE-S 206—2000 正好相反，这个只能由日本人来解释。

这个水封比的定义建议由正在修订的行业标准《地漏》CJ/T 186 确定。

除地漏外没有一个卫生器具存水弯进入口比流出口小的，虹吸式大便器的进水口平均断面积远比流出口大，见图 88。

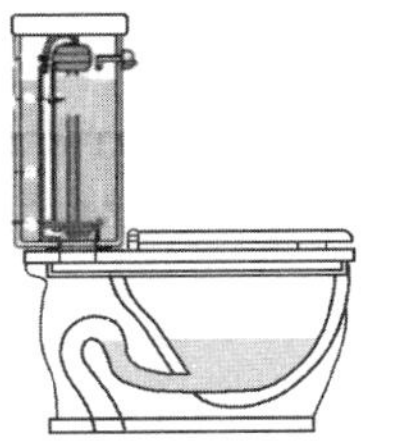

图 88　存水弯水封结构图

从存水弯水封结构图73看，负压水封损失比正压水封损失大。

当排水管道负压产生时存水弯水封处于图73（*b*）状态，只要空气不穿透水封，有50mm水柱排入排水管道。当负压消失时水封处于图73（*c*）状态，被抬高的没有排走的水封出水管段的水返回，但水封已损失25mm。

当排水管道正压产生时，存水弯水封处于图74（*b*）状态，只要空气不穿透水封，有50mm水柱顶入器具排水管道内。当正压消失时水封处于图74（*c*）状态，被顶入器具排水管段内的水返回，水封仍可恢复至原来的50mm，水封损失为0mm。即使考虑被顶入器具排水管段内的水返回时惯性效应，其水封损失比同样压力的负压值要小。

水封比与抵御压力波动之间的关系，可以用图89描述。

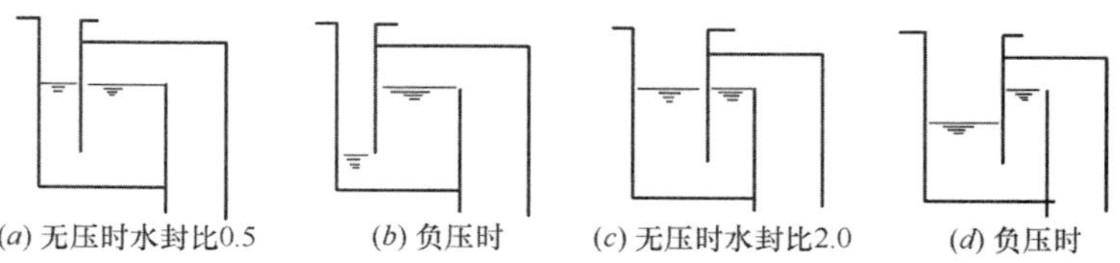

(*a*) 无压时水封比0.5　(*b*) 负压时　(*c*) 无压时水封比2.0　(*d*) 负压时

图89　水封比与抵御压力波动之间的关系

水封比为0.5的地漏，当排水管道系统−25mm（H_2O）时，就将水封进水端的水抽掉，当大于−25mm（H_2O）时水封破了。

水封比为2.0的地漏，当排水管道系统−50mm（H_2O）时，进水端的水封只抽掉一半，当大于−100mm（H_2O）时水封才破了。

这也证明了日本东京大学镰田元康教授的定义是正确的。

科研组在万科试验塔进行的排水管道压力波动对水封影响的测试中发现：

1）不论定常流测试方法还是瞬间流测试方法，只有立管内负压与水封损失值之间存在线性关系；而立管内正压与水封损失值之间不存在线性关系。其原因已在上述存水弯水封图73、图74和图89中阐述过了。

2）在管道内负压相同的条件下，采用瞬间流法测试水封损失相对常流水法小。其原因见图84，常流水测试每次时间长达120s以上，且管内压力均在负压区域内高频振荡。每振荡一次，水封损失一点，所以水封损失是120s内累计损失，如果测试时间越长，其水封损失越多；而瞬间流法汇合流量在立管中只有5s～10s，且压力振荡只有1次，虽然振幅较大但还是比常流水损失小。

3）水封芯地漏由于水封比小且水封水容积小，因此水封损失大，见图90。其他器具存水弯在−400Pa时水封损失均小于25mm。

水封芯地漏（见图91）是20世纪90年代由湖南一家地漏制造商研发的（严格来说不是地漏而是“水封芯”），它是专门对老式住宅设置的扣碗式（钟罩式）地漏进行改造用的。随着时间推移，这种“地漏”由于耗材省、成本低、安装简便，又满足水封不小于50mm的要求，迎合开发商以最低成本的需求，各地漏制造商纷纷仿制，形成了“市场上最常见的带水封地漏”。这种水封芯地漏减弱了生活排水立管的通水能力，拟在修订的行业标准《地漏》CJ/T 186中限制使用，例如规定水封深度、水封比和水封存水容积。本规范增设条文：地漏的构造和性能应符合现行行业标准《地漏》CJ/T 186的要求。

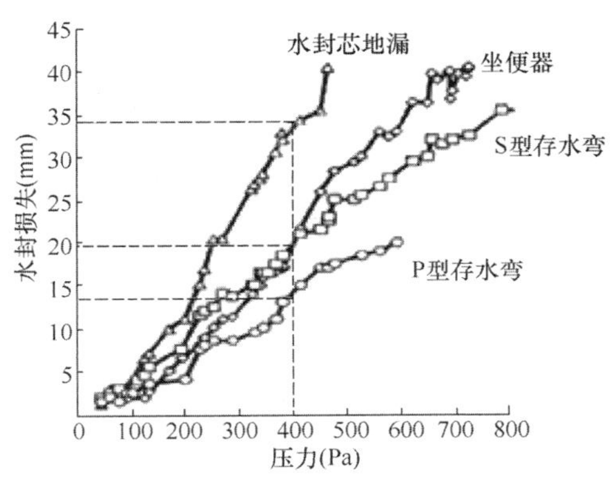

图 90 水封芯地漏与其他卫生器具水封损失对比

图 91 水封芯地漏

（5）《住宅生活排水系统立管排水能力测试标准》CJJ/T 245—2016 有严重失误：

1）该标准编制了两种测试方法：定常流测试法和瞬间流测试法。一本标准规定两种无前提条件的测试方法，属于双重标准，实际上是无标准，违背了工程建设标准编制的基本规定。

2）该标准中判别标准与测试成果结论相颠倒。该标准第 5.0.1 条规定：采用定流量法时，排水系统内最大压力 $P_{s,max}$不得大于 400Pa、排水系统内最小压力 $P_{s,min}$不得小于－400Pa；采用瞬间流量法进行测试时，排水系统内最大压力 $P_{s,max}$不得大于＋300Pa、排水系统内最小压力 $P_{s,min}$不得小于－300Pa。但根据张哲等人的“定流量与瞬间流排水对不同卫生器具水封损失影响的试验研究”结论：产生相同负压情况下，定流量排水对水封造成的损失比瞬间流的大。控制立管压力波动的目的即保护水封，所以定流量排水方式对立管通水能力的要求较瞬间流更为严格。

按此结论，应该是定流量排水方式时，排水系统内最大压力 $P_{s,max}$不得大于＋300Pa、排水系统内最小压力 $P_{s,min}$不得小于－300Pa。但该标准规定却颠倒了。

3）针对此情况，规范组与行标起草人商確，由规范主编单位出报告并盖章，致函标准主编单位要求纠正，再由标准主编单位打报告给住房城乡建设部标准定额司。结果还没等修改，《住宅生活排水系统立管排水能力测试标准》CJJ/T 245—2016 即付印出版。为此在《建筑给水排水设计规范》GB 50015 审查时，在规范第 4.5.7 条中规定：“生活排水立管最大设计排水能力按瞬间流量法进行测试并以±400Pa 为判定标准确定。”进行纠错。

结论：综上所述，瞬间流测试方法判定标准采用立管压力值不大于 400Pa 是合理的、安全的。

3. 万科试验塔阶段测试结果

测试内容按原规范表 4.4.11 进行，测试用管材和管件除特殊配件单立管外均采用符合现行国家标准《建筑排水用硬聚氯乙烯（PVC-U）》GB/T 5836 的管材和管件，按立管垂直状态下采用瞬间流测试方法，特殊单立管系统仅限参编行业标准《住宅生活排水系统立管排水能力测试标准》CJJ/T 245—2016 并愿意提供测试管材管件的企业，结果见图 92。

对 7 个特殊配件单立管和 3 个生产企业的加强型特殊配件单立管 $DN100$ 系统进行比较测试，结果见表 54 和图 93。

表 54 加强型特殊配件单立管比较测试

生产商	甲	乙	丙
最大通水能力（L/s）	3.5	7.1	7.4

通水能力悬殊！

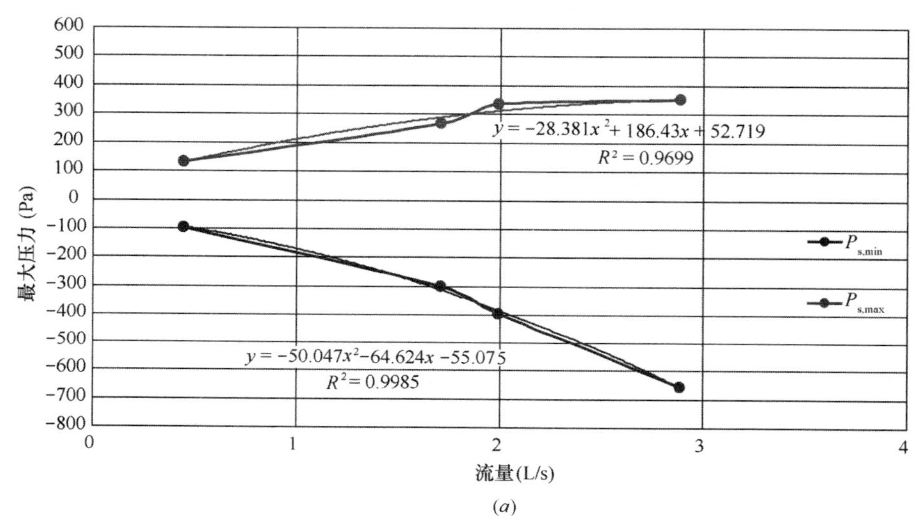

(a)

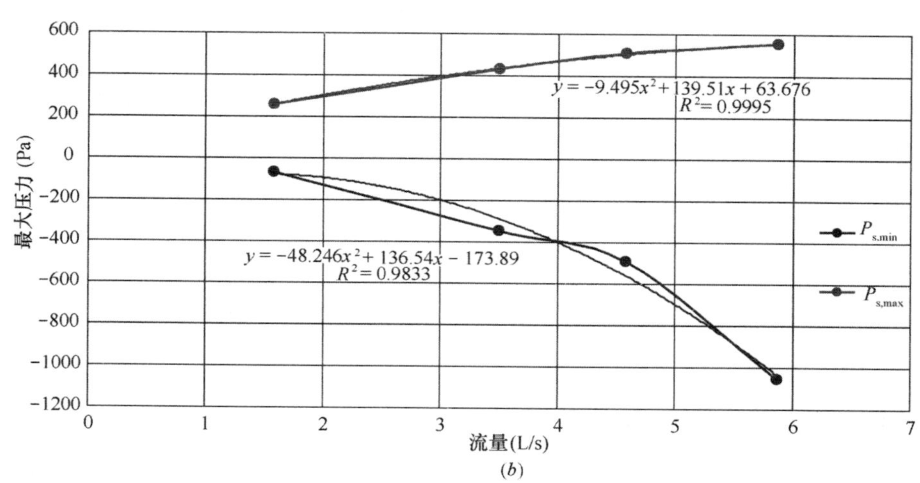

(b)

图 92 万科试验塔测试的 P-q 曲线（一）

（a）$de75$ 伸顶通气；（b）$de110$ 伸顶通气（顺水三通）

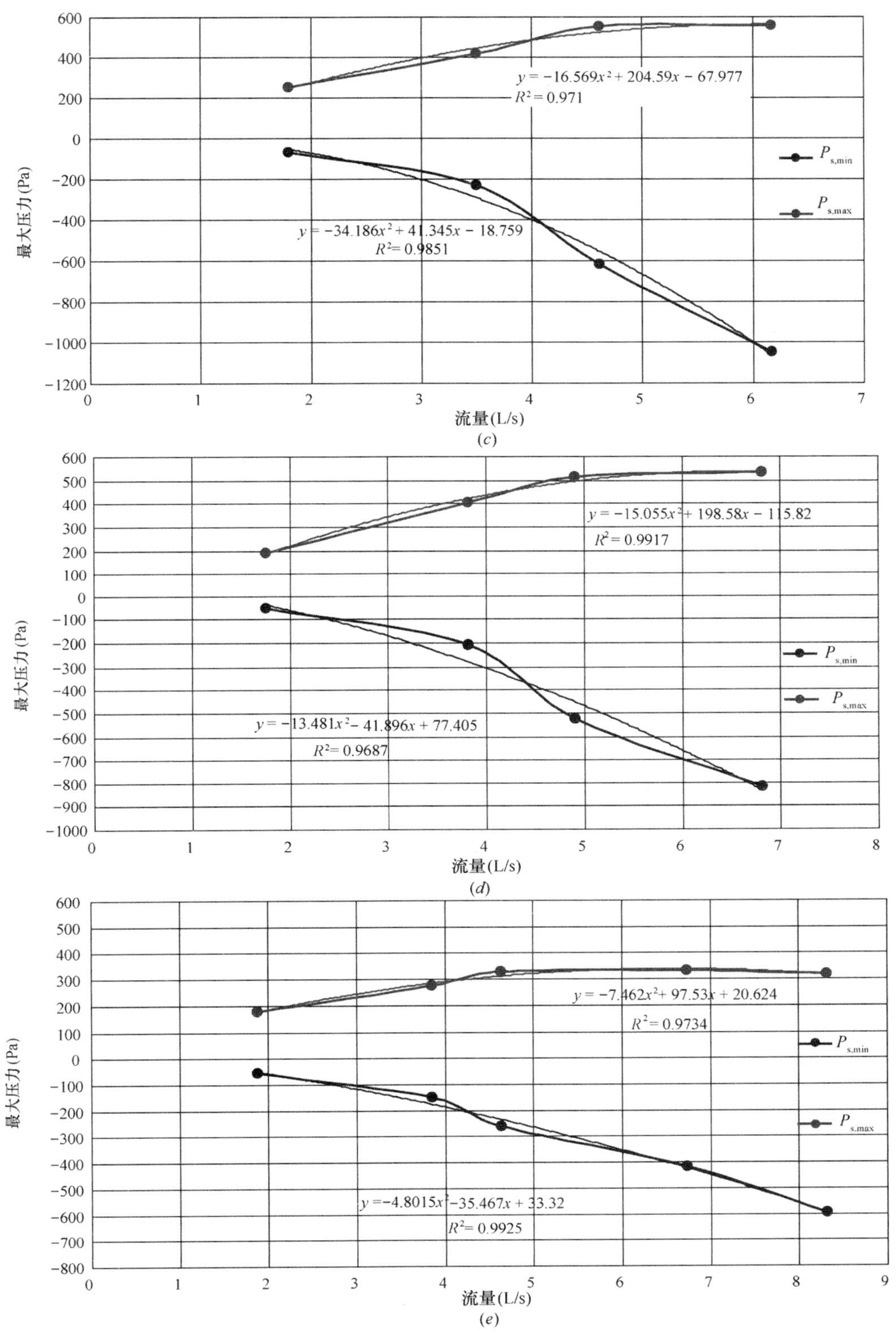

图 92 万科试验塔测试的 P-q 曲线（二）

（c）de110 伸顶通气（斜三通）；（d）de125 伸顶通气；（e）de150 伸顶通气

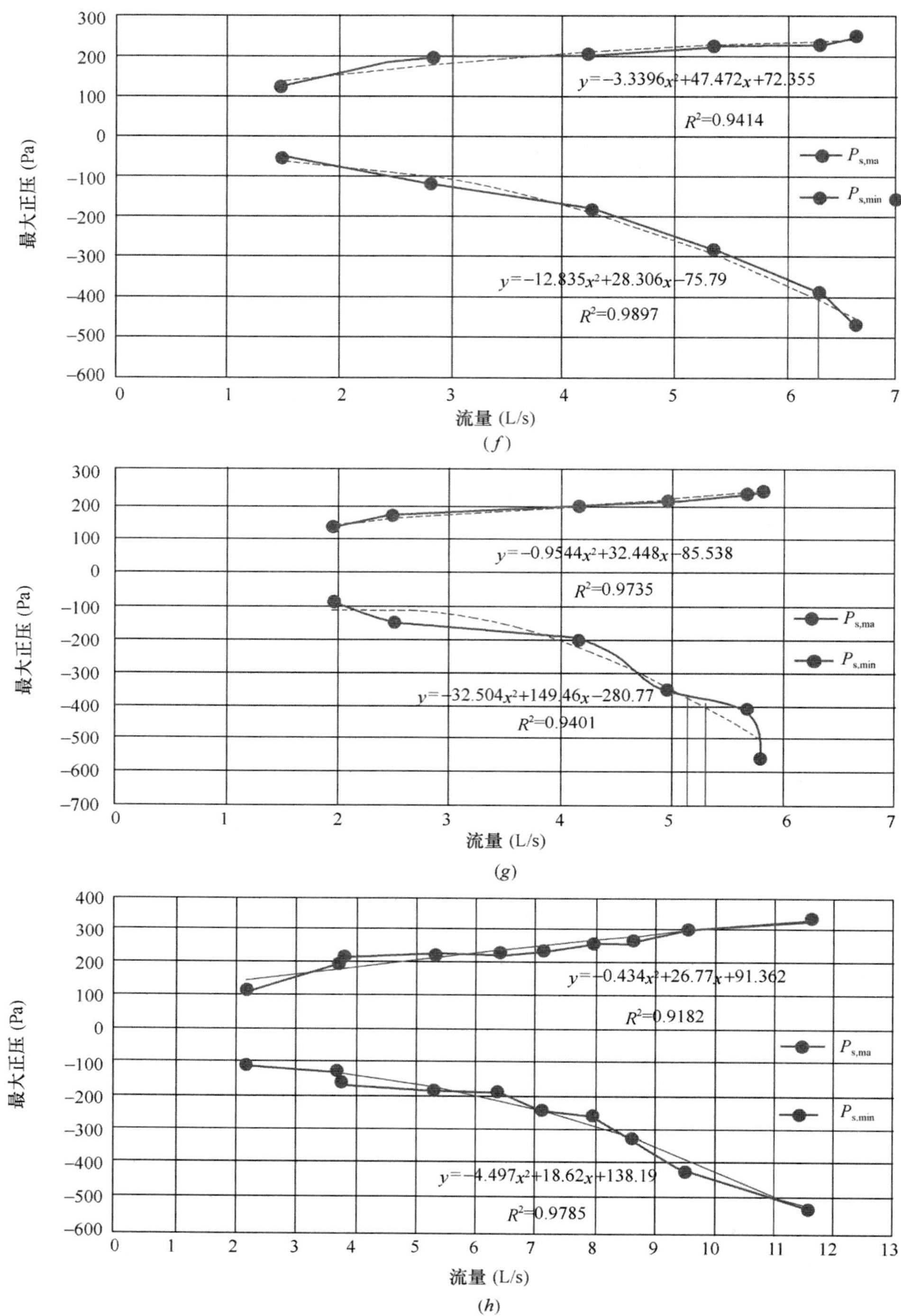

图 92　万科试验塔测试的 P-q 曲线（三）

（f）专用通气 110×75 结合通气每层连接；（g）专用通气 110×75 结合通气隔一层连接；（h）专用通气 110×110 结合通气每层连接

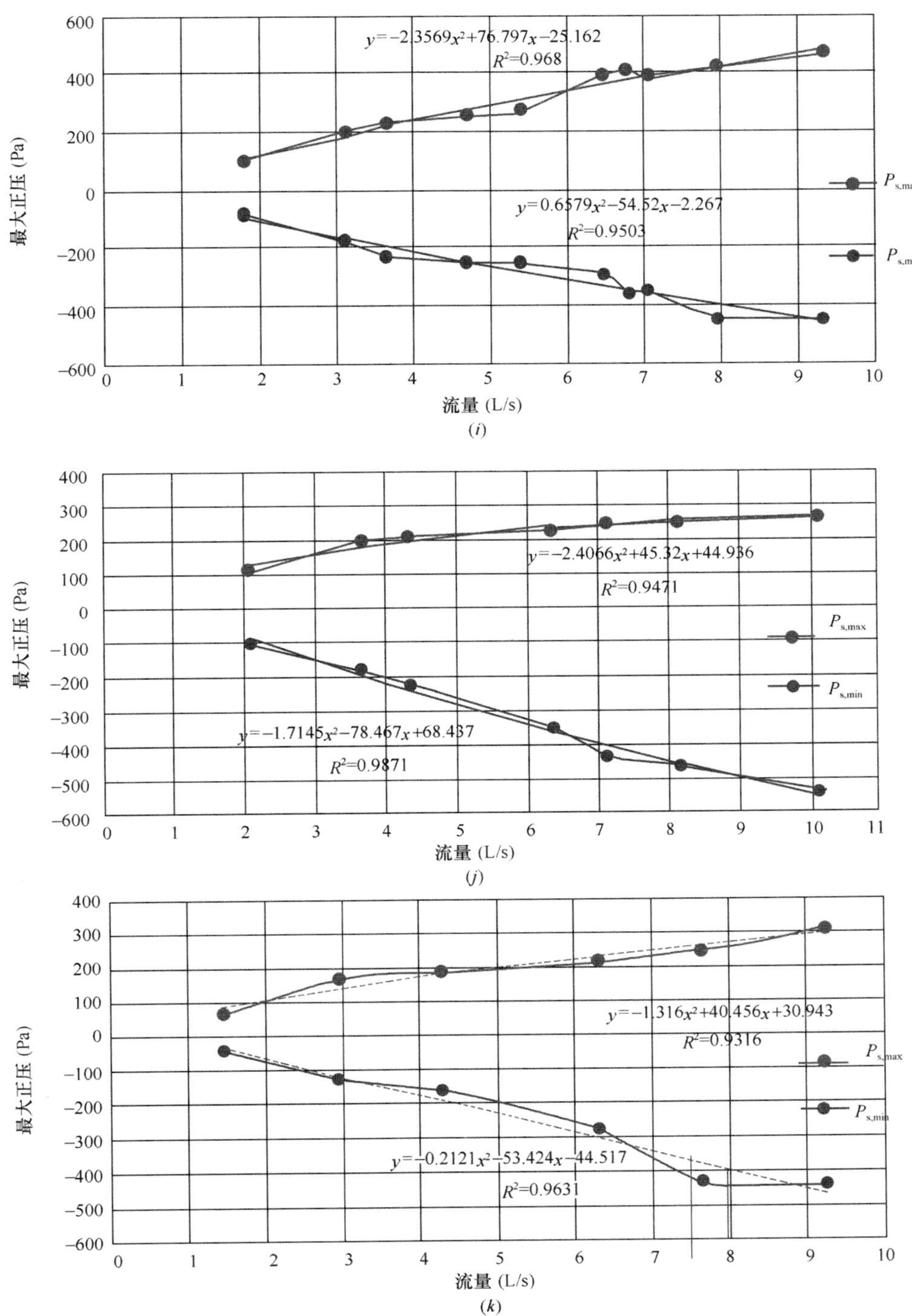

图 92　万科试验塔测试的 P-q 曲线（四）

(i) 专用通气 110×110 结合通气隔一层连接；(j) 专用通气 125×110 结合通气每层连接；(k) 主通气+环形通气 110×110

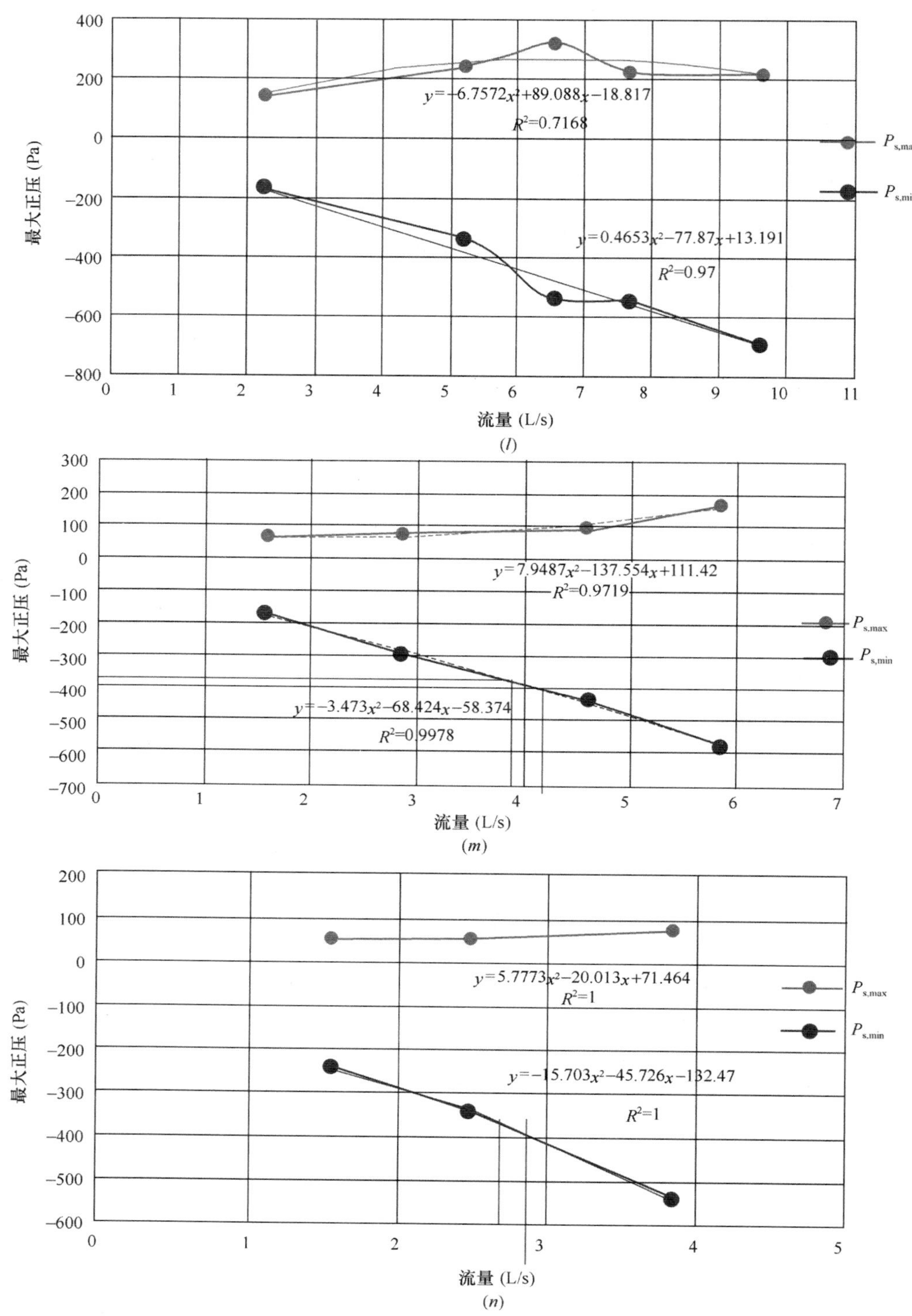

图 92 万科试验塔测试的 *P-q* 曲线（五）

（*l*）主通气＋环形通气 125×110；（*m*）自循环专用通气 110×110；（*n*）自循环专用通气 125×110

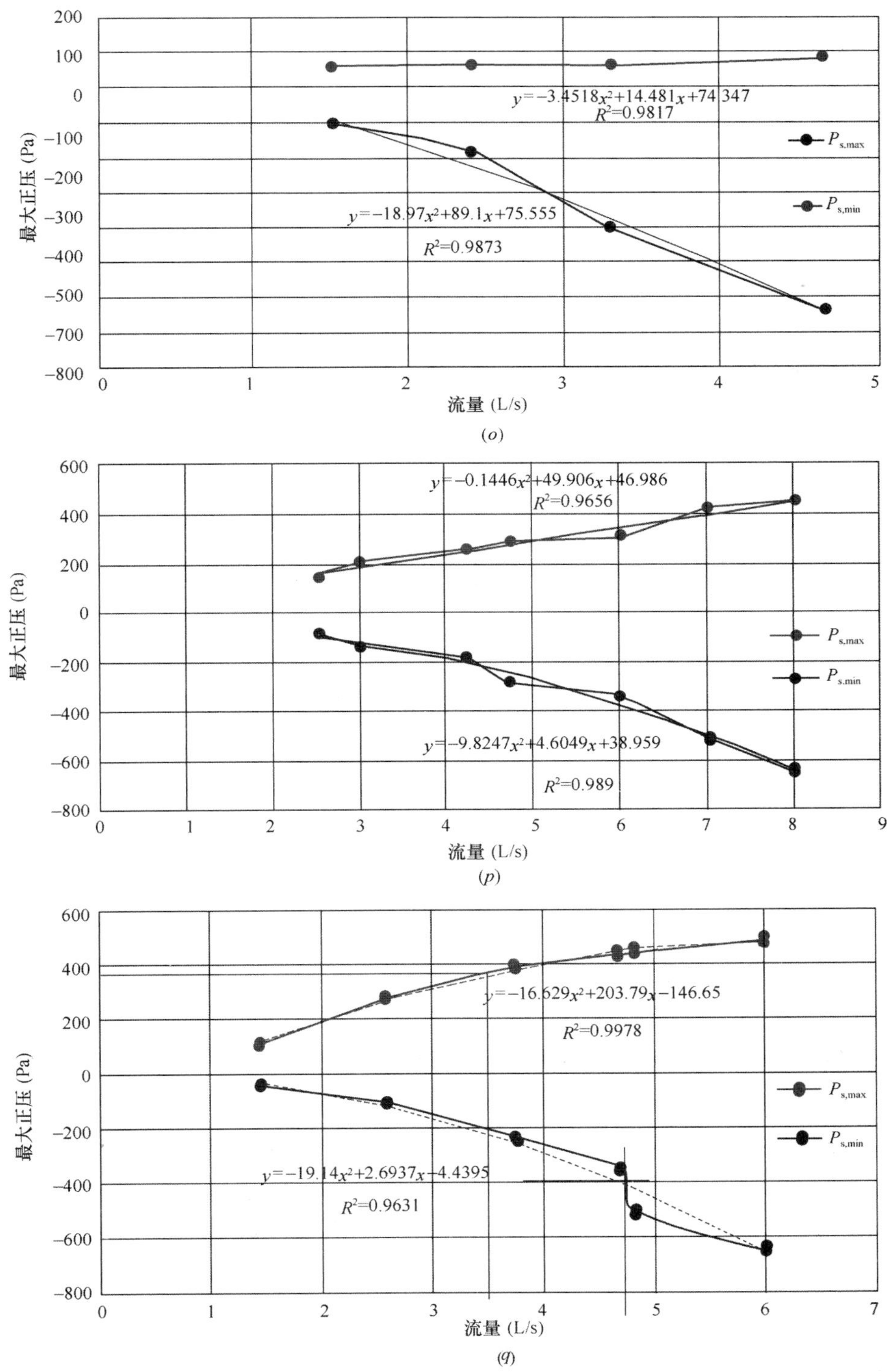

图 92　万科试验塔测试的 P-q 曲线（六）

（o）自循环环形通气 110×110；（p）苏维脱 110；（q）特殊单立管道通型 110

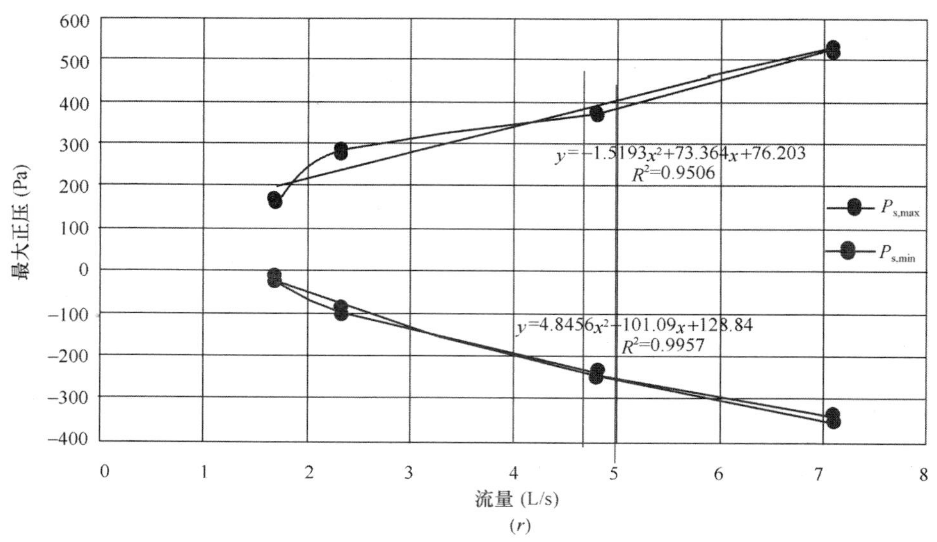

图 92 万科试验塔测试的 P-q 曲线（七）

（r）特殊单立管加强型 100

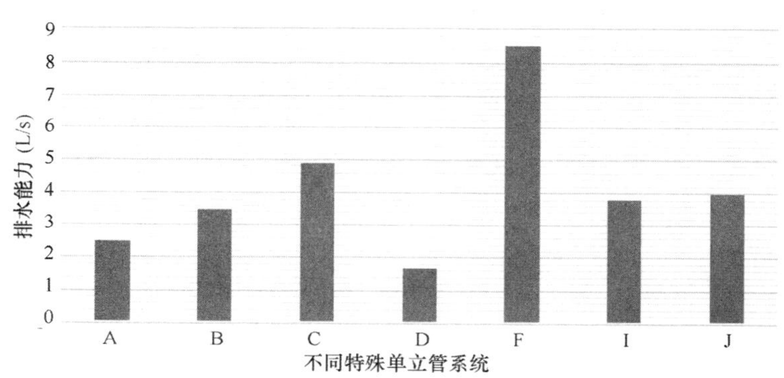

图 93 不同特殊配件单立管系统的排水能力

4. 万科试验塔阶段测试结果分析及数据处理

通过分析归纳有以下几点：

（1）75mm 测得数据偏大，达 2.0L/s。

这是由于采用洗脸盆作为瞬间流发生器，如果该数据用于住宅厨房洗涤盆排水则可能不合适，洗脸盆排水口径为 $DN32$，一次排水量不足 6L；而洗涤盆排水口径为 $de40$，一次排水量达 27L。

按规范规定：洗脸盆排水当量为 0.25；而厨房洗涤盆排水当量为 0.33。如按通水能力 2.0L/s 计，$de75$ 排水立管可负担 86 只厨房洗涤盆排水，也就是可承接 86 层超高层住宅的厨房洗涤盆排水，这显然偏大。

在未采用厨房洗涤盆作为瞬间流发生器测试 $de75$ 排水立管之前，根据工程经验，$de75$ 立管最多用于 18 层以下的住宅厨房洗涤盆排水，故 q 宜取值 1.0L/s，并将厨房

*de*75 单独列出。

该数据如用于公共建筑，建议按表 4.5.1 卫生器具排水当量<1.0，按卫生间排水能力计算，反之亦然。

（2）90°顺水三通与 45°斜三通无差别。

说明只有在定常流时 90°顺水三通与 45°斜三通的通水能力才有区别。在瞬间流时，其差别不明显，拟把两项合二为一。

（3）*de*125 排水立管通水能力比 *de*110 排水立管通水能力小。

这是意料之外的，测试数据显示除伸顶通气形式的 *de*125 排水立管通水能力比 *de*110 排水立管通水能力大外，其他通气形式的 *de*125 排水立管通水能力均比 *de*110 排水立管通水能力小。经分析，这与横支管接入立管的接口有关，由于市场上没有 *de*125×*de*110 的顺水三通，故必须采用 *de*125×*de*110 过渡接头。*P-q* 曲线显示负压破坏为主。目前无法解释这种反常观象。

由于 *dn*125 的管材和管件很难买到，这次测试用的管材和管件由福建亚通公司专门加工挤出和注塑。经市场调查其他管材如铸铁管和 PE 管 *dn*125 均无现货，要根据订单批量生产，为此规范暂不纳入 *dn*125 的立管系统通水能力。

（4）从 *P-q* 曲线中看到，除设有通气立管系统的排水立管、仅伸顶通气的 *dn*150 排水立管、苏维脱外仅伸顶通气单立管和特殊配件单立管均呈现正压先于负压形成＋400Pa。

为什么呈现正压先于负压形成＋400Pa？分析原因有：①不设通气立管的管道系统，仅靠伸顶通气释放（或抵消）不了污水在下落过程中产生的正负波动压。②正压的产生并不是由于排水立管底部反压造成的，因为 24 层产生正负压波动时，污水尚未抵达立管底部。因此，仅伸顶通气的 *de*110 排水立管产生这个正压只能是污水下落的下压力与污水团前端管道内气体受压缩和管道摩阻力形成反力造成的。

对于特殊单立管系统的普通型和加强型 *de*110 排水立管尤其明显：按±400Pa 为判别标准普通型负压破坏是 4.75L/s，而正压破坏是 4.0L/s；加强型负压破坏是 8.0L/s，而正压破坏是 5.0L/s。说明特殊单立管系统的普通型和加强型管内设有旋流筋、旋流叶片等对减缓水流速度、消除水流下降速从而提高排水立管通水能力起到了重要作用。但是这些旋流筋、旋流叶片如设计不当也会产生负面效应，这就是事物的两面性，高速下落的水团在旋流筋、旋流叶片处产生反弹力是特殊单立管系统的普通型和加强型 *de*110 排水立管正压先于负压破坏的主要原因。

（5）从 *P-q* 曲线图中发现苏维脱并不出现正压先于负压破坏，而是相对于 0.00Pa 轴线正负压值基本均等。这是因为在苏维脱配件中支管与立管之间设有水流阻隔壁，在水流阻隔壁上有连通缝隙，形成小自循环通气，这是苏维脱结构设计的巧妙之处。

为什么这个正压 P_{max} 发生在 24 层？见图 94，也就是在最低层间排水层以下约 15m～18m（6 层）左右？可以这样解释：层间瞬间流发生器组合排水在最低层间排水层（大约第 30 层）的下一层其汇合的流量最大为 q_{max}，但由于汇合流污水团受重力作用 3m/s 属起落（起跑）速度通过下坠高度的不断加速，水团到 24 层时达到最大流速 v_{max}，此水团受以下长度约 80m 长的管道内气体摩阻造成的反力或者旋流筋、旋流叶片的反弹力，这个反力足以在 24 层形成一个较大的正压。

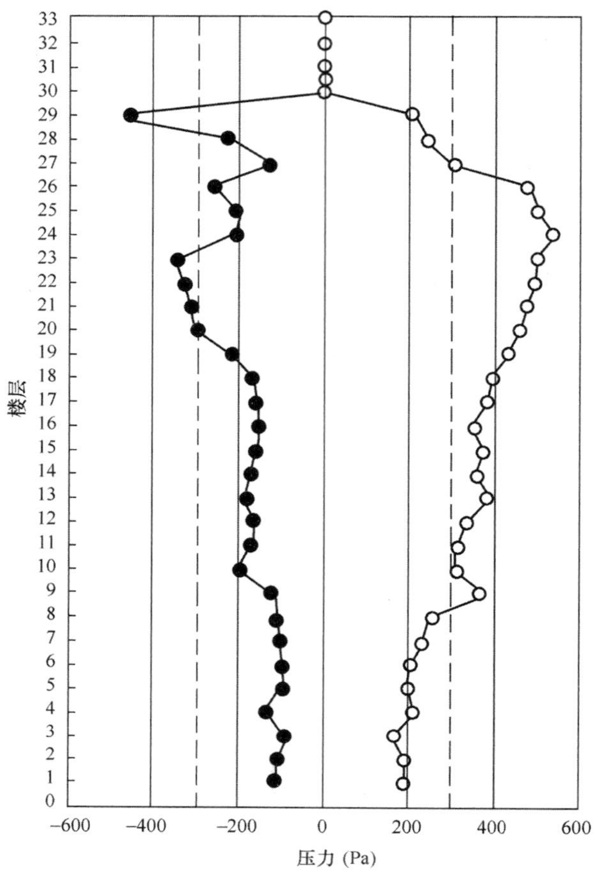

图 94 33 层 4 个瞬间流发生器排水时 *P-H* 曲线

这与从试验塔 15 层及以下瞬间流发生器组合排水时，产生的 *P-t* 振波线有明显区别。见图 95。

而当测试高度为 15 层时，15 层、14 层、13 层、12 层排水，最大正压第 7 层的正压也仅有 100Pa，其以下的管道长度仅有 30m。

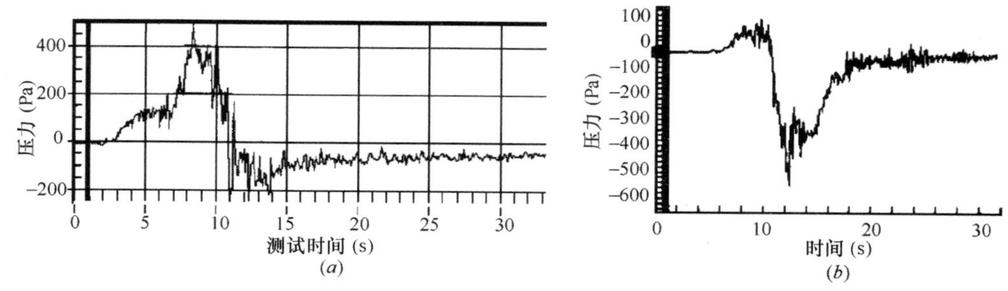

图 95 不同高度测试的最大正压层 *P-t* 曲线

（*a*）测试高度为 33 层时 24 层 *P-t* 曲线；（*b*）测试高度为 15 层时 7 层 *P-t* 曲线

上述结果表明，排水立管高度对仅伸顶通气单立管 $de110$ 和特殊配件单立管的通水能力有影响，但对于设有通气立管、苏维脱（接头内有气流小循环）和管径大的立管（$de160$）没有影响，这是由于污水团下降被压缩的气体从通气管系或从水团与管内壁缝隙中回流平衡。

至于立管高度与通水能力之间是什么定量关系？由于没有进行各种排水立管系统在各种高度下排水的压力分布测试，因此无法量化。

日本在 100m 测试塔对 50m 测试塔所做测试数据进行对比测试，排水楼层的影响因素见图 96（定常流水）。

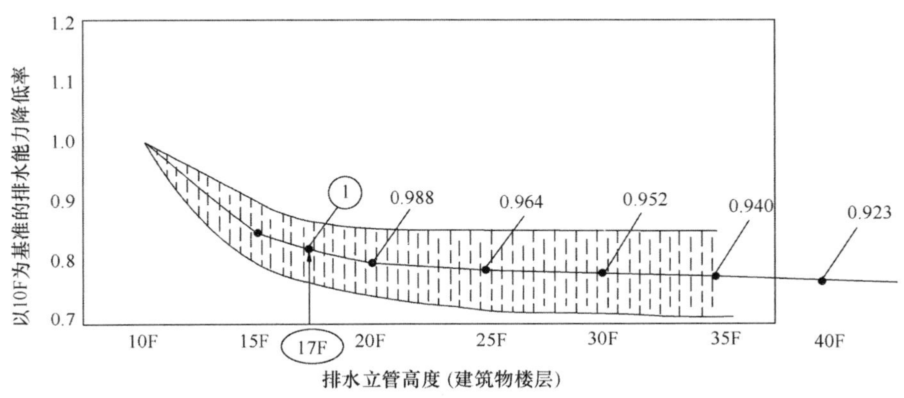

图 96　日本立管高度对通水能力的影响

由于日本是对特殊配件单立管的验证，采用的是常流水。立管越高，立管中从上至下充盈水柱受到重力作用，产生势能，立管越高势能越大，水柱下曳抽吸力越大，立管产生负压就越大。

而瞬间流在立管中产生汇合流疑似水团，其质量是固定的，仅仅是这个水团在高位和低位的区别。如在前面分析的，是受水团前端排水管内空气阻力和旋流筋、旋流叶片的反弹力顶托，呈现正压趋势。

对于仅伸顶通气的 $de110$ 排水立管，从 P-q 曲线看，由于其承接排水负荷小，不能用于高层建筑，所以不可能用于 15 层以上，规定打折是无意义的。

为此建议：除苏维脱外的特殊配件单立管系统，当立管高度大于 15 排水层时其立管通水能力测试值乘以系数 0.9。

（6）设通气立管的排水立管系统均有良好的消除正负压力波动能力。

这就是立管中产生的气压波动通过通气立管、结合通气管小自循环通气得到平衡，其影响因素有立管管径和结合通气管的设置。由此联系到设置副通气立管排水立管的通水能力。由于副通气立管与立管之间没有任何通气管连接，相当于仅伸顶的排水立管，副通气立管仅起到抵消排水横支管的负压作用。所以主通气立管与副通气立管的排水立管采用同一通水能力是不恰当的。在没有经过对副通气立管的排水立管通水能力实测的情况下，建议将“副”字删去。

（7）自循环通气系统设置结合通气管不利于自循环，削弱了系统正负压抵消作用。

对于有通气立管伸顶的专用通气立管排水系统和主通气立管排水系统来说，结合通气管＋通气立管＋排水立管在层间形成小气流循环，本规范第4.5.7条表4.5.7中显示：每层连接与隔层连接对排水立管通水能力有影响。结合通气管的管径对排水立管通水能力影响的试验虽没有做过，但从管径与气阻角度分析，结合通气管的管径应与其连接的通气立管管径一致。但对于没有伸顶的自循环通气的排水系统是排水立管与通气立管及其上下端连通的大循环。根据同济大学测试平台实测，在结合通气管的管径比通气立管小一档的情况下，在排水立管底部呈现负压（通常情况下排水立管底部呈现正压），其通水能力大于仅伸顶的常规配件的立管通水能力。而在万科试验塔结合通气管的管径与通气立管的管径一致且每层连接的情况下却小于仅伸顶的常规配件的立管通水能力，说明结合通气管管径大且层间连接会对自循环起相反作用。因此对于自循环通气的排水系统结合通气管的管径的连接条文作如下修改：自循环通气的排水系统不宜结合通气管每层连接，且连接管管径拟比立管小一号。自循环通气的排水系统的通水能力保留原规范设计参数。今后将继续进行自循环通气的排水系统的通水能力在无结合通气管的情况下的研究和测试。

（8）本版国家规范暂不对特殊单立管系统通水能力作规定。

特殊单立管系统由于品种繁多无统一产品标准，管道与配件组成系统层出不穷。经初步测试，其通水能力差异很大，见表54。

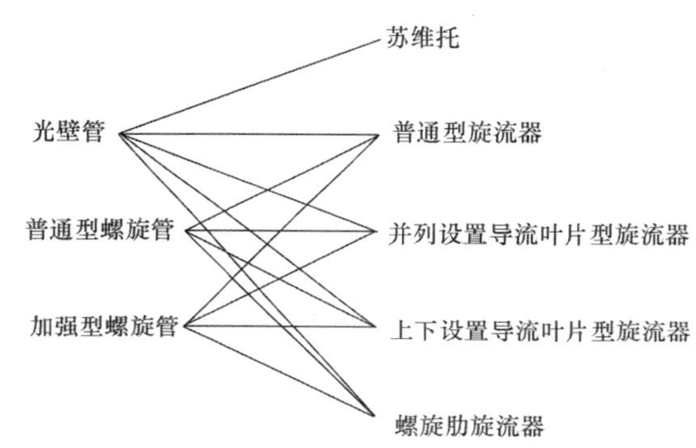

图97 特殊单立管排水系统的不同组合

苏维脱这种特殊配件又分为普通苏维脱和旋流苏维脱两种，加强型特殊配件单立管系统又分为加强型旋流器与光壁管配套和加强型内螺旋管不与加强型旋流器配套两种。仅旋流器产品不下十几种，图97中特殊单立管共有13种组合方式。

特殊单立管系统都由企业开发，规范不可能也没有必要对繁多的特殊单立管系统进行测试，而应该由企业提供给设计单位推广产品必需的技术资料。为此规定用于工程设计的产品必须通过测试确定系统立管的最大通水能力。况且我国已建有多个测试塔，完全能满足市场需求。

为了保证设计资料的正确可靠，测试机构应为具备政府行政部门认可检测资质的第三方公益机构、省部级重点实验室、科研院所。

在规范送审稿审查会上，根据生产排水铸铁管的山西泫氏实业集团有限公司要求提出对铸铁管的排水能力测试。为此由国家住宅与居住环境工程技术研究中心于2016年下半年在万科试验塔进行。管道系统采用 *DN*150 铸铁管伸顶通气系统，其中排水立管、顺水三通和排水横干管采用山西泫氏实业集团有限公司生产的平口卡箍式连接铸铁管……采用 *DN*150×100 顺水三通与立管连接，按瞬间流法进行测试，结果见图98。

最大负压力值达到－400Pa时，通过图中拟合曲线PVC-U管的流量为6.34L/s，即 *de*160PVC-U管伸顶通气系统瞬间流时排水能力为6.34L/s。同条件下铸铁管系统瞬间流量排水时排水能力为6.36L/s～7.32L/s，为PVC-U管的1.14倍。

不论是什么材质的排水立管，测试的均为未使用过的新管，而因维修拆卸的旧管，其管内壁有一层滑腻的膜，这是生物膜。排水立管生活污水中有丰富的有机物质和流通的空气和湿润的环境，有利于生物膜的形成和生长。因此不论什么管材，在运行一段时间后，其内壁的生物膜的生长使不同材质的管道内壁粗糙度均一化了，这一观点得到了国内外大多数专家的认可，故采用塑料管道代表光壁管测试结果是安全的。

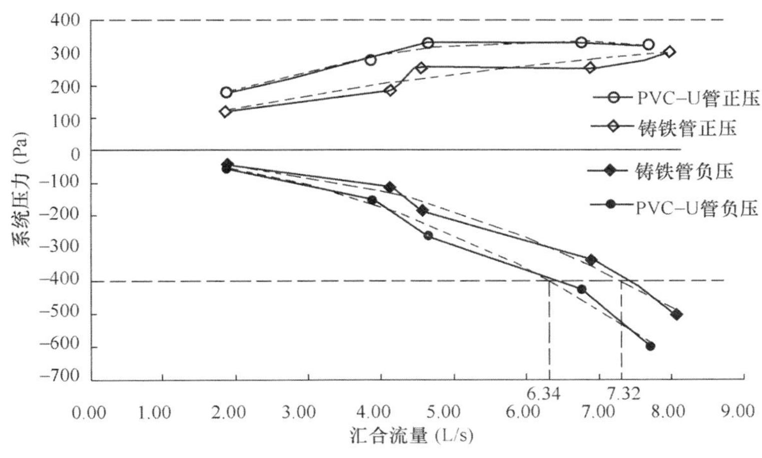

图 98　铸铁管系统与 PVC-U 管系统排水能力对比

5. 生活排水立管最大设计排水能力

本标准规定：

4.5.7　生活排水立管的最大设计排水能力，应按下列确定：

1　生活排水系统立管当采用建筑排水光壁管管材和管件时应按表 4.5.7 确定。

2　生活排水系统立管当采用特殊单立管管材及配件时，应根据行业标准《住宅排水系统排水能力测试标准》CJJ/T 245 所规定的瞬间流量法进行测试，并以±400Pa 为判定标准确定。

3　当在 50m 及以下测试塔测试时，除苏维脱排水单立管外其他特殊单立管应用于排水层数在 15 层及 15 层以上时，其立管最大设计排水能力的测试值应乘以系数 0.9。

6. 安全性评价

（1）瞬间流是极端排水情况。

由于测试方法中瞬间流均从顶层开始逐层相隔 1s 排水，这是极端排水情况，实际生活排水是无序的。这种逐层相隔 1s 排水的概率多少？

采用概率统计法计算：

已知：一幢 33 层住宅建筑，每户 3 人，设有大便器一座，大便器排水时长为 5s，由 1 根 dn110 污水立管连接 33 层中每一层的大便器。在上班前 1h 内居民应完成便厕。

答：

1）无论哪一层，在 6：00—7：00 的任何时间，大便器的排水概率为 $p=3\times5/3600=0.0042$。若认为这 33 层的住户的排水现象符合二项分布（或泊松分布），则每户大便器独立使用，互不影响，即可认为各住户的大便器的排水行为不受其他住户影响，每户的排

水概率均为 $p=0.0042$。

2）求在 33 层排水时第 32 层隔 1s 的排水概率 P？

$$P_{(X=2)}=\binom{2}{2}p^2(1-p)^{2-2}=1.8\times10^{-5}$$

3）求在 33 层排水时第 32 层隔 1s 排水后又隔 1s 第 31 层排水，这种状况出现的概率？

$$P_{(X=3)}=\binom{3}{3}p^3(1-p)^{3-3}=7.4\times10^{-8}$$

由此可知，33 层逐层相隔 1s 排水的概率极其微小，按此测得的立管通水能力是绝对安全的。

（2）清水测试与模拟便条＋手纸对比测试无区别。

测试方法中均以清水作为介质，而实际生活污水中含有便便＋手纸，是否对生活污水立管通水能力产生影响，国内外都做过试验，见图 99 和图 100。

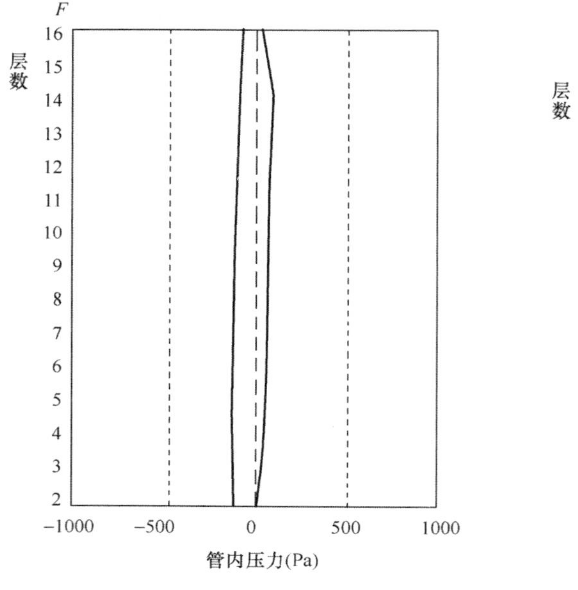

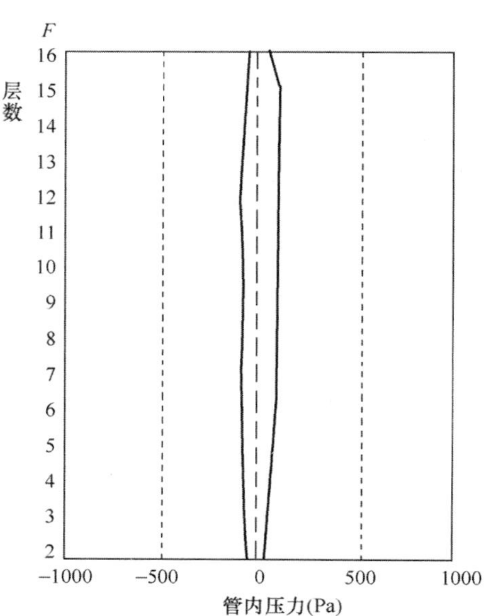

图 99 日本清水测试与模拟便条＋手纸对比测试

国内外测试结果表明，采用清水为测试介质的数据可作为生活污水排水立管通水能力的依据，无需考虑折减系数。

（3）工程安装因素是否要考虑？这要根据具体情况分析。

工程安装因素主要是立管垂直度的影响，人们可能认为仅伸顶通气排水立管由于不垂直，生活污水在立管中左右前后晃荡下落产生的压力波动比垂直立管中产生的压力波动大。实际情况恰恰相反，2011 年天津会展酒店工程，模拟工程实际接管情况，通过在同济大学留学生楼搭建每层偏置（相对于不垂直更极端）的排水立管和对比的直通立管进行排水试验。测试结果表明：在设置通气立管条件下，该偏置立管的排水能力优于直通立管的排水能力，见图 101。

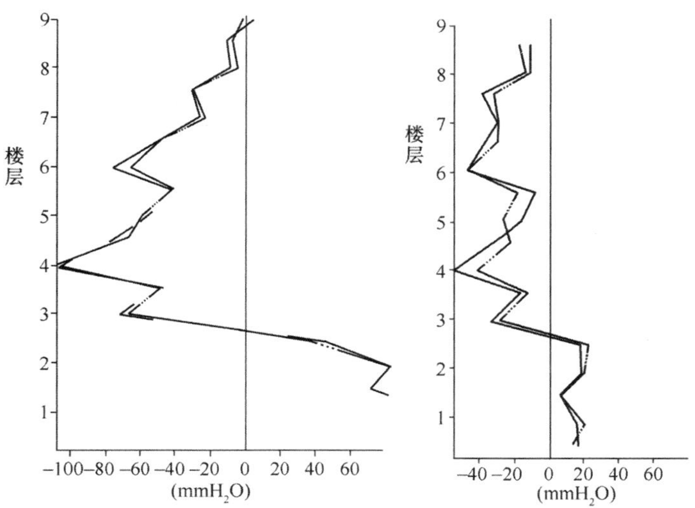

图 100　前三门清水和模拟污水对比测试

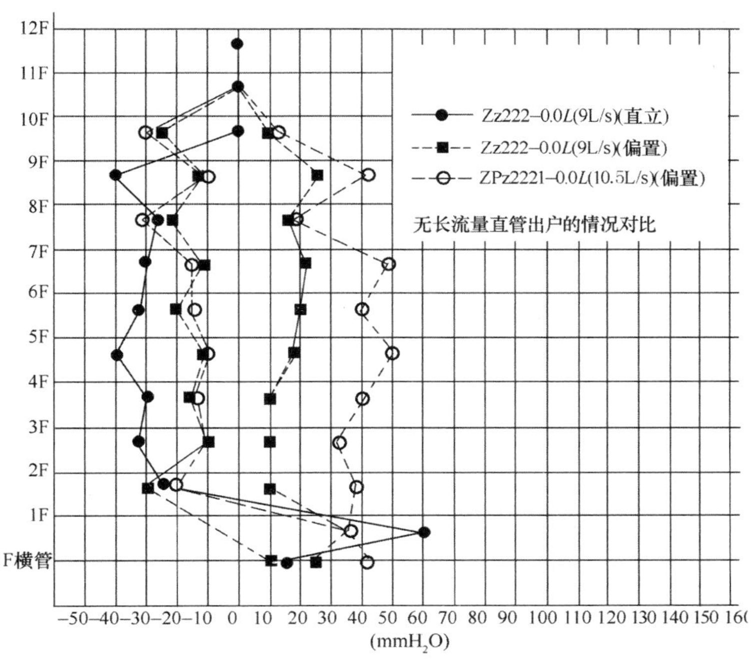

图 101　直立管系统和偏置管系统对比

对于苏维脱配件，立管通水流道在每层有一个弯道，但由于有通气孔隙，这个弯道没有对苏维脱系统排水能力造成负面影响，见图 58。

因此对于仅伸顶通气立管 *de*160、设有专用通气立管系统的排水立管系统和苏维脱排水立管通水能力测试值无需再打折扣。

结论：按本阶段的测试成果制定的生活排水立管最大设计排水能力应用于工程实践是安全、适用的。

7. 存在问题和期待补测内容

（1）*de*75 伸顶通气的排水立管应补充进行厨房洗涤盆排水的测试。

（2）副通气立管还要补测。如测试结果显示通水能力小的话，则可将光壁排水立管改成加强型特殊单立管。

（3）据说湖南大学测试特殊单立管加专用通气立管，通水能力达到了 25L/s。万科试验塔上可采用瞬间流验证一下。

（4）通过不同高度排水层对仅伸顶通气的单立管、特殊配件单立管瞬间流测试，以探索排水立管高度对通水能力的量化关系。

（5）随着我国超高层公共建筑大量兴建，设有 *DN*100 专用通气立管的 *DN*100 污水立管已不能满足超高层建筑生活排水工程之需，需要进行设有 *DN*100 专用通气立管的 *DN*150 污水立管的排水能力测试。顺便将 160×110 自循环通气系统测试一下，以及自循环通气系统在无结合通气管及排出管口淹没条件下的通水能力。

参考文献：

[1] 国家住宅与居环境工程技术研究中心．住宅排水系统能力瞬间流研究报告[R]．北京：2015.
[2] 张哲，张磊，张天，等．定流量与瞬间流排水对不同卫生器具水封损失影响的试验研究[J]．给水排水，2014，40(7)：84-87.
[3] 张森．生活排水管道通水能力测试方法及与之相关问题的探讨[J]．给水排水，2015，41(1)：65-73.
[4] 张森．关于排水立管通水流量测试方法的探讨[J]．工程建设标准化，2011(9)：22-25.
[5] 中国建筑设计研究院．《住宅生活排水系统立管排水能力测试标准》CJJ/T 245—2016[S]．北京：中国建筑工业出版社，2016.
[6] 悉地(北京)国际建筑设计顾问有限公司．《住宅生活排水系统立管排水能力测试标准》CECS 336—2013[S]．北京：中国计划出版社，2013.
[7] 《公共建筑生活排水系统立管排水能力测试标准》CECS xxx—201x(征求意见稿).
[8] 赵世明．排水立管瞬间流量测试法面临的难题[J]．给水排水，2015，41(1)：
[9] 张哲，赵珍仪，杨鹏辉，等．通过噪声比对测试探索排水立管流态的试验研究[J]．中国给水排水，2017(15)：145-148.
[10] 日本标准《集合住宅的排水立管系统的排水能力试验方法》HASS 218—1999.
[11] 日本标准《给水排水卫生设备规准·同解说》HASS 206—2000.
[12] 卢安坚．美国建筑给水排水设计[M]．北京：经济日报出版社，2007.
[13] 《室内重力流排水系统 第3部分：屋面雨水排水》EN 12056-3：2000.

——本文为规范审查专题报告，后作局部修订补充

专题 5

关注建筑给水设计秒流量计算的参数

张　森

（华建集团建筑科创中心，上海 200011）

摘　要：从我国国家标准《建筑给水排水设计规范》GB 50015 在给水设计秒流量计算公式的修编历程出发，对新近出现的概率法计算设计秒流量公式中的参数提出异议。指出建立符合国情的基础数据测试的重要性，并提出了有关秒流量计算的参数测试采集的建议。
关键词：建筑给水；设计秒流量；计算的参数

1. 我国规范给水设计秒流量公式

新中国成立前我国是一个半殖民地半封建的国家，房屋卫生设施落后，仅有一些租界地的洋房有给水排水设施，一般由私人营造厂或事务所按租界管辖国的技术规则进行设计施工。

新中国成立初期进行第一个、第二个五年计划（1953—1962 年）社会主义经济建设。当时由苏联和东欧国家的资金、设备和技术援助，故建设标准都执行援助国的技术标准。

1962 年开始制定了我国第一本建筑给水排水类的规范《室内给水排水和热水供应设计规范》BJG 15—1964。（简称 64 版规范）。由于西方对我国的封锁，这本规范以苏联规范《民用建筑室内上水道设计标准》СНИПⅡ-Г1—62 为蓝本编制，这就为我国建筑给水排水设计规范苏系奠定了基础。其中给水设计秒流量公式开始由 C·A 库尔辛在敖得萨城对 1200 幢住宅建筑进行为期 6 年的观测研究，之后由 N·A 斯培诺夫建立了以卫生器具当量为基础的设计秒流量基本公式 $q=0.2\sqrt[\alpha]{N}$，其中系数 0.2 反映了户居住人数与人均用水量之间的关系，在 0.174～0.187 范围内最终定为 0.2，式中 α 值是与人均用水量标准相关的指数，在 2.0～2.16 之间变化。此公式经实测验证发现偏小后又增加了一个修正项，最后住宅计算管段的给水设计秒流量公式定为：

$$q=0.2\sqrt[\alpha]{N}+KN$$

式中　q——计算管段的给水设计秒流量（L/s）；

N——计算管段的卫生器具给水当量总数；

α——根据每人每日生活用水量标准确定的指数，按表 1 采用；

K——根据当量数确定的系数，按表 2 采用。

（表1、表2省略）

对于集体宿舍、旅馆、医院、幼儿园、学校等建筑的生活给水设计秒流量，按下式计算：

$$q = 0.2\alpha\sqrt{N}$$

式中　q——计算管段的给水设计秒流量（L/s）；

N——计算管段的卫生器具给水当量总数；

α——根据建筑物用途而定的系数。

对于工业企业的生活间、公共浴室、公共食堂、体育场馆、剧院、实验室等建筑的生活用水密集型给水管道的设计秒流量，采用百分比表达：

$$q = \sum q_{\circ} nb$$

式中　q——计算管段的给水设计秒流量（L/s）；

$q_{\circ}$——同类型的一个卫生器具给水额定流量（L/s）；

n——同类型卫生器具数；

b——同类型卫生器具的同时给水百分数。

上述3个公式列在苏联规范《民用建筑室内上水道设计标准》СНИПⅡ-Г1—62中。

其中“居住建筑和公共建筑生活用水量标准”和“卫生器具用水量、当量、支管直径和自由水头”取自我国建工部建筑科学研究院的“全国生活用水量定额（草案）”和建工部市政研究所对全国生活用水量定额（草案）配件实测研究成果。

到了1970年国家建委下达规范进行修订的通知，1964—1974年呈现以下状况：

（1）中央、部属设计科研单位搬迁分散下放，技术人员散失，规范档案资料回造纸厂。

（2）学术团体停止活动，知识分子被打成“臭老九”。

（3）重工业轻民用，建筑给水排水无所作为。

虽经规范修订组调研收集资料信息，但收效甚微。

但当时已收集到了美国亨脱（Hunter）概率公式的资料，亨脱建立概率的前提条件是在n个水龙头中，0～m个水龙头使用概率的总和不小于99%，亨脱认为这样可满足系统要求。

亨脱在卫生器具拥挤状态下测定器具这次使用时间t和下次使用时间的间隔T，则这一个卫生器具的使用概率为：$P=t/T$，亨脱列出了冲洗阀、冲洗水箱和浴盆的t/T。不使用的概率为$1-P$，2个卫生器具使用的概率为P^2，n个卫生器具中有2个卫生器具使用的概率为：

$$P = (1-P)^{n-2} \times P^2$$

n个卫生器具中有r个卫生器具使用的概率为：

$$P_r^n = \binom{n}{r} \times (1-P)^{n-r} \times P^r$$

将r从0到n的概率使用的和不使用的加起来则为：

$$\sum_{r=0}^{n} \binom{n}{r} \times (1-P)^{n-r} \times P^r = 1$$

按亨脱大于m个卫生器具同时使用不超过0.01的设定，可通过下式求出m：

$$P_{m+1}^{n}+P_{m+2}^{n}+\cdots+P_{n-1}^{n}+P_{n}^{n}\leqslant 0.01$$

$$q_s=m\cdot q_o$$

式中 q_s——设计秒流量（L/s）；

q_o——一个卫生器具平均给水流量（L/s）；

m——管路中卫生器具的同时使用个数。

当一个管路中有多种卫生器具时，亨脱采用“卫生器具单位 f_n”（Fixture Unit），不是简单地卫生器具给水率之比，而是以大便器冲洗阀为10，在 $P<0.01$ 的情况下有 n_1 个大便器冲洗阀，设计流量为 q_f，其他卫生器具同样达到冲洗阀设计流量 q_f（L/s）时，在 $P<0.01$ 的情况下需要卫生器具个数为 n_2。则其他卫生器具的单位为 $f_n=\frac{n_1\times 10}{n_2}$。

由于计算相当繁锁复杂，亨脱制成了计算图表，以方便使用。

当时规范修订组中一机部一院周信卿工程师在1962年建工部建筑科学研究院在北京29个测试点的数据基础上参照亨脱方法，尝试建立我国住宅生活给水设计秒流量推荐概率公式：

$$q=q_o m(\text{L/s})$$

卫生器具的同时使用概率服从二项式分布规律，即：

$$m=NP+t_o\sqrt{Np}$$

式中 q_o——卫生器具给水流量（L/s）；

p——每个卫生器具给水概率；

m——某一特定时间同时使用龙头数；

N——管道供水龙头总数；

t_o——不同保证率的系数。

在 $NP=0.05\sim50$ 之间、保证率为0.99的情况下 $t_o=4.36-0.618\sqrt{NP}$。

所以推荐设计秒流量公式为：

$$q=0.2[NP+(4.36-0.618\sqrt{NP})\sqrt{NP}]=ANP+B\sqrt{NP}$$

当 $NP=0.05\sim50$ 时，$A=0.0764\text{P}$、$B=0.874\sqrt{P}$

当 $NP>50$ 时，$A=0.2P$、$B=0$。

64版规范的公式执行以来，除发现不适合一类住宅（室内无卫生器具，只有室外集中取水栓）人均日用水量小于100L外，没有发现有大的供水安全问题，推荐的设计秒流量概率公式由于所利用基础资料的局限性，缺乏工程实际验证而未被采纳。

74版规范的生活给水设计秒流量公式仍沿用64版规范的公式，仅对一些数据作了适当调整。

1981年国家建委制定了规范编制计划，生活给水设计秒流量公式修订又提到议事日程，编制组分析了生活给水设计秒流量三种计算方法（经验法、平方根法和概率法）的优缺点，认为概率法理论上是合理的，但要建立概率论给水流量公式需先确定卫生器具设置定额，然后再进行给水使用频率的测定。当时尚不具备制定概率论生活给水设计秒流量计算公式的条件（指实测数据工作、财力等），只能作为远期目标。近期只能以1962年的测试资料为依据，对 $\sqrt[\alpha]{N}$ 表达形式的合理性进行分析，《建筑给水排水设计规范》GBJ 15—

1988将住宅生活给水设计秒流量公式修改成：

$$q = 0.2\alpha\sqrt{N} + kN(\text{L/s})$$

1993年建设部下达了《建筑给水排水设计规范》GBJ 15—1988局部修订指示，到1997年颁布历时四年，在此期间中国工程建设标准化协会建筑给水排水专业委员会和中国土木工程学会水工业分会建筑给水排水专业委员会（两委会）成立并下设七个分会，学术气氛空前热烈。

要建立我国自己的给水管道设计秒流量计算公式呼声很高，但做起来难度大，被称为“难啃的骨头”。因此《建筑给水排水设计规范》GBJ 15—1988（1997年版）中保留了1988年版中平方根计算公式，只不过将住宅与相对疏散型的公共建筑合并为一个公式：

$$q = 0.2\alpha\sqrt{N} + kN(\text{L/s})$$

式中：公共建筑 k 值等于0；α 值根据住宅卫生设备完善程度及公共建筑用水制度相对密集程度取值。

工业企业的生活间、公共浴室、公共食堂、体育场馆、剧院、实验室等建筑的生活用水密集型给水管道的设计秒流量计算公式，仍采用百分比率表达：

$$q = \sum q_o nb(\text{L/s})$$

2. 何氏公式

1998年建设部下达了规范全面修订的通知。

规范组广东省建筑设计研究院高级工程师何冠钦负责给水章起草，在生活给水管道设计秒流量概率计算方面花了功夫，建立了何氏计算式。何氏公式具有以下特点：

（1）运用概率论分析，设计秒流量一定发生在最大用水时段，当系统卫生器具足够大时设计秒流量等于或接近最大用水小时平均秒流量，引入了“最大用水时卫生器具给水当量平均出流概率”U_o，这个 U_o 体现了国情元素：用水量定额 q_o、用水人数 m、管段配置当量数 N_g、用水时数 T 和小时变化系数 K_h。

$$U_o = \frac{q_o m K_h}{0.2 \cdot N_g \cdot T \cdot 3600}(\%)$$

（2）当已知计算管段上最大用水时卫生器具给水当量平均出流概率 U_o 值时，如何求出最大同时出流概率？何氏运用概率法的概念确定了与最大同时出流概率 U 的相关系数 α_c 并采用幂函数（底数为自变量，幂为因变量，指数为常数）的公式表达模式，避开了概率统计中二项分布和泊松分布函数的复杂计算。最大同时出流概率计算公式为：

$$U = \frac{1 + \alpha_c(N_g - 1)^{0.49}}{\sqrt{N_g}}(\%)$$

鉴于当时条件所限无法进行具体工程测试验证，仅限于与原规范的平方根法公式进行比对发现：

（1）何氏公式用于住宅给水设计秒流量计算与原规范平方根法误差较小，秒流量与卫生器具当量曲线平滑，在公式适用范围内克服了平方根法公式计算值大于卫生器具额定流量叠加值和卫生器具当量足够大时计算值小于最大时平均秒流量的弊端。

（2）何氏公式原先建立住宅与公共建筑通用公式，通过实际工程验算，公式用于公共建筑与原规范平方根法计算结果偏差太大。

2001年2月16—17日在上海召开“建筑给水秒流量计算公式研讨会”，出席会议的有对给水公式有研究的七位专家及修订组成员，对给水设计秒流量公式提出如下评议要点：

（1）建议公式运用的数学公式是否合理，推导是否正确。

（2）建议公式依据的基础资料是否充分，假设条件是否符合实际。

（3）建议公式依托的论据是否正确。

（4）建议公式覆盖面是否在各种建筑和各种卫生设备组合的系统范围之内，其误差精度是否在允许的范围之内。

（5）建议公式与老公式相比有哪些突出的改进。

（6）建议公式是否做到简便、实用。

（7）建议公式评价结论选择：

1）可替代老公式。

2）可替代老公式，但尚需完善。

3）替代老公式时机尚未成熟。

研究结果：何氏公式作为住宅给水设计秒流量计算纳入规范，定性为采用概率分析方法对平方根法的修正。公共建筑给水设计秒流量计算仍采用原规范平方根法。

自从规范2003年版颁布以后，一些高校纷纷选择室内给水设计秒流量概率计算方法作为研究生课题。

2007年原建设部以建标［2007］第125号文下达了规范局部修订通知，规范管理组广泛征求2003年版颁布后在工程建设中执行情况和对2003年版修订意见。从意见汇总来看，主要问题是规范中住宅生活给水管道设计秒流量公式计算过程太繁琐，应简化，减轻设计人员工作量。这是在建筑给水排水工作内容不断增加而劳动分配定额“老8点”的情况下提出的一种诉求。有设计人员也撰写了有关简化住宅给水设计秒流量计算的论文，但工程实际运算简化不了多少。

在没有更深入研究和测试的情况下2009年版对2003年版住宅生活给水管道设计秒流量公式不再作修改，继续保留使用。

2012年住房和城乡建设部以建标［2012］5号文下达了规范全面修订通知，在征求意见中收到唯一一条意见是宁波市建筑设计研究院有限公司高级工程师陈和苗要求将他推导的概率公式（简称“陈氏公式”）纳入规范替代原规范最大同时出流概率U计算公式。

3. 陈式公式

陈氏公式按Hunter的定义，在N个水龙头中，若0～m个水龙头使用概率的总和不小于99%，则m为设计流量发生时的同时使用水龙头个数，可得设计秒流量：

$$q = m \cdot q_0$$

$$\sum_{k=0}^{m}\binom{N}{k}p^k(1-p)^{N-k} \geqslant 0.99$$

在N个水龙头中，若0～m个水龙头使用概率的总和为：

$$P\{X \leqslant m\} = \sum_{k=0}^{m} P = \Phi\left(\frac{m-Np}{\sqrt{Np(1-p)}}\right) - \left\{1-\Phi\left(\frac{Np}{\sqrt{Np(1-p)}}\right)\right\}$$

为了使管道在高峰时以0.99概率保证供水，即：

$$\Phi\left(\frac{m-Np}{\sqrt{Np(1-p)}}\right)=0.99$$

查正态分布表有：

$$x=\frac{m-Np}{\sqrt{Np(1-p)}}=2.33$$

即：

$$m=2.33\sqrt{Np(1-p)}+Np$$

为此，于2015年7月10日规范主编单位特邀陈和苗对生活给水管道设计秒流量公式进行研讨。他们对陈工专注于设计秒流量研究的执着精神表示赞赏，但对其公式工程验证无用论持不同意见。并对规范公式U_o从1%～4%，给水当量N_g从5～5000范围内与陈氏公式进行比较。其误差<30%。规范编制组基本意见是替代原规范公式时机尚未成熟。

2016年6月12日召开《建筑给水排水设计规范》GB 50015全面修订编制组全体起草人规范送审稿定稿会议。确定2009年版生活给水管道设计秒流量公式不作修改。

2016年7月召开规范审查会，审查专家一致同意保留规范2009年版生活给水管道设计秒流量公式。

2017年陈工又对计算公式进行了修正。

（1）引用了规范公式最大用水时卫生器具给水当量平均出流概率p（相当于规范公式U_o）。

$$p=Q_s/0.2\cdot N_g$$

式中 Q_s——最大时用水平均秒流量（L/s）；

p——生活给水管道最大小时卫生器具给水当量平均出流概率；

0.2——一个卫生器具给水当量的额定流量（L/s）；

N_g——设置的卫生器具给水当量总数。

在高峰时以0.99概率保证率的前提下计算该管段的设计秒流量：

$$q_g=0.2(2.33\beta\sqrt{N_g\cdot p(1-p)}+N_g\cdot p+1)$$

（2）引入适用于住宅和公共建筑的通用系数β，式中宿舍（Ⅰ、Ⅱ类）、旅馆、招待所、宾馆等人员可能集体到达的场所，$\beta=1.326$；其余建筑取$\beta=1$。

为此，须对陈氏公式进行下列方面探讨：

（1）沿用亨脱公式保证率$\Phi\left(\frac{m-Np}{\sqrt{Np(1-p)}}\right)=0.99$

据资料记载，亨脱是在1924年提出应用概率理论计算给水管道设计流量的，他以1栋公寓（只有私用，公用的无数据而假设的）和2个旅馆客房卫生间高峰用水时段记录数据为依据制定卫生器具的使用概率P。并假定m个卫生器具同时使用次数不超过0.01时给水管道设计流量满足使用要求。1940年美国国家标准局制定规范时以亨脱曲线图表形式纳入规范。由于亨脱公式测试年代久远，与现代人用水习惯和卫生器具使用特点有较大差异，亨脱曲线的准确性受到质疑。据前美国华德昌公司卢安坚先生提供信息：2011年美国水务工程师协会（American Society of Plumbing Engineers，ASPE）成员——美国卫生管道机械工程师协会（IAPMO）联合美国水质研究基金会（WQRF）启动了对亨脱曲线修订的研究项目。

日本在第二次世界大战后，沿用美国的亨脱概率计算方法，但在具体工程应用中发现存在问题，便通过测试研究确定了5种生活给水管道设计秒流量计算方法。除了保留亨脱曲线卫生器具给水负荷单位法外，增列了另外4种计算方法：

1）卫生器具用水时间概率法。卫生器具最大同时用水数Y_{max}与管段设置卫生器具数c、卫生器具利用率ρ、用水时间率η等因素有关，通过公式$Y_{max}=c\rho\eta+b+\Delta$计算后再查图得设计流量，适用于各类建筑给水设计流量计算。

2）新给水负荷单位法。此方法的器具负荷单位（当量）与其他计算方法都不一样，根据计算管段上承接的不同类型卫生器具查曲线图（该曲线图按卫生器具使用概率二项分布算出）查出不同类型的卫生器具出流量，然后叠加即为管段设计流量。此方法适用于住宅、公寓和公寓式办公楼。

3）卫生器具利用率预测法。根据管段承接卫生器具数查卫生器具同时使用率（实际上是同时使用百分数）表，再查各种卫生器具一次使用水量与瞬时最大流量关系表，即可求得管段设计流量。这种方法适合于用水集中的集体宿舍、学校等场所。

从以上分析可知，概率法本身是一种数理统计方法，科学合理，但对统计的对象还是有固有特征的区别（即国情的差异），不能照抄照搬。

4）集合式住宅居住人数法。以集合式住宅居住人数规模确定瞬时最大流量：

$q=26P^{0.36}$　（$P=1\sim30$）

$q=13P^{0.56}$　（$P=31\sim200$）

$q=6.9P^{0.67}$　（$P=201\sim2000$）

式中　q——瞬时最大流量（L/min）；

P——居住人数（人）。

（2）β数据确定

确定任何公式中系数都有依据，否则被指“拍脑袋”。陈氏公式的“准确、与实测流量相符”的依据是研究生的论文。研究生在2年内花在测试工作一个小区只有1d，这种数据怎么能作为依据？

陈氏公式β系数试图将公共建筑与住宅合一公式，住宅$\beta=1$，公共建筑$\beta=1.326$。这种合用公式存在以下问题：

1）住宅卫生间（包括宾馆客房卫生间）只允许1个人使用，而且只在某一时间使用1种卫生器具，所以各卫生间是独立的元素，可以用概率论的二项式分布或泊松分布建立数学模型。但对于公共建筑中公共卫生间（多个大便器、小便器和洗手盆）多人同时使用一类卫生器具，非独立使用的元素，是否符合概率论的二项式分布或泊松分布？

2）住宅人数相对容易确定，公共建筑完全受建筑标准控制，各类公共建筑设计规范每一个卫生器具服务人数不一样，怎么能用$\beta=1.326$涵盖？

3）目前国内有关公共建筑实测样本仅收集到华东建筑设计研究院对寄宿制中学的测试数据，暂且不对其数据的测试评论，如按此推导的β值能扩展至其他公共建筑吗？

（3）最高日生活用水量定额q_0、卫生器具当量值0.2、同时给水百分数b

不论新、老公式都存在基础参数年代久远问题。虽经历次修订，但仅稍作调整，没有作全面测试或验证。规范从1970年开始要建立概率计算方法，但终因未能得到工程测试验证而停留在平方根法或平方根法改进型，两委会学术研讨一提到设计秒流量公式就涉及基础数据测试。

1）最高日生活用水量定额 q_0。

一部分摘自1962年苏联规范，住宅卫生设备独用，一部分按1962年建工部建筑科学研究院的“全国生活用水量定额（草案）”。可在20世纪60年代我国仅为苏联援华项目配套建设的家属宿舍。标准低的室内无卫生设备，只有室外集中取水栓、公用旱厕，有水厕也是大便槽和小便槽。标准稍好一点，室内卫生间、厨房合用，无水表计量。

2）卫生器具当量值

1962年建工部市政研究所对卫生器具给水配件进行了实测。当时的水龙头是升降旋启式，根本没有陶瓷阀芯，冷热水混合双把淋浴器，无单柄龙头，更无节水器具。

给水管材单一，均为镀锌钢管，排水管及配件为砂芯浇铸铸铁管，没有塑料管。

3）同时给水百分数 b

基本都摘自苏联规范，历次规范修订都未作修改。

4. 建议

综上所述，生活给水设计秒流量计算式的建立不只数学推导那么简单，而是个系统工程，基础数据的测试研究，是建立我国自己的建筑给水设计秒流量公式的根本举措，为此提出如下建议：

（1）研究资金筹划

1）争取列入国家水专项课题。这个申请工作早在20世纪60年代就提交过，未被批准，可能因为当时已有全国生活用水量定额（草案）和卫生器具给水排水流量的测试报告，再搞大规模测试需要人力物力，科研经费不是一个小数目，且正值三年自然灾害国家经济困难时期。之后又遇大大小小政治运动，延误了宝贵时间。现在立项要讲三效益，一般把涉及生命财产安全的项目放在前面，这个课题列项有较大难度。

2）建立专项基金，向建筑给水排水产品企业以公益形式募集科研经费，或分担子课题形式。这有先例，如我国128m测试塔是由企业家王石的万科企业投资建造。这方面还得由经济、金融方面专家出金点子。

（2）组建建筑给水排水数据采集研究技术平台

汇集国内外在这方面有研究的专家，包括工程设计、施工、安装维护方面的人才，以及测试设备、仪器和网络通信、数理统计和数据分析方面的专家。

（3）制定建筑给水排水数据采集研究方法标准

实验室测试与工程测试调研并举。卫生器具给水排水流量的测试可在实验室进行。

工程现场测试方法应规定与采集流量相关的动态人流、器具使用时间、使用间歇时间、采集所采用仪器仪表名称、规格、型号及其精度；数据采集和传输方式，应充分运用互联网＋和云大数据平台。

（4）建立工程运行数据长期采集机制

按测试方法标准先行工程试点，待试点工程取得经验或教训后，再修订测试方法标准。进而在国家标准中强制规定：“凡经专家评估的建筑或小区符合给水排水系统运行数据采集的工程应预设连接测试仪器仪表接驳端口”。这个端口包括水流和信息流。并编制《建筑给水排水数据采集端口》国家建筑标准设计图集。

有了扎实的基础数据，建立公式就不是难题了。至于公式表达形式，只要科学合理、简便实用就可以了。欧洲就是按不同管材，多少管径负担多少个卫生器具当量，查表即可确定设计流量，简便实用。

参考文献：

[1]《建筑给水排水设计规范》GB 50015（64 版）、（74 版）、（88 版）、（97 版）、（2003 版）、（2009 版）（2017 年送审稿）条文及条文说明及相关资料.

[2]《建筑给水排水设计规范》GB 50015（送审稿）审查会会议纪要．2016-07-29

[3] National Plumbing Code Handbook[M]. Mc Graw-Hill Book Company，Inc.，1957.

[4] ASPE joins IAPMO and WQRF in Revising Hunter’s Curve[DB/OL]. https：//aspe.org/node/1267.

[5] 日本标准《给水排水卫生设备规准·同解说》SHASE-S 206—2009.

[6]《建筑物内部饮用水给水设备规范　第 1 部分：总则》EN 806-1：2000.

[7]《建筑物内部饮用水给水设备规范　第 2 部分：设计 》EN 806-2：2005.

[8] 钱维生．高层建筑给水排水工程[M]．上海：同济大学出版社，1989.

[9] 卢安坚．美国建筑给水排水设计[M]．北京：经济日报出版社，2007.

[10] 梁超．概率法对给排水设计秒流量的分析[C]//中国建筑学会，中国土木工程学会，中国工程建设标准化协会．2012 年全国建筑给水排水学术论坛论文集，2010：64-71.

[11] 上海地区新型寄宿制高级中学用水情况调研组，华东建筑设计研究院有限公司．上海地区新型寄宿制高级中学给水计算公式探讨[J]．给水排水，2005，31(4)：65-69.

[12] 杨学福．民用建筑内部给水设计秒流量的概率方法研究[D]．西安：西安建筑科技大学，2007.

[13] 贺杏华．概率法建立建筑内部给水设计流量公式的研究[D]．武汉：武汉理工大学，2003.

[14] 陈苗和．概率法计算生活给水管道设计流量[J]．给水排水，2007，33(2)：122-126.

[15] 覃火坤，肖睿书，韦俏玲．利用 $U_0-\alpha_c$ 详表和简化式快速计算住宅给水管道设计秒流量[C]//中国工程建设标准化协会，中国土木工程学会．中国工程建设标准化协会建筑给水排水专业委员会、中国土木工程学会水工业分会建筑给水排水专业委员会第六届委员会成立大会暨学术交流年会论文集，2010：20-25.

[16] 黄秉政，于震．住宅给水设计流量简化计算的探讨[J]．给水排水，2004，30(6)：109-111.

[17] 邓梅芳，邓克洋．住宅建筑给水设计秒流量的近似计算[J]．科技风，2010(10)：121-122.

[18]《建筑给水聚丁烯(PB)管道工程技术规程》CECS ×××—201×(征求意见稿).

——本文获两委会 2017 年两委会成立 30 周年“华建杯”全国优秀建筑给水排水论文评选一等奖

专题 6

瞬时排水方式确定排水立管通水能力的试验研究

张哲[1]，张磊[1]，席鹏鸽[2]，区永杰[3]

（1. 国家住宅与居住环境工程技术研究中心，北京 100044；
2. 万科企业股份有限公司，东莞 523808；3. 同济大学
环境科学与工程学院，上海 200092）

摘　要： 以坐便器实现的瞬时排水作为排水方式，测定了试验管道系统的排水能力。通过使用不同个数的坐便器以及不同排水时间间隔的组合，探究其对下层横支管压力的影响规律，并分析同一次排水中不同楼层的压力分布特点，以及不同时间段的压力变化趋势，以探求造成管道系统正压及负压的原因。

关键词： 伸顶通气；瞬时排水；排水时间间隔；压力波动；通水能力

1. 试验目的

排水立管通水能力的研究通常采用定流量排水和瞬时排水两种排水方法。目前定流量排水方法已得到广泛的研究，日本标准《集合式住宅的排水立管系统的排水能力试验方法》SHASE-S 218—2008 将定流量排水作为标准的排水手段测试排水立管的压力。但在实际建筑排水管道中，瞬时排水更为常见。使用通过坐便器实现的瞬时排水确定排水立管通水能力也有相关研究，但由于瞬时排水在管道中的实际流量难以确定，且多层排水时其排水时间难以控制等难点，瞬时排水作为排水手段仍有很大的研究空间。本试验通过自动化设备精确控制坐便器排水时间，以求得多层坐便器排水时试验管道系统的通水能力。

2. 试验方法

（1）试验管道系统

本试验在国家住宅工程中心——万科建研中心高层建筑设备系统研发基地的超高层等比例试验塔上进行。管道系统采用 $de110$ 硬聚氯乙烯（PVC-U）单立管系统，每层的横支管使用 90°顺水三通连接。楼层高度为 3m，从第 1 层到第 15 层共安装有 15 根横支管，按照标准坡度 $i=0.026$ 坡向立管。立管采用伸顶通气方式，不安装通气帽，完全敞开通气，伸顶通气管管径为 $de110$，长度为 3.6m（以最高层横支管中心至通气口计）。立管底部以 2 个 45°弯头连接排出管，排出管管径为 $de110$，管长 5m，坡度为 0.012，排出管起

端中心线与最低层横支管的距离为3.5m。

坐便器每层一个，试验时由上至下安装，即使用1个坐便器试验时，坐便器安装在第15层；使用2个坐便器试验时，坐便器安装在第14层和第15层；依此类推，使用8个坐便器试验时，坐便器安装在第8层～第15层。坐便器以下各层横支管安装压力传感器，压力传感器安装在距立管中心500mm的横支管上部。图102为3个坐便器排水时的试验管道系统示意图。

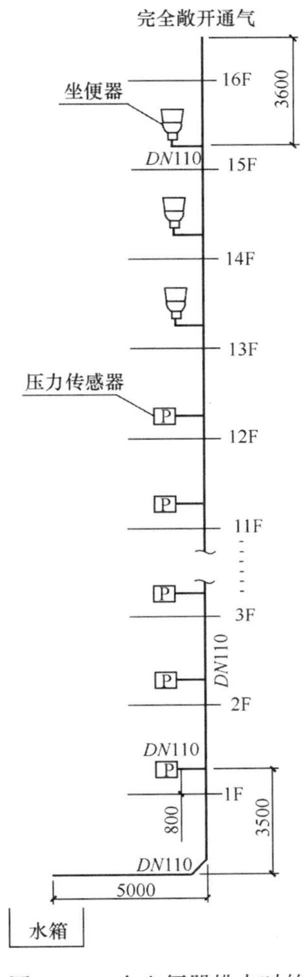

图102　3个坐便器排水时的试验管道系统示意图

（2）试验仪器及装置

坐便器采用加长型连体马桶，其冲水方式为喷射虹吸式，标称排水量为6L，经实际测定，实际排水量与标称排水量的误差在±5%以内，符合试验要求。

压力传感器采用美国GE Druck PTX610（±10kPa，PTX）双向式压力传感器，其测量范围为±10kPa，测量精度为±0.08%。

（3）试验步骤

1）在第15层的横支管处安装坐便器，第1层～第14层安装压力传感器，测定第15层排水时对各层的压力影响；

2）第14层和第15层安装坐便器，第1层～第13层安装压力传感器，排水时间间隔取0s、1s和3s进行试验（间隔0s即各层同时排水，间隔1s或3s即下层坐便器比上层坐便器延迟1s或3s排水）；

3）依次增加坐便器个数，直到第8层～第15层安装8个坐便器，测定排水时间间隔0s、1s和3s时系统各层的压力。

试验过程通过测试系统控制。坐便器排水开关的按压时间为10s。压力传感器返回的压力数值包括最大值、最小值及初始值，最大值与最小值分别与未排水时的初始值相减，得到排水引起变化的最大压力值与最小压力值。

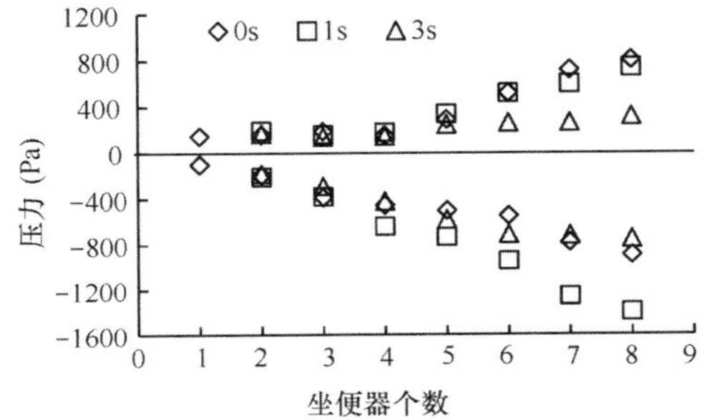

图103　不同坐便器个数在不同时间间隔排水时系统最大压力值

3. 试验结果

（1）不同坐便器个数对排水系统最大压力的影响

本试验共使用了1个～8个坐便器在间隔0s、1s和3s时排水，不同时间间隔排水系统最大正压力值与最大负压力值如图103所示。

由试验结果可得，4个坐便器在不同时间间隔排水时系统的最大负压值均突破了－400Pa，间隔0s、1s和3s的系统最大负压值分别为－451Pa、

−637Pa 和−404Pa。参考日本标准中关于压力波动的相关规定，管道压力范围应在±400Pa以内。根据该判定标准，本试验中的管道系统最多可容纳3个坐便器排水。

考察最大正压值时，间隔0s与1s排水时的系统最大正压值相差不大，显著大于间隔3s排水时的系统最大正压值。考察最大负压值时，间隔1s时系统的负压值显著大于间隔0s与3s时系统的负压值，这可能与水在立管中的流动时间有关，水在立管中流动3m（1层楼高）所需的时间可能与1s最为接近，所以间隔1s排水时对排水层下层的负压波动影响最大，与已有相似系统中的排水试验研究结果一致。

无论何种时间间隔，坐便器个数越多时，其排水造成的最大正压力值及最大负压力值均增大，呈现良好的正相关趋势，采用线性回归拟合（$y=bx+a$，y 为最大压力值，x 为坐便器个数），回归参数如表55所示。

表55 不同个数坐便器排水最大压力值线性拟合参数

时间间隔（s）	压力值类型	b	a	R^2
0	系统最大正压值	102.17	−86.323	0.844
1	系统最大正压值	102.12	−119.300	0.908
3	系统最大正压值	29.30	75.154	0.832
0	系统最大负压值	−107.27	3.301	0.964
1	系统最大负压值	−201.18	214.800	0.989
3	系统最大负压值	−101.73	−10.187	0.938

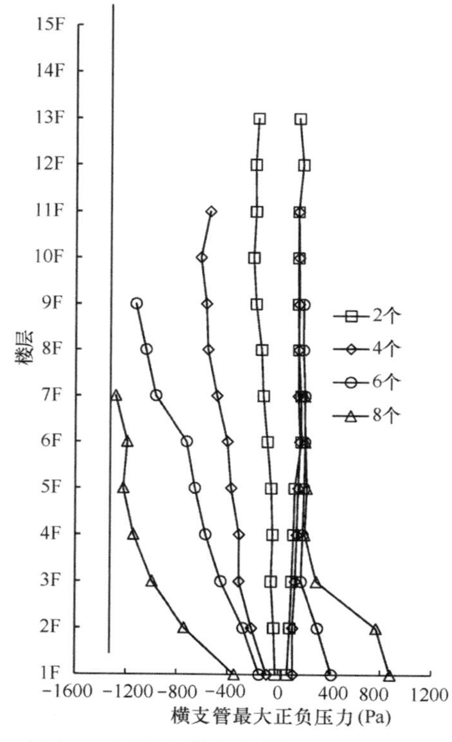

图104 不同个数坐便器间隔1s排水时各楼层最大压力分布

由表中 R^2 参数可知，系统最大负压值回归方程的 R^2 均大于系统最大正压值回归方程的 R^2，表明系统最大负压值与坐便器个数间呈现更好的线性相关趋势。

系统最大正压值在少量（1个～4个）坐便器排水时并没有明显增大。由于系统最大正压值通常出现在系统底层，少量坐便器排水时，瞬时排水经过长时间的立管流动，到达立管底部时的水流已经相对分散，相对分散的水流量在立管底部可能不足以造成堵塞排出管的水跃，立管底部的通气条件较好，所以系统最大正压值在坐便器个数从1个增加到4个时并没有明显增大。

（2）同一次坐便器排水中不同楼层最大压力的分布

图104为不同个数坐便器间隔1s排水时各楼层的最大压力分布。

由图104可见，不同个数坐便器排水时，排水层以下四层内的横支管负压值最大，且四层之间的负压值相差不大。在已完成的所有试验中，系统最大负压值所在的楼层有90.9%在这四层中的其中一层。在排水层以下第五层到最底层横支管的负压值呈逐渐减小的趋势。

在2个及4个坐便器排水时，系统各层的最大正压力值差别不大；在6个及8个坐便器排水时，最底两层的最大正压值比系统其他各层明显增大。可能是因为6个及8个坐便器排水时流量较大，底部的排出管已经出现堵塞管道的水跃，立管底部的气体无法及时通过排出管排出，所以积聚的气体会向上影响最底两层的横支管的压力。

(3) 同一次坐便器排水中不同楼层压力变化趋势

4个坐便器（第12层～第15层）间隔1s排水时不同楼层压力随时间变化趋势见图105；8个坐便器（第8层～第15层）间隔1s排水时不同楼层压力随时间变化趋势见图106。

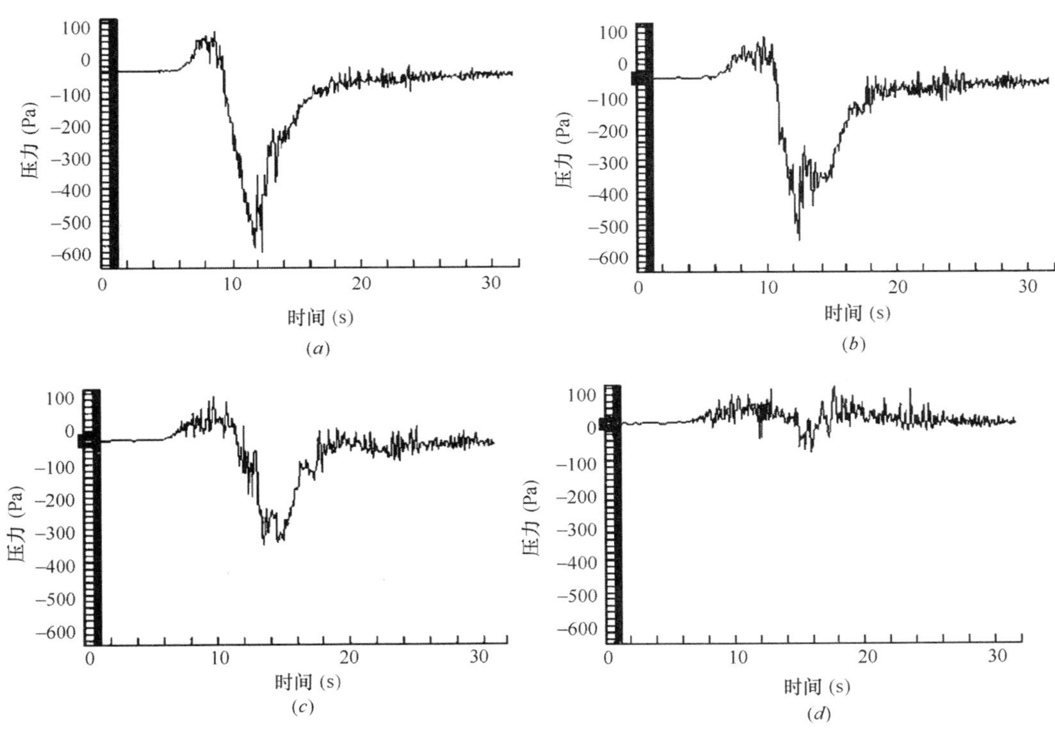

图105 4个坐便器（第12层～第15层）间隔1s排水时不同楼层压力随时间变化趋势

(a) 第11层；(b) 第7层；(c) 第4层；(d) 第1层

由图105及图106可见，坐便器排水后，各层均为先正压后负压的趋势。负压时段的压力值随着水的流动呈衰减的趋势，所以系统最大负压值基本出现在排水层以下四层内。

与4个坐便器排水不同的是，8个坐便器排水时在第1层的负压时段后出现了明显的正压。该段正压区的正压值很大，可能是由于排出管的水跃引起底层排气不畅所造成的。在8个坐便器排水时负压区后出现明显正压，而在4个坐便器排水时负压区后没有出现明显正压，也符合前文少量坐便器排水到达立管底部时的水流相对分散，立管底部的通气条件较好的假设。

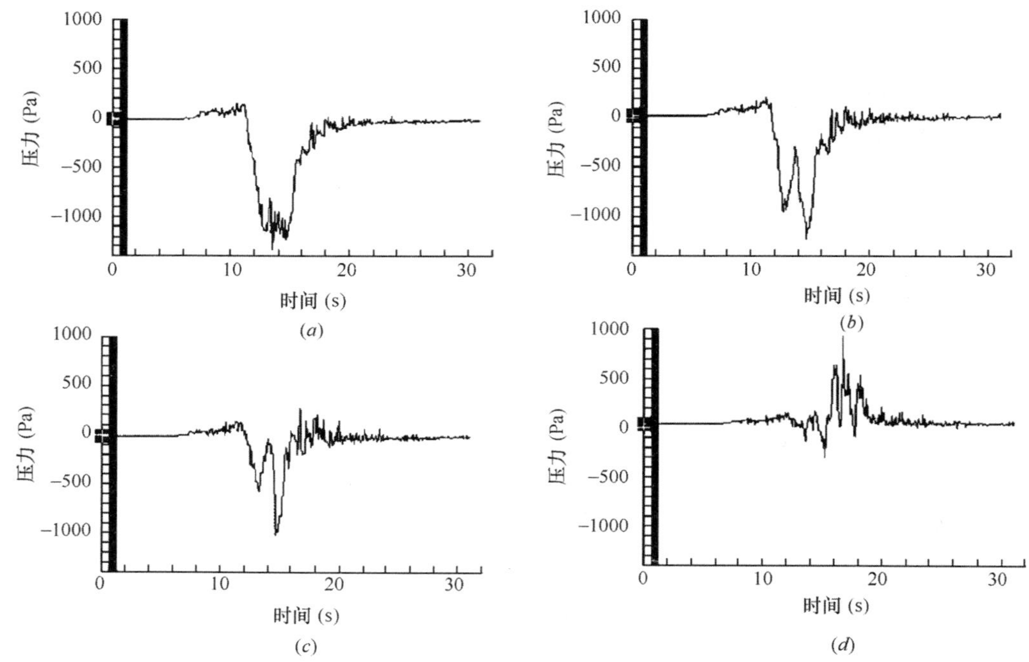

图 106　8 个坐便器（第 8 层～第 15 层）间隔 1s 排水时不同楼层压力随时间变化趋势

(*a*) 第 7 层；(*b*) 第 5 层；(*c*) 第 3 层；(*d*) 第 1 层

4. 结论

根据±400Pa 的判定标准，本试验中的管道系统最多可容纳 3 个坐便器排水；随着坐便器个数的增多，系统的最大正压值和最大负压值均增大；最大负压值与坐便器个数间呈现更好的线性相关趋势；不同层的坐便器间隔 1s 排水所造成的系统最大负压值比间隔 0s 和 3s 时大。

不同个数坐便器排水时，排水层以下四层的负压值最大，且四层之间的负压值相差不大，最大负压值基本出现在这四层中的一层。少量（2 个及 4 个）坐便器排水时，各层正压值相差不大；大量（6 个及 8 个）坐便器排水时，最底两层正压值显著大于其他楼层。

在排水过程中，各楼层的压力呈先正压后负压的变化趋势。8 个坐便器排水时，最底两层在负压时段后有明显的正压时段。

参考文献：

[1]　日本空调和卫生工程学会.《公寓住宅的排水立管系统的排水能力试验方法》SHASE-S 218—2008.

[2]　徐凤. 日本排水立管系统的排水能力试验方法介绍[J]. 给水排水，2007，33(11)：71-74.

[3]　张哲，张磊，席鹏鸽，等. 伸顶通气排水系统瞬间流量测试方法初探[J]. 给水排水，2013，39(8)：99-103.

——本文刊载在《给水排水》杂志 2014 年第 1 期

专题 7

采用瞬间流法的专用通气排水系统排水能力研究

李梦媛[1]，张勤[1]，张哲[2]

（1. 重庆大学 城市建设与环境工程学院，重庆 400030；
2. 国家住宅与居住环境工程技术研究中心，北京 100044）

摘　要： 在 34 层高度的试验塔上，采用瞬间流发生器排水，考察不同排水流量在各专用通气排水系统中所产生的压力，探究压力与流量之间的关系，得出瞬间流排水时系统相应的排水能力，并进行多角度分析比较。结果表明，瞬间流排水时专用通气排水系统内最大正、负压基本发生在系统中间层。与我国《建筑给水排水设计规范》GB 50015—2003（2009 年版）最大设计排水能力值比较，发现结合管设置方式相同时，瞬间流测试的排水能力（结合管每层接）排序为：*DN*110×*DN*110＞*DN*125×*DN*110＞ *DN*110×*DN*75，结合管隔层接时相应排序为：*DN*110×*DN*110＞*DN*110×*DN*75＞*DN*125×*DN*110。

关键词： 专用通气排水系统；瞬间流；排水能力

专用通气排水系统由一根排水立管和一根通气立管组成，通气立管用结合管与排水立管连通。建筑标准要求较高的多层建筑和公共建筑、10 层及 10 层以上高层建筑的生活污水立管宜设置。为探究各专用通气排水系统排水能力，笔者所在课题组对常用的 3 种专用通气系统进行了一系列系统性分析研究，以期为工程设计应用提供参考。

1. 试验方法

（1）试验管道系统

试验在国家住宅工程中心——万科建研中心超高层等比例试验塔上进行。管道系统均采用硬聚氯乙烯（PVC-U）专用通气排水系统，每层横支管为 *DN*110 PVC-U 塑料管。横支管与排水立管之间采用 90°顺水三通连接。各系统管件设置见表 56。

表 56　专用通气排水系统管件设置

系统编号	专用通气系统类别	结合管布置	排水立管	通气立管	排出管
1	*DN*110×*DN*75	隔层接	*DN*110	*DN*75	*DN*110
2	*DN*110×*DN*75	每层接	*DN*110	*DN*75	*DN*110

续表 56

系统编号	专用通气系统类别	结合管布置	排水立管	通气立管	排出管
3	$DN110\times DN110$	隔层接	$DN110$	$DN110$	$DN110$
4	$DN110\times DN110$	每层接	$DN110$	$DN110$	$DN110$
5	$DN125\times DN110$	隔层接	$DN125$	$DN110$	$DN125$
6	$DN125\times DN110$	每层接	$DN125$	$DN110$	$DN125$

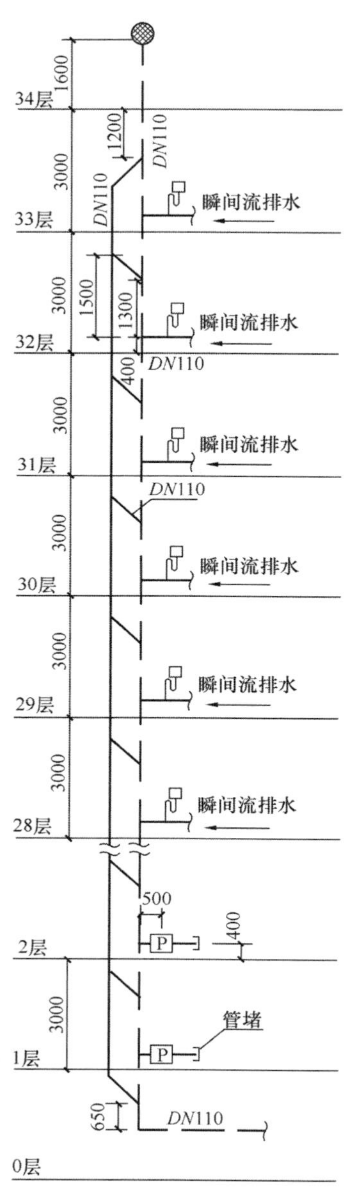

图 107 $DN110\times DN110$ 结合管每层接时瞬间流排水测试系统示意图

(2) 试验装置及仪器

试验管道系统示意图见图 107。

试验时除排水层外，每层的排水横支管上均安装美国 GE Druck PTX610（±10kPa，PTX）双向式压力传感器，测量范围为±10kPa，测量精度为±0.08%。压力传感器设置在距立管中心 500mm 的排水横支管上部，采样周期为 20ms，将数据采集并输送至服务器以检测压力波动。瞬间流排水时，由上至下每层安装 1 个或 2 个瞬间流发生器排水。排水时两种方法选择其一。

瞬间流发生器模拟常用的虹吸式坐便器排水，每次排水量为 6L，排水流量峰值为 1.8L/s，电控按压排水。瞬间流发生器内设置 GE Druck RTX1930 投入式液位计，测量范围为 $0mH_2O\sim5mH_2O$，测量精度为±0.06%。采用量筒测量瞬间流汇合排水量，量筒直径为 0.72m，由整流圆盘、压力传感器、投入式液位计等组成。

(3) 试验步骤及判定条件

试验步骤如下：气密性检测→瞬间流排水→压力测试→汇合流量测试→分析系统排水能力。

压力传感器自动采集测得压力值中的最大正、负压值作为该楼层的最大正、负压值（如图 108 所示，测试系统为 $DN125\times DN110$，结合管每层接；6 个瞬间流发生器排水）。

参考行业标准《住宅排水系统排水能力测试标准》（审批稿）中规定，本试验的判定条件为：瞬间流量法测试时，排水系统内最大压力不得大于+300Pa，排水系统内最小压力不得小于−300Pa。系统压力达到最大压力判定值时的排水流量为该系统立管的排水能力。

2. 试验结果

(1) 专用通气排水系统压力测试

分别对各专用通气排水系统进行瞬间流量排水下的系统压力测试，选取 6 个瞬间流发生器排水时各系统压力

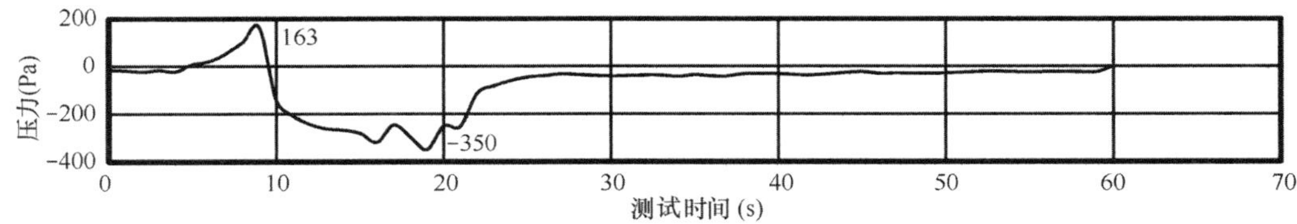

图 108　系统 29 层横支管压力分布

值，见图 109。可以看出，瞬间流量排水时专用通气排水系统内最大正、负压基本发生在系统中间层，相同个数瞬间流发生器排水时系统中间层产生的负压大小排序为：*DN*110×*DN*75＞*DN*125×*DN*110＞*DN*110×*DN*110，正压大小排序为：*DN*110×*DN*110＞*DN*125×*DN*110＞*DN*110×*DN*75；且结合管隔层接时系统中间层正、负压值大于结合管每层接时的正、负压值。

不同个数瞬间流发生器排水时系统最大正、负压力分布见图 110。

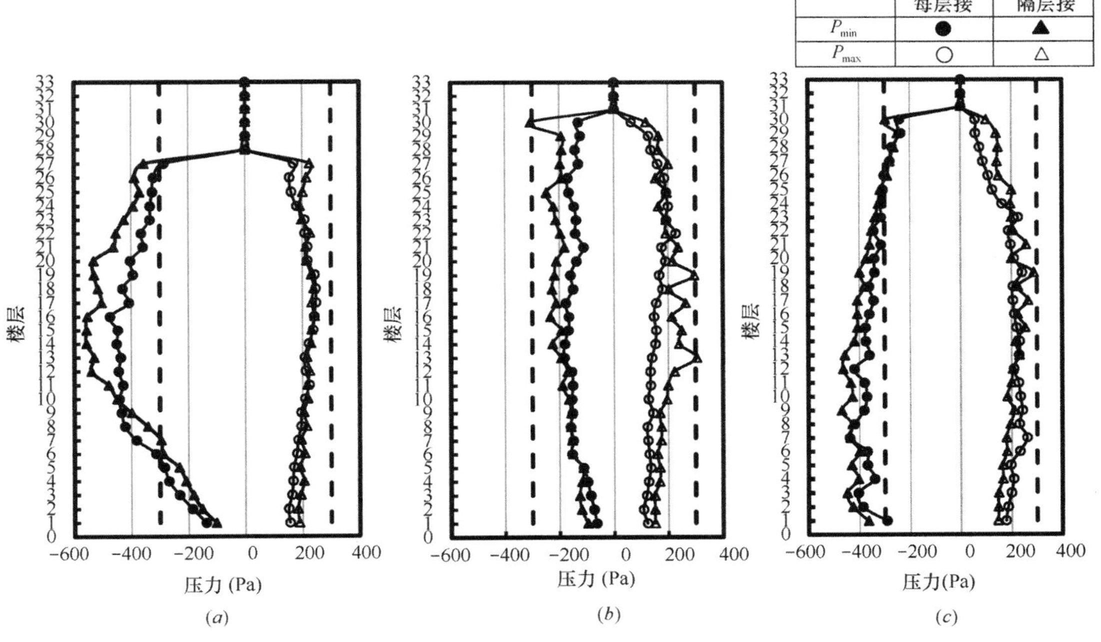

图 109　6 个瞬间流发生器排水时各专用通气系统正、负压分布

(*a*) *DN*110×*DN*75；(*b*) *DN*110×*DN*110；(*c*) *DN*125×*DN*110

由图 110 可知，各系统内最大正、负压均随瞬间流发生器个数的增加而增加；相同个数瞬间流发生器排水时，最大正压值排序为：*DN*110×*DN*110＞*DN*125×*DN*110＞*DN*110×*DN*75，最大负压值排序为：*DN*110×*DN*75＞*DN*125×*DN*110＞*DN*110×*DN*110；排除个别压力情况，总体来看相同管径专用通气系统结合管隔层接时最大正、负压较每层接时大。

各系统瞬间流排水时，系统最大正压或最大负压最先达到最大压力判定值的情况见表 57。

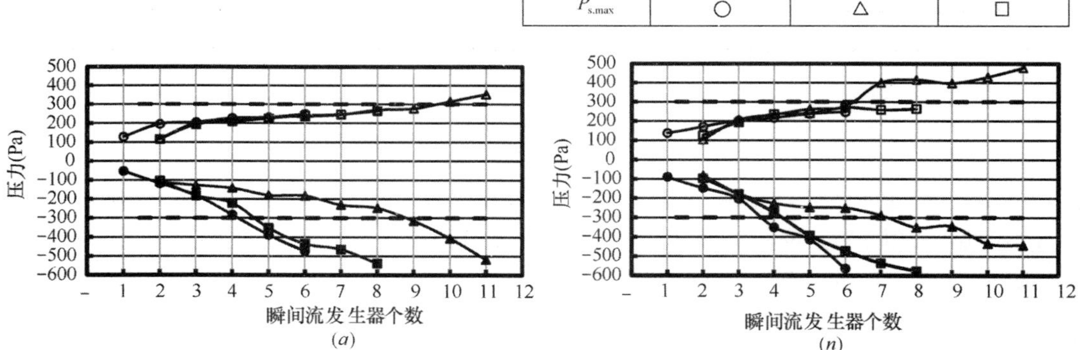

图 110 不同个数瞬间流发生器排水时各系统最大正、负压

（a）结合管每层接；（b）结合管隔层接

表 57 各系统最先达到最大压力判定值情况

专用通气排水系统	正压	负压
*DN*110×*DN*75 每层接		√
*DN*110×*DN*75 隔层接		√
*DN*110×*DN*110 每层接	√	
*DN*110×*DN*110 隔层接	√	
*DN*125×*DN*110 每层接		√
*DN*125×*DN*110 隔层接		√

注：√表示系统压力达到最大压力判定值。

（2）专用通气排水系统排水能力分析

排水时的系统实测最大压力在判定压力±50Pa 以内时，该实测流量值为该专用通气系统的排水能力值。本试验各专用通气排水系统排水能力均为实测值。

将各专用通气排水系统瞬间流测试的排水能力与《建筑给水排水设计规范》GB 50015—2003（2019 年版）表 4.4.11 中的相应最大设计排水能力值进行比较（见图 111），可以看出，瞬间流测试时排水能力值与我国相应规范值较相符，排水能力由高到低的专用

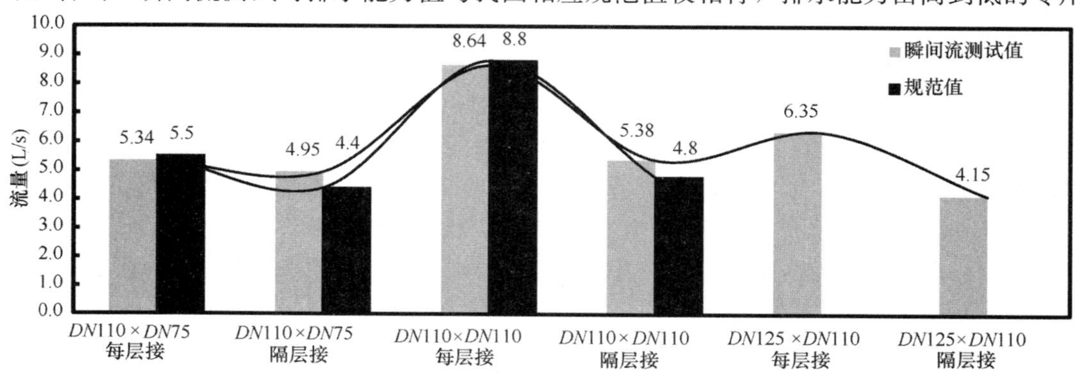

图 111 各专用通气排水系统排水能力趋势

通气系统（结合管每层接）排序为：$DN110 \times DN110 > DN125 \times DN110 > DN110 \times DN75$，结合管隔层接时的相应排序为：$DN110 \times DN110 > DN110 \times DN75 > DN125 \times DN110$，同一系统结合管每层接时的排水能力高于结合管隔层接时的排水能力，但结合管每层接时的系统排水能力略低于该系统相应规范最大设计排水能力值，结合管隔层接时的系统排水能力略高于该系统相应规范最大设计排水能力值。

3. 结论

瞬间流量排水时专用通气排水系统内最大正、负压基本发生在系统中间层。与我国《建筑给水排水设计规范》GB 50015—2003（2009年版）最大设计排水能力值比较，发现结合管设置方式相同时，瞬间流测试的排水能力（结合管每层接）排序为：$DN110 \times DN110 > DN125 \times DN110 > DN110 \times DN75$，结合管隔层接时相应排序为：$DN110 \times DN110 > DN110 \times DN75 > DN125 \times DN110$。

参考文献：

[1] 龙会平. 建筑排水立管通水能力试验研究[D]. 长沙：湖南大学，2010.

[2] 张哲，郑培壮，李军，等. 伸顶通气排水系统定流量与瞬间流量排水方式的不同区域汇合流量对比[J]. 给水排水，2014，40(8)：94-99.

——本文刊载在《中国给水排水》杂志2015年第15期

专题 8

采用瞬间流法的伸顶通气排水系统排水能力测试

张哲[1,2]，张勤[2]，高彬[1]，杨鹏辉[1]

（1. 重庆大学 城市建设与环境工程学院，重庆 400030；
2. 国家住宅与居住环境工程技术研究中心，北京 100044）

摘　要：在 34 层高度的试验塔上，采用瞬间流发生器排水，考察不同排水流量在各伸顶通气排水系统中所产生的压力，探究压力与流量之间的关系，得出在瞬间流排水时系统相应的排水能力，并进行了多角度的分析比较。结果表明，各伸顶通气排水系统的瞬间流排水能力均随排水流量和排水器具个数的增加而增加，且各伸顶通气排水系统瞬间流测试的排水能力大小排序为：*DN*150＞*DN*125＞*DN*110 斜三通＞*DN*110＞*DN*75。
关键词：伸顶通气排水系统；瞬间流；排水能力

伸顶通气排水系统因节省材料和所占空间较小，在我国多层及小高层建筑中广泛应用。但是在高层及超高层建筑中，对其排水特性的研究不足。课题组在之前瞬间流量法汇合流量测试研究的基础上，对 5 种不同的伸顶通气系统（*DN*75、*DN*110、*DN*110 斜三通、*DN*125、*DN*150 伸顶通气系统）进行了一系列研究。参考《住宅排水系统排水能力测试标准》（审批稿），以±300Pa 为瞬间流量法的判定标准，确定了各个系统的通水能力，并对比每个系统的优缺点，为今后的工程设计提供参考。

1. 试验方法

（1）试验管道系统

本试验在国家住宅工程中心——万科建研中心超高层等比例试验塔上进行。管道系统均采用硬聚氯乙烯（PVC-U）伸顶通气排水系统，每层横支管为 *DN*110PVC-U 塑料管。横支管与排水立管之间采用 90°顺水三通连接。各伸顶通气排水系统的管件设置见表 58。

表 58　伸顶通气排水系统管件设置

系统编号	伸顶通气系统类别	三通	排水立管	通气管	排出管
1	*DN*75	*DN*75 顺水三通	*DN*75	*DN*75	*DN*75
2	*DN*110	*DN*110 顺水三通	*DN*110	*DN*110	*DN*110
3	*DN*110	*DN*110 斜三通	*DN*110	*DN*110	*DN*110

续表58

系统编号	伸顶通气系统类别	三通	排水立管	通气管	排出管
4	*DN*125	*DN*110×*DN*125 顺水三通	*DN*125	*DN*125	*DN*125
5	*DN*150	*DN*110×*DN*150 顺水三通	*DN*150	*DN*150	*DN*150

（2）试验装置及仪器

试验时除排水层外，每层的排水横支管上均安装美国 GE Druck PTX610（±10kPa，PTX）双向式压力传感器，测量范围为±10kPa，测量精度为±0.08%。设置在距立管中心 500mm 的排水横支管上部，压力传感器采样周期为 20ms，将数据采集并输送至服务器以检测压力波动。

瞬间流排水时，由上至下每层安装 1 个瞬间流发生器排水，试验管道系统示意图见图 112。

瞬间流发生器模拟市面上常用的虹吸式坐便器排水，每次排水量为 6L，排水流量峰值为 1.8L/s，电控按压排水。瞬间流发生器内设置 VEGA CAL63 型电位式液位计，量程为 0mm～400mm，精度为±1mm。

试验采用量筒测量瞬间流汇合排水量，量筒直径为 0.72m，由整流圆盘、压力传感器、投入式液位计等组成。

汇合流量测试时，同样采用瞬间流排水方式，在排水层直下层安装测量筒。试验以压力法为主要测试法、水位法为辅助参考，两者相辅相成，完成排水立管中汇合流量的测定。

（3）测试系统及试验步骤

自主设计了一套排水系统试验测试系统，可以在中控室全面控制试验的进行。通过中控室主控面控制瞬间流发生器自动排水。测试系统设置的试验采集时长为 60s，采集周期为 20ms。测试系统将服务器采集的数据进行整理、分析，绘制出各层的实时压力曲线图和整个系统的压力分布图。

试验步骤：气密性检测→瞬间流排水→压力测试→汇合流量测试→分析系统排水能力。

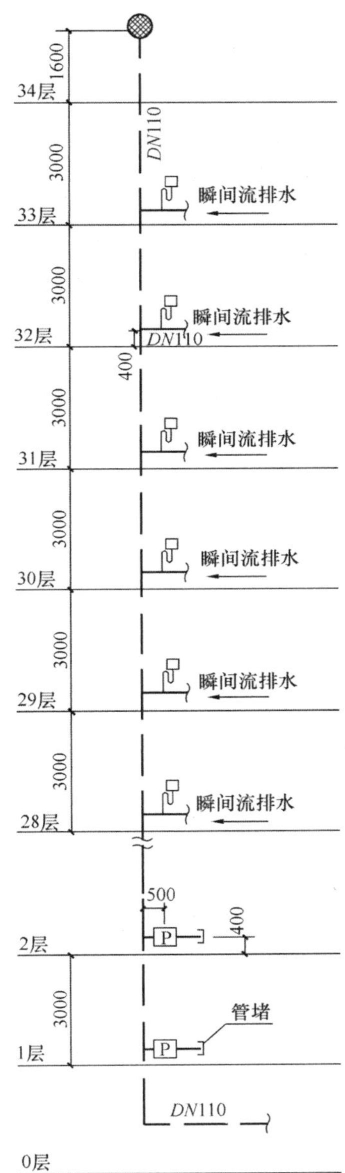

图 112　*DN*110 伸顶通气系统瞬间流排水测试系统示意图

2. 试验结果与分析

（1）伸顶通气系统瞬间流测试

分别对各伸顶通气排水系统进行瞬间流排水下的系统压力测试，各系统压力曲线见图 113（挑选 4 个瞬间流发生器和 4 个洗手盆排水）。

由图 113 可以看出，瞬间流量排水时伸顶通气系统内最大正压和负压基本发生在系统排水层下层或中间层；相同个数瞬间流发生器排水时系统产生的负压由大到小依次为：*DN*150 ＞*DN*125 ＞*DN*110，正压由大到小依次为：*DN*110 ＞*DN*125 ＞*DN*150；此外，相同个数瞬间流发生器排水时系统产生的负压大小为 *DN*110 顺水三通＞*DN*110 斜三通，正压大小为 *DN*110 顺水三通＞*DN*110 斜三通。由于 *DN*75 选用洗手盆进行瞬间流测试，故不与其他系统进行比较。

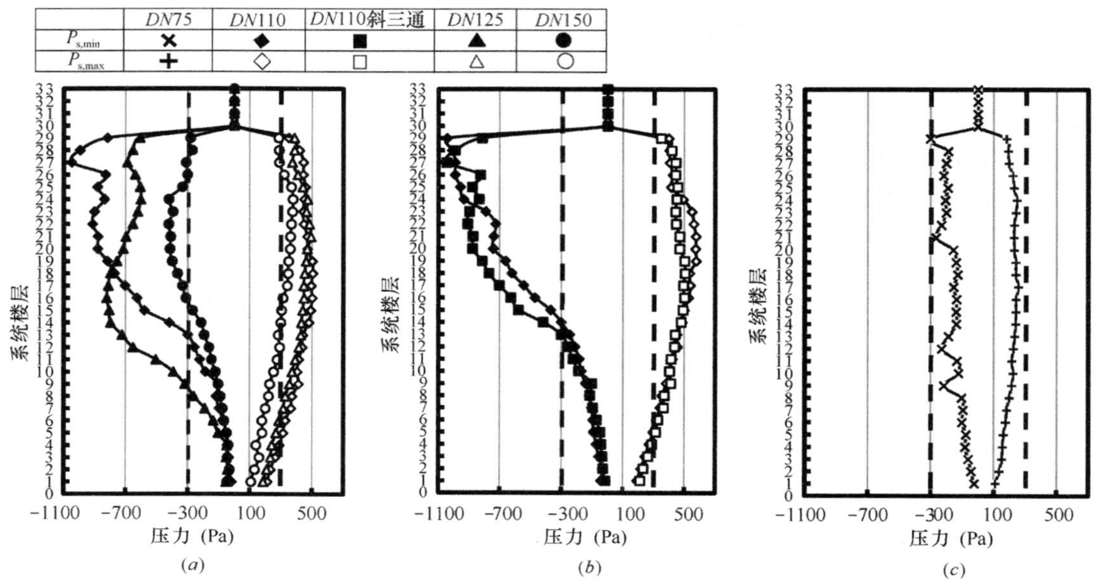

图 113　4 个瞬间流发生器（或洗水盆）排水时各专用通气系统正、负压分布

(*a*) *DN*110 系统、*DN*125 系统、*DN*150 系统；(*b*) *DN*110 系统、*DN*110 斜三通系统 (*c*) *DN*75 系统

不同个数瞬间流发生器和洗手盆下，瞬间流排水时系统最大正、负压分布见图 114。

由图 114 可以看出，各个系统内最大正压和负压均随着瞬间流发生器和洗手盆数的增加而增加；在相同个数瞬间流发生器条件下，最大负压值由大到小依次为：*DN*110＞*DN*110 斜三通＞*DN*125＞*DN*150，最大正压值由大到小依次为：*DN*110＞*DN*110 斜三通＞*DN*125＞ *DN*150。

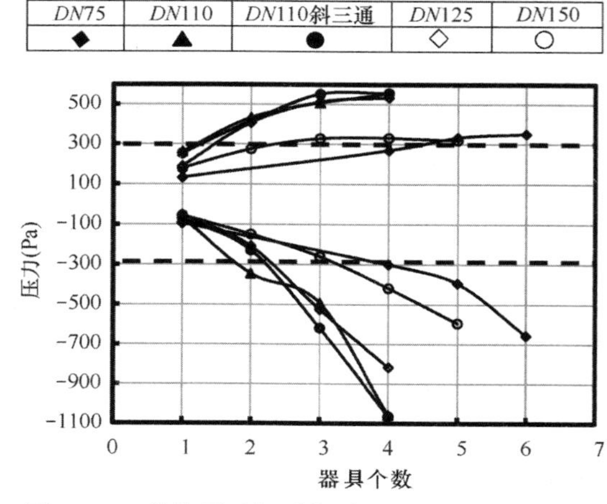

图 114　5 种伸顶通气系统瞬间流排水压力值分布

(2) 伸顶通气系统排水能力分析

分别对各伸顶通气排水系统进行瞬间流排水下的系统汇合流量测试，综合各系统不同个数瞬间流发生器（或洗手盆）排水时的系统压力值（见图 115），可得到各系统汇合流量随瞬间流发生器（或洗手盆）个数的增加而增大。

根据以上数据绘制出压力-流量曲线，如图 116 所示。

由图 116 可知，各系统内最大正、负压均随着排水汇合流量的增加而增加，同一系统其最大负压值增幅大于最大正压值增幅。此外，各系统瞬间流排水时均是正压先达到最大压力判定值。

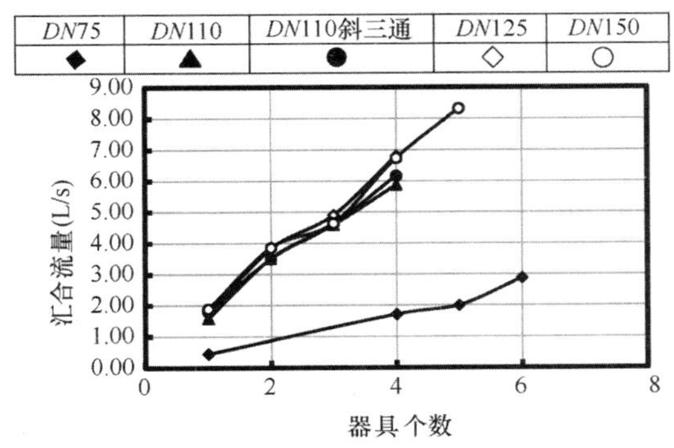

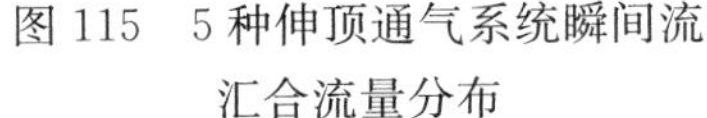
图115　5种伸顶通气系统瞬间流汇合流量分布

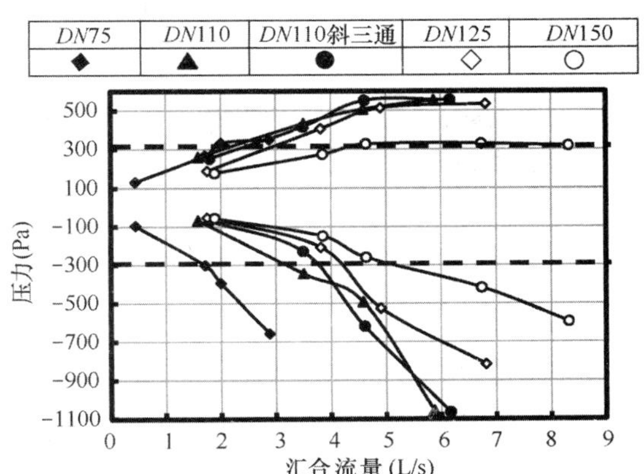

图116　各伸顶通气系统瞬间流排水时的压力-流量曲线

汇合流量与压力有较好的二次关系，线性回归方程及拟合度见表59、表60。

根据瞬间流量法对伸顶通气系统排水能力的测试结果，得到排水流量与压力的拟合曲线和汇合流量与压力的拟合曲线，以±300Pa为瞬间流量法的判定标准，通过计算得出5个排水系统的排水能力，再与《建筑给水排水设计规范》GB 50015—2003（2009年版）表4.4.11中的生活排水立管最大设计排水能力进行对比，结果见图117。可以看出，瞬间流测试时排水能力与我国相应规范值相差较大，除*DN*75伸顶通气系统瞬间流排水能力比规范值大外，其余排水系统的排水能力均比规范值小。

表59　各系统正压二次拟合结果

排水系统	拟合方程式	R^2
1#系统	$y=-28.249x^2+186.12x+52.499$	0.9700
2#系统	$y=-9.5965x^2+140.21x+62.669$	0.9996
3#系统	$y=-16.458x^2+203.69x-66.348$	0.9712
4#系统	$y=-15.084x^2+198.74x-115.96$	0.9919
5#系统	$y=-7.4557x^2+97.528x+20.372$	0.9730

表60　各系统负压二次拟合结果

排水系统	拟合方程式	R^2
1#系统	$y=-50.146x^2-64.156x-55.264$	0.9985
2#系统	$y=-48.26x^2+136.81x-174.24$	0.9834
3#系统	$y=-36.282x^2+54.306x-36.093$	0.9865
4#系统	$y=-13.48x^2-41.833x+76.931$	0.9688
5#系统	$y=-4.8175x^2-35.184x+32.443$	0.9927

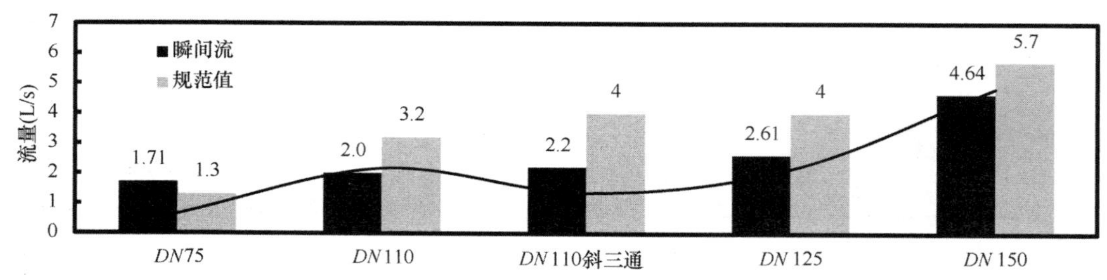

图 117 各伸顶通气系统排水能力趋势

3. 结论

（1）5 种伸顶通气排水系统的瞬间流排水能力均随排水流量和排水器具个数的增加而增加。

（2）各伸顶通气排水系统瞬间流测试的排水能力大小排序为：*DN*150＞*DN*110 斜三通＞*DN*125＞*DN*110＞*DN*75。

参考文献：

［1］ 张哲，张磊，席鹏鸽，等．伸顶通气排水系统瞬间流量测试方法初探[J]．给水排水，2013，39(8)：99-103.

［2］ 张哲，张磊，席鹏鸽，等．器具排水瞬间流量的测量装置研究[J]．给水排水，2013，39(9)：77-80.

——本文刊载在《中国给水排水》杂志 2015 年第 17 期

专题 9

采用瞬间流法的自循环与双立管系统排水能力研究

赵军[1]，张永吉[1]，高乃云[1]，张哲[2]

（1. 同济大学 污染控制与资源化研究国家重点实验室，长江水环境教育部重点实验室，上海 200092；2. 国家住宅与居住环境工程技术研究中心，北京 100044）

摘　要：在 34 层高度的试验塔上，采用瞬间流发生器排水，考察自循环排水系统和双立管（主副通气＋环形通气）排水系统中流量与压力的关系，从而得出各系统在瞬间流排水时所对应的排水能力。结果表明，瞬间流排水时，对于自循环排水系统和双立管（主副通气＋环形通气）排水系统，系统内最大负压基本发生在系统顶层，最大正压基本出现在中间层。管径布置方式相同时，各系统瞬间流测试的排水能力为：主副通气＋环形通气＞自循环环形通气＞自循环专用通气，且均小于现行规范值；采用同一系统不同排水立管管径时，排水能力为：$DN110 \times DN110 > DN125 \times DN110$。

关键词：自循环排水系统；双立管排水系统；瞬间流；排水能力

考虑到单立管排水系统通气性能的局限性，而自循环和双立管系统大大改善了原先单立管的通气性能，因而课题组研究了自循环排水系统和双立管（主副通气＋环形通气）排水系统的通水能力，以期为工程设计应用提供参考。

1. 试验方法

（1）试验管道系统

试验在国家住宅工程中心——万科建研中心超高层等比例试验塔上进行。

自循环排水系统根据其通气形式的不同又分为自循环专用通气排水系统和自循环环形通气排水系统。自循环专用通气排水系统管道系统采用硬聚氯乙烯（PVC-U）排水管，采用自循环通气（专用通气）方式，专用通气管为 $DN110$ 管，在通气管顶部（系统 34 层）用 2 个 90°弯头与排水立管相连，在系统每层通过结合管连接排水立管与通气管。而自循环环形通气排水系统是在自循环专用通气排水系统的基础之上，将系统每层排水横支管通过 $DN50$ 的环形管与通气立管相连从而形成环形通气，系统示意图见图 118。对于双立管（主副通气＋环形通气）排水系统，是在自循环环形通气排水系统的基础之上加以改进，在通气管顶部（系统 34 层）用 2 个 90°弯头与 $DN110$ 排水立管相连，再在排水立管顶部（系统 34 层）安装伞状塑料通气帽。各通气排水系统管件设置见表 61。

表 61 不同通气排水系统的管件设置

系统编号	通气系统类别	结合管布置	排水立管	通气立管	排出管
1 号	*DN*110×*DN*110	自循环专用通气	*DN*110	*DN*110	*DN*110
2 号	*DN*110×*DN*110	自循环环形通气	*DN*110	*DN*110	*DN*110
3 号	*DN*110×*DN*110	主副通气＋环形通气	*DN*110	*DN*110	*DN*110
4 号	*DN*125×*DN*110	自循环专用通气	*DN*125	*DN*110	*DN*125
5 号	*DN*125×*DN*110	自循环环形通气	*DN*125	*DN*110	*DN*125
6 号	*DN*125×*DN*110	主副通气＋环形通气	*DN*125	*DN*110	*DN*125

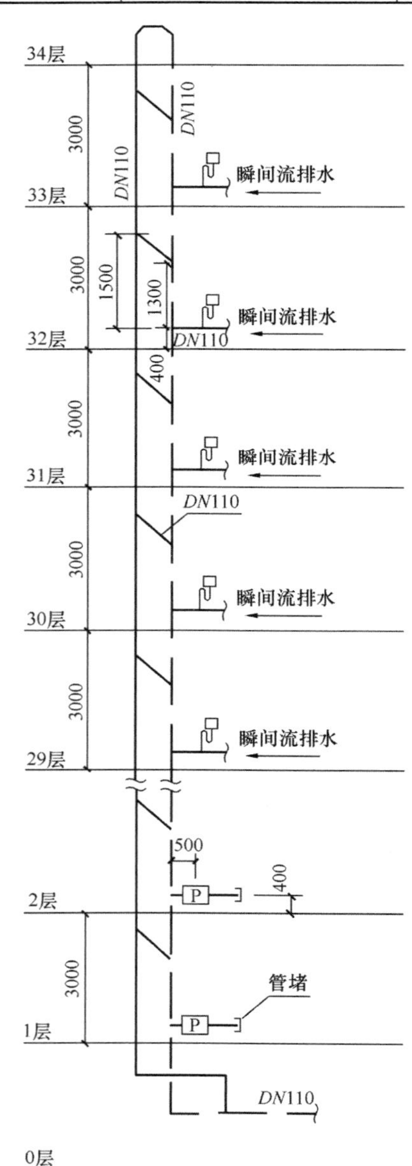

图 118 *DN*110×*DN*110 自循环专用通气系统示意图

（2）试验装置及仪器

试验管道系统示意图见图 118。

试验时除排水层外，每层的排水横支管上均安装 GE Druck PTX610（±10kPa，PTX）双向式压力传感器，测量范围为±10kPa，测量精度为±0.08%。压力传感器设置在距立管中心 500mm 的排水横支管上部，采样周期为 20ms，将数据采集并输送至服务器以检测压力波动。

瞬间流排水时，由上至下每层安装 1 个或 2 个瞬间流发生器排水，排水时两种方法选择其一。瞬间流发生器模拟市面上常用的虹吸式坐便器排水，每次排水量为 6L，排水流量峰值为 1.8L/s，电控按压排水。瞬间流发生器内设置投入式液位计，测量范围为 0mH_2O～5mH_2O，测量精度为±0.06%。

试验采用测量筒测量瞬间流汇合排水量，量筒直径为 0.72m，包括整流圆盘、压力传感器、投入式液位计等组件。

（3）试验步骤及判定条件

试验步骤：气密性检测→瞬间流排水→压力测试→汇合流量测试→分析系统排水能力。

压力传感器自动采集测得压力值中的最大正、负压值作为该楼层的最大正、负压值。以测试系统为 *DN*110×*DN*110 自循环环形通气排水系统、2 个瞬间流发生器排水为例，其压力分布如图 119 所示。参考我国行业标准《住宅排水系统排水能力测试标准》（审批稿）中规定，本试验的判定条件为：采用瞬间流量法测试时，排水系统内最大压力不得大于 300Pa，排水系统内最小压力不得小于 －300Pa。系统压力达到最大压力判定值时的排水流量为该系统立管的排水能力。

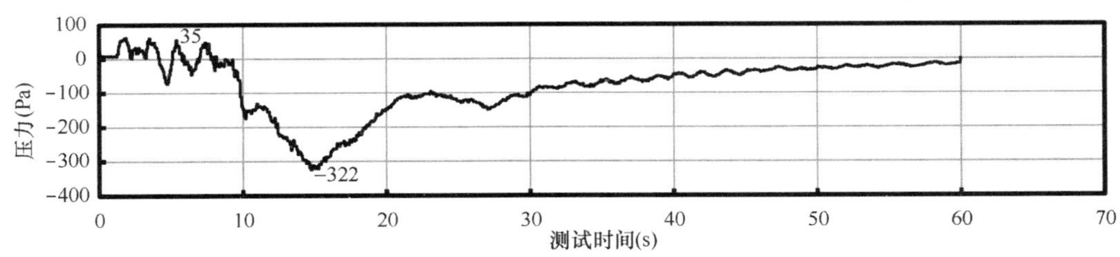

图 119 系统 22 层横支管压力分布

2. 试验结果

（1）各通气排水系统压力测试

分别对各专用通气排水系统进行瞬间流量排水下的系统压力测试。2 个瞬间流发生器排水时各系统压力分布见图 120。可以看出，瞬间流量排水时各通气排水系统内最大正、负压基本发生在系统顶层（非排水层），同一管径相同个数瞬间流发生器排水时各系统产生的最大负压值大小排序为：在 *DN*110×*DN*110 系统中，自循环专用通气＞自循环环形通气＞主副通气＋环形通气，且 *DN*110×*DN*110＜*DN*125×*DN*110；而在 *DN*125×*DN*110 系统中，自循环环形通气＞自循环专用通气＞主副通气＋环形通气。在 *DN*110×*DN*110 系统中，各系统最大正压无明显区别，但在 *DN*125×*DN*110 系统中，主副通气＋环形通气要比自循环的大很多。

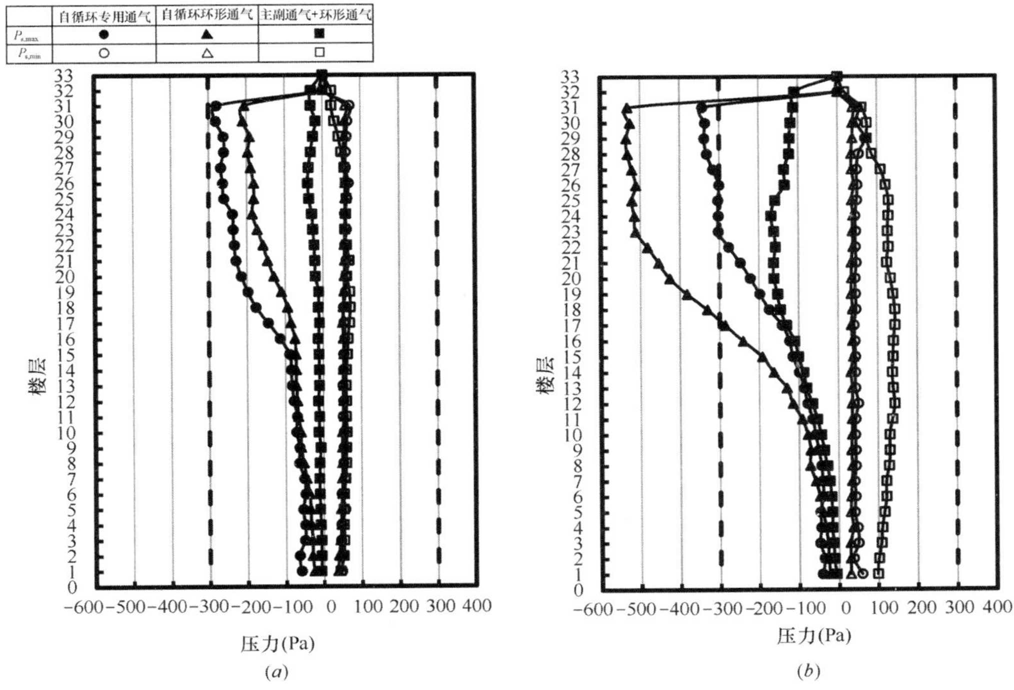

图 120 2 个瞬间流发生器排水时各专用通气系统正、负压分布

（*a*）*DN*110×*DN*110；（*b*）*DN*125×*DN*110

不同个数瞬间流发生器排水时系统最大正、负压分布见图 121。

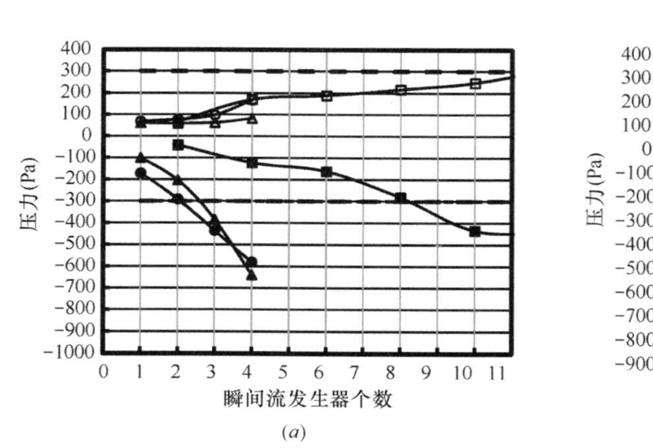

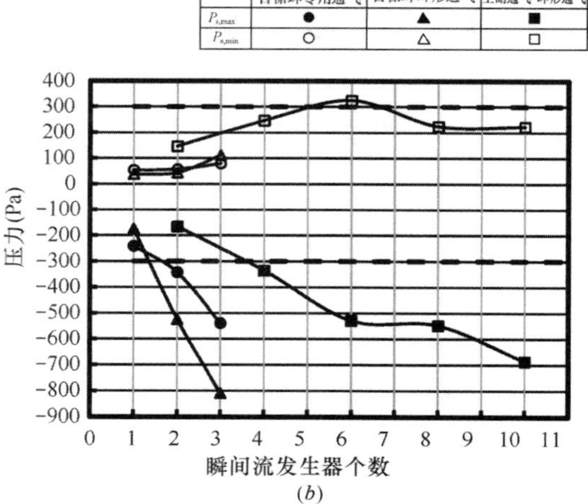

图 121 不同个数瞬间流发生器排水时各系统最大正、负压分布

(a) DN110×DN75；(b) DN125×DN110

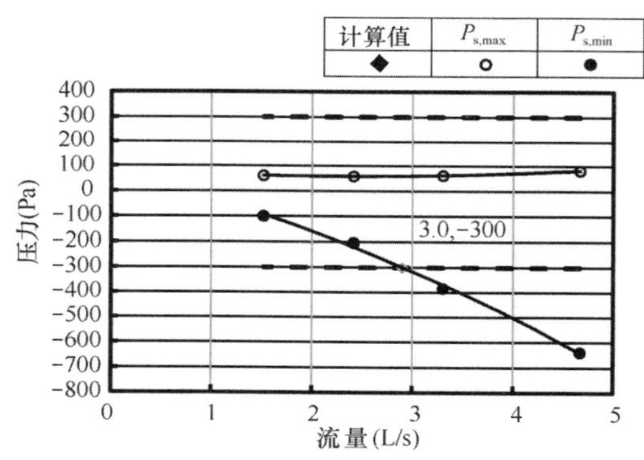

图 122 DN110×DN110 自循环环形通气瞬间流测试

由图 121 可以看出，各系统内最大正、负压均随着瞬间流发生器个数的增加而增加；整体来说，各系统都是负压先达到判定标准，且主副通气＋环形通气系统的排水性能明显优于自循环系统，而自循环专用通气系统和自循环环形通气系统的排水性能比较相似。

(2) 各通气排水系统排水能力分析

排水时的系统实测最大压力在判定压力±50Pa 以内时，该实测流量值为该排水系统的排水能力值。若没有符合上述条件的测试值，则根据测试值绘制该系统排水压力-流量曲线，做出该曲线的拟合趋势线，当判定系数 $R^2>0.8$ 具有良好相关性时，在拟合曲线上先达到判定压力时对应的流量即为该通气系统的排水能力值，如图 122 所示。各通气排水系统排水能力计算结果见表 62。

表 62 各通气排水系统排水能力计算结果

通气排水系统	通气形式	排水能力 (L/s)	P_{max} (Pa)	P_{min} (Pa)	拟合曲线	R^2
110×110 自循环	环形通气	3.00	60	−300	$P_{min}=-14.325q^2-85.349q+69.042$	0.9967
125×110 自循环	专用通气	2.48	55	−300	$P_{min}=-15.703q^2-45.726q-132.47$	1.0000
125×110 自循环	环形通气	1.90	33	−300	$P_{min}=10.925q^2-257.2q+144.52$	1.0000
125×110 双立管	主副通气＋环形通气	5.22	229	−300	$P_{min}=0.4653q^2-77.87q+13.191$	0.9700

将各系统瞬间流测试的排水能力与《建筑给水排水设计规范》GB 50015—2003（2009年版）表4.4.11中相应最大设计排水能力比较（见图123），可知各系统瞬间流排水能力测试值与相应规范值趋势相同，各系统（管径布置相同时）瞬间流测试值排水能力关系为：在 *DN*110×*DN*110 系统中，主副通气＋环形通气＞自循环环形通气＞自循环专用通气；在 *DN*125×*DN*110 系统中，自循环环形通气系统的排水能力最低。整体来说，各系统 *DN*110×*DN*110 的排水能力大于 *DN*125×*DN*110 的排水能力，试验所得瞬间流排水能力测试值均小于现行规范设计排水能力。

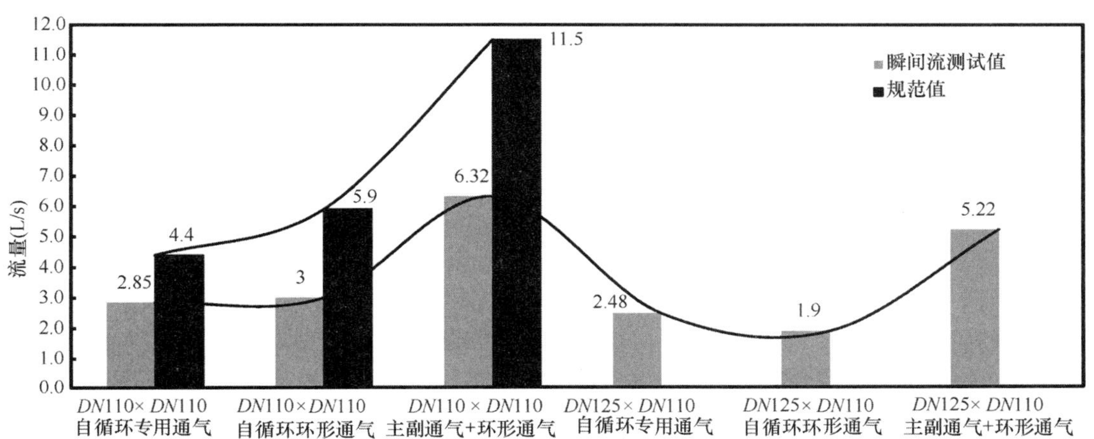

图123　各通气排水系统排水能力趋势

3. 结论

瞬间流排水时，对于自循环排水系统和双立管（主副通气＋环形通气）排水系统，系统内最大负压基本发生在系统顶层，最大正压基本出现在中间层。与《建筑给水排水设计规范》GB 50015—2003（2009年版）最大设计排水能力值比较，当管径为 *DN*110×*DN*110 时，各系统瞬间流测试的排水能力为：主副通气＋环形通气＞自循环环形通气＞自循环专用通气，且均小于现行规范值；采用同一系统不同排水立管管径时，排水能力为：*DN*110×*DN*110＞*DN*125×*DN*110。

参考文献：

［1］　龙会平．建筑排水立管通水能力试验研究[D]．长沙：湖南大学，2010.

［2］　张哲，郑培壮，李军，等．伸顶通气排水系统定流量与瞬间流量排水方式的不同区域汇合流量对比[J]．给水排水，2014，40(8)：94-99.

［3］　张磊，张哲，席鹏鸽，等．伸顶通气管道系统中瞬间流排水特性的影响因素研究(二)坐便器排水高度对管道内汇合流量的影响[J]．给水排水，2014，40(3)：77-80.

——本文刊载在《中国给水排水》杂志2015年第17期

专题 10

集中热水供应系统循环效果的保证措施

——热水循环系统的测试与研究

刘振印　高　峰　王　睿　李建业

（中国建筑设计院有限公司，北京 100044）

摘　要：集中热水供应系统的循环系统涉及用水水质、水温安全及节能、节水等原则性问题，是建筑给排水设计的难点和重点之一。针对目前循环系统存在的理念不清、措施不当、使用效果不好等弊病，通过模拟系统实测、分析、总结研究，提出了可供设计正确合理选用保证循环效果的具体措施，并将各种循环措施梳理、归纳、提升，首次提出温控调节平衡法与阻力平衡流量分配法的循环理论和循环流量可根据不同循环方式合理选择的原理。

关键词：集中热水供应系统；循环系统；循环流量；温控调节平衡法；阻力平衡流量分配法

1. 保证循环效果是集中热水供应系统需要研究解决的重要课题

（1）集中热水供应系统的循环系统运行效果对热水供水的影响

近年来，随着国内宾馆、公寓、医院、养老院等公共建筑及居住建筑的大量兴建，集中热水供应系统的设置越来越普及，人们在使用中出现的热水用水水质、水温安全、耗能耗水、水费高等问题也逐渐引起社会的广泛关注，而发生这些问题的主要原因之一是与集中热水供应系统的循环系统（以下简称循环系统）的循环效果密切相关。

循环系统运行效果对集中热水供水影响很大，究其原因：一是循环效果不好，即意味着供、回水管道存在滞水死水区，而 30℃左右的滞水区正是致病的军团菌及其他细菌适宜繁殖生长的环境，给循环系统提供了水质不安全的隐患；二是系统循环不好，开启淋浴器 1～2min 出不了热水，淋浴者不仅使用不舒服而且还可能受冷水冲击而致病；三是打开水龙头或淋浴器放出冷水被白白放掉，浪费水资源；四是循环系统及管道布置不合理将增大系统热损失，增大能耗，增加运营成本。

针对热水循环系统存在的上述问题，相关国家规范作出了相应的规定：如全文强制的《城镇给水排水技术规范》GB 50788—2012 中规定“建筑热水供应应保证用水终端的水质符合现行国家生活饮用水水质标准的要求”。《民用建筑节水设计标准》

GB 50555—2010 中规定：“全日集中供应热水的循环系统，应保证配水点出水温度不低于 45℃的时间，对于住宅不得大于 15s，医院和旅馆等公共建筑不得大于 10s”。《建筑给水排水设计规范》GB 50015—2003（2009 年版）更是对循环系统的设计作出了具体规定：“热水供应系统应保证干管和立管中的热水循环”；“要求随时取得不低于规定温度的热水的建筑物，应保证支管中的热水循环，或有保证支管中热水温度的措施”。通过以上的分析可以看出，保证循环效果对循环系统设计的重要性。

（2）国内目前工程设计及使用的循环系统现况

1）循环系统的作用

生活热水循环系统的作用与采暖循环系统不同，后者是通过热水循环均匀提供散热器的放热量保证采暖要求，前者是通过热水循环，弥补不用水或少用水时管道的热损失以保证用水时能及时放出符合使用温度的热水。由于人们用水的极不均匀性，系统处于动态、静态的无规律变化，因此，生活热水循环系统要比采暖循环系统更为复杂。

2）循环系统的种类

① 按管道循环划分：

a. 干管循环：即只保证热水供水干管中的热水循环；b. 立管循环（干、立管循环系统）：保证热水供水干管、立管中的热水循环；c. 支管循环（干、立、支管循环系统）：保证热水供水干管、立管、支管中的热水循环。

② 按时间循环划分：

a. 全日循环：一天 24h 间断循环，保证热水不间断供应；b. 定时循环：一天定时循环，定时供应热水。

根据《建筑给水排水设计规范》的要求，绝大多数工程均采用立管循环的全日循环或定时循环系统。

3）保证循环效果的方式

① 循环管道同程布置。同程布置的含义是相对于每个配水点供回管总长相等或近似相等。

② 循环管道异程布置。为解决因至配水点处供、回水管总长不同产生循环短路的问题，少数工程采取了如下措施：

a. 采用导流三通为循环元件；b. 采用温控循环阀、流量平衡阀为循环元件；c. 小区或多栋建筑共用循环系统，单栋建筑回水干管加小循环泵，总回水干管加大循环泵作循环元件。

4）循环系统存在的问题

① 干管、立管循环系统存在的问题

a. 同一系统供给不同使用性质的用户，循环系统均采用单一的同程布管方式，整个系统并不同程。由于设循环系统的工程，大多有多个不同性质的用户，如宾馆有客人、员工、餐饮等，循环管道的布置最多只能做到单一用户的同程，而各用户回水分干管与系统回水干管连接处未采取任何保证循环平衡的措施。

b. 居住建筑等单一性质用户的同程循环系统，存在各组立管长度相差大，供、回水干管分段多次变径的问题，没有理解同程布置的实质是要保证循环水流经各回水立管的阻力近似相等。还有的形状不规则建筑的同程布管系统，为使个别配水点同程，把回水干管布置得很长很复杂。这样不仅循环效果不一定得到保证，而且布管、维修困难，还增加了系统的无用能耗。

c. 少数工程循环系统采用异程布管方式，有的未采取任何保证循环效果的措施；有的采取了温控循环阀、流量平衡阀，但对这些阀件应如何选用，应用效果是否能保证不置可否，只把它推给阀门供应商。有的小区共用循环系统选用了小循环泵加大循环泵的方式，但小泵流量扬程不一，且要求大小泵联动控制。

② 支管循环系统存在的问题设支管循环系统的工程虽然较少，但仅从以往设支管循环系统设计和工程使用效果来看，它主要存在计量误差问题及管道更难布置、循环效果更难保证、能耗更大、运营成本更高等问题。

综上所述，循环系统对供水水质、供水安全、节能节水均有很大影响，而目前其现有系统又存在诸多问题，因此对循环系统循环效果的保证已成为建筑热水需要研究解决的重要课题。

2. 立项研究及测试系统搭建

（1）课题来源及立项研究

2013 年《建筑给水排水设计规范》立项启动全面修编，根据上述循环系统的重要性及存在问题，将其确定为“热水”章节全面修编需解决的重要课题之一，同年得到中国建筑设计院有限公司批准立项。

2014 年上半年组建了课题研究小组，主要工作是对异程布管系统各种阀件、管件作为循环元件的效果及其合理的循环流量进行测试、分析及研究。由于将多种元件放到实际工程的循环系统进行测试很难实现，课题组决定自行搭建小型测试平台，系统测试的循环元件为温控平衡阀、静态流量平衡阀，导流三通和大阻力短管，整个测试系统的布置及现场照片见图 124。

(*a*)

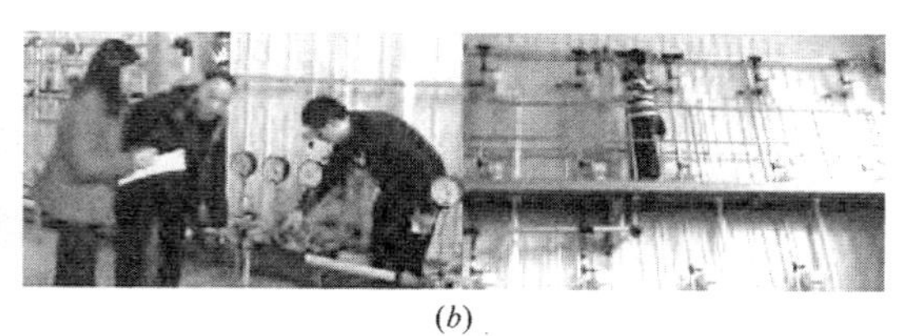

(*b*)

图 124　测试系统

（*a*）测试系统；（*b*）现场试验照片

（2）测试系统搭建

上行下给等长立管布置见图 125，上行下给不等长立管布置见图 126，下行上给等长立管布置见图 127，系统总高度距地 6.6m，主要组成包括 5 组供、回水立管，5 组（共计 15 根）回水支管，小循环泵 1 台，温控循环阀、流量平衡阀、导流三通、大阻力短管各 5 组，水嘴 25 个，闸阀、截止阀（*DN*20～*DN*50）78 个，流量计、压力表（精度 0.4 级）22 个。

在每根回水立管末端平行设置了 3 根回水支管（见图 128），支管上分别安装温控循

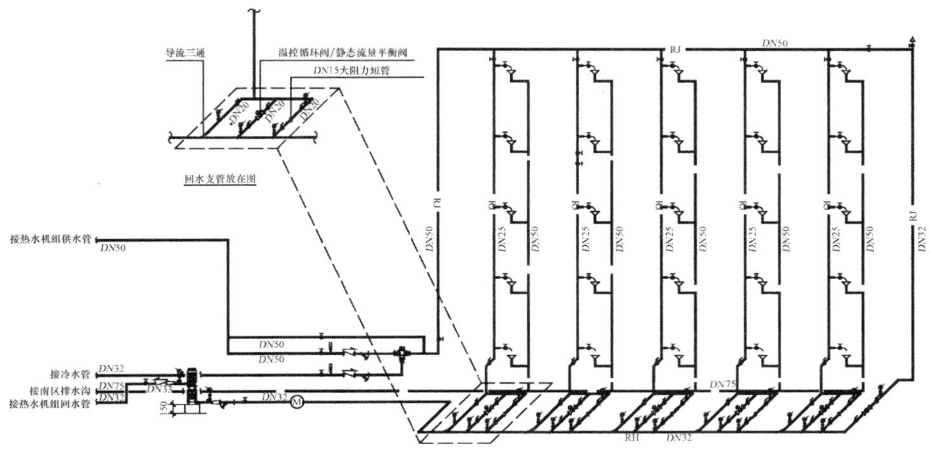

图 125　上行下给等长立管布置

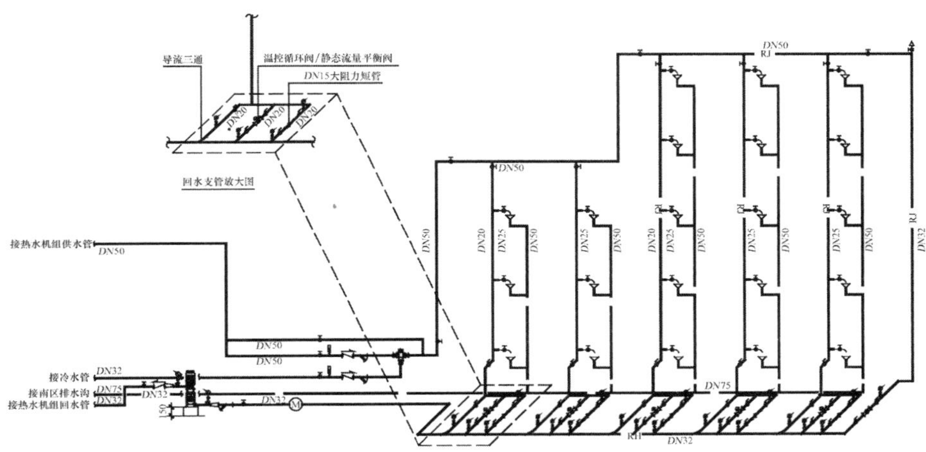

图 126　上行下给不等长立管布置

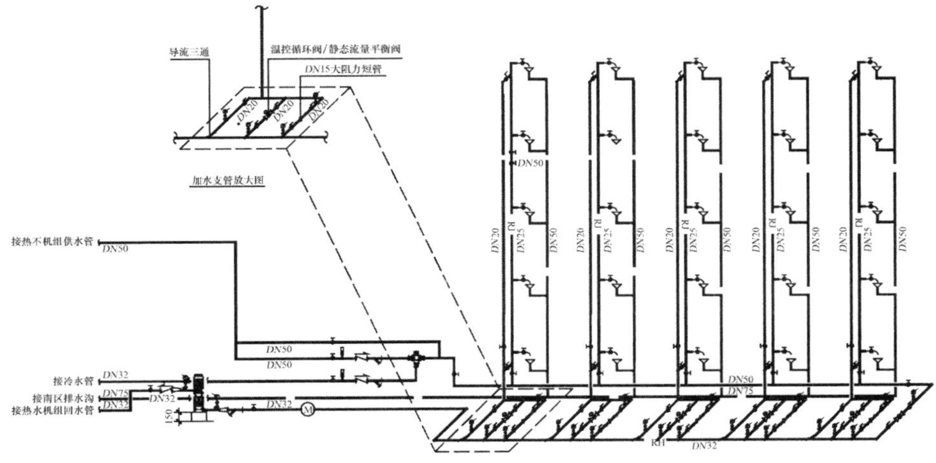

图 127　下行上给等长立管布置

环阀（静态流量平衡阀）、导流三通、大阻力短管（见图129）。

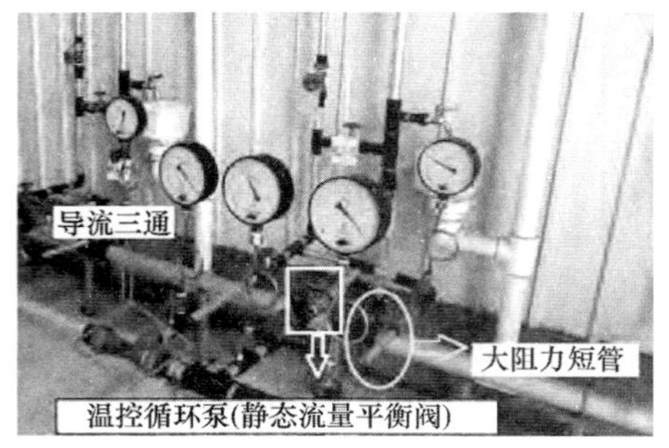

图128 回水支管

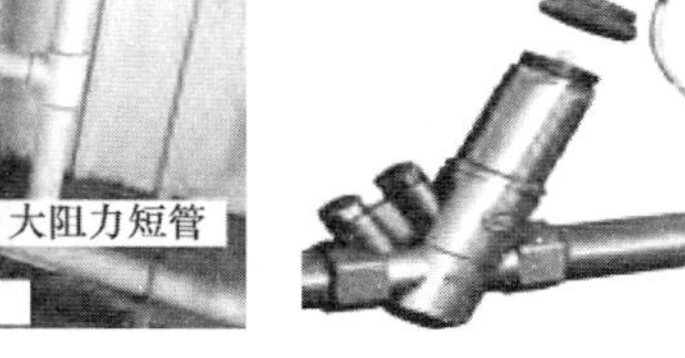
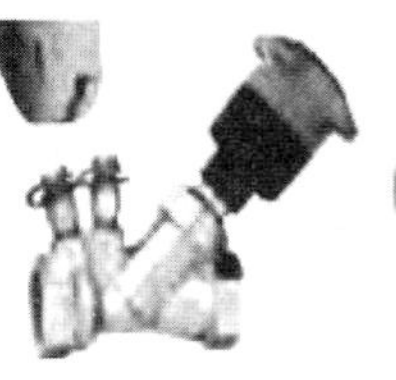

图129 温控循环阀、静态流量平衡阀、导流三通

3. 测试组织

（1）测试内容

上述中试试验系统可通过不同管段阀门的控制，模拟实现上行下给、下行下给、等长立管、不等长立管、静态、动态、不同循环流量等8种大工况，约100种循环测试工况；通过控制回水支管前后端的截止阀来控制循环阀件（温控循环阀、静态流量平衡阀）、导流三通、大阻力短管在以上热水模拟循环系统中分别运行，同时通过对循环泵前阀门开启度的控制改变回水管循环流量，以此来实现测试每种阀件、管件在模拟的不同类型热水系统中，对系统循环效果的影响以及在满足循环效果的前提下每种管件、阀件在不同类型热水系统中最合理的循环流量。

（2）工况组织

1）温控循环阀、静态流量平衡阀运行时灵敏度测试

① 对温控循环阀，原计划分别模拟管道上行下给、下行上给、等长立管、不等长立管及动态、静态的不同组合工况，按预调温度测试其温控灵敏度。经分析研究将其简化为只在一种工况下测试其灵敏度，因为只要该阀能在设定温度下开关，即说明其满足使用要求。测试关断泄流量为零的温控循环阀时以阀在支管温度达到设定温度后进行阀门前、后温度测试对比。测试关断时仍有一定泄流量的温控循环阀时，监测支管水温达设定温度的泄流量。

② 对静态流量平衡阀，拟分别模拟管道各种组合工况，按预调流量测试其灵敏度，即在系统回水支管采用该阀后，通过监测阀门前后水温确定能保证循环效果的最小循环流量。

2）导流三通循环效果测试

对导流三通拟分别模拟各种组合工况，调节循环流量，监测立管末端的回水温度，得出不同工况下的循环效果以及在能保证循环效果时合理的循环流量。

3）大阻力短管循环效果测试

同3.2.2节调试运行工况及循环流量，得出在大阻力短管作为系统的循环管件时不同工况下的循环效果以及在能保证循环效果时合理的循环流量。

（3）实测工况及测试结果

1）温控循环阀灵敏度测试

本次试验测试了阀门关断时泄流量为 0（$q_s=0$）和阀门关断后有泄流量（$q_s\neq0$）2 种温控循环阀。

① $q_s=0$ 温控循环阀的测试选择下行上给等长立管动态系统为实测工况，温控循环阀设定温度为 38℃，回水支管温度达到阀门设定温度后温控循环阀全自动关闭，测试阀前、阀后温度，测试 4 次，每次 5 根回水管阀后温度基本一致，测试结果见表 63。

$q_s=0$ 温控循环阀灵敏度测试结果　　表 63

测试次数	5 根回水支管阀前平均温度（℃）	5 根回水支管阀后平均温度（℃）
1	51	41
2	51	40
3	51	37
4	51	37

② $q_s\neq0$ 温控循环阀的测试

a. 单阀达到设定温度后的泄流量。选择下行上给等长立管动态系统最不利处的回水立管为实测工况，温控循环阀设定温度为 50℃，在回水支管阀后温度为 25～50℃时，分别测回水干管的循环流量，测试结果见表 64。

$q_s\neq0$ 温控循环阀最小泄流量测试结果　　表 64

温度（℃）	25	40	45	47	50
回水管流量（m^3/h）	1.5	0.284	0.209	0.148	0.12

b. 单阀热力消毒的流量。该阀具有定时热力消毒功能，热力消毒时的流量测试结果见表 65。

$q_s\neq0$ 型温控循环阀热力消毒流量测试结果　　表 65

测试立管编号	供水温度（℃）	回水管流量（m^3/h）
1	63	0.176
1+2	63	0.38
1+2+3	63	0.498
1+2+3+4	63	0.65
1+2+3+4+5	63	0.98

c. 不同循环流量时的循环测试。该阀在循环流量为 0.245m^3/h、0.172m^3/h、0.12m^3/h 的循环效果见表 66。

$q_s\neq0$ 温控循环阀在不同循环流量的循环效果　　表 66

循环流量（m^3/h）	供水管温度（℃）	回水立管阀后温度（℃）				
		L_1	L_2	L_3	L_4	L_5
0.245	53.5	40	39	39	40	39
0.172	48	38	38	38	38	38
0.12	52	36	36	33	33	32

注：测试系统先灌满冷水，然后开启循环泵将 50～55℃的热水循环运行 10min 后测各回水立管阀后的温度（管道表面温度）。

表66分别表示循环流量为0.245m^3/h、0.172m^3/h、0.12m^3/h即分别相当于$Q_s=0.2Q_h$、$0.15Q_h$、$0.10Q_h$（Q_s为系统循环流量；Q_h为系统设计小时用水量）时该温控循环阀的效果。表中数据显示，在$Q_s \geqslant 0.15Q_h$时，5根下行上给系统回水立管的阀后温度均基本相同，说明循环效果很好，在$Q_s=0.1Q_h$时，5根立管阀后温度明显不同，说明循环效果变差。因此此次测试结果可以判定，对于$q_s \neq 0$的温控循环阀适用循环流量的范围为$Q_s \geqslant 0.15Q_h$。

2）导流三通变工况测试

导流三通作为回水支管循环阀件时，按不同组合工况，循环泵循环流量为$Q_s=0.177m^3/h \approx 15\%Q_h$；循环5～10min后，测回水立管外侧温度，测试结果见表67。

导流三通测试结果 **表67**

工况	循环流量（m^3/h）	供水温度（℃）	回水立管温度（℃）				
			L_1	L_2	L_3	L_4	L_5
上行下给不等长立管静态	0.177	51	42	35	42	41	37
上行下给不等长立管动态	0.167	51	42	41	43	42	43
下行上给等长立管静态	0.176	48	41	40	42	42	40
下行上给等长立管动态	0.176	48	41	40	39	40	43

3）大阻力短管变工况测试

大阻力短管作为回水支管循环阀件时，按不同组合工况，循环泵循环流量分别为$Q_s=0.18m^3/h \approx 15\%Q_h$和$Q_s=0.37m^3/h \approx 30\%Q_h$；循环5～10min和10～20min后测回水立管外侧温度，测试结果见表6。

4）静态流量平衡阀测试

静态流量平衡阀因阀体最小通过流量大于单立管测试能供给的最大循环流量，因此未予以测试。

4. 测试结果分析

（1）温控循环阀

此次测试的温控循环阀由意大利"CALEFFI（卡莱菲）"公司和德国"OVENTROP（欧文托普）"2家公司提供，卡莱菲公司的温控循环阀共实测了3次，前2次测试因阀件安装、调节故障，测试失效。第3次在阀体安装调节到位后，5组温控循环阀经4次测试都达到了设定温度下全关闭（即$Q_s=0$）的要求，在水加热器供水温度为51℃时，出水处温度均为37～40℃，与设定关闭温度38℃误差很小，说明只要各回水立管上装了温控循环阀，就能保证各立管的循环效果。卡莱菲公司的温控循环阀的关断泄流量为 0，欧文托普的温控循环阀在关断时还有一个小的泄流量通过。表 64 所示为设定阀体关闭温度为 50℃时，通过水温在 25～50℃的工况下，其通过流量为 1.5～0.12m^3/h，即 50℃水温的流量通过时该阀关断后仍有泄流量通过。表 65 为带消毒功能的温控循环阀的测试数据，表示阀体在不用水阶段进行高温消毒杀菌时，通过流量为 0.176m^3/h，约合 0.05L/s。表 64 的测试结果表明，回水立管阀后的水温能依据设定温差关断，关断后的最小泄流量为≥8%全开启流量通过，其泄流量分 6 档，可依工况调节。

大阻力短管变工况测试结果　　**表 68**

工况	循环流量（m^3/h）	供水温度（℃）	回水立管温度（℃）				
			L_1	L_2	L_3	L_4	L_5
上行下给不等长立管静态	0.18 0.37	45	31/37 41	29/35 40	29/36 41	23/33 40	26/30 39
上行下给不等长立管动态	0.167	51	42	41	43	42	43
下行上给等长立管静态	0.176	48	41	40	42	42	40
下行上给等长立管动态	0.176	48	41	40	39	40	43

注：表中 31/37 等分别表示系统循环 5～10min 和 10～20min 后的立管温度。

这两种温控阀均带有定时高温热力消毒的功能，表 65 的测试数据可供个别需采用高温热力消毒的系统参考。

（2）导流三通

测试用导流三通为市面建材市场销售的产品。通过实测，其测试结果如表 67 所示，当系统水加热器供水温度为 48～51℃，循环流量为 0.167～0.177m^3/h($Q_s \approx 0.15Q_h$)，在等长立管下行上给静、动态和等长、不等长立管上行下给动、静态 4 种工况下，5 根回水立管导流三通后的测试水温均为 37～43℃，说明导流三通在该测试系统中适用于各种工况。

（3）大阻力短管

测试用大阻力短管是在每组 *DN*20 回水立管与回水干管连接处安装了一段约为 1m 长 *DN*15 短管。表 68 的测试数据显示：在循环流量 $Q_s=0.18m^3/h$($Q_s \approx 0.15Q_h$) 时，4 种测试工况下，循环效果都不好，在 $Q_s=0.37m^3/h$($Q_s \approx 0.3Q_h$) 时，上行下给等长立管、下行上给等长立管系统均基本满足要求，但前者运行 10min 后的数据优于后者，说明大阻力短管用在上行下给系统更好。

5. 保证循环效果的建议措施

（1）干、立管循环系统

干、立管循环是集中热水供应系统的主要循环方式。2009 年版《建筑给水排水设计规范》规定“热水供应系统应保证干管和立管中的热水循环”。

通过上述试验热水循环系统的测试、分析研究，结合多年的设计运行实践概括起来保证热水干、立管循环效果有温控调节平衡法与阻力平衡流量分配法两类做法，本文对其具体措施提出如下建议。

1）温控调节平衡法

温控调节平衡法的作用原理，是通过设在热水回水干、立管的温度控制阀、小循环泵等由温度控制其开关或启、停以实现各回水干、立管内热水的顺序有效循环。

① 温控循环阀。温控循环阀（如图 129 所示）是一种内设感温敏感元件利用热胀冷缩原理直接控制阀板开关的阀件。如前所述，它有关断时泄流量为零，和关断时有一定泄流量 2 种型式。通过实测，2 种阀件均可用于循环系统中，但无泄流量阀，因为只有一个设定控制温度，即到此温度停，未到此温度开，由于热水回水立管管径小，散热快，则阀体会频繁启闭，影响其工作寿命。

另外采用无泄流量的温控循环阀时，应注意总回水管上设置控制循环泵启闭的温度传感器的设定温度应与温控循环阀的设定温度相适应，即前者的停泵温度应等于或略低于后者，否则各回水立管下的温控循环阀关断后，循环泵运行时将为零流量空转而烧坏水泵。

② 温度传感器加电磁阀。目前，温控循环阀均来自德国、意大利及美国，国内尚无自主产品，因而阀件价格较贵。采用温度传感器配电磁阀亦可达到控温循环目的，为减少电磁阀的频繁启闭，可设启、闭 2 档温度。这种做法的缺点是电磁阀不能直接作用，需经二次控制，其注意点是必须选用质量好的电磁阀。

③ 温度传感器加小循环泵。温控循环阀目前均只有 $DN15$、$DN20$、$DN25$ 三种规格的阀门，因此对于回水干管管径较大的系统无合适的温控循环阀件，解决小区或多栋建筑共用集中热水系统中每栋建筑回水干管的循环问题，可用温度传感器加小循环泵。

在回水立、干管上设循环用小泵早在 20 世纪 80 年代英美等国家设计的集中热水系统中应用。其设置方法类同总循环回水干管上循环泵的设置及设计计算，可以根据系统大小，系统要求设 1 台或 2 台泵，值得注意的是各回水干管的循环泵宜选用同一型号的泵，以防止泵同时运行时大泵压小泵，另外各组小泵可独立运行，不必和总循环泵联动。

④ 系统单一采用温控循环平衡法时可以用计算循环系统的配水干、立管实际散热量来计算循环泵流量，能较大减少循环泵运行能耗。

《建筑给水排水设计规范》规定循环流量 q_x(L/h) 按下式计算：

$$q_x = \frac{Q_s}{C\rho_r \Delta t}$$

式中 Q_s——配水管道的热损失（kJ/h），经计算确定，可按单栋建筑为（3%～5%）Q_h；小区为（4%～6%）Q_h；

ρ_r——热水密度（kg/m³）；

C——水的比热，C=4.187kJ/(kg・℃)；

t——配水管道的热水温度差（℃），按系统大小确定，可按单体建筑 5～10℃，小区6～12℃。

按此公式计算的循环流量为设计小时热水用水量的 25%～30%，为实际计算的 Q_s 的

2.0～2.5 倍。

规范此处之所以提供 Q_s、Δt 的参考数据主要是因为循环系统的管道散热量计算较烦琐，工作量大，而往往计算结果又似偏小。这对以往仅靠合理布管和用人工调节各立管上的阀门来平衡循环系统的工程来说，是比较安全可靠的。

循环系统采用温控循环阀等温控循环元件后，各回水立管中热水的循环均按所需温度实现了自动控制，因此系统的循环流量可按实际计算补热量 Q_s 计算，尤其是在管道采用保温效果好的保温后，Q_s 值将还可减少。

通过上述温控平衡阀的测试得知：对于 $q_s=0$ 的阀，因它能在设定温度下全关断，各回水立管在达到设定温度时可依次开启或关断，无循环短路之忧，因而其循环流量可在保证满足系统供水管热损失的补偿条件下降到最低。一般可为 $Q_s=(0.1～0.15)Q_h$

对于 $q_s\neq0$ 的温控循环阀，因其关不严，其控制原理类同流量平衡阀，存在阻力平衡流量分配的工况，因此，其循环流量的条件高于上述阀。一般要求 $Q_s=(0.1～0.15)Q_h$。

2）阻力平衡流量分配法

2003 年版《建筑给水排水设计规范》修订时，曾有专家提出热水循环管道同程布置改为同阻布置。这个观点道出了管道同程布置的实质，如果循环供回水管相对各配水点的阻力相同，自然就会有很好的循环效果。但实际工程设计中，要做到同阻是不可能的。通过此次试验系统的测试分析，除了上述温控调节平衡的方法外，大多数系统或子系统可通过合理的布管和设置管件、阀件来调节系统的阻力，使循环流量自行再分配，从而达到保证循环效果的目的。此法概括起来有如下 3 点具体措施：

① 循环管道同程布置。如前所述，循环管道同程布置就是相对每个用水点、供回水管道布置基本等长的管道布置。这是 20 世纪 80 年代借鉴的技术，如当时日本公司设计的长富宫饭店、中国香港设计事务所设计的一些工程均采用了同程布管的方式，我院 20 世纪 80 年代末设计的国际艺苑皇冠假日酒店等众多工程亦采用了这种布管方式，系统验收时，客房卫生间用水点放水 5～10s 即出热水。循环效果很好，因此 2003 年版的《建筑给水排水设计规范》中编入了“循环管道应采用同程布置的方式”的条款。进入 21 世纪后，随着循环技术的多样化，2009 年版《建筑给水排水设计规范》将该条文进行了较大修改，将同程布置方式的应用范围局限在单栋建筑的热水系统，并将“应”改为“宜”这就为采取其他措施开了绿灯。但根据多年来的工程实践，采用“同程布置”确是一种保证循环效果行之有效一劳永逸的方式，缺点是不少工程采用时，布管困难且多一条回水干管耗材、耗能。另外采用同程布管时，供、回水干管的管径宜分别不变径或少变径，这样有利于循环管道阻力平衡。

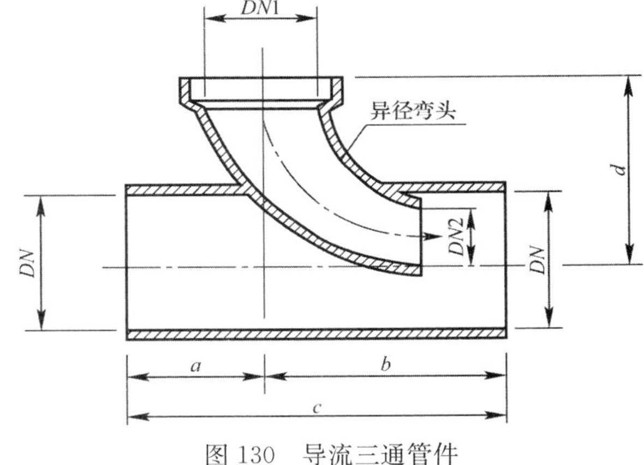

图 130　导流三通管件

② 循环管道异程布置采用导流三通、流量平衡阀、大阻力短管等管件、阀件平衡阻力，促使循环流量再分配。

a. 导流三通。导流三通是 20 世纪末广西建筑综合设计研究院肖睿书总工研发的一种专利产品，现已在建材市场有产品销售。导流三通的构造见图130，它用作热水回水立管与回水干管的连接件。对于导流三通的作用原理，《给水排水》1995年第8期肖睿书等撰写的《国产紫铜导流管件》一文是这样叙述的："紫铜管经塑性加工成各种规格的异径弯头作侧流拐弯段插入直流段，共同组成管件。它可利用近环路过大的余压能量来疏导环路介质共同前进，变消极因素为积极因素，不但克服了普通三通具有较大余压的近环路立管水流冲入正三通后阻挡远环路立管水流顺利通过水交汇口的缺陷，而且由于异径弯头拐入直线段，水流方向与直流段完全一致，强制支流的余压可用来疏导弱压支流共同前进。通过动静压转换，强弱二支流始终是相互导流关系。"以上论述可概括为导流三通具有导流及平衡调节阻力的作用。除此之外，通过此次测试结果的分析研究，对其原理还可补充如下两点：一是对于回水立管来说由于采用导流三通代替正三通其相应阻力减少了50%～70%；二是对于回水干管则相当于在汇合处加了一个限流孔板，增大了阻力，这样两者叠加使得回水立管与干管汇合处立管出流压力稍大于干管该点的压力，有利于立管热水的出流。导流三通已面世20多年，在广西北海富丽华酒店、南宁新都大饭店等工程的集中热水供应系统中安装，并有效地运行多年。此次小系统测试的4种工况，在循环流量 $Q_s=0.15Q_h$ 即小于规范提供的经验值 $Q_s=(0.25\sim0.3)Q_h$ 的条件下循环效果较好，说明导流三通在工程中有较好的推广应用价值。本文建议单栋建筑的集中热水供应系统当立管布置等长或近似等长时，可采用导流三通满足循环要求。

b. 流量平衡阀。流量平衡阀有动态、静态2种型式。

动态平衡阀主要由带弹簧的活塞、阀芯与阀体组成，其简要工作原理为流体通过阀体由固定通径和可变通径组成，当阀门上、下游流体压差大于最小工作压差时，活塞压缩弹簧，可变通径逐渐变小，压差继续增大后，活塞完全压缩弹簧，流量只能从固定通径流过；流量减到最小，而当阀门上、下游流体压差小于最小工作压差时，流体可从固定通径和可变通径通过，流量增大。阀体的最小工作压差为0.015～0.2MPa。因此如要选用动态流量平衡阀，设计需提供流量和压差范围。

生活热水循环系统回水立管与干管汇合处的压差一般很小，且此值也很难计算出来，即便计算出来也不一定与实际运行工况相符，因此，生活热水循环系统不宜选用这种压差控制的动态流量平衡阀。

另外，通过此次 $q_s\neq0$ 温控循环阀的实测表明，这种温控平衡阀实质更像动态流量平衡阀，只不过一般的动态阀是靠压差来调节，此阀则是靠温度调节其流量分配大小，表64的数据完全证明了这一点。前者不适于循环系统，但后者可用。

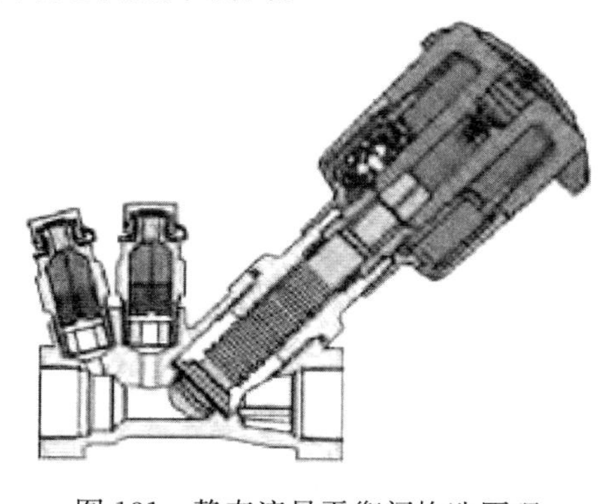

图131　静态流量平衡阀构造原理

静态流量平衡阀类似于限流阀，它有多种构造型式，其中较适用于热水循环系统的阀为带文丘里流量计的平衡阀，构造原理见图131。原理为：通过转动阀体手柄，平衡阀的阀杆上下运动，调节流量通径，改变流量曲线特征，阀体上配有压力检测口用于测量压差，根据压差值可以检测和调节流量。这种平衡阀的流量与压差特性曲线见图132。

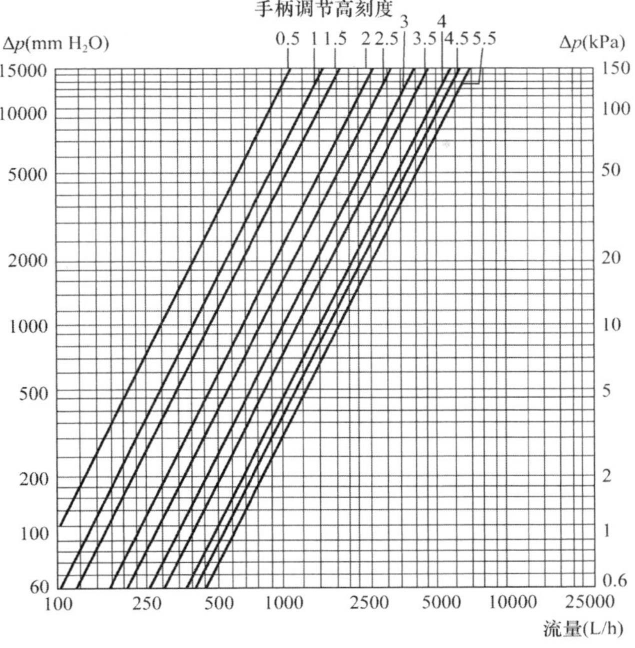

图 132 $Q—\Delta h$ 曲线

当用这种平衡阀安装到回水立干管上时，设计可将总循环流量平均分到各回水立管，控制压差＜0.01MPa 选出合适口径的平衡阀。

循环系统运行时，管路短者阀前压力大，流量大于设定平均值，但相应阻力也增大，即阀后余压减小，而管路长者则与此相反，两者在运行时通过平衡阀的流量，阻力将自动平衡，进而达到保证其循环效果的目的。

这种带文丘里流量计的流量平衡阀规格为 $DN15\sim DN50$，可用作异程布管的回水立管、回水分干管的循环元件。

$DN>50$ 的阀可采用其他型式的静态流量平衡阀。

热水循环系统是静态、动态交替变化的系统，但大部分时间处于静态或接近静态，此时循环系统压力变化小，静态流量平衡阀能平稳工作，保证循环效果。系统处于用水多或用水高峰时，由于静态时，各供回水立管已被循环补热，用户放水就会很快出热水，而随着用水量的增大，各供水立管均处于热水流动状态，更保证了持续出热水的效果，另外，通过此次小型系统测试表明，动态工况与静态工况对所测导流三通、大阻力短管的循环效果影响很小，因此，尽管动态时循环回水系统压力有小的波动，亦不会对静态平衡阀的工作产生大的影响，并且用水高峰时间短，用水高峰过后，循环系统又可恢复正常工作。总体来说静态流量平衡阀在满足系统循环流量要求的条件下是能保证系统循环效果的。

本次测试由于选用 $DN20$ 的平衡阀要求的最低通过流量大于试验系统回水立管的最大分配流量，因而没有实测，但通过对导流三通、大阻力短管的测试效果分析及上述对静态流量平衡阀工作原理的剖析，这三者都是阻力平衡元件，但后者还具有调节功能，因此，我们认为上述对静态流量平衡阀可用于循环系统的分析研究是切实可行的。

由于流量平衡阀具有可调节功能，如同上述采用温控阀等可减少循环流量的原理，它也可适当降低循环流量，推荐 $Q_s=(0.15\sim0.2)Q_h$。

c. 大阻力短管。在 $DN20$ 回水立管末端设置一段 $L\approx1.0\text{m}$ $DN15$ 的短管，我们称之为大阻力短管，是一种新的尝试，意在使循环系统在保证循环效果的同时更简单、实用。其设想工作原理类同上述对静态流量平衡阀的分析，即通过增大局阻力来调整分配流量。

从前述大阻力短管的测试结果及分析来看，大阻力短管在循环时起到了预期的作用。因此建议对循环系统较小，立管等长的上行下给式系统可以采用大阻力短管作为保证循环效果的管件。其循环流量宜为 $Q_s=(0.25\sim0.3)Q_h$。

③ 增大循环泵流量。本文前述大阻力短管在等长立管的上行下给和下行上给 2 种系统布置测试时，循环流量 $Q_s=0.15Q_h$ 时循环效果差，当 $Q_s=0.3Q_h$ 时，各立管循环均达到了要求。说明增大循环流量，即增大了回水立管及管件的阻力，有利于流量的再分配，保证各立管均有循环流量通过。实际工程有的循环不好的系统，改造时，选用了 $Q_s\approx0.7Q_h$ 的循环泵，系统循环效果有所改进。

关于循环泵流量的计算，1997 年版及以往版本《建筑给水排水设计规范》规定："水泵的出水量，应为循环流量与循环附加流量之和"其附加流量为设计小时用水量的 15%，对此条文解释为增加附加流量是为保证大量用水时，配水点的水温不低于规定温度。对于循环泵流量是否应加附加流量，当时的热水研讨会曾专题研讨过几次，但研讨结论均未涉及增加附加流量有利于循环流量均匀分配的实质，此后，根据大多数专家的否定意见，2003 年版，2009 年版规范删除了循环泵流量加附加流量的内容。通过此次测试及分析，说明对有的集中热水供应系统增大一点循环泵流量是有利于改善循环效果的，但对高峰用水时保证配水点水温似无作用。

然而增大循环泵流量将带来系统能耗增大，且不利于系统冷热水压力的平衡。因此，采用增大循环泵流量来保证循环效果的措施正好与前述用温控平衡阀等自控系统可减少循环流量、节能明显背道而驰。因此该方法只限用于循环管道异程布置又未设循环阀件、导流三通等设施的原有系统改造，并且循环流量的增加宜控制在 $Q_s=0.35Q_h$ 之内。

(2) 干、立、支管循环系统（简称支管循环系统）

1) 尽量不设支管循环系统

建议尽量不设支管循环系统主要有如下理由：

① 耗材、耗能。采用支管循环需将增加管材，阀门等材料器材，显而易见。耗能则更为突出，因支管管径小散热快且支管总计管长一般要比干、立管长得多，而且又不便作保温层，因而其无效散热量很大，同时为弥补这部分散热损失，循环泵的流量、扬程均应增大，即运行电耗增加，这样能耗叠加，支管循环系统能耗可能比干、立管循环系统要成倍的增加。

② 布管、安装、维修困难。需设支管循环者主要是供水支管太长的系统，这种系统一般回水支管与供水支管近似等长，这些管道大都要暗装在室内垫层吊预或嵌墙敷设，布管、安装都很困难，而且使用时漏损概率增大，造成维修困难。

③ 循环效果难以保证。本文前面所述内容都是围绕解决多年来存在的干、立管循环系统所存在的疑难问题而进行的测试分析与研究。相对于干、立管循环，支管循环要复杂得多。前者只需在几个到几十个循环回水干、立管交汇点采取合理措施，而后者有干、立、支管 3 个连环循环，交汇点是几十个到数百个，因此要保证支管的循环效果，难度

更大。

④ 运行费用高，系统难以维持。由于支管循环系统耗材大一次投资大，能耗大，维护费用高，这些摊到供水成本上，将使热水价格成倍上涨，使用户难以接受，使用者越来越少，形成用水量减少水价攀升的恶性循环，进而使系统瘫痪。

⑤ 住宅采用支管循环，计量易引发纠纷。居住建筑的支管循环需在供回水管上分设水表，由于水表的计量误差，易引起用户与物业之间收费产生纠纷。针对上述理由，正在新编的《建筑给水排水设计规范》已编入“居住建筑不宜设支管循环系统”的内容。

2）居住建筑如何保证集中热水供应系统的循环效果

宾馆、医院（除门诊科室外）等公共建筑一般热水支管不设水表，且立管布置在卫生间内或靠近布置，热水支管长度可控制在 10m 之内，即可以保证满足前述标准规定的放水 10s 后出热水的要求。即便有设支管循环的特殊要求，相对住宅要方便很多。但居住建筑的支管循环系统呈现的上述大难点突出，为了保证满足居住建筑放水 15s 后出热水的国家标准要求，我们提出如下建议：

① 一户多卫生间时按卫生间设供、回水立管、卡式水表；变支管循环为干、立管循环，以卡式水表计量取代分户计量总表计量。

② 支管采用定时自控电伴热，保证用热水时段支管内的热水水温，不用水时段关断电伴热电源。

③ 当热水管道布置上下一致，立管等长，且增布回水支管没有太大困难时，亦可采用支管循环，但应选用计量误差的水表。支管与立管的循环宜采用同程布管，主管与干管的循环则可用导流三通或温度控制阀、流量平衡阀为循环元件的异程布管。

（3）循环系统应尽量采用上行下给的管道布置

此次对 $q_s \neq 0$ 的温控循环阀及大阻力短管对比上行下给与下行上给 2 种不同布管方式的循环效果比较，前者优于后者。其原理显而易见，后者比前者多了 1 倍立管，即循环管长增了 1 倍，不利于阻力平衡，因此单从保证循环效果来看，上行下给布管优点突出。此外，上行下给还具有节材、节能、有利于供水压力分布、减少布管困难、减少维护工作量等众多优点。故本文推荐设计采用上行下给布置的循环系统。

6. 小结

（1）保证循环效果是衡量集中热水供应系统设计成功与否的重要标志，但循环效果的保证，应做到节水、节能统筹兼顾。

（2）应尽量采用上行下给布管的循环系统。下行上给系统的循环措施应提高一个档次，并不宜采用大阻力短管作为循环元件。

（3）本文所述各项保证循环效果的措施，各有其优缺点，设计应根据使用要求，用户维护管理条件，工程特点等因地制宜选用。一般居住建筑维护管理条件较差，可首选设导流三通、同程布管、设大阻力短管（适用于水质较软的系统）等调试、维护管理工作量小的循环方式；宾馆、医院等公共建筑，可首选设温控循环阀、流量平衡阀等可以调节，节能效果较明显但相对调试维护管理工作量较大的循环方式。

（4）带有多个子系统或供给多栋建筑的共用循环系统，可采用上述多种循环元件或布管方式组合的循环方式。即子系统可依据其供水管道布置条件，采用同程布管或设循环管件、阀件、子系统连接母系统，可采用温控循环阀、流量平衡阀、小循环泵保证子、母系统的循环。

（5）循环流量的选择：

在满足本文所述条件下，循环流量可按下选择：

1）采用 q_s＝0 的温控平衡阀，建议 Q_s＝(0.1～0.15)Q_h。

2）采用同程布管、导流三通、的温控循环阀、静态流量平衡阀等时，建议 Q_s＝(0.15～0.2)Q_h。

3）采用大阻力短管时建议 Q_s＝(0.25～0.3)Q_h。

4）无措施的异程布管改造工程建议 Q_s≤(0.35～0.4)Q_h。

5）子、母系统或多栋建筑共用系统循环流量的选择：①回水干管采用温控平衡阀、流量平衡阀时，其中循环流量按子系统采取循环方式对应以上条款选用，总回水管上的循环泵按其循环流量叠加选用；②回水干管采用小循环泵时，其循环流量均按子系统中循环流量最大者选用，总循环泵按总系统的循环流量选用。

（6）温控循环阀、流量平衡阀具有可调节、可减少循环流量节能的优点，但目前只有国外产品，价位较高。选用时应核对使用条件（如循环流量等），且应明确由供应商配合安装调试。

（7）此次模拟热水循环系统的测试，由于其系统小、布管较简单，因此各种循环元件的测试与实际工程所用系统有一定差别，设计时不应照搬试验系统模式。

致谢：本课题实施过程中，得到中国建筑学会建筑给水排水研究分会、全国建筑热水技术研发中心、河北保定太行集团有限责任公司、北京航天凯撒国际投资管理有限公司、欧文托普（中国）公司、意大利卡莱菲公司的大力协助，在此一并致谢。

专题 11

集贮热式无动力循环太阳能热水系统
——突破传统集热理念的全新系统

王耀堂[1]　刘振印[1]　王　睿[1]　常文哲[2]　武程伟[2]

（1　中国建筑设计研究总院，北京 100044；2　河北工程大学，邯郸 056038）

摘　要：现有的太阳能集中热水系统在使用中存在系统复杂、集热效率低、实际运行节能效果差、建设成本高；运行中集热器爆管、失效、冻裂、集热系统阀件损坏等事故频发；综合运行、管理费用高等问题。提出了集贮热式无动力循环太阳能热水系统——改变传统集热理念的一种全新系统，介绍了系统原理、特点、中试及工程应用，并与传统系统进行了对比，新型系统具有系统简化、合理适用；集热效率明显提高，无运行能耗；有利于建筑的一体化，降低建筑成本；妥善解决了传统系统运行中的难题等特点。
关键词：集贮热式无动力循环太阳能热水系统　传统太阳能系统　集热效率　运行能耗

0. 引言

太阳能是一种取之不尽，用之不竭的绿色环保能源，采用太阳能制备生活热水，是利用太阳能最简便易行、最普及的一种方式。为此，近年来国内各主要省、市相继出台了关于太阳能应用于生活热水热源的政策，兴建或正在兴建的太阳能集中热水系统的工程成千上万，其中北京的奥运村、广州的亚运城太阳能集中热水系统的集热器面积分别达到 5000m^2 和 12000m^2，对促进我国太阳能的利用起到积极推动促进作用。

然而近年来我们通过参与奥运村太阳能集中热水系统的方案设计；通过对亚运村太阳能-热泵集中热水系统的全过程设计、测试；以及根据众多工程调查了解，现有的太阳能集中热水系统（以下简称“传统系统”）使用中存在系统复杂、集热效率低、实际运行节能效果差、建设成本高；运行中集热器爆管、失效、冻裂、集热系统阀件损坏等事故频发；综合运行、管理费用高等问题。这些问题的存在已严重影响太阳能集中热水系统的发展和推广应用。

为了寻找一种较合理的解决上述问题的途径，我院从 2009 年开始，与太阳能企业合作研发了一种不设集中的集贮热水箱（罐）和集热循环系统的无动力太阳能热水系统，经一年多的反复研究、试验、测试与改进，工程使用效果良好；在此基础上，今年初研发了一种理想的太阳能热水系统—集贮热式无动力循环太阳能热水系统（以下简称“集贮热系统"），其核心是突破传统集热理念，在无动力循环系统的基础上用热传导为主的集贮热方式代替对流换热为主的集贮热方式较彻底地解决了现有太阳能集中热水系统存在的问题。该系统已申请发明专利（专利申请号 201410206537.3）。

1. 传统系统存在的问题及其分析

（1）集热系统复杂

图 1 是德国太阳能专家为北京奥运村大型太阳能集中热水系统方案设计图，也是德国太阳能公司推荐的一种典型的系统模式，奥运村的太阳能集中热水系统除将图中的贮热水罐改为贮热水箱外，其他均按其设计安装。

该系统的设计要点是，通过第一级集热循环系统换热集热，提高集热系统承压能力，借以提高集热水温，充分集取太阳能光热。第二级集换热是为了避免第一级集贮热水罐（箱）体积太大，其下部低温区易滋生军团菌等细菌。冷水经二级集贮热水罐通过板式换热器将其加热或预热，再进入常规热源的水加热器辅热，或直接供给系统用水。

从图 133 可看出，图中的辅热供热水加热器之前的 1～10 共计 10 种设备、设施均为太阳能集热系统的组件，比常规热源的热水系统复杂得多。当然在国内众多传统系统中绝大多数系统的太阳能集热部分没有图 133 那么复杂，但为集热用的换热器、集热水箱（罐），循环泵是不可缺少的组成部分，系统的复杂无疑要增加复杂的控制，并给工程建设、运行管理带来诸多麻烦。

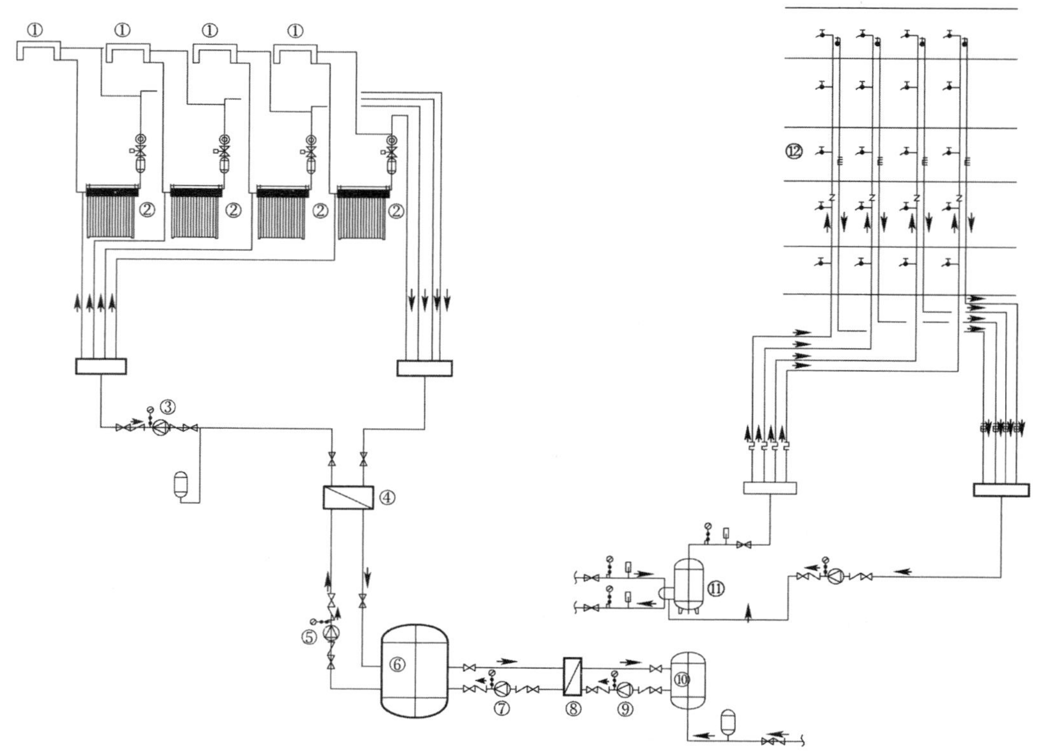

图 133　北京奥运村大型太阳能集中热水系统方案设计

1—空气散热器；2—太阳能集热器组；3—一级集热循环泵 A；4—一级集热板式换热器；5—一级集热循环泵 B；6—一级集贮热水罐（箱）；7—二级集热循环泵 C；8—二级集贮热板式换热器；9—二级集热循环泵 D；10—二级集热水罐；11—辅热供热水加热器；12—热水用户

（2）集热效率低

目前一般大型集热器面积均采用小组集热器串联成大组，大组并联成循环系统的布置方式，循环系统很复杂。可以设想，一般集中生活热水系统要保证其干、立管的循环，尚且需采取同程等许多措施，像这样大型串、并联结合的集热系统，要保证系统中每组集热器的热量均有效集取几乎是不可能的。其理由之一是串联的集热器，只有第一组集热器换热充分，因为对流换热的基本因素之一是介质流速和温差，即换热两端的介质温差大，则换热量大，换热效果好；反之亦然。相对太阳能集热器，集热管内介质是热媒水或被加热水，集热管外是空气或真空，当集热器串联成组时，前者进入集热管内的水温低，与管外高温介质温差大，其换热量大，管内水温升高快，升温后的水进入下一组集热器时，与管外高温介质温差变小，换热量亦减低，如此顺延，最后一组集热器换热效果将会很差。因此这组串联集热器组只有第一组换热充分。理由之二是集热系统循环集热效果差，并联的集热器组成的循环管道布置一般如图 134 所示。

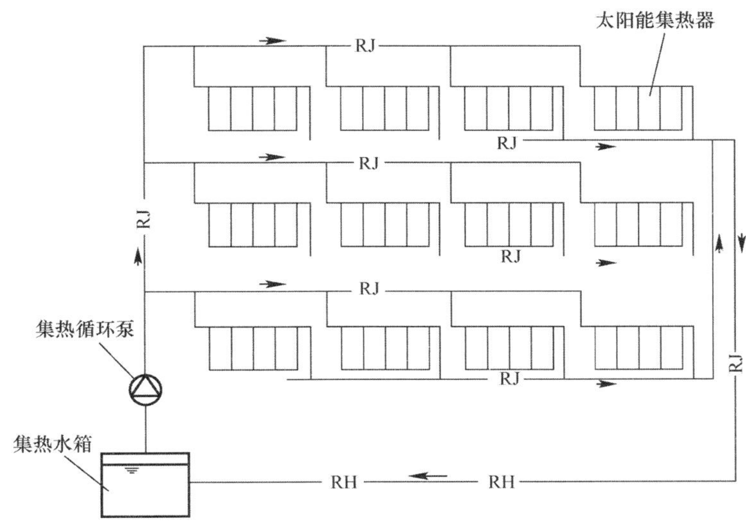

图 134　真空管集热器集热循环管路布置示意

从图 134 可看出，这种系统循环管路复杂、管道长、热损失大，另外，当采用 U 型金属-玻璃真空管或金属平板集热器时，集热管水流道直径一般为 ϕ6～8mm，集热水温有时高达100～200℃，管内壁极易形成结垢层；或因为水中掺杂气体形成气堵，堵塞原本就很小的管道断面，循环水流动时，将有相当部分的集热管没有流量或流量很少，也就是这些集热管集取的热量没有或极少传出。再加上每组集热器的阻力不平衡，即便集热循环管采用同程布置，其循环效果仍然差。

因此，目前已有的大型较大型太阳能集中热水系统其系统集热效率一般在 25%～40%，集热效率很低。

（3）能耗大

传统系统的能耗大，主要体现在集热系统，大部分供热系统也需增大能耗。

1）集热系统的能耗

集热系统的能耗包括运行动力能耗和集热循环系统散热损失引起的能耗。如图 133

所示，传统系统的动力能耗，包括集热循环泵集热运行时的能耗、防冻倒循环时的能耗和空气散热器的能耗。

据一些工程初步估算，在系统正常运行的工况下，集热时循环泵的运行能耗占太阳能有效供热量的2%～10%（直接供水系统2%～5%，间接换热供水系统5%～10%），寒冷地区需做防冻倒循环时，循环泵能耗约增加5%，即循环泵的总能耗约占太阳能有效供热量的2%～15%。然而对于闭式承压系统，运行中产生气堵难以避免，因此循环泵实际运行能耗将比上述比例大，如果集热系统再采用空气散热器作为防过热措施，则系统运行能耗更大。

另外，集热循环系统包括集热水箱（罐）与集热循环管路的散热损失占整个有效集热量的15%～30%，当采用小区多栋楼共用太阳能集热系统时，由于集热循环管路长，其热损失占的比例更大。因此，实际运行的传统系统扣除上述能耗后，利用太阳能加热冷水的有效得热系统效率按轮廓采光集热面积计算为15%～30%。

2）供热系统的能耗

传统系统中的供热系统，为节省一次投资及占地面积，大部分均采用供热水箱＋热水供水泵的方式供热水，如图135所示，这样带来的问题一是需增设专用热水供水泵组（变频供水泵组）增加一次投资；二是为保证系统冷热水压力平衡而增大设置难度；三是不能充分利用冷水供水系统压力，从而增加能耗。

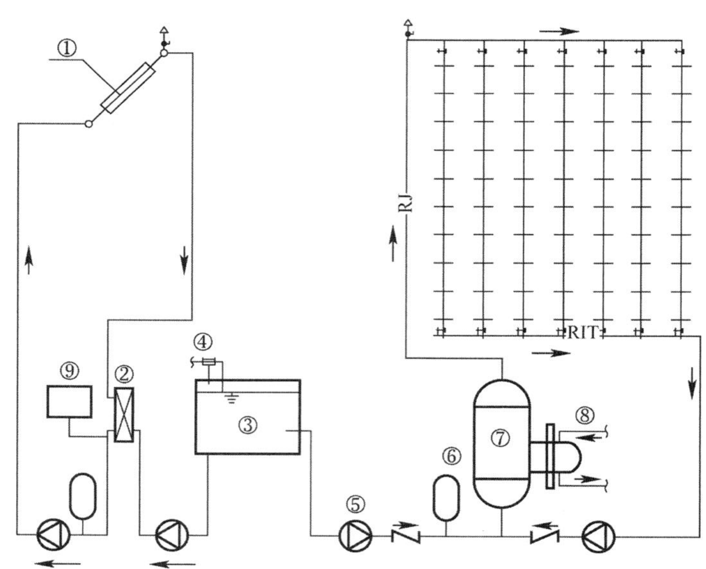

图135　供热水箱＋热水供水泵太阳能热水系统

1—集热器；2—板式换热器；3—集热贮热水箱；4—冷水；5—供水泵；6—膨胀罐；7—辅热水加热器；8—辅热热源；9—补水系统

（4）运行中事故多

1）全玻璃真空管承压运行易爆管

全玻璃真空管构造见图136，采用全玻璃真空管作为集热元器件，传统系统玻璃管承压运行，被加热水直接在内玻璃管形成的空腔内流动，容易因下列原因引起爆管事故。

① 冷热冲击造成爆管。太阳能系统运行过程中，由于太阳暴晒，内胆温度接近200℃，循环泵启动，冷水温度一般约20℃，进入玻璃管，内胆内外温度差很大，容易造成爆管。

② 压力不稳定造成爆管。传统集热系统需要循环泵，由于水泵选择不当，扬程过高，造成某些区域玻璃管承压过大，导致爆管；另外，水泵出口单向阀密封不严，水泵停泵时也会造成系统负压，导致爆管，特别是水箱低于集热器的情况更易爆管。系统参数设定不当，温度采集误差较大，频繁启停，系统运行不稳定也会产生爆管现象。

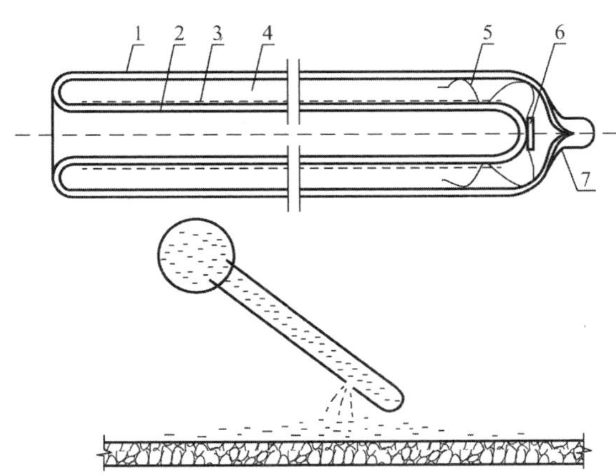

图136 全玻璃真空管构造原理

1—外玻璃管；2—内玻璃管；3—选择性吸收涂层；4—真空；5—弹簧支架；6—消气剂；7—保护帽

③ 玻璃管内壁因水温高容易结垢，当冷水进入内腔后造成玻璃管传热不均导致爆管。图137为某工程玻璃管因结垢损毁照片。

④ 玻璃管加工原因造成爆管。玻璃管加工过程中，玻璃管的材质、厚度均匀性、镀膜、尾部封装的加工质量也会影响玻璃管的机械性能，造成爆管现象。施工安装用力过猛、野蛮装卸等原因也会造成爆管现象。

2）U形金属-玻璃管集热器运行中易产生气堵、集热管集热失效

U型金属玻璃管集热器构造见图138。单组集热器内U型铜管为并联布置，U型管直径ϕ6～8mm，随着温度升高，水中的气体不断析出或发生气化，由于U型管进水口与出水口压差较小，容易在U型管内出现气堵（见图）。多组水平串联时，U型管的水流流程也是串联运行，总体阻力损失较大，需要较大的水泵扬程，即热循环泵耗较大；且气堵的U型管因过热出现氧化，容易出现损坏，造成集热管集热失效。

图137 全玻璃真空管结垢、爆管工程案例

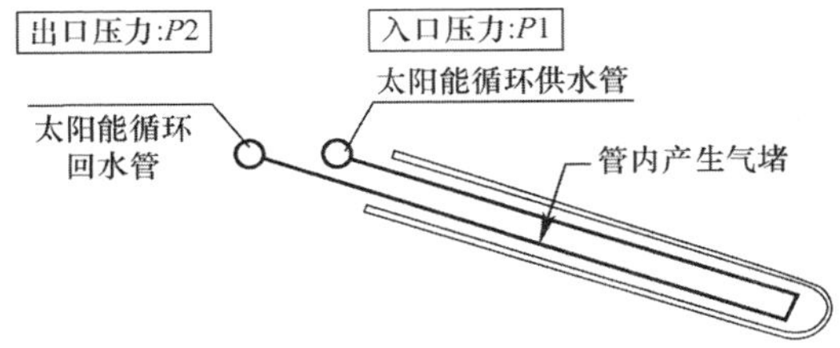

图138 U形管金属_玻璃真空管集热器构造原理

3）热管真空管集热器运行中易产生真空破坏致集热失效

热管真空管集热器是由带平板镀膜肋片的热管蒸发段封接在真空玻璃管内，其冷凝端

以紧密配合方式插入导热块内或插入联箱，并将所获太阳能传递给联箱的水，通过循环管路，将热量送入储热水箱。构造原理见图 139。

热管（直流管）等金属＿玻璃太阳能集热器一般采用单玻璃真空管，采用金属和玻璃热压封方法，将玻璃和金属封接在一起，达到真空气密的要求；由于金属和玻璃热膨胀系数差异性加大，玻璃和金属封接处容易出现裂缝，导致单玻璃真空管的真空破坏而失效。热管本身因材料精度问题也会造成真空度降低，集热效果变差。

4）防冻问题突出

寒冷/严寒地区的生活热水需要解决冬季系统防冻问题，当处理不好就会发生如图 140 所示的系统冻裂的工程事故。传统系统一般采用排空、倒循环、添加防冻液、电伴热等技术措施防止系统冰冻。由于传统系统的集热系统热容量小，集热循环管道长，上述防冻措施均存在成本高、运行能耗大、热损失大等工程问题。

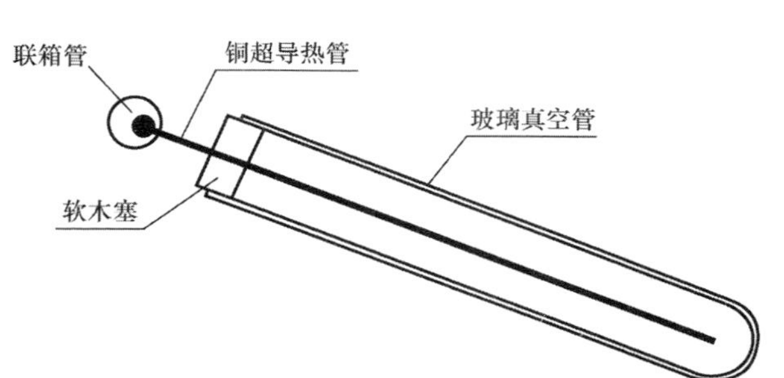

图 139 热管型金属＿玻璃真空管集热器构造原理

图 140 不合格集热器因冻坏造成的工程事故

5）防过热问题难以解决

在太阳能辐照量较好的夏季，当用水量持续偏小或不用水时，传统系统温度过高，系统压力增加。集热系统在高温状态下运行，将会导致一系列的系统问题，如高温造成传热介质的气化损失、变质，太阳能集热器上非金属材料的老化和破坏，从而降低太阳能集热器的使用寿命等。常见的防过热措施主要有遮阳、加装散热器等。

散热器主要是通过自动控制三通电动阀和风机、冷却器等来达到防过热目的，在达到设定温度时三通电动阀控制散热器开启进行强制散热，将集热系统的温度降下来，达到保护集热系统的目的。散热器技术成熟，散热效果好，能够确保系统的过热保护。欧洲大型集中太阳能系统均配置散热器防过热设备，显而易见需要增加投资和运行管理成本；国内太阳能是低成本的工程市场，一般没有采用散热器防过热设备。遮阳措施效果明显，但靠人工遮掩管理费事、费力，且遮阳设备难以贮存和管理，并需人工费用；电动遮阳造价昂贵，一般项目难以承受。因此，国内太阳能系统基本没有专门的防过热措施，这也是国内太阳能系统不能长期稳定健康运行的重要原因之一。

6）自动控制、阀门及附配件容易损坏

由于传统系统采用循环泵承压运行，系统管网内温度、压力常剧烈升高，温度最高可超过 200℃。因此所有集热系统用到的关断阀、温控阀、安全阀、放气阀等均需要耐受超高温要求，而这正是国内太阳能市场的薄弱环节之一。国内缺乏专业制造太阳能配套阀件的企业，相关配套产品不能满足严酷室外冷热环境的要求，类似国外进口产品质量可靠，但价格较高。

另外，传统太阳能集热系统需要复杂的控制系统，以北京奥运项目为例，集中太阳能集热系统主要控制功能包括：水箱定时上水功能、自动或定时启动辅助加热功能、集热器温差强制循环功能、集热器定温出水功能、防冻循环功能、生活热水管路循环功能、电伴热带防冻功能、防过热散热器启停功能等。上述功能实现的核心控制元素为温度控制，温度采集的精确性对系统健康运行、提高效率至关重要；温度探测部分（一般为温包）设置部位、构造形式、测温精度对太阳能系统的效率具有显著影响；目前温度计的精度一般为±(1～3)℃，温差循环的设计温差为 2～8℃，工程实测表明，在工程安装中温包的位置和安装质量对温度精度影响显著。综上原因，目前集中太阳能集热系统自动控制功能远不能满足正常运行的要求，故障频发，不得不依赖人工手动操作，造成维护管理成本较高，系统难以正常运行。

7）维护管理烦琐

传统系统日常运行中需要妥善的维护管理，除集热器的清扫与维护外，还包括复杂的集热循环系统、防爆管、防过热系统、防冻系统及其相应的自动控制器件的维护管理，工作烦琐、成本昂贵，稍有疏忽，将严重影响系统的运行效果。

2. 无动力循环太阳能集中热水系统

（1）课题的提出

1）传统系统的实测与存在问题原因分析

我院从 2008 年开始，连续为广州亚运城、中央财经大学等多个大型项目设计了太阳能集中热水系统，并对广州亚运城、中央财经大学等不同项目进行了工程系统运行实测；通过实测数据和广泛的调查分析，发现并总结了传统系统存在的前述工程问题。在此基础上，进行了深入的分析、对比、研究，找到了这些问题存在的主要根源是：传统系统采用集热与贮热分离的方式，通过机械循环集贮热，使集热系统复杂化、集热器承压高温运行所致。

2）课题立项

针对传统系统存在的问题并对其原因分析研究，结合我院承担的国家科技部课题“太阳能与热泵管网贮热技术集成与示范研究”，研制开发了集热、蓄热、换热为一体的无动力循环集中太阳能热水系统，这种系统可不需要集热循环系统，集热温度不超过 100℃。

该项科研成果取得了国家发明专利一项，实用新型 7 项。专利技术进行有偿转让并形成一定的生产能力，在多个实际工程中得到应用。

3）试验基地的建立

我院为了配合国家科技部课题的研究，于 2011 年北京通州建立了太阳能试验基地，针对陶瓷平板集热器、无动力循环集中太阳能热水器等设计安装了不同形式的太阳能热水系统；并对系统进行了研究和测试，取得了一系列实测数据，并顺利完成科研课题。

（2）无动力循环太阳能热水系统研制与应用

1）系统原理及特点

无动力循环太阳能热水装置：将贮热箱体与集热元器件紧凑式连接，依靠自然循环集热，将太阳能集热、贮热、换热集成一体的无动力循环太阳能热水装置；系统原理见图 141。

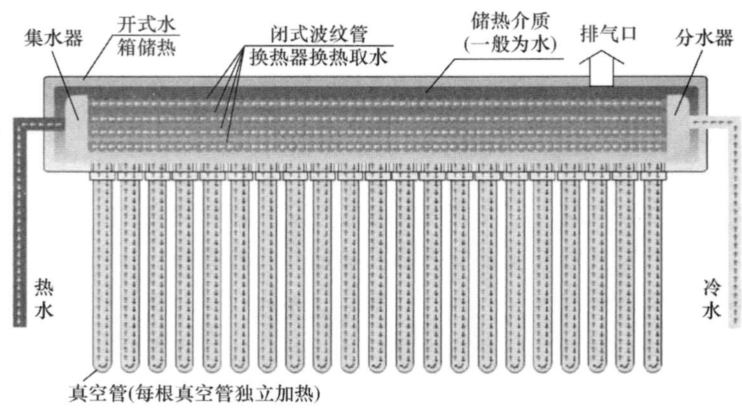

图 141 无动力循环太阳能热水系统原理

无动力循环太阳能热水系统，利用无动力循环太阳能热水装置，将生活水作为被加热水被太阳能工质加热的太阳能热水系统。系统化、集成化实现冷热水、输配水系统的统一性、完整性。

集热依靠自然循环，将集取太阳能光热的热水贮存在集热器顶部开式箱体内作为热媒，管束内为被加热生活用水，闭式系统；集热器非承压运行。

无动力循环太阳能热水系统特点：

① 最大化贮存全日集热量：集热元器件与贮水装置紧凑连接，每 $1m^2$ 集热轮廓采光面积按 65L 贮存量配置。

② 充分利用现有玻璃真空管和平板集热元器件的长处：利用水的温差实现自然循环，不需要集热循环泵，元器件成熟可靠；北方地区适宜采用真空管，南方地区适宜采用平板型集热器。

③ 利用波纹管束紊流振动强化传热，实现被加热水即时换热。

④ 生活热水为闭式系统，水质不受污染。

⑤ 不需要集中水箱和水箱间，大幅度减少对建筑、结构的影响，最大化实现建筑一体化的统一性、完整性。

⑥ 集热系统不超过 100℃，不需要专门的过热保护措施。

2）无动力循环太阳能热水系统中试结果

① 无动力循环太阳能热水系统的测试

利用通州试验平台，2012 年 8 月～2013 年 4 月进行了 2 期的测试。

a. 一期测试。采用 3 组无动力循环太阳能集热器，并联布置。按开启 1 个淋浴喷头，2 个淋浴喷头，2 个淋浴喷头＋1 个热水龙头的三种工况，测试系统的最大供热能力、供热稳定性。2012 年 8 月 5 日的测试结果见图 142。

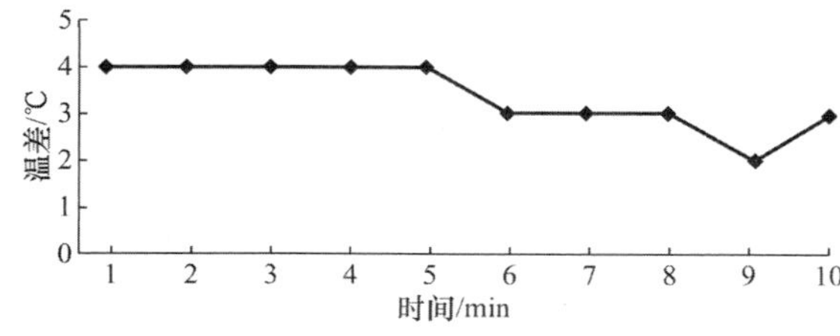

图 142 出水温度与箱体内热媒水的温差

实测表明，在 10min 的供热水时段内，系统热水出水水温稳定。系统热水出水水温与贮热箱体内水温存在平稳的对应关系，即 3～5℃温差。经集热箱内置的 30m 不锈钢波纹换热盘管换热后，热水供应基本满足设计工况的要求。

b. 二期测试。按 5 组集热器并联设计，集热面积 18m²，每 m² 产热水量按温升 30℃热水量为 60L 贮存容积；按 50%保证率计算，可供 18～20 户住宅用户，相当于一梯 2 户住宅 9 层住宅的一个单元。试验平台照片见图 143。

图 143　试验平台

试验在同时开启 3 个热水龙头供应生活热水时，贮热箱体中热媒水，以 0.35℃/min 的速度下降。在夏季正常日间下午 5 时，贮热水罐内热媒水水温达到 80℃，系统不依靠辅助热源加热的情况下，可提供 60min 的高温热水。冷水经过换热器的阻力损失稳定在 3m 左右。

② 无动力循环太阳能热水系统工程应用

某大学一期工程核心地块学生公寓，服务人数 3700 人，采用无动力循环太阳能系统制备生活热水。按每座宿舍设 1 套独立的太阳能热水系统，宿舍楼共设 3 套系统，食堂单设 1 套系统，根据屋面实际状况，集热面积约 1382m²，贮热总容积约 90m³，太阳能保证率理论计算为 50%，系统原理见图 144。

（3）集贮热式无动力循环太阳能热水系统——改变传统集热理念的一种全新系统

如上所述，无动力太阳能热水系统在简化系统，减少运行故障及方便管理等诸多方面起到了很好的作用，但被加热水直接经集热器内换热管换热，是一个即时过程，难以带走集热器已集取的大部分热量，且存在被加热水阻力较大，阻力变化及换热管内壁结垢影响换热和出流等问题。为此，我们通过多次模拟实测与研讨，终于找到了一条较彻底地解决现有太阳能集中热水系统存在问题的途径——采用集贮热系统改变传统集热理念，变换热为主的集热方式为热传导为主的集、贮热方式集取太阳能。

众所周知，太阳能是一种低密度、不稳定、不可控的能源，与以蒸汽、高温水为热媒的常规热源热水系统相比其集热过程是缓慢的，而传统系统大都是套用常规热源系统以对流换热为主的集热模式，通过循环泵、换热器或贮热水箱来集贮太阳能，然后再通过辅热换热器（箱）供给系统热水，这样一个承压、高温（≈200℃）、复杂的过程势必带来前述存在的一系列难以解决的问题。

集贮热系统的核心就是适应太阳能低密度等特点，将太阳能的集、贮热集于集热器一体，如图 145 所示：集热器主要由 U 型管玻璃集热真空管（以下简称集热管）、开式集热外箱（以下简称外箱）和闭式集热内箱（以下简称内箱）组成。其工作原理为：集热管集取太阳能光热经自然循环加热外箱内热媒水。

热媒水通过热传导加热内箱内的水，由于太阳能是低密度能源，集热管集热和通过自然循环加热外箱内的热媒水过程缓慢，内箱内的冷水则可通过筒壁的热传导，同时集取外箱热媒水传导的热量，内、外箱在此过程中几乎处于同一水温。当系统用水时，冷

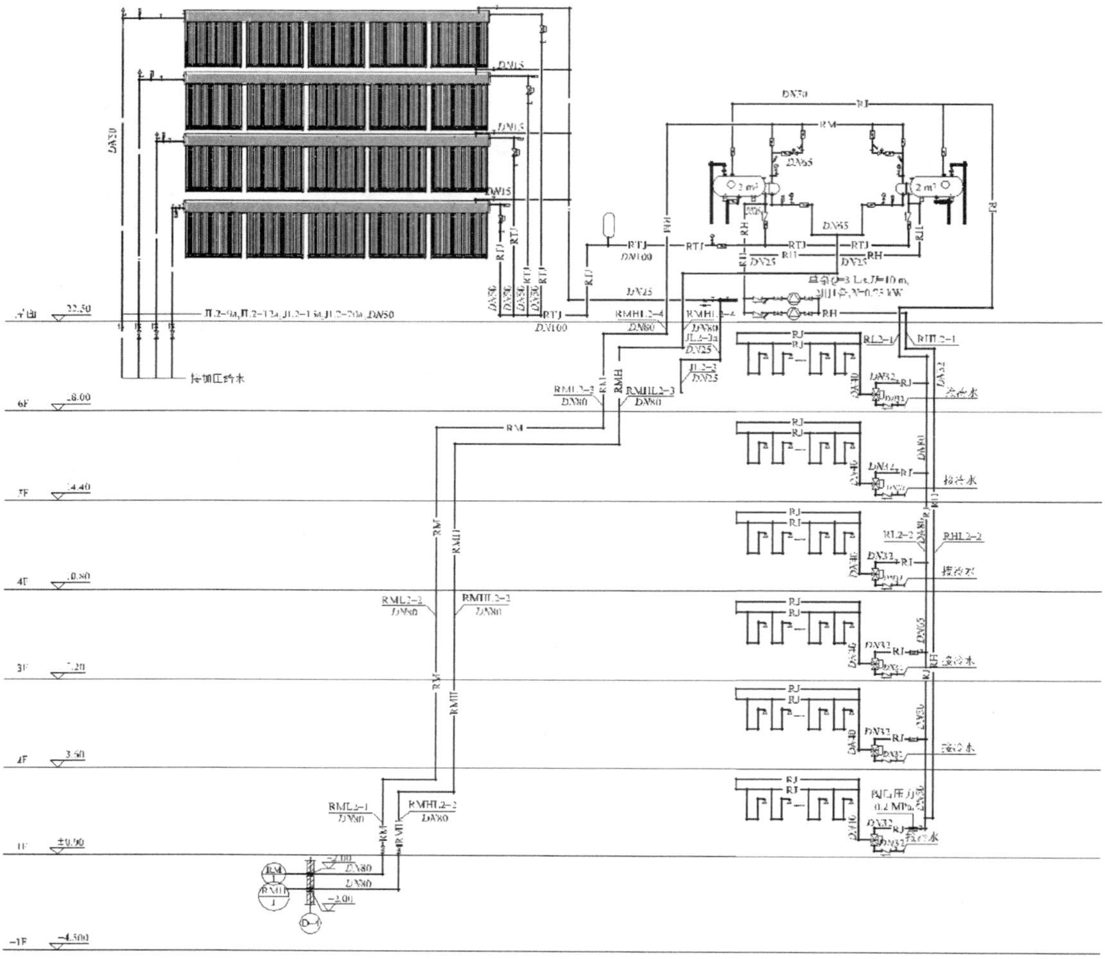

图 144　某大学学生宿舍无动力循环太阳能热水系统原理

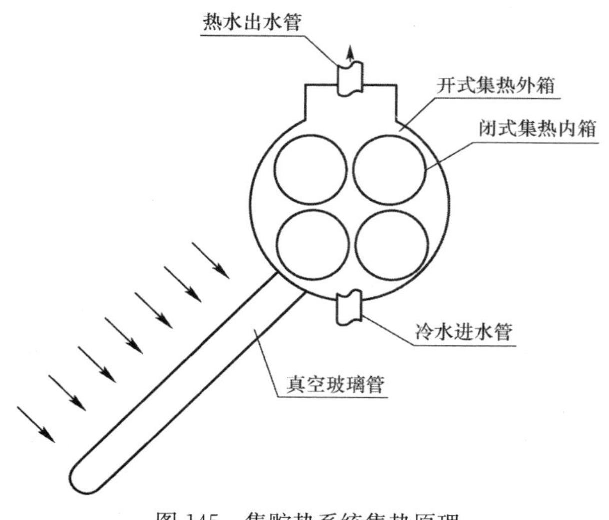

图 145　集贮热系统集热原理

水顶进内箱，将箱内的热水供给用户。集中热水系统具有间隙用水的特点，当内箱内的热水被全部或部分顶出后，其水温随之下降，但外箱热媒水仍处于高温，通过热传导又可将内箱水缓慢加热，这样周而复始，整个集热器集取的热量可以得到充分利用。另外由于集热器内箱断面较大，由同区给水管输入内箱的冷水顶出热水时，流速很低，阻力很小，而且筒内壁形成的结垢层对过水断面的影响也很小，完全可以保证用水点冷热水压力平稳。

（4）集贮热系统的工况测试时间：2014 年 5 月 28～30 日；地点：浙江上虞

1）杭特容器有限公司；测试系统：测试系统由 6 个集热器模块组成，分成并联的 3 组，每个集热器模块规格见表 69。

集热器模块规格　　**表 69**

项目	数量
集热管数量（只）	36
集热面积（m^2）	5.1
贮热容积水容量（L）	375
满水质量（kg）	825
水箱直径（mm）	500
集热装置外形尺寸（mm）	2500×3000

2）测试集热器组的布置见图 146。

图 146　测试集热器组的布置

3）测试结果（见表 70）。

4）测试集热器集热效率见表 71。

2014 年 5 月 28 日集贮热系统主要测试数据汇总　　**表 70**

时间	压力			总辐射量（W/m^3）	流量（m^3/h）	二次侧温度（生活热水）		一次侧温度（太阳能热媒水）		
	进水（kPa）	出水（kPa）	压力差（kPa）			进水（℃）	出水（℃）	一号水箱（℃）	二号水箱（℃）	三号水箱（℃）
16：14	26	25	1	322	2.97	21.8	66.2	67.8	64.9	66.1
16：15	27	25	2	318	2.92	21.2	63.1	66	63.2	65.6
16：16	32	29	3	313	2.96	20.8	56.9	64.6	62	65.2
16：17	32	29	3	306	2.97	20.6	54.1	63.2	60.7	65.1
16：18	30	27	3	298	2.97	20.6	53.7	61.4	59.3	63.9
16：19	28	25	3	294	2.97	20.6	50	60.2	58.1	63.2
16：20	33	30	3	291	2.97	20.5	48.8	58.8	57.3	62.6
16：21	32	29	3	277	2.93	20.5	47.9	58	56.1	61.8
16：22	28	25	3	263	2.88	20.4	47.5	56.8	55.3	60.8
16：23	28	26	2	276	2.9	20.3	46.5	55.8	54.3	60.4
16：24	19	18	1	290	2.72	20.3	44.2	54.9	53.4	59.6

续表 70

时间	压力			总辐射量 (W/m^3)	流量 (m^3/h)	二次侧温度（生活热水）		一次侧温度（太阳能热媒水）		
	进水 (kPa)	出水 (kPa)	压力差 (kPa)			进水（℃）	出水（℃）	一号水箱 (℃)	二号水箱 (℃)	三号水箱 (℃)
16：25	4	4	0	298	2.36	20.3	44.6	54.1	52.5	59
16：26	25	23	2	309	2.86	20.3	42.8	53.2	51.6	58.3
16：27	14	16	−2	311	2.86	20.2	42.4	52.6	50.8	57.5
16：28	18	16	2	309	2.73	20.1	43.2	51.9	50	57.2
16：29	9	7	2	309	2.66	20.1	41.5	51.3	49.5	56.3
16：30	7	6	1	290	2.72	20	41.6	50.6	48.5	55.5

注：① 3 个水箱的初温平均为 29℃；

② 3 组集热器总贮存容积 $2.25m^3$；16min 内提供 40℃以上水量 $0.8m^3$；冷水经过集热器压力损失小于 0.3m；

③ 二次侧出水温度初温 66.2℃，外箱平均温度 66.3℃，说明在集热时段内外箱水温一致；

④ 此后二次侧出水水温与外箱水温逐渐下降是因为冷水的顶入，即二次侧出水水温为冷热水混合水温；

⑤ 集热水箱测温点设在底部，因此水箱内水箱在集热时，尤其是在顶入冷水放水时的实际温度要高于表中测试温度；

⑥ 按本表测试数据计算，每平方米集热器（轮廓采光面积）可产温升 30℃的热水 80L。

测试集热器集热效率 **表 71**

日均辐射量 (W/m^2)	日照时间（h）	水箱实际日得热量（W）	集热器轮廓面积日辐射量（W）	按轮廓采光面积日平均效率	按采光面积日平均效率
672	8	91586.25	164505.6	0.56	0.80

3. 集贮热系统的基本模式及其与传统系统的对比

（1）基本模式

1）应用于住宅建筑的集中集热，分散（分户）辅热供热的集贮热系统的模式如图 147 所示。

2）适用于宾馆、医院、公寓等公共建筑的集中集热、集中辅热供热的集贮热系统的模式如图 148 所示。

（2）与传统系统的对比

1）系统简化，合理适用

① 住宅建筑采用太阳能热水系统是我国推广太阳能光热利用最广泛普及，节能效果最显著的领域。

图 149 为常用的一种传统的住宅集中集热、分散辅热供热的太阳能热水系统，与此相比，图 137 所示的系统具有下列明显优点：①集热系统无水箱、集热循环泵，供热系统无循环管和循环泵。系统大大简化。图 147 系统虽然取消了供热回水管及循环泵，但因用户终端有自备热水器，供热管中的先期冷水流经自备热水器被加热，打开淋浴器即可出热水，随着停留在供热管的冷水流尽后，太阳能热水即可供给使用，这样既可满足使用要求，又可充分利用太阳能，节水节能经济适用。②图 147系统中冷水均由同区的给水系统

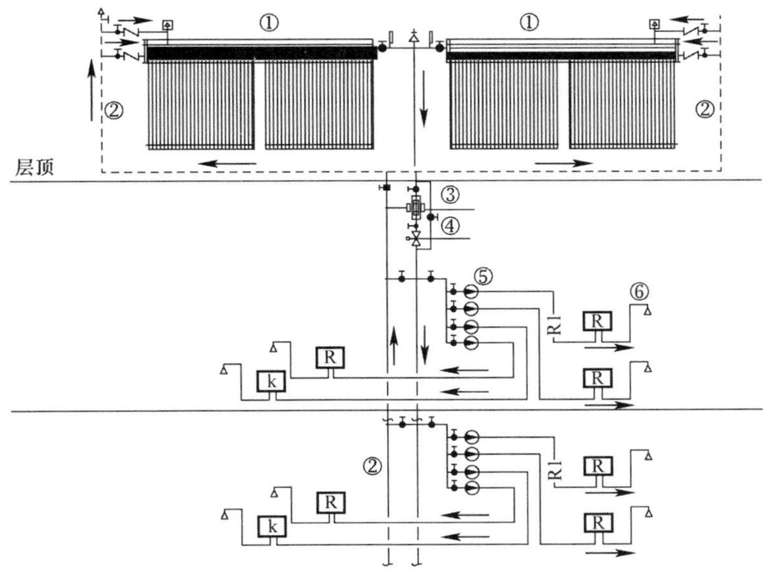

图 147　住宅集贮热系统

1—集热器；2—冷水管；3—混水阀；4—温控阀；5—水表；6—淋浴器

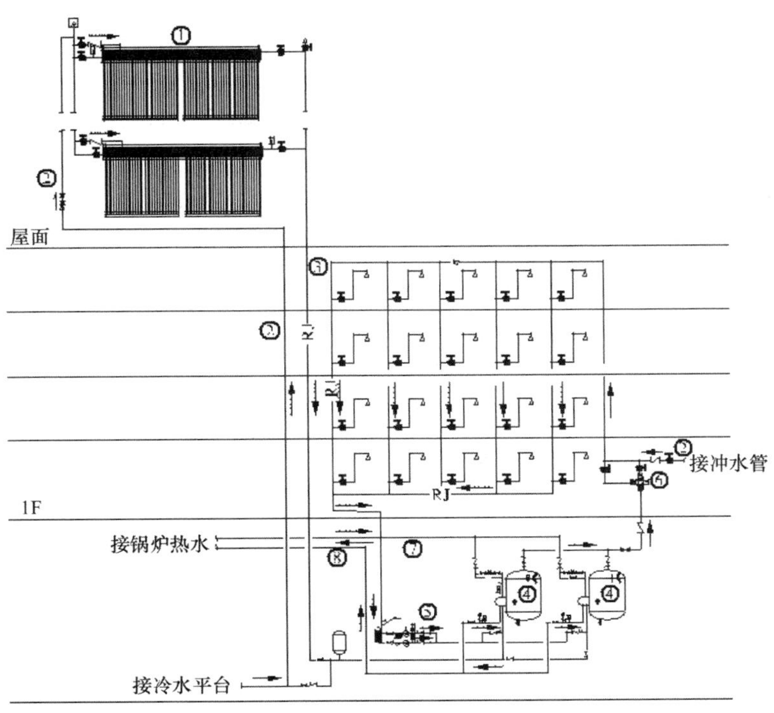

图 148　宾馆、医院、公寓集贮热系统

1—集热器；2—冷水管；3—热水管；4—交换器辅助热源；5—生活热水循环泵；6—混水阀；7—辅助热媒供水管；8—辅助热媒回水管

供给，而流经集热器的水流阻力很小（小于1m），与图139相比，不仅充分利用了给水系统的压力，同时能确保冷热水系统压力平衡，系统合理、舒适。此外，在供热系统中设置了恒温混水阀，太阳能热水水温过高时，可通过此阀混合成50～55℃热水，稳定供水水温又可避免烫伤事故的发生，还能减少供水管道的热损失。

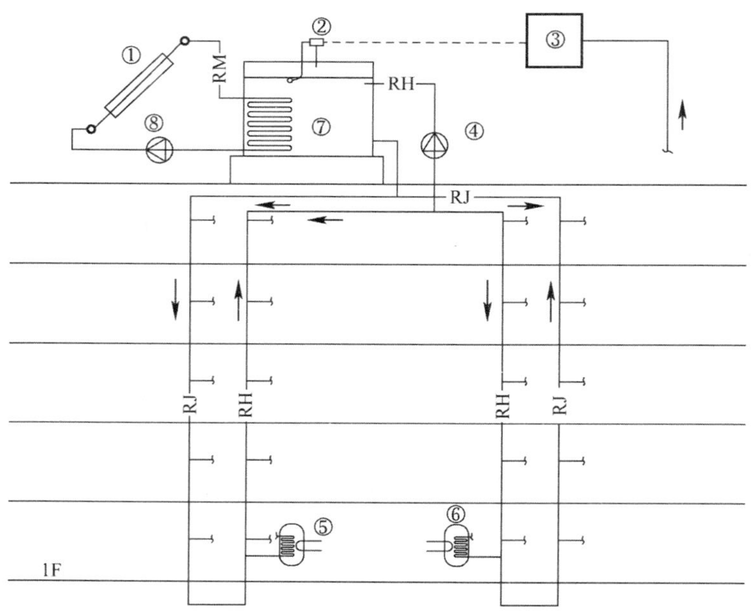

图149　传统的住宅集中集热、分散辅热供热的太阳能热水系统

1—集热器；2—冷水；3—硅丽晶；4—循环泵；5—电辅热；
6—分户换热器；7—集热水箱；8—集热循环泵

② 公共建筑一般采用集中集热、集中供热的太阳能热水系统。

图148系统适用于公建项目，集贮热式无动力太阳能热水系统与图133所示的典型传统系统相比，系统的简化效果更明显，该系统没有图133的一、二级集热换热系统，没有相对应的集贮热水箱（罐）及多台集热换热器和循环泵，没有为防止集热系统高温爆管用的空气冷却器。这些在保证系统合理使用条件下的简化，将给设计、施工、管理及使用带来极大便利，能真正突显出利用太阳能的节能效果。

2）集热效率明显提高，且无运行能耗

集贮热系统的集热器为集热、贮热一体的装置，单个集热器一天集取的热量均分别贮存在集热器的内外水箱内，与传统集热器采用换热方式将集取到的热量传输到集中的贮热箱（罐）的方式相比，不仅省去了循环系统，省去了循环管路增加的热损失，而且每个集热器均能独立集贮热，不会因循环管路的短路、气堵等而影响其集热效率，即系统中的每个集热器都能充分集热，基本上做到了系统的集热效率等同于单体集热器的集热效率。同时，每个集热器集取的热量除小部分散热损失外，均能将冷水预热或加热供给用水，不像传统系统的温差循环，低温热量得不到利用。另外，集贮热系统无集热循环系统，即无循环管路，集热器之间只有很短的连接管道，其热损失要比传统系统小很多。因此，其实际系统集热效率可达50%以上，为传统系统实际应用效率的2～3倍。

集贮热系统无运行能耗体现在集热系统和供热系统两个方面：一是集热系统省去了循环系统集热，因此省去了循环泵的能耗；二是相对于以水箱集贮热的传统系统（见图 7），集贮热系统中的供水系统不仅系统简单，能充分利用给水系统水压，而且无需另加供水泵，节省了因增加供水泵而增加的系统能耗。

3）有利于建筑的一体化，降低建筑成本

集贮热系统省去了换热集热循环系统，也就省去了集热水箱（罐）及相应的循环泵，设备机房，简化了集热供热管路，同时也省去了复杂的且容易出故障的自动控制系统；因此它为解决设置集中太阳能系统与建筑一体化的难题提供了便利条件，尤其是屋面上不需设水箱间等有碍建筑立面的问题不再存在。

集贮热系统对传统系统的简化，也使得设计太阳能热水系统的给排水专业、建筑专业及其他相关专业的设计工作大大简化，为确保设计质量提供了保证。

集贮热系统的集热器单体，因其集贮热箱的增大和特殊换热构造，与传统的单体集热器相比，自然要增加成本，但系统省去上述传统系统的大水箱（罐）、水泵、机房及控制设施等，因此系统总体比较，建筑成本有所降低，详见本文第 4 节分析。

4）传统系统运行中的难题得到妥善解决

① 集热系统为开式系统，解决了传统系统的爆管和集热管失效的难题。前文已述及传统系统中，由于集热系统温度最高可达约 200℃，因此集热管易产生爆管及失效。集贮热系统的集热部分为开式构造，运行中集热的最高温度≤100℃，而且集中热管与外箱不承压，因此，它完全消除了因高温、承压而引发的集热管爆管和失效的事故。

② 消除了循环泵、集热自动控制系统的运行故障。集贮热系统用热传导集贮热，取消了传统的循环换热集热系统，取消了循环泵，因此也消除了传统闭式系统因高温汽化系统排气不畅形成气堵引起循环泵工况恶劣，甚而产生空转，烧坏电机的故障。另外，相应的自动控制部分也被取消，因此，该系统也消除了集热自控部分的故障。

③ 缓解了防冻问题。集贮热系统的单个集贮热箱体，要比传统系统的单个集热器的水容量大得多，其介质热容量为传统系统单个集热器的 50～100 倍，因此相对耐冻的时间要比传统系统长得多。集贮热箱体工厂内一次保温成型，保温效果远好于传统水箱现场保温做法，基本上解决了箱体防冻问题，对于严寒地区，集热介质可添加防冻液防止集热管冰冻，室外冷热水管可按常规做防冻保温处理。

④ 运行管理费用低廉，适应用热负荷的变化。由于太阳能是一种低密度、不可控、不稳定的热源，因此传统系统在实际工程中存在因用热负荷极大差异带来的运行管理费用高昂的困境，这在住宅建筑中尤为明显。一般住宅建成后，住户的入住有一个很长的周期。有人入住就得使用热水，当采用常规热源时，由于热源可控，可以根据系统用热量的需求来调节供热量。但太阳能热水系统中太阳能不可控，无法调控，即使用热负荷很低，整个太阳能热水系统均需开启运行。除了集热循环泵运行耗能外，整个系统管网亦存在很大热损失引起的能耗。另外，因太阳能集取的热量过多，对于闭式集热系统还需采用空气冷却器等耗能的措施散热。

这些相应的运行能耗均分摊在刚入住的少数住户上，热水的价格将高达 20～40 元/m^3，甚至更高，引起住户的强烈不满。因而有的住户放弃使用太阳能热水，改用自备热水器热水，这样的恶性循环其结果就是整个太阳能热水系统的瘫痪。

集贮热系统相当于一个冷水的预热系统。冷水经它无需任何附加能耗，该系统预热或预热辅热后直接供热水，不会因此增加运行成本。即运行成本低廉且平稳，适应太阳能不可控等特点，使太阳能热水系统成为一个真正的节能系统，适用于系统各种不同的使用工况。

4. 实例应用效果分析

(1) 工程实例及系统简介

北京某大学5层宿舍楼，采用太阳能集中热水供应系统，每层设集中淋浴房。辅热热源为自备锅炉热水。

单栋宿舍楼的太阳能集热的面积为410m^2，系统总集热面积为1382m^2，以下比较采用传统系统与集贮热系统的一次投资、维护费用、节能效果、回收年限等。总投资按一期工程太阳能投资总额计算，总集热面积1382m^2，太阳能保证率50%。

(2) 系统对比及分析

1) 单幢宿舍集热系统一次投资比较（见表72）

单幢宿舍集热系统一次投资比较　　**表72**

项目	传统系统单价（元）	集贮热系统单价（元）	传统系统数量	集贮热系统数量	传统系统合计（元）	集贮热系统合计（元）
全玻璃太阳能热水器	1100	1750	1382m^2	1382m^2	1520200	2418500
集热循环管（不锈钢管）	150	150	1350m	360m	202500	54000
阀门	100	100	300批	45批	30000	4500
太阳能膨胀罐	2000	2000	3台	3台	6000	6000
集热循环泵	5000	5000	6台	0台	30000	0
保温	30	30	1350m	600m	40500	18000
热媒循环泵	5000	5000	2台	0	10000	0
镀锌铁板（保温保护壳）	78	78	450m^2	300m^2	35100	23400
电气及自动控制	60000	8000	3批	3批	180000	24000
电热带	100	100	1050m	600m	105000	60000
水箱间土建综合成本	3500	3500	210m^2	54m^2	735000	189000
水箱	2000	2000	90m^3	0m^3	180000	0
防过热措施	10000	1000	3套	12套	30000	12000
小计					3104300	2809400
安装费	8%包括搬运费、吊装费、施工费及管理费				248344	224752
税费	6%				186258	168564
其他	施工配合等未预见费用5%				155215	140470
总计					3694117	3343186
估算单价（元/m^2）					2673	2419

注：防过热措施包括空气冷却器或遮阳措施等。

年运行维护费用比较见表 73。

年运行维护费用比较　　表 73

名称	传统系统数量	集贮热系统数量	传统系统合计（元/a）	集贮热系统合计（元/a）
管理人员	1 人	0.5 人	40000	20000
电伴热电费	450m	200m	2646	1176
集热循环泵	16kW	0	17472	0
热媒循环泵	8kW	0	2240	0
每年小计			62358	21176
10 年累计			623580	211760

注：管理人员工资 40000 元/(a・人)；电价 0.7 元/(kW・h)。根据工程现状，为方便比较，不考虑传统系统防过热费用；如果考虑传统系统增加维护人员和其他维护成本，传统系统回收年限更长。

2）全系统年节能效果比较（见表 74）

全年节能效果比较　　表 74

系统	集热器面积（m^2）	平均日有效系统效率（%）	使用天数（d/a）	年总有效集热量（kW/a）
传统系统	1382	30	260	420404.4
集贮热无动力系统	1382	50	260	700674

注：按年平均太阳辐照面密度 650Wm/m²，有效日照时间 6h 计。

3）回收年限比较（见表 75）

回 收 年 限 比 较　　表 75

系统	一次投资（A）（元）	年运行维修费用（B）（元）	年节省能源费（C）（元）	回收年限 [Y=A/(C−B)]（a）
传统系统	3699614	62358	315303.3	14.6
集贮热无动力系统	3348586	21176	525505.5	6.6

注：① 节约能源按电费计，电价按 0.75 元/（kW・h）；
② 本工程为学校建筑，考虑到寒暑假放假，扣除 60d，并考虑北京阴雨天的天数，实际有效运营天数按 260d 计算，因此回收年限比一般工程要长一些；
③ 通过上述对比比较，在 10～15a 内，由于人工费用昂贵，传统系统如果需要更多的人工维护和更换设备及附配件，回收期限还会加长；
④ 随着能源价格大幅度提高，集贮热系统的经济效益将更为突出。

5. 结语

本文在针对现有太阳能集中热水系统存在问题进行剖析的基础上，详细介绍了集贮热式无动力循环太阳能热水系统，该系统具有下列特点：

（1）遵循太阳能为低密度热源的光热规律，采用热传导为主的集热方式代替传统系统的以对流换热为主的集热方式，这是对利用太阳能制备生活热水集热理念的重大突破。

（2）系统大大简化为量大面广的太阳能生活热水系统的有效推广应用奠定了良好的基础。

（3）系统集热效率的明显提高且无运行动力能耗，突显出真正的节能效果，具有显著的经济意义和社会意义。

（4）消除了传统系统的主要运行故障，不给用户带来额外负担，适应系统用热负荷的变化，开阔了太阳能热水系统的实际应用范围。

专题 12

生活热水水质相关研究

热水水质条款的修编是此次《建筑给水排水设计标准》GB 50015—2019 热水章节的重要内容之一。

2013 年，中国建筑设计研究院有限公司承接了以赵锂副院长领衔的“十二五”国家水体污染控制与治理科技重大专项课题《建筑水系统微循环重构技术研究与示范》，其中建筑热水水质研究小组，历时六年多，作了大量的调研工作，现已年迈九旬的傅文华老先生率先提出热水水质课题，呕心沥血指导小组成员调研国内外热水水质现况、翻译了大量国外相关技术资料，引进了紫外光二氧化钛（AOT）、银离子消毒器等国外专用于热水消毒的先进技术和产品，并与小组成员一起对该两种消毒器进行测试分析、推广、应用。

建筑热水水质研究小组在此研究基础上，编制了国家行业标准《生活热水水质标准》CJ/T 521—2018，成为《建筑水系统微循环重构技术研究与示范》课题的重要研究成果之一，与此同时也为《建筑给水排水设计标准》GB 50015—2019 第 6 章热水水质条款的修订提供了重要依据。

热水水质研究成果的主要内容汇集于《生活热水水质相关研究总汇》，供读者深入研究和了解。

《生活热水水质相关研究总汇》

[1] 赵锂，李建业，沈晨，杨帆，傅文华. 应用金属离子(银)去除公共浴池的军团菌试验研究. 亚洲给排水 2011.

[2] 沈晨，赵锂，傅文华，李星，徐冰峰. 公共场所沐浴水中军团菌杀灭技术的研究与进展. 给水排水. 2012(8)：121～125.

[3] 赵锂，李星，沈晨，傅文华，徐冰峰，李建业，扬帆. 银离子灭活生活热水中军团菌的试验研究. 给水排水 2013(4)：81～85.

[4] 赵锂，杨帆，沈晨，李建业，匡杰，张晋童，傅文华. 应用 ATP 生物荧光检测仪检测水中细菌实验研究. 中国建筑学会建筑给水排水研究分会第二届第二次全体会员大会暨学术交流会论文集 2014.

[5] 李雨婷，李星，赵锂，匡杰，张晋童，沈晨，傅文华. 北京地区建筑二次供水水质检测. 中国建筑学会建筑给水排水研究分会第二届第二次全体会员大会暨学术交流会论文集 2014.

[6] 沈晨，赵锂，匡杰，傅文华，李建业. 建筑生活热水生物稳定性初探. 建筑给水排水 2014(02)01. 28-32.

[7] 沈晨，赵锂，匡杰，傅文华，李建业. 初探生活热水生物稳定性的研究. 建筑给水排水 2014.2.

[8] 沈晨，赵锂，匡杰，傅文华，李建业. 生活热水生物稳定性的研究. 建筑给水排水 2014.01

[9] 杨帆，赵锂，李星，李建业，沈晨，傅文华. 温度对于热水系统中军团菌的影响. 现代杯全国优秀建筑给水排水论文集 2014.

[10] 李星，杨帆，黄柳，赵锂，陈永，傅文华. UV/TiO2 光催化氧化技术维护建筑景观水水质试验研究. 给水排水 2015.01.

[11] 林建德，傅文华，沈晨. 绿色水系统和机会致病菌(Plumbing Engineers-ASPE 2014 年 11 月) Green Water Systems and Opportunistic Premise Plumbing Pathogens Marc Edwards，William Rhoads，Amy Pruden，Annie Pearce and Joseph O. FalkinhamⅢ. 建筑给水排水 . 2015.4.74-78.

[12] 赵锂，李建业，张晋童，傅文华. 美国建筑管道中机会致病菌介绍. 建筑给水排水. 2015.2.105-106.

[13] 赵锂，李建业，杨帆，李雨婷，傅文. UV/TiO2 消毒技术应用于建筑生活热水的效益分析. 2015.5.84-88.

[14] 赵锂，李建业，匡杰，李梦辕，傅文华. 医院水系统分理出军团菌、分支杆菌和异养菌. 2015.6.98-102.

[15] 赵锂，李建业，张晋童，沈晨，高东茂，唐致文，李梦辕，傅文华. 关注——城市和二次供水生活饮用水中检测出耐氯"非结核分枝杆菌(NTM)". 中国工程建设标准化协会建筑给排水专业委员会中国土木工程学会水工业分会建筑给水排水委员会 2015 年学术交流会论文集 2015.

[16] 沈晨，林建德，张晋童，傅文华. 美国家庭建筑管道致病菌调查研究. 净水大世野 2015.10(13).

[17] 赵锂，李建业，匡杰，李梦辕，傅文华. 医院水系统分离出军团菌、分支杆菌和异养菌. 建筑给水排水 2015(6).

[18] 潘国庆，关若曦，王松，赵伟薇，张源远，车爱晶，匡杰，傅文华. 二氧化氯灭菌在热水系统中的应用. 中国建筑学会建筑给水排水研究分会第三届第一次全体会员大会暨学术交流会论文集 2016.

[19] 潘国庆，关若曦，王松，赵伟薇，张源远，车爱晶，匡杰，刘振印，傅文华. 生活热水水质安全技术规程内容简述. 中国建筑学会建筑给水排水研究分会第三界第一次全体会员大会暨学术交流会论文集 2016.

[20] 沈晨，赵锂，匡杰，傅文华. 关注生活热水水质安全. 中国建筑学会建筑给水排水研究分会第三界第一次全体会员大会暨学术交流会论文集 2016.

[21] 李梦辕，张艺馨，沈晨，傅文华. 溶解氧浓度对生活热水系统的影响及对策. 中国建筑学会建筑给水排水研究分会第三界第一次全体会员大会暨学术交流会论文集 2016.

[22] 张艺馨，赵锂，沈晨，匡杰，傅文华. 国外建筑管道中机会致病菌的研究. 中国建筑学会建筑给水排水研究分会第三界第一次全体会员大会暨学术交流会论文集 2016.

[23] 张艺馨，赵锂，沈晨，匡杰，傅文华. 建筑管道机会致病菌：饮用水中日益重要的致病菌. 中国建筑学会建筑给水排水研究分会第三界第一次全体会员大会暨学术交流会论文集 2016.

[24] 沈晨，匡杰，朱跃云，张庆康，安明阳，李梦辕，傅文华. 关注建筑物内热水水质. 建筑给水排水 2016. 08.

[25] 张庆康，赵锂，关若曦，匡杰，朱跃云，沈晨，陈静，傅文华. 热水水质稳定性的判定方法研究. 给水排水 2017.

[26] 关若曦，傅文华，潘国庆. 安全舒适、节能的热水水温. 2016 第八届健康住宅理论与实践国际论坛.

[27] 傅文华，刘春生，沈晨. 纳米 TiO2 光催化技术在游泳场馆水/空气处理中的应用探讨. 建筑给水排水. 第二届中国建筑学会建筑给水排水研究分会第一次全体会员大会暨学术交流会论文集.

［28］ 赵锂，李星，李建业，刘振印，沈晨，杨帆，傅文华. 二次供水水质保障技术. 深圳给排水委员会学术讲座.
［29］ 赵锂，沈晨，匡杰等. 生活热水水质调研报告[J]. 给水排水. 2019年01期
［30］ 赵锂，沈晨，匡杰等.《生活热水水质标准》释义. 建筑给水排水. 2020年02期